国家出版基金项目
NATIONAL PUBLICATION FOUNDATION

"十三五"国家重点出版物出版规划项目·重大出版工程

高超声速出版工程

高超声速飞行器容错制导与重构控制

齐瑞云 姜 斌 孟亦真 徐斌彦 著

科学出版社
北 京

内 容 简 介

本书主要针对高超声速飞行器在巡航飞行段和再入段发生故障时的容错控制与轨迹重构问题进行研究，重点考虑舵面故障下的高超声速飞行器巡航段和再入段的容错控制问题，所设计的容错控制方法能够在舵面发生卡死、部分失效、饱和等故障情况下，通过重构控制律、自适应调节控制器参数、重新分配控制力矩等方法，充分利用飞行器上所装配的冗余执行机构，保障飞行器的稳定性和安全性，同时恢复关键的追踪性能。此外，本书还对故障下的高超声速飞行器再入轨迹重构和容错制导问题进行了论述。

本书融汇故障诊断与容错控制领域，以及飞行器控制领域的最新研究成果，适合从事飞行器健康管理、制导控制系统设计相关工作的研究生、科研工作者和工程技术人员参考使用。

图书在版编目(CIP)数据

高超声速飞行器容错制导与重构控制 / 齐瑞云等著.
—北京：科学出版社，2021.4
(高超声速出版工程)
“十三五”国家重点出版物出版规划项目 · 重大出版工程 国家出版基金项目
ISBN 978-7-03-067128-8

Ⅰ. ①高… Ⅱ. ①齐… Ⅲ. ①高超音速飞行器—容错系统—飞行控制系统 Ⅳ. ①V47

中国版本图书馆 CIP 数据核字(2020)第 243190 号

责任编辑：徐杨峰 / 责任校对：谭宏宇
责任印制：黄晓鸣 / 封面设计：殷 靓

科学出版社 出版
北京东黄城根北街 16 号
邮政编码：100717
http：//www.sciencep.com
南京展望文化发展有限公司排版
苏州市越洋印刷有限公司印刷
科学出版社发行 各地新华书店经销

*

2021 年 4 月第 一 版 开本：B5(720×1000)
2021 年 4 月第一次印刷 印张：26 1/2
字数：457 000

定价：200.00 元

(如有印装质量问题，我社负责调换)

高超声速出版工程

专家委员会

顾　问

王礼恒　张履谦

主任委员

包为民

副主任委员

杜善义　吕跃广

委　员

（按姓名汉语拼音排序）

艾邦成　包为民　陈连忠　陈伟芳　陈小前
邓小刚　杜善义　李小平　李仲平　吕跃广
孟松鹤　闵昌万　沈　清　谭永华　汤国建
王晓军　尤延铖　张正平　朱广生　朱恒伟

高超声速出版工程·高超声速制导与控制系列

编写委员会

主　编

包为民

副主编

黄万伟

编　委

（按姓名汉语拼音排序）

包为民　黄万伟　姜　斌　李惠峰

柳嘉润　齐瑞云　祁振强　汤国建

杨　明　周　军

丛书序

飞得更快一直是人类飞行发展的主旋律。

1903 年 12 月 17 日，莱特兄弟发明的飞机腾空而起，虽然飞得摇摇晃晃，犹如蹒跚学步的婴儿，但拉开了人类翱翔天空的华丽大幕；1949 年 2 月 24 日，Bumper-WAC 从美国新墨西哥州白沙发射场发射升空，上面级飞行马赫数超过 5，实现人类历史上第一次高超声速飞行。从学会飞行，到跨入高超声速，人类用了不到五十年，蹒跚学步的婴儿似乎长成了大人，但实际上，迄今人类还没有实现真正意义的商业高超声速飞行，我们还不得不忍受洲际旅行需要十多个小时甚至更长飞行时间的煎熬。试想一下，如果我们将来可以在两小时内抵达全球任意城市，这个世界将会变成什么样？这并不是遥不可及的梦！

今天，人类进入高超声速领域已经快 70 年了，无数科研人员为之奋斗了终生。从空气动力学、控制、材料、防隔热到动力、测控、系统集成等，在众多与高超声速飞行相关的学术和工程领域内，一代又一代科研和工程技术人员传承创新，为人类的进步努力奋斗，共同致力于达成人类飞得更快这一目标。量变导致质变，仿佛是天亮前的那一瞬，又好像是蝶即将破茧而出，几代人的奋斗把高超声速推到了嬗变前的临界点上，相信高超声速飞行的商业应用已为期不远！

高超声速飞行的应用和普及必将颠覆人类现在的生活方式，极大地拓展人类文明，并有力地促进人类社会、经济、科技和文化的发展。这一伟大的事业，需要更多的同行者和参与者！

书是人类进步的阶梯。

实现可靠的长时间高超声速飞行堪称人类在求知探索的路上最为艰苦卓绝的一次前行，将披荆斩棘走过的路夯实、巩固成阶梯，以便于后来者跟进、攀登，意义深远。

以一套丛书，将高超声速基础研究和工程技术方面取得的阶段性成果和宝贵经验固化下来，建立基础研究与高超声速技术应用之间的桥梁，为广大研究人员和工程技术人员提供一套科学、系统、全面的高超声速技术参考书，可以起到为人类文明探索、前进构建阶梯的作用。

2016 年，科学出版社就精心策划并着手启动了“高超声速出版工程”这一非常符合时宜的事业。我们围绕“高超声速”这一主题，邀请国内优势高校和主要科研院所，组织国内各领域知名专家，结合基础研究的学术成果和工程研究实践，系统梳理和总结，共同编写了“高超声速出版工程”丛书，丛书突出高超声速特色，体现学科交叉融合，确保丛书具有系统性、前瞻性、原创性、专业性、学术性、实用性和创新性。

这套丛书记载和传承了我国半个多世纪尤其是近十几年高超声速技术发展的科技成果，凝结了航天航空领域众多专家学者的智慧，既可供相关专业人员学习和参考，又可作为案头工具书。期望本套丛书能够为高超声速领域的人才培养、工程研制和基础研究提供有益的指导和帮助，更期望本套丛书能够吸引更多的新生力量关注高超声速技术的发展，并投身于这一领域，为我国高超声速事业的蓬勃发展做出力所能及的贡献。

是为序！

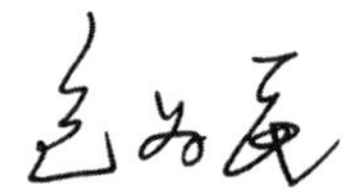

2017 年 10 月

前　言

进入 21 世纪以来，世界各国在航空航天领域的竞争日益激烈。高超声速飞行器融合了航空航天领域的尖端技术，其发展能够带动力学、推进、材料、制造、控制等多个学科的技术突破，影响各国军事力量的对比和综合国力的提升，近年来军事强国都加大了对高超声速飞行器技术的研究力度和资助强度。

高超声速飞行器是指飞行速度能够达到马赫数 5 以上的飞行器，根据不同的应用需求，可分为空天往返飞行器、可重复使用运载器、高超声速导弹等。高超声速飞行器在飞行中会跨越大气层、飞行马赫数经历从亚声速到超声速再到高超声速的剧烈变化，是迄今飞行过程最为复杂的飞行器。与传统中低速飞行器相比，高超声速飞行器的飞行过程具有以下特点：环境的剧烈变化带来了严重的外界干扰；机身大型轻质结构在严酷力/热/载荷作用下产生结构弹性变形与弹性振动，对飞行动力学影响显著；飞行器外流与发动机内流耦合严重，气动特性与推进特性互相影响与制约；飞行器在飞行过程的不同阶段需要采用不同的动力装置，发动机工作模态较多，模态转换存在复杂的过渡过程；飞行过程中受到热流密度、过载、动压等复杂过程约束限制，同时冲压发动机的工作条件也对飞行状态施加了限制。

从控制系统设计的角度来看，高超声速飞行器是一类具有强非线性、强耦合、快时变、大不确定性特点的复杂多变量非线性系统，其制导与控制系统的设计极富挑战性。另外，不同于传统运载火箭“开弓没有回头箭”的特点，高超声速飞行器，尤其是其中的可重复使用运载器和空天往返飞行器，对可靠性和安全性提出了更高的要求。高超声速飞行器是一个由动力、结构、电气、热防护、控制等多个子系统组成的复杂系统，每个子系统又包含数目众多的电子元器件、机械部件等。元器件和部件的自身老化以及外部极端环境变化都可能引起故障，威胁飞行器的安全。

本书从制导与控制系统设计的角度，探讨如何在故障发生时通过在线调整控制律和制导律、重构飞行轨迹，最大限度地消除或减轻故障的影响，保障飞行器的安全。本书作者长期从事航空航天器故障诊断与容错控制领域的研究工作，自 2009 年起先后承担与高超声速飞行器故障诊断与容错控制相关的国家自然科学基金重大研究计划培育项目、重点项目、面上项目和航空科学基金项目，并取得了一定的研究成果。本书梳理和总结了一部分容错控制与制导方面的研究成果，希望能够为从事高超声速飞行器制导控制系统设计及健康管理技术研究的科研工作者提供参考。

本书共 11 章。第 1 章绪论；第 2 章介绍几种典型的高超声速飞行器模型；第 3 章对高超声速飞行器可能发生的各类典型故障进行梳理；第 4～6 章研究舵面故障下的高超声速飞行器巡航段纵向容错控制方法；第 7 章研究舵面故障下飞行器再入段的直接力/气动力容错控制设计；第 8 章研究发动机推力损失下的直接力/气动力复合容错控制设计；第 9 章和第 10 章研究故障下的再入轨迹重构和容错制导方案；第 11 章研究转动惯量矩阵不确定下的容错控制问题。

本书的研究工作得到了国家自然科学基金面上项目（61873127、61374116）、重点项目（61533009）、重大研究计划项目（90816023）、航空科学基金空天专项（2017ZA52013、2011ZA52009）的资助，以及“先进飞行器导航、控制与健康管理工业和信息化部重点实验室（南京航空航天大学）”的支持。除了本书作者，本书研究成果的贡献者还包括许域菲、黄宇海、何晶晶、钱佳淞、翟荣宇、汤婷婷、郭小平、顾攀飞、董旺。此外，彭志宇、晁代坤、王乐、唐建、董新蕾、魏启钊、张翼、姚晗斌、周文惠参与了本书的整理和校对工作，在此一并表示感谢。

由于作者水平有限，加之本领域可供参考的专著鲜见，所开展的研究尚处于探索阶段，书中难免存在疏漏及不足之处，恳请读者批评指正。

作　者

2020 年 7 月于南京航空航天大学

高超声速出版工程

目 录

第2章 高超声速飞行器的运动方程

第3章 高超声速飞行器故障模式简述

第4章 高超声速飞行器舵面故障自适应容错控制

第 6 章　考虑舵面偏转约束的高超声速飞行器舵面故障容错控制

第 7 章　高超声速滑翔再入飞行器姿态容错控制

第 9 章 基于 NFTET 的高超声速飞行器再入容错制导

第 10 章 基于模型预测静态规划的高超声速飞行器再入容错制导

第 11 章　带有状态约束与未知质心变动的高超声速飞行器容错控制

第 1 章

绪　论

航空航天技术在 20 世纪取得了令人瞩目的飞跃式进展，进入 21 世纪，随着空天融合趋势日益加剧、临近空间开发趋势日益明显，航空航天领域的技术革新竞争更为激烈。世界航空航天大国及其工作者高度关注自由进入空间、增强空间控制、实现天地往返等技术，各种先进技术的研究计划、新概念空天飞行器已被各航空航天大国列入发展规划，并取得了重要进展[1]。高超声速飞行器技术作为未来航空航天领域的战略制高点，因其巨大的军事价值和潜在的商用价值受到世界航空航天强国的广泛重视和深入研究。

飞行控制系统作为飞行器的灵魂，在保障飞行安全、引导任务完成方面起着至关重要的作用。而高超声速飞行器的飞行环境复杂、动态模型特殊，传统的飞行控制方法无法满足其更高的控制需求，需要结合更先进的控制技术，对高超声速飞行器的控制和制导问题开展专门研究。本书专注于高超声速飞行器的控制问题，针对其数学模型，依托先进控制的理论成果，对存在强非线性、参数不确定性、未知干扰及多重约束的高超声速飞行器的动态控制问题提出相应的解决策略。

本书还将重点关注故障下高超声速飞行器的容错控制问题。对于高超声速飞行器，飞行控制系统具备自主应对故障的能力至关重要，这不但能改善突发状况下飞行控制的效果，还能大大增加飞行安全、降低运行维护成本。本书将对高超声速飞行器的几种常见故障进行分析和建模，并在此基础上设计相应的容错控制和轨迹重构策略，保证未知故障下飞行器的安全和任务执行能力。

本章内容安排如下：1.1 节介绍高超声速飞行器的基本概念，总结其发展概况；1.2 节概述高超声速飞行器控制与制导问题，介绍其动力学模型的特点，分析其控制和制导的难点；1.3 节介绍目前高超声速飞行器控制与制导问题的研究现状；1.4 节特别介绍考虑故障的高超声速飞行器的容错控制与轨迹重构问题的研究现状;1.5 节介绍本书的编写特点,给出章节安排。

1.1 高超声速飞行器概述

本节首先介绍高超声速飞行器的基本概念,特别指出其与传统飞行器的区别;然后简略介绍世界上高超声速飞行器和高超声速技术的发展概况。

1.1.1 基本概念

高超声速飞行器是指飞行速度超过 5 倍声速(马赫数大于 5)的近空间飞行器,包括高超声速导弹、可重复使用运载器、空天往返飞行器等多种类别的飞行器。相较于中低速飞行器,高超声速飞行器的特点主要体现在其飞行速度、飞行范围和动力来源三个方面。

1) 飞行速度

高超声速飞行器的飞行马赫数大于 5,最高甚至能达到 20,其飞行速度快,具有更快的响应速度、更好的机动性能,作为快速打击武器具有更强的突防能力、更远的打击距离和更灵活的作战模式。凭借这些优势,高超声速飞行器将成为未来空中战场的制胜关键。此外,在民用领域,高超声速飞行器能够在全球范围内实现快速到达,将大大提高未来交通运输的效率。但是飞行器以高超声速飞行时,将会产生激波现象[2]。另外,随着马赫数的增高,激波离飞行器越来越近,进而对边界层产生更为显著的干扰[3]。激波带来的化学效应也使高超声速飞行器的气动力学变得更加复杂。高速飞行也给推进技术、机体构造、隔热设计、安全保障等带来更大的挑战。

2) 飞行范围

高超声速飞行器主要飞行在距地面 20~100 km 的临近空间,这是一块介于传统航空与航天之间的特殊空域。高超声速飞行器作为新一代往返飞行器,突破了传统航空器和航天器的局限,能够实现在地面、大气层、临近空间和近地轨道之间的自由穿梭飞行,具有广阔的应用前景。而临近空间的飞行环境恶劣,高浓度的臭氧和紫外线等会氧化和腐蚀飞行器的机体和设备。为保证在近空间的飞行安全和飞行计划的顺利执行,需要进一步发展对应的材料技术和装配技术。

3) 动力来源

由于高超声速飞行器跨声速、大空域的飞行特点,采用单一动力很难满足其任务需求。采用火箭发动机实现高超声速飞行,需要携带全部的燃料与氧化剂,这大大增加了飞行器的质量,降低了其推进性能。吸气式发动机无须携带氧化剂,可直接利用空气中的氧,燃料比冲高。受设计限制,涡喷发动机只能在飞行马赫数小于3时工作,亚燃冲压发动机的工作马赫数上限为5。在高超声速飞行条件下,空气来流以超声速进入燃烧室,需要在超声速流动条件下组织燃烧,即采用超燃冲压发动机技术[4]。

组合循环动力技术可将两种或两种以上的动力类型有机结合,各动力单元相互融合,功能相互补充,针对不同飞行阶段,采取最高效的动力推进方式,最大限度地发挥不同动力的优点,从而大大拓展了飞行器的高度-速度包线。目前研究人员已提出火箭基组合循环动力、涡轮基组合循环动力等组合动力方式。超燃冲压发动机在高超声速域(马赫数为5~15)内具有最佳工作模态,是必须掌握的核心技术。

与传统火箭发动机或涡喷发动机相比,超燃冲压发动机具有以下显著优势[5]:一是提供的比冲更高,能实现高效的高速飞行;二是无须携带氧化剂,设计上体积更小、重量更轻,利于提高载荷;三是结构更简单,便于制造装配。但在超燃冲压发动机的实现上,还存在许多技术难题,需要相关技术人员对发动机尺寸、构型和燃烧机理等方面进行更深入的理论和实践研究。并且,超燃冲压发动机必须自身达到一定的速度才能正常工作,因此需要搭配其他推进器以提供初始速度,这也导致了超燃冲压发动机无法在地面条件下进行测试,大大增加了研究和试验的成本与难度。

综上所述,高超声速飞行器飞行速度快、飞行范围大、推进高效,具备巨大的优势和发展前景,是实现全球及时到达和天地自由往返的最佳选择。但同时,高超声速飞行器的高飞行速度和所处的特殊飞行环境也对诸多相关技术领域提出了前所未有的挑战。因此,必须开展相关技术研究,包括动力学建模技术、材料技术、推进技术、导航、制导与控制技术等,并构建完整的技术体系,进一步推动高超声速飞行器从构想到实现的划时代历程。

1.1.2 发展概况

高超声速飞行器凭借其在军用和民用领域的广阔应用前景,已在世界各国成为航空航天领域的研究热点和制高点。近几十年来,美国、俄罗斯(苏联)、法国、德国、英国、澳大利亚、日本、印度和中国等国家都纷纷制订了针对高超声速技术的发展计划、投入了大量的资源成本、开展了许多研究工作[6,7]。在世界范围内,一系列地面试验和飞行试验的成功标志着高超声速技术已逐步取得突破性进展。

1）美国

美国是最早开展高超声速技术研究的国家之一。20 世纪 80 年代，美国相继制订并实施了 NASP 计划、Hyper - X 计划、HyFly 计划、Falcon 计划、AHW 计划等，并且取得了丰硕的研究成果，成功研制出了 X - 43A、X - 51A、X - 37B 等试验机型[8]。最早在 1986 年，美国提出国家空天飞机（National Aerospace Plane，NASP）计划，旨在研制试验性高超声速单级入轨飞行器 X - 30。由于研制成本过高，NASP 计划于 1994 年被取消，但此次尝试仍为后续的高超声速技术发展打下了基础。同样，由于研究耗资过大，于 1996 年开始的试验机 X - 33 的研制和试飞计划也在 5 年后宣告取消。后于 1996 年，美国国家航空航天局（National Aeronautics and Space Administration，NASA）制订了 Hyper - X 计划，即高超声速试验计划[9]。期间，NASA 兰利研究中心（Langley Research Center）成功研制了 X - 43 系列高超声速验证机，包括 X - 43A、X - 43B、X - 43C 和 X - 43D 四种型号。X - 43A 分别于 2004 年 3 月和 11 月两次试飞成功，最后一次更是创造了马赫数 9.8 的飞行速度纪录。高超声速飞行（HyFly）计划由美国国防高级研究计划局（Defense Advanced Research Projects Agency，DARPA）和海军研究中心制订，目标是研制以双燃烧室冲压发动机为动力的高超声速导弹，但三次试飞均以失败告终[10]。2003 年，猎鹰（Force Application and Launch from Continental United States，Falcon）计划启动，此计划进一步推动了气动构型、弹道选择、飞行控制技术等高超声速飞行器关键技术的发展。2010 年 5 月，由美国波音公司与惠普公司联合开发的以超燃冲压发动机为动力的高超声速验证机 X - 51A 首次试飞成功。在这次试飞中，X - 51A 保持马赫数 5 的速度飞行了 3.5 min，创下了最长航行距离纪录。在 2013 年 5 月的第四次飞行试验中，X - 51A 则以马赫数 5 的速度持续飞行了 200 s 以上，创造了新的高超声速持续飞行纪录[11,12]。先进高超声速武器（Advanced Hypersonic Weapon，AHW）计划于 2005 年启动，且先进高超声速武器于 2011 年首次试飞大获成功，飞行距离达到 4 000 km 之远，更加证明了高超声速技术运用在军事中以实现全球快速打击的可行性。X - 37B 则是美国研制的可重复使用的跨大气层空间试验飞行器，已经完成了三次超预期试飞。美国最新高超声速飞行器项目是 2018 年 10 月对外发布的 X - 60A 试验机，目前已完成推进系统的地面集成验证。

2）俄罗斯（苏联）

在高超声速动力学、超燃冲压发动机技术、耐高温防护材料等领域，苏联在世界上曾处于绝对领先地位[13]。20世纪40年代，苏联就启动了大量的Silbervogel飞行器风洞试验。20世纪80年代，制订了“冷”计划，并进行了高超声速技术飞行试验。1991年11月，Kholod项目的试验机在35 km的高空飞行了180 km，用时130 s，实现了世界上首次超燃冲压发动机高超声速飞行，这比美国X-43A试飞成功还早了近10年。在此期间，苏联还研制了暴风雪号航天飞机、X-90高超声速战略导弹、图-2000空天飞机。后来，随着苏联解体，国力衰退，研制工作停滞。近年来国力复苏，俄罗斯在苏联的基础上继续大力推动高超声速技术研究和试飞计划，先后开展了彩虹（RADUGA-D2）、GLL-31、针（IGLA）、白杨-M、鹰等计划。2007年，俄罗斯和印度联合成立了布拉莫斯航空航天公司，开展了高超声速飞行器的试验和研究。2016年3月和2017年4月，俄罗斯的锆石高超声速导弹分别进行了两次飞行试验，飞行马赫数达6左右，2020年初在军舰上进行了首次测试。2018年3月，Kh-47M2高超声速导弹在俄罗斯南部军区成功完成作战训练发射试验，最大马赫数达到10。

3）欧洲

紧跟美国和俄罗斯的步伐，欧洲各国也纷纷开展了针对高超声速飞行器的研究计划。其中，法国、德国、英国发展较为领先[14]。法国于20世纪60年代最先对超燃冲压发动机及高超声速技术开展研究。国家高超声速研究与技术（Program of Research and Technology for Airbreathing Hypersonic Aircraft，PREPHA）计划于1992年开始，历时6年后，研制出了Chamois超燃冲压发动机，并在马赫数6的速度下进行了多次试验验证[12]。此外，还有于1997年开始的为期4年的高超声速组合式发动机应用研究（Joint Airbreathing Propulsion for Hypersonic Application Research，JAPHAR）计划，该计划旨在研制一类液氢双模冲压发动机。1999年初，普罗米修斯（Promethee）计划启动，该计划的目的在于研制以碳氢燃料双模态冲压发动机为动力的高超声速巡航导弹。80年代开始，德国先后开展了桑格尔空天飞机计划、高超导弹计划、尖前缘飞行试验（Sharp Edge Flight Experiment，SHEFEX）计划等，并成功实现了多次试飞试验。英国高超声速研究的重点是可重复使用的航天运载器。1982年，英国提出HOTOL计划，旨在研制一种无人驾驶、水平起飞、可重复使用、兼备火箭发动机和喷气发动机推进的概念航天飞机。SKYLON计划继承于HOTOL计划，并在其基础上进一步完善了机体和发动机设计。除此以外，欧洲航天局（European Space Agency，ESA）也主导了LAPCAT、ATL-LAS、HEXFLY等高超声速研究项目。

4）其他国家

澳大利亚、日本、印度等国也对发展高超声速技术十分重视，并逐步取得了许多研究进展。澳大利亚与美国、德国、意大利、日本等多国达成合作，积极推动国际合作高超声速飞行器研究项目。20 世纪 90 年代启动的 HyShot 计划是首个国际高超声速研究项目，由澳大利亚主导，参与的国家有澳大利亚、美国、法国、德国、英国、日本、韩国。目前，HyShot 计划已经进行了 4 次试飞，获得了大量宝贵的试飞数据。2004 年，澳大利亚和美国开展了高超声速联合试验（Hypersonic Collaboration Australia/United States Experiment，HyCause）计划，飞行试验成功获得了极高速飞行下氢燃料超燃冲压发动机的重要数据。高超声速国际飞行研究试验（Hypersonic International Flight Research Experimentation，HIFiRE）由美国和澳大利亚联合主持，并于 2016 年 5 月在马赫数 7.5 下达成了稳定且节能的测试目标。日本最早在 80 年代提出了 ATREX 发动机计划，开始了高超声速发动机燃烧的基础理论研究。90 年代，日本已经建成了超燃冲压发动机试验平台，同时开展了再入轨道飞行器系统的技术验证（HOPE－X）计划。近年来印度也在不断发展高超声速技术，布拉莫斯-2 高超声速巡航导弹计划、高超声速技术验证计划均取得了很好的进展，可重复使用运载飞行器技术验证机（RLV－TD）也完成了多次试飞[16]。

5）中国

与发达国家和地区相比，我国的高超声速技术研究起步较晚。近年来，我国加快了步伐，推进了一系列与高超声速技术相关的基础研究和论证工作[17]。2002 年，国家自然科学基金委员会通过了“空天飞机的若干重大问题”研究计划。2007 年，“近空间飞行器的关键基础科学问题”重大研究计划立项，重点研究领域包括高超声速空气动力学、先进推进理论与方法、新型材料与结构、先进控制理论与方法等。2012 年 5 月，世界上最大、最领先的 JF12 激波风洞建成，其可以模拟 24~40 km 高空、马赫数 5~9 下的飞行条件，为后续超燃冲压发动机和高超声速飞行器的研究提供了试验基础。目前，我国将高超声速飞行器及其相关技术列为国家重点科研项目，力求缩短与发达国家之间的差距，为未来能够实现高速、高效、高性能的空天往返飞行奠定扎实的理论和技术基础。

近几十年来，世界各国为在未来竞争中抢占先机，结合自身国情大力发展高超声速技术，各自形成了具有本国特色的技术体系。高超声速技术的突飞猛进更是带动了诸多相关领域的进步，如气动力学、材料科学、先进制造技术、发动机推进技术、精确制导与控制技术等，对于带动科学技术发展以及提升综合国力有着深远的影响。迄今已公开的文献显示,目前各个国家对于高超声速飞行器的探索和研究尚处于样机试验阶段,世界上还没有一个国家完全具备实现高超声速可靠飞行、天地自由穿梭的技术。因此,可以预见,在不远的将来,高超声速飞行器将再一次实现人类在航空航天领域的突破,甚至改变人类生活方式和世界格局。

1.2　高超声速飞行器控制与制导问题概述

目前关于高超声速飞行器的研究大部分还处于概念和构想阶段,为了奠定坚实基础以实现可持续发展,必须大力开展相关基础研究工作。其中,控制与制导系统作为飞行器的灵魂,其重要性毋庸置疑。而且,高超声速飞行器飞行空域跨度大,飞行环境复杂多变,这导致了其动态模型相比于传统低速飞行器更特殊、更复杂,随之而来的是对高超声速飞行器控制与制导系统设计的更高要求[18]。

本节将首先介绍高超声速飞行器的动力学模型的主要特点;然后指出由此带来的控制和制导的新挑战。

1.2.1　动力学特性

与普通低速飞行器相比,高超声速飞行器飞行包线广、飞行环境复杂,这使得高超声速飞行器在气动特性和动力学模型上表现出不同于普通飞行器的特性[19-22],具体如下。

1）强非线性

高超声速飞行器的气动布局特殊,其运动学模型表达为高阶复杂非线性微分方程,其气动力也表现为关于飞行器速度、高度、姿态和控制面偏转的非线性解析或非解析函数[23]。此外,飞行器在临近空间内大包线飞行的过程中,气动环境中的空气密度、大气压力、辐射、温度、风场等变化显著,因此飞行器的气动特性和参数的变化也呈现非线性[3],这进一步加剧了高超声速飞行器模型的非线性。强非线性增加了控制器设计的难度,许多经典线性控制理论不能直接用于高超声速飞行器的控制问题[18]。

2）交叉耦合性

高超声速飞行器的动态具有控制、气动、推进、结构和热的交叉耦合效应。高超声速飞行器的俯仰运动、偏航运动及滚转运动之间存在耦合关系,某一维度的运动都会对其他维度的运动产生影响。这种耦合现象在飞行器做复杂高机动飞行时更加显著。高超声速飞行器特殊的机身发动机一体化结构也导致了其动力学和发动机动态之间的耦合。为了减小高速下的飞行阻力,高超声速飞行器多设计为细长气动外形,发动机装备在机体下部,吸气式发动机的进气道与压缩面靠近飞行器的升力气动控制面[24,25],这导致了发动机的工作状况直接受飞行器姿态的影响。另外,安装在底部的发动机除了产生推进力外,还会产生一定的抬头力矩[26]。发动机喷出的气流,还会影响机体周围的流场,对气动模型产生额外的耦合影响。此外,高超声速飞行器机体多采用轻质弹性材料,易产生弹性振动[26,27]。而高超声速飞行会带来严重的气动加热效应,将会造成机身固有振动频率的降低。因此,高超声速飞行器的刚体运动和弹性运动间也存在耦合关系。在控制器设计时,必须考虑多通道、多动态之间的耦合关系,采用多变量设计,否则难以保证控制和制导的精度。

3）高不确定性与快时变性

高超声速飞行器高速飞行于大气层、临近空间和轨道之间,各层空域的气动特性差异大,导致飞行过程中飞行器的气动参数和模型参数变化显著,且难以对这些参数进行实时测量。在大气层进行高超声速飞行时,会出现激波、湍流、转捩、边流层干扰等现象,加剧了飞行器动力学的不确定性和时变性。此外,临近空间的大气特性变化十分剧烈,现有的通过风洞模拟试验以及流体仿真计算的方法不足以获得精确的空气动力学数据,因此难以准确描述空气动力学模型。高超声速飞行还会带来气动加热效应,机身由此可能产生弹性变形和弹性振动。燃料的消耗、机身表面的烧蚀、质心的变动、阵风、干扰等也进一步增强了动态模型的不确定性和时变性。模型的高不确定性和快时变性对控制器的鲁棒性与自适应性都提出了很高的要求。

4）多约束

高超声速飞行器的一体化构型使得其发动机对飞行姿态的变化非常敏感。因此,为了保证发动机的正常工作状态,必须对飞行器的姿态建立严格约束。还需要考虑到高超声速飞行器在飞行过程中需要满足的热流密度、动压及过载约束,这些约束严格限制了安全飞行走廊的宽度[28]。另外,高超声速飞行器的主要执行机构舵面和发动机的执行裕度都有最大值限制,这带来了输入受限的问题。一旦执行器达到饱和阈值,将不能提供足够控制力,如果不在系统设计之初就采取一定的补偿措施,飞行器就不能完成既定任务,甚至可能威胁飞行器的稳定和安全。因此,状态和输入受限问题必须要在控制和制导设计中加以特别考虑和特殊处理。

5）非最小相位特性

高超声速飞行器动态具有典型的非最小相位行为。乘波体构型的高超声速飞行器的机身前体下表面是主要升力面，由于气动中心前移，升力会受到升降舵的耦合影响。当飞行器爬升时，升降舵产生抬头力矩，反而引起升力减小，飞行器不升反降，直到飞行器的攻角增大到一定值时，足够大的升力才会使飞行器开始爬升[29]。这种反向效应是非最小相位系统的典型响应特点。非最小相位特性也表现在其数学解析模型上：升力气动模型中出现的升降舵耦合项使得系统的输入信号提前出现在输出信号高度的低阶导数中，系统相对阶降低，内部动态出现；且经过分析，该内部动态是不稳定的；非最小相位系统就是内部动态不稳定系统，因此高超声速飞行器的纵向动态模型就是典型的非线性非最小相位系统。非最小相位系统的控制和输出跟踪比最小相位系统的更加复杂，因为除了要保证输出的稳定，还需要采取措施稳定住内部动态，否则即使外部动态已经受控稳定，系统也将受不稳定的内部动态影响而发散。对于高超声速飞行器的非最小相位系统控制问题，传统的控制理论和输出跟踪方法不再适用。

1.2.2 控制与制导的难点与挑战

高超声速飞行器动力学模型具有强非线性、交叉耦合性、高不确定性、快时变性、多约束、非最小相位等特性。这些特殊性也为控制与制导系统的设计带来很大的困难与挑战[30]。目前，重点关注的问题有以下几类。

1）复杂系统的高精度控制与制导

高超声速飞行器的复杂飞行环境和特殊一体化构造使其动态具有高阶数、强非线性、强耦合性、非最小相位特性。目前很多研究工作是在一定假设的基础上，对这个复杂模型进行相应的解耦或简化，再围绕简化后的更符合标准型的模型展开控制和制导的设计研究。然而，一些模型特性在实际中表现显著，特别是当飞行器以大攻角高速飞行时。忽略或简化等操作容易带来一定的建模误差，进而影响飞行控制和制导的性能。因此，动力学建模应当尽可能地反映高超声速飞行器动态的重要特性，且在设计控制算法时应当尽量避免进行过多的模型简化、解耦、线性化。已有的传统控制理论大多不能满足高性能的控制需求，必须针对高超声速飞行器的复杂动态模型，展开先进制导和控制方法的专门研究。

2）鲁棒性与自适应性

高超声速飞行器的模型具有很强的不确定性，主要体现在随外界环境实时变动的气动参数、随燃料消耗和货物装卸而变化的惯性参数、阵风激波等未知干扰、未知的弹性模态上。因此，在控制和制导研究中，必须要重点考虑高超声速飞行器的不确定性问题，保证系统在存在不确定性的情况下依然能保持稳定和收敛，并完成既定的飞行任务。这要求控制系统必须具有较好的鲁棒性来克服不确定量对系统稳定性和跟踪精度的不利影响。此外，具有自适应能力的控制系统也可以大大提高控制和制导系统的在线调节能力，以应对不确定环境和突发状况。

3）自主应对故障能力

高超声速飞行器由数十万个乃至上百万个机、电、光等元器件组成，对于这样的一个复杂系统而言，很难保证在运行过程中不出任何问题。高速飞行过程中可能的高热和高压加剧了飞行器结构和器件的损耗。即使一个小的部件出现故障，也可能导致整个系统无法按预期运作，甚至完全崩溃，带来巨大的损失。因此，当故障发生时，控制与指导系统需要具备自主容错能力，以满足高超声速飞行器安全飞行和应急返回的需要。此外，具有自主容错能力的设计还可以降低地面保障系统的成本。这一技术在面对各种苛刻的轨道、气动、结构、控制约束及边界要求时，将变得极为复杂，但对未来高超声速飞行器的安全性和可靠性具有极为重要的作用。

4）多约束和抗饱和

状态或输入若达到饱和，控制命令就无法有效执行，控制效果将下降，更严重的情况会破坏系统稳定性。因此，在控制和制导设计时，需要考虑状态、输入等的约束问题及其对整个闭环系统的影响。控制和制导设计必须保证系统在存在多种约束和输入受限的情况下，仍能达成预期的控制目标。一种方法是直接通过手段限制系统的信号在允许范围内；另一种方法是将由饱和导致的信号损失反馈回系统，并采取相应的措施补偿损失，保证闭环系统在信号饱和后的稳定性和控制效果。

5）再入段飞行器控制问题

高超声速飞行器的飞行过程可以分为起飞段、上升段、入轨段、在轨飞行段、离轨段和无动力返回段等阶段。其中，无动力返回段又可以分为初期再入段、末端区域能量管理段和进场着陆段。再入段的初始高度为 70～120 km，速度为 10～25*Ma*，飞行包线广。再入段的飞行区域中，既存在低动压区，又存在高动压区,气动特性变化剧烈,导致气动舵面的可操纵性能差距很大。在整个再入过程中,飞行器还受到热流、过载和动压等硬性条件的约束。这些都给飞行器的再入段控制问题带来了极大的挑战。

1.3 高超声速飞行器控制与制导问题研究现状

近年来,国内外的学者致力于为高超声速飞行器提出更先进、更可靠、更实用的控制与制导策略,取得了大量研究成果[31]。这些研究可以分为纵向动态控制研究、再入段姿态控制研究和再入段制导研究三大类。

本节将结合国内外相关文献,分别介绍这三个主流研究课题的研究现状。

1.3.1 高超声速飞行器纵向动态控制

许多围绕高超声速飞行器展开的建模和控制研究都会选择纵向动态作为对象。一是高超声速飞行器的纵向动态模型已经足够复杂,纵向动态控制问题也已足够富有挑战性;二是高超声速飞行器装配的超燃冲压发动机对飞行姿态的变化非常敏感,在大部分飞行段中,飞行器不会进行剧烈的偏航和滚转,此时横侧向运动并不显著。

针对几种常见的高超声速飞行器的纵向动态模型,研究人员已提出多种线性和非线性控制方法,从不同的角度解决高超声速飞行器的控制难题。

1. 线性控制

高超声速飞行器的纵向动态是非线性的,但是可以在某些平衡点处实现线性化,之后就可以采用成熟的线性系统控制技术进行控制设计。早期的许多针对高超声速飞行器纵向动态控制的研究采取的就是这样的思路。

1）近似线性鲁棒控制

鲁棒控制技术可以保证参数变动、未知干扰及建模误差下的控制效果。早期,高超声速飞行器的鲁棒控制研究大多是对其近似线性化模型进行的。

1994 年,Gregory 等针对高超声速飞行器的线性动态模型,且考虑干扰和参数变化等不确定因素,结合 H_∞ 控制和 μ 综合控制设计鲁棒控制器[32]。这种方法设计的控制器的阶数和系统的阶数相等。高超声速飞行器是一个高阶数的模型,所设计的鲁棒控制器也是高阶的,这引起了延时的现象。针对这个问题,Buschek 等于 1997 年设计了固定阶控制器,将机体动态、气动模型、推进系统之间的耦合关系作为模型不确定量来处理[33]。文献[34]考虑大机动飞行状态及飞行器质量突变等问题，运用特征结构配置的方法设计鲁棒参数化控制器。文献[35]针对 Winged-cone 高超声速飞行器的纵向线性动态系统，在传统特征结构配置方法的基础上，通过选择频率加权值，提出了一种受约束的 H_∞ 控制方法。文献[36]对非线性纵向模型进行线性化后，结合了动态逆控制和随机鲁棒设计，并采用遗传算法计算优化系统参数，所设计的控制系统具有非线性解耦控制能力和强鲁棒性。Sigthorsson 等提出了一种基于鲁棒全阶观测器的控制设计，该方法建立在鲁棒伺服机构理论的基础上，采用了一种新的内部模型设计方法，可以实现输出反馈控制，并且提高了控制系统对不确定变动的鲁棒性能[37]。文献[38]中，作者采用模糊模型逼近未知动态，采用状态观测器估计状态变量，采用 H_∞ 控制方法设计输出反馈鲁棒控制。文献[39]利用干扰观测器和神经网络，提出了高超声速飞行器的鲁棒飞行控制方案。除鲁棒控制外，针对模型不确定性，还有一种有效的控制方法是自适应控制。Gibson 等提出了一种自适应控制器来处理不确定的气动参数问题[40]。

2）线性二次最优控制

对于线性系统，设定关于系统状态量和控制量的二次方程作为成本函数，这种二次型问题的最优解就是线性二次调节器（linear quadratic regulator，LQR）。通过 LQR，可以达成使动力学系统以最小成本运行，即达到最优控制的目的。LQR 运用在高超声速飞行器可以与鲁棒控制和自适应控制相结合，增强控制系统应对干扰和参数变化的能力。

Groves 等针对线性化后的高超声速飞行器纵向动态模型基于积分增强的方法设计了线性二次型调节器，实现对速度、高度和攻角的跟踪控制[41]。Kuipers 等则将自适应控制与线性二次调节器相结合，设计高度和速度跟踪控制器，相比于使用单一的线性二次调节器，增加了对参数变化的自适应能力，此方法在气动参数变化和执行器故障发生的情况下也能取得较好的跟踪控制效果[42]。Gibson 等利用比例积分器设计了自适应最优高超声速飞行器纵向动态控制器[40]。

3）线性变参数控制

线性变参数（linear parameter varying，LPV）控制是一种基于增益规划的控制算法，即通过整合一系列线性控制器来解决非线性系统控制问题。首先，将非线性系统在不同工作点上进行线性化，得到分段的线性模型，并分别设计线性控制器。增益规划技术通过选择的可观测变量来判断目前系统的工作点，并在此基础上选择最合适的控制器。线性变参数控制可以有效整合这些增益规划多变量控制器,规避了传统增益规划方法的缺点,可以实现对系统稳定性、鲁棒性以及其他性能的证明,其运算量也远小于非线性控制设计。

文献[43]中,Ohara 等在多个工作点处对原模型进行线性化,得到考虑有界不确定量的 LPV 模型,且基于积分二次约束(integral quadratic constraints,IQC)和线性矩阵不等式(linear matrix inequality,LMI)得到增益调度控制器。文献[44]针对弹性高超声速飞行器,建立了考虑气动热弹性效应的 LPV 框架,并在此基础上设计基于温度变量的增益调度控制方案。文献[45]采用 LPV 技术,针对参数和动态不确定的吸气式高超声速飞行器模型,建立具有结构摄动的控制框架,选择马赫数和动压作为可观测变量设计鲁棒增益调度控制器。文献[46]中,为了抑制参数变化对系统的不良影响,作者提出了一种基于 LPV 的鲁棒变增益控制方法,首先将高超声速飞行器原非线性模型化为 LPV 模型,再采用张量积(tensor-product,T-P)方法对 LPV 模型进行多胞变换后,得到 LPV 多胞系统后,结合 H_∞ 控制方法和增益规划方法设计控制器。文献[47]将高超声速巡航飞行器的跟踪控制问题简化为线性时变系统的反馈稳定控制器设计问题。文献[48]中提出的基于最优间隙度量的 LPV 控制策略能够适应大包线飞行并具有较好的鲁棒性。Huang 等提出了一种弹性吸气式高超声速飞行器纵向动态模型的增益调度切换控制方案,首先建立多胞 LPV 模型,选择高度和速度为调度变量,定义切换特征函数,实现对四个不同参数区域的增益调度控制器的切换[49]。文献[50]采用高阶奇异值分解(higher order singular value decomposition,HOSVD)方法对 LPV 模型进行降秩重构,得到有限个 LTI 多胞顶点系统,且通过引入松弛变量,对各个顶点进行状态反馈控制,并设计变参数增益在线调节控制器。Liang 等则对弹性吸气式高超声速飞行器提出了一种非脆弱输出跟踪控制策略,利用曲线拟合和最小二乘方法,将模型转化为一个 LPV 系统,所设计的增益调度控制器中的调度变量依赖于少量有意义的状态和参数[51]。

2. 非线性控制

高超声速飞行器的纵向动态模型具有强非线性,线性控制方法基于简化后的线性系统进行设计,建模误差不可避免,这将影响闭环系统的稳定性和跟踪控制的精度。因此,在达成更高品质的控制效果上,非线性控制方法更具优势。目前在这个问题上,常见的非线性控制方法有反步法、反馈线性化、动态逆、滑模控制等。

1) 反步法

反步法(Backstepping)是将非线性模型分解为多个严格反馈的子系统,在每个子系统中引入虚拟控制量，基于 Lyapunov 函数设计虚拟控制律，保证每个子系统的闭环稳定，再逐层反推到整个系统上。在某些特殊的飞行阶段，高超声速飞行器纵向动态可以在合理的假设条件下转化为严格反馈形式，从而可以基于反步法的设计思想对其进行控制系统设计。

文献[52]采用非线性动态逆控制与反步法相结合的方法为高超声速飞机纵向模型设计飞行控制系统：该系统以非线性动态逆控制作为控制内环，通过将非线性的多输入多输出系统进行精确线性化，解除了多变量之间的强耦合关系；并以基于反步法设计控制外环，保证系统的全局稳定，抑制不确定参数的扰动。文献[53]中，作者提出了高超声速飞行器的模糊自适应控制方法：首先将纵向模型分为高度子系统和速度子系统，分别设计了基于动态逆的速度控制和基于反步法的高度控制，模糊自适应系统用来在线辨识由气动参数变化引起的模型不确定量。文献[54]提出了基于反步法的离散控制器设计方法：首先将飞行器的模型简化变换为连续非线性的严格反馈形式，然后采用欧拉法得到其近似的离散模型，采用反步法和反馈线性化，设计离散控制器。Xu 等基于动态面和神经网络逼近技术解决了高超声速飞行器的跟踪控制问题[55]，同时考虑了非最小相位高超声速飞行器的跟踪控制问题[56]。Zong 等采用非线性观测器和反步法技术相结合的方法，设计了一种动态输出反馈控制器，实现了速度和高度参考轨迹的稳定跟踪[57]。文献[58]进一步考虑了输入受限问题，针对高度子系统，结合动态面与径向基函数神经网络设计控制器，其中径向基函数神经网络用来逼近未知非线性函数。文献[59]运用反步法解决具有非最小相位的高超声速飞行器模型的控制问题，反步法可将控制回路扩展到内部动态，因此内部状态可由输入直接控制，同时也成为外部状态的虚拟控制量，于是，既能保证输出跟踪，又能保证内部稳定。文献[60]考虑了多种不确定参数和非最小相位特性，使用小增益参数和自适应控制技术设计状态反馈控制器，其中高度环的控制设计采用了反步法技术。

2）反馈线性化

反馈线性化是一种常见的非线性系统控制设计方法。其基本原理就是通过在非线性系统上施加全状态或部分状态反馈，抵消原系统中的非线性特性，得到等效的输入输出之间具有线性关系的新系统，也就是输入-输出线性化系统，之后一些线性控制方法就可以用于处理非线性系统的控制问题。反馈线性化分为微分几何方法和直接分析法，动态逆方法属于后者。

Wang 等设计了具有非线性动态逆结构的鲁棒飞行控制器，控制系统是用遗传算法搜索参数空间，且在搜索迭代过程中，采用蒙特卡罗方法评估系统的鲁棒性和代价函数[61]。Serrani 等针对有约束的吸气式高超声速飞行器模型，设计了一种自适应飞行控制系统，包括一个鲁棒自适应非线性内环控制器和一个自寻优制导方案，并通过自校正预滤波器设计合适的跟踪参考信号来避免控制输入饱和[62]。Ji 等采用反馈线性化技术和反步法相结合的方法，设计了一种动态反馈控制器，实现了对速度和高度参考轨迹的稳定跟踪[63]。文献[64]设计了一种可削弱抖振的非线性鲁棒控制方法，设计中采用动态逆设计解耦滑模面，同时基于 Lyapunov 稳定性理论设计时变的反馈增益，代替传统滑模控制方法中不连续的符号函数，有效地削弱了控制量抖振。

反馈线性化还可以很好地与一些原本针对线性系统的控制方法相结合，实现对非线性系统的控制。例如，文献[65]中，针对多输入多输出的非线性不确定高超声速飞行器模型，对标称模型采取反馈线性化，对剩余的非线性不确定项在局部操作点进行线性化，接着提出了一种结合最小极大线性二次调节器(LQR)的鲁棒控制方法。文献[66]针对含有不确定参数的高超声速飞行器模型，采用 LQR 方法处理未知的不确定参数，采用反馈线性化方法设计控制器，在存在不确定参数的情况下，保证系统速度和高度的跟踪。文献[67]~[69]中，作者结合了反馈线性化控制方法和 LQR，针对弹性吸气式高超声速飞行器的纵向动态模型，实现了鲁棒最优非线性控制。反馈线性化也可以与预测控制方法结合。模型预测控制通过滚动优化获得最优控制量，在存在输入约束和状态约束的条件下，可以实现较好的控制效果。但传统的预测控制适用于线性系统，例如，Vaddi 等考虑了状态变量和控制变量的非线性约束，在对模型在工作点进行线性化后，运用模型预测控制设计了纵向跟踪控制器，保证了约束条件下的控制效果[70]。然而，高超声速飞行器模型的非线性较强，基于近似线性模型的预测控制可能达不到较好的控制精度。反馈线性化的引入则可以使预测控制能够应用于非线性系统。Recasens 等结合反馈线性化和模型预测控制，考虑状态受限和输入饱和，实现了对参考轨迹的鲁棒跟踪控制[71]。文献[72]中，作者首先采用反馈线性化的方法将高超声速飞行器纵向动态模型输入-输出线性化，然后结合 H_∞ 方法设计鲁棒控制器，并采用线性矩阵不等式解决控制输入受到限制的问题。

3）滑模控制

滑模控制也称变结构控制，是一种不连续的非线性控制方法。此方法基于不连续的函数，结构可以根据当前的控制效果不断变化，使系统最终收敛于预定

"滑模面"。滑模控制响应快速,对参数变化和外界干扰不敏感,具有较好的鲁棒性。由于高超声速飞行器的飞行环境复杂,无论是外界干扰还是内部气动参数都存在较大的不确定性,因此很多学者基于滑模控制原理设计高超声速飞行器的控制系统[73-78]。

Xu 等针对高超声速飞行器纵向动力学模型设计了一种多输入多输出的自适应滑模控制器,设计对不确定参数具有较好的鲁棒性,且通过引入高阶状态观测器,实现了输出反馈控制[73]。Hu 等针对具有非线性和动态耦合的柔性吸气式高超声速飞行器的纵向模型,考虑了参数不确定性和外部扰动,设计了自适应滑模控制器,控制器能在有限时间内将误差动态驱动到预定的滑模面上,达到渐近稳定[74]。Zong 等提出了一种高阶动态滑模控制方法,避免了传统滑模控制的控制律抖振现象,通过运用自适应控制消除了鲁棒控制器需要的边界条件,此控制系统可以在有限时间内,实现速度和高度的跟踪控制[75]。文献[76]和[77]提出了一种基于全状态反馈的多输入多输出准连续高阶滑模控制器,引入了高阶滑模观测器估计攻角和飞行轨迹角。Cao 等设计了高阶滑模控制器,同时提出了一种基于混合粒子群算法的参数估计方法[78]。文献[79]设计了一种基于终端滑模的全局有限时间姿态控制方法,通过动态逆实现了对俯仰、偏航和滚转通道的解耦处理,终端滑模变结构控制用于保证系统面对模型不确定性和外部干扰的鲁棒性。

除了以上几类典型的非线性控制方法,学者还提出了基于多李雅普诺夫函数[80]、基于切换模型[81]的纵向机动控制方法。

1.3.2 高超声速飞行器再入段姿态控制

再入段是整个返回过程中环境最恶劣、最复杂的阶段,飞行器要在这个阶段将飞行高度从 70~120 km 下降到 20~30 km,马赫数从 10~25 降到 1~2,大幅度的高度和速度的变化给控制系统的设计带来了很多困难。再入段姿态控制系统的设计是高超声速飞行器研制过程中的关键环节,关乎飞行器能否安全降落。

1) 再入段舵面控制

再入段姿态控制就是设计舵面偏转控制律,在保证飞行器稳定的同时,实现姿态角的跟踪。国内外学者在再入段姿态控制方面已经做了大量的研究工作。

1998 年,Shtessel 等考虑了 X-33 型高超声速飞行器的上升和再入两种模式,基于滑模控制理论研究了姿态角跟踪问题[82]。文中提出了基于内外双环的滑模控制策略,其将系统分为内外双环。外环系统将俯仰角速率、偏航角速率和滚转角速率看作虚拟控制输入量,以姿态角指令为输出量,设计外环控制器。内环系统将控制力矩作为系统输入量,姿态角速率作为系统输出量,设计内环控制器,实现角速率跟踪,并采用伪逆法将所得的控制力矩转化为各个气动操纵面的输入指令。文献[83]采用小扰动线性化理论与增益调度相结合的控制策略,为俯仰、滚转和偏航三个通道设计了变结构 PID 控制器,保证姿态角信号能够稳定跟踪参考指令。Lian 等针对高超声速飞行器再入段姿态模型,设计了一种基于反步法的自适应控制器,并引入自适应项对不确定量导致的力矩偏差进行补偿[84]。文献[85]提出了一种基于新型快速终端滑模的高超声速飞行器姿态控制方法,且采用干扰观测器逼近姿态的复合干扰。考虑模型中存在不确定参数以及系统受外界干扰的影响情况,文献[86]提出了拟连续高阶滑模控制策略解决了高超声速飞行器再入段的制导与控制问题。文献[87]针对高超声速飞行器再入段动态系统,提出了基于终端滑模控制的方法,解决了再入过程中姿态角的跟踪控制问题。黄国勇等针对一类高阶多输入多输出非线性系统,设计了基于快速模糊干扰观测器的自适应终端滑模控制方案,克服了传统模糊干扰观测器在误差较小时收敛速度慢的缺点,严格证明了跟踪误差及观测误差均在有限时间内收敛到零的小区域[88]。文献[89]考虑存在模型不确定和外界干扰的再入段姿态模型,基于时间尺度特性将原模型分为姿态角子系统和姿态角速率子系统,分别设计光滑二阶滑模控制器和滑模干扰观测器实现子系统的有限时间稳定,且利用干扰观测器精确估计不确定参数和未知干扰。Tian 等研究了具有不匹配干扰的可重复使用运载器的有限时间再入段姿态跟踪控制问题,提出了一种自适应多变量扰动补偿方案,并在此基础上,设计了一种连续多变量齐次二阶滑模控制器,以保证在有限时间内实现姿态跟踪[90]。

2）再入段舵面与 RCS 融合控制

上述研究都是通过运用控制理论设计气动舵面控制律,实现对再入段高超声速飞行器的姿态控制。然而,在飞行器再入段初期,大气密度稀薄,气压较低,气动舵面的控制效率也较低,仅仅依靠舵面难以完成控制任务,此时需要引入辅助执行机构。反作用控制系统(reaction control system,RCS)是由喷管开关控制,短时间内迅速产生反作用推力的助推器[91,92],其不易受外界环境影响,因此可以在短时间内迅速产生较大推力,可作为辅助控制执行器应用于高超声速飞行器的再入段。但是,对于控制系统设计,RCS 的引入不但带来了舵面与 RCS 的协调控制问题,还带来了控制分配问题。在再入段初期,空气稀薄,舵面控制效率很低,所以 RCS 是主执行机构,而气动舵面是辅执行机构,主要起配平作用。

随着高度的下降,动压增高,气动舵面的效率也逐渐增高,所以气动舵面和 RCS 同时作用以完成控制任务。当动压增高到某个数值时,气动舵面能够独立完成控制任务,就可以关闭 RCS。

综上所述,解决再入段高超声速飞行器的舵面与 RCS 融合控制以及控制权分配问题十分必要,许多研究就此展开。首先,由气动舵面提供的力矩信号是连续的,而 RCS 提供的力矩是离散信号,所以在连续时间系统中控制器如何运用离散时间信号是首先需要解决的问题。文献[93]给出了 RCS 运用在跨大气层飞行器上的控制策略,首先分析 RCS 工作原理,建立 RCS 数学工作模型,并且给出不同 RCS 组合下所提供的控制力矩情况。文献[94]中,作者运用脉宽调制(pulse-width modulation,PWM)方法为 RCS 设计控制律。基于 RCS 提供连续控制信号的假设,采用针对连续时间系统的控制方法设计姿态控制器。接着,运用 PWM 技术将在连续时间上的姿态控制律转换为离散的 RCS 的开关控制序列信号。文献[95]提出了一种基于最优控制的气动舵面与 RCS 的复合控制策略,用于 X－33 型高超声速飞行器的姿态控制。文献[96]则采用线性规划方法,设计 RCS 控制分配策略,并解决舵面与 RCS 的复合控制问题。文献[97]通过设计目标函数,确定飞行器的不同执行器的控制优先级,采用改进的相平面法设计 RCS 控制系统。文献[98]根据已有的最优 RCS 组合控制表,将其降维并给出了最优查表法实现控制指令分配。文献[99]针对再入飞行器初始再入段 RCS 控制精度问题,采用非线性干扰观测器获取不确定项的估计值,并使用反步法及滑模控制方法设计控制律,采用线性规划方法获取最优 RCS 指令分配方案。文献[100]针对升力式再入飞行器大动压下横侧向快速、高精度 RCS 姿态控制问题,利用再入飞行器在大攻角状态下横侧向耦合明显,以及偏航通道对倾侧角的控制更高效、抗干扰能力更强的特点,提出了同时控制滚转和偏航跟踪倾侧角指令的策略。文献[101]和[102]设计了一种基于混合整型线性规划的控制分配方法,从而解决了离散时间控制信号与连续时间控制系统不匹配的问题,还分析了在此量化控制策略下闭环系统的稳定性。文献[103]通过运用线性规划方法,解决了气动舵面与 RCS 的复合控制问题。作者首先假设 RCS 为提供连续信号的执行器,再运用 PWM 技术设计策略决定 RCS 的开启时间和关闭时间。文献[104]首先基于动态逆控制技术得到期望力矩,接着采用混合规划技术,设计控制分配算法,先分配得到的期望控制力矩到各个气动舵面上,若受限的气动舵面不能提供所需的力矩,则开启 RCS,补偿控制信号。

1.3.3 高超声速飞行器再入段制导

制导就是为飞行器设计一种运动规律，即制导律，引导其在空间中从初始位置到达期望的终端位置。由于高超声速飞行器飞行环境的特殊性和飞行任务的高要求，其制导系统必须可靠、自主、安全。此外，高超声速飞行器在飞行过程中，存在动压、过载、热流密度等路径约束以及发动机控制余量约束，飞行器还需面对终端制导约束。所以，制导策略需要在以上多重约束下，实现将飞行器引导至终端位置的制导目标。因此，高超声速飞行器的制导控制已经成为亟待解决的关键问题。

再入段是飞行器从太空重返大气层的飞行阶段。在再入制导过程中，飞行器除了保证一系列路径约束，还需达到可接受的终端制导精度。近几十年来，再入制导理论不断发展改进，走向成熟。目前，主流的制导算法有五种：① 以马歇尔航天中心为代表提出的线性二次型调节器制导方法（guidance using linear quadratic regulator）[105]；② 以爱荷华州立大学陆平团队为代表提出的拟平衡滑翔制导方法（quasi-equilibrium glide method）[106-109]；③ 以加利福尼亚大学为代表提出的改进加速度制导方法（evolved acceleration guidance logic for entry, EAGLE）[110,111]；④ 基准制导方法（base line guidance）[112]；⑤ 以 Zimmermann 团队为代表提出的数值预测－校正制导方法（numerical predictor-corrector method）[113]。

对于高超声速飞行器的再入段制导研究，以下两大类方法广泛应用。

1）标称轨迹制导法

标称轨迹制导法的实现分为两个步骤：首先，考虑路径约束和终端约束等多重约束，通过离线计算得到标准再入参考轨迹，并将其预先载入机载飞行控制计算机中；接着，在线跟踪标称轨迹；然后，考虑到实际中飞行器可能受初始状态扰动、气动环境变化、未知故障等影响，导致实际再入轨迹偏离标称轨迹，因此将实际飞行轨迹与预期标称轨迹进行比较，得到误差信号，再运用反馈控制，基于误差信号得到控制信号调整量，从而缩小误差，使得实际再入轨迹跟踪标称轨迹。标称轨迹制导法的优点是控制系统简单、运算速度快、计算量小、对机载计算机的处理能力要求低。但标称轨迹制导法受初始误差扰动影响大，因此精确度相对较低。

目前，标称轨迹制导法在往返飞行器再入制导上已有许多理论研究成果。Mease 等在经典航天飞机标称轨迹制导法的基础上设计了一种基于降阶模型的改进加速度制导方法（EAGLE）[110]。Leavitt 等对 EAGLE 方法进行了进一步改进,将阻力加速度剖面改进为最大最小的插值组合形式[114]。Lu 团队基于航天飞机制导律中阻力加速度和纵程的解析关系,采用序列二次规划技术得到阻力加速度剖面,并运用非线性预测控制技术设计控制律,实现对参考轨迹的跟踪[107]。他们还进一步分析了飞行器在再入段的拟平衡滑翔特性,引入了“速度-高度”剖面将再入段划分成初始下降段、拟平衡滑翔段和与末端能量管理段的交接段[115]。Zimmermann 等考虑热流密度路径约束,给出了一种基于打靶法的再入轨迹快速规划算法[116]。Rao 和 Clarke 考虑未建模的干扰,采用勒让德伪谱法将以控制量裕度为优化指标的优化问题转化为非线性规划问题,给出标准轨迹设计[117]。国防科学技术大学的赵汉元团队也在标称轨迹制导法方面进行了大量的研究[118,119]。文献[120]提出了一种以能量为基准的阻力优化剖面,并基于此给出参考轨迹。文献[121]应用自适应控制理论,提出了一种基于特征模型生成阻力加速度剖面的轨迹制导方法。文献[122]考虑多重路径约束,设计了三维再入轨迹快速生成制导的方法。标称轨迹制导法也已经在工程上取得了实际应用成果。美国阿波罗计划和航天飞机计划中,基于阻力加速度剖面规划的标称制导再入轨迹算法得到成功应用[123]。X－33、X－34 及 X－37B 等型号的飞行器的制导控制系统也均采用标称轨迹制导法。

2）预测-校正制导法

预测-校正制导法的实现分为两个步骤：首先,预测环节预测在实际飞行轨迹上飞行器在各时间点的状态参数,并计算其与终端位置参数之间的误差值;接着,设计校正环节,基于实际状态参数与终端位置参数之间的误差,并考虑路径约束的存在,采用反馈法在线校正控制信号,减小误差值,达到所需的制导精度。相比于标称轨迹制导法,预测-校正制导法的主要优点是具有更高的制导精度,并且受初始状态扰动影响较小。其主要缺点是计算量较大,对于机载计算机的数据处理速度等要求较高。

在运用数值积分进行轨迹预测方面,Allen[124]、Chapman[125]和 Roenneke[126]等取得了丰富的研究成果。Kaluzhskikh 等考虑到实际飞行环境中气动环境的变化,在预先设计的参考倾侧角时序基础上,设计了一种通过预测横纵程偏差和迭代在线校正制导轨迹的方法[127]。Youssef 等[128]和 Lu 等[129]对倾侧角进行参数化处理后,提出了一种基于倾侧角参数化的再入预测校正制导方法。Masciarelli 等则基于高度变化率误差和阻力角速度,设计了一种混合预测制导法[130]。赵汉元等同样提出了两类预测-校正制导算法,一类同时控制横程和纵程,另一类分别控制横程和纵程[131]。文献[132]针对飞行器的迎角、过载指令和下沉率,设计了一种预测制导法,考虑动压限制,设计补偿策略,实现在线校正闭环预测制导。文献[133]考虑多重路径约束,建立再入飞行走廊,经过反复迭代计算,设计预测制导律使飞行器到达终端位置。文献[134]通过参数辨识技术确定当前大气参数,考虑过程约束对倾侧角的限制,利用数值预测的方法实时预测 RLV 的落点确定制导偏差,形成倾侧角控制指令。除了理论研究以外,预测-校正制导法也成功应用到实际工程上,如 HOPE-X、Kistler K-1、Neptune 探测器等的制导系统都采用了此方法。

两种常见的制导方法标称轨迹制导法和预测-校正制导法都各有其优势和缺点。随着飞行器制导需求的日趋多样化,飞行制导算法需要具备达成更可靠、更高精度的制导效果的能力。因此,传统的单一制导方法很多时候不能满足需求。在可重复使用飞行器的再入制导问题上,结合标称轨迹制导法和预测-校正制导法是未来的发展趋势。传统制导算法还可以与一些先进控制方法如自适应控制、滑模控制、模糊控制等相结合,实现更优良的制导效果[135,136]。近年来,作为飞行器制导控制领域的重要趋势之一,制导控制一体化设计吸引了越来越多的关注[137-140]。这种方法可以在综合考虑飞行器质心和绕质心运动间耦合特性的基础上进行控制设计,有助于提高飞行器的性能并降低设计成本。

1.4 故障下的高超声速飞行器容错控制与轨迹重构研究现状

纵观高超声速飞行器的发展史,高超声速飞行试验过程并非是一帆风顺的。2001 年 6 月,NASA 进行了 X-43A 的首次试飞,由于火箭控制系统发生故障,偏离预定航线,被地面人员引爆。2010 年 4 月,HTV-2A 屡经推迟后进行第一次试飞,再入 139 s 后失去联系,距发射仅约 9 min,此后大部分验证项目都没有进行,美国国防高级研究计划局指出 HTV-2A 首飞坠毁最可能的原因是偏航超出预期的同时伴随着翻滚,这些异常超出了飞行器姿态控制系统的调节范围,从而触发了飞行器坠毁[8]。2010 年 5 月,X-51A 的首次试飞也仅取得部分成功,在加速过程中,加速度略低于设计值,发动机舱后部温度明显高于期望值,在减速阶段,又出现遥测信号缺失故障,最终试飞终止。HyFly 高超声速导弹连续三次因故障而导致飞行试验失败。除此之外,在高超声速飞行器的实践之路上还有很多失败的案例都与控制系统的设计无法应对特殊情况和突发故障有关。

这些失败的教训将飞行器在故障下的容错控制与制导以及故障下的轨迹重

构推到了一个尤为关键的位置,国内外很多研究者已经在此领域开展了大量的探索,下面将分别展开介绍。

1.4.1 高超声速飞行器容错控制

容错控制就是通过设计控制策略,在飞行器出现非致命故障时,通过控制系统进行自动调节与补偿,保障飞行器的安全且尽可能满足控制性能要求[141,142]。容错控制涉及人工智能、检测技术、控制理论与技术等多个学科领域,多学科技术的迅速发展推动了容错控制技术的发展,也提高了飞行器控制系统对故障的容忍与处理能力。目前学术界公认的容错控制技术可以分为两类:被动容错控制技术和主动容错控制技术。主动容错控制技术一般是指当系统发生故障之后,首先需要对故障进行检测与诊断,判断故障的类型和大小,然后利用故障信息重构控制器,保证系统稳定。而被动容错控制技术则不需要诊断出故障。它是基于故障的先验信息事先设计好控制器。当故障发生后,不需要对控制器进行重构,即可保证系统稳定。这两种方法各有利弊,具体使用根据情况而定。

1）执行器故障

高超声速飞行器的执行机构包括发动机、气动舵面和 RCS。发动机故障可能导致推力下降,严重情况可能导致推力丧失。气动舵面的典型故障包括卡死、松浮、损伤等,可能导致气动舵面完全失效或部分失效。RCS 可能会发生无法开启、喷管堵塞、无法关闭等故障,导致其完全失效或者产生干扰力矩。高超声速飞行器上配置的执行机构能够提供冗余的控制能力,在部分执行机构发生故障时,可以通过飞控系统对控制律进行调整和重构,充分利用飞行器上健康执行机构剩余的控制能力,保证飞行器的安全,同时尽可能恢复其关键控制性能。

近年来,针对高超声速飞行器执行器故障下的容错控制问题,国内外学者取得了很多有价值的研究成果。文献[143]和[144]考虑了执行器故障,提出了自适应滑模容错控制方法,保证了姿态角的渐近跟踪。文献[145]提出了一种基于快速终端滑模的高超声速飞行器容错控制方法。文献[146]研究了具有冗余执行器的航天器姿态稳定问题,提出了一种能够同时处理不确定惯性参数、执行器故障和外部干扰的滑模控制器,系统可以在有限时间内收敛到滑动面的小邻域内。文献[147]设计了自适应积分滑模控制器,解决了存在外部干扰的空间飞行器的容错控制问题。Kanellakopoulos 等[148]提出了一种基于自适应滑模观测器的反步法容错控制器,以补偿执行器故障和舵面故障带来的影响。Wang 等[149]为了在部分丧失执行器的有效性的情况下保证速度和高度在有限时间内跟踪目标指令，提出了一种基于实际有限时间滑模方法的自适应容错控制策略，其中利用自适应更新律估计不确定性的上界和执行器效率因子的最小值。文献[150]提出了基于 H_∞ 鲁棒控制的主动容错控制方法，有效解决了失效故障下飞行器的控制问题。为了解决执行器故障和控制输入饱和问题，文献[151]给出了基于模型预测的状态反馈控制方法。Xu 等考虑了攻角限制和执行器故障，基于障碍李雅普诺夫函数设计了容错控制方案[152]。An 等考虑输入非线性，设计了容错控制方案[153]。

Jiang 等研究了高超声速飞行器的故障检测与容错控制问题，提出了一系列有效的解决方案[154–162]。文献[154]设计了一种基于非线性故障观测器的故障检测方案，并利用自适应控制和滑模控制技术，提出了一种姿态控制系统的主动容错跟踪策略，保证了在执行器发生故障的情况下，闭环姿态控制系统的稳定和输出渐近跟踪。文献[155]针对带有参数不确定性和执行器故障的近空间飞行器，提出了基于模糊控制的鲁棒控制方法。Qi 等研究了高超声速飞行器气动舵面故障下的容错控制问题，分别针对高超纵向动态[163–167]和再入姿态系统[168–170]设计了容错控制方案。文献[171]考虑发生发动机推力损失故障的空天飞行器，设计了一种基于自适应滑模的直接力/气动力复合容错控制策略。

2）传感器故障

除了执行器故障，传感器故障也是一类常见的飞行器故障类型，同样会对飞行任务产生较大的不良影响。文献[172]中，作者对于具有外部干扰和传感器故障的高超声速飞行器线性化模型，设计了一种鲁棒容错跟踪策略。首先，将高超声速飞行器的非线性纵向动力学线性化为具有传感器故障的线性定常系统，并给出了容错跟踪控制的参考模型。然后，利用线性矩阵不等式技术，提出了一种基于观测器的容错输出反馈跟踪控制器设计方法。文献[173]提出了一种用于高超声速飞行器纵向动力学模型的非线性容错控制和传感器故障诊断方法，非线性容错控制器运用了标称滑模控制方法来跟踪速度和高度的参考指令，非线性自适应观测通过反推滑模观测器对高度系统中的故障进行估计，并将估计结果用于补偿多传感器故障。文献[157]讨论了具有传感器故障的高超声速飞行器故障诊断与估计问题，首先为高超声速飞行器的非线性动力学模型建立 Takagi - Sugeno 模糊模型，提出了一种包含时变偏差故障和时变增益故障的传感器故障模型，并设计了滑模观测器生成一组残差，在此基础上，提出了一种新的传感器故障诊断算法，消除了现有工作中输出误差的时间导数已知和系统状态有界这两个经典假设。

1.4.2　高超声速飞行器轨迹重构

再入轨迹重构是规划新的飞行轨迹，使得偏离既定飞行轨迹的飞行器在多重约束下仍然能够在指定约束条件内到达既定的终端位置。常见的飞行器故障有机体结构故障、执行器故障、传感器故障等。故障一旦发生，飞行器的气动模型和运动模型会发生变化，从而导致实际飞行轨迹偏离预期轨迹。再入轨迹重构算法可以保证飞行器在存在故障、干扰等情况下的飞行安全，避免飞行器彻底失控，导致重大损失。

目前，已经有许多针对故障下的飞行器轨迹重构方法的研究成果。文献[174]对可重复使用飞行器，考虑了扰动异常和参数不确定，运用模型预测静态规划技术，基于既定的攻角和倾侧角，设计了在线调节的再入鲁棒轨迹重构算法，所设计的制导系统可以容忍较小的异常扰动。文献[175]提出了邻近可行轨迹存在定理，对下降段和着陆段的飞行器设计轨迹重构策略。Schierman 等通过对 X－40A 型高超声速飞行器的飞行试验获得的气动数据进行拟合得到在各类故障下的气动参数变化曲线，并基于此在不同故障发生时调整轨迹，实现轨迹重构[176]。文献[177]通过采用自适应寻优法获得最优飞行估计，实现轨迹重构。基于伪谱法的轨迹重构算法，与其他方法相比，不需要求解复杂的偏微分，因此更具实用价值[178,179]。Oppenheimer 等则根据实时的故障信息在线对舵面上的升阻力的气动模型以及飞行包线进行预测，并引入预测模型至制导环，再运用勒让德伪谱法计算最优的可行轨迹，达成轨迹重构[180]。文献[181]采用了伪谱法对返回段的亚轨道飞行器设计在线轨迹重构策略。文献[182]和[183]基于相邻可行轨迹存在定理设计了容错制导律以解决 X－33 型高超声速飞行器再入段执行器发生故障的轨迹重构问题。文献[184]采用了动态伪谱法对变更着陆点的飞行器设计应急情况下的再入轨迹重构策略。宋征宇等针对运载火箭上升段飞行中的推力下降故障，研究在线自主救援的策略和算法[185]。

1.5　本书特点和章节安排

本书以高超声速飞行器动态的数学模型为对象，考虑未知故障的影响，探究故障下的容错纵向控制、再入段姿态控制和轨迹重构问题。同时考虑了多种实际问题，包括模型参数不确定、未知外界干扰、输入限制、多重约束等。在对关键问题进行提炼和数学建模的基础上，引进先进的控制理论设计对应的解决策略。

对得到的控制和制导算法，分别从理论分析和数值仿真两个途径证明其有效性和实用性。

本书共11章，具体内容安排如下。

第1章绪论。首先介绍高超声速飞行器的基本概念以及发展概况，描述其动态模型的特殊性，并以此引出控制及制导研究的难点和重点。然后介绍目前高超声速飞行器控制和制导问题的研究现状。

第2章介绍几种典型的高超声速飞行器数学模型，包括六自由度模型、纵向动态模型、再入段制导模型和姿态模型。本章将为后续章节的控制和制导研究提供模型基础。

第3章对高超声速飞行器可能发生的各类典型故障进行梳理，不仅对故障原因进行分类，还对故障影响进行分析，总结故障发生的原因及规律，并给出典型的执行器和传感器故障的通用模型。

第4章针对高超声速飞行器纵向动态模型，考虑舵面卡死和部分失效故障以及模型参数的不确定性，在合理假设的基础上，首先将原纵向模型分为高度子系统和速度子系统，接着分别采用反步法控制方法和动态面技术相结合的控制方案以及基于反馈线性化和高增益观测器的输出反馈控制方法，设计高度和速度跟踪控制器。

第5章对具有控制方向不确定、参数不确定、未知故障以及输入约束的高超声速飞行器纵向动态模型，设计基于 Nussbaum 增益的自适应容错控制系统。首先针对高度和速度动态模型开展设计，然后将控制设计拓展到多输入多输出的耦合纵向动态模型上。

第6章同样研究高超声速飞行器的纵向动态控制问题，特别考虑舵面约束问题，采用模型预测控制技术，设计自适应容错控制系统。6.1节和6.2节分别运用广义预测控制法和多模型预测控制法进行控制设计，达成约束下的跟踪控制效果。

第7章针对再入段高超声速飞行器的姿态模型，考虑不确定模型参数以及未知舵面偏转故障等，探究自适应容错姿态控制问题。7.1节和7.2节关注的是再入段气动舵面和 RCS 融合容错控制问题和控制分配问题，分别采用混合整型规划技术和模糊逻辑进行控制分配。7.3节则基于抗饱和控制技术和滑模控制方法，设计姿态控制器，同时保证再入段飞行器的舵面偏转幅度限制和姿态跟踪。

第8章考虑发生发动机推力损失故障的空天飞行器，设计一种基于自适应滑模控制的直接力/气动力复合容错控制策略。首先,对于发生推力损失故障的摆动发动机,考虑 X 形安装的实际特点,对故障及干扰信息进行估计,综合利用舵面与发动机摆动角进行容错控制器设计。其次,考虑纵向容错控制对飞行器横侧向稳定性的影响,利用方向舵与升降舵抵消干扰力矩的影响,保证横侧向的稳定。

第 9 章探究故障发生后高超声速飞行器的轨迹重构问题,针对飞行器发生较小/较大故障的情况,提出基于相邻可行轨迹存在定理的鲁棒在线轨迹重构算法,生成满足各种约束条件的再入轨迹,保证高超声速飞行器在故障条件下仍能完成再入飞行任务,以较高精度安全着陆。

第 10 章研究高超声速飞行器再入轨迹重构和容错制导问题,考虑再入运动方程、约束条件以及性能指标目标函数,利用自适应鲁棒无迹卡尔曼滤波器对故障引起的气动参数变化进行快速准确的在线估计,设计改进的模型预测静态规划制导算法对控制量进行更新,重构满足约束条件的再入轨迹。

第 11 章针对高超声速飞行器因异常质心变动引起的转动惯量矩阵潜在奇异性问题,设计基于 RBFNN 结合级数展开以及 Nussbaum 函数结合自适应的容错控制策略来解决转动惯量矩阵奇异性带来的控制器失效故障。另外,为了增强故障情况下的系统安全,借助障碍李雅普诺夫函数(Barrier Lyapunov Function),设计带有系统状态约束的容错控制器,通过约束系统状态,使其活动在安全的区域,从而增强系统故障情况下的安全性。

参考文献

[1] 包为民.航天飞行器控制技术研究现状与发展趋势[J].自动化学报,2013,39(6):697-702.

[2] Bolender M A, Doman D B. A non-linear model for the longitudinal dynamics of a hypersonic air-breathing vehicle[C]. AIAA Guidance, Navigation, and Control Conference and Exhibit, San Francisco, 2005, 6255: 1-13.

[3] Bolender M A, Doman D B. Nonlinear longitudinal dynamical model of an air-breathing hypersonic vehicle[J]. Journal of Spacecraft and Rockets, 2007, 44(2): 374-387.

[4] 郭鹏飞,于加其,赵良玉.临近空间高超声速飞行器发展现状与关键技术[J].飞航导弹,2012,(11):21-25.

[5] 黄伟,罗世彬,王振国.临近空间高超声速飞行器关键技术及展望[J].宇航学报,2010,31(5):1259-1265.

[6] McClinton C, Hunt J, Ricketts R, et al. Airbreathing hypersonic technology vision vehicles and development dreams[C]. The 9th International Space Planes and Hypersonic Systems and Technologies Conference, Norfolk, 1999, 4978: 1-16.

[7] Curran E T. Scramjet engines: The first forty years[J]. Journal of Propulsion and Power, 2001, 17(6): 1138 - 1148.
[8] 黄伟,夏智勋.美国高超声速飞行器技术研究进展及其启示[J].国防科技,2011,(3): 17 - 25.
[9] Freeman J R D C, Reubush D, McClinton C, et al. The NASA Hyper-X Program[C]. The 48th International Astronautical Congress, Turin, 1997: 1 - 10.
[10] Haudrich D, Brase L. Flutter and divergence assessment of the HyFly missile[C]. The 50th AIAA/ASME/ASCE/AHS/ASC Structures, Structural Dynamics, and Materials Conference, Palm Springs, 2009, 2462: 1 - 16.
[11] Hank J, Murphy J, Mutzman R. The X - 51A scramjet engine flight demonstration program [C]. The 15th AIAA International Space Planes and Hypersonic Systems and Technologies Conference, Dayton, 2008, 2540: 1 - 13.
[12] Rosenberg Z. Hypersonic X - 51 programme ends in success [Z]. Flight International, 2013: 385481.
[13] 张绍芳,武坤琳,张洪娜.俄罗斯助推滑翔高超声速飞行器发展[J].飞航导弹,2016,(3): 20 - 22.
[14] 牛文,王自勇,叶蕾.欧洲高超声速技术发展路线研究[J].战术导弹技术,2013,(6): 10 - 14.
[15] 熊柯.高超声速飞行器巡航控制技术研究[D].长沙: 国防科学技术大学,2012.
[16] 张灿,林旭斌,胡冬冬,等.2018 年国外高超声速飞行器技术发展综述[J].飞航导弹,2019,(2): 1 - 5.
[17] 高超.中国高超音速飞行器: 备受外媒关注的"兴趣点"[J].环球军事,2017,(23): 18 - 19.
[18] 黄琳,段志生,杨剑影.近空间高超声速飞行器对控制科学的挑战[J].控制理论与应用,2011,28(10): 1496 - 1505.
[19] 吴宏鑫,孟斌.高超声速飞行器控制研究综述[J].力学进展,2009,39(6): 756 - 765.
[20] 张超凡,宗群,董琦,等.高超声速飞行器模型及控制若干问题综述[J].信息与控制,2017,(1): 90 - 102.
[21] 穆凌霞,王新民,谢蓉,等.高超音速飞行器及其制导控制技术综述[J].哈尔滨工业大学学报,2019,51(3): 1 - 14.
[22] 吴立刚,安昊,刘健行,等.吸气式高超声速飞行器控制的最新研究进展[J].哈尔滨工业大学学报,2016,48(10): 1 - 16.
[23] Parker J T, Serrani A, Yurkovich S, et al. Control-oriented modeling of an air-breathing hypersonic vehicle [J]. Journal of Guidance, Control, and Dynamics, 2007, 30 (3): 856 - 869.
[24] 吴颖川,贺元元,贺伟,等.吸气式高超声速飞行器机体推进一体化技术研究进展[J].航空学报,2014,36(1): 245 - 260.
[25] 罗金玲,李超,徐锦.高超声速飞行器机体/推进一体化设计的启示[J].航空学报,2015,36(1): 39 - 48.
[26] 葛东明.临近空间高超声速飞行器鲁棒变增益控制[D].哈尔滨: 哈尔滨工业大

学,2011.
[27] Wilcox Z, Mackunis W, Bhat S, et al. Lyapunov-based exponential tracking control of a hypersonic aircraft with aerothermoelastic effects[J]. Journal of Guidance, Control, and Dynamics, 2010, 33(4): 1213-1224.
[28] 孙长银,穆朝絮,余瑶.近空间高超声速飞行器控制的几个科学问题研究[J].自动化学报,2013,39(11): 163-175.
[29] Skujins T, Cesnik C E, Oppenheimer M W, et al. Canard-elevon interactions on a hypersonic vehicle[J]. Journal of Spacecraft and Rockets, 2010, 47(1): 90-100.
[30] 方洋旺,柴栋,毛东辉,等.吸气式高超声速飞行器制导与控制研究现状及发展趋势[J].航空学报,2014,35(7): 1776-1786.
[31] 李惠峰.高超声速飞行器制导与控制技术[M].北京: 中国宇航出版社,2012.
[32] Gregory I, McMinn J, Shaughnessy J, et al. Hypersonic vehicle control law development using H infinity and mu-synthesis[C]. The 4th Symposium on Multidisciplinary Analysis and Optimization, Cleveland, 1992: 5010.
[33] Buschek H, Calise A J. Uncertainty modeling and fixed-order controller design for a hypersonic vehicle model[J]. Journal of Guidance, Control, and Dynamics, 1997, 20(1): 42-48.
[34] 梁冰,谭冰,段广仁.高超声速跳跃式飞行器的鲁棒控制[J].黑龙江大学自然科学学报,2007,(6): 20-24.
[35] Lohsoonthorn P, Jonckheere E, Dalzell S. Eigenstructure vs constrained H^{∞} design for hypersonic winged cone[J]. Journal of Guidance, Control, and Dynamics, 2001, 24(4): 648-658.
[36] 谭毅伦,闫杰.高超音速飞行器鲁棒控制研究[J].计算机测量与控制,2011,19(5): 1069-1072.
[37] Sigthorsson D, Jankovsky P, Serrani A, et al. Robust linear output feedback control of an airbreathing hypersonic vehicle[J]. Journal of Guidance, Control, and Dynamics, 2008, 31(4): 1052-1066.
[38] Liu Y, Lu Y. Nonlinear fuzzy robust adaptive control of a longitudinal hypersonic aircraft model[C]. IEEE International Conference on Artificial Intelligence and Computational Intelligence, Sanya, 2010, 4: 31-35.
[39] Chen M, Jiang C S, Wu Q X. Disturbance-observer-based robust flight control for hypersonic vehicles using neural networks[J]. Advanced Science Letters, 2011, 4(4-5): 1771-1775.
[40] Gibson T E, Crespo L G, Annaswamy A M. Adaptive control of hypersonic vehicles in the presence of modeling uncertainties[C]. American Control Conference, St. Louis, MO, 2009: 3178-3183.
[41] Groves K, Sigthorsson D, Serrani A, et al. Reference command tracking for a linearized model of an air-breathing hypersonic vehicle[C]. AIAA Guidance, Navigation, and Control Conference and Exhibit, San Francisco, 2005: 6144.
[42] Kuipers M, Mirmirani M, Ioannou P, et al. Adaptive control of an aeroelastic airbreathing

hypersonic cruise vehicle[C]. AIAA Guidance, Navigation and Control Conference and Exhibit, Hilton Head, 2007: 6326.

[43] Ohara A, Yamaguchi Y, Morito T. LPV modeling and gain scheduled control of re-entry vehicle in approach and landing phase[C]. AIAA Guidance, Navigation, and Control Conference and Exhibit, Montreal, 2001: 4038.

[44] Lind R. Linear parameter-varying modeling and control of structural dynamics with aerothermoelastic effects[J]. Journal of Guidance, Control, and Dynamics, 2002, 25(4): 733-739.

[45] 黄显林,葛东明.吸气式高超声速飞行器纵向机动飞行的鲁棒线性变参数控制[J].宇航学报,2010,31(7):1789-1797.

[46] 秦伟伟,郑志强,刘刚,等.高超声速飞行器的LPV鲁棒变增益控制[J].系统工程与电子技术,2011,33(6):1327-1331.

[47] Cai G, Duan G, Hu C, et al. Tracking control for air-breathing hypersonic cruise vehicle based on tangent linearization approach[J]. Journal of Systems Engineering and Electronics, 2010, 21(3): 469-475.

[48] 张增辉,杨凌宇,申功璋.高超声速飞行器大包线切换LPV控制方法[J].航空学报,2012,(9):1706-1716.

[49] Huang Y, Sun C, Qian C, et al. Polytopic LPV modeling and gain-scheduled switching control for a flexible air-breathing hypersonic vehicle[J]. Journal of Systems Engineering and Electronics, 2013, 24(1): 118-127.

[50] 王明昊,刘刚,赵鹏涛,等.高超声速飞行器的LPV变增益状态反馈H^∞控制[J].宇航学报,2013,(4):488-495.

[51] Wu L, Yang X, Li F. Nonfragile output tracking control of hypersonic air-breathing vehicles with an LPV model[J]. IEEE/ASME Transactions On Mechatronics, 2013, 18(4): 1280-1288.

[52] 刘燕斌,陆宇平.基于反步法的高超音速飞机纵向逆飞行控制[J].控制与决策,2007,22(3):313-317.

[53] 高道祥,孙增圻,罗熊,等.基于反步法的高超声速飞行器模糊自适应控制[J].控制理论与应用,2008,25(5):805-810.

[54] 高道祥,孙增圻,杜天容.高超声速飞行器基于反步法的离散控制器设计[J].控制与决策,2009,24(3):459-463.

[55] Xu B, Yang C, Pan Y. Global neural dynamic surface tracking control of strict-feedback systems with application to hypersonic flight vehicle[J]. IEEE Transactions on Neural Networks and Learning Systems, 2015, 26(10): 2563-2575.

[56] Xu B, Wang X, Shi Z. Robust adaptive neural control of nonminimum phase hypersonic vehicle model[J]. IEEE Transactions on Systems Man & Cybernetics Systems, 2019: 1-9.

[57] Zong Q, Ji Y, Zeng F, et al. Output feedback back-stepping control for a generic hypersonic vehicle via small-gain theorem[J]. Aerospace Science and Technology, 2012, 23(1): 409-417.

[58] Zong Q, Wang F, Tian B, et al. Robust adaptive dynamic surface control design for a flexible

air-breathing hypersonic vehicle with input constraints and uncertainty[J]. Nonlinear Dynamics, 2014, 78(1): 289-315.

[59] Ye L, Zong Q, Tian B, et al. Control-oriented modeling and adaptive backstepping control for a nonminimum phase hypersonic vehicle[J]. ISA Transactions, 2017, 70: 161-172.

[60] Fiorentini L, Serrani A. Adaptive restricted trajectory tracking for a non-minimum phase hypersonic vehicle model[J]. Automatica, 2012, 48(7): 1248-1261.

[61] Wang Q, Stengel R F. Robust nonlinear control of a hypersonic aircraft[J]. Journal of Guidance, Control, and Dynamics, 2000, 23(4): 577-585.

[62] Serrani A, Zinnecker A M, Fiorentini L, et al. Integrated adaptive guidance and control of constrained nonlinear air-breathing hypersonic vehicle models[C]. American Control Conference, St. Louis, MO, 2009: 3172-3177.

[63] Ji Y, Zong Q, Zeng F. Immersion and invariance based nonlinear adaptive control of hypersonic vehicles[C]. IEEE Control and Decision Conference, Taiyuan, 2012: 2025-2030.

[64] 黄福山,宗群,田栢苓,等.基于时变增益的临近空间飞行器鲁棒控制[J].控制工程,2013,20(1): 128-131.

[65] Rehman O U, Fidan B, Petersen I R. Robust minimax optimal control of nonlinear uncertain systems using feedback linearization with application to hypersonic flight vehicles[C]. Shanghai, 2009: 720-726.

[66] Rehman O U, Fidan B, Petersen I. Minimax LQR control design for a hypersonic flight vehicle[C]. The 16th AIAA/DLR/DGLR International Space Planes and Hypersonic Systems and Technologies Conference, Bremen, 2009: 7291.

[67] Rehman O U, Petersen I R, Fidan B. Robust nonlinear control of a nonlinear uncertain system with input coupling and its application to hypersonic flight vehicles[C]. IEEE International Conference on Control Applications, Yokohama, 2010: 1451-1457.

[68] Rehman O U, Petersen I R, Fidan B. Robust nonlinear control design of a hypersonic flight vehicle using minimax linear quadratic Gaussian control[C]. The 49th IEEE Conference on Decision and Control (CDC), Atlanta, 2010: 6219-6224.

[69] Ur Rehman O, Petersen I R, Fidan B. Feedback linearization-based robust nonlinear control design for hypersonic flight vehicles[J]. Proceedings of the Institution of Mechanical Engineers, Part I: Journal of Systems and Control Engineering, 2013, 227(1): 3-11.

[70] Vaddi S, Sengupta P. Controller design for hypersonic vehicles accommodating nonlinear state and control constraints[C]. AIAA Guidance, Navigation, and Control Conference, Chicago, 2009: 6286.

[71] Recasens J, Chu Q, Mulder J. Robust model predictive control of a feedback linearized system for a lifting-body re-entry vehicle[C]. AIAA Guidance, Navigation, and Control Conference and Exhibit, San Francisco, 2005: 6147.

[72] Gao G, Wang J. Reference command tracking control for an air-breathing hypersonic vehicle with parametric uncertainties[J]. Journal of the Franklin Institute, 2013, 350(5): 1155-1188.

[73] Xu H, Mirmirani M D, Ioannou P A. Adaptive sliding mode control design for a hypersonic flight vehicle[J]. Journal of Guidance, Control, and Dynamics, 2004, 27(5): 829 – 838.

[74] Hu X, Wu L, Hu C, et al. Adaptive sliding mode tracking control for a flexible air-breathing hypersonic vehicle[J]. Journal of the Franklin Institute, 2012, 349(2): 559 – 577.

[75] Zong Q, Wang J, Tao Y. Adaptive high-order dynamic sliding mode control for a flexible air-breathing hypersonic vehicle[J]. International Journal of Robust and Nonlinear Control, 2013, 23(15): 1718 – 1736.

[76] Zong Q, Wang J, Tian B, et al. Quasi-continuous high-order sliding mode controller and observer design for flexible hypersonic vehicle[J]. Aerospace Science and Technology, 2013, 27(1): 127 – 137.

[77] Wang J, Zong Q, Tian B, et al. Flight control for a flexible air-breathing hypersonic vehicle based on quasi-continuous high-order sliding mode[J]. Journal of Systems Engineering and Electronics, 2013, 24(2): 288 – 295.

[78] Cao L, Zhang D, Tang S, et al. A practical parameter determination strategy based on improved hybrid PSO algorithm for higher-order sliding mode control of air-breathing hypersonic vehicles[J]. Aerospace Science and Technology, 2016, 59: 1 – 10.

[79] 刘海东,包为民,李惠峰,等.高超声速飞行器全局有限时间姿态控制方法[J].北京航空航天大学学报,2016,42(9): 1864 – 1873.

[80] An H, Wu Q, Xia H, et al. Multiple Lyapunov function-based longitudinal maneuver control of air-breathing hypersonic vehicles[J]. International Journal of Control, 2019: 1 – 14.

[81] An H, Wu Q, Xia H, et al. Adaptive controller design for a switched model of air-breathing hypersonic vehicles[J]. Nonlinear Dynamics, 2018, 94: 1851 – 1866.

[82] Shtessel Y, McDuffie J, Jackson M, et al. Sliding mode control of the X – 33 vehicle in launch and re-entry modes[C]. Guidance, Navigation, and Control Conference and Exhibit, Boston, 1998: 4414.

[83] Hodel A S, Hall C E. Variable-structure PID control to prevent integrator windup[J]. IEEE Transactions on Industrial Electronics, 2001, 48(2): 442 – 451.

[84] Lian B, Bang H, Hurtado J. Adaptive backstepping control based autopilot design for reentry vehicle[C]. AIAA Guidance, Navigation, and Control Conference and Exhibit, Rhode Island, 2004: 5328.

[85] 刘宇超,郭建国,周军,等.基于新型快速终端滑模的高超声速飞行器姿态控制[J].航空学报,2015,36(7): 2372 – 2380.

[86] 王婕,宗群,田栢苓,等.基于拟连续高阶滑模的高超声速飞行器再入姿态控制[J].控制理论与应用,2014,31(9): 1166 – 1173.

[87] 韩钊,宗群,田栢苓,等.基于终端滑模的高超声速飞行器姿态控制[J].控制与决策,2013,28(2): 259 – 263.

[88] 黄国勇,姜长生,薛雅丽.新型自适应终端滑模控制及其应用[J].航空动力学报,2008,23(1): 156 – 162.

[89] 董琦,宗琦,王芳,等.基于光滑二阶滑模的可重复使用运载器有限时间再入姿态控制[J].控制理论与应用,2015,(4): 31 – 38.

[90] Tian B, Yin L, Wang H. Finite-time reentry attitude control based on adaptive multivariable disturbance compensation[J]. IEEE Transactions on Industrial Electronics, 2015, 62(9): 5889－5898.

[91] Cotting M, Burken J. Reconfigurable control design for the full X－33 flight envelope[C]. AIAA Guidance, Navigation, and Control Conference and Exhibit, Montreal, 2001: 4379.

[92] Mu R, Zhang X. Control allocation design of reaction control system for reusable launch vehicle[J]. Abstract and Applied Analysis, 2014, (1): 1－13.

[93] 宁国栋,张曙光,方振平.跨大气层飞行器再入段 RCS 控制特性[J].飞行力学,2005,23(3): 16－20.

[94] 周宇,黄一敏,孙春贞.基于脉宽调制的反作用控制系统技术[J].信息与电子工程,2012,10(4): 446－450.

[95] Lee H, Chang M, Kaiser M. Flight dynamics and stability and control characteristics of the X－33 technology demonstrator vehicle[C]. AIAA Guidance, Navigation, and Control Conference and Exhibit, Boston, 1998: 4410.

[96] Shertzer R, Zimpfer D, Brown P. Control allocation for the next generation of entry vehicles[C]. AIAA Guidance, Navigation, and Control Conference and Exhibit, Monterey, 2002: 4849.

[97] Liang D, Song J, Cai G. Control system design for hypersonic reentry vehicle driven by RCS based on modified phase plane method[C]. The 32nd Chinese Control Conference, Xi'an, 2013: 2372－2376.

[98] Wang M, Xie Y. A dimension-reduction algorithm for spacecraft control allocation based on the optimal thruster combination table[C]. The 32nd Chinese Control Conference, Xi'an, 2013: 2344－2349.

[99] 郭建国,张添保,周军,等.再入飞行器的 RCS 控制系统设计[J].固体火箭技术,2017,40(4): 511－516.

[100] 樊朋飞,凡永华,闫杰.升力式再入飞行器大动压下横侧向 RCS 姿态控制方法研究[J].西北工业大学学报,2019,37(1): 28－34.

[101] Doman D B, Gamble B J, Ngo A D. Quantized control allocation of reaction control jets and aerodynamic control surfaces[J]. Journal of Guidance, Control, and Dynamics, 2009, 32(1): 13－24.

[102] Doman D, Gamble B, Ngo A. Control allocation of reaction control jets and aerodynamic surfaces for entry vehicles[C]. AIAA Guidance, Navigation and Control Conference and Exhibit, Hillton Head, 2007: 6778.

[103] Paradiso J A. Adaptable method of managing jets and aerosurfaces for aerospace vehicle control[J]. Journal of Guidance, Control, and Dynamics, 1991, 14(1): 44－50.

[104] 贺成龙,陈欣,杨一栋.一种动态逆解算的 RLV 混合规划控制分配研究[J].系统工程与电子技术,2010,32(9): 1973－1976,2008.

[105] Dukeman G. Profile-following entry guidance using linear quadratic regulator theory[C]. AIAA Guidance, Navigation, and Control Conference and Exhibit, Monterey, 2002: 4457.

[106] Lu P, Hanson J M. Entry guidance for the X－33 vehicle[J]. Journal of Spacecraft and

Rockets, 1998, 35(3): 342 - 349.

[107] Lu P. Regulation about time-varying trajectories: Precision entry guidance illustrated[J]. Journal of Guidance, Control, and Dynamics, 1999, 22(6): 784 - 790.

[108] 徐明亮,陈克俊,刘鲁华,等.高超声速飞行器准平衡滑翔自适应制导方法[J].中国科学(技术科学),2012,42(4): 378 - 387.

[109] 王建华,刘鲁华,王鹏,等.高超声速飞行器纵向平面滑翔飞行制导控制方法[J].国防科技大学学报,2017,39(1): 58 - 66.

[110] Mease K, Chen D, Teufel P, et al. Reduced-order entry trajectory planning for acceleration guidance[J]. Journal of Guidance, Control, and Dynamics, 2002, 25(2): 257 - 266.

[111] Saraf A, Leavitt J, Chen D, et al. Design and evaluation of an acceleration guidance algorithm for entry[J]. Journal of Spacecraft and Rockets, 2004, 41(6): 986 - 996.

[112] Bairstow S H. Reentry guidance with extended range capability for low L/D spacecraft[D]. Massachusetts Institute of Technology, 2006.

[113] Zimmermann F, Calise A. Aeroassisted orbital transfer trajectory optimization using direct methods[C]. The 20th Atmospheric Flight Mechanics Conference, Baltimore, 1995: 3478.

[114] Leavitt J A, Mease K D. Feasible trajectory generation for atmospheric entry guidance[J]. Journal of Guidance, Control, and Dynamics, 2007, 30(2): 473 - 481.

[115] Shen Z, Lu P. Onboard generation of three-dimensional constrained entry trajectories[J]. Journal of Guidance, control, and Dynamics, 2003, 26(1): 111 - 121.

[116] Zimmerman C, Dukeman G, Hanson J. Automated method to compute orbital reentry trajectories with heating constraints[J]. Journal of Guidance, Control, and Dynamics, 2003, 26(4): 523 - 529.

[117] Rao A, Clarke K. Performance optimization of a maneuvering re-entry vehicle using a legendre pseudospectral method[C]. AIAA Atmospheric Flight Mechanics Conference and Exhibit, Monterey, 2002: 4885.

[118] 胡建学,陈克俊,赵汉元,等.RLV 再入标准轨道制导与轨道预测制导方法比较分析[J].国防科技大学学报,2007,(1): 30 - 33,38.

[119] 胡建学,陈克俊,赵汉元,等.RLV 再入混合制导方法研究[J].宇航学报,2007,28(1): 213 - 217.

[120] 陈敬志,杨一栋.一种新的空间飞行器再入制导律研究[J].飞行力学,2007,(3): 60 - 63.

[121] 张钊,胡军,王勇.基于特征模型的再入飞行器制导律设计[J].空间控制技术与应用,2010,(4): 12 - 17.

[122] 方群,李新三.临近空间高超声速无动力滑翔飞行器最优轨迹设计及制导研究[J].宇航学报,2008,29(5): 1485 - 1491.

[123] Leondes C, Osgood W. Optimization of three-dimensional reentry trajectories[J]. IEEE Transactions on Aerospace and Electronic Systems, 1969, (2): 345 - 346.

[124] Allen H J, Eggers JR A J. A study of the motion and aerodynamic heating of missiles entering the earth's atmosphere at high supersonic speeds[R]. NACA Technical Reports UNT Digital Library. 1953.

[125] Chapman D R. An Approximate Analytical Method for Studying Entry into Planetary Atmospheres[M]. Boston: US Government Printing Office, 1959: 4276.
[126] Roenneke A. Adaptive on-board guidance for entry vehicles [C]. AIAA Guidance, Navigation, and Control Conference and Exhibit, Montreal, 2001: 4048.
[127] Kaluzhskikh Y. Guide algorithm for an atmospheric re-entry vehicle[C]. AIAA Atmospheric Flight Mechanics Conference and Exhibit, Providence, 2004: 5285.
[128] Youssef H, Chowdhry R, Lee H, et al. Predictor-corrector entry guidance for reusable launch vehicles[C]. AIAA Guidance, Navigation, and Control Conference and Exhibit, Montreal, 2001: 4043.
[129] Lu P. Predictor-corrector entry guidance for low-lifting vehicles[J]. Journal of Guidance, Control, and Dynamics, 2008, 31(4): 1067-1075.
[130] Masciarelli J, Westhelle C, Graves C. Aerocapture guidance performance for the neptune orbiter[C]. AIAA Atmospheric Flight Mechanics Conference and Exhibit, Rhode Island, 2004: 4954.
[131] 赵汉元,陈克俊.再入机动弹头的速度控制[J].国防科技大学学报,1993,(2): 11-17.
[132] 吴了泥,杨一栋,黄一敏.RLV 亚轨道再入段制导技术[J].系统工程与电子技术,2009,31(12): 2942-2945.
[133] 方炜,姜长生,朱亮.空天飞行器再入制导的预测控制[J].宇航学报,2006,27(6): 1216-1222.
[134] 李强,夏群利,崔莹莹,等.基于大气预估的 RLV 再入预测制导研究[J].北京理工大学学报,2013,(1): 88-92.
[135] 王建华,刘鲁华,汤国建.高超声速飞行器俯冲段制导与姿控系统设计[J].宇航学报,2016,37(8): 964-973.
[136] 何睿智,刘鲁华,汤国建,等.高超声速滑翔飞行器变轨段自适应跟踪制导方法[J].国防科技大学学报,2016,38(5): 99-104.
[137] 赵暾,王鹏,刘鲁华,等.带落角约束的高超声速飞行器一体化制导控制[J].控制理论与应用,2015,(7): 72-80.
[138] 王建华,刘鲁华,王鹏,等.高超声速飞行器俯冲段制导控制一体化设计方法[J].航空学报,2017,38(3): 202-214.
[139] 王松艳,孙向宇,杨胜江,等.考虑输入饱和的制导控制一体化设计[J].航空学报,2017,38(10): 177-187.
[140] 李鲲,严晗,季海波,等.基于向量 Lyapunov 函数方法的高超声速飞行器着陆段一体化导引与控制律设计[J].战术导弹技术,2017,(4): 95-102.
[141] 周东华,叶银忠.现代故障诊断与容错控制[M].北京: 清华大学出版社,2000.
[142] Blanke M, Kinnaert M, Lunze J, et al. Diagnosis and fault-tolerant control[M]. Berlin: Springer, 2006.
[143] Basin M, Calderon-Alvarez D. Sliding mode regulator as solution to optimal control problem for nonlinear polynomial systems[C]. American Control Conference, St. Louis, MO, 2009: 83-88.
[144] Zhao J, Jiang B, Shi P, et al. Adaptive dynamic sliding mode control for near space

vehicles under actuator faults[J]. Circuits, Systems, and Signal Processing, 2013, 32(5): 2281-2296.

[145] Sun J G, Song S M, Wu G Q. Fault-tolerant track control of hypersonic vehicle based on fast terminal sliding mode[J]. Journal of Spacecraft and Rockets, 2017, 54(6): 1304-1316.

[146] Hu Q, Huo X, Xiao B. Reaction wheel fault tolerant control for spacecraft attitude stabilization with finite-time convergence[J]. International Journal of Robust and Nonlinear Control, 2013, 23(15): 1737-1752.

[147] Shen Q, Wang D, Zhu S, et al. Integral-type sliding mode fault-tolerant control for attitude stabilization of spacecraft[J]. IEEE Transactions on Control Systems Technology, 2014, 23(3): 1131-1138.

[148] Kanellakopoulos I, Kokotovic P V, Morse A S. Systematic design of adaptive controllers for feedback linearizable systems[C]. American Control Conference, Boston, 1991: 649-654.

[149] Wang J, Zong Q, He X, et al. Adaptive finite-time control for a flexible hypersonic vehicle with actuator fault[J]. Mathematical Problems in Engineering, 2013, 920796: 1-10.

[150] Cieslak J, Henry D, Zolghadri A, et al. Development of an active fault-tolerant flight control strategy[J]. Journal of guidance, control, and dynamics, 2008, 31(1): 135-147.

[151] 贺娜,姜斌,齐瑞云.基于模型预测控制的近空间飞行器容错跟踪控制[J].航天控制,2012,30(6): 54-64.

[152] Xu B, Shi Z, Sun F, et al. Barrier Lyapunov function based learning control of hypersonic flight vehicle with AOA constraint and actuator faults [J]. IEEE Transactions on Cybernetics, 2019, 49(3): 1047-1057.

[153] An H, Fidan B, Liu J, et al. Adaptive fault-tolerant control of air-breathing hypersonic vehicles robust to input nonlinearities[J]. International Journal of Control, 2019, 92(5): 1044-1060.

[154] Gao Z, Jiang B, Shi P, et al. Active fault tolerant control design for reusable launch vehicle using adaptive sliding mode technique[J]. Journal of the Franklin Institute, 2012, 349(4): 1543-1560.

[155] Gao Z, Jiang B, Qi R, et al. Robust reliable control for a near space vehicle with parametric uncertainties and actuator faults[J]. International Journal of Systems Science, 2011, 42(12): 2113-2124.

[156] Xu Y, Jiang B, Gang T, et al. Fault tolerant control for a class of nonlinear systems with application to near space vehicle[J]. Circuits Systems & Signal Processing, 2011, 30(3): 655-672.

[157] Shen Q, Jiang B, Cocquempot V. Fault diagnosis and estimation for near-space hypersonic vehicle with sensor faults[J]. Proceedings of the Institution of Mechanical Engineers, Part I: Journal of Systems and Control Engineering, 2012, 226(3): 302-313.

[158] Shen Q, Jiang B, Cocquempot V. Fault-tolerant control for T-S fuzzy systems With application to near-space hypersonic vehicle with actuator faults[J]. IEEE Transactions on Fuzzy Systems, 2011, 20: 652-665.

[159] Meng Y, Jiang B, Qi R. Adaptive fault-tolerant attitude tracking control of hypersonic vehicle subject to unexpected centroid-shift and state constraints[J]. Aerospace Science and Technology, 2019, 95: 105515.

[160] Meng Y, Jiang B, Qi R, et al. Fault-tolerant anti-windup control for hypersonic vehicles in reentry based on ISMDO [J]. Journal of the Franklin Institute, 2018, 355 (5): 2067 - 2090.

[161] Zhao J, Jiang B, Xie F, et al. Adaptive sliding mode backstepping control for near space vehicles considering engine faults [J]. Journal of Systems Engineering and Electronics, 2018,29(2): 343 - 351.

[162] Ren W, Jiang B, Yang H. Fault-tolerant control of singularly perturbed systems with applications to hypersonic vehicles [J]. IEEE Transactions on Aerospace and Electronic Systems, 2019, 55(6): 3003 - 3015.

[163] 黄宇海,齐瑞云,姜斌,等.基于动态面反步法控制的高超声速飞行器自适应故障补偿设计[J].中国科学技术大学学报,2012,42(9): 768 - 774.

[164] Qi R, Huang Y, Jiang B, et al. Adaptive backstepping control for a hypersonic vehicle with uncertain parameters and actuator faults[J]. Proceedings of the Institution of Mechanical Engineers, Part I: Journal of Systems & Control Engineering, 2013, 227(1): 51 - 61.

[165] He J, Qi R, Jiang B, et al. Adaptive output feedback fault-tolerant control design for hypersonic flight vehicles [J]. Journal of the Franklin Institute, 2015, 352 (5): 1811 - 1835.

[166] Tang T, Qi R, Jiang B. Adaptive nonlinear generalized predictive control for hypersonic vehicle with unknown parameters and control constraints[J]. Proceedings of the Institution of Mechanical Engineers, 2019, 233(2): 510 - 532.

[167] Xu B, Qi R, Jiang B. Adaptive fault-tolerant control for HSV with unknown control direction [J]. IEEE Transactions on Aerospace & Electronic Systems, 2019, 55(6): 2743 - 2758.

[168] He J, Qi R, Jiang B, et al. Fault-tolerant control with mixed aerodynamic surfaces and RCS jets for hypersonic reentry vehicles[J]. Chinese Journal of Aeronautics, 2017, 30(2): 318 - 333.

[169] Zhai R, Qi R, Jiang B. Adaptive sliding mode fault-tolerant control for hypersonic vehicle based on radial basis function neural networks [J]. International Journal of Advanced Robotic Systems, 2017, 14(3): 1 - 11.

[170] Zhai R, Qi R, Zhang J. Compound fault-tolerant attitude control for hypersonic vehicle with reaction control systems in reentry phase[J]. ISA Transactions, 2019, 90: 123 - 137.

[171] 董旺,齐瑞云,姜斌.空天飞行器直接力/气动力复合容错控制[J].航空学报,2020,41(11): 83 - 96.

[172] Gao Z F, Lin J X, Cao T. Robust fault tolerant tracking control design for a linearized hypersonic vehicle with sensor fault[J]. International Journal of Control, Automation and Systems, Springer, 2015, 13(3): 672 - 679.

[173] Chen F, Niu J, Jiang G. Nonlinear fault-tolerant control for hypersonic flight vehicle with multi-sensor faults[J]. IEEE Access, IEEE, 2018, 6: 25427 - 25436.

[174] Halbe O, Raja R G, Padhi R. Robust reentry guidance of a reusable launch vehicle using model predictive static programming[J]. Journal of Guidance, Control, and Dynamics, 2013, 37(1): 134 - 148.

[175] Jiang Z, Ordóñez R. On-line robust trajectory generation on approach and landing for reusable launch vehicles[J]. Automatica, 2009, 45(7): 1668 - 1678.

[176] Schierman J, Hull J, Ward D. On-line trajectory command reshaping for reusable launch vehicles[C]. AIAA Guidance, Navigation, and Control Conference and Exhibit, Austin, 2003: 5439.

[177] Schierman J D, Ward D G, Hull J R, et al. Adaptive guidance systems for hypersonic reusable launch vehicles[C]. 2001 IEEE Aerospace Conference Proceedings (Cat. No. 01TH8542), Big Sky, 2001, 6: 2657 - 2668.

[178] Ross I M, Sekhavat P, Fleming A, et al. Optimal feedback control: foundations, examples, and experimental results for a new approach[J]. Journal of Guidance, Control, and Dynamics, 2008, 31(2): 307 - 321.

[179] Yan H, Ross I M, Alfriend K T. Pseudospectral feedback control for three-axis magnetic attitude stabilization in elliptic orbits[J]. Journal of Guidance, Control, and Dynamics, 2007, 30(4): 1107 - 1115.

[180] Oppenheimer M, Doman D, Bolender M. A method for estimating control failure effects for aerodynamic vehicle trajectory retargeting[C]. AIAA Guidance, Navigation, and Control Conference and Exhibit, Rhode Island, 2004: 5169.

[181] 解永锋,唐硕.基于伪谱法的亚轨道返回轨迹在线重构方法[J].飞行力学,2011, 29(6): 63 - 67.

[182] 钱佳淞,齐瑞云.基于 NFTET 的高超声速飞行器再入容错制导[J].航空学报,2015, (10): 181 - 192.

[183] 郭小平,齐瑞云.基于 NFTET 的高超声速飞行器鲁棒轨迹重构设计[J].南京航空航天大学学报,2017,(s1): 88 - 94.

[184] 呼卫军,周军,常晶,等.RLV 应急再入轨迹规划问题的动态伪谱法求解[J].宇航学报,2015,36(11): 1255 - 1261.

[185] 宋征宇,王聪,巩庆海.运载火箭上升段推力下降故障的自主轨迹规划方法[J].中国科学: 信息科学,2019,(11): 1472 - 1487.

第 2 章

高超声速飞行器的运动方程

高超声速飞行器作为一种飞行速度超高、飞行空域大、飞行环境变化剧烈的新型飞行器，其动态相比于传统飞行器更特殊，具有强非线性、交叉耦合性、大不确定性、快时变性、非最小相位行为等特点。一方面，只有建立准确的数学模型才能为其设计高性能的控制和制导方法；另一方面，为了降低制导和控制的设计与实现难度，需要在合理假设下对模型进行适当的简化。目前，在高超声速飞行器的模型构建与模型分析方面，已有许多重要的研究成果面世。1990 年，NASA 兰利研究中心基于风洞试验建立了高超声速飞行器的 Winged-cone 模型[1]。该模型提供了较为详细的气动数据，为早期针对高超声速飞行的制导与控制研究提供了模型基础[2-4]。但是该模型没有采用机身-发动机一体化设计，因此模型没有体现气推耦合效应，也没有考虑机体和舵面弹性变形的影响。美国加利福尼亚大学洛杉矶分校的研究人员和美国空军合作，以 X－43A 高超声速飞行器验证机为原型，利用计算流体动力学（computational fluid dynamics，CFD）仿真技术获得了完整的气动数据，在此基础上建立了包含气推耦合效应的 CSULA－GHV 模型[5-7]。该模型采用了吸气式发动机设计，考虑了机身-发动机一体化设计结构对气动及受力的影响。美国空军研究实验室的 Doman 等基于 X－43A 飞行器的构型，建立了基于机理分析的 First Principle 模型[8-10]。该系列 First Principle 模型考虑了刚体和弹性变形的耦合效应、气动热引起的黏性效应、鸭翼和升降舵面上的激波和膨胀波的交互特性等复杂因素的影响，是目前针对高超声速飞行器建立的最复杂的模型。天津大学宗群团队 2016 年出版了《高超声速飞行器建模与模型验证》一书[11]，其对高超声速飞行器典型模型、模型简化及验证技术进行了系统性的梳理和描述，为高超声速飞行器制导与控制技术的发展提供了重要的设计参考。

本书主要探讨高超声速飞行器的容错控制与轨迹重构问题，本章介绍的内容旨在为后面的制导与控制设计提供模型基础。本章的内容安排如下：2.1 节介绍高超声速飞行器的六自由度模型；2.2 节介绍两种典型的高超声速飞行器纵向动态模型：Winged-cone 刚体模型和非最小相位弹性模型；2.3 节介绍高超声速飞行器再入段质心运动和姿态模型；2.4 节为本章小结。

2.1　高超声速飞行器的六自由度运动方程

本节给出的高超声速飞行器的六自由度方程包括质心平动三自由度运动学和动力学方程、绕质心转动三自由度运动学和动力学方程。首先，定义坐标系和状态量，并得到状态变量间的转换关系。然后，根据牛顿第二定律、欧拉定律、伐里农定理(Varignon's Theorem)等，推得质心运动学方程、质心动力学方程、绕质心运动学方程和绕质心动力学方程，最终获得十二状态六自由度刚体飞行器模型。其中，质心平动和绕质心转动动力学模型包括推进力部分和空气动力部分，前者取决于装配的发动机的动态模型，后者是通过对风洞试验获得的气动数据进行拟合得到的。本节不涉及具体的高超声速飞行器型号，因此这里在介绍动力学方程时仅给到速度和角速度矢量的变化率与所受外力和外力矩的关系，不给出具体的推进力模型和气动力拟合模型。

高超声速飞行器本质上是一个非线性时变系统，且机体可能发生弹性变形。另外，地球本身也不是一个规则的球体，存在偏心率、离心加速度等。为了得到面向控制的简明实用的运动方程，在建立六自由度运动方程时基于以下假设。

假设 2.1　忽略地面曲率，不考虑地球自转的影响，大气均匀干洁并相对地球是静止的。

假设 2.2　忽略机体、机翼上挠性、弹性等因素，将飞行器视为理想的刚体，其质心位置和转动惯量视为飞行器质量的函数，且质心位置的变动方向沿机体轴纵轴。

假设 2.3　飞行器关于纵剖面是对称的，其质量分布也是对称的，则惯性积 $I_{xy} = I_{yz} = 0$。

飞行器模型的建立，只有在一定的坐标体系下，才有参照意义。常用的参考坐标系有铅垂地面坐标系、机体坐标系、气流坐标系、航迹坐标系等。在以上假设的基础上,下面对较重要的几个坐标系给出定义[12]。

2.1.1 坐标系和状态变量定义

1. 坐标系

为了明确描述高超声速飞行器涉及的各种物理量,相关的坐标系定义如下。

1) 铅垂地面坐标系($O_UX_UY_UZ_U$,U-frame)

原点 O_U 位于地球表面任意位置,O_UX_U 和 O_UY_U 在平行于赤道平面的水平面内,X_U 轴指向北方,Y_U 轴平行于赤道平面指向东方,Z_U 轴垂直于地面指向地心。

2) 机体坐标系($OX_BY_BZ_B$,B-frame)

坐标系与飞行器固连,原点 O 在飞行器质心,X_B 轴沿飞行器结构纵轴指向前,Z_B 轴在飞行器对称平面内与 X_B 轴垂直指向下,Y_B 轴与 X_BZ_B 平面垂直指向右方。

3) 气流坐标系($OX_AY_AZ_A$,A-frame)

坐标系与飞行器固连,原点 O 位于飞行器质心,X_A 轴与飞行器对空速度方向重合,Z_A 轴在飞行器对称平面内与 X_A 轴垂直指向下,Y_A 轴垂直于 X_AZ_A 平面指向右方。

4) 航迹坐标系($OX_TY_TZ_T$,T-frame)

坐标系与飞行器固连,原点 O 位于飞行器质心,X_T 轴与飞行器对地速度方向重合,Z_T 轴在包含对地速度的铅垂平面内与 X_T 轴垂直指向下,Y_T 轴垂直于 X_TZ_T 平面且用右手定则确定。

2. 状态变量

基于铅垂地面坐标系 $O_UX_UY_UZ_U$、机体坐标系 $OX_BY_BZ_B$、气流坐标系 $OX_AY_AZ_A$ 及航迹坐标系 $OX_TY_TZ_T$,对高超声速飞行器的状态变量进行定义。飞行器的状态变量包括描述机体位置的变量和描述机体姿态的变量。

飞行器位置变量是定义在铅垂地面坐标系 $O_UX_UY_UZ_U$ 中的物理量,用来描述机体质心在空间中的坐标,具体定义如表 2.1 所示。飞行器的姿态变量通常被称为欧拉角,包括以下三类:基于航迹坐标系 $OX_TY_TZ_T$ 和铅垂地面坐标系 $O_UX_UY_UZ_U$ 的飞行航迹角;基于气流坐标系 $OX_AY_AZ_A$ 和机体坐标系 $OX_BY_BZ_B$ 的气动角;基于机体坐标系 $OX_BY_BZ_B$ 和铅垂地面坐标系 $O_UX_UY_UZ_U$ 的姿态角。具体定义及四个坐标系与八个欧拉角间的关系如表 2.2~表 2.4 所示。

表 2.1　位置变量定义表

状态量	物理意义	定　　义	单　位
x	前向位置	机体质心位置矢量在铅垂地面坐标系的 O_UX_U 轴上的投影	m
y	侧向位置	机体质心位置矢量在铅垂地面坐标系的 O_UY_U 轴上的投影	m
h	高　度	机体质心位置矢量在铅垂地面坐标系的 O_UZ_U 轴负向上的投影	m

表 2.2　姿态变量——飞行航迹角定义表

状态量	物理意义	定　　义	单　位
χ	航向角	航迹坐标系的 OX_T 轴在铅垂地面坐标系的 $X_UO_UY_U$ 面上的投影与 O_UX_U 轴的夹角	rad
γ	航迹角	航迹坐标系的 OX_T 轴在铅垂地面坐标系的 $X_UO_UY_U$ 面的夹角	rad
σ	倾侧角	航迹坐标系的 OZ_T 轴与气流坐标系的 OZ_A 轴的夹角	rad

表 2.3　姿态变量——气动角定义表

状态量	物理意义	定　　义	单　位
α	攻　角	气流坐标系的 OX_A 轴在机体坐标系的 X_BOY_B 面上的投影与 OX_B 轴的夹角	rad
β	侧滑角	气流坐标系的 OX_A 轴在机体坐标系的 X_BOY_B 面的夹角	rad

表 2.4　姿态变量——姿态角定义表

状态量	物理意义	定　　义	单　位
ψ	偏航角	机体坐标系的 OX_B 轴在铅垂地面坐标系的 $X_UO_UY_U$ 面上的投影与 OX_U 轴的夹角	rad
θ_q	俯仰角	机体坐标系的 OX_B 轴在铅垂地面坐标系的 $X_UO_UY_U$ 面的夹角	rad

（续表）

状态量	物理意义	定　　义	单　位
ϕ	滚转角	机体坐标系的 OZ_B 轴与机头所在的 OX_B 轴的铅垂面的夹角	rad

3. 坐标系变换

描述高超声速飞行器运动的常用坐标系为铅垂地面坐标系 $O_UX_UY_UZ_U$、机体坐标系 $OX_BY_BZ_B$、气流坐标系 $OX_AY_AZ_A$ 及航迹坐标系 $OX_TY_TZ_T$。四个坐标系可以借助下列旋转矩阵实现相互变换[10]。

铅垂地面坐标系 $O_UX_UY_UZ_U$ 到机体坐标系 $OX_BY_BZ_B$ 的旋转矩阵为

$$
{}_U^B\boldsymbol{R}=\begin{bmatrix}\cos\theta_q\cos\psi & \cos\theta_q\sin\psi & -\sin\theta_q\\ \sin\phi\sin\theta_q\cos\psi-\cos\phi\sin\psi & \sin\phi\sin\theta_q\sin\psi+\cos\phi\cos\psi & \sin\phi\cos\theta_q\\ \cos\phi\sin\theta_q\cos\psi+\sin\phi\sin\psi & \cos\phi\sin\theta_q\sin\psi-\sin\phi\cos\psi & \cos\phi\cos\theta_q\end{bmatrix} \tag{2.1}
$$

铅垂地面坐标系 $O_UX_UY_UZ_U$ 到航迹坐标系 $OX_TY_TZ_T$ 的旋转矩阵为

$$
{}_U^T\boldsymbol{R}=\begin{bmatrix}\cos\gamma\cos\chi & \cos\gamma\sin\chi & -\sin\gamma\\ -\sin\chi & \cos\chi & 0\\ \sin\gamma\cos\chi & \sin\gamma\sin\chi & \cos\gamma\end{bmatrix} \tag{2.2}
$$

铅垂地面坐标系 $O_UX_UY_UZ_U$ 和气流坐标系 $OX_AY_AZ_A$ 间的旋转矩阵为

$$
{}_U^A\boldsymbol{R}=\begin{bmatrix}\cos\gamma\cos\chi & \cos\gamma\sin\chi & -\sin\gamma\\ \sin\sigma\sin\gamma\cos\chi-\cos\sigma\sin\chi & \sin\sigma\sin\gamma\sin\chi+\cos\sigma\cos\chi & \sin\sigma\cos\gamma\\ \cos\sigma\sin\gamma\cos\chi+\sin\sigma\sin\chi & \cos\sigma\sin\gamma\sin\chi-\sin\sigma\cos\chi & \cos\sigma\cos\gamma\end{bmatrix} \tag{2.3}
$$

机体坐标系 $OX_BY_BZ_B$ 和气流坐标系 $OX_AY_AZ_A$ 间的旋转矩阵为

$$
{}_B^A\boldsymbol{R}=\begin{bmatrix}\cos\alpha\cos\beta & \sin\beta & \sin\alpha\cos\beta\\ -\cos\alpha\sin\beta & \cos\beta & -\sin\alpha\sin\beta\\ -\sin\alpha & 0 & \cos\alpha\end{bmatrix} \tag{2.4}
$$

4. 欧拉角变换

航迹坐标系 $OX_TY_TZ_T$ 相对于机体坐标系 $OX_BY_BZ_B$ 的姿态既可以基于气流坐标系 $OX_AY_AZ_A$ 由 σ、α、β 表示，又可以基于铅垂地面坐标系 $O_UX_UY_UZ_U$ 由 χ、γ、ψ、θ_q、ϕ 表示。σ、α、β 和 χ、γ、ψ、θ_q、ϕ 之间的变换关系如下：

$$\begin{aligned}
\sin\beta &= \cos\gamma[\sin\phi\sin\theta_q\cos(\psi-\chi) - \cos\phi\sin(\psi-\chi)] - \sin\gamma\sin\phi\cos\theta_q \\
\sin\alpha &= \frac{\cos\gamma[\cos\phi\sin\theta_q\cos(\psi-\chi) + \sin\phi\sin(\psi-\chi)] - \sin\gamma\cos\phi\cos\theta_q}{\cos\beta} \\
\sin\sigma &= \frac{\sin\gamma[\sin\phi\sin\theta_q\cos(\psi-\chi) - \cos\phi\sin(\psi-\chi)] + \cos\gamma\sin\phi\cos\theta_q}{\cos\beta}
\end{aligned} \tag{2.5}$$

基于本节定义的坐标系和状态变量，2.1.2 节将建立高超声速飞行器刚体六自由度模型，包括质心平动运动学方程和绕质心转动运动学方程，分别用于描述飞行器在空间的位置和姿态。

2.1.2　质心平动方程

质心平动方程用于描述高超声速飞行器在空间的位置信息，由质心平动运动学方程和质心平动动力学方程组成。

1. 质心平动运动学方程

刚体质心在空间的位置由前向位置 x、侧向位置 y 和高度 h 决定，其位移矢量的变化率由速度矢量 $\boldsymbol{V}$、航迹角 γ、航向角 χ 共同决定。

在铅垂地面坐标系下，速度矢量 $\boldsymbol{V}^U$ 为三个未知变量对时间的微分：$\boldsymbol{V}^U = [\mathrm{d}x/\mathrm{d}t \quad \mathrm{d}y/\mathrm{d}t \quad -\mathrm{d}h/\mathrm{d}t]^T$，在航迹坐标系下，速度矢量 $\boldsymbol{V}^T = [V \quad 0 \quad 0]^T$，由式(2.2)的转置可得航迹坐标系到铅垂地面坐标系下的转换矩阵：

$$ {}_T^U\boldsymbol{R} = \begin{bmatrix} \cos\gamma\cos\chi & -\sin\chi & \sin\gamma\cos\chi \\ \chi\cos\gamma\sin\chi & \cos\chi & \sin\gamma\sin\chi \\ -\sin\gamma & 0 & \cos\gamma \end{bmatrix} \tag{2.6}$$

基于式(2.6)，可将航迹坐标系下的速度矢量变换到铅垂地面坐标系下：

$$\boldsymbol{V}^U = {}_T^U\boldsymbol{R}\boldsymbol{V}^T \tag{2.7}$$

得到质心平动运动学方程：

$$\begin{aligned}\dot{x} &= V\cos\gamma\cos\chi \\ \dot{y} &= V\cos\gamma\sin\chi \\ \dot{h} &= V\sin\gamma\end{aligned} \tag{2.8}$$

当飞行器的平动运动学方程基于球体坐标系时,即以经度 l_θ、纬度 l_ϕ、矢径 R 表示飞行的实际位置,可得运动学方程[13,14]为

$$\begin{aligned}\dot{R} &= V\sin\gamma \\ \dot{l}_\theta &= \frac{V\cos\gamma\sin\chi}{R\cos l_\phi} \\ \dot{l}_\phi &= \frac{V\cos\gamma\cos\chi}{R}\end{aligned} \tag{2.9}$$

式(2.8)和式(2.9)都是对飞行器在空间中实际位置的描述,不同之处在于一个是铅垂地面坐标系下的运动学方程,一个是球体坐标系下的运动学方程。

2. 质心平动动力学方程

根据牛顿第二定律,在惯性坐标系下质点相对运动微分方程为

$$m\frac{\mathrm{d}\boldsymbol{V}^{\mathrm{U}}}{\mathrm{d}t} = \boldsymbol{F}^{\mathrm{U}} \tag{2.10}$$

式中, m 为飞行器质量; $\boldsymbol{V}^{\mathrm{U}}$ 为惯性坐标系下质心的速度矢量; $\boldsymbol{F}^{\mathrm{U}}$ 为作用于质心处外力的合力矢量。

由于牛顿第二定律是在惯性坐标系下成立的,本书中将铅垂地面坐标系视为惯性坐标系,其他坐标系均为非惯性坐标系,因此需要将其他坐标系下的矢量变换到铅垂地面坐标系下,涉及时间导数在不同坐标系下的变换,从航迹坐标系对铅垂地面坐标系的变换为例,具体如下:

$$\frac{\mathrm{d}\boldsymbol{V}^{\mathrm{U}}}{\mathrm{d}t} = {}_{\mathrm{T}}^{\mathrm{U}}\boldsymbol{R}\frac{\mathrm{d}\boldsymbol{V}^{\mathrm{T}}}{\mathrm{d}t} + \boldsymbol{\omega}_{\mathrm{T}}^{\mathrm{U}} \times \boldsymbol{V}^{\mathrm{U}} \tag{2.11}$$

式中, $\mathrm{d}\boldsymbol{V}^{\mathrm{U}}/\mathrm{d}t$ 表示高超声速飞行器速度矢量相对于铅垂地面坐标系的时间导数; $\mathrm{d}\boldsymbol{V}^{\mathrm{T}}/\mathrm{d}t$ 表示高超声速飞行器速度矢量相对于航迹坐标系的时间导数; $\boldsymbol{\omega}_{\mathrm{T}}^{\mathrm{U}}$ 为航迹坐标系相对于铅垂地面坐标系的角速度矢量:

$$\boldsymbol{\omega}_{\mathrm{T}}^{\mathrm{U}} = [\,-\dot{\chi}\sin\gamma \quad \dot{\gamma} \quad \dot{\chi}\cos\gamma\,]^{\mathrm{T}} \tag{2.12}$$

合外力 $\boldsymbol{F}^{\mathrm{U}}$ 一般由飞行器受到的重力、推力和气动力组成。重力矢量通常在

铅垂地面坐标系下表示：$\boldsymbol{G}^{\mathrm{U}}=[0\quad 0\quad mg]^{\mathrm{T}}$；气动力矢量通常在气流坐标系下表示：$\boldsymbol{F}_{\mathrm{a}}^{\mathrm{A}}=[-D\quad Y\quad -L]^{\mathrm{T}}$；推力矢量通常在机体坐标系下表示：$\boldsymbol{T}^{\mathrm{B}}=[T\quad 0\quad 0]^{\mathrm{T}}$，将它们变换到铅垂地面坐标系下，可得合外力 $\boldsymbol{F}^{\mathrm{U}}$ 的表达式为

$$\boldsymbol{F}^{\mathrm{U}}=\boldsymbol{G}^{\mathrm{U}}+{}_{\mathrm{A}}^{\mathrm{U}}\boldsymbol{R}\boldsymbol{F}_{\mathrm{a}}^{\mathrm{A}}+{}_{\mathrm{B}}^{\mathrm{U}}\boldsymbol{R}\boldsymbol{T}^{\mathrm{B}} \tag{2.13}$$

将式(2.11)和式(2.13)代入式(2.10)，可得

$$m\left({}_{\mathrm{T}}^{\mathrm{U}}\boldsymbol{R}\frac{\mathrm{d}\boldsymbol{V}^{\mathrm{T}}}{\mathrm{d}t}+\boldsymbol{\omega}_{\mathrm{T}}^{\mathrm{U}}\times\boldsymbol{V}^{\mathrm{U}}\right)=\boldsymbol{G}^{\mathrm{U}}+{}_{\mathrm{A}}^{\mathrm{U}}\boldsymbol{R}\boldsymbol{F}_{\mathrm{a}}^{\mathrm{A}}+{}_{\mathrm{B}}^{\mathrm{U}}\boldsymbol{R}\boldsymbol{T}^{\mathrm{B}} \tag{2.14}$$

将式(2.14)两边同时左乘铅垂地面坐标系到航迹坐标系的转换矩阵 ${}_{\mathrm{U}}^{\mathrm{T}}\boldsymbol{R}$，可得

$$m\left(\frac{\mathrm{d}\boldsymbol{V}^{\mathrm{T}}}{\mathrm{d}t}+\boldsymbol{\omega}_{\mathrm{T}}^{\mathrm{U}}\times\boldsymbol{V}^{\mathrm{T}}\right)={}_{\mathrm{U}}^{\mathrm{T}}\boldsymbol{R}\boldsymbol{G}^{\mathrm{U}}+{}_{\mathrm{U}}^{\mathrm{T}}\boldsymbol{R}{}_{\mathrm{A}}^{\mathrm{U}}\boldsymbol{R}\boldsymbol{F}_{\mathrm{a}}^{\mathrm{A}}+{}_{\mathrm{U}}^{\mathrm{T}}\boldsymbol{R}{}_{\mathrm{B}}^{\mathrm{U}}\boldsymbol{R}\boldsymbol{T}^{\mathrm{B}} \tag{2.15}$$

将 $\boldsymbol{V}^{\mathrm{T}}=[V\quad 0\quad 0]^{\mathrm{T}}$、$\boldsymbol{G}^{\mathrm{U}}=[0\quad 0\quad mg]^{\mathrm{T}}$、$\boldsymbol{F}_{\mathrm{a}}^{\mathrm{A}}=[-D\quad Y\quad -L]^{\mathrm{T}}$、$\boldsymbol{T}^{\mathrm{B}}=[T\quad 0\quad 0]^{\mathrm{T}}$ 及式(2.12)代入式(2.15)，并利用不同坐标系之间的旋转矩阵[式(2.1)~式(2.3)]，可得到在航迹坐标系中飞行器的质心动力学方程，即

$$m\left\{\begin{bmatrix}\dfrac{\mathrm{d}V}{\mathrm{d}t}\\0\\0\end{bmatrix}+\begin{bmatrix}-\dfrac{\mathrm{d}\chi}{\mathrm{d}t}\sin\gamma\\\dfrac{\mathrm{d}\gamma}{\mathrm{d}t}\\\dfrac{\mathrm{d}\chi}{\mathrm{d}t}\cos\gamma\end{bmatrix}\times\begin{bmatrix}V\\0\\0\end{bmatrix}\right\}$$

$$=\begin{bmatrix}-D+T\cos\alpha\cos\beta-mg\sin\gamma\\Y\cos\sigma+L\sin\sigma+T(\sin\sigma\sin\alpha-\cos\sigma\sin\beta\cos\alpha)\\Y\sin\sigma-L\cos\sigma+T(-\sin\beta\sin\sigma\cos\alpha-\cos\sigma\sin\alpha)+mg\cos\gamma\end{bmatrix} \tag{2.16}$$

整理式(2.16)可得到高超声速飞行器质心平动动力学方程：

$$\begin{aligned}\dot{V}&=\frac{1}{m}(-D+T\cos\beta\cos\alpha-mg\sin\gamma)\\\dot{\chi}&=\frac{1}{mV\cos\gamma}[Y\cos\sigma+L\sin\sigma+T(\sin\sigma\sin\alpha-\cos\sigma\sin\beta\cos\alpha)]\\\dot{\gamma}&=\frac{1}{-mV}[Y\sin\sigma-L\cos\sigma+T(-\sin\beta\sin\sigma\cos\alpha-\cos\sigma\sin\alpha)+mg\cos\gamma]\end{aligned} \tag{2.17}$$

2.1.3 绕质心转动方程

1. 绕质心转动运动学方程

高超声速飞行器在空间的姿态通过机体坐标系相对铅垂地面坐标系的三个欧拉角表示，即俯仰角 θ_q、滚转角 ϕ 和偏航角 ψ。在飞行过程中，欧拉角随时间变化，其变化规律与飞行器的旋转角速度 $[p \quad q \quad r]^{T}$ 密切相关。其中，p 表示滚转角速率，q 表示俯仰角速率，r 表示偏航角速率。它们之间的相互关系，为描述飞行器姿态变化规律的方程，即绕质心转动运动学方程。

图 2.1 所示为铅垂地面坐标系到机体坐标系的转换。

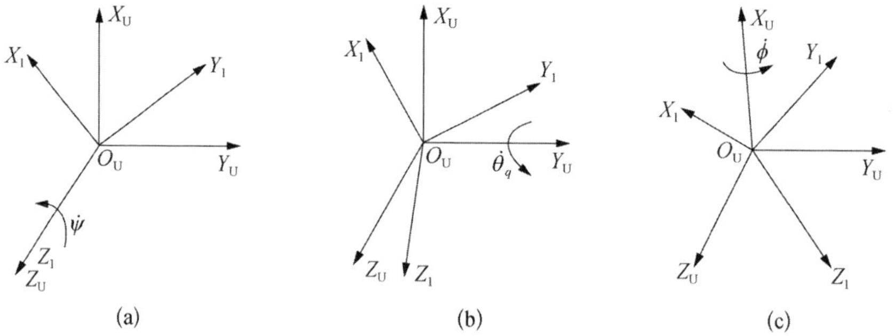

图 2.1 坐标旋转变换示意图

(1) $O_UX_UY_U$ 平面绕 O_UZ_U 以角速率 $\dot{\psi}$ 旋转，角速度矢量 $\boldsymbol{\Omega}_1 = [0 \quad 0 \quad \dot{\psi}]^{T}$；

(2) 针对 $\boldsymbol{\Omega}_1$，$O_UX_UZ_U$ 平面绕 O_UY_U 以角速率 $\dot{\theta}_q$ 旋转，则有以下关系：

$$\boldsymbol{\Omega}_2 = \begin{bmatrix} \cos\theta_q & 0 & -\sin\theta_q \\ 0 & 1 & 0 \\ \sin\theta_q & 0 & \cos\theta_q \end{bmatrix} \boldsymbol{\Omega}_1 + \begin{bmatrix} 0 \\ \dot{\theta}_q \\ 0 \end{bmatrix} = \begin{bmatrix} -\dot{\psi}\sin\theta_q \\ \dot{\theta}_q \\ \dot{\psi}\cos\theta_q \end{bmatrix} \tag{2.18}$$

(3) 针对 $\boldsymbol{\Omega}_2$，$O_UY_UZ_U$ 绕 O_UX_U 以角速率 $\dot{\phi}$ 旋转，此时旋转坐标系和机体坐标系重合，则角速度运动关系为

$$\begin{bmatrix} p \\ q \\ r \end{bmatrix} = \begin{bmatrix} 1 & 0 & 0 \\ 0 & \cos\phi & \sin\phi \\ 0 & -\sin\phi & \cos\phi \end{bmatrix} \boldsymbol{\Omega}_2 + \begin{bmatrix} \dot{\phi} \\ 0 \\ 0 \end{bmatrix} = \begin{bmatrix} \dot{\phi} - \dot{\psi}\sin\theta_q \\ \dot{\theta}_q\cos\phi + \dot{\psi}\cos\theta_q\sin\phi \\ -\dot{\theta}_q\sin\phi + \dot{\psi}\cos\phi\cos\theta_q \end{bmatrix} \tag{2.19}$$

其中，图 2.1 中的 $O_UX_1Y_1Z_1$ 为中间坐标系，铅垂地面坐标系 $O_UX_UY_U$ 经过三次坐

标变换，最终与图 2.1(c)中的坐标系 $O_UX_1Y_1Z_1$ 重合，此时，图 2.1(c)中的坐标系 $O_UX_1Y_1Z_1$ 即为经过平移变换(使得中间坐标系 $O_UX_1Y_1Z_1$ 的原点 O_U 与机体坐标系 $OX_BY_BZ_B$ 的原点 O 重合)的机体坐标系 $O_UX_BY_BZ_B$。

由式(2.19)可得绕质心转动运动学方程：

$$\begin{aligned}
\dot{\phi} &= p + q\sin\phi\tan\theta_q + r\cos\phi\tan\theta_q \\
\dot{\theta}_q &= q\cos\phi - r\sin\phi \\
\dot{\psi} &= \frac{1}{\cos\theta_q}(q\sin\phi + r\cos\phi)
\end{aligned} \tag{2.20}$$

由于研究飞行器姿态时，通常用攻角 α 和侧滑角 β 的运动方程代替式(2.20)，因此通过坐标变换建立关于攻角 α、侧滑角 β 和倾侧角 σ 的绕质心转动运动学模型。

首先，将飞行器受到的合外力与状态量变换到气流坐标系中。例如，由气流坐标系转化到机体坐标系，需经过两次转换，一是绕着气流坐标系的 OZ_A 轴旋转 β 角，二是绕机体坐标系的 OY_B 轴旋转 α 角。然后，基于牛顿第二定律，可得气流坐标系内的加速度向量表达式为

$$m(\dot{\boldsymbol{V}}^A + \boldsymbol{\Omega}_R\boldsymbol{V}^A + \boldsymbol{\omega}^A \times \boldsymbol{V}^A) = \boldsymbol{F}^A \tag{2.21}$$

式中，

$$\begin{aligned}
&\dot{\boldsymbol{V}}^A = \begin{bmatrix} \dot{V} \\ 0 \\ 0 \end{bmatrix}, \quad \boldsymbol{V}^A = \begin{bmatrix} V \\ 0 \\ 0 \end{bmatrix}, \quad \boldsymbol{F}^A = \begin{bmatrix} F_x^A \\ F_y^A \\ F_z^A \end{bmatrix} \\
&\boldsymbol{\Omega}_R = {}_B^A\boldsymbol{R}\,{}_B^A\dot{\boldsymbol{R}}^T = \begin{bmatrix} 0 & -\dot{\beta} & -\dot{\alpha}\cos\beta \\ \dot{\beta} & 0 & \dot{\alpha}\sin\beta \\ \dot{\alpha}\cos\beta & -\dot{\alpha}\sin\beta & 0 \end{bmatrix} \\
&\boldsymbol{\omega}^A = \begin{bmatrix} p^A \\ q^A \\ r^A \end{bmatrix} = {}_B^A\boldsymbol{R}\begin{bmatrix} p \\ q \\ r \end{bmatrix}_B = \begin{bmatrix} p\cos\alpha\cos\beta + q\sin\beta + r\sin\alpha\cos\beta \\ -p\cos\alpha\sin\beta + q\cos\beta - r\sin\alpha\sin\beta \\ -p\sin\alpha + q\cos\alpha \end{bmatrix}
\end{aligned} \tag{2.22}$$

气流坐标系内作用在高超声速飞行器的总外力 $\boldsymbol{F}^A$ 包括发动机推力 $\boldsymbol{T}$、气动力 $\boldsymbol{F}_a^A$ 和重力 G 在气流坐标系内各个轴上的分量，为

$$\boldsymbol{F}_{\mathrm{A}}=\begin{bmatrix}F_{x\mathrm{A}}\\F_{y\mathrm{A}}\\F_{z\mathrm{A}}\end{bmatrix}=\begin{bmatrix}-D\\Y\\-L\end{bmatrix}+\boldsymbol{S}_{\alpha,\beta}\begin{bmatrix}T\\0\\0\end{bmatrix}+\boldsymbol{S}_{\alpha,g}\begin{bmatrix}0\\0\\mg\end{bmatrix} \tag{2.23}$$

将式(2.23)代入式(2.21)并展开,可得气流坐标系下绕质心转动运动学方程:

$$\begin{aligned}mV\dot{\alpha}\cos\beta&=-T\sin\alpha-L+mVq_{\mathrm{A}}+mg\cos\gamma\cos\sigma\\mV\dot{\beta}&=-T\cos\alpha\sin\beta+Y-mVr_{\mathrm{A}}+mg\cos\gamma\sin\sigma\end{aligned} \tag{2.24}$$

因此,绕质心转动运动学方程为

$$\begin{aligned}\dot{\alpha}&=-p\cos\alpha\tan\beta+r\sin\alpha\tan\beta+q-\frac{1}{mV\cos\beta}(L-mg\cos\gamma\cos\sigma+T\sin\alpha)\\\dot{\beta}&=p\sin\alpha-r\cos\alpha+\frac{1}{mV}(Y-T\cos\alpha\cos\beta+mg\cos\gamma\sin\sigma)\end{aligned} \tag{2.25}$$

根据文献[15],可得

$$\dot{\sigma}=\dot{\chi}\sin\gamma-\dot{\alpha}\sin\beta+p\cos\beta\cos\alpha+r\cos\beta\sin\alpha+q\sin\beta \tag{2.26}$$

因此,倾侧角方程为

$$\begin{aligned}\dot{\sigma}=&\sec\beta(p\cos\alpha+r\sin\alpha)+\frac{1}{mV}[L(\tan\gamma\sin\sigma+\tan\beta)-mg\cos\gamma\cos\sigma\tan\beta]\\&+\frac{1}{mV}[T\sin\alpha(\tan\gamma\sin\sigma+\tan\beta)-T\cos\alpha\tan\gamma\cos\sigma\sin\beta+Y\tan\gamma\cos\sigma]\end{aligned} \tag{2.27}$$

2. 绕质心转动动力学方程

由理论力学可知,动量矩定理可用于描述刚体绕质心的转动运动。依据动量矩定理,刚体对质心动量矩的变化率等于所有作用在刚体上的外力矩对质心的合力矩。在惯性坐标系中,建立高超声速飞行器绕质心转动动力学方程:

$$\boldsymbol{M}^{\mathrm{U}}=\frac{\mathrm{d}\boldsymbol{H}^{\mathrm{U}}}{\mathrm{d}t} \tag{2.28}$$

式中,$\boldsymbol{H}^{\mathrm{U}}$ 为惯性坐标系下高超声速飞行器对质心的动量矩;$\frac{\mathrm{d}\boldsymbol{H}^{\mathrm{U}}}{\mathrm{d}t}$ 为动量矩相对

于惯性坐标系的时间导数；$\boldsymbol{M}^{\mathrm{U}}$ 为作用于高超声速飞行器质心的合外力矩矢量。

由机体坐标系和惯性坐标系的转换关系，类比于公式(2.11)，即时间导数在不同坐标系下的关系，可得

$$\boldsymbol{M}^{\mathrm{U}} = \frac{\mathrm{d}\boldsymbol{H}^{\mathrm{U}}}{\mathrm{d}t} = {}_{\mathrm{B}}^{\mathrm{U}}\boldsymbol{R}\,\frac{\mathrm{d}\boldsymbol{H}^{\mathrm{B}}}{\mathrm{d}t} + \boldsymbol{\Omega}_{\mathrm{B}}^{\mathrm{U}} \times \boldsymbol{H}^{\mathrm{U}} \tag{2.29}$$

式中，$\dfrac{\mathrm{d}\boldsymbol{H}^{\mathrm{B}}}{\mathrm{d}t}$ 为动量矩相对于机体坐标系的时间导数；$\boldsymbol{\Omega}_{\mathrm{B}}^{\mathrm{U}} = [p \quad q \quad r]^{\mathrm{T}}$ 为机体坐标系相对于惯性坐标系的转动角速度。

将式(2.28)两边同时左乘转换矩阵 ${}_{\mathrm{U}}^{\mathrm{B}}\boldsymbol{R}$，可得

$$\boldsymbol{M}^{\mathrm{B}} = \frac{\mathrm{d}\boldsymbol{H}^{\mathrm{B}}}{\mathrm{d}t} + \boldsymbol{\Omega}_{\mathrm{B}}^{\mathrm{U}} \times \boldsymbol{H}^{\mathrm{B}} \tag{2.30}$$

式中，$\boldsymbol{M}^{\mathrm{B}}$ 为机体坐标系下的合外力矩矢量。

将动量矩 $\boldsymbol{H}^{\mathrm{B}} = \boldsymbol{I}^{\mathrm{B}}\boldsymbol{\omega}^{\mathrm{B}}$ 代入式(2.30)，并结合刚体飞行器以及飞行器质量及其分布不变的假设$\left(可推\dfrac{\mathrm{d}\boldsymbol{I}^{\mathrm{B}}}{\mathrm{d}t} = 0\right)$，可得

$$\boldsymbol{I}^{\mathrm{B}}\,\frac{\mathrm{d}\boldsymbol{\omega}^{\mathrm{B}}}{\mathrm{d}t} + \boldsymbol{\Omega}_{\mathrm{B}}^{\mathrm{U}} \times (\boldsymbol{I}^{\mathrm{B}}\boldsymbol{\omega}^{\mathrm{B}}) = \boldsymbol{M}^{\mathrm{B}} \tag{2.31}$$

飞行器是关于机体纵剖面对称的，因此转动惯量矩阵中 $I_{xy} = I_{yz} = 0$，即

$$\boldsymbol{I}^{\mathrm{B}} = \begin{bmatrix} I_{xx} & -I_{xy} & -I_{xz} \\ -I_{xy} & I_{yy} & -I_{yz} \\ -I_{xz} & -I_{yz} & I_{zz} \end{bmatrix} = \begin{bmatrix} I_{xx} & 0 & -I_{xz} \\ 0 & I_{yy} & 0 \\ -I_{xz} & 0 & I_{zz} \end{bmatrix} \tag{2.32}$$

将合外力矩在机体坐标轴上分解为

$$\boldsymbol{M}^{\mathrm{B}} = [M_{xx} \quad M_{yy} \quad M_{zz}]^{\mathrm{T}} \tag{2.33}$$

将式(2.32)和式(2.33)代入式(2.31)，经过化简后，可得高超声速飞行器绕质心转动动力学方程，即

$$\begin{aligned}
\dot{p} &= \frac{I_{zz}}{I^*}M_{xx} + \frac{I_{xz}}{I^*}M_{zz} + \frac{(I_{xx} - I_{yy} + I_{zz})I_{xz}}{I^*}pq + \frac{(I_{yy} - I_{zz})I_{zz} - I_{xz}^2}{I^*}qr \\
\dot{q} &= \frac{M_{yy}}{I_{yy}} + \frac{I_{xz}}{I_{yy}}(r^2 - p^2) + \frac{I_{zz} - I_{xx}}{I_{yy}}pr \\
\dot{r} &= \frac{I_{xz}}{I^*}M_{xx} + \frac{I_{xx}}{I^*}M_{zz} + \frac{(I_{xx} - I_{yy})I_{xx} + I_{xz}^2}{I^*}pq - \frac{(I_{xx} - I_{yy} + I_{zz})I_{xz}}{I^*}qr
\end{aligned} \tag{2.34}$$

式中，$I^* = I_{xx}I_{zz} - I_{xz}^2$。

在本书中，由于发动机推力与机体纵轴重合，故仅考虑了空气动力产生的外力矩。M_{xx}、M_{yy}、M_{zz} 分别为空气动力矩在机体坐标轴上的分量，具体为

$$
\begin{aligned}
M_{xx} &= C_1\bar{q}Sb \\
M_{yy} &= m_{\mathrm{mrc}} - X_{\mathrm{cg}}Z = C_{\mathrm{m}}\bar{q}S\bar{c} + X_{\mathrm{cg}}(D\sin\alpha + L\cos\alpha) \\
M_{zz} &= C_{\mathrm{n}}\bar{q}Sb + X_{\mathrm{cg}}Y
\end{aligned}
\tag{2.35}
$$

式中，S 和 b 分别为机翼面积和机翼展长；$\bar{c}$ 为平均气动弦长；X_{cg} 为焦点到质心的距离；动压为 $\bar{q} = \rho V_{\mathrm{A}}^2/2$；$\rho$ 为大气密度；V_{A} 表示飞行器对空速度，若无风，则对空速度等于对地速度。

由于高超声速飞行器的飞行包络线较大，其飞行时的重力加速度 g 将不能再当作常数处理，而是与海拔高度 h 相关的函数，表示如下：

$$
g = g_0^2\left(\frac{R}{R_{\mathrm{E}} + h}\right)^2 \tag{2.36}
$$

式中，R 为质点距离地心的距离；R_{E} 为在高超声速飞行器瞬时飞行高度上的纬度的地球半径；g_0 为高超声速飞行器瞬时飞行高度上海平面所在纬度的重力加速度。

另外，值得注意的是，由于高超声速飞行器是沿机体轴线面对称的构型，所以其惯性积 $I_{xy} = I_{yz} = 0$。而转动惯量 I_{xx}、I_{yy}、I_{zz} 以及 X_{cg} 都是质量的函数，其函数关系为

$$
\begin{aligned}
I_{xx} &= -7.1 \times 10^{-5}m^2 + 19.91m - 5.934\,0 \times 10^4 \\
I_{yy} &= -8.03 \times 10^{-4}m^2 + 219.74m - 1.69 \times 10^6 \\
I_{zz} &= -8.03 \times 10^{-4}m^2 + 219.74m - 1.69 \times 10^6 \\
X_{\mathrm{cg}} &= 1.65 \times 10^{-10}m^2 - 5.57 \times 10^{-5}m + 7.37
\end{aligned}
\tag{2.37}
$$

高超声速飞行器的六自由度运动方程包括三自由度质心平动方程和三自由度绕质心转动方程。式(2.8)、式(2.9)和式(2.17)描述的是三自由度质心平动方程：式(2.8)和式(2.9)是质心平动运动学方程，即关于质心位置变量的微分方程；式(2.17)是质心平动动力学方程，即关于质心速度变量的微分方程。式(2.25)、式(2.27)和式(2.34)描述的是三自由度绕质心转动方程：式(2.25)和式(2.27)是转动运动学方程，即关于姿态变量的微分方程；式(2.34)是转动动力

学方程,即关于姿态角速度变量的微分方程。

下面将高超声速飞行器的六自由度运动方程一起列出:

$$
\begin{aligned}
\dot{x} &= V\cos\gamma\cos\chi \\
\dot{y} &= V\cos\gamma\sin\chi \\
\dot{h} &= V\sin\gamma \\
\dot{V} &= \frac{1}{m}(-D + T\cos\beta\cos\alpha - mg\sin\gamma) \\
\dot{\chi} &= \frac{1}{mV\cos\gamma}[Y\cos\sigma + L\sin\sigma + T(\sin\sigma\sin\alpha - \cos\sigma\sin\beta\cos\alpha)] \\
\dot{\gamma} &= \frac{1}{-mV}[Y\sin\sigma - L\cos\sigma + T(-\sin\beta\sin\sigma\cos\alpha - \cos\sigma\sin\alpha) + mg\cos\gamma] \\
\dot{\alpha} &= -p\cos\alpha\tan\beta + r\sin\alpha\tan\beta + q - \frac{1}{mV\cos\beta}(L - mg\cos\gamma\cos\sigma + T\sin\alpha) \\
\dot{\beta} &= p\sin\alpha - r\cos\alpha + \frac{1}{mV}(Y - T\cos\alpha\cos\beta + mg\cos\gamma\sin\sigma) \\
\dot{\sigma} &= \sec\beta(p\cos\alpha + r\sin\alpha) + \frac{1}{mV}[L(\tan\gamma\sin\sigma + \tan\beta) - mg\cos\gamma\cos\sigma\tan\beta] \\
&\quad + \frac{1}{mV}[T\sin\alpha(\tan\gamma\sin\sigma + \tan\beta) - T\cos\alpha\tan\gamma\cos\sigma\sin\beta + Y\tan\gamma\cos\sigma] \\
\dot{p} &= \frac{I_{zz}}{I^*}M_{xx} + \frac{I_{xz}}{I^*}M_{zz} + \frac{(I_{xx} - I_{yy} + I_{zz})I_{xz}}{I^*}pq + \frac{(I_{yy} - I_{zz})I_{zz} - I_{xz}^2}{I^*}qr \\
\dot{q} &= \frac{M_{yy}}{I_{yy}} + \frac{I_{xz}}{I_{yy}}(r^2 - p^2) + \frac{I_{zz} - I_{xx}}{I_{yy}}pr \\
\dot{r} &= \frac{I_{xz}}{I^*}M_{xx} + \frac{I_{xx}}{I^*}M_{zz} + \frac{(I_{xx} - I_{yy})I_{xx} + I_{xz}^2}{I^*}pq - \frac{(I_{xx} - I_{yy} + I_{zz})I_{xz}}{I^*}qr
\end{aligned} \tag{2.38}
$$

表 2.5 给出了六自由度运动方程中的状态变量命名;表 2.6 给出了力和力矩的命名;表 2.7 给出了气动参数、发动机参数和惯性参数的命名。

表 2.5　六自由度运动方程状态变量命名表

状态量	物理意义	单位
x	质心前向位置	m
y	质心侧向位置	m

（续表）

状态量	物理意义	单位
h	高度	m
R	质心相对地心距	m
l_θ	质心经度位置	m
l_ϕ	质心纬度位置	m
$\boldsymbol{V}$	速度矢量	m/s
V	飞行器对地速度	m/s
V_A	飞行器对空速度	m/s
χ	航向角	rad
γ	航迹角	rad
σ	倾侧角	rad
α	攻角	rad
β	侧滑角	rad
$\boldsymbol{\Omega}$	欧拉角矢量	rad
ϕ	滚转角	rad
θ_q	俯仰角	rad
ψ	偏航角	rad
$\boldsymbol{\omega}$	角速率矢量	rad/s
p	滚转角速率	rad/s
r	偏航角速率	rad/s
q	俯仰角速率	rad/s

表 2.6　六自由度运动方程力和力矩命名表

状态量	物理意义	单位
T	推力	N
L	升力	N
D	阻力	N
Y	侧向力	N
M_{xx}, M_{yy}, M_{zz}	转动力矩	N · m
I_{xx}, I_{xy}, I_{xz}, I_{yy}, I_{zz}	转动惯量	kg · m^2

表 2.7　六自由度运动方程气动参数、发动机参数和惯性参数命名表

参　数	物　理　意　义	单　位
m	飞行器质量	kg
R_E	地球平均半径	m
g	重力加速度	m/s^2
g_0	海平面高度重力加速度	m/s^2
X_{cg}	焦点到质心的距离	m
Ma	马赫数	—
$\dot{m}$	发动机燃油率	%
η	发动机喷流速	m/s
ρ	空气密度	kg/m^3
$\bar{q}$	动压	$kg/(m \cdot s^2)$
S	机翼面积	m^2
b	机翼展长	m
$\bar{c}$	平均气动弦长	m

2.2　高超声速飞行器的纵向运动方程

高超声速飞行器的纵向运动,即在机体对称面内进行的升降、加减速和俯冲等运动,是最主要的运动模态。高超声速飞行器纵向动态的数学模型充分表现出强非线性、强耦合性、高不确定性、非最小相位等特性,从建模和控制器设计的角度来说具有相当高的挑战性和研究价值。控制界的学者主要关注的是巡航段高超声速飞行器的纵向控制问题,也就是速度和高度的控制问题。

高超声速飞行器可以根据几何构型和推进器等的不同进行划分,这里主要介绍两种,一种是 2.2.1 节将讨论的具有 Winged-cone 几何构型的高超声速飞行器;另一种是 2.2.2 节将讨论的悬梁壁构型的装配超燃冲压式发动机的弹性高超声速飞行器。由于其装配的发动机及气动构型不同,它们的数学模型的区别主要体现在推力模型和空气动力学模型上。其运动模型则均由 2.1 节给出的六自由度运动模型推导而来。下面将分别给出这两种高超声速飞行器的纵向动态模型。

2.2.1 Winged-cone 构型飞行器的纵向运动方程

1990 年，NASA 兰利研究中心提出了一种具有 Winged-cone 构型的高超声速飞行器概念模型[1]。图 2.2 给出了这种飞行器的俯视图和侧视图。由图可见，机身构型包括轴对称锥形前体、圆柱形发动机短舱和平截头圆锥形发动机喷嘴。一对机翼安装在机身中心线上，其上各装配一个可独立控制的后缘升降舵。垂直尾翼安装在机身中心线上，其上装备了一个全范围方向舵。

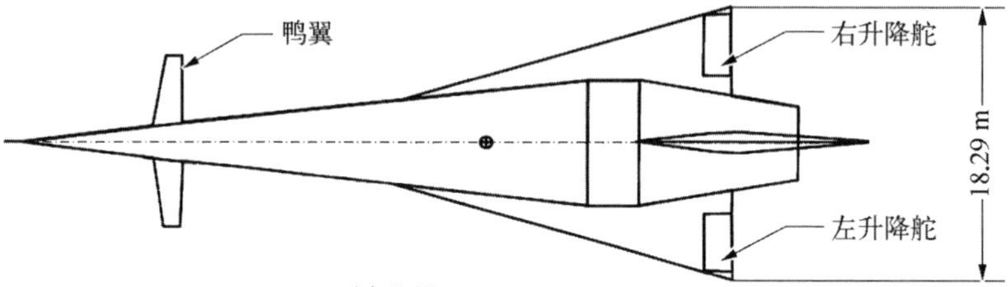

(a) 俯视图

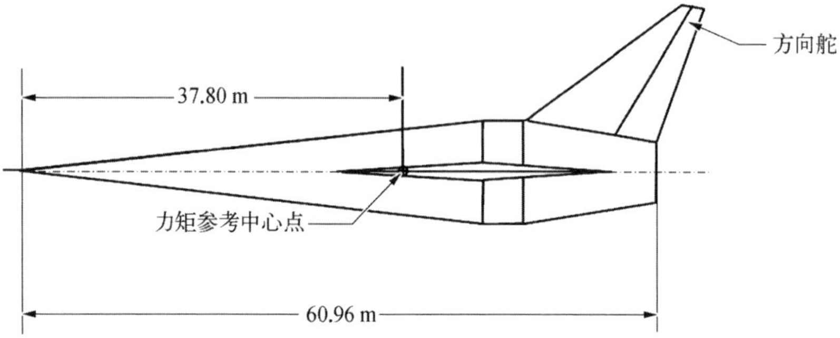

(b) 侧视图

图 2.2 Winged-cone 高超声速飞行器几何构型图

（注：根据参考文献[1]中图 1 绘制）

Winged-cone 模型是基于风洞仿真试验数据构建而成的，具有非线性、不确定性、控制通道耦合性等。而在控制研究领域，国内外学者主要关注的是纵向动态。Marrison[2] 和 Wang[3] 运用曲线拟合的方法，给出了 Winged-cone 高超声速飞行器的纵向动态非线性模型。模型描述的是一个在马赫数 15 和 110 000 ft① 下巡航的 Winged-cone 高超声速飞行器的纵向动态。模型包括平方反比重力模型和当飞行器沿弯曲路径飞行时产生的向心加速度，数学上可以表达为关于飞行器刚体状态量的微分方程组：

---

① $1\ \text{ft}=3.048\times10^{-1}\ \text{m}$。

$$
\begin{aligned}
\dot{V} &= \frac{T\cos\alpha - D}{m} - \frac{\mu_{\mathrm{M}}\sin\gamma}{R^2} \\
\dot{\gamma} &= \frac{L + T\sin\alpha}{mV} - \frac{(\mu_{\mathrm{M}} - V^2 R)\cos\gamma}{VR^2} \\
\dot{h} &= V\sin\gamma \\
\dot{\alpha} &= q - \dot{\gamma} \\
\dot{q} &= \frac{M_{yy}}{I_{yy}}
\end{aligned}
\tag{2.39}
$$

式中，V、γ、h、α、q 分别为飞行器的速度、航迹角、高度、攻角和俯仰角速率；m 为飞行器质量；I_{yy} 为转动惯量；μ_{M} 为引力常数；$R = h + R_{\mathrm{E}}$ 为飞行器质心相对于地心的距离；R_{E} 为地球平均半径。

以上纵向运动方程由六自由度运动方程在仅考虑纵向运动下推导而来：速度 V 和航迹角 γ 的微分方程由质心平动动力学方程(2.17)导出；高度 h 的微分方程由质心平动运动学模型(2.8)导出；俯仰角速度 q 的方程由绕质心转动动力学方程(2.34)导出；攻角 α 的微分方程则基于角度之间的转换关系。

模型的输入量是升降舵偏转角 δ_{e} 和发动机油门开度 δ_{t}，它们是通过模型中的力和力矩加入作用的。推力 T、升力 L、阻力 D 和俯仰力矩 M_{yy} 的表达式如下[2]：

$$
\begin{aligned}
T &= \frac{1}{2}\rho V^2 S_{\mathrm{ref}} C_T \\
L &= \frac{1}{2}\rho V^2 S_{\mathrm{ref}} C_L \\
D &= \frac{1}{2}\rho V^2 S_{\mathrm{ref}} C_D \\
M_{yy} &= \frac{1}{2}\rho V^2 S_{\mathrm{ref}} \bar{c} (C_M^{\alpha} + C_M^{q} + C_M^{\delta_{\mathrm{e}}})
\end{aligned}
\tag{2.40}
$$

式中，ρ 为空气密度；S_{ref} 为参考气动面积；通过对风洞试验数据进行拟合，气动力系数 C_T、C_L、C_D 和 C_M 的表达式为

$$
\begin{aligned}
C_T &= C_T^t \delta_t + C_T^0 \\
C_L &= C_L^\alpha \alpha + C_L^0 \\
C_D &= C_D^{\alpha^2} \alpha^2 + C_D^\alpha \alpha + C_D^0 \\
C_M^\alpha &= C_M^{\alpha^2} \alpha^2 + C_M^\alpha \alpha + C_M^0 \\
C_M^q &= (\bar{c}/2V) q (C_M^{\alpha^2 q} \alpha^2 + C_M^{\alpha q} \alpha + C_M^q) \\
C_M^{\delta_e} &= c_e (\delta_e - \alpha)
\end{aligned}
\tag{2.41}
$$

式中,各气动参数的取值见表 2.8。表 2.9 给出了模型的刚体状态变量和输入变量的定义和巡航状态下的配平值;表 2.10 是力和力矩命名表;表 2.11 给出了模型其他气动和惯性参数的定义和参考取值。

表 2.8 Winged-cone 纵向模型的气动参数取值表

气动参数	取　值	气动参数	取　值
C_T^t	$\begin{cases}0.025\,76, & \delta_t \le 1 \\ 0.003\,36, & \delta_t > 1\end{cases}$	C_T^0	$\begin{cases}0, & \delta_t \le 1 \\ 0.022\,4, & \delta_t > 1\end{cases}$
C_L^α	0.620 3	C_L^0	0
$C_D^{\alpha^2}$	0.645 0	C_D^α	0.004 337 8
C_D^0	0.003 772	$C_M^{\alpha^2}$	− 0.035
C_M^α	0.036 617	C_M^0	$5.326\,1\times10^{-6}$
$C_M^{\alpha^2 q}$	−6.796	$C_M^{\alpha q}$	0.301 5
C_M^q	−0.228 9		

注：数据来源于参考文献[4]。

表 2.9 Winged-cone 纵向模型刚体状态变量和输入变量命名表

状 态 量	物 理 意 义	配平巡航状态取值	单　位
V	速度	150 060	ft/s
γ	航迹角	0	rad
h	高度	110 000	ft
α	攻角	0.031 5	rad
q	俯仰角速率	0	rad/s
δ_t	发动机油门开度	0.183	—
δ_e	升降舵偏转角	−0.006 6	rad

注：1 ft=0.304 8 m;数据来源于参考文献[4]。

表 2.10　Winged-cone 纵向模型力和力矩命名表

状态量	物理意义	单位
T	推力	lbf
L	升力	lbf
D	阻力	lbf
M_{yy}	力矩	lbf·ft

注：1 lbf=4.45 N。

表 2.11　Winged-cone 纵向模型参数命名表

参数	物理意义	参考取值	单位
m	飞行器质量	9 375	slug/ft
R_E	地球平均半径	20 903 500	ft
μ_M	引力常数	1.39×10^{16}	ft^3/s^2
I_{yy}	转动惯量	7×10^6	slug·ft^2
ρ	空气密度	$2.432\,5\times10^{-5}$	slug/ft^3
S_{ref}	参考面积	3 603	ft^2
$\bar{c}$	平均气动弦长	80	ft

注：数据来源于参考文献[2]。1 slug=14.593 9 kg。

2.2.2　弹性高超声速飞行器的纵向运动方程

2.2.1 节介绍的 Winged-cone 模型是早期典型的高超声速飞行器模型，其具备强非线性、控制通道耦合性、参数不确定性等特点。然而，此模型没有体现出高超声速飞行器气动力和发动机推力的耦合效应，也没有考虑机身的弹性形变，且不存在高超声速飞行器固有的非最小相位系统行为。为了实现更高精度的控制效果，需要建立更精确也更能体现高超声速飞行器特性的模型。

2007 年，Parker 等针对装配超燃冲压式发动机的弹性高超声速飞行器提出了一种纵向动态模型[10]。这里，高超声速飞行器简化为一对悬梁臂，图 2.3 给出了其几何构型图。这里只考虑纵向运动，因此只给出侧视图。此面向控制的建模基础是 Bolender 和 Doman 给出的完整模型[8]。为了适应控制器设计的需求，将文献[8]中的复杂气动力和气动力矩表达式进行曲线拟合后，写成近似的简化表达式。此模型可以描述气动力矩和推力之间的耦合关系，且具有非最小相位特性。此模型还考虑了机身的弹性效应。因此，相比于 2.2.1 节中给出的

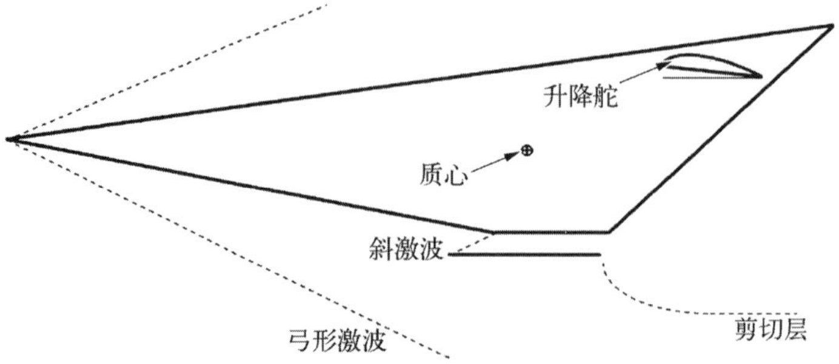

图 2.3 悬梁臂高超声速飞行器几何构型图

（注：根据参考文献[8]中图 1 改绘）

Winged-cone 模型，此模型能更多地反映高超声速飞行器动态的固有特点。此模型中采用的超声速燃烧冲压喷气式发动机模型来自 Chavez 和 Schmidt 于 1994 年发表的论文[16]。模型由下列微分方程组描述：

$$
\begin{aligned}
&\dot{h} = V\sin(\theta_q - \alpha) \\
&\dot{V} = \frac{1}{m}(T\cos\alpha - D) - g\sin(\theta_q - \alpha) \\
&\dot{\alpha} = \frac{1}{mV}(-T\sin\alpha - L) + q + \frac{g}{V}\cos(\theta_q - \alpha) \\
&\dot{\theta}_q = q \\
&I_{yy}\dot{q} = M_{yy} + \tilde{\psi}_1\ddot{\eta}_1 + \tilde{\psi}_2\ddot{\eta}_2 \\
&k_1\ddot{\eta}_1 = -2\xi_1\omega_1\dot{\eta}_1 - \omega_1^2\eta_1 + N_1 - \tilde{\psi}_1\frac{M_{yy}}{I_{yy}} - \frac{\tilde{\psi}_1\tilde{\psi}_2\ddot{\eta}_2}{I_{yy}} \\
&k_2\ddot{\eta}_2 = -2\xi_2\omega_2\dot{\eta}_2 - \omega_2^2\eta_2 + N_2 - \tilde{\psi}_2\frac{M_{yy}}{I_{yy}} - \frac{\tilde{\psi}_2\tilde{\psi}_1\ddot{\eta}_1}{I_{yy}}
\end{aligned}
\tag{2.42}
$$

式中，h、V、α、θ_q 和 q 分别表示飞行器的高度、速度、攻角、俯仰角和俯仰角速度，为刚体状态变量；η_1、η_2、$\dot{\eta}_1$、$\dot{\eta}_2$ 表示弹性状态变量；$\tilde{\psi}_1$ 和 $\tilde{\psi}_2$ 表示弹性变量 η_1 和 η_2 的耦合常数；m 是飞行器质量；I_{yy} 为转动惯量；M_{yy} 为俯仰力矩。

同样，以上纵向运动方程由六自由度运动方程在仅考虑纵向运动下推导而来：速度 V 和航迹角 γ 的微分方程由质心平动动力学方程(2.17)导出；高度 h 的微分方程由质心平动运动学方程(2.8)导出；俯仰角速度 q 的方程由绕质心转动动力学方程(2.34)导出；攻角 α 的微分方程则基于角度之间的转换关系。

系统的输入量为升降舵偏转角 δ_e 和发动机燃料空气比 Φ。输入量没有直接出现在方程(2.42)中,通过推力 T、升力 L、阻力 D 和俯仰力矩 M_{yy} 加入控制,力和力矩的表达式如下:

$$
\begin{aligned}
& T = C_T^{\alpha^3}\alpha^3 + C_T^{\alpha^2}\alpha^2 + C_T^{\alpha}\alpha + C_T^0 \\
& L = \frac{1}{2}\rho V^2 S_{\mathrm{ref}} C_L(\alpha,\ \delta_e) \\
& D = \frac{1}{2}\rho V^2 S_{\mathrm{ref}} C_D(\alpha,\ \delta_e) \\
& M_{yy} = z_T T + \frac{1}{2}\rho V^2 S_{\mathrm{ref}} \bar{c} C_M(\alpha,\ \delta_e) \\
& N_1 = N_1^{\alpha^2}\alpha^2 + N_1^{\alpha}\alpha + N_1^0 \\
& N_2 = N_2^{\alpha^2}\alpha^2 + N_2^{\alpha}\alpha + N_2^{\delta_e}\delta_e + N_2^0
\end{aligned}
\tag{2.43}
$$

其中,

$$
\begin{aligned}
& C_T^{\alpha^3} = \beta_1(h,\ \bar{q})\Phi + \beta_2(h,\ \bar{q}) \\
& C_T^{\alpha^2} = \beta_3(h,\ \bar{q})\Phi + \beta_4(h,\ \bar{q}) \\
& C_T^{\alpha} = \beta_5(h,\ \bar{q})\Phi + \beta_6(h,\ \bar{q}) \\
& C_T^{0} = \beta_7(h,\ \bar{q})\Phi + \beta_8(h,\ \bar{q}) \\
& C_L = C_L^{\alpha}\alpha + C_L^{\delta_e}\delta_e + C_L^0 \\
& C_D = C_D^{\alpha^2}\alpha^2 + C_D^{\alpha}\alpha + C_D^{\delta_e^2}\delta_e^2 + C_D^{\delta_e}\delta_e + C_D^0 \\
& C_M = C_M^{\alpha^2}\alpha^2 + C_M^{\alpha}\alpha + C_M^0 + c_e\delta_e
\end{aligned}
\tag{2.44}
$$

式中,ρ 为空气密度;S_{ref} 为参考气动面积;$\bar{q} = 1/2\rho V^2$ 表示动压。

由式(2.44)可知,$\beta_{i(i=1,\ 2,\ \cdots,\ 8)}$ 随动压和高度变化,但是在巡航飞行段,$\beta_{i(i=1,\ 2,\ \cdots,\ 8)}$ 的变化幅度和速度相比于 Φ 或是 α 的变化微不足道。因此,这里合理假设 $\beta_{i(i=1,\ 2,\ \cdots,\ 8)}$ 不变,设其为常数。同理,假设 $(C_D^{\delta_e^2}\delta_e + C_D^{\delta_e}) \approx \bar{C}_D^{\delta_e}$。于是,式(2.44)重新表示为

$$
\begin{aligned}
& C_T^{\alpha^3} = \beta_1\Phi + \beta_2 \\
& C_T^{\alpha^2} = \beta_3\Phi + \beta_4 \\
& C_T^{\alpha} = \beta_5\Phi + \beta_6
\end{aligned}
$$

$$
\begin{aligned}
C_T^0 &= \beta_7 \Phi + \beta_8 \\
C_L &= C_L^{\alpha}\alpha + C_L^{\delta_e}\delta_e + C_L^0 \\
C_D &= C_D^{\alpha^2}\alpha^2 + C_D^{\alpha}\alpha + C_D^{\delta_e}\delta_e + C_D^0 \\
C_M &= C_M^{\alpha^2}\alpha^2 + C_M^{\alpha}\alpha + C_M^0 + c_e\delta_e
\end{aligned}
\tag{2.45}
$$

式中,气动参数的取值见表 2.12;状态变量和输入变量的命名见表 2.13;力和力矩的命名见表 2.14;其他气动参数和惯性参数的命名见表 2.15。

表 2.12 非最小相位弹性模型气动参数取值表

气动参数	取值	气动参数	取值
C_L^{α}	4.677 3	β_1	$-3.769\,3\times10^{5}$
$C_L^{\delta_e}$	$7.622\,4\times10^{-1}$	β_2	$-3.722\,5\times10^{4}$
C_L^{0}	$-1.781\,4\times10^{-2}$	β_3	$2.681\,4\times10^{4}$
$C_D^{\alpha^2}$	5.822 4	β_4	$-1.727\,7\times10^{4}$
C_D^{α}	$-4.531\,5\times10^{-2}$	β_5	$3.554\,2\times10^{4}$
$C_D^{\delta_e^2}$	$8.199\,3\times10^{-1}$	β_6	$-2.421\,6\times10^{3}$
$C_D^{\delta_e}$	$2.769\,9\times10^{-4}$	β_7	$6.378\,5\times10^{3}$
C_D^{0}	$1.013\,1\times10^{-2}$	β_8	$-1.009\,0\times10^{2}$
z_T	8.360 0	$C_M^{\alpha^2}$	6.292 6
c_e	$-1.289\,7\times10^{-1}$	C_M^{0}	$1.887\,9\times10^{-1}$
C_M^{α}	2.133 5	$N_2^{\alpha^2}$	$-5.022\,7\times10^{3}$
$N_1^{\alpha^2}$	$1.401\,3\times10^{3}$	N_2^{α}	$2.863\,3\times10^{3}$
N_1^{α}	$4.573\,7\times10^{3}$	N_2^{0}	$-4.420\,1\times10^{1}$
N_1^{0}	$1.175\,2\times10^{2}$	$N_2^{\delta_e}$	$1.245\,6\times10^{3}$

注: 1 lb=0.453 59 kg;数据来源于参考文献[10]。

表 2.13 非最小相位弹性模型状态变量和输入变量命名表

状态量	物理意义	配平巡航状态取值	单位
h	高度	85 000	ft
V	速度	7 702.080 8	ft/s
α	攻角	1.515 3	deg
θ_q	俯仰角	1.515 3	deg
q	俯仰角速率	0	deg/s
Φ	发动机燃空比	0.251 4	—

（续表）

状态量	物理意义	配平巡航状态取值	单　位
δ_e	升降舵偏转角	11.463 5	deg
η_1	弹性变量 1	1.512 2	—
$\dot{\eta}_1$	弹性变量 2	0	—
η_2	弹性变量 3	1.211 4	—
$\dot{\eta}_2$	弹性变量 4	0	—

注：数据来源于参考文献[10]。

表 2.14　非最小相位弹性模型力和力矩命名表

状态量	物理意义	单　位
T	推力	lbf
L	升力	lbf
D	阻力	lbf
N_1	广义力 1	lbf
N_2	广义力 2	lbf
M_{yy}	俯仰力矩	lbf · ft

表 2.15　非最小相位弹性模型参数命名表

参　数	物理意义	参考取值	单　位
R_E	地球平均半径	20 903 500	ft
g	重力加速度	32.2	ft/s^2
I_{yy}	转动惯量	5×10^5	slug · ft
ρ	空气密度	$6.742\ 9\times10^{-5}$	$slug/ft^3$
$\bar{c}$	平均气动弦长	17	ft

注：数据来源于参考文献[8]和[10]。

相比于 Winged-cone 刚体纵向模型，此模型的气动建模[式(2.43)和式(2.44)]考虑了发动机推力和飞行器状态变量之间的耦合关系。这是十分必要的，因为高超声速飞行器采用超燃冲压发动机提供推力，而超燃冲压发动机的工作模态对外界气动环境的变化十分敏感。例如，飞行器攻角的变化会直接影响进气道性能：攻角过大则进气效率低，燃烧效率低；攻角变化过快则会在进气道产生气流脉动问题，引发发动机咳喘现象，甚至导致发动机熄火或发动机结构损坏。

此建模考虑了弹性形变以及刚体动态与弹性模态间的耦合。高超声速飞行器的机体材料轻质而易形变,弹性运动不可忽视。高超声速下的气动加热效应会降低机身的固有振动频率,此建模符合这样的动态特点。

此模型中,在升力的表达式中提前出现了输入变量舵面偏转角 δ_e,引发系统相对阶的降低,从而出现了内部动态。由文献[11]中的分析可知,该内部动态是不稳定的。因此,此模型是一个非最小相位系统。这符合高超声速飞行器的动态特点,但同时也增加了控制设计的难度,原因在于许多一般的针对最小相位系统的控制方法不能直接使用。

2.3 高超声速飞行器再入段的运动方程

相比于其他飞行段,再入段的特殊之处在于飞行器的发动机始终关闭,也就是推力为零。飞行器的制导和控制命令主要由气动控制面和反作用控制系统(reaction control systems,RCS)执行。高超声速飞行器再入段运动可以分为质心运动和绕质心旋转运动。质心运动是将飞行器视为一个质点,描述质心平移运动,也是制导设计中的研究对象。而绕质心旋转运动则描述了飞行器绕质心的转动运动,是姿态控制的研究范畴。

本节基于2.1节给出的六自由度运动方程,考虑再入段特点,分别给出再入段质心运动方程和姿态方程。

2.3.1 再入段质心运动方程

将高超声速飞行器视为一个质点,不考虑绕质心旋转运动,则可以得到质心平动方程。质心运动模型是制导研究的模型对象。文献[13]、[16]和[17]给出了面向制导而合理简化的高超声速飞行器再入段质心运动模型。基于旋转圆球地球坐标系(地球为标准的球体[13]),且不考虑地球自转(即科里奥利加速度和向心加速度为零)、地球扁率和飞行器质量变化的前提下,再入段三自由度质心运动方程(无风扰、侧力为零)可建立如下[9]:

$$\dot{V} = -\frac{D}{m} - g\sin\gamma$$

$$\dot{\gamma} = \frac{L\cos\sigma}{mV} + \left(\frac{V}{R} - \frac{g}{V}\right)\cos\gamma$$

$$
\begin{aligned}
\dot{\chi} &= \frac{L\sin\sigma}{mV\cos\gamma} + \frac{V\cos\gamma\sin\chi\tan l_\phi}{R} \\
\dot{R} &= V\sin\gamma \\
\dot{l}_\theta &= \frac{V\cos\gamma\sin\chi}{R\cos l_\phi} \\
\dot{l}_\phi &= \frac{V\cos\gamma\cos\chi}{R}
\end{aligned} \tag{2.46}
$$

式中，V、γ、χ、R、l_θ、l_ϕ 为飞行器的状态变量，分别为速度、飞行航迹角、航向角、质心与地心的地心距、质心的经度位置和纬度位置；地心距 $R = h + R_E$，h 为飞行器相对高度，R_E 为地球平均半径；m 为飞行器质量；$g = \mu_M/R^2$ 为重力加速度，μ_M 为引力常数。

以上再入段运动方程由六自由度方程推导而来：速度 V、航迹角 γ 和航向角 χ 的微分方程由质心平动动力方程（2.17）导出；地心距 R、经度位置 l_θ、纬度位置 l_ϕ 的微分方程来源于基于球体坐标系的质心平动运动学方程（2.9）。

再入段的主要控制力来源于气动力。攻角 α 决定飞行器所受气动力的大小，而倾侧角 σ 决定飞行器的横纵向性能，故这里控制输入量为攻角 α 和倾侧角 σ。它们没有直接出现在动态模型（2.46）中，而是通过气动升力 L 和阻力 D 加入系统，升力和阻力的表达式分别为

$$
\begin{aligned}
L &= \frac{1}{2}\rho V^2 S_{\text{ref}} C_L \\
D &= \frac{1}{2}\rho V^2 S_{\text{ref}} C_D
\end{aligned} \tag{2.47}
$$

式中，ρ 为空气密度；S_{ref} 为参考面积；经过气动数据拟合，气动力系数 C_T 和 C_D 可以表达为如下关于攻角 α 的多项式：

$$
\begin{aligned}
C_L &= C_L^0 + C_L^\alpha \alpha + C_L^{\alpha^2}\alpha^2 \\
C_D &= C_D^0 + C_D^\alpha \alpha + C_D^{\alpha^2}\alpha^2
\end{aligned} \tag{2.48}
$$

式中，C_L^0、C_L^α、$C_L^{\alpha^2}$、C_D^0、C_D^α、$C_D^{\alpha^2}$ 为气动系数。

再入段姿态模型的状态变量定义见表 2.16，气动力命名见表 2.17，气动参数和惯性参数命名见表 2.18。

表 2.16 再入段质心运动方程状态变量命名表

状态量	物理意义	单位
V	速度	m/s
h	高度	m
R	质心相对地心距	m
γ	航迹角	rad
χ	航向角质心	rad
l_θ	质心经度位置	m
l_ϕ	质心纬度位置	m
α	攻角	rad
σ	倾侧角	rad

表 2.17 再入段质心运动方程气动力命名表

状态量	物理意义	单位
L	升力	N
D	阻力	N

表 2.18 再入段质心运动方程气动参数和惯性参数命名表

参数	物理意义	单位
m	飞行器质量	kg
R_E	地球平均半径	m
g	重力加速度	m/s^2
μ_M	引力常数	m
C_L	升力系数	—
C_D	阻力系数	—
ρ	空气密度	kg/m^3
S_{ref}	参考面积	m^2

2.3.2 再入段姿态模型

再入段姿态模型即绕质心转动方程，包括三自由度的姿态角微分方程和姿态角速率微分方程。定义姿态角向量 $\boldsymbol{\Omega} = [\sigma \quad \beta \quad \alpha]^{\mathrm{T}}$ 和姿态角速率向量 $\boldsymbol{\omega}$ =

$[p \quad q \quad r]^{\mathrm{T}}$，由式(2.25)、式(2.26)及式(2.34)得到无动力(推力为零)再入段姿态模型：

$$\dot{\boldsymbol{\Omega}} = \boldsymbol{f}_1(\cdot) + \boldsymbol{\Theta}(\cdot)\boldsymbol{\omega}$$
$$\boldsymbol{J}\dot{\boldsymbol{\omega}} = -\boldsymbol{\Xi}\boldsymbol{J}\boldsymbol{\omega} + \boldsymbol{\tau}$$

式中，控制力矩向量 $\boldsymbol{\tau} = [\tau_L \quad \tau_M \quad \tau_N]^{\mathrm{T}} = [M_{xx} \quad M_{yy} \quad M_{zz}]^{\mathrm{T}}$，转动惯量矩阵 $\boldsymbol{J}$、矩阵 $\boldsymbol{\Xi}$、$\boldsymbol{\Theta}(\cdot)$ 和非线性项 $\boldsymbol{f}_1(\cdot)$ 的表示式为

$$\boldsymbol{J} = \begin{bmatrix} I_{xx} & 0 & -I_{xz} \\ 0 & I_{yy} & 0 \\ -I_{xz} & 0 & I_{zz} \end{bmatrix}, \quad \boldsymbol{\Xi} = \begin{bmatrix} 0 & -r & q \\ r & 0 & -p \\ -q & p & 0 \end{bmatrix}$$

$$\boldsymbol{\Theta}(\cdot) = \begin{bmatrix} \sec\beta\cos\alpha & 0 & \sec\beta\sin\alpha \\ \sin\alpha & 0 & -\cos\alpha \\ -\tan\beta\cos\alpha & 1 & \tan\beta\sin\alpha \end{bmatrix}$$

$$\boldsymbol{f}_1(\cdot) = \begin{bmatrix} \dfrac{1}{mV}(L(\tan\gamma\sin\sigma + \tan\beta) - mg\cos\gamma\cos\sigma\tan\beta + Y\tan\gamma\cos\sigma) \\ \dfrac{1}{mV}(Y + mg\cos\gamma\sin\sigma) \\ -\dfrac{1}{mV\cos\beta}(L - mg\cos\gamma\cos\sigma) \end{bmatrix}$$

基于假设侧滑角为零、忽略侧向力及小的非线性项，文献[19]给出了简化的再入姿态模型：

$$\dot{\boldsymbol{\Omega}} = \boldsymbol{R}(\cdot)\boldsymbol{\omega}$$
$$\boldsymbol{J}\dot{\boldsymbol{\omega}} = -\boldsymbol{\Xi}\boldsymbol{J}\boldsymbol{\omega} + \boldsymbol{\tau} \tag{2.49}$$

式中，$\boldsymbol{R}(\cdot)$ 指代的是侧滑角 $\beta = 0$ 时的矩阵 $\boldsymbol{\Theta}(\cdot)$，具体如下：

$$\boldsymbol{R}(\cdot) = \begin{bmatrix} \cos\alpha & 0 & \sin\alpha \\ \sin\alpha & 0 & -\cos\alpha \\ 0 & 1 & 0 \end{bmatrix} \tag{2.50}$$

再入段姿态模型的状态变量命名见表 2.19，力和力矩命名见表 2.20。

表 2.19 再入段姿态模型状态变量命名表

状 态 量	物 理 意 义	单 位
$\boldsymbol{\Omega}$	姿态角矢量	rad
σ	倾侧角	rad
β	侧滑角	rad
α	攻角	rad
$\boldsymbol{\omega}$	姿态角速率矢量	rad/s
p	滚转角速率	rad/s
q	俯仰角速率	rad/s
r	偏航角速率	rad/s

表 2.20 再入段姿态模型力和力矩命名表

状 态 量	物 理 意 义	单 位
$\boldsymbol{\tau}$	控制力矩矢量	N · m
τ_{L}	滚转力矩	N · m
τ_{M}	俯仰力矩	N · m
τ_{N}	偏航力矩	N · m
$\boldsymbol{J}$	转动惯量矩阵	kg · m^2

2.4 本章小结

高超声速飞行器既具有一般飞行器的共性，又具有高非线性、强耦合、快时变、大不确定性等特点，为高超声速飞行器建立准确实用的数学模型是对其进行制导与控制设计的基础。本章首先给出了高超声速飞行器六自由度运动方程，包括三自由度质心平动方程和三自由度绕质心转动方程，其中质心平动方程由质心运动学方程和质心动力学方程组成，绕质心转动方程由绕质心转动运动学方程和绕质心转动动力学方程组成。尽管该模型是在一定的假设条件下获得的，但仍能反映高超声速飞行器强非线性、强耦合、快时变的特点。气动力和力矩系数是马赫数、攻角及气动舵面偏转角的非线性函数，质心位置和惯性矩是飞行器质量的非线性函数。

本章还给出了高超声速飞行器在纵向平面内的运动方程和再入段的姿态运

动方程,为纵向运动控制和再入段姿态控制的设计奠定了基础。

参考文献

[1] Shaughnessy J D, Pinckney S Z, McMinn J D, et al. Hypersonic vehicle simulation model: winged-cone configuration[R]. NASA-TM-102610, Hampton, VA, United States: NASA Langley Research Center, 1990.

[2] Marrison C I, Stengel R F. Design of robust control systems for a hypersonic aircraft[J]. Journal of Guidance, Control, and Dynamics, 1998, 21(1): 58 - 63.

[3] Wang Q, Stengel R F. Robust nonlinear control of a hypersonic aircraft[J]. Journal of Guidance, Control, and Dynamics, 2000, 23(4): 577 - 585.

[4] Xu H, Mirmirani M D, Ioannou P A. Adaptive sliding mode control design for a hypersonic flight vehicle[J]. Journal of Guidance, Control, and Dynamics, 2004, 27(5): 829 - 838.

[5] Keshmiri S, Colgren R, Mirmirani M. Six-DOF modeling and simulation of a generic hypersonic vehicle for control and navigation purposes[C]. AIAA Guidance, Navigation, and Control Conference and Exhibit, Keystone, CO, 2006, 2006 - 6694: 1 - 10.

[6] Clark A, Mirmirani M, Wu C. An aero-propulsion integrated elastic model of a generic air-breathing hypersonic vehicle[C]. AIAA Guidance, Navigation and Control Conference and Exhibit, Keyston, CO, 2006, 2006 - 6560: 1 - 20.

[7] Mirmirani M, Kuipers M, Levin J. Flight dynamic characteristics of a scramjet-powered generic hypersonic vehicle[J]. American Control Conference, St. Louis, MO, 2009: 2525 - 2532.

[8] Bolender M A, Doman B. Nonlinear longitudinal dynamical model of an air-breathing hypersonic vehicle[J]. Journal of Spacecraft and Rockets, 2007, 44(2): 374 - 386.

[9] Oppenheimer W, Skujins T, Doman B, et al. Canard-elevon interactions on a hypersonic vehicle[C]. AIAA Atmospheric Flight Mechanics Conference and Exhibit, Honolulu, 2008, 2008 - 6383: 1 - 13.

[10] Parker J T, Serrani A, Yurkovich S, et al. Control-oriented modeling of an air-breathing hypersonic vehicle[J]. Journal of Guidance, Control, and Dynamics, 2007, 30(3): 856 - 869.

[11] 宗群,曾凡琳,张希彬,等.高超声速飞行器建模与模型验证[M].北京: 科学出版社,2016.

[12] 中华人民共和国国家质量监督检验检疫总局.GB/T 16638.2 - 2008.空气动力学概念、量和符号.第 2 部分: 坐标轴系和飞行器运动状态量[M].北京: 中国标准出版社,2008.

[13] Mooij E. Characteristic motion of re-entry vehicle[C]. AIAA Guidance, Navigation, and Control and Co-located conferences, Boston, MA, 2013: 4603.

[14] Mooij E. Aerospace-plane flight dynamics: analysis of guidance and control concepts[D]. Delft University of Technology, 1998.

[15] Snell S. Nonlinear dynamic-inversion flight control of super maneuverable aircraft. Twin Cities: University of Minnesota, 1991.

[16] Chavez F R, Schmidt D K. Analytical aeropropulsive-aeroelastic hypersonic-vehicle model with dynamic analysis[J]. Journal of Guidance, Control, and Dynamics, 1994, 17(6): 1308 - 1319.

[17] Xue S, Lu P. Constrained predictor-corrector entry guidance[J]. Journal of Guidance, Control, and Dynamics, 2010, 33(4): 1273 - 1281.

[18] Brunner C W, Lu P. Skip entry trajectory planning and guidance[J]. Journal of Guidance, Control, and Dynamics, 2008, 31(5): 1210 - 1219.

[19] Shtessel Y, McDuffie J, Jackson M, et al. Sliding mode control of the X - 33 vehicle in launch and re-entry modes[C]. AIAA Guidance, Navigation, and Control Conference and Exhibit. 1998: 4414.

第 3 章

高超声速飞行器故障模式简述

高超声速飞行器是迄今飞行过程最为复杂的一类飞行器，其飞行空域大，环境变化复杂，飞行马赫数变化剧烈，面临苛刻的热流、过载、动压等约束条件，飞行器受到严重的内外部不确定因素的影响，对制导和控制系统的设计提出了很大的挑战。高超声速飞行器是一个极其复杂的系统，装配了数量巨大的元器件，其可能发生的故障种类繁多，故障起因千差万别，但对故障模式和影响的分析是设计高安全性和可靠性的制导与控制系统的基础。

本章尝试对高超声速飞行器可能发生的各类典型故障进行梳理，对故障原因进行分类，对故障影响进行分析，总结故障的发生原因及规律，以便在设计制导与控制系统时，充分利用飞行器的软硬件冗余，及时消除故障影响，减缓故障的演化，增强高超声速飞行器的安全性与可靠性。

由于高超声速飞行器的相关技术尚未成熟，进入试飞阶段的飞行试验数量有限，分析其故障原因的相关技术资料很少，本章内容参考了传统运载火箭、航天飞机和高速飞行器的故障模式[1,2]。

3.1 高超声速飞行器故障模式

高超声速飞行器由推进系统、结构系统、制导控制系统、电气系统、热控系统、下降与着陆系统等分系统组成。其中，推进系统和制导控制系统是与容错控制技术联系最密切的分系统。下面重点分析推进系统和制导控制系统可能发生的故障及故障原因。

3.1.1 推进系统故障

高超声速飞行器飞行过程中的马赫数变化剧烈，往往需要采用组合动力的推进系统，即通过对火箭发动机、涡轮发动机、冲压发动机进行不同方式、不同程度的集成，以获得不同形式的组合动力。目前，具有代表性的组合动力包括火箭基组合循环（rocket-based combined cycle，RBCC）、涡轮基组合循环（turbine-based combined cycle，TBCC）、火箭涡轮冲压三组合发动机和预冷类等。不管是哪一种组合方式，高超声速飞行器的推进分系统都是一个非常复杂的系统，任何一个部件的异常或故障都可能造成推进分系统故障，进而导致飞行任务的失败。

推进系统工作环境非常严苛，需要面对高温、剧烈的温度变化、高压、高振动、介质腐蚀效应等不利因素。现有故障数据统计表明，运载火箭动力飞行段60%的故障是推进系统故障[1]。由欧洲太空局关于可重复使用运载器的一项可靠性研究可知，90%以上的故障与推进系统有关[2]。

尽管火箭发射技术已相对成熟，进入 21 世纪以来，仍然发生了不少火箭发射失败的事件。2007 年 3 月，美国太空探索技术公司（SpaceX）的猎鹰 1 号火箭二级发动机提前关机，导致发射失败[3]。2012 年 10 月，SpaceX 的猎鹰 9 号火箭一级 1 台发动机在飞行 79 s 后发生故障而关机。2015 年 6 月，猎鹰 9 号发射时爆炸，爆炸原因是氦气瓶支撑件断裂。2018 年 12 月，火箭栅格翼液压泵失速，导致猎鹰 9 号回收失败。2017 年 11 月，发动机发生故障导致俄罗斯联盟号 Soyuz－2.1b 火箭发射失败。2018 年 10 月，因一级火箭助推器的分离喷嘴盖没有打开，俄罗斯联盟号 MS－10 载人飞船发射失败[4]。

近年来，我国的运载火箭发射保持了相当高的成功率，但仍然会出现一些发动机故障导致发射失败的情况。2011 年 8 月，二级飞行段二级游机Ⅲ分机与伺服机构连接部位的可靠性存在薄弱环节，导致连接游机的框架断裂，长征二号丙火箭发射失利，实践十一号 04 星未能进入预定轨道[5]。2013 年 12 月，管道堵塞导致三级发动机提前关机，长征四号乙火箭发射失败，资源一号 03 星未能进入预定轨道[6]。2017 年 7 月，长征五号遥二火箭发射失利，故障原因为芯一级液氢液氧发动机一分机涡轮排气装置在复杂力热环境下，局部结构发生异常，导致发动机推力瞬时大幅下降[7]。2019 年 5 月，长征四号丙火箭三级工作异常，导致遥感三十三号卫星发射失利[8]。

在已公开的高超声速飞行器试飞案例中，X－51A 验证机的两次试飞都发生了推进系统故障[9]。2010 年 5 月，X－51A 进行了第一次飞行试验。验证机由 B－52H载机投放，在超燃冲压发动机点火工作之前由一枚战术导弹系统推进器将其加速到 4.5*Ma*，之后超燃冲压发动机点火，持续工作 143 s，飞行器速度达到 4.88*Ma*。发动机的工作时间少于设计的工作时间 210 s，也没有成功加速到预期的 6*Ma*。首飞试验之后，研究人员调查了试验中收集的数据，发现飞行器内部几个舱段内温度和压力都出现了异常，高度怀疑是发动机后部和机身喷管之间接口的热密封出现了问题。经过对另外三台 X－51A 的超燃冲压发动机进行拆卸检查，发现这三台发动机后部和机体喷管之间的接口处都有热密封不严的问题。最终的调查结论认为超燃冲压发动机后部和机体喷管之间的密封故障引起的热燃气泄漏，是导致试验未达到预期目标的主要原因。热燃气泄漏导致本应提供推力的热燃气量减少，造成推力损失，并且泄漏进机体的高温气体使得机体内几个舱位的温度升高、压力异常（与遥测数据吻合），最终不断升高的温度破坏了飞行器的航电设备，遥测数据消失，飞行终止。

2011 年 6 月，X－51A 进行了第二次飞行试验。验证机由 B－52H 载机投放后，由固体火箭将其加速至 5*Ma*，超燃冲压发动机利用乙烯点火成功，进行了 9.5 s 的有动力飞行，在尝试转换成 JP－7 燃料时，发生了进气道不启动的故障，发动机未能成功点燃，验证机继续无动力的可控飞行，97 s 后坠入太平洋。经过调查，第二次试飞失败的原因是超燃冲压发动机和机身的一体化设计问题。超燃冲压发动机包括进气道、隔离段、燃烧室和尾喷管四个部分。位于燃烧室上部的隔离段用于承受燃烧产生的压力，防止激波系统迁移进入进气道。然而，在 X－51A 的第二次试飞中，燃烧压力超出了隔离段在地面风洞试验中所能承受的最大值，激波串影响了进气道，使得进气道捕获空气量下降，导致进气道不启动。

由历史上火箭、航天飞机、高超声速飞行器发生故障的统计分析可知，推进分系统发生故障的部件主要有燃料贮箱、燃料输送管道、连接部件、涡轮泵、推力室、进气道等[10]。推进系统故障分类及分析如表 3.1 所示。

表 3.1　推进系统故障分类及分析

故障部件	故障模式	故障影响
燃料贮箱	贮箱密封失效、燃料泄漏	燃料消耗异常、推力损失
燃料输送管道	管道堵塞	推力损失、发动机故障关机
发动机与伺服机构的连接部件	连接部件失效	姿态控制能力下降
涡轮泵	涡轮转子叶片或泵叶片结构性破坏	推力损失、发动机故障关机

（续表）

故障部件	故障模式	故障影响
推力室	氧化剂腔与燃烧腔串通、焊缝质量缺陷	推力损失、发动机故障关机
发动机和机身喷管之间接口	热密封失效导致热泄漏	推力损失
进气道	燃烧压力超出隔离段设计极限，使得激波系统前移，造成进道不启动	超燃冲压发动机无法成功点火

推进系统的故障往往会导致发射任务失败，造成重大的经济损失。但无论是火箭还是可重复使用运载器、高超声速飞行器，其推进系统都装有冗余的动力设备，在某些发动机发生故障导致推力下降或关机的情况下，可以通过调整飞行程序，充分利用飞行器的剩余动力完成入轨任务或者应急返回，尽可能保障飞行器的安全，减少经济损失。

3.1.2 制导控制系统故障

制导控制系统是高超声速飞行器的重要组成部分，是保障高超声速飞行器安全飞行、完成预定任务的关键子系统。制导控制系统主要由测量机构、控制机构和执行机构组成，包含的零部件众多，易发生故障。

高超声速飞行器的测量机构包括测量飞行器的位置、速度、加速度、力、力矩、角度、角速率、转速、压力、温度、液位、密度、流量等状态值的物理量传感器，以及用于探测烟雾、火焰、气体浓度等的化学量传感器。传感器又分为常规传感器和先进传感器，其中常规传感器主要包括热电偶、压力传感器、应变计、位移传感器、热通量传感器等，先进传感器包括高温计、分光仪、红外成像仪、表面摩擦传感器、组合式压力通量探头等。

传感器常见故障可分为精度下降、漂移（drift）、偏置（bias）、完全失效四类。在前三种故障下传感器仍然能够工作，但测量的数据不能够满足准确性的要求；在最后一种故障下传感器完全失去了工作能力，测量值保持不变或者无法提供测量数据。

2019 年 3 月，中国商业航天企业零壹空间的 OS－M 火箭发射失败，失败原因为箭上速率陀螺在火箭飞行 45.68 s 后出现故障，导致火箭姿态发散[11]。

高超声速飞行器的执行机构包括发动机、气动舵面、反作用控制系统（RCS）

等。高超声速飞行器安装的气动舵面包括升降舵、副翼、方向舵、襟翼、鸭翼等，通过改变它们的偏转角度可以改变飞机的气动特性，从而达到操纵飞机的目的。RCS 通过安装在飞行器上的推力器产生的反作用力或力矩对飞行器进行轨迹和姿态控制。发动机、气动舵面和 RCS 在高超声速飞行器飞行过程的不同阶段通过制导控制系统的指令相互配合，共同实现对飞行器轨迹和姿态的控制。例如，在高超声速飞行器再入大气的初始阶段，姿态跟踪的要求较低，并且此时动压较低，仅使用 RCS 进行控制；在下降和回收系统启动前的再入过程中，对姿态跟踪性能的要求很高，需要气动舵面和 RCS 联合进行姿态控制，并尽可能采用气动舵面控制以减少燃料消耗。

2012 年 8 月，在 X－51A 第三次飞行试验中，由于验证机在助推阶段产生的机身振动诱发了锁闭机构螺线管中的弹簧振动，控制舵意外解锁，在助推结束后验证机无法维持飞行。2018 年 12 月，由于栅格翼液压泵失速，SpaceX 的猎鹰 9 号回收失败。

表 3.2 给出了气动舵面和 RCS 常见故障模式及故障影响分析。

表 3.2 气动舵面和 RCS 常见故障模式及故障影响分析

故障部件	故障模式	故障影响
气动舵面	卡死	失去控制能力
	松浮	失去控制能力
	损伤	控制能力下降
RCS	喷管无法打开	无法产生推力
	喷管堵塞	推力损失
	喷管无法关闭	产生干扰力

3.2 高超声速飞行器故障模型

高超声速飞行器可能发生的故障种类繁多，其中有一部分执行器故障、传感器故障和机体损伤故障能够通过设计适当的容错控制算法对其不利影响进行容忍或补偿，保障飞行器的安全，并尽可能恢复其关键性能。容错控制设计的基础是能够对故障及其影响进行准确的建模。

3.2.1 执行器故障模型

在飞行控制系统中,存在着很多执行器,包括各种气动舵面和 RCS。它们如果发生故障,就会影响飞行器的机动性能,严重时还会威胁飞行器的安全。本小节对气动舵面和 RCS 可能发生的典型故障建立模型[12]。

1. 气动舵面故障模型

根据故障发生的特点,气动舵面会发生卡死、饱和、松浮、损伤(部分失效)四类典型故障,如图 3.1 所示,其中 $\delta(t)$ 表示舵面的实际偏转角, t_f 表示故障发生的时间。

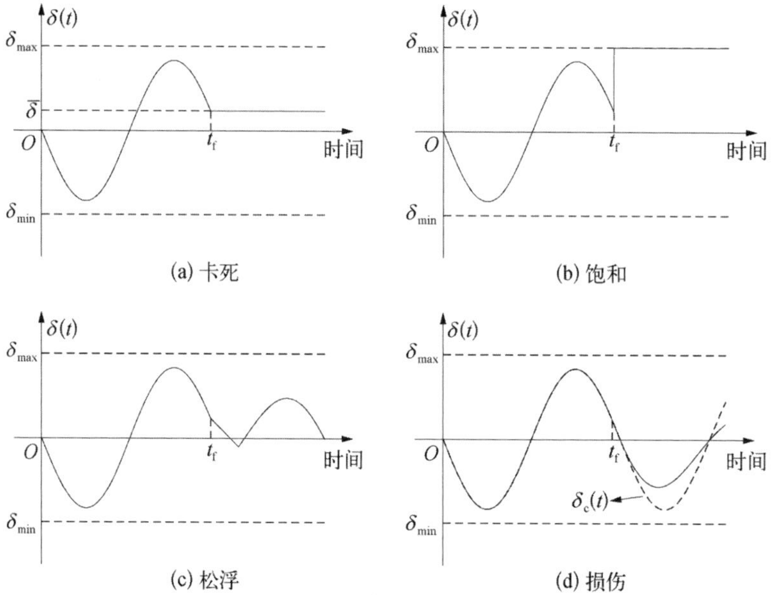

图 3.1 气动舵面常见故障

(1) 卡死故障：指气动舵面由于机械或电气故障固定在某个位置不能动作,导致其对输入指令没有响应。

舵面卡死故障可描述为

$$\delta(t)=\bar{\delta},\quad t\geqslant t_f \tag{3.1}$$

式中, $\bar{\delta}$ 为卡死时的舵偏角。

(2) 饱和故障：指舵面卡死在其物理偏转范围的极限位置,这是一类特殊的卡死故障,又称为舵面开路失效。一种典型的例子就是飞车,飞车后的舵面将以最大的速率移动到位置极限,这种故障是一种很严重的故障。

舵面饱和故障可描述为

$$\delta(t)=\delta_{\max} \quad 或 \quad \delta(t)=\delta_{\min}, \quad t \geqslant t_{\mathrm{f}} \tag{3.2}$$

式中，$\delta_{\max}$ 和 $\delta_{\min}$ 分别表示舵面偏转的最大值和最小值。

(3) 松浮(随机)故障：舵面发生松浮故障时，舵面随气流浮动，不能产生有效的控制力矩。

舵面松浮故障可描述为

$$\delta(t)=w(t), \quad t \geqslant t_{\mathrm{f}} \tag{3.3}$$

式中，$w(t)$ 表示随机干扰信号。

(4) 损伤(部分失效)故障：舵面发生损伤故障时，仍能按照偏转指令进行偏转，但由于舵面受损，其能力降低，表现为部分失效。

舵面损伤故障可描述为

$$\delta(t)=\rho\delta_{\mathrm{c}}(t), \quad t \geqslant t_{\mathrm{f}} \tag{3.4}$$

式中，$\delta_{\mathrm{c}}(t)$ 为正常情况下的舵面偏转指令，$0<\rho<1$ 表示失效程度。

2. RCS 故障模型

由于高超声速飞行器的飞行空域大，配置了大量 RCS，用于在大气密度稀薄、气动舵面控制效力不足的情况下满足飞行器控制任务的需求。RCS 的常见故障包括喷管无法打开、喷管堵塞和喷管无法关闭三种情况。

RCS 开启后喷管产生的推力一般为固定值，无法调节。RCS 提供的力矩可表示为

$$\boldsymbol{\tau}_{\mathrm{R}}=[\tau_{\mathrm{LR}} \quad \tau_{\mathrm{MR}} \quad \tau_{\mathrm{NR}}]^{\mathrm{T}}=\boldsymbol{\Phi}_{\mathrm{R}}(\cdot)\boldsymbol{U} \tag{3.5}$$

式中，$\boldsymbol{\Phi}_{\mathrm{R}}(\cdot)\in\mathbf{R}^{3\times m}$ 表示 RCS 的力矩分配矩阵，其中第 i 行第 k 列的元素 $\phi_{\mathrm{R}i,k}$ 表示第 k 个 RCS 在第 i 个轴上的力矩；τ_{LR}、τ_{MR}、τ_{NR} 分别表示 RCS 提供的滚转力矩、俯仰力矩、偏航力矩；$\boldsymbol{U}=[u_1 \quad u_2 \quad \cdots \quad u_m]^{\mathrm{T}}$ 表示 RCS 开关控制向量，其中 u_i 表示第 i 个 RCS 的工作状态，为 1 表示开启，为 0 表示关闭，m 为 RCS 的数量。

当第 i 个 RCS 喷管无法打开时，可通过将其对应的 u_i 设为 0 进行表示；当第 i 个 RCS 喷管无法关闭时，可通过将其对应的 u_i 设为 1 进行表示。

3.2.2　传感器故障模型

高超声速飞行器上配置了大量传感器用于测量飞行器各状态参数。其故障

行为主要包括：① 卡死；② 恒偏差；③ 增益变化，如图 3.2 所示，其中$y(t)$表示传感器的实际输出值，t_f 表示故障发生的时间。

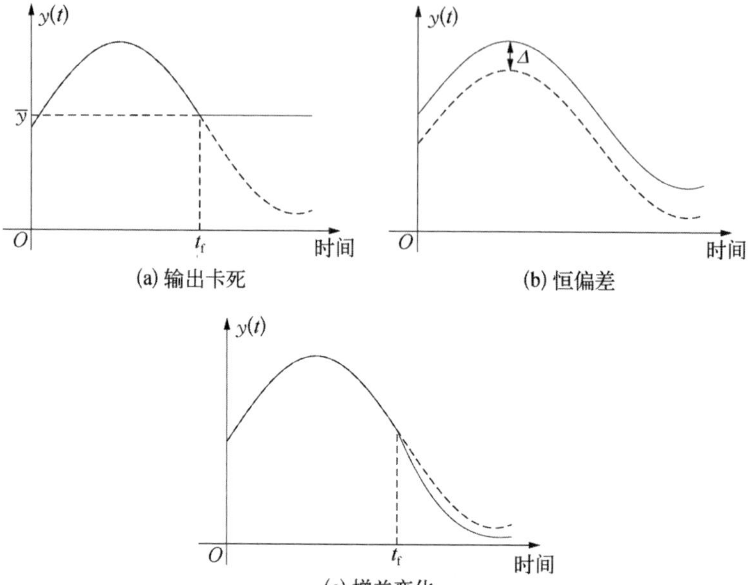

图 3.2 传感器常见故障

(1) 卡死故障：发生卡死故障时，传感器输出表现为某一恒定的值，但不是实际值，这是一种导致传感器完全失效的故障。

传感器卡死故障可描述为

$$y(t) = \bar{y}, \quad t \geqslant t_f \tag{3.6}$$

式中，$\bar{y}$ 为传感器发生卡死故障后的测量值。

(2) 恒偏差故障：发生恒偏差故障时，实际信号与测量信号之间存在恒定偏移或者说误差，这是一种导致传感器测量精度下降的故障。

传感器恒偏差故障可描述为

$$y(t) = y_c(t) + \Delta \tag{3.7}$$

式中，$y_c(t)$ 为传感器正常情况下的测量值；Δ 为常数。

(3) 增益变化故障：发生增益变化故障时，测量信号值为按一定规律放大或缩小的实际信号值，这也是一种导致传感器测量精度下降的故障。

传感器增益变化故障可描述为

$$y(t)=\rho y_c(t),\quad t\geqslant t_f \tag{3.8}$$

式中，$y_c(t)$ 为传感器正常情况下的测量值；ρ 为常数。

3.3　高超声速飞行器再入段执行机构容错能力分析

由于高超声速飞行器再入段初期，空气稀薄，舵面提供的气动力不足以达成姿态控制目标。因此，在再入段初期，需采用反作用控制系统进行姿态控制；在再入段中期，采用气动舵面和 RCS 复合控制方式；在再入段后期，空气稠密，可单独使用气动舵面进行姿态控制。参考美国航天飞机的再入过程和文献[10]，再入段执行机构的工作分配如表 3.3 所示。

表 3.3　再入段执行机构的工作分配

时　序	动压/Pa	马赫数	使 用 装 置
1	$q<1\,215$	—	RCS
2	$q\geqslant 1\,215$	$Ma>4$	RCS、升降副翼、机身襟翼
3	$q\geqslant 1\,215$	$2<Ma\leqslant 4$	RCS、升降副翼、机身襟翼、方向舵
4	$q\geqslant 1\,215$	$Ma\leqslant 2$	升降副翼、机身襟翼、方向舵

再入飞行器的主要动力来源是气动舵面，如图 3.3 所示，飞行器装配有 8 个主要舵面，包括：左右内侧升降副翼，其偏转角分别记作 δ_1、δ_2；左右机身襟翼，其偏转角分别记作 δ_3、δ_4；左右方向舵，其偏转角分别记作 δ_5、δ_6；左右外侧升降副翼，其舵面偏转角记作 δ_7、δ_8。正常情况下，左右内外侧升降副翼主要提供俯仰和滚转力矩；左右方向舵主要提供偏航力矩；左右内外侧机身襟翼主要提供

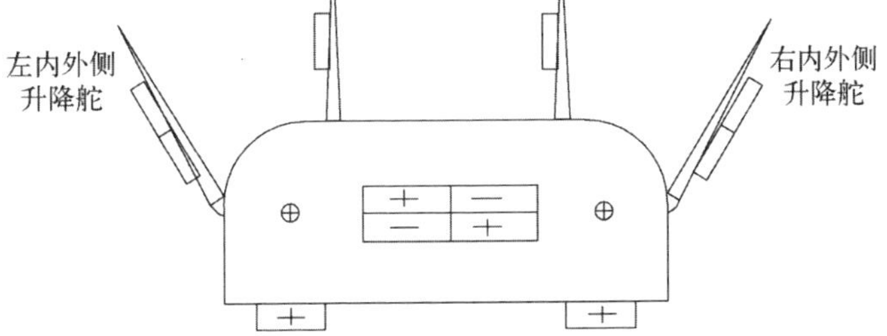

图 3.3　高超声速飞行器气动舵面分布示意图

俯仰力矩，在再入段也提供偏航力矩。在其中某些舵面发生故障的情况下，其他正常的气动舵面也能够通过调整其偏转角，补偿故障舵面的影响，为保障飞行器的安全提供了冗余。气动舵面提供的力矩向量表示为

$$\boldsymbol{\tau}_{\delta} = [\tau_{L\delta} \quad \tau_{M\delta} \quad \tau_{N\delta}]^{T} = \boldsymbol{\Phi}_{\delta}(\cdot)\boldsymbol{\delta} \tag{3.9}$$

式中，$\boldsymbol{\Phi}_{\delta}(\cdot) \in \mathbf{R}^{3\times 8}$ 表示 8 个舵面的控制分配矩阵；$\tau_{L\delta}$、$\tau_{M\delta}$、$\tau_{N\delta}$ 分别表示气动舵面提供的滚转力矩、俯仰力矩、偏航力矩；$\boldsymbol{\delta} = [\delta_1 \quad \delta_2 \quad \delta_3 \quad \delta_4 \quad \delta_5 \quad \delta_6 \quad \delta_7 \quad \delta_8]^{T}$ 表示 8 个舵面的舵面偏转角向量。

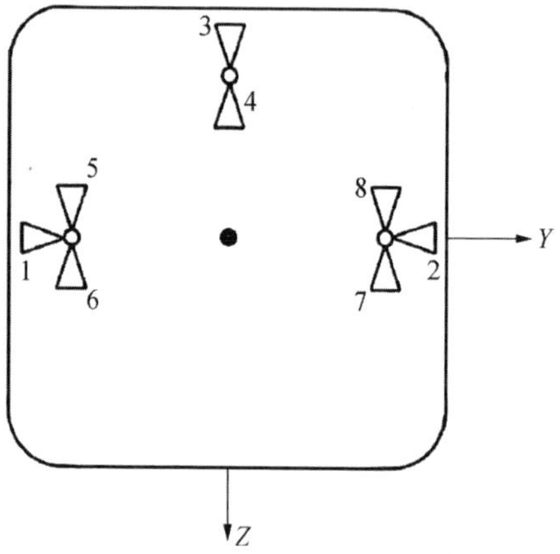

图 3.4 RCS 配置示意图[14]

本节考虑的再入飞行器尾部安装了 8 个 RCS 推力器，RCS 配置示意图如图 3.4 所示。其中，3 号、4 号推力器产生正、负俯仰力矩，2 号、1 号推力器产生正、负偏航力矩，6 号和 8 号、5 号和 7 号分别产生正、负滚转力矩。在空气稀薄或者气动舵面发生故障的情况下，可由 RCS 补偿维持飞行器稳定所需的三轴力矩。RCS 提供的力矩向量可表示为

$$\boldsymbol{\tau}_{R} = [\tau_{LR} \quad \tau_{MR} \quad \tau_{NR}]^{T} = \boldsymbol{\Phi}_{R}(\cdot)\boldsymbol{U} \tag{3.10}$$

式中，$\boldsymbol{\Phi}_{R}(\cdot) \in \mathbf{R}^{3\times 8}$ 表示 RCS 的力矩分配矩阵；τ_{LR}、τ_{MR}、τ_{NR} 分别表示 RCS 提供的滚转力矩、俯仰力矩、偏航力矩；$\boldsymbol{U} = [u_1 \quad u_2 \quad u_3 \quad u_4 \quad u_5 \quad u_6 \quad u_7 \quad u_8]^{T}$ 表示 RCS 控制向量，其中 u_i 表示第 i 个 RCS 的工作状态，为 1 表示开启，为 0 表示关闭。

由气动舵面和 RCS 共同提供的总力矩为

$$\boldsymbol{\tau} = \boldsymbol{\tau}_{\delta} + \boldsymbol{\tau}_{R} = \boldsymbol{\Phi}_{\delta}(\cdot)\boldsymbol{\delta} + \boldsymbol{\Phi}_{R}(\cdot)\boldsymbol{U} \tag{3.11}$$

假设维持飞行器姿态稳定跟踪所需的控制力矩为 $\boldsymbol{\tau}^{d}$，容错控制的目标是在某些舵面发生故障的情况下，通过调整其余舵面的偏转和 RCS 的开启，使得气动舵面和 RCS 提供的总力矩 $\boldsymbol{\tau}$ 尽可能接近 $\boldsymbol{\tau}^{d}$。表 3.4 给出了气动舵面故障对三轴力矩的影响，以及故障下重构控制力矩可使用的装置。能否成功实现故障后的重构控制取决于气动舵面的严重程度，以及剩余健康舵面和 RCS 所能提供的控制能力。本书将在第 7 章详细讨论气动舵面和 RCS 的融合容错控制设计问题。

表 3.4　故障下三轴力矩的重构

故障舵面	故　障　影　响	重构控制可使用的装置
升降副翼	俯仰控制能力、滚转控制能力	机身襟翼、RCS
机身襟翼	俯仰控制能力、偏航控制能力	升降副翼、方向舵、RCS
方向舵	偏航控制能力	机身襟翼、升降副翼、RCS

3.4　本章小结

本章对高超声速飞行器推进系统和制导控制系统的典型故障模式及其影响进行了总结与分析，给出了执行器和传感器的典型故障模型，对高超声速再入飞行器发生气动舵面故障下的容错能力进行了分析，为后面章节中姿态容错控制和轨迹重构设计提供了参考。

参考文献

[1] 常武权，张志国.运载火箭故障模式及制导自适应技术应用分析[J].宇航学报，2019，40(3)：302－309.

[2] 李新国，王文虎，王晨曦.亚轨道飞行器上升段故障模式分析与仿真[J].飞行力学，2014，32(3)：235－238.

[3] 丁文华.近年运载火箭发射失败原因分析[J].国际太空，2009，(8)：14－19.

[4] 张娅.近年来俄罗斯运载火箭故障综合分析与启示：联盟－FG 火箭发射失利引发的思考[J].国际太空，2019，(1)：64－68.

[5] 宗和.我国实践十一号 04 星发射失利[J].中国航天，2011，(9)：9.

[6] 中巴合作研制的资源一号 03 星发射失利[J].中国航天，2013(12)：9.

[7] 中国运载火箭技术研究院新闻中心.长征五号遥二火箭故障调查完成[EB/OL].http://www.calt.com/n482/n742/c11650/content.html.[2018－4－17].

[8] 新华社.遥感三十三号卫星发射失利[EB/OL].http://www.xinhuanet.com/2019－05/23/c_1124534481.htm.[2019－5－23].

[9] 王友利，才满瑞.美国 X－51A 项目总结与前景分析[J].飞航导弹，2014，3：17－21.

[10] 王亚辉，李新国，王谦.亚轨道飞行器再入过程执行机构故障仿真[J].飞行力学，2014，32(5)：446－449.

[11] 傅逸飞.零壹空间公布火箭发射失败原因：陀螺故障[N].科技日报，2019－4－1.

[12] 许域菲.近空间飞行器非线性容错控制技术研究[D].南京：南京航空航天大学，2011.

[13] 王文虎，韩冰.亚轨道飞行器发动机故障下配平能力分析[J].航空学报，2016，37(12)：3646－3656.

[14] 樊朋飞，凡永华，闫杰.升力式再入飞行器大动压下横侧向 RCS 姿态控制方法研究[J].西北工业大学学报，2019，37(1)：28－34.

第4章 高超声速飞行器舵面故障自适应容错控制

本章针对高超声速飞行器的纵向动态,考虑参数不确定性和未知舵面故障,进行自适应容错控制的研究。目标是在存在参数变动和舵面故障的情况下,实现对高度和速度的跟踪控制。

高超声速飞行器是集数十万个乃至上百万个机、电、光元器件于一体的复杂系统[1],所以要保证其在飞行过程中不发生任何问题几乎是不可能的。即便是某一个微小的部件发生故障,飞行器也可能因此而无法完成既定的任务,甚至发生重大安全事故。这将导致经济等方面的损失,威胁飞行器安全。升降舵是飞行器纵向动态的主要气动控制面,所以升降舵故障是后果最严重的飞行器故障之一。本章基于自适应容错控制思想,使控制系统能够具备自主应对突发舵面故障的能力。自适应容错控制技术可以应用在具有冗余控制力的控制系统中。即使故障发生,自适应容错控制系统可以通过在线调节控制器参数,使系统仍能达到可接受的控制指标要求。相较于主动容错控制,自适应容错控制不需要故障检测或者故障诊断环节,也不需要对原控制系统进行重构,而是基于先验信息,设计控制律,并基于反映控制效果的指标如跟踪误差,选择自适应参数调节律,使系统具有对故障的容忍能力,适用于对快速性和适应性要求高的飞行控制领域。

高超声速飞行器在执行长距离飞行任务的过程中,飞行器的飞行速度和高度跨度范围大,气动特性复杂且变化剧烈。此外,燃料的消耗也会导致飞行器质量的变动。所以,高超声速飞行器的惯性参数和气动参数随飞行状态、飞行环境和航程变化明显,且变化量难于测量。因此,高超声速飞行器模型存在较大的参数不确定性。传统的控制理论需要预先知道模型的所有信息,才能实现高精度的控制效果。而自适应控制技术可以基于已知的实时信号,如跟踪误差等反映控制效果的指标,在线调节控制器参数,使得控制系统无需全部模型信息也能实现对参考指令的渐近跟踪。本章基于自适应控制技术处理系统中的参数不确定问题。

本章内容安排如下：4.1 节进行面向控制的模型预处理，并建立舵面偏转故障模型；4.2 节基于反步法和动态面技术，针对高超声速飞行器的高度和速度模型，设计自适应容错跟踪控制；4.3 节结合反馈线性化和高增益观测器方法，设计基于状态反馈的自适应容错控制器；4.4 节是本章小结。

4.1　模型预处理及舵面故障建模

本章的研究对象是 2.2.1 节给出的高超声速飞行器 Winged-cone 非线性刚体纵向模型(2.39)。在设计控制器之前，首先对飞行器模型进行面向控制的预先处理和变换，并对常见的几种舵面偏转故障进行数学建模。

4.1.1　高度和速度子系统

高超声速飞行器作为具有强非线性的复杂系统，对控制精度有更高需求，因此直接针对非线性模型，采用非线性控制理论进行控制设计更具优越性。后面将分别基于反步法控制和反馈线性化这两种常用的非线性控制方法开展控制设计研究，但在这之前，需要对原模型进行简化处理，因此以下假设是必要的。

假设 4.1　Winged-cone 纵向模型(2.39)中，关于速度 V 的微分方程中的推力项 $T\sin\alpha$ 远远小于升力项 L，即可认为 $T\sin\alpha \approx 0$。

注解 4.1　对于处于巡航状态的飞行器，其攻角的值很小，这时 $T\sin\alpha$ 的值远小于升力 L，因此假设 4.1 是合理的。

基于假设 4.1，原纵向模型(2.39)可以分为两个单输入单输出的高度子系统和速度子系统。在高度子系统中，高度 h 主要由升降舵偏转角 δ_e 控制。因此，选取高度 h 为输出信号，舵面偏转角 δ_e 为输入信号，$\boldsymbol{X} = [x_1 \quad x_2 \quad x_3]^{\mathrm{T}} = [\gamma \quad \theta_q \quad q]^{\mathrm{T}}$ 为状态变量，其中俯仰角 $\theta_q = \alpha + \gamma$。于是，高度子系统可以写成如下状态空间表达式，即

$$
\begin{aligned}
\dot{h} &= V\sin x_1 \\
\dot{x}_1 &= f_1(x_1,\ V) + g_1(V)x_2 \\
\dot{x}_2 &= x_3 \\
\dot{x}_3 &= f_2(x_1,\ x_2,\ x_3,\ V) + g_2(V)\delta_e
\end{aligned}
\tag{4.1}
$$

式中，

$$
\begin{aligned}
f_1(x_1, V) &= -\frac{(\mu_M - V^2R)\cos\gamma}{VR^3} - \frac{0.310\ 15\rho VS_{ref}\gamma}{m} \\
g_1(V) &= \frac{0.310\ 15\rho VS_{ref}}{m} \\
f_2(x_1, x_2, x_3, V) &= \frac{\rho V^2 S_{ref}\bar{c}[C_{M,\alpha} + C_{M,q} - c_e\alpha]}{2I_{yy}} \\
g_2(V) &= \frac{\rho V^2 S_{ref}\bar{c}c_e}{2I_{yy}}
\end{aligned}
\tag{4.2}
$$

以上函数在后面内容中简写为f_1、g_1、f_2、g_2。

而在速度子系统中,速度 V 主要由油门开度 δ_t 控制,因此选取速度 V 为输出信号,油门开度 δ_t 为输入信号,于是速度子系统可以表达为

$$
\dot{V} = f_3(x_1, x_2, x_3, V) + g_3(x_1, x_2, V)\delta_t \tag{4.3}
$$

式中,

$$
\begin{aligned}
f_3(x_1, x_2, x_3, V) &= \begin{cases} -\left(\dfrac{D}{m} - \dfrac{\mu_M\sin\gamma}{R^2}\right), & \delta_t \leqslant 1 \\ \dfrac{0.011\ 2\rho V^2 S_{ref}\cos\alpha}{m} - \left(\dfrac{D}{m} - \dfrac{\mu_M\sin\gamma}{r^2}\right), & \delta_t > 1 \end{cases} \\
g_3(x_1, x_2, V) &= \begin{cases} \dfrac{0.012\ 85\rho V^2 S_{ref}\cos\alpha}{m}, & \delta_t \leqslant 1 \\ \dfrac{0.001\ 68\rho V^2 S_{ref}\cos\alpha}{m}, & \delta_t > 1 \end{cases}
\end{aligned}
\tag{4.4}
$$

以上函数在下文中简写为f_3、g_3。

4.1.2 故障下的舵面工作模型

由图 2.1 给出的 Winged-cone 高超声速飞行器几何构型图可知,飞行器装配了双升降舵——左舵面和右舵面,这也给执行器故障容错控制的实现提供了必要的执行器冗余条件。升降舵偏转角 δ_e 可以表达为以下形式:

$$
\delta_e = k_{e1}\delta_{e1} + k_{e2}\delta_{e2} \tag{4.5}
$$

式中，k_{e1} 和 k_{e2} 为两个舵面的组合系数；δ_{e1} 和 δ_{e2} 分别为左右舵面的偏转角。图 4.1 给出了执行器输出和控制器输出之间的关系。

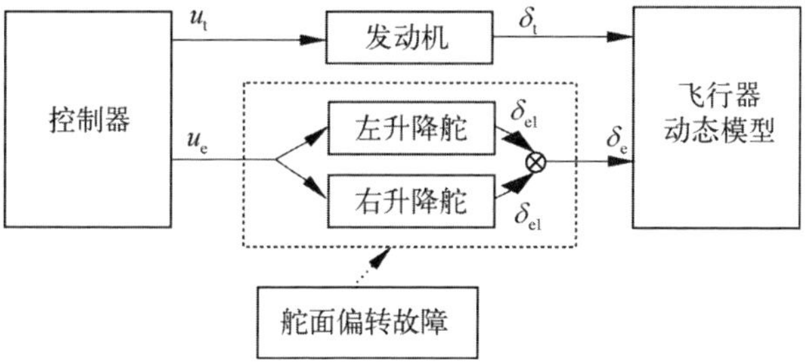

图 4.1　升降舵执行器的信号流动图

若不考虑执行器故障,则执行器的输出信号等于控制器的输入信号。例如,在速度子系统的发动机控制通道上:

$$\delta_t = u_V \tag{4.6}$$

而当执行器可能发生故障时,为了得到实际输入模型中的控制量,需要建立相应的故障数学模型反映故障下执行器输入和输出之间的关系。于是考虑常见的几种舵面故障,建立如下的舵面工作模型:

$$\delta_{ei} = (1 - \lambda_i)\sigma_{1i}u_e + \lambda_i\sigma_{2i}, \quad i = 1,\ 2 \tag{4.7}$$

式中，u_e 是待设计的舵面容错控制律；$\lambda_i \in \{0,\ 1\}$ 表示舵面失效情况,为 1 则完全失效,即发生卡死故障,为 0 则部分失效或未失效；$\sigma_{1i} \in (0,\ 1]$ 表示舵面控制效率的百分比；σ_{2i} 表示舵面卡死位置。

通过选择不同的模型参数,故障模型(4.7)可以表达以下几种类型的舵面工作状态。

1）正常工作

当没有舵面偏转故障发生时,舵面工作模型(4.7)中 $\lambda_i = 0$ 且 $\sigma_{1i} = 1$。

2）卡死故障

当舵面卡在某处不能操纵而失效时,模型(4.7)中 $\lambda_i = 1$, σ_{2i} 为舵面卡死位置。

3）部分失效故障

当舵面的控制效率相对于正常状态成比例衰减时,模型(4.7)中 $\lambda_i = 0$, σ_{1i} 为衰减倍数。

将舵面故障模型(4.7)代入式(4.5),可得到故障下的实际升降舵舵偏角 δ_e

与舵面容错控制律 u_e 之间的关系：

$$\delta_e = \sigma_1 u_e + \sigma_2 \tag{4.8}$$

式中，$\sigma_1 = \sum_{i=1}^{2} k_{ei}(1-\lambda_i)\sigma_{1i}$；$\sigma_2 = \sum_{i=1}^{2} k_{ei}\lambda_i\sigma_{2i}$。

假设 4.2 两个舵面中至少有一个舵面不完全失效，即 λ_1 和 λ_2 不同时为 1。

注解 4.2 假设 4.2 是为了保证控制系统具有必要的可控性以开展后续容错控制设计。

4.2 基于自适应反步法和动态面技术的容错控制

本节在 4.1 节模型预处理的基础上，针对高超声速飞行器纵向动态模型，考虑参数不确定性和未知舵面故障问题，基于反步法设计高度容错控制器，基于动态逆方法设计速度跟踪控制器。另外，在高度控制系统中，通过引入动态面设计方法，避免反步法控制设计中需要对大量非线性项求导的弊端。

本节的内容安排如下：4.2.1 节介绍本章的理论基础；4.2.2 节阐述本节设计的控制目标；4.2.3 节首先在高度子系统中，针对无舵面故障的标称情况，结合反步法方法和动态面技术，考虑系统中的不确定参数，设计高度自适应跟踪控制器，接着考虑舵面故障，设计自适应容错高度控制器，并选择自适应律来在线调节容错参数，然后应用李雅普诺夫稳定性理论证明整个闭环系统的稳定性，以及输出对参考信号的跟踪性能；在 4.2.4 节中，对于速度子系统，采用动态逆方法设计速度跟踪控制器；4.2.5 节通过仿真验证所提出的控制设计具有较好的跟踪性能和容错能力。

4.2.1 理论基础

反步法控制方法是一种经典的非线性系统控制方法，又常称为反步法、反推法、反演法，最早由 Kokotović等在 20 世纪 90 年代初提出[2,3]。这种方法将控制器的设计拆解为几个步骤，在每一步都根据所选择的李雅普诺夫函数设计虚拟控制，逐步递归，直到最终得到实际控制律，简明清晰。近二十年来，反步法控制方法发展迅速，已经成为一种经典的非线性控制系统设计工具，特别是在处理具有严格反馈形式的非线性系统的控制问题上，其具有显著优越性。

随着控制理论的发展,一些先进控制理论(如自适应控制、模糊控制、神经网络控制、滑模控制等)相继出现。反步法控制方法也随之得到进一步拓展,可以与许多控制方法相结合,运用于更广泛的应用场景。例如,自适应控制技术可以利用系统的控制误差在线调节控制器的参数、结构,从而处理外界干扰、参数误差[4]。将反步法控制方法和自适应控制方法相结合,可以实现对非线性系统的反步法控制,同时解决由故障引起的系统结构和参数的变化[5]。反步法自适应控制的设计步骤如下:首先对参数不确定的非线性系统进行参数化处理,并转换为符合反步法控制的系统形式;然后根据反步法思想,逐步设计虚拟控制律和最终的实际控制律;最后基于李雅普诺夫稳定性理论,选择参数自适应律,实现对控制律参数的在线调整。

本小节采用基于反步法思想的自适应控制处理具有不确定参数和未知舵面故障的高超声速飞行器纵向容错控制问题。本书的理论基础来源于文献[6],其中作者针对具有严格反馈形式的非线性系统,结合自适应控制与反步法控制设计了一种容错控制器,所提出的控制策略可以保证系统在执行器故障下的稳定与输出的渐近跟踪。然而,高超声速飞行器模型复杂,这种方法需要对大量的非线性项进行微分计算,可能会发生“微分爆炸”现象。因此,本章中的研究借鉴了文献[7]中提出的解决方法,其针对反步法自适应控制计算中的复杂微分问题,提出了一种自适应动态面方法,该方法通过引入低通滤波器避免反步法控制设计中需要对大量非线性项进行求导的弊端,即避免“微分爆炸”问题。

4.2.2　控制目标

对高超声速飞行器纵向动态的高度子模型(4.1)和速度子模型(4.3),考虑模型参数不确定和舵面故障(4.7),采用自适应控制理论与反步法控制理论,设计一种容错控制器,保证闭环系统的稳定以及输出信号 h 和 V 对给定的输出参考指令 h^r 和 V^r 的跟踪。

假设 4.3　飞行速度 V 的变化是缓慢的,且变化幅度在一定范围内。

注解 4.3　假设 4.3 容易得到满足,因为所设计的控制器是针对处于巡航状态的飞行器的。假设 4.3 的主要目的是便于分析闭环高度系统的稳定性。在稳定性证明中,如果有 $\dot{g}_i(V) \approx 0\ (i = 1,\ 2)$,可以一定程度上简化李雅普诺夫求导后的复杂计算。

4.2.3 高度跟踪自适应容错控制

1. 无故障下的自适应控制

使用反步法控制方法进行控制律设计的前提是系统模型可以写为严格反馈的形式。在式(4.1)所示的高度子系统中，x_1、x_2、x_3 的动态彼此间呈严格反馈关系，而输出信号高度 h 的动态和 x_1 呈非线性关系，因此首先处理这一步的动态关系。给定高度子系统的输出参考信号为 h^r，则定义高度跟踪误差为

$$e_h = h - h^r \tag{4.9}$$

结合式(4.1)中关于 h 的动态方程，可以得到高度跟踪误差动态：

$$\dot{e}_h = \dot{h} - \dot{h}^r = V\sin x_1 - \dot{h}^r \tag{4.10}$$

式中，x_1 为飞行航迹角 γ。

在实际情况下，巡航段的飞行器的航迹角变化的范围远小于 $[-90°, 90°)$，因此根据高度跟踪误差动态方程式(4.10)，选择下面的航迹角指令：

$$\gamma^d = \arcsin\left(\frac{-k_h e_h + \dot{h}^r}{V}\right) \tag{4.11}$$

式中，k_h 为正常数。将式(4.11)代入到式(4.10)，可以得到在系统航迹角 γ 跟踪期望航迹角 γ^d 后的高度跟踪误差动态：

$$\dot{e}_h = -k_h e_h \tag{4.12}$$

此时，跟踪误差 e_h 渐近收敛到零，即高度 h 渐近跟踪参考信号 h^r。因此，通过设计如式(4.10)的航迹角参考指令，并使航迹角跟踪航迹角参考指令，从而最终达成高度跟踪是可行的。下面给出基于反步法控制方法的航迹角跟踪控制的设计过程。首先，有如下假设成立。

假设 4.4 高度子系统(4.1)中，存在常数 $g_i^{\max}$ 和 $g_i^{\min}$，使得 $g_i^{\max} \geq g_i(V) \geq g_i^{\min} > 0(i = 1, 2)$。

假设 4.5 期望航迹角 γ^d 是连续信号，且其和其导数 γ^d，$\dot{\gamma}^d$，$\ddot{\gamma}^d$ 均是有界的，属于紧集 $\boldsymbol{\Omega}^d \in \mathbf{R}^3$，即 $\boldsymbol{\Omega}^d \in \{[\gamma^d \quad \dot{\gamma}^d \quad \ddot{\gamma}^d]^T : (\gamma^d)^2 + (\dot{\gamma}^d)^2 + (\ddot{\gamma}^d)^2 \leq \gamma_0\}$，$\gamma_0 > 0$ 表示该紧集的大小。

下面基于期望航迹角指令(4.11)以及高度子系统(4.1)中关于状态量 x_1、x_2、x_3 的动态，结合反步法和动态面技术分步骤为高度子系统的输入信号舵面偏转 δ_e 设计控制律 u_{e0}，实现航迹角 x_1 对航迹角期望指令 γ^d 的跟踪，最终实现

输出信号 h 对参考信号 h^r 的跟踪。

1) 步骤 1

定义 x_1 的跟踪误差：

$$e_{x1} = x_1 - \bar{x}_1 \tag{4.13}$$

式中，$\bar{x}_1$ 即期望航迹角 γ^d，对跟踪误差 e_{x1} 求导，且代入式(4.1)，可得到其动态方程：

$$\begin{aligned}\dot{e}_{x1} &= f_1(x_1, V) + g_1(V)x_2 - \dot{\gamma}^d \\ &= f_{10}(x_1, V) - g_1(V)x_1 + g_1(V)x_2 - \dot{\gamma}^d\end{aligned} \tag{4.14}$$

式中，$f_{10}(x_1, V) = -(\mu_M - V^2R)\cos x_1/(VR^3)$。

根据式(4.14)，为 x_2 选择如下的虚拟控制信号：

$$\bar{x}_2 = -k_1e_{x1} - g_1^{-1}(V)[f_{10}(x_1, V) - \dot{\gamma}^d] + x_1 \tag{4.15}$$

式中，k_1 为控制系数，为一个正常数。

而系统中气动参数和惯性参数 m、S_{ref}、ρ、I_{yy}、R_E、$\bar{c}$、c_e 随大气环境和燃油损耗而变化，考虑这些不确定参数的存在，引入自适应在线估计器。在这之前，先对虚拟控制信号(4.15)中的未知函数 $g_1^{-1}(V)$ 进行参数化，分离出未知函数，即

$$g_1^{-1}(V) = \psi_1\theta_1 \tag{4.16}$$

式中，θ_1 是包括未知模型参数；ψ_1 与系统状态量有关，表达式如下：

$$\theta_1 = \frac{m}{0.310\,15\rho S}, \quad \psi_1 = \frac{1}{V}$$

那么，虚拟控制律(4.15)可以改写为下面的参数自适应形式：

$$\bar{x}_2 = -k_1e_{x1} - \psi_1\hat{\theta}_1[f_{10}(x_1, V) - \dot{\gamma}_1^d] + x_1 \tag{4.17}$$

式中，$\hat{\theta}_1$ 是未知参数 θ_1 的自适应估计值。

将自适应控制律(4.17)代入开环跟踪误差动态(4.14)，可得闭环跟踪误差动态：

$$\dot{e}_{x1} = g_1[-k_1e_{x1} - \psi_1\tilde{\theta}_1(f_{10} - \dot{\gamma}_d)] \tag{4.18}$$

式中，$\tilde{\theta}_1$ 为参数 θ_1 的自适应估计误差，$\tilde{\theta}_1 = \hat{\theta}_1 - \theta_1$。

根据闭环跟踪误差的表达式(4.18),参数 $\hat{\theta}_1$ 的自适应调节律选择如下:

$$\dot{\hat{\theta}}_1 = k_{\theta1}\psi_1[f_{10}(x_1, V) - \dot{\gamma}^{d}]e_{x1} - k_{\theta1}\lambda_{\theta1}(\hat{\theta}_1 - \theta_{10}) \tag{4.19}$$

式中,$k_{\theta1}$、$\lambda_{\theta1} \in \mathbf{R}^+$;$\theta_{10}$ 为用户根据 θ_1 的先验知识选择的,当参数 θ_1 无先验知识时,则可取 $\theta_{10} = 0$。

由于反步法控制方法需要在下一步中对得到的虚拟控制信号(4.17)继续进行求导,为了避免在连续求导过程中出现"微分爆炸"现象,这里引入一个一阶滤波器计算虚拟控制信号的微分 $\dot{\bar{x}}_2$:

$$\xi_1 \dot{\bar{x}}_2^{d} + \bar{x}_2^{d} = \bar{x}_2, \quad \bar{x}_2^{d}(0) = \bar{x}_2(0) \tag{4.20}$$

式中,虚拟控制律 $\bar{x}_2$ 为滤波器的输入;$\bar{x}_2^{d}$、$\dot{\bar{x}}_2^{d}$ 为滤波器的输出;$\xi_1 \in \mathbf{R}^+$。

2) 步骤 2

以 $\bar{x}_2^{d}$ 作为 x_2 的参考指令,定义 x_2 的跟踪误差:

$$e_{x2} = x_2 - \bar{x}_2^{d} \tag{4.21}$$

对其求导,并代入式(4.1),可得

$$\dot{e}_{x2} = \dot{x}_2 - \dot{\bar{x}}_2^{d} = x_3 - \dot{\bar{x}}_2^{d} \tag{4.22}$$

式中,$\dot{\bar{x}}_2^{d}$ 由式(4.20)计算得到。

设计 x_3 的虚拟控制信号为

$$\bar{x}_3 = -k_2 e_{x2} + \dot{\bar{x}}_2^{d} \tag{4.23}$$

式中,k_2 为正常数。

将虚拟控制律式(4.23)代入开环跟踪误差式(4.21),得到闭环跟踪误差:

$$\dot{e}_{x2} = -k_2 e_{x2} \tag{4.24}$$

可见,x_3 取如式(4.23)的控制指令,则跟踪误差 e_{x2} 渐近收敛到 0,即 x_2 渐近跟踪 $\bar{x}_2^{d}$。

同样,引入如下的一阶滤波器,可得

$$\xi_2 \dot{\bar{x}}_3^{d} + \bar{x}_3^{d} = \bar{x}_3, \quad \bar{x}_3^{d}(0) = \bar{x}_3(0) \tag{4.25}$$

式中,虚拟控制律 $\bar{x}_3$ 为滤波器的输入;$\bar{x}_3^{d}$、$\dot{\bar{x}}_3^{d}$ 为滤波器的输出;$\xi_2 \in \mathbf{R}^+$。

3）步骤 3

定义 x_3 对参考指令 $\bar{x}_3^{\mathrm{d}}$ 的跟踪误差：

$$e_{x3} = x_3 - \bar{x}_3^{\mathrm{d}} \tag{4.26}$$

对其求导,并代入式(4.1),可得

$$\dot{e}_{x3} = f_2(x_1,\ x_2,\ x_3,\ V) + g_2(V)\delta_{\mathrm{e}} - \dot{\bar{x}}_3^{\mathrm{d}} \tag{4.27}$$

式中, $\dot{\bar{x}}_3^{\mathrm{d}}$ 由式(4.25)得到。

那么,对系统输入 δ_{e} 设计如下的实际控制律：

$$u_{\mathrm{e}0} = -k_3 e_{x3} - g_2^{-1}(V)f_2(x_1,\ x_2,\ x_3,\ V) + g_2^{-1}(V)\,\dot{\bar{x}}_3^{\mathrm{d}} \tag{4.28}$$

式中, k_3 为正常数。

同样,考虑到系统中未知参数 m、S_{ref}、ρ、I_{yy}、R_{E}、$\bar{c}$、c_{e} 的存在,引入自适应在线估计器。在这之前,先对虚拟控制信号(4.15)中的未知函数进行参数化,分离出未知参数,使

$$g_2^{-1}(V) = \psi_2\theta_2 \tag{4.29}$$

$$g_2^{-1}(V)f_2(x_1,\ x_2,\ x_3,\ V) = \boldsymbol{\Psi}_3\boldsymbol{\Theta}_3 \tag{4.30}$$

式中, θ_2、$\boldsymbol{\Theta}_3$ 与不确定模型参数有关; ψ_2、$\boldsymbol{\Psi}_3$ 与系统状态量有关;其中,

$$\theta_2 = \frac{2I_{yy}}{\rho S_{\mathrm{ref}}\bar{c}c_{\mathrm{e}}}$$

$$\boldsymbol{\Theta}_3 = \begin{bmatrix} -\dfrac{0.035}{\bar{c}c_{\mathrm{e}}} & \dfrac{0.036\,617 - c_{\mathrm{e}}}{\bar{c}c_{\mathrm{e}}} & \dfrac{5.326\,1\times10^{-6}}{\bar{c}c_{\mathrm{e}}} & -\dfrac{6.796}{2c_{\mathrm{e}}} & \dfrac{0.301\,5}{2c_{\mathrm{e}}} & -\dfrac{0.228\,9}{2c_{\mathrm{e}}} \end{bmatrix}^{\mathrm{T}}$$

$$\psi_2 = \frac{1}{V^2}$$

$$\boldsymbol{\Psi}_3 = \begin{bmatrix} \alpha^2 & \alpha & 1 & \dfrac{q\alpha^2}{V} & \dfrac{q\alpha}{V} & \dfrac{q}{V} \end{bmatrix}$$

那么,实际控制律(4.28)可以改进为下面的自适应控制律：

$$u_{\mathrm{e}0} = -k_3 e_{x3} - \boldsymbol{\Psi}_3\hat{\boldsymbol{\Theta}}_3 + \psi_2\hat{\theta}_2\,\dot{\bar{x}}_3^{\mathrm{d}} \tag{4.31}$$

式中, $\hat{\theta}_2$ 和 $\hat{\boldsymbol{\Theta}}_3$ 分别为未知参数 θ_2 和 $\boldsymbol{\Theta}_3$ 的估计值。

将自适应控制律(4.31)代入开环跟踪误差(4.27),可得到如下的闭环跟踪

误差：

$$\dot{e}_{x3} = g_2[-k_3 e_{x3} - \boldsymbol{\Psi}_3 \tilde{\boldsymbol{\Theta}}_3 + \psi_2 \tilde{\theta}_2 \dot{x}_3^{\mathrm{d}}] \tag{4.32}$$

式中，$\tilde{\theta}_2$ 为参数 θ_2 的自适应估计误差，$\tilde{\theta}_2 = \hat{\theta}_2 - \theta_2$；$\tilde{\boldsymbol{\Theta}}_3$ 为参数 $\boldsymbol{\Theta}_3$ 的自适应估计误差，$\tilde{\boldsymbol{\Theta}}_3 = \hat{\boldsymbol{\Theta}}_3 - \boldsymbol{\Theta}_3$。

根据闭环跟踪误差(4.32)，选择 $\hat{\theta}_2$ 和 $\hat{\boldsymbol{\Theta}}_3$ 的自适应律为

$$\dot{\hat{\theta}}_2 = -k_{\theta 2}\psi_2 e_{x3} - k_{\theta 2}\lambda_{\theta 2}(\hat{\theta}_2 - \theta_{20}) \tag{4.33}$$

$$\dot{\hat{\boldsymbol{\Theta}}}_3 = \boldsymbol{\Gamma}_{\theta 3}\boldsymbol{\Psi}_3^{\mathrm{T}}\dot{x}_3^{\mathrm{d}} e_{x3} - \boldsymbol{\Gamma}_{\theta 3}\lambda_{\theta 3}(\hat{\boldsymbol{\Theta}}_3 - \boldsymbol{\Theta}_{30}) \tag{4.34}$$

式中，$k_{\theta 2}$、$\lambda_{\theta 2}$、$\lambda_{\theta 3} \in \mathbf{R}^+$；$\boldsymbol{\Gamma}_{\theta 3} \in \mathbf{R}^{6\times 6}$ 为正定矩阵；$\theta_{20} \in \mathbf{R}^+$；$\boldsymbol{\Theta}_{30} \in \mathbf{R}^6$ 为需要设计的参数和参数向量。若参数 θ_2 和 $\boldsymbol{\Theta}_3$ 无先验知识，则可以将 θ_{20}、$\boldsymbol{\Theta}_{30}$ 设置为零和零向量。

2. 舵面故障下的自适应容错控制

接下来，考虑引入式(4.7)所示的舵面故障，即卡死故障和部分失效故障，设计自适应容错控制器。首先，假设故障信息已知，即故障参数 σ_1 和 σ_2 已知，理想容错控制器设计为

$$u_{\mathrm{e}} = \varphi_1 u_{\mathrm{e0}} + \varphi_2 \tag{4.35}$$

式中，u_{e0} 为上一步所设计的标称控制器(4.31)；φ_1、φ_2 为容错控制参数。

那么，结合式(4.8)和式(4.35)，可以得到故障下舵面实际总偏转角 δ_{e} 与标称控制信号 u_{e0} 的关系如下：

$$\delta_{\mathrm{e}} = \sigma_1(\varphi_1 u_{\mathrm{e0}} + \varphi_2) + \sigma_2 \tag{4.36}$$

若容错控制参数 φ_1 和 φ_2 的选择符合下面的匹配关系：

$$\begin{cases} \varphi_1 = \dfrac{1}{\sigma_1} \\ \varphi_2 = -\dfrac{\sigma_2}{\sigma_1} \end{cases} \tag{4.37}$$

那么 $\delta_{\mathrm{e}} = u_{\mathrm{e0}}$，即在故障情况下舵面偏转总量依旧能达到系统需要的控制量，实现了容错控制的目的。而通常情况下，故障参数 σ_1 和 σ_2 是未知的，虽然有匹配关系式(4.37)，但容错控制律中的容错参数 φ_1、φ_2 也是未知的，所以在容错控制器式(4.35)的基础上设计自适应容错控制器：

$$u_e = \hat{\varphi}_1 u_{e0} + \hat{\varphi}_2 \tag{4.38}$$

式中，$\hat{\varphi}_1$、$\hat{\varphi}_2$ 为 φ_1、φ_2 的估计值。

结合自适应容错控制律式(4.38)、式(4.36)以及 x_3 的误差跟踪动态式(4.32)，可得自适应容错控制下的闭环跟踪误差动态：

$$\dot{e}_{x3} = g_2[-k_3 e_{x3} - \boldsymbol{\Psi}_3 \tilde{\boldsymbol{\Theta}}_3 + \psi_2 \tilde{\theta}_2 \dot{\bar{x}}_3^{d} + \sigma_1 \tilde{\varphi}_1 u_{e0} + \sigma_1 \tilde{\varphi}_2] \tag{4.39}$$

根据上面的闭环跟踪误差动态方程，容错控制参数的自适应律选择如下：

$$\begin{aligned}\dot{\hat{\varphi}}_1 &= -k_{\varphi 1} e_{x3} u_{e0} - k_{\varphi 1} \lambda_{\varphi 1} (\hat{\varphi}_1 - \varphi_{10}) \\ \dot{\hat{\varphi}}_2 &= -k_{\varphi 2} e_{x3} - k_{\varphi 2} \lambda_{\varphi 2} (\hat{\varphi}_2 - \varphi_{20})\end{aligned} \tag{4.40}$$

式中，$k_{\varphi 1}$、$k_{\varphi 2}$、$\lambda_{\varphi 1}$、$\lambda_{\varphi 2}$ 为正常数；φ_{10}、φ_{20} 为需要设计的参数。

3. 稳定性证明

定义误差面：

$$z_2 = \bar{x}_2^{d} - \bar{x}_2 \tag{4.41}$$

$$z_3 = \bar{x}_3^{d} - \bar{x}_3 \tag{4.42}$$

由式(4.18)、跟踪误差 e_{x2} 的定义(4.21)以及误差面 z_2 的定义(4.41)，可得

$$\dot{e}_{x1} = g_1[-k_1 e_{x1} + e_{x2} + z_2 - \psi_1 \tilde{\theta}_1 (f_{10} - \dot{\gamma}_d)] \tag{4.43}$$

同样，由式(4.24)、误差 e_{x3} 的定义式(4.26)以及误差面 z_3 的定义式(4.42)，可得

$$\dot{e}_{x2} = -k_2 e_{x2} + e_{x3} + z_3 \tag{4.44}$$

根据动态面式(4.20)和式(4.25)，可得误差面的动态如下：

$$\dot{z}_2 = -\frac{1}{\xi_1} z_2 - \dot{\bar{x}}_2 \tag{4.45}$$

$$\dot{z}_3 = -\frac{1}{\xi_2} z_3 - \dot{\bar{x}}_3 \tag{4.46}$$

下面，基于李雅普诺夫稳定性理论，进行闭环系统的稳定性证明。选择如下的李雅普诺夫函数：

$$V = \frac{1}{2g_1} e_{x1}^2 + \frac{1}{2} e_{x2}^2 + \frac{1}{2g_2} e_{x3}^2 + \frac{1}{2} z_2^2 + \frac{1}{2} z_3^2 + \frac{1}{2} k_{\theta 1}^{-1} \tilde{\theta}_1^2$$

$$+\frac{1}{2}k_{\theta2}^{-1}\tilde{\theta}_2^2+\frac{1}{2}\tilde{\boldsymbol{\Theta}}_3^{\mathrm{T}}\boldsymbol{\Gamma}_{\theta3}^{-1}\tilde{\boldsymbol{\Theta}}_3+\frac{\sigma_1}{2}k_{\varphi1}^{-1}\tilde{\varphi}_1^2+\frac{\sigma_1}{2}k_{\varphi2}^{-1}\tilde{\varphi}_2^2 \tag{4.47}$$

对上述李雅普诺夫函数求导，由假设 4.3 可知 $\dot{g}_i(V)\approx 0\ (i=1,\ 2)$，代入式(4.43)、式(4.44)、式(4.39)、式(4.45)和式(4.46)，可得

$$\begin{aligned}\dot{V}=&\frac{1}{g_1}e_{x1}\dot{e}_{x1}+e_{x2}\dot{e}_{x2}+\frac{1}{g_2}e_{x3}\dot{e}_{x3}+z_2\dot{z}_2+z_3\dot{z}_3+k_{\theta1}^{-1}\tilde{\theta}_1\dot{\tilde{\theta}}_1+k_{\theta2}^{-1}\tilde{\theta}_2\dot{\tilde{\theta}}_2\\&+\tilde{\boldsymbol{\Theta}}_3^{\mathrm{T}}\boldsymbol{\Gamma}_{\theta3}^{-1}\dot{\tilde{\boldsymbol{\Theta}}}_3+\sigma_1k_{\varphi1}^{-1}\tilde{\varphi}_1\dot{\tilde{\varphi}}_1+\sigma_1k_{\varphi2}^{-1}\tilde{\varphi}_2\dot{\tilde{\varphi}}_2\\=&e_{x1}[-k_1e_{x1}+e_{x2}+z_2-\psi_1\tilde{\theta}_1(f_{10}-\dot{\gamma}^{\mathrm{d}})]+e_{x2}(-k_2e_{x2}+e_{x3}+z_3)\\&+e_{x3}[-k_3e_{x3}-\boldsymbol{\Psi}_3\tilde{\boldsymbol{\Theta}}_3+\psi_2\tilde{\theta}_2\dot{\tilde{x}}_3^{\mathrm{d}}+\sigma_1\tilde{\varphi}_1u_{\mathrm{e}0}+\sigma_1\tilde{\varphi}_2]+z_2\dot{z}_2+z_3\dot{z}_3\\&+k_{\theta1}^{-1}\tilde{\theta}_1\dot{\tilde{\theta}}_1+k_{\theta2}^{-1}\tilde{\theta}_2\dot{\tilde{\theta}}_2+\tilde{\boldsymbol{\Theta}}_3^{\mathrm{T}}\boldsymbol{\Gamma}_{\theta3}^{-1}\dot{\tilde{\boldsymbol{\Theta}}}_3+\sigma_1k_{\varphi1}^{-1}\tilde{\varphi}_1\dot{\tilde{\varphi}}_1+\sigma_1k_{\varphi2}^{-1}\tilde{\varphi}_2\dot{\tilde{\varphi}}_2\end{aligned} \tag{4.48}$$

代入自适应参数调节律式(4.19)、式(4.33)、式(4.34)以及容错参数调节律式(4.40)，进一步可得

$$\begin{aligned}\dot{V}=&-k_1e_{x1}^2-k_2e_{x2}^2-k_3e_{x3}^2+e_{x1}e_{x2}+e_{x1}z_2+e_{x2}e_{x3}+e_{x2}z_3+z_2\dot{z}_2+z_3\dot{z}_3\\&+\lambda_{\theta1}\tilde{\theta}_1(\hat{\theta}_1-\theta_{10})+\lambda_{\theta2}\tilde{\theta}_2(\hat{\theta}_2-\theta_{20})+\lambda_{\theta3}\tilde{\boldsymbol{\Theta}}_3^{\mathrm{T}}(\hat{\boldsymbol{\Theta}}_3-\boldsymbol{\Theta}_{30})\\&+\lambda_{\varphi1}\frac{1}{\varphi_1}\tilde{\varphi}_1(\hat{\varphi}_1-\varphi_{10})+\lambda_{\varphi2}\frac{1}{\varphi_1}\tilde{\varphi}_2(\hat{\varphi}_2-\varphi_{20})\\\leqslant&-k_1e_{x1}^2-k_2e_{x2}^2-k_3e_{x3}^2+e_{x1}e_{x2}+e_{x1}z_2+e_{x2}e_{x3}+e_{x2}z_3+z_2\dot{z}_2+z_3\dot{z}_3\\&-\frac{\lambda_{\theta1}}{2}\tilde{\theta}_1^2+\frac{\lambda_{\theta1}}{2}(\theta_1-\theta_{10})^2-\frac{\lambda_{\theta2}}{2}\tilde{\theta}_2^2+\frac{\lambda_{\theta2}}{2}(\theta_2-\theta_{20})^2-\frac{\lambda_{\theta3}}{2}\tilde{\boldsymbol{\Theta}}_3^{\mathrm{T}}\tilde{\boldsymbol{\Theta}}_3\\&+\frac{\lambda_{\theta3}}{2}(\boldsymbol{\Theta}_3-\boldsymbol{\Theta}_{30})^{\mathrm{T}}(\boldsymbol{\Theta}_3-\boldsymbol{\Theta}_{30})-\frac{\lambda_{\varphi1}}{2}\sigma_1\tilde{\varphi}_1^2+\frac{\lambda_{\varphi1}}{2}\sigma_1(\varphi_1-\varphi_{10})^2\\&-\frac{\lambda_{\varphi2}}{2}\sigma_1\tilde{\varphi}_2^2+\frac{\lambda_{\varphi2}}{2}\sigma_1(\varphi_2-\varphi_{20})^2\end{aligned} \tag{4.49}$$

根据 Young 不等式，有以下不等式成立：

$$e_{xi}e_{x(i+1)}\leqslant e_{xi}^2+\frac{1}{4}e_{x(i+1)}^2 \tag{4.50}$$

$$e_{xi}z_{i+1}\leqslant e_{xi}^2+\frac{1}{4}z_{i+1}^2,\quad i=1,\ 2 \tag{4.51}$$

由式(4.17)可得

$$\dot{\bar{x}}_2 = -k_1\dot{e}_{x1} - \psi_1\dot{\hat{\theta}}_1[f_{10} - \dot{\gamma}_{\mathrm{d}}] - \psi_1\hat{\theta}_1\left(\frac{\partial f_1}{\partial x_1}\dot{x}_1 - \ddot{\gamma}_{\mathrm{d}}\right) \tag{4.52}$$

由式(4.45)可得

$$\dot{z}_2 = -\frac{1}{\xi_1}z_2 + k_1\dot{e}_{x1} + \psi_1\dot{\hat{\theta}}_1[f_{10} - \dot{\gamma}_{\mathrm{d}}] + \psi_1\hat{\theta}_1\left(\frac{\partial f_1}{\partial x_1}\dot{x}_1 - \ddot{\gamma}_{\mathrm{d}}\right) \tag{4.53}$$

进而得到

$$\left|\dot{z}_2 + \frac{1}{\xi_1}z_2\right| \leqslant \zeta_2(e_{x1},\ e_{x2},\ z_2,\ \hat{\theta}_1,\ \gamma_{\mathrm{d}},\ \dot{\gamma}_{\mathrm{d}},\ \ddot{\gamma}_{\mathrm{d}}) \tag{4.54}$$

式中，$\zeta_2(e_{x1},\ e_{x2},\ z_2,\ \hat{\theta}_1,\ \gamma_{\mathrm{d}},\ \dot{\gamma}_{\mathrm{d}},\ \ddot{\gamma}_{\mathrm{d}})$ 是一个连续函数。

根据式(4.53)和式(4.54)，并利用 Young 不等式，可得

$$z_2\dot{z}_2 \leqslant -\frac{z_2^2}{\xi_1} + |z_2|\zeta_2 \leqslant -\frac{z_2^2}{\xi_1} + z_2^2 + \frac{1}{4}\zeta_2^2 \tag{4.55}$$

与上述计算过程类似，由式(4.23)可得

$$\begin{aligned}\dot{\bar{x}}_3 &= -k_2\dot{e}_{x2} + \dot{z}_2 + \dot{\bar{x}}_2\\ &= -k_2(-k_2e_{x2} + e_{x3} + z_3) + \left(-\frac{1}{\xi_1}z_2 - \dot{\bar{x}}_2\right) + \dot{\bar{x}}_2\\ &= -k_2(-k_2e_{x2} + e_{x3} + z_3) - \frac{1}{\xi_1}z_2\end{aligned} \tag{4.56}$$

而根据式(4.46)可得

$$\dot{z}_3 = -\frac{1}{\xi_2}z_3 + k_2(-k_2e_{x2} + e_{x3} + z_3) + \frac{1}{\xi_1}z_2 \tag{4.57}$$

进一步可得

$$\left|\dot{z}_3 + \frac{1}{\xi_2}z_3\right| \leqslant \zeta_3(e_{x2},\ e_{x3},\ z_2,\ z_3) \tag{4.58}$$

式中，$\zeta_3(e_{x2},\ e_{x3},\ z_2,\ z_3)$ 是连续函数。

结合式(4.57)和式(4.58)，并利用 Young 不等式，可得

$$z_3\dot{z}_3 \leqslant -\frac{z_3^2}{\xi_2} + |z_3|\zeta_3 \leqslant -\frac{z_3^2}{\xi_2} + z_3^2 + \frac{1}{4}\zeta_3^2 \tag{4.59}$$

将式(4.50)、式(4.51)、式(4.55)和式(4.59)代入式(4.49)中,可得

$$\begin{aligned}\dot{V} \leqslant & -(k_1-2)e_{x1}^2 - \left(k_2 - \frac{9}{4}\right)e_{x2}^2 - \left(k_3 - \frac{1}{4}\right)e_{x3}^2 - \left(\frac{1}{\xi_1} - \frac{5}{4}\right)z_2^2 \\ & -\left(\frac{1}{\xi_2} - 1\frac{1}{4}\right)z_3^2 + \frac{1}{4}\zeta_2^2 + \frac{1}{4}\zeta_3^2 - \frac{\lambda_{\theta1}}{2}\tilde{\theta}_1^2 - \frac{\lambda_{\theta2}}{2}\tilde{\theta}_2^2 \\ & - \frac{\lambda_{\theta3}}{2}\tilde{\boldsymbol{\Theta}}_3^{\mathrm{T}}\tilde{\boldsymbol{\Theta}}_3 - \frac{\lambda_{\varphi1}}{2}\sigma_1\tilde{\varphi}_1^2 - \frac{\lambda_{\varphi2}}{2}\sigma_1\tilde{\varphi}_2^2 + M_0\end{aligned} \tag{4.60}$$

式中,M_0 表示下列表达式的上限:

$$\begin{aligned}&\frac{\lambda_{\theta1}}{2}(\theta_1-\theta_{10})^2 + \frac{\lambda_{\theta2}}{2}(\theta_2-\theta_{20})^2 + \frac{\lambda_{\theta2}}{2}(\boldsymbol{\Theta}_3-\boldsymbol{\Theta}_{30})^{\mathrm{T}}(\boldsymbol{\Theta}_3-\boldsymbol{\Theta}_{30}) \\ & + \frac{\lambda_{\varphi1}}{2}\sigma_1(\varphi_1-\varphi_{10})^2 + \frac{\lambda_{\varphi2}}{2}\sigma_2(\varphi_2-\varphi_{20})^2\end{aligned} \tag{4.61}$$

由于对 $\forall\gamma_0>0$ 与 $p>0$, 集合 $\Omega_\gamma = \{[\gamma_\mathrm{d},\ \dot{\gamma}_\mathrm{d},\ \ddot{\gamma}_\mathrm{d}]^\mathrm{T}: \gamma_\mathrm{d}^2 + \dot{\gamma}_\mathrm{d}^2 + \ddot{\gamma}_\mathrm{d}^2 \leqslant \gamma_0\}$, $\Omega_2 = \{[e_{x2},\ e_{x3},\ z_2,\ \tilde{\theta}_1]^\mathrm{T}: V\leqslant p\}$ 与 $\Omega_3 = \{[e_{x2},\ e_{x3},\ z_2,\ z_3]^\mathrm{T}: V\leqslant p\}$ 在 R^1、R^2 与 R^3、R^4 内是紧闭的,所以 ζ_i 在 $\Omega_r\times\Omega_2$ 与 Ω_3 内存在最大值 $M_i(i=2,\ 3)$。因此,有下列不等式成立:

$$\begin{aligned}\dot{V} \leqslant & -(k_1-2)e_{x1}^2 - \left(k_2 - 2\frac{1}{4}\right)e_{x2}^2 - \left(k_3 - \frac{1}{4}\right)e_{x3}^2 - \left(\frac{1}{\xi_1} - 1\frac{1}{4}\right)z_2^2 \\ & -\left(\frac{1}{\xi_2} - 1\frac{1}{4}\right)z_3^2 + \frac{1}{4}\zeta_2^2 + \frac{1}{4}\zeta_3^2 - \frac{\lambda_{\theta1}}{2}\tilde{\theta}_1^2 - \frac{\lambda_{\theta2}}{2}\tilde{\theta}_2^2 \\ & - \frac{\lambda_{\theta3}}{2}\tilde{\boldsymbol{\Theta}}_3^{\mathrm{T}}\tilde{\boldsymbol{\Theta}}_3 - \frac{\lambda_{\varphi1}}{2}\sigma_1\tilde{\varphi}_1^2 - \frac{\lambda_{\varphi2}}{2}\sigma_1\tilde{\varphi}_2^2 + M\end{aligned} \tag{4.62}$$

式中, $M = 1/4(M_2^2 + M_3^2) + M_0$。

控制器中的参数选择需满足如下关系:

$$k_1 \geqslant \frac{\alpha_0}{2g_{1\min}} + 2,\quad k_2 \geqslant \frac{\alpha_0}{2} + 2\frac{1}{4},\quad k_3 \geqslant \frac{\alpha_0}{2g_{2\min}} + \frac{1}{4},$$

$$\frac{1}{\xi_1} \geqslant \frac{\alpha_0}{2g_{1\min}} + 1\frac{1}{4},\quad \frac{1}{\xi_2} \geqslant \frac{\alpha_0}{2} + 1\frac{1}{4},$$

$$\sigma_1 \geqslant \frac{\alpha_0}{k_{\theta 1}},\quad \sigma_2 \geqslant \frac{\alpha_0}{k_{\theta 2}},\quad \sigma_3 \geqslant \frac{\alpha_0}{\lambda_{\min}(\boldsymbol{\Gamma}_{\theta 3})},\quad \sigma_{\varphi 1} \geqslant \frac{\alpha_0}{k_{\varphi 1}},\quad \sigma_{\varphi 2} \geqslant \frac{\alpha_0}{k_{\varphi 2}} \tag{4.63}$$

式中，α_0 为正常数；$\lambda_{\min}(\boldsymbol{\Gamma}_{\theta 3})$ 表示矩阵 $\boldsymbol{\Gamma}_{\theta 3}$ 的最小特征值。

将式(4.63)代入式(4.62)中,可得

$$\dot{V} \leqslant -\alpha_0 V + M \tag{4.64}$$

如果 $V = p$ 且 $\alpha_0 > M/p$，可得 $\dot{V} < 0$，也就是说,当 $V(0) < p$ 时，对 $\forall t > 0$ 有 $V(t) \leqslant p$。在不等式(4.64)的左右两边同乘以 $e^{\alpha_0 t}$，并在 $[0, t]$ 上对其进行积分,可得

$$0 \leqslant V(t) \leqslant \frac{M}{\alpha_0} + \left(V_0 - \frac{M}{\alpha_0}\right) e^{-\alpha_0 t} \tag{4.65}$$

根据式(4.65),可以得到跟踪误差和参数估计误差 e_{x1}、e_{x2}、e_{x3}、z_2、z_3、$\tilde{\theta}_1$、$\tilde{\theta}_2$、$\tilde{\boldsymbol{\Theta}}_3$、$\tilde{\varphi}_1$、$\tilde{\varphi}_2$ 的全局一致有界性。此外，x_1、x_2、x_3、$\hat{\theta}_1$、$\hat{\theta}_2$、$\hat{\boldsymbol{\Theta}}_3$、$\hat{\varphi}_1$、$\hat{\varphi}_2$ 也是全局一致有界的。因此,可以得出稳定性证明的结论：该闭环控制系统的所有信号均全局一致有界。

4.2.4　速度跟踪自适应控制

针对速度子系统(4.3),采用逆动态方法设计速度跟踪控制器,并考虑到模型参数的不确定性,引入自适应在线估计器,设计参数自适应律。

首先,定义速度跟踪误差：

$$e_V = V - V^r \tag{4.66}$$

式中，V^r 为速度参考信号。

基于动态逆,设计发动机油门开度控制指令

$$u_t = -k_V e_V + \boldsymbol{\Psi}_V(x_1, x_2, x_3, V, \dot{V}_r)^T \hat{\boldsymbol{\Theta}}_V \tag{4.67}$$

式中，k_V 为正实数；$\hat{\boldsymbol{\Theta}}_V$ 为未知参数 $\boldsymbol{\Theta}_V$ 的估计值：

$$\boldsymbol{\Theta}_V = \left[\frac{0.645\,0m}{0.025\,7} \quad \frac{0.004\,337\,8m}{0.025\,7} \quad \frac{0.003\,772m}{0.025\,7} \quad \frac{2m\mu_M}{0.025\,7\rho S_{\text{ref}}} \quad \frac{2m}{0.025\,7\rho S_{\text{ref}}}\right]^T$$

$$\boldsymbol{\Psi}_V = \left[\frac{\alpha^2}{\cos\alpha} \quad \frac{\alpha}{\cos\alpha} \quad \frac{1}{\cos\alpha} \quad \frac{\sin\gamma}{R^2} \quad \frac{\dot{V}_r}{V^2\cos\alpha}\right]^T$$

$\hat{\boldsymbol{\Theta}}_V$ 的自适应律选择如下：

$$\dot{\hat{\boldsymbol{\Theta}}}_V = -\boldsymbol{\Gamma}_{\theta_V} e_V \boldsymbol{\Psi}_V \tag{4.68}$$

式中，$\boldsymbol{\Gamma}_{\theta_V} \in \mathbf{R}^{5\times5}$ 为正定矩阵。

同高度跟踪控制系统，这里容易证明在动态逆控制器（4.67）和自适应律（4.68）作用下，速度 V 能够渐近跟踪参考信号 V_r。

4.2.5 仿真验证

本小节以巡航段的高超声速飞行器纵向动态模型为对象，通过仿真试验验证本节所设计的高度和速度跟踪控制效果以及对升降舵偏转故障的容错能力。

1. 仿真参数选择

数值仿真试验的模型对象为高超声速飞行器的高度子系统（4.1）和速度子系统（4.3）。模型状态量的初值选择为：初始高度 $h(0) = 110\,000$ ft，初始速度 $V(0) = 15\,060$ ft/s，初始航迹角 $\gamma(0) = 0$ rad，初始俯仰角 $\theta_q(0) = 0.01$ rad，初始俯仰角速率 $q(0) = 0$ rad/s。

高度跟踪控制系统中，控制参数 $k_1 = 8$，$k_2 = 5$，$k_3 = 4$；滤波器参数 $\xi_2 = \xi_3 = 2$；自适应估计器的自适应律参数选为 $k_{\theta1} = 4\times10^4$，$k_{\theta2} = 1.5\times10^{17}$，$\boldsymbol{\Gamma}_{\theta3} = \mathrm{diag}\{0.1,\ 0.1,\ 10^8,\ 10^6,\ 10^6,\ 10^6\}$；自适应参数初始值 $\hat{\theta}_1(0) = \theta_{10} = 3\times10^5$，$\hat{\theta}_2(0) = \theta_{20} = 6\times10^7$，$\hat{\boldsymbol{\Theta}}_3(0) = \boldsymbol{\Theta}_{30} = [-0.01\quad 0.002\,5\quad 1.5\times10^{-6}\quad -100\quad 4\quad -2.5]^{\mathrm{T}}$；容错参数的自适应律参数为 $k_{\varphi1} = 2$，$k_{\varphi2} = 2$；容错参数的初始值为 $\hat{\varphi}_1(0) = \varphi_{10} = 0.8$，$\hat{\varphi}_2(0) = \varphi_{20} = -0.08$。

速度跟踪控制系统中，控制参数 $k_V = 0.1$；自适应律的参数选择为：$\boldsymbol{\Gamma}_{\theta_V} = \mathrm{diag}\{10^5,\ 1,\ 10,\ 10^{18},\ 10\}$；自适应参数的初始值为 $\hat{\boldsymbol{\Theta}}_V(0) = \boldsymbol{\Theta}_{V0} = [2\times10^5\quad 1.1\times10^3\quad 2\times10^{-4}\quad 8\times10^{-5}]^{\mathrm{T}}$。

2. 仿真方案设计

为了验证所设计的高度控制系统和速度控制系统的控制效果，分别在高度和速度子系统进行数值仿真试验。设计以下两组试验方案。

1）仿真 A

仿真 A 的控制任务是使高度跟踪 200 ft 的阶跃指令，速度保持在 15 060 ft/s，控制系统的高度参考指令 h^r 由如下一阶滤波器产生：

$$\frac{h^r}{h^d} = \frac{1}{2s+1} \tag{4.69}$$

式中，h^{d} 为高度阶跃指令：

$$h^{\mathrm{d}} = h(0) + 200\varepsilon_{\mathrm{STEP}}(t) \tag{4.70}$$

其中，$\varepsilon_{\mathrm{STEP}}(t)$ 为单位阶跃函数。

同时，为了验证设计对舵面故障的容错控制效果，在仿真试验中加入舵面偏转故障，左右两个舵面的工作状态设置如下：

$$\begin{aligned} &\delta_{\mathrm{e1}}(t) = u_{\mathrm{e0}}(t) \\ &\delta_{\mathrm{e2}}(t) = \begin{cases} u_{\mathrm{e0}}(t), & 0 < t \leqslant 80\ \mathrm{s} \\ 0.1\ \mathrm{rad}, & t > 80\ \mathrm{s} \end{cases} \end{aligned} \tag{4.71}$$

2）仿真 B

仿真 B 的控制任务是使速度信号跟踪 100 ft/s 的阶跃指令，飞行高度保持在 110 000 ft，速度参考指令 V^{r} 由如下一阶参考模型产生：

$$\frac{V^{\mathrm{r}}}{V^{\mathrm{d}}} = \frac{1}{2s + 1} \tag{4.72}$$

式中，V^{d} 为速度阶跃指令：

$$V^{\mathrm{d}} = V(0) + 100\varepsilon_{\mathrm{STEP}}(t) \tag{4.73}$$

其中，$\varepsilon_{\mathrm{STEP}}(t)$ 为单位阶跃函数。

同样，为了验证系统对舵面偏转故障的容错效果，在 80 s 一个舵面发生卡死故障：

$$\begin{aligned} &\delta_{\mathrm{e1}}(t) = u_{\mathrm{e}}(t) \\ &\delta_{\mathrm{e2}}(t) = \begin{cases} u_{\mathrm{e}}(t), & 0 < t \leqslant 80\ \mathrm{s} \\ 0.1\ \mathrm{rad}, & t > 80\ \mathrm{s} \end{cases} \end{aligned} \tag{4.74}$$

3. 仿真结果及分析

1）仿真 A

仿真试验 A 中对高度阶跃指令的跟踪响应结果如图 4.2～图 4.8 所示。由图可以看到，系统所有的闭环信号都有界。由图 4.2 可知，即使在 80 s 一个舵面发生卡死故障，高度信号 h 仍能够保持跟踪高度阶跃指令。由图 4.3 可知，速度信号 V 始终保持在 15 060 ft/s 附近，参数变动和舵面故障导致 V 在 15 060 ft/s 附近变化，变化幅度极小，符合假设 4.3。航迹角指令 γ^{d} 基于

高度信号 h、高度参考信号 h^r、高度参考指令变化律 $\dot{h}^r$ 以及速度信号 V 产生。当高度跟踪参考指令，即当 $h-h^r$ 趋近于 0 时，航迹角指令 γ^d 也趋近于稳定。图 4.4 所示的 γ^d 响应曲线符合图 4.2 所示的 h 响应曲线和图 4.3 所示的 V 响应曲线。由图 4.5 和图 4.7可以看出，容错控制系统的容错参数 $\hat{\varphi}_1$ 和 $\hat{\varphi}_2$ 自适应变化，从而对控制系统产生的舵面偏转指令 u_e 进行自适应调节，保证总的舵面偏转角满足期望值，以补偿故障舵面对系统的影响，使输出达到经过一段瞬态过程后，再次实现预期的跟踪控制性能。图 4.6 给出了控制飞行器速度的发动机油门开度指令 δ_t 的变化情况。图 4.8 给出了系统其他状态变量的响应情况，包括俯仰角、攻角和俯仰角速率，可见系统的所有信号都有界且稳定。

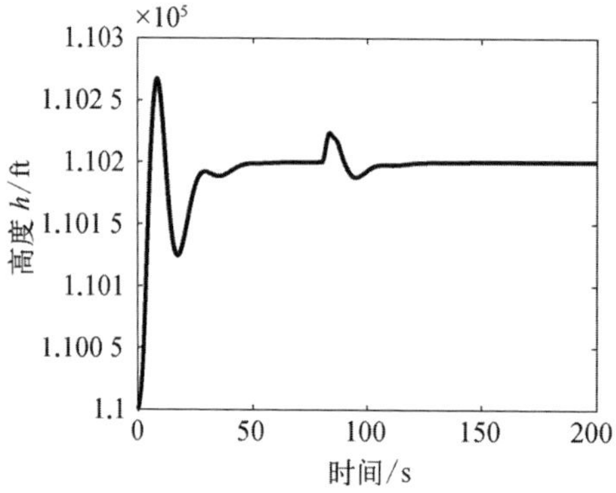

图 4.2　高度 h 阶跃变化跟踪响应曲线(仿真 A)

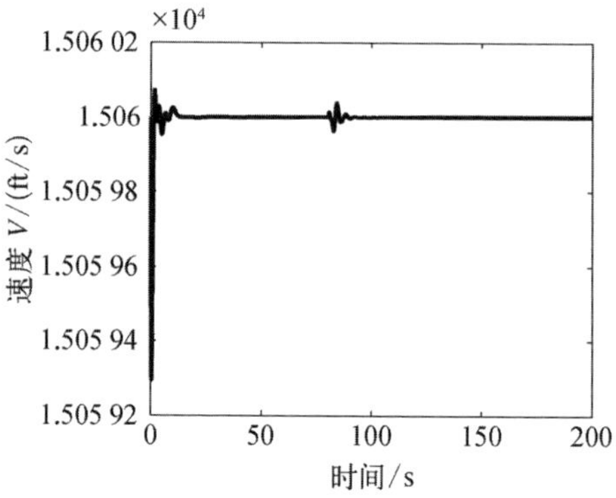

图 4.3　速度 V 响应曲线(仿真 A)

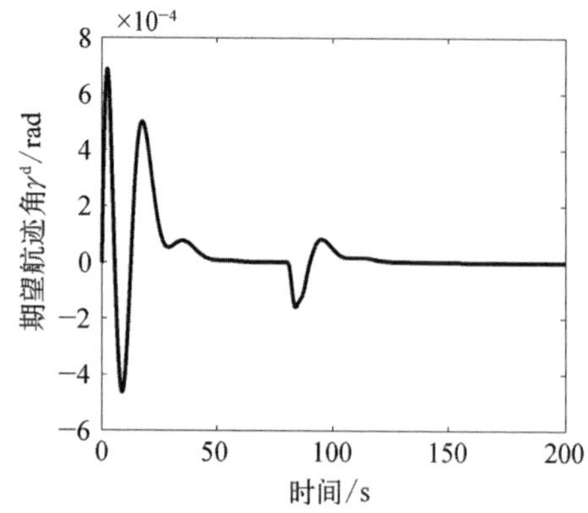

图 4.4　航迹角指令 γ^d 响应曲线(仿真 A)

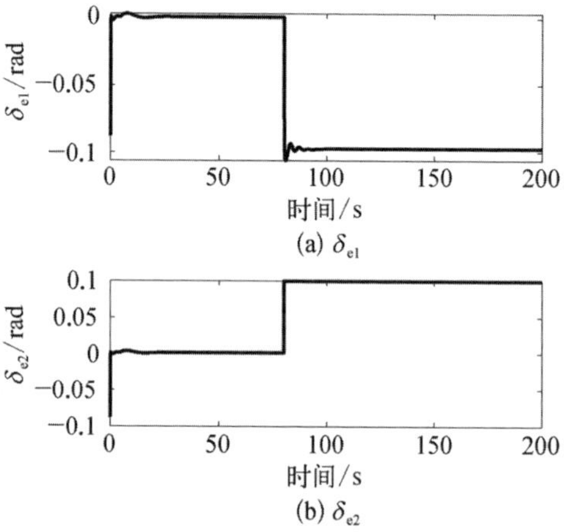

图 4.5　舵面偏转角 δ_{e1} 和 δ_{e2}(仿真 A)

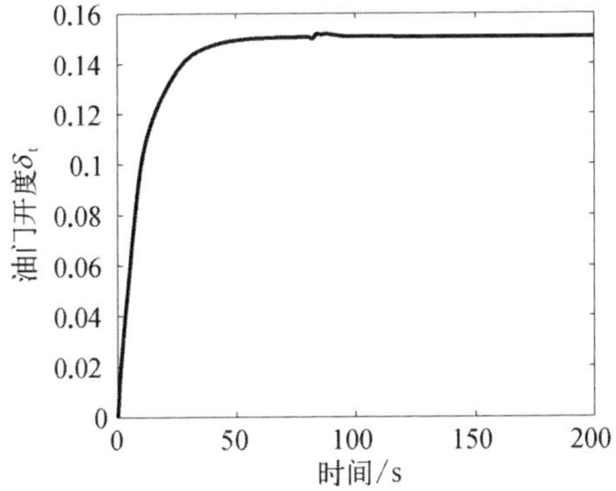

图 4.6　油门开度 $\boldsymbol{\delta}_t$（仿真 A）

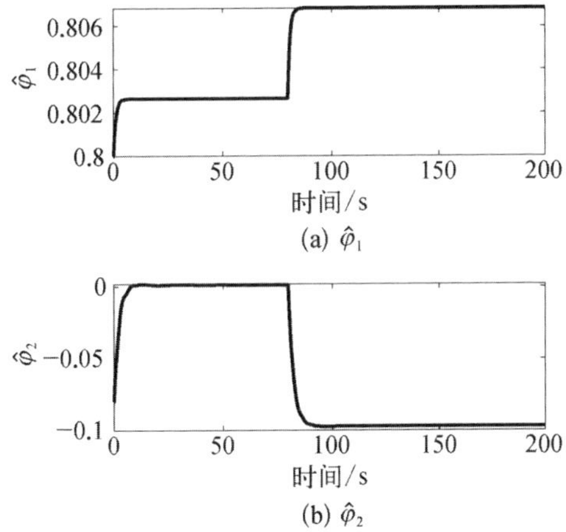

(a) $\hat{\varphi}_1$

(b) $\hat{\varphi}_2$

图 4.7　容错控制参数 $\hat{\varphi}_1$（上）和 $\hat{\varphi}_2$（下）估计曲线

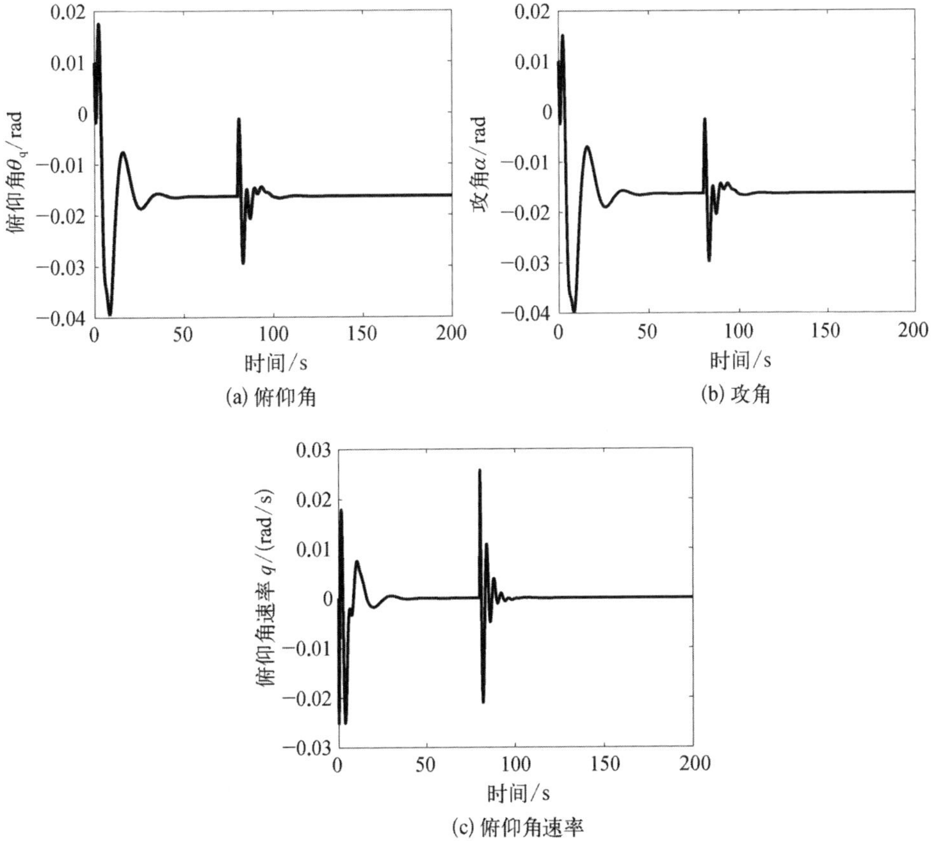

(a) 俯仰角

(b) 攻角

(c) 俯仰角速率

图 4.8　状态响应曲线

2）仿真 B

速度阶跃指令跟踪控制仿真结果如图 4.9～图 4.12 所示。图 4.9 和图 4.10 给出了系统的输出响应曲线。由图可以看到，高度信号保持稳定，速度信号跟踪参考指令。图 4.11 和图 4.12 给出了控制系统的输入信号舵面偏转角和油门开度的变化情况。当在 80 s 舵面发生卡死故障时，系统信号出现振荡，而在自适应容错控制的作用下，系统信号经过一段调整后很快回到稳定跟踪状态。

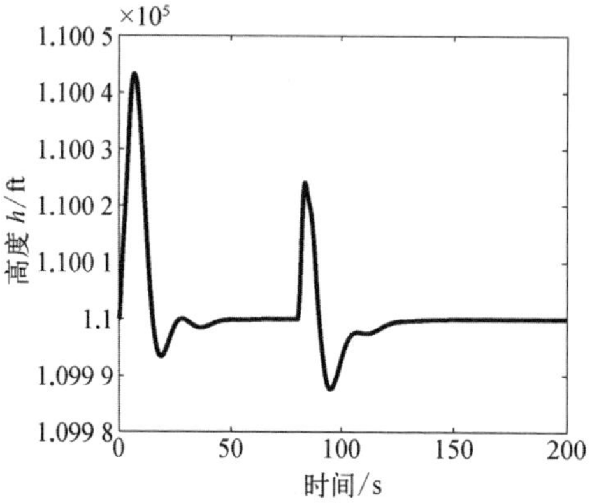

图 4.9　高度 h 阶跃变化跟踪响应曲线（仿真 B）

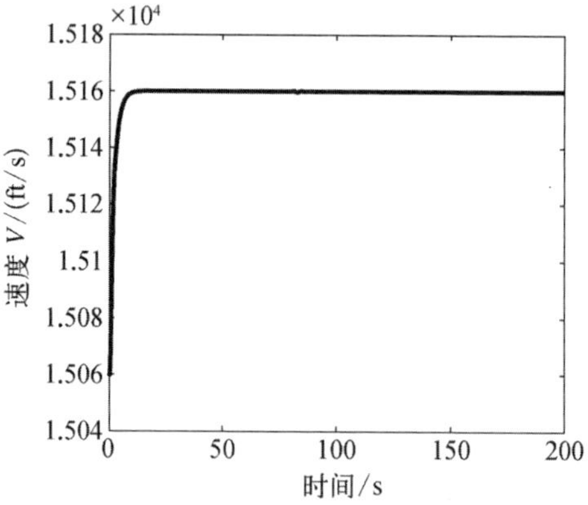

图 4.10　速度 V 响应曲线（仿真 B）

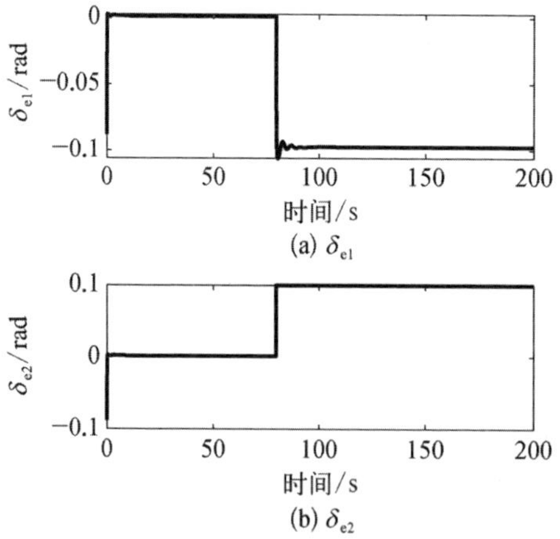

图 4.11　舵面偏转角 δ_{e1} 和 δ_{e2}（仿真 B）

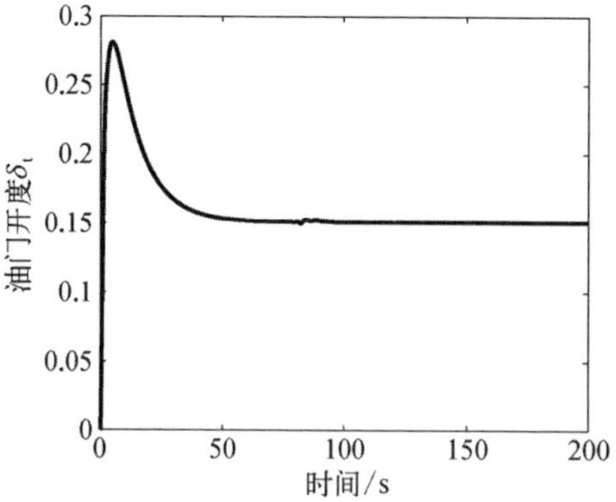

图 4.12　油门开度 δ_t（仿真 B）

4.3　基于高增益观测器的自适应输出反馈容错控制

本节同样在 3.1 节的模型预处理的基础上，针对高超声速飞行器的高度和速度子系统，考虑参数不确定性和未知舵面偏转故障问题，基于反馈线性化控制技术设计自适应容错跟踪控制。并且，考虑到高超声速飞行器部分状态量难以测量的问题，引入高增益观测器实现基于输出反馈的控制。

本节内容安排如下：4.3.1 节介绍本节的理论基础；4.3.2 节阐述本节的控制目标；在 4.3.3 节，首先针对高超声速飞行器纵向模型的高度子系统，运用反馈线性化设计基于状态反馈的标称高度跟踪控制，并设计参数在线更新自适应律，接着考虑未知舵面故障，在标称控制器的基础上设计自适应容错控制器；4.3.4 节引入高增益观测器，设计基于输出反馈的高度自适应容错控制器，最后证明整个闭环控制系统的稳定性；在 4.3.5 节，对于速度子系统，采用与高度子系统中一样的反馈线性化方法设计速度跟踪控制器，并且对不确定性参数进行估计，设计参数自适应律；4.3.6 节给出仿真研究的结果验证设计的有效性。

4.3.1　理论基础

本节的理论基础是一种常用的非线性控制理论：反馈线性化。反馈线性化控制也称为动态逆控制。其基本原理就是通过在非线性系统上施加全状态或部分状态反馈，抵消原系统中的非线性特性，得到等效的输入输出之间具有线性关系的新系统，也就是输入-输出线性化系统。系统可以被完全反馈线性化的条件是系统的相对阶等于系统的阶数，因此在反馈线性化控制设计中，应当先分析系统的相对阶。

本节还采用高增益观测器将基于反馈线性化设计的全状态反馈控制器拓展为输出反馈控制器。目前高超声速飞行器纵向控制的理论成果中，很多都是基于状态反馈进行设计的，即认为所有的状态量都是可测的。然而，在实际情况中，由于技术限制，所有的状态都可测是不现实的，并且如果要测量全部的状态量，成本也过高。例如，在高超声速飞行器纵向动态中，高度 h、速度 V 和俯仰角速率 q 一般是可测的，而较小的攻角 α 和飞行航迹角 γ 一般难以测量。本节采用文献[8]和文献[9]所提出的高增益观测器技术，基于状态反馈控制，在控制系统中引入高增益观测器估计状态量，用状态估计表达式代替状态反馈控制律中的不可测的状态量，达成基于输出反馈的控制设计。

4.3.2　控制目标

针对高度子系统(4.1)和速度子系统(4.3)，考虑系统模型存在未知参数和舵面发生故障(4.7)时，分别设计高度自适应容错控制器和速度自适应控制器，

使高度信号 h 和速度信号 V 分别跟踪参考指令 h^r 和 V^r，并且保证闭环系统的所有信号有界。

假设 4.6 高度和速度的给定参考信号 $h^r(t)$ 和 $V^r(t)$ 是有界的，且其各阶导数也有界。

4.3.3 基于状态反馈的高度自适应容错控制

1. 无故障下的自适应控制

反馈线性化可以通过设计控制律使开环不稳定的非线性系统等价转化为一个闭环稳定的线性系统，这样的线性转化存在的充分必要条件是非线性系统的相对阶等于系统的阶数。对于仿射非线性的高度子系统(4.1)，首先通过对输出 h 连续求导直至输入信号舵面偏转角 δ_e 显式地出现，得到系统的相对阶：

$$\begin{aligned}
\dot{h} &= V\sin x_1 \\
\ddot{h} &= V\cos x_1\dot{x}_1 \\
\dddot{h} &= V[-\sin x_1(\dot{x}_1)^2 + \cos x_1\ddot{x}_1] \\
h^{(4)} &= V[-\cos x_1(\dot{x}_1)^3 - 3\sin x_1\dot{x}_1\ddot{x}_1 + \cos x_1\dddot{x}_1]
\end{aligned} \tag{4.75}$$

其中，

$$\dot{x}_1 = \frac{-(\mu_M - V^2R)\cos x_1}{VR^2} - g_1(x_1 - x_2)$$

$$\ddot{x}_1 = \left(\frac{\mu_M}{VR} - V\right)\frac{\sin x_1\dot{x}_1}{R} + \left(\frac{\mu_M}{VR} - \frac{V}{2}\right)\frac{V\sin 2x_1}{R^2} - g_1(\dot{x}_1 - x_3)$$

$$\begin{aligned}
\dddot{x}_1 = &-\frac{\mu_M}{R^3}\sin x_1\left(\sin x_1\dot{x}_1 + \frac{V}{R}\sin 2x_1\right) + \left(\frac{\mu_M}{VR} - V\right)\frac{\cos x_1(\dot{x}_1)^2 + \sin x_1\ddot{x}_1}{R} \\
&-\left(\frac{\mu_M}{VR} - V\right)\frac{V(\sin x_1)^2\dot{x}_1}{R^2} + \left(\frac{\mu_M}{VR} - \frac{V}{2}\right)\frac{2V\cos 2x_1\dot{x}_1}{R^2} \\
&-\left(\frac{\mu_M}{VR} - \frac{V}{2}\right)\frac{2V^2\sin 2x_1\sin x_1}{R^3} - g_1(\ddot{x}_1 - f_3) + g_1g_2\delta_e
\end{aligned}$$

由此可知，高度子系统的相对阶为 4，等于系统阶数，所以高度子系统可以被完全输入输出线性化。

式(4.75)可改写为如下的高度动态方程：

$$h^{(4)} = A_0 + A_1 g_1 + A_2 g_1^2 + A_3 g_1^3 + V\cos x_1 g_1 f_2 + V\cos x_1 g_1 g_2 \delta_e \tag{4.76}$$

式中，

$$A_0 = -V\cos x_1 f_{10}^3 - 3V\sin x_1 f_{10}^2 f_{20} + V\cos x_1 (f_{30} + f_{10} f_{31} + f_{10}^2 f_{32} + f_{10} f_{20} f_{33} + f_{21} f_{33})$$

$$A_1 = [3V\cos x_1 f_{10}^2 + 6V\sin x_1 f_{10} f_{20} - V\cos x_1 (f_{20} f_{33} + f_{31} + 2f_{10} f_{32})](x_1 - x_2)$$
$$+ 3V\sin x_1 f_{10}^2 + V\cos x_1 (-f_{21} - f_{10} f_{33} + f_{33} x_4 - f_{10} f_{20})$$

$$A_2 = (-3V\cos x_1 f_{10} - 3V\sin x_1 f_{20} + V\cos x_1 f_{32})(x_1 - x_2)^2$$
$$+ [-6V\sin x_1 f_{10} + V\cos x_1 (f_{33} + f_{20})](x_1 - x_2) + V\cos x_1 (f_{10} - x_3)$$

$$A_3 = V\cos x_1 (x_1 - x_2)^3 + 3V\sin x_1 (x_1 - x_2)^2 - V\cos x_1 (x_1 - x_2)$$

其中，

$$f_{10} = \frac{-(\mu_M - V^2 R)}{VR^2}\cos x_1, \quad f_{20} = \left(\frac{\mu_M}{VR} - V\right)\frac{\sin x_1}{R}$$

$$f_{21} = \left(\frac{\mu_M}{R} - \frac{V^2}{2}\right)\frac{\sin 2x_1}{R^2}$$

$$f_{30} = \frac{V\sin 2x_1 \sin x_1}{R^3}\left(-\frac{3\mu_M}{R} + V^2\right) - \left(\frac{\mu_M}{R} - V^2\right)\frac{\sin^2 x_1}{R^2}$$

$$f_{31} = -\frac{\mu_M}{R^3}\sin^2 x_1 + \left(\frac{\mu_M}{VR} - \frac{V}{2}\right)\frac{2V\cos 2x_1}{R^2}$$

$$f_{32} = \left(\frac{\mu_M}{VR^2} - \frac{V}{R}\right)\cos x_1, \quad f_{33} = \left(\frac{\mu_M}{VR^2} - \frac{V}{R}\right)\sin x_1$$

而考虑到在实际飞行情况中，飞行器会受到如侧风等外界干扰的影响，因此将干扰的影响加入高度动态(4.76)，可得

$$h^{(4)} = A_0 + A_1 g_1 + A_2 g_1^2 + A_3 g_1^3 + V\cos x_2 g_1 f_2 + V\cos x_2 g_1 g_2 \delta_e + \omega(t) \tag{4.77}$$

式中，$\omega(t)$ 表示干扰信号。

假设 4.7　干扰信号 $\omega(t)$ 有界，即存在正数 $\bar{\omega}$ 使 $|\omega(t)| \leqslant \bar{\omega}$ 成立，表示干扰上界的参数 $\bar{\omega}$ 未知。

为了设计标称控制器使高度信号 h 跟踪参考信号 h^r, 定义如下高度跟踪误差:

$$E = \begin{bmatrix} e_1 \\ e_2 \\ e_3 \\ e_4 \end{bmatrix} = \begin{bmatrix} h - h^r \\ \dot{h} - \dot{h}^r \\ \ddot{h} - \ddot{h}^r \\ \dddot{h} - \dddot{h}^r \end{bmatrix} \tag{4.78}$$

结合高度动态方程(4.77),可以得到高度跟踪误差 $\boldsymbol{E}$ 的动态方程:

$$\begin{aligned} \dot{\boldsymbol{E}} = \boldsymbol{AE} + \boldsymbol{B}(A_0 + A_1 g_1 + A_2 g_1^2 + A_3 g_1^3 + V\cos x_1 g_1 f_2 \\ + V\cos x_1 g_1 g_2 \delta_e + \omega(t) - h^{r(4)}) \end{aligned} \tag{4.79}$$

式中,

$$\boldsymbol{A} = \begin{bmatrix} 0 & 1 & 0 & 0 \\ 0 & 0 & 1 & 0 \\ 0 & 0 & 0 & 1 \\ 0 & 0 & 0 & 0 \end{bmatrix}, \quad \boldsymbol{B} = \begin{bmatrix} 0 \\ 0 \\ 0 \\ 1 \end{bmatrix}$$

若不考虑系统参数的不确定性,即假设参数 m、S_{ref}、ρ、I_{yy}、R_E、$\bar{c}$、c_e 以及干扰信号上界 $\bar{\omega}$ 都已知,为模型输入舵面偏转角 δ_e 设计标称状态反馈控制律:

$$\begin{aligned} u_{e0} = \frac{1}{V\cos x_1}[g_1^{-1} g_2^{-1}(-\boldsymbol{KE} - A_0 + h^{r(4)}) - g_2^{-1} A_1 - g_1 g_2^{-1} A_2 \\ - g_1^2 g_2^{-1} A_3 - g_2^{-1} f_2 V\cos x_1 - g_1^{-1} g_2^{-1} \bar{\omega}] \end{aligned} \tag{4.80}$$

式中, $\boldsymbol{K} = [k_1 \quad k_2 \quad k_3 \quad k_4]$。

将标称控制器(4.80)代入跟踪误差动态(4.79),可得

$$\dot{\boldsymbol{E}} = (\boldsymbol{A} - \boldsymbol{BK})\boldsymbol{E} = \begin{bmatrix} 0 & 1 & 0 & 0 \\ 0 & 0 & 1 & 0 \\ 0 & 0 & 0 & 1 \\ -k_1 & -k_2 & -k_3 & -k_4 \end{bmatrix} \boldsymbol{E} \tag{4.81}$$

所以,选择合适的 k_1、k_2、k_3、k_4 使得 $\boldsymbol{A} - \boldsymbol{BK}$ 的特征值分配在左半开复平面的理想位置,那么跟踪误差 $\boldsymbol{E}$ 可以渐近收敛到零,即输出的高度信号 h 能够渐近跟踪参考信号 h^r。

而在实际情况下,系统参数 m、S_{ref}、ρ、I_{yy}、R_{E}、$\bar{c}$、c_{e} 随飞行状态、飞行气动环境变化,与干扰信号上界 $\bar{\omega}$ 都具有不确定性,因此可以通过引入自适应参数估计器和设计自适应律实现对控制器中不确定参数的在线估计。由于控制器(4.80)中存在不确定参数、已知参数和可测量状态变量,因此需要先对控制器的表达式进行参数化处理,分离出不确定参数,方便后面对其设计自适应调节律。进行如下参数化:

$$
\begin{aligned}
g_1^{-1}g_2^{-1} = \theta_1\psi_1, \quad g_2^{-1} = \theta_2\psi_2, \quad g_1g_2^{-1} = \theta_3\psi_3 \\
g_1^2g_2^{-1} = \theta_4\psi_4, \quad g_2^{-1}f_2 = \boldsymbol{\Theta}_5^{\mathrm{T}}\boldsymbol{\Psi}_5, \quad g_1^{-1}g_2^{-1}\bar{\omega} = \theta_6\psi_6
\end{aligned}
\tag{4.82}
$$

式中,

$$
\theta_1 = \frac{4mI_{yy}}{0.620\,3\rho^2S_{\mathrm{ref}}^2\bar{c}c_{\mathrm{e}}}, \quad \psi_1 = \frac{1}{V^3}, \quad \theta_2 = \frac{2I_{yy}}{\rho S_{\mathrm{ref}}\bar{c}c_{\mathrm{e}}}, \quad \psi_2 = \frac{1}{V^2}
$$

$$
\theta_3 = \frac{0.620\,3I_{yy}}{m\bar{c}c_{\mathrm{e}}}, \quad \psi_3 = \frac{1}{V}, \quad \theta_4 = \frac{0.620\,3^2\rho S_{\mathrm{ref}}I_{yy}}{2m^2\bar{c}c_{\mathrm{e}}}, \quad \psi_4 = 1
$$

$$
\boldsymbol{\Theta}_5 = \left[\frac{-0.035}{c_{\mathrm{e}}} \quad \frac{0.036\,617 - c_{\mathrm{e}}}{c_{\mathrm{e}}} \quad \frac{5.326\,1\times10^{-6}}{c_{\mathrm{e}}} \quad \frac{-6.796\bar{c}}{2c_{\mathrm{e}}} \quad \frac{0.301\,5\bar{c}}{2c_{\mathrm{e}}} \quad \frac{-0.228\,9\bar{c}}{2c_{\mathrm{e}}}\right]^{\mathrm{T}}
$$

$$
\boldsymbol{\Psi}_5 = \left[\alpha^2 \quad \alpha \quad 1 \quad \frac{q\alpha^2}{V} \quad \frac{q\alpha}{V} \quad \frac{q}{V}\right]^{\mathrm{T}}, \quad \theta_6 = \frac{4mI_{yy}\bar{\omega}}{0.620\,3\rho^2S_{\mathrm{ref}}^2\bar{c}c_{\mathrm{e}}}, \quad \psi_6 = \frac{1}{V^3}
$$

标称控制律(4.80)可以改写为下面的自适应估计后的形式:

$$
\begin{aligned}
u_{\mathrm{e}0} = \frac{1}{V\cos x_1}\big[&\hat{\theta}_1\psi_1(-\boldsymbol{KE} - A_0 + h^{\mathrm{r}(4)}) - \hat{\theta}_2\psi_2A_1 \\
&- \hat{\theta}_3\psi_3A_2 - \hat{\theta}_4\psi_4A_3 - \hat{\boldsymbol{\Theta}}_5^{\mathrm{T}}\boldsymbol{\Psi}_5V\cos x_1 - \hat{\theta}_6\psi_6\big]
\end{aligned}
\tag{4.83}
$$

式中,$\hat{\theta}_1$、$\hat{\theta}_2$、$\hat{\theta}_3$、$\hat{\theta}_4$、$\hat{\boldsymbol{\Theta}}_5$、$\hat{\theta}_6$ 为未知参数 θ_1、θ_2、θ_3、θ_4、$\boldsymbol{\Theta}_5$、θ_6 的自适应估计值,将自适应控制律(4.83)代入开环跟踪误差动态,得到如下高度闭环跟踪误差动态:

$$
\begin{aligned}
\dot{\boldsymbol{E}} = (\boldsymbol{A} - \boldsymbol{BK})\boldsymbol{E} + \boldsymbol{B}g_1g_2\big[&\hat{\theta}_1\psi_1(-\boldsymbol{KE} - A_0 + h^{\mathrm{r}(4)}) - \tilde{\theta}_2\psi_2A_1 - \tilde{\theta}_3\psi_3A_2 \\
&- \tilde{\theta}_4\psi_4A_3 - \hat{\boldsymbol{\Theta}}_5^{\mathrm{T}}\boldsymbol{\Psi}_5V\cos x_1 - \tilde{\theta}_6\psi_6 + g_1^{-1}g_2^{-1}(\omega(t) - \bar{\omega})\big]
\end{aligned}
\tag{4.84}
$$

根据闭环高度跟踪误差动态,$\hat{\theta}_1$、$\hat{\theta}_2$、$\hat{\theta}_3$、$\hat{\theta}_4$、$\hat{\boldsymbol{\Theta}}_5$、$\hat{\theta}_6$ 的自适应调节律选择如下:

$$
\begin{aligned}
\dot{\hat{\theta}}_1 &= -\Gamma_{\theta1}\boldsymbol{E}^{\mathrm{T}}\boldsymbol{PB}(-\boldsymbol{KE}-A_0+h^{r(4)})\psi_1 \\
\dot{\hat{\theta}}_2 &= \Gamma_{\theta2}\boldsymbol{E}^{\mathrm{T}}\boldsymbol{PB}A_1\psi_2 \\
\dot{\hat{\theta}}_3 &= \Gamma_{\theta3}\boldsymbol{E}^{\mathrm{T}}\boldsymbol{PB}A_2\psi_3 \\
\dot{\hat{\theta}}_4 &= \Gamma_{\theta4}\boldsymbol{E}^{\mathrm{T}}\boldsymbol{PB}A_3\psi_4 \\
\dot{\hat{\boldsymbol{\Theta}}}_5 &= \boldsymbol{\Gamma}_{\theta5}\boldsymbol{E}^{\mathrm{T}}\boldsymbol{PB}\boldsymbol{\Psi}_5 V\cos x_1 \\
\dot{\hat{\theta}}_6 &= \Gamma_{\theta6}\boldsymbol{E}^{\mathrm{T}}\boldsymbol{PB}\psi_6
\end{aligned}
\tag{4.85}
$$

式中，$\Gamma_{\theta1}$、$\Gamma_{\theta2}$、$\Gamma_{\theta3}$、$\Gamma_{\theta4}$、$\Gamma_{\theta6}$ 为正常数；$\boldsymbol{\Gamma}_{\theta5}\in\mathbf{R}^{6\times6}$ 为正定矩阵；$\boldsymbol{P}\in\mathbf{R}^{4\times4}$ 为正定矩阵。

2. 舵面故障自适应容错控制

接下来，考虑引入舵面故障(4.7)，即卡死故障和部分失效故障，设计自适应容错控制器。首先，假设故障信息参数 σ_1、σ_2 已知，理想容错控制器设计为

$$
u_e(t)=\varphi_1 u_{e0}+\varphi_2 \tag{4.86}
$$

式中，u_{e0} 为上一步所设计的标称控制器(4.83)；φ_1 和 φ_2 为容错控制参数。

那么，结合式(4.6)、式(4.7)及式(4.86)，可以得到故障下的舵面实际总偏转角 δ_e 与标称控制信号 u_{e0} 的关系如下：

$$
\delta_e=\sigma_1\varphi_1(u_{e0}+\varphi_2)+\sigma_2 \tag{4.87}
$$

若参数 φ_1、φ_2 的选择符合下面的匹配条件：

$$
\begin{cases}
\varphi_1=\dfrac{1}{\sigma_1} \\
\varphi_2=-\dfrac{\sigma_2}{\sigma_1}
\end{cases}
\tag{4.88}
$$

那么 $\delta_e=u_{e0}$，即达到了容错的目的。

而通常情况下，故障参数 σ_1 和 σ_2 是未知的，由匹配条件(4.88)可知，容错控制律中的容错参数 φ_1、φ_2 也是未知的，所以在容错控制器(4.86)的基础上设计自适应容错控制器：

$$
u_e(t)=\hat{\varphi}_1 u_{e0}+\hat{\varphi}_2 \tag{4.89}
$$

式中，$\hat{\varphi}_1$、$\hat{\varphi}_2$ 为 φ_1、φ_2 的估计值。

根据容错控制律(4.89)、自适应控制律(4.83)、舵面模型(4.87)以及开环高度跟踪误差动态(4.79)，得到考虑故障的高度闭环误差动态：

$$\begin{aligned}\dot{\boldsymbol{E}} = &(\boldsymbol{A} - \boldsymbol{BK})\boldsymbol{E} + \boldsymbol{B}g_1g_2[\hat{\theta}_1\psi_1(-\boldsymbol{KE} - A_0 + h^{r(4)}) - \tilde{\theta}_2\psi_2A_1\\&- \tilde{\theta}_3\psi_3A_2 - \tilde{\theta}_4\psi_4A_3 - \hat{\boldsymbol{\Theta}}_5^{\mathrm{T}}\boldsymbol{\Psi}_5V\cos x_1 - \tilde{\theta}_6\psi_6\\&+ g_1^{-1}g_2^{-1}(\omega(t) - \bar{\omega}) + V\cos x_1(\sigma_1\tilde{\varphi}_1u_{e0} + \sigma_1\tilde{\varphi}_2)]\end{aligned} \tag{4.90}$$

根据式(4.90)，容错控制参数 $\hat{\varphi}_1$、$\hat{\varphi}_2$ 的自适应律选择如下：

$$\begin{aligned}\dot{\hat{\varphi}}_1 &= -\Gamma_{\varphi1}\boldsymbol{E}^{\mathrm{T}}\boldsymbol{PBV}\cos x_1u_{e0}\\\dot{\hat{\varphi}}_2 &= -\Gamma_{\varphi2}\boldsymbol{E}^{\mathrm{T}}\boldsymbol{PBV}\cos x_1\end{aligned} \tag{4.91}$$

式中，$\Gamma_{\varphi1}$、$\Gamma_{\varphi2}$ 为正数。

3. 稳定性证明

下面证明整个闭环自适应容错控制系统的稳定性。

选择以下李雅普诺夫函数：

$$\begin{aligned}V_{\mathrm{L}} &= V_{\mathrm{L}}(\boldsymbol{E}, \tilde{\theta}_1, \tilde{\theta}_2, \tilde{\theta}_3, \tilde{\theta}_4, \tilde{\boldsymbol{\Theta}}_5, \tilde{\theta}_6, \tilde{\varphi}_1, \tilde{\varphi}_2)\\&= \frac{1}{2g_1g_2}\boldsymbol{E}^{\mathrm{T}}\boldsymbol{PE} + \frac{1}{2}k_{\theta1}^{-1}\tilde{\theta}_1^2 + \frac{1}{2}k_{\theta2}^{-1}\tilde{\theta}_2^2 + \frac{1}{2}k_{\theta3}^{-1}\tilde{\theta}_3^2 + \frac{1}{2}k_{\theta4}^{-1}\tilde{\theta}_4^2\\&\quad + \frac{1}{2}\tilde{\boldsymbol{\Theta}}_5^{\mathrm{T}}\boldsymbol{\Gamma}_{\theta5}^{-1}\tilde{\boldsymbol{\Theta}}_5 + \frac{1}{2}k_{\theta6}^{-1}\tilde{\theta}_6^2 + \frac{\sigma_1}{2}k_{\varphi1}^{-1}\tilde{\varphi}_1^2 + \frac{\sigma_1}{2}k_{\varphi2}^{-1}\tilde{\varphi}_2^2\end{aligned}$$

式中，$\boldsymbol{P} \in \mathbf{R}^{4\times4}$ 是一个正定矩阵，并且对所有选定的正定矩阵 $\boldsymbol{Q} \in \mathbf{R}^{4\times4}$ 满足 $\boldsymbol{P}(\boldsymbol{A} - \boldsymbol{BK}) + (\boldsymbol{A} - \boldsymbol{BK})^{\mathrm{T}}\boldsymbol{P} = -\boldsymbol{Q}$。

对上述的李雅普诺夫函数求导，并将其代入闭环高度跟踪误差动态(4.90)，可得

$$\begin{aligned}\dot{V}_{\mathrm{L}} &= \frac{1}{2g_1g_2}(\dot{\boldsymbol{E}}^{\mathrm{T}}\boldsymbol{PE} + \boldsymbol{E}^{\mathrm{T}}\boldsymbol{P}\dot{\boldsymbol{E}}) + k_{\theta1}^{-1}\tilde{\theta}_1\dot{\tilde{\theta}}_1 + k_{\theta2}^{-1}\tilde{\theta}_2\dot{\tilde{\theta}}_2 + k_{\theta3}^{-1}\tilde{\theta}_3\dot{\tilde{\theta}}_3 + k_{\theta4}^{-1}\tilde{\theta}_4\dot{\tilde{\theta}}_4\\&\quad + \tilde{\boldsymbol{\Theta}}_5^{\mathrm{T}}\boldsymbol{\Gamma}_{\theta5}^{-1}\dot{\tilde{\boldsymbol{\Theta}}}_5 + k_{\theta6}^{-1}\tilde{\theta}_6\dot{\tilde{\theta}}_6 + \sigma_1k_{\varphi1}^{-1}\tilde{\varphi}_1\dot{\tilde{\varphi}}_1 + \sigma_1k_{\varphi2}^{-1}\tilde{\varphi}_2\dot{\tilde{\varphi}}_2\\&= -\frac{1}{2g_1g_2}\boldsymbol{E}^{\mathrm{T}}\boldsymbol{QE} + \boldsymbol{E}^{\mathrm{T}}\boldsymbol{PB}[\hat{\theta}_1\psi_1(-\boldsymbol{KE} - A_0 + h^{r(4)})\tilde{\theta}_2\psi_2A_1\\&\quad - \tilde{\theta}_3\psi_3A_2 - \tilde{\theta}_4\psi_4A_3 - \hat{\boldsymbol{\Theta}}_5^{\mathrm{T}}\boldsymbol{\Psi}_5V\cos x_1 - \tilde{\theta}_6\psi_6 + g_1^{-1}g_2^{-1}(\omega(t) - \bar{\omega})\\&\quad + V\cos x_1(\sigma_1\tilde{\varphi}_1u_{e0} + \sigma_1\tilde{\varphi}_2)] + k_{\theta1}^{-1}\tilde{\theta}_1\dot{\tilde{\theta}}_1 + k_{\theta2}^{-1}\tilde{\theta}_2\dot{\tilde{\theta}}_2 + k_{\theta3}^{-1}\tilde{\theta}_3\dot{\tilde{\theta}}_3\end{aligned}$$

$$+ k_{\theta 4}^{-1}\tilde{\theta}_4\dot{\tilde{\theta}}_4 + \tilde{\boldsymbol{\Theta}}_5^{\mathrm{T}}\boldsymbol{\Gamma}_{\theta 5}^{-1}\dot{\tilde{\boldsymbol{\Theta}}}_5 + k_{\theta 6}^{-1}\tilde{\theta}_6\dot{\tilde{\theta}}_6 + \sigma_1 k_{\varphi 1}^{-1}\tilde{\varphi}_1\dot{\tilde{\varphi}}_1 + \sigma_1 k_{\varphi 2}^{-1}\tilde{\varphi}_2\dot{\tilde{\varphi}}_2 \tag{4.92}$$

将自适应调节律(4.85)和(4.91)代入式(4.92),进一步得到

$$\dot{V}_{\mathrm{L}} = -\frac{1}{2g_1g_2}\boldsymbol{E}^{\mathrm{T}}\boldsymbol{QE} + \boldsymbol{E}^{\mathrm{T}}\boldsymbol{PB}g_1^{-1}g_2^{-1}(\omega(t) - \bar{\omega}) \tag{4.93}$$

由于 g_1、g_2 都是正的,并且 $\boldsymbol{Q}$ 为正定的,则等式(4.93)右边第一项 $-\boldsymbol{E}^{\mathrm{T}}\boldsymbol{QE}/(2g_1g_2) \leqslant 0$。而若要得到 $\dot{V}_{\mathrm{L}} \leqslant 0$,则第二项 $\boldsymbol{E}^{\mathrm{T}}\boldsymbol{PB}g_1^{-1}g_2^{-1}(\omega(t) - \bar{\omega})$ 需要满足以下条件:

$$\| \boldsymbol{E}^{\mathrm{T}}\boldsymbol{QE}/2 \| \geqslant \| \boldsymbol{E}^{\mathrm{T}}\boldsymbol{PB}(\omega(t) - \bar{\omega}) \| \tag{4.94}$$

已知有下列不等式成立:

$$\begin{aligned} &\| \boldsymbol{E}^{\mathrm{T}}\boldsymbol{QE}/2 \| \geqslant \lambda_{\min}(\boldsymbol{Q}) \| \boldsymbol{E} \|^2/2 \\ &\| \boldsymbol{E}^{\mathrm{T}}\boldsymbol{PB}(\omega(t) - \bar{\omega}) \| \leqslant \| \boldsymbol{E} \| \sigma_{\max}(\boldsymbol{P})\sigma_{\max}(\boldsymbol{B}) | \omega(t) - \bar{\omega} | \end{aligned} \tag{4.95}$$

式中,$\lambda_{\min}(\boldsymbol{Q})$ 代表矩阵 $\boldsymbol{Q}$ 的最小特征值;$\sigma_{\max}(\boldsymbol{P})$、$\sigma_{\max}(\boldsymbol{B})$ 分别代表矩阵 $\boldsymbol{P}$、$\boldsymbol{B}$ 的最大奇异值。

因此,若要使条件(4.94)成立,则以下不等式需成立:

$$\lambda_{\min}(\boldsymbol{Q}) \| \boldsymbol{E} \|^2/2 \geqslant \| \boldsymbol{E} \| \sigma_{\max}(\boldsymbol{P})\sigma_{\max}(\boldsymbol{B}) | \omega(t) - \bar{\omega} | \tag{4.96}$$

此不等式等价于

$$\| \boldsymbol{E} \| \geqslant \frac{2\sigma_{\max}(\boldsymbol{P})\sigma_{\max}(\boldsymbol{B}) | \omega(t) - \bar{\omega} |}{\lambda_{\min}(\boldsymbol{Q})} \tag{4.97}$$

根据假设4.7,可知 $| \omega(t) - \bar{\omega} | \leqslant \varpi$ 成立且 $\varpi > 0$,所以可以得出式(4.97)等价于

$$\| \boldsymbol{E} \| \geqslant \frac{2\sigma_{\max}(\boldsymbol{P})\sigma_{\max}(\boldsymbol{B})\varpi}{\lambda_{\min}(\boldsymbol{Q})} \tag{4.98}$$

最终,可以得出结论:当 $\boldsymbol{E} \in L = \left\{\boldsymbol{E}: \| \boldsymbol{E} \| \geqslant \dfrac{2\sigma_{\max}(\boldsymbol{P})\sigma_{\max}(\boldsymbol{B})\varpi}{\lambda_{\min}(\boldsymbol{Q})}\right\}$ 时,可得 $\dot{V}_{\mathrm{L}} \leqslant 0$。进而可以得到 $\boldsymbol{E}$、$\tilde{\theta}_1$、$\tilde{\theta}_2$、$\tilde{\theta}_3$、$\tilde{\theta}_4$、$\tilde{\boldsymbol{\Theta}}_5$、$\tilde{\theta}_6$、$\tilde{\varphi}_1$、$\tilde{\varphi}_2$ 都是有界的,则 $\hat{\theta}_1$、$\hat{\theta}_2$、$\hat{\theta}_3$、$\hat{\theta}_4$、$\hat{\boldsymbol{\Theta}}_5$、$\hat{\theta}_6$、$\hat{\varphi}_1$、$\hat{\varphi}_2$ 也都是有界的。由于高度跟踪误差 $\boldsymbol{E}$ 是有界的,由 $\boldsymbol{E}$ 的定义可以知道,所有状态量都是有界的,所以控制指令信号是有界的。因此,闭环系统的所有信号都是有界的。证明完毕。

4.3.4　基于输出反馈的高度自适应容错控制

前面的自适应容错控制器设计是基于状态反馈的,即认为所有的状态量都是可测的。然而,在实际情况中,由于技术限制,高超声速飞行器所有的状态都可测是不现实的,并且测量全状态量的成本过高。纵向动态几个系统状态量中,高度 h、速度 V 和俯仰角速度 q 一般是可测的,而较小的攻角 α 和飞行航迹角 γ 一般难以测量。因此,有必要设计基于输出反馈的跟踪控制器。

1. 高增益观测器

本设计采用文献[8]和文献[9]提出的高增益观测器技术实现基于输出反馈的控制器。针对式(4.78)定义的跟踪误差 $\boldsymbol{E}$, 对高度跟踪控制系统设计高增益观测器如下:

$$\dot{\hat{\boldsymbol{E}}} = \begin{bmatrix} \dot{\hat{e}}_1 \\ \dot{\hat{e}}_2 \\ \dot{\hat{e}}_3 \\ \dot{\hat{e}}_4 \end{bmatrix} = \begin{bmatrix} \hat{e}_2 + \dfrac{\alpha_1}{\varepsilon}(e_1 - \hat{e}_1) \\ \hat{e}_3 + \dfrac{\alpha_2}{\varepsilon^2}(e_1 - \hat{e}_1) \\ \hat{e}_4 + \dfrac{\alpha_3}{\varepsilon^3}(e_1 - \hat{e}_1) \\ \dfrac{\alpha_4}{\varepsilon^4}(e_1 - \hat{e}_1) \end{bmatrix} \tag{4.99}$$

式中, $\hat{e}_i$ 为高度跟踪误差 e_i 的估计值; ε 为一个较小的正数;对于 $\alpha_i > 0\ (i = 1, 2, 3, 4)$ 选择合适的取值使得 $s^4 + \alpha_1 s^3 + \alpha_2 s^2 + \alpha_3 s + \alpha_4 = 0$ 为 Hurwitz 多项式。

由式(4.75)和式(4.78),各个状态变量可有如下解:

$$\begin{aligned} h &= \Phi_1(e_1 + h^{\mathrm{r}}) \\ x_1 &= \Phi_2(e_2 + \dot{h}^{\mathrm{r}}) \\ x_2 &= g_1^{-1}\Phi_3(e_1 + h^{\mathrm{r}},\ e_2 + \dot{h}^{\mathrm{r}},\ e_3 + \ddot{h}^{\mathrm{r}}) + x_1 \\ x_3 &= g_1^{-1}\Phi_4(e_1 + h^{\mathrm{r}},\ e_2 + \dot{h}^{\mathrm{r}},\ e_3 + \ddot{h}^{\mathrm{r}},\ e_4 + \dddot{h}^{\mathrm{r}}) + \frac{e_3 + \ddot{h}^{\mathrm{r}}}{V\cos x_1} \end{aligned} \tag{4.100}$$

式中,

$$\Phi_1 = e_1 + h^{\mathrm{r}},\quad \Phi_2 = \arcsin\frac{e_2 + \dot{h}^{\mathrm{r}}}{V},\quad \Phi_3 = \frac{e_3 + \ddot{h}^{\mathrm{r}}}{V\cos x_1} + \frac{\mu_{\mathrm{M}} - V^2 R}{VR^2}\cos x_1$$

$$\Phi_4 = \frac{e_4 + \dddot{h}^{\mathrm{r}}}{V\cos x_1} + \tan x_1\left(\frac{e_3 + \ddot{h}^{\mathrm{r}}}{V\cos x_1}\right)^2 - \left[\left(\frac{\mu_{\mathrm{M}}}{VR} - V\right)\frac{\sin x_1}{R}\frac{e_3 + \ddot{h}^{\mathrm{r}}}{V\cos x_1} + \left(\frac{\mu_{\mathrm{M}}}{R} - \frac{V^2}{2}\right)\frac{\sin 2x_1}{R^2}\right]$$

通过设计的高增益观测器(4.99),可将式(4.100)中的 $e_i(i = 1, 2, 3, 4)$ 用高增益观测器(4.99)中的 $\hat{e}_i(i = 1, 2, 3, 4)$ 估计,则各状态变量的估计值可以表示为

$$\begin{aligned}
\hat{h} &= \Phi_1(\hat{e}_1 + h^{\mathrm{r}}) \\
\hat{x}_1 &= \Phi_2(\hat{e}_2 + \dot{h}^{\mathrm{r}}) \\
\hat{x}_2 &= g_1^{-1}\Phi_3(\hat{e}_1 + h^{\mathrm{r}},\ \hat{e}_2 + \dot{h}^{\mathrm{r}},\ \hat{e}_3 + \ddot{h}^{\mathrm{r}}) + \hat{x}_1 \\
\hat{x}_3 &= g_1^{-1}\Phi_4(\hat{e}_1 + h^{\mathrm{r}},\ \hat{e}_2 + \dot{h}^{\mathrm{r}},\ v_3 + \ddot{h}^{\mathrm{r}},\ \hat{e}_4 + \dddot{h}^{\mathrm{r}}) + \frac{\hat{e}_3 + \ddot{h}^{\mathrm{r}}}{V\cos \hat{x}_1}
\end{aligned} \tag{4.101}$$

2. 无故障下的自适应控制

将式(4.101)代入之前所设计的状态反馈标称控制器(4.80)中,整理后可得到下面基于高增益观测器的输出反馈控制器:

$$\begin{aligned}
u_{e0} = {}& [g_1^{-1}g_2^{-1}(-\boldsymbol{K}\hat{\boldsymbol{E}} + h^{\mathrm{r}(4)} + H_1(\hat{e}_1 + h^{\mathrm{r}},\ \hat{e}_2 + \dot{h}^{\mathrm{r}},\ \hat{e}_3 + \ddot{h}^{\mathrm{r}}, \hat{e}_4 + \dddot{h}^{\mathrm{r}})) \\
& - g_2^{-1}H_2(\hat{e}_1 + h^{\mathrm{r}},\ \hat{e}_2 + \dot{h}^{\mathrm{r}},\ \hat{e}_3 + \ddot{h}^{\mathrm{r}},\ \hat{e}_4 + \dddot{h}^{\mathrm{r}})]/V\cos(\Phi_2(\hat{e}_2 + \dot{h}^{\mathrm{r}})) \\
& - g_2^{-1}f_2
\end{aligned} \tag{4.102}$$

式中,

$$\begin{aligned}
H_1 = {}& V\cos x_1 f_{10}^3 + 3V\sin x_1 f_{10}^2 f_{20} - V\cos x_1(f_{30} + f_{10}f_{31} + f_{10}^2 f_{32} \\
& + f_{10}f_{20}f_{33} + f_{21}f_{33}) + [3V\cos x_1 f_{10}^2 + 6V\sin x_1 f_{10}f_{20} \\
& - V\cos x_1(f_{20}f_{33} + f_{31} + 2f_{10}f_{32})]\Phi_3 + (3V\cos x_2 f_{10} \\
& + 3V\sin x_1 f_{20} - V\cos x_1 f_{32})\Phi_3^2 + V\cos x_1\Phi_3^3 - V\cos x_1 f_{33}\Phi_4 \\
H_2 = {}& 3V\sin x_1 f_{10}^2 + V\cos x_1(f_{33}\Phi_3 - f_{10}f_{20} - f_{21}) - \{[-6V\sin x_1 f_{10} \\
& + V\cos x_1(f_{33} + f_{20})]\Phi_3 + V\cos x_1\Phi_4\} + 3V\sin x_1\Phi_3^2
\end{aligned}$$

同样,实际情况中,系统参数 m、S、ρ、I_{yy}、μ、R_{e}、$\bar{c}$、c_{e} 与干扰信号上界 $\bar{\omega}$ 都是未知的,需要设计自适应律实现对它们的在线估计。首先为了参数化,即分离出式(4.102)中的不确定参数,令

$$
\begin{aligned}
g_1^{-1}g_2^{-1} &= \theta_{o1}\psi_{o1} \\
g_2^{-1} &= \theta_{o2}\psi_{o2} \\
g_2^{-1}f_2 &= \boldsymbol{\Theta}_{o3}^{\mathrm{T}}\boldsymbol{\Psi}_{o3}
\end{aligned} \tag{4.103}
$$

式中，

$$
\theta_{o1} = \frac{4mI_{yy}}{0.620\,3\rho^2 S_{\mathrm{ref}}^2 \bar{c} c_{\mathrm{e}}},\quad \psi_{o1} = \frac{1}{V^3},\quad \theta_{o2} = \frac{2I_{yy}}{\rho S_{\mathrm{ref}} \bar{c} c_{\mathrm{e}}},\quad \psi_{o2} = \frac{1}{V^2}
$$

$$
\boldsymbol{\Theta}_{o3} = \left[\frac{-0.14m^2}{0.620\,3^2 c_{\mathrm{e}} \rho^2 S_{\mathrm{ref}}^2} \quad \frac{-2m(0.036\,617 - c_{\mathrm{e}})}{0.620\,3\rho S_{\mathrm{ref}} c_{\mathrm{e}}} \quad \frac{5.326\,1\times 10^{-6}}{c_{\mathrm{e}}} \right.
$$
$$
\frac{-54.368\bar{c}m^3}{2c_{\mathrm{e}}0.620\,3^3\rho^3 S_{\mathrm{ref}}^3} \quad \frac{-1.206\bar{c}m^2}{2c_{\mathrm{e}}0.620\,3^2\rho^2 S_{\mathrm{ref}}^2} \quad \frac{-0.228\,9\bar{c}m}{0.620\,3\rho S_{\mathrm{ref}} c_{\mathrm{e}}}
$$
$$
\left. \frac{-27.184\bar{c}m^2}{2c_{\mathrm{e}}0.620\,3^2\rho^2 S_{\mathrm{ref}}^2} \quad \frac{-0.603\bar{c}m}{2c_{\mathrm{e}}0.620\,3\rho S_{\mathrm{ref}}} \quad \frac{-0.228\,9\bar{c}}{2c_{\mathrm{e}}} \right]^{\mathrm{T}}
$$

$$
\boldsymbol{\Psi}_{o3} = \left[\frac{\Phi_3^2(\hat{\boldsymbol{E}})}{V^2} \quad \frac{\Phi_3(\hat{\boldsymbol{E}})}{V} \quad 1 \quad \frac{\Phi_3^2(\hat{\boldsymbol{E}})\Phi_4(\hat{\boldsymbol{E}})}{V^4} \quad \frac{\Phi_3(\hat{\boldsymbol{E}})\Phi_4(\hat{\boldsymbol{E}})}{V^3} \right.
$$
$$
\frac{\Phi_4(\hat{\boldsymbol{E}})}{V^2} \quad \frac{\Phi_3^2(\hat{\boldsymbol{E}})(f_{10}(\hat{\boldsymbol{E}}) + \Phi_3(\hat{\boldsymbol{E}}))}{V^3}
$$
$$
\left. \frac{\Phi_3(\hat{\boldsymbol{E}})(f_{10}(\hat{\boldsymbol{E}}) + \Phi_3(\hat{\boldsymbol{E}}))}{V^2} \quad \frac{f_{10}(\hat{\boldsymbol{E}}) + \Phi_3(\hat{\boldsymbol{E}})}{V} \right]^{\mathrm{T}}
$$

标称控制律(4.80)可以改写为下面的自适应估计后的形式：

$$
\begin{aligned}
u_{\mathrm{e}0} = {} & [\hat{\theta}_{o1}\psi_{o1}(-\boldsymbol{K}\hat{\boldsymbol{E}} + h^{\mathrm{r}(4)} + H_1(\hat{e}_1 + h^{\mathrm{r}}, \hat{e}_2 + \dot{h}^{\mathrm{r}}, \hat{e}_3 + \ddot{h}^{\mathrm{r}}, \hat{e}_4 + \dddot{h}^{\mathrm{r}})) \\
& - \hat{\theta}_{o2}\psi_{o2}H_2(\hat{e}_1 + h^{\mathrm{r}}, \hat{e}_2 + \dot{h}^{\mathrm{r}}, \hat{e}_3 + \ddot{h}^{\mathrm{r}}, \hat{e}_4 + \dddot{h}^{\mathrm{r}})]/\{V\cos[\Phi_2(\hat{e}_2 + \dot{h}^{\mathrm{r}})]\} \\
& - \hat{\boldsymbol{\Theta}}_{o3}^{\mathrm{T}}\boldsymbol{\Psi}_{o3}(\hat{e}_1 + h^{\mathrm{r}}, \hat{e}_2 + \dot{h}^{\mathrm{r}}, \hat{e}_3 + \ddot{h}^{\mathrm{r}}, \hat{e}_4 + \dddot{h}^{\mathrm{r}})
\end{aligned} \tag{4.104}
$$

式中，$\hat{\theta}_{o1}$、$\hat{\theta}_{o2}$、$\hat{\boldsymbol{\Theta}}_{o3}$ 分别为未知参数 θ_{o1}、θ_{o2}、$\boldsymbol{\Theta}_{o3}$ 的估计值，其自适应调节律选择如下：

$$
\begin{aligned}
\dot{\hat{\theta}}_{o1} &= -\Gamma_{o1}\hat{\boldsymbol{E}}^{\mathrm{T}}\boldsymbol{PB}\psi_{o1}(-\boldsymbol{K}\hat{\boldsymbol{E}} + h^{\mathrm{r}(4)} + H_1(\hat{e}_1 + h^{\mathrm{r}}, \hat{e}_2 + \dot{h}^{\mathrm{r}}, \hat{e}_3 + \ddot{h}^{\mathrm{r}}, \hat{e}_4 + \dddot{h}^{\mathrm{r}})) \\
\dot{\hat{\theta}}_{o2} &= \Gamma_{o2}\hat{\boldsymbol{E}}^{\mathrm{T}}\boldsymbol{PB}\psi_{o2}H_2(\hat{e}_1 + h^{\mathrm{r}}, \hat{e}_2 + \dot{h}^{\mathrm{r}}, \hat{e}_3 + \ddot{h}^{\mathrm{r}}, \hat{e}_4 + \dddot{h}^{\mathrm{r}}) \\
\dot{\hat{\boldsymbol{\Theta}}}_{o3} &= \boldsymbol{\Gamma}_{o3}\hat{\boldsymbol{E}}^{\mathrm{T}}\boldsymbol{PB}\boldsymbol{\Psi}_{o3}(\hat{e}_1 + h^{\mathrm{r}}, \hat{e}_2 + \dot{h}^{\mathrm{r}}, \hat{e}_3 + \ddot{h}^{\mathrm{r}}, \hat{e}_4 + \dddot{h}^{\mathrm{r}})V\cos[\Phi_2(\hat{e}_2 + \dot{h}^{\mathrm{r}})]
\end{aligned} \tag{4.105}
$$

其中，$\boldsymbol{\Gamma}_{o1}$、$\boldsymbol{\Gamma}_{o2}$ 为正常数；$\boldsymbol{\Gamma}_{o3} \in \mathbf{R}^{6\times6}$ 为正定矩阵；$\boldsymbol{P} \in \mathbf{R}^{4\times4}$ 为正定矩阵。

3. 舵面故障自适应容错控制

在前面已经给出了针对卡死和部分失效故障的基于状态反馈的自适应容错控制器的设计步骤，这里在此基础上做出修正，从而得到基于输出反馈的自适应容错控制器如下：

$$u_e(t) = \hat{\varphi}_1 u_{e0} + \hat{\varphi}_2 \tag{4.106}$$

式中，u_{e0} 是上面设计的输出反馈自适应控制器(4.104)；$\hat{\varphi}_1$、$\hat{\varphi}_2$ 为 φ_1、φ_2 的估计值，其参数自适应律如下：

$$\begin{aligned} \dot{\hat{\varphi}}_1 &= -\boldsymbol{\Gamma}_{\varphi1}\hat{\boldsymbol{E}}^{\mathrm{T}}\boldsymbol{PBV}\cos(\boldsymbol{\Phi}_2(\hat{e}_2 + \dot{h}^{\mathrm{r}}))u_{e0} \\ \dot{\hat{\varphi}}_2 &= -\boldsymbol{\Gamma}_{\varphi2}\hat{\boldsymbol{E}}^{\mathrm{T}}\boldsymbol{PBV}\cos(\boldsymbol{\Phi}_2(\hat{e}_2 + \dot{h}^{\mathrm{r}})) \end{aligned} \tag{4.107}$$

其中，$\boldsymbol{\Gamma}_{\varphi1}$、$\boldsymbol{\Gamma}_{\varphi2}$ 为正数。

4. 投影算子

为了保证控制器中参数的有界性，引入了投影算子。定义

$$\begin{aligned} \Omega_{\theta_o} &= \{\theta_o \mid a_i \leqslant \theta_{oi} \leqslant b_i,\ i = 1,\ 2\} \\ \Omega_{\varphi} &= \{\varphi \mid c_i \leqslant \varphi_i \leqslant d_i,\ i = 1,\ 2\} \\ \Omega_{\delta_{\theta_o}} &= \{\theta_o \mid a_i - \delta_{\theta_o} \leqslant \theta_{oi} \leqslant b_i + \delta_{\theta_o},\ i = 1,\ 2\} \\ \Omega_{\delta_{\varphi}} &= \{\varphi \mid c_i - \delta_{\varphi} \leqslant \varphi_i \leqslant d_i + \delta_{\varphi},\ i = 1,\ 2\} \end{aligned} \tag{4.108}$$

则投影算子 $\mathrm{Proj}(\hat{\theta}_{oi},\ \kappa_{\theta i})$ 表示为

$$\mathrm{Proj}(\hat{\theta}_{oi},\ \kappa_{\theta i}) = \begin{cases} \Gamma_{oi}\kappa_{\theta i}, & a_i \leqslant \hat{\theta}_{oi} \leqslant b_i \text{ 或者 } \hat{\theta}_{oi} > b_i \text{ 且 } \kappa_{\theta i} \leqslant 0 \text{ 或者 } \hat{\theta}_{oi} < a_i \text{ 且 } \kappa_{\theta i} \geqslant 0 \\ \Gamma_{oi}\bar{\kappa}_{\theta i}, & \hat{\theta}_{oi} > b_i \text{ 且 } \kappa_{\theta i} > 0 \\ \Gamma_{oi}\breve{\kappa}_{\theta i}, & \hat{\theta}_{oi} < a_i \text{ 且 } \kappa_{\theta i} < 0 \end{cases} \tag{4.109}$$

式中，

$$\bar{\kappa}_{\theta i} = \left(1 + \frac{b_i - \hat{\theta}_{oi}}{\delta_{\theta_o}}\right)\kappa_{\theta i},\quad \breve{\kappa}_{\theta i} = \left(1 + \frac{\hat{\theta}_{oi} - a_i}{\delta_{\theta_o}}\right)\kappa_{\theta i},\quad i = 1,\ 2$$

$$\kappa_{\theta 1} = -\hat{\boldsymbol{E}}^{\mathrm{T}}\boldsymbol{PB}\psi_{o1}(-\boldsymbol{K}\hat{\boldsymbol{E}} + h^{r(4)} + H_1(\hat{e}_1 + h^r, \hat{e}_2 + \dot{h}^r, \hat{e}_3 + \ddot{h}^r, \hat{e}_4 + \dddot{h}^r))$$
$$\kappa_{\theta 2} = \hat{\boldsymbol{E}}^{\mathrm{T}}\boldsymbol{PB}\psi_{o2}H_2(\hat{e}_1 + h^r, \hat{e}_2 + \dot{h}^r, \hat{e}_3 + \ddot{h}^r, \hat{e}_4 + \dddot{h}^r) \tag{4.110}$$

投影算子 $\mathrm{Proj}(\hat{\varphi}_i, \kappa_{\varphi i})$ 表示为

$$\mathrm{Proj}(\hat{\varphi}_i, \kappa_{\varphi i}) = \begin{cases} \Gamma_{\varphi i}\kappa_{\varphi i}, & c_i \leqslant \hat{\varphi}_i \leqslant d \text{ 或者 } \hat{\varphi}_i > d_i \text{ 且 } \kappa_{\varphi i} \leqslant 0 \text{ 或者 } \hat{\varphi}_i < c_i \text{ 且 } \kappa_{\varphi i} \geqslant 0 \\ \Gamma_{\varphi i}\bar{\kappa}_{\varphi i}, & \hat{\varphi}_i > d_i \text{ 且 } \kappa_{\varphi i} > 0 \\ \Gamma_{\varphi i}\breve{\kappa}\varphi_i, & \hat{\varphi}_i < c_i \text{ 且 } \kappa_{\varphi i} < 0 \end{cases} \tag{4.111}$$

式中，

$$\bar{\kappa}_{\varphi i} = \left(1 + \frac{d_i - \hat{\theta}_{oi}}{\delta_{\varphi}}\right)\kappa_{\varphi i}, \quad \breve{\kappa}_{\varphi i} = \left(1 + \frac{\hat{\theta}_{oi} - c_i}{\delta_{\varphi}}\right)\kappa_{\varphi i}, \quad i = 1, 2$$
$$\kappa_{\varphi 1} = -\hat{\boldsymbol{E}}^{\mathrm{T}}\boldsymbol{PBV}\cos(\Phi_2(\hat{e}_2 + \dot{h}^r))u_{e0} \tag{4.112}$$
$$\kappa_{\varphi 2} = -\hat{\boldsymbol{E}}^{\mathrm{T}}\boldsymbol{PBV}\cos(\Phi_2(\hat{e}_2 + \dot{h}^r))$$

经过投影算子的修正,不确定参数的自适应律改写为

$$\dot{\hat{\theta}}_{oi} = \mathrm{Proj}(\hat{\theta}_{oi}, \kappa_{\theta i}), \quad i = 1, 2, 3$$
$$\dot{\hat{\varphi}}_i = \mathrm{Proj}(\hat{\varphi}_i, \kappa_{\varphi i}), \quad i = 1, 2 \tag{4.113}$$

从而可以做所有变量的初始值有界的假设,也就是 $\hat{\theta}_{oi}(0) \in \Omega_\theta$, $\hat{\varphi}_i(0) \in \Omega_\varphi$, $e(0) \in E_0$。 定义

$$c_1 = \max_{e \in E_0} \frac{1}{2g_1 g_2}\boldsymbol{E}^{\mathrm{T}}\boldsymbol{PE}$$
$$c_2 = \max_{\theta_o \in \Omega_\theta,\ \hat{\theta}_o \in \Omega_{\delta_\theta}}\left(\frac{1}{2}k_{o1}^{-1}\tilde{\theta}_{o1}^2 + \frac{1}{2}k_{o2}^{-1}\tilde{\theta}_{o2}^2 + \frac{1}{2}\tilde{\boldsymbol{\Theta}}_{o3}^{\mathrm{T}}\boldsymbol{\Gamma}_{o3}^{-1}\tilde{\boldsymbol{\Theta}}_{o3}\right) \tag{4.114}$$
$$c_3 = \max_{\varphi \in \Omega_\varphi,\ \hat{\varphi} \in \Omega_{\delta_k}}(k_{\varphi 1}^{-1}\tilde{\varphi}_1^2 + k_{\varphi 2}^{-1}\tilde{\varphi}_2^2)$$

然后有实数 c_4 使 $c_4 > c_1 + c_2 + c_3$。

5. 饱和控制

飞机的舵面偏转角在实际飞行中具有一定的范围极限,因此有必要限制控制信号输入的饱和度,即

$$u_{e0}^{s}=\boldsymbol{\kappa}_{\delta}\mathrm{sat}(u_{e0}/\boldsymbol{\kappa}_{\delta}) \tag{4.115}$$

式中,$\boldsymbol{\kappa}_{\delta}$ 代表最大允许偏转角, sat(·) 表示饱和函数:

$$\mathrm{sat}(y)=\begin{cases}-1, & y<-1\\ y, & |y|\leqslant 1\\ 1, & y>1\end{cases} \tag{4.116}$$

添加投影算子并控制输入饱和后,自适应输出反馈容错控制器为

$$\begin{aligned}
u_{e0}=&(\hat{\theta}_{o1}\psi_{o1}(-\boldsymbol{K}\hat{\boldsymbol{E}}+h^{r(4)}+H_1(\hat{e}_1+h^r,\hat{e}_2+\dot{h}^r,\hat{e}_3+\ddot{h}^r,\hat{e}_4+\dddot{h}^r))\\
&-\hat{\theta}_{o2}\psi_{o2}H_2(\hat{e}_1+h^r,\hat{e}_2+\dot{h}^r,\hat{e}_3+\ddot{h}^r,\hat{e}_4+\dddot{h}^r))/V\cos(\boldsymbol{\Phi}_2(\hat{e}_2+\dot{h}^r))\\
&-\hat{\boldsymbol{\Theta}}_{o3}^{\mathrm{T}}\boldsymbol{\Psi}_{o3}(\hat{e}_1+h^r,\hat{e}_2+\dot{h}^r,\hat{e}_3+\ddot{h}^r,\hat{e}_4+\dddot{h}^r)\\
u_e=&\hat{\varphi}_1u_{e0}^{s}+\hat{\varphi}_2\\
\dot{\hat{\theta}}_{oi}=&\mathrm{Proj}(\hat{\theta}_{oi},\kappa_{\theta i}),\quad i=1,2,3\\
\dot{\hat{\varphi}}_i=&\mathrm{Proj}(\hat{\varphi}_i,\kappa_{\varphi i}),\quad i=1,2
\end{aligned} \tag{4.117}$$

6. 稳定性证明

首先,定义高增益观测器误差为 $\boldsymbol{Z}=[\xi_1\quad\xi_2\quad\xi_3\quad\xi_4]^{\mathrm{T}}$, $\xi_i=\dfrac{e_i-\hat{e}_i}{\varepsilon^{n-i}}$, $i=1,2,3,4$, 则整个闭环系统可以表示为

$$\begin{aligned}
&\delta_e=\sigma_1\hat{\varphi}_1(u_{e0}+\hat{\varphi}_2)+\sigma_2\\
&\dot{\boldsymbol{E}}=\boldsymbol{A}_m\boldsymbol{E}+\boldsymbol{B}(\boldsymbol{K}\boldsymbol{E}-H_1+g_1H_2+g_1f_2V\cos x_1+g_1g_2V\cos x_1\delta_e-h^{r(4)})\\
&\varepsilon\dot{\boldsymbol{Z}}=(\boldsymbol{A}-\boldsymbol{H}\boldsymbol{C})\boldsymbol{Z}+\varepsilon\boldsymbol{B}(-H_1+g_1H_2+g_1f_2V\cos x_1+g_1g_2V\cos x_1\delta_e-h^{r(4)})
\end{aligned} \tag{4.118}$$

式中,$\boldsymbol{A}_m=\boldsymbol{A}-\boldsymbol{B}\boldsymbol{K}$; $\boldsymbol{K}=[k_1\quad k_2\quad k_3\quad k_4]^{\mathrm{T}}$; $\boldsymbol{H}=[\alpha_1\quad\alpha_2\quad\alpha_3\quad\alpha_4]^{\mathrm{T}}$; $\boldsymbol{C}=[1\quad 0\quad 0\quad 0]^{\mathrm{T}}$。

这里给出高超声速飞行器高度子系统的闭环稳定性证明,过程如下。

1) 步骤 1

假定所有初始条件都是有界的,即 $\hat{\theta}_{oi}(0)\in\boldsymbol{\Omega}_{\theta}$, $\hat{\varphi}_i(0)\in\boldsymbol{\Omega}_{\varphi}$, $\boldsymbol{E}(0)\in\boldsymbol{\Omega}_{E_0}$,

$\boldsymbol{E}(t) \in \boldsymbol{\Omega}_E = \{\boldsymbol{E}^{\mathrm{T}}\boldsymbol{PE} \leqslant c_4\}$。设 $\boldsymbol{R}_{\mathrm{s}} = \boldsymbol{\Omega}_E \times \Omega_{\delta_{\theta 0}} \times \Omega_{\delta_{\varphi}}$，因为控制输入 δ_{e} 是有界的，并且李雅普诺夫函数 $V(\boldsymbol{E}(0), \tilde{\theta}_o(0), \tilde{\varphi}(0)) \leqslant c_1 + c_2 + c_3 < c_4$，所以存在时间 T_2，使当 $t \in [0, T_2)$ 时有 $V(e(t), \tilde{\theta}_o(t), \tilde{\varphi}(t)) \leqslant c_4$，也就是所有信号都有界。

当 $t \in [0, T_2)$ 时，定义李雅普诺夫函数：

$$V_{\mathrm{L1}} = \boldsymbol{Z}^{\mathrm{T}}\bar{\boldsymbol{P}}\boldsymbol{Z} \tag{4.119}$$

式中，$\bar{\boldsymbol{P}} = \bar{\boldsymbol{P}}^{\mathrm{T}} > 0$ 是李雅普诺夫方程 $\bar{\boldsymbol{P}}(\boldsymbol{A} - \boldsymbol{HC}) + (\boldsymbol{A} - \boldsymbol{HC})^{\mathrm{T}}\bar{\boldsymbol{P}} = -\boldsymbol{I}$ 的解。当 $t \in [0, T_2)$ 时所有信号都是有界的，因此可以得到 $|-H_1 + g_1H_2 + g_1f_2V\cos x_1 + g_1g_2V\cos x_1\delta_{\mathrm{e}} - h^{\mathrm{r}(4)}| \leqslant k_2$，$\forall (\boldsymbol{E}(t), \theta) \in \boldsymbol{R}_{\mathrm{s}}$。

当 $V_{\mathrm{L1}} > \varepsilon^2\beta_2$，$\beta_2 = 16\lambda_{\max}^2(\bar{\boldsymbol{P}})\|\bar{\boldsymbol{P}}\boldsymbol{B}\|^2k_2^2/\lambda_{\min}(\bar{\boldsymbol{P}})$ 时，有

$$\begin{aligned}
\dot{V}_{\mathrm{L1}} &= \dot{\boldsymbol{Z}}^{\mathrm{T}}\bar{\boldsymbol{P}}\boldsymbol{Z} + \boldsymbol{Z}^{\mathrm{T}}\bar{\boldsymbol{P}}\dot{\boldsymbol{Z}} \\
&= -\frac{1}{\varepsilon}\boldsymbol{Z}^{\mathrm{T}}\boldsymbol{Z} + 2\boldsymbol{Z}^{\mathrm{T}}\bar{\boldsymbol{P}}\boldsymbol{B}(-H_1 + g_1H_2 + g_1f_2V\cos x_1 + g_1g_2V\cos x_1\delta_{\mathrm{e}} - h^{\mathrm{r}(4)}) \\
&\leqslant -\frac{1}{\varepsilon}\boldsymbol{Z}^{\mathrm{T}}\boldsymbol{Z} + 2k_2\|\bar{\boldsymbol{P}}\boldsymbol{B}\| \cdot \|\boldsymbol{Z}\| \\
&\leqslant -\frac{1}{\varepsilon}\frac{V_{\mathrm{L1}}}{\lambda_{\max}(\bar{\boldsymbol{P}})} + 2k_2\|\bar{\boldsymbol{P}}\boldsymbol{B}\|\sqrt{\frac{V_{\mathrm{L1}}}{\lambda_{\min}(\bar{\boldsymbol{P}})}} \\
&\leqslant -\frac{1}{2\varepsilon}\frac{V_{\mathrm{L1}}}{\lambda_{\max}(\bar{\boldsymbol{P}})}
\end{aligned} \tag{4.120}$$

因此可以得到 $V_{\mathrm{L1}}(t) \leqslant V_{\mathrm{L1}}(0)\boldsymbol{E}^{-\gamma_2 t/\varepsilon} \leqslant \dfrac{k_3}{\varepsilon^{2n-2}}\boldsymbol{E}^{-\gamma_2 t/\varepsilon}$，其中 $\gamma_2 = 1/(2\lambda_{\max}(\bar{\boldsymbol{P}}))$，$k_3 > 0$。由于当 ε 趋近于 0 时，$T_1(\varepsilon) = \dfrac{\varepsilon}{\gamma_2}\ln\left(\dfrac{k_3}{\beta_2\varepsilon^{2n}}\right)$ 也趋近于 0，则存在 T_1 使 $T_1 \leqslant \dfrac{1}{2}T_2$ 成立。并且当 $t \in [T_1, T_2)$ 时，$V_{\mathrm{L}}(t) \leqslant \varepsilon^2\beta_2$，也就是 $\|\boldsymbol{Z}\|$ 达到 $O(\varepsilon)$。

2）步骤 2

当 $t \in [T_1, T_3)$ 时，T_3 为 $(\boldsymbol{E}, \hat{\theta}, \hat{\varphi})$ 离开集合 $\mathbf{R}_{\mathrm{s}}$ 的时间，且 $T_3 \geqslant T_2$，定义李雅普诺夫函数：

$$V_{\mathrm{L2}} = \frac{1}{2g_1g_2}\boldsymbol{E}^{\mathrm{T}}\boldsymbol{PE} + \frac{1}{2}k_{o1}^{-1}\tilde{\theta}_{o1}^2 + \frac{1}{2}k_{o2}^{-1}\tilde{\theta}_{o2}^2 + \frac{1}{2}\tilde{\boldsymbol{\Theta}}_{o3}^{\mathrm{T}}\boldsymbol{\Gamma}_{o3}^{-1}\tilde{\boldsymbol{\Theta}}_{o3}$$

$$+\frac{1}{2}\sigma_1\Gamma_{\varphi 1}^{-1}\tilde{\varphi}_1^2+\frac{1}{2}\Psi_1\sigma_{\varphi 2}^{-1}\tilde{\varphi}_2^2 \tag{4.121}$$

对李雅普诺夫函数求导,可得

$$\begin{aligned}\dot{V}_{L2}&=\frac{1}{2g_1g_2}(\dot{\boldsymbol{E}}^{\mathrm{T}}\boldsymbol{P}\boldsymbol{E}+\boldsymbol{E}^{\mathrm{T}}\boldsymbol{P}\dot{\boldsymbol{E}})+k_{o1}^{-1}\tilde{\theta}_{o1}\dot{\tilde{\theta}}_{o1}+k_{o2}^{-1}\tilde{\theta}_{o2}\dot{\tilde{\theta}}_{o2}+\tilde{\boldsymbol{\Theta}}_{o3}^{\mathrm{T}}\Gamma_{o3}^{-1}\dot{\tilde{\boldsymbol{\Theta}}}_{o3}\\&\quad+\sigma_1k_{\varphi 1}^{-1}\tilde{\varphi}_1\dot{\tilde{\varphi}}_1+\sigma_1k_{\varphi 2}^{-1}\tilde{\varphi}_2\dot{\tilde{\varphi}}_2\\&=-\frac{1}{2g_1g_2}\boldsymbol{E}^{\mathrm{T}}\boldsymbol{Q}\boldsymbol{E}+\boldsymbol{E}^{\mathrm{T}}\boldsymbol{P}\boldsymbol{B}[\tilde{\theta}_{o1}\psi_{o1}(-\boldsymbol{K}\boldsymbol{E}+H_1+h^{r(4)})\\&\quad-\tilde{\theta}_{o2}\psi_{o2}H_2+V\cos x_1\sigma_1(\tilde{\varphi}_1u_{e0}+\tilde{\varphi}_2)+\tilde{\boldsymbol{\Theta}}_{o3}^{\mathrm{T}}\boldsymbol{\Psi}_{o3}V\cos x_1]\\&\quad+k_{o1}^{-1}\tilde{\theta}_{o1}\dot{\tilde{\theta}}_{o1}+k_{o2}^{-1}\tilde{\theta}_{o2}\dot{\tilde{\theta}}_{o2}+\tilde{\boldsymbol{\Theta}}_{o3}^{\mathrm{T}}\boldsymbol{\Gamma}_{o3}^{-1}\dot{\tilde{\boldsymbol{\Theta}}}_{o3}+\sigma_1k_{\varphi 1}^{-1}\tilde{\varphi}_1\dot{\tilde{\varphi}}_1+\sigma_1k_{\varphi 2}^{-1}\tilde{\varphi}_2\dot{\tilde{\varphi}}_2\\&=-\frac{1}{2g_1g_2}\boldsymbol{E}^{\mathrm{T}}\boldsymbol{Q}\boldsymbol{E}+(\boldsymbol{E}-\hat{\boldsymbol{E}})^{\mathrm{T}}\boldsymbol{P}\boldsymbol{B}[\tilde{\theta}_{o1}\psi_{o1}(-\boldsymbol{K}\boldsymbol{E}+H_1+h^{r(4)})\\&\quad-\tilde{\theta}_{o2}\psi_{o2}H_2+V\cos x_1\sigma_1(\tilde{\varphi}_1u_{h0}+\tilde{\varphi}_2)+\tilde{\boldsymbol{\Theta}}_{o3}^{\mathrm{T}}\boldsymbol{\Psi}_{o3}V\cos x_1]\\&\leqslant-\frac{1}{2g_1g_2}\boldsymbol{E}^{\mathrm{T}}\boldsymbol{Q}\boldsymbol{E}+\|D(\varepsilon)\boldsymbol{Z}\|\cdot\|\boldsymbol{P}\boldsymbol{B}\|\cdot|\tilde{\theta}_{o1}\psi_{o1}(-\boldsymbol{K}\boldsymbol{E}+H_1+h^{r(4)})\\&\quad-\tilde{\theta}_{o2}\psi_{o2}H_2+\tilde{\boldsymbol{\Theta}}_{o3}^{\mathrm{T}}\boldsymbol{\Psi}_{o3}V\cos x_1+V\cos x_1\sigma_1(\tilde{\varphi}_1u_{h0}+\tilde{\varphi}_2)|\end{aligned} \tag{4.122}$$

当 $t\in[T_1,T_3)$ 时,$(\boldsymbol{E},\hat{\theta},\hat{k})\in\boldsymbol{R}_s$, $\|\boldsymbol{Z}\|$ 有界,则 $|\tilde{\theta}_{o1}\psi_{o1}(-\boldsymbol{K}\boldsymbol{E}+H_1+h^{r(4)})-\tilde{\theta}_{o2}\psi_{o2}H_2+\tilde{\boldsymbol{\Theta}}_{o3}^{\mathrm{T}}\boldsymbol{\Psi}_{o3}V\cos x_1+V\cos x_1\sigma_1(\tilde{\varphi}_1u_{h0}+\tilde{\varphi}_2)|$ 也有界,所以可以得到:

$$\begin{aligned}\dot{V}_{L2}&\leqslant-\frac{1}{2g_1g_2}\boldsymbol{E}^{\mathrm{T}}\boldsymbol{Q}\boldsymbol{E}+k_4\varepsilon\\&\leqslant-\frac{1}{2g_1g_2}c_0\boldsymbol{E}^{\mathrm{T}}\boldsymbol{P}\boldsymbol{E}+k_4\varepsilon\\&=-c_0\left[V_{L2}-\left(\frac{1}{2}k_{o1}^{-1}\tilde{\theta}_{o1}^2+\frac{1}{2}k_{o2}^{-1}\tilde{\theta}_{o2}^2+\frac{1}{2}\tilde{\boldsymbol{\Theta}}_{o3}^{\mathrm{T}}\boldsymbol{\Gamma}_{o3}^{-1}\tilde{\boldsymbol{\Theta}}_{o3}+\frac{1}{2}\sigma_1\Gamma_{\varphi 1}^{-1}\tilde{\varphi}_1^2\right.\right.\\&\quad\left.\left.+\frac{1}{2}\Psi_1\sigma_{\varphi 2}^{-1}\tilde{\varphi}_2^2\right)\right]+k_4\varepsilon\\&=-c_0V_{L2}+\frac{1}{2}c_0(k_{o1}^{-1}\tilde{\theta}_{o1}^2+k_{o2}^{-1}\tilde{\theta}_{o2}^2+\tilde{\boldsymbol{\Theta}}_{o3}^{\mathrm{T}}\boldsymbol{\Gamma}_{o3}^{-1}\tilde{\boldsymbol{\Theta}}_{o3}+\sigma_1\Gamma_{\varphi 1}^{-1}\tilde{\varphi}_1^2\\&\quad+\Psi_1\sigma_{\varphi 2}^{-1}\tilde{\varphi}_2^2)+k_4\varepsilon\\&\leqslant-c_0V_{L2}+c_0(c_2+c_3)+k_4\varepsilon\end{aligned} \tag{4.123}$$

式中，$c_0 = \lambda_{\min}(\boldsymbol{Q})/\lambda_{\max}(\boldsymbol{P})$。可以看出，当 $V_{L2} > c_2 + c_3 + k_4\varepsilon/c_0$ 时，$\dot{V}_{L2} < 0$。所以，当 ε 足够小时，集合 $\{V_{L2} \leqslant c_4\} \cap \{\hat{\theta} \in \boldsymbol{\Omega}_{\delta_\theta}\} \cap \{\hat{\varphi} \in \boldsymbol{\Omega}_{\delta_k}\}$ 为不变集，也代表运动轨迹始终在集合 $\boldsymbol{R}_s = \boldsymbol{\Omega}_E \times \Omega_{\delta_{\theta 0}} \times \Omega_{\delta_\varphi}$ 内。若 $T_3 = \infty$，则可得出结论：所有变量在 $t > 0$ 时都是有界的，且当 $t > T_1$ 时，$\boldsymbol{Z}$ 是 $O(\varepsilon)$ 的。

对不等式 $\dot{V}_{L2} \leqslant -\dfrac{1}{2g_1g_2}\boldsymbol{E}^{T}\boldsymbol{QE} + k_4\varepsilon$ 的两侧进行从 $t = 0$ 到 $t = T$ 的积分，可得

$$V_{L2}(T) - V_{L2}(0) \leqslant -\frac{1}{2g_1g_2}\int_0^T \boldsymbol{E}^{T}(t)\boldsymbol{QE}(t)\,dt + k_4\varepsilon T \tag{4.124}$$

由于有 $V(T) \geqslant 0$，所以有

$$\frac{1}{T}\int_0^T \boldsymbol{E}^{T}(t)\boldsymbol{QE}(t)\,dt \leqslant 2g_1g_2\left(\frac{1}{T}V_{L2}(0) + k_4\varepsilon\right) \tag{4.125}$$

当 T 趋近于无穷时，有

$$\lim_{T\to\infty}\frac{1}{T}\int_0^T \boldsymbol{E}^{T}(t)\boldsymbol{QE}(t)\,dt \leqslant 2g_1g_2k_4\varepsilon \tag{4.126}$$

即可得出，在输出反馈自适应容错控制器以及自适应律的作用下，整个闭环系统的所有信号都是有界的，且高度跟踪误差有界，证明完毕。

4.3.5　速度跟踪自适应控制

下面针对由式(4.3)给出的速度子系统，同样采用反馈线性化的方法设计速度控制器，实现输出信号速度 V 对速度参考信号 V^r 的跟踪控制，并考虑到系统中的不确定参数，在进行参数化后设计合适的自适应调节律。

定义速度跟踪误差：

$$e_V = V - V^r \tag{4.127}$$

基于反馈线性化，对输入油门开度 δ_t 设计控制律：

$$u_t = g_3^{-1}(-k_V e_V + \dot{V}_r) - g_3^{-1}f_3 \tag{4.128}$$

式中，k_V 为正实数。

由式(4.127)、式(4.128)和式(4.3)，可得跟踪误差的动态：

$$\dot{e}_V = -k_V e_V \tag{4.129}$$

可以看出在控制律(4.128)下,跟踪误差渐近收敛到零,即速度信号可以渐近跟踪给定参考信号。

而实际上,由于系统参数 m、S_{ref}、ρ、I_{yy}、μ_{M}、R_{e}、$\bar{c}$、c_{e} 不确定,控制律(4.128)中 g_{V}^{-1}、$g_{\mathrm{V}}^{-1}f_{\mathrm{V}}$ 为不确定函数,所以进行如下参数化:

$$\begin{aligned} g_3^{-1} &= \theta_{\mathrm{V1}}\psi_{\mathrm{V1}} \\ g_3^{-1}f_3 &= \boldsymbol{\Theta}_{\mathrm{V2}}^{\mathrm{T}}\boldsymbol{\Psi}_{\mathrm{V2}} \end{aligned} \tag{4.130}$$

式中,

$$\theta_{\mathrm{V1}} = \frac{2m}{0.025\,7\rho S_{\mathrm{ref}}}, \quad \psi_{\mathrm{V1}} = \frac{1}{V^2\cos\alpha}$$

$$\boldsymbol{\Theta}_{\mathrm{V2}} = \left[\frac{-0.645\,0m}{0.025\,7} \quad \frac{-0.004\,337\,8m}{0.025\,7} \quad \frac{-0.003\,772m}{0.025\,7} \quad \frac{2m\mu_{\mathrm{M}}}{0.025\,7\rho S_{\mathrm{ref}}}\right]^{\mathrm{T}}$$

$$\boldsymbol{\Psi}_{\mathrm{V2}} = \left[\frac{\alpha^2}{\cos\alpha} \quad \frac{\alpha}{\cos\alpha} \quad \frac{1}{\cos\alpha} \quad \frac{\sin\gamma}{V^2R^2\cos\alpha}\right]^{\mathrm{T}}$$

由此,自适应速度控制器设计为

$$u_{\mathrm{V}} = \hat{\theta}_{\mathrm{V1}}\varphi_{\mathrm{V1}}(-k_{\mathrm{V}}e_{\mathrm{V}} + \dot{V}_{\mathrm{d}}) - \hat{\boldsymbol{\Theta}}_{\mathrm{V2}}^{\mathrm{T}}\boldsymbol{\Psi}_{\mathrm{V2}} \tag{4.131}$$

式中,$\hat{\theta}_{\mathrm{V1}}$、$\hat{\boldsymbol{\Theta}}_{\mathrm{V2}}$ 分别为不确定参数 θ_{V1}、$\boldsymbol{\Theta}_{\mathrm{V2}}$ 的估计值,其自适应律选择如下:

$$\begin{aligned} \dot{\hat{\theta}}_{\mathrm{V1}} &= -k_{\theta_{\mathrm{V1}}}e_{\mathrm{V}}\psi_{\mathrm{V1}}(-k_{\mathrm{V}}e_{\mathrm{V}} + \dot{V}_{\mathrm{r}}) \\ \dot{\hat{\boldsymbol{\Theta}}}_{\mathrm{V2}} &= \boldsymbol{\Gamma}_{\theta_{\mathrm{V2}}}e_{\mathrm{V}}\boldsymbol{\Psi}_{\mathrm{V2}} \end{aligned} \tag{4.132}$$

其中,$k_{\theta_{\mathrm{V1}}}$ 为正常数;$\boldsymbol{\Gamma}_{\theta_{\mathrm{V1}}} \in \mathbf{R}^{4\times4}$ 为正定矩阵。

易证明在自适应控制器(4.131)和自适应律(4.132)下,速度 V 能够渐近跟踪参考信号 V^{r},简略起见,不再给出详细证明步骤。

4.3.6 仿真验证

本小节以巡航段的高超声速飞行器纵向动态模型为对象,通过仿真试验验证本节所提出的控制设计的高度和速度跟踪控制效果以及对升降舵偏转故障的容错能力。

1. 仿真参数选择

数值仿真试验的模型对象为高超声速飞行器的高度子系统(4.1)和速度子

系统(4.3)。模型状态量的初值选择为：初始高度 $h(0) = 110\,000$ ft，初始速度 $V(0) = 15\,060$ ft/s，初始航迹角 $\gamma(0) = 0$ rad，初始俯仰角 $\theta_q(0) = 0.01$ rad，初始俯仰角速率 $q(0) = 0$ rad/s。

高度跟踪控制系统中，控制参数 $\boldsymbol{K} = [153.6 \quad 275.2 \quad 118.4 \quad 18.8]$，$\boldsymbol{Q} = \mathrm{diag}\{5,\ 5,\ 5,\ 5\}$；自适应估计器的自适应律参数选为 $\Gamma_{o1} = 1$，$\Gamma_{o2} = 2 \times 10^8$，$\boldsymbol{\Gamma}_{o3} = \mathrm{diag}\{1,\ 100,\ 10^{-8},\ 1,\ 1,\ 1,\ 1,\ 1,\ 100\}$；自适应参数初始值 $\hat{\theta}_{o1}(0) = 10^{13}$，$\hat{\theta}_{o2}(0) = 5 \times 10^7$，$\hat{\boldsymbol{\Theta}}_3(0) = [-10^{11} \quad 7 \times 10^4 \quad 1.5 \times 10^{-4} \quad -3 \times 10^{20} \quad 2 \times 10^{14} \quad -8 \times 10^7 \quad -9 \times 10^{14} \quad 1 \times 10^8 \quad -250]^{\mathrm{T}}$；故障参数的自适应律参数为 $\Gamma_{\varphi1} = 0.000\,000\,08$，$\Gamma_{\varphi2} = 0.000\,000\,08$；故障参数的初始值为 $\hat{\varphi}_1(0) = 0.8$，$\hat{\varphi}_2(0) = -0.08$。

高增益观测器中的参数：$\varepsilon = 0.02$，$\alpha_1 = 10$，$\alpha_2 = 35$，$\alpha_3 = 50$，$\alpha_4 = 24$。

投影算子中的参数选择为：$a_1 = 10^4$，$b_1 = 10^{15}$，$a_2 = 10^4$，$b_2 = 10^9$，$a = [-3 \times 10^{11} \quad 10^4 \quad 10^{-5} \quad -10^{21} \quad 10^{14} \quad -10^8 \quad -10^{15} \quad 1 \times 10^7 \quad -500]^{\mathrm{T}}$，$b_3 = [-10^{10} \quad 10^5 \quad 3 \times 10^{-4} \quad -2 \times 10^{20} \quad 4 \times 10^{14} \quad -10^7 \quad -5 \times 10^{14} \quad 2 \times 10^8 \quad -50]^{\mathrm{T}}$，$c_1 = 0.1$，$d_1 = 1$，$c_2 = -0.1$，$d_2 = -0.01$。

速度跟踪控制系统中，控制参数 $k_{\mathrm{V}} = 0.01$；自适应律的参数选择为 $k_{\theta_{\mathrm{V1}}} = 0.001$，$\boldsymbol{\Gamma}_{\theta_{\mathrm{V2}}} = \mathrm{diag}\{0.000\,8,\ 0.000\,8,\ 0.000\,8,\ 0.000\,8\}$；自适应参数的初始值为 $\hat{\theta}_{\mathrm{V1}}(0) = 0$，$\hat{\boldsymbol{\Theta}}_{\mathrm{V3}}(0) = [0 \quad 0 \quad 0 \quad 0]^{\mathrm{T}}$。

2. 仿真方案设计

为了验证所设计的高度控制系统和速度控制系统的控制效果，分别对高度和速度子系统进行数值仿真试验。设计以下两组试验方案。

1）仿真 A

高度和速度分别跟踪参考指令 h^{r} 和 V^{r}，高度参考指令由如下参考模型产生：

$$\frac{h^{\mathrm{r}}}{h^{\mathrm{d}}} = \frac{1}{2s + 1} \tag{4.133}$$

式中，h^{d} 为 2 000 ft 的高度阶跃指令：

$$h^{\mathrm{d}} = h(0) + 2\,000\varepsilon_{\mathrm{STEP}}(t) \tag{4.134}$$

其中，$\varepsilon_{\mathrm{STEP}}(t)$ 为单位阶跃函数。

速度参考指令 V^{r} 由如下参考模型产生：

$$\frac{V^{r}}{V^{d}}=\frac{1}{2s+1} \tag{4.135}$$

式中，V^{d} 为 100 ft/s 速度阶跃指令：

$$V^{d}=V(0)+100\varepsilon_{\text{STEP}}(t) \tag{4.136}$$

在仿真 A 中，飞行器的两个舵面都正常工作，没有偏转故障发生。

2）仿真 B

为了验证设计对舵面故障的容错控制效果，在仿真试验 B 中加入舵面偏转故障，左右两个舵面工作状态设置如下：

$$\begin{aligned}&\delta_{e1}(t)=u_{e}(t)\\&\delta_{e2}(t)=\begin{cases}u_{e}(t), & 0<t\leqslant 100\text{ s}\\0.1\text{ rad}, & t>100\text{ s}\end{cases}\end{aligned} \tag{4.137}$$

3. 仿真结果及分析

1）仿真 A

仿真结果如图 4.13~图 4.18 所示。从图 4.13 和图 4.14 中可以看出，当舵面没有发生故障时，高度信号 h 和速度信号 V 都能以较快速度跟踪上相应的参考指令。图 4.15 和图 4.16 给出了控制输入量，即两个升降舵的偏转角及油门开度的变化情况。图 4.17 显示了控制器容错参数的调节情况。图 4.18 为系统其他状态量航迹倾斜角 γ、姿态角 θ_{q}、攻角 α 和俯仰角速率 q 的响应曲线，均稳定有界。

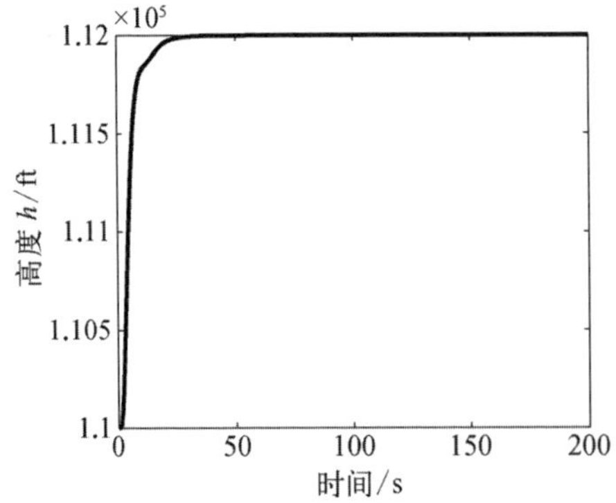

图 4.13 高度 h 跟踪响应曲线(仿真 A)

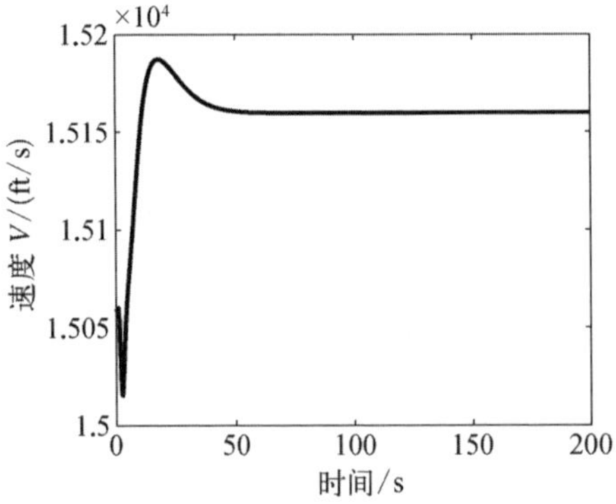

图 4.14 速度 V 跟踪响应曲线(仿真 A)

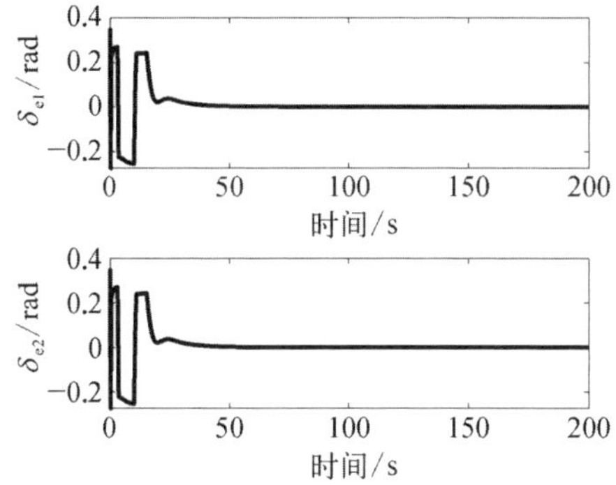

图 4.15　舵面偏转角 δ_{e1} 和 δ_{e2}(仿真 A)

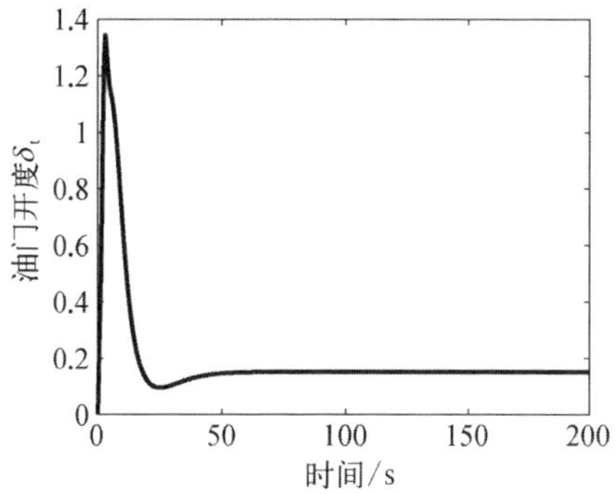

图 4.16　油门开度 δ_t(仿真 A)

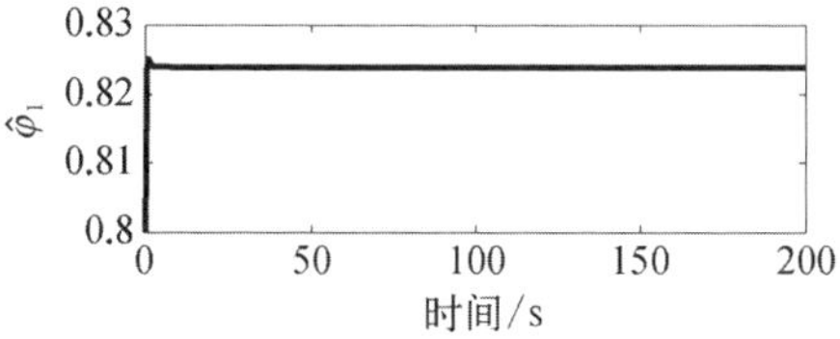

(a) $\hat{\varphi}_1$

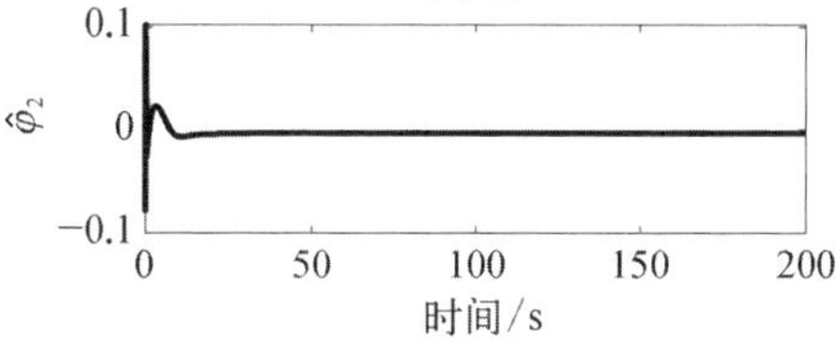

(b) $\hat{\varphi}_2$

图 4.17　容错参数调节曲线(仿真 A)

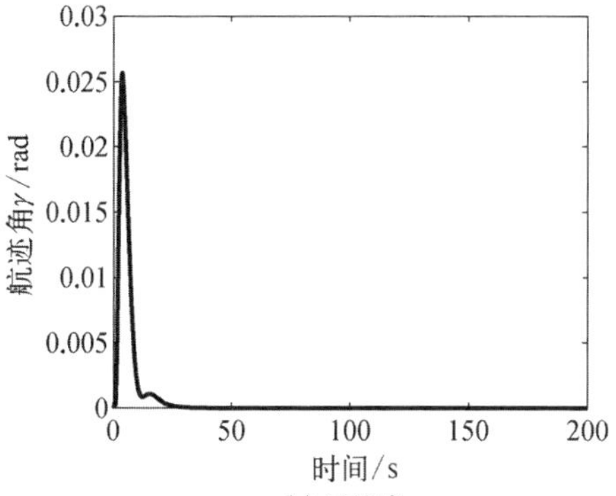

(a) 航迹角

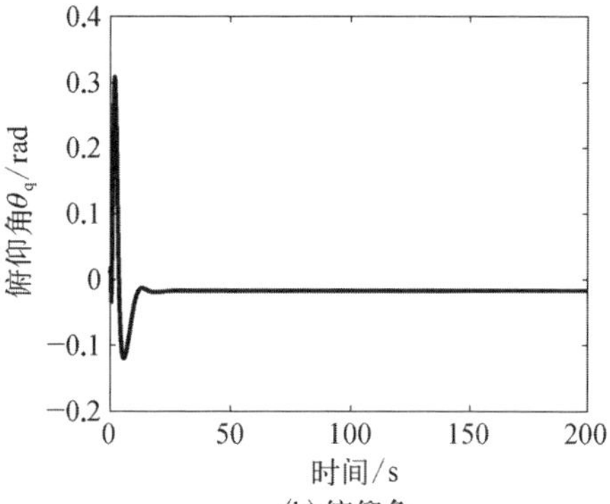

(b) 俯仰角

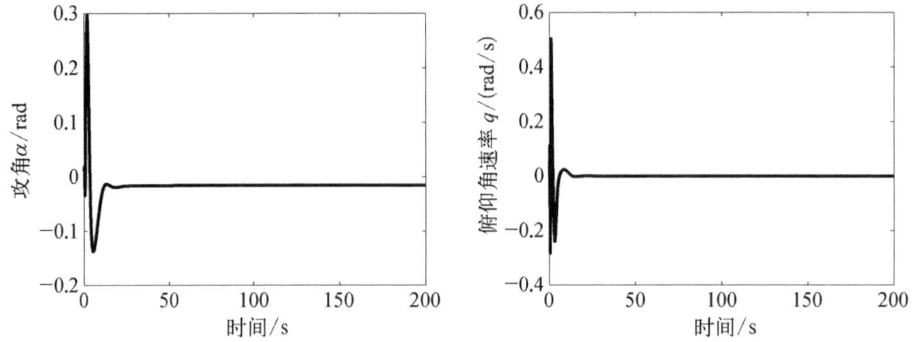

(c) 攻角　　(d) 俯仰角速率

图 4.18　状态响应曲线(仿真 A)

2）仿真 B

舵面在 100 s 发生卡死故障,仿真结果如图 4.19~图 4.24 所示。图 4.19 和图 4.20 为未知舵面偏转故障作用下系统的高度跟踪响应曲线和速度跟踪响应曲线,可以看出,当舵面在 100 s 发生卡死故障时,经过短暂的波动后,高度响应曲线和速度响应曲线仍保持稳定。从图 4.21 中可以看出,当一个舵面发生卡死故障时,另一个舵面可以快速响应以补偿舵面故障对系统的不良影响。图 4.23 给出了自适应容错控制器的参数响应曲线。可以看出,当舵面发生故障时,控制器参数发生明显变化,控制输入也随之发生变化,从而实现故障下的自适应容错控制。状态量航迹角 γ、俯仰角 θ_q、攻角 α 和俯仰角速率 q 的响应曲线见图 4.24。由图可以看出,所有状态量都稳定有界。综上所述,仿真结果证明了本章所设计的自适应输出反馈容错控制器能保证故障系统的稳定性和跟踪性能。

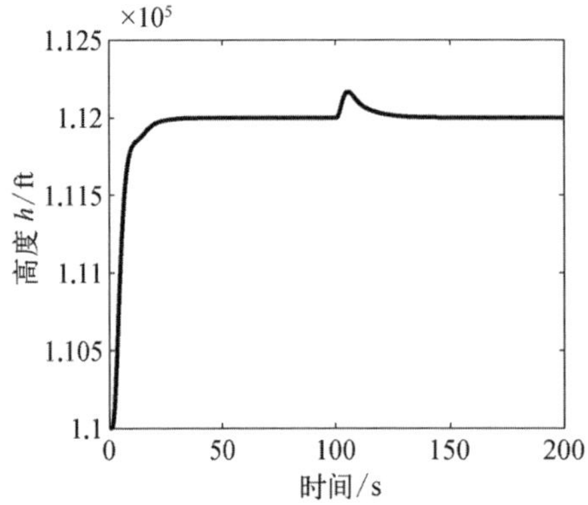

图 4.19　高度 *h* 跟踪响应曲线(仿真 B)

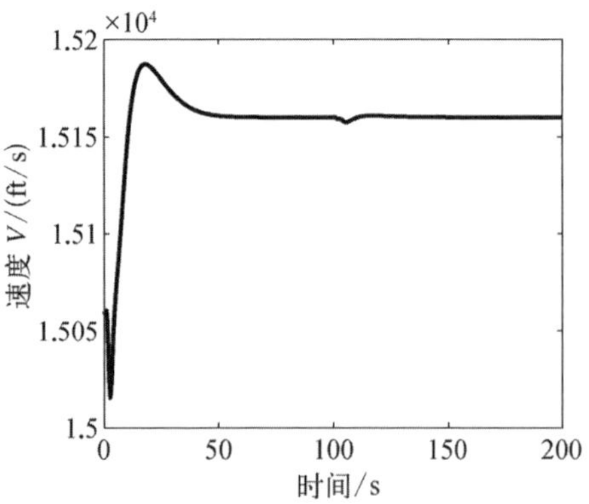

图 4.20　速度 *V* 跟踪响应曲线(仿真 B)

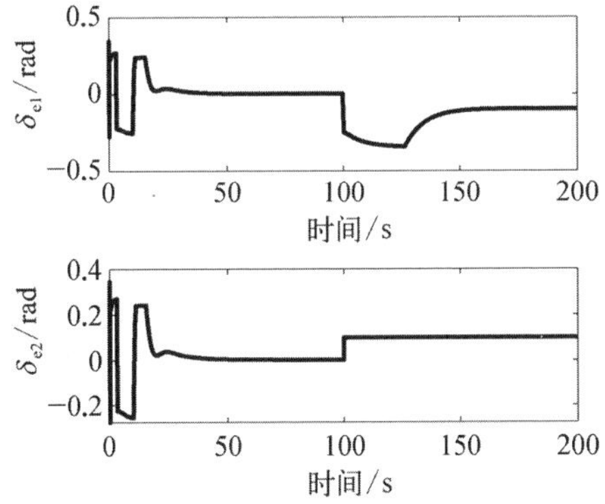

图 4.21　舵面偏转角 $\boldsymbol{\delta}_{e1}$ 和 $\boldsymbol{\delta}_{e2}$(仿真 B)

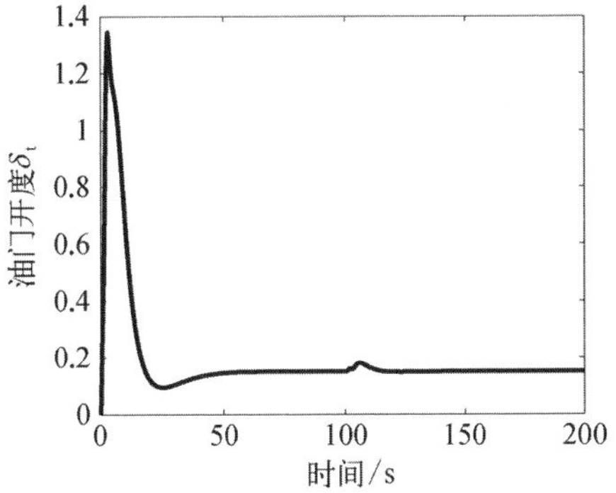

图 4.22　油门开度 $\boldsymbol{\delta}_t$(仿真 B)

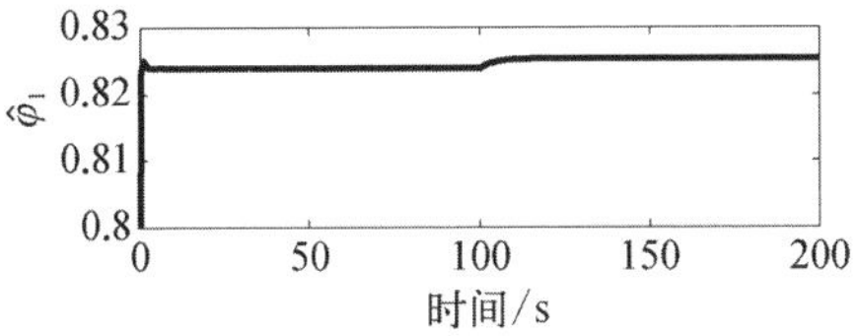

(a) $\hat{\varphi}_1$

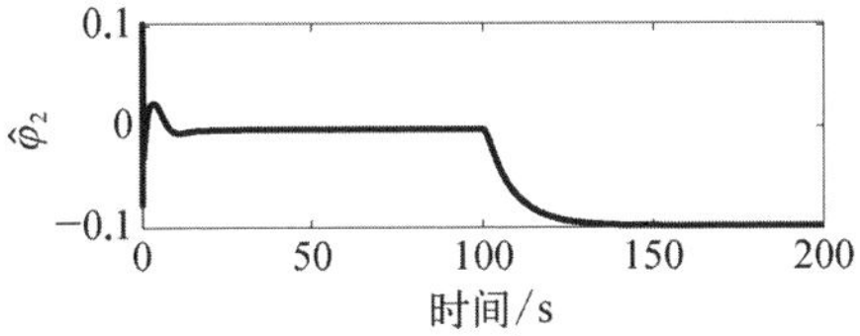

(b) $\hat{\varphi}_2$

图 4.23　容错参数调节曲线(仿真 B)

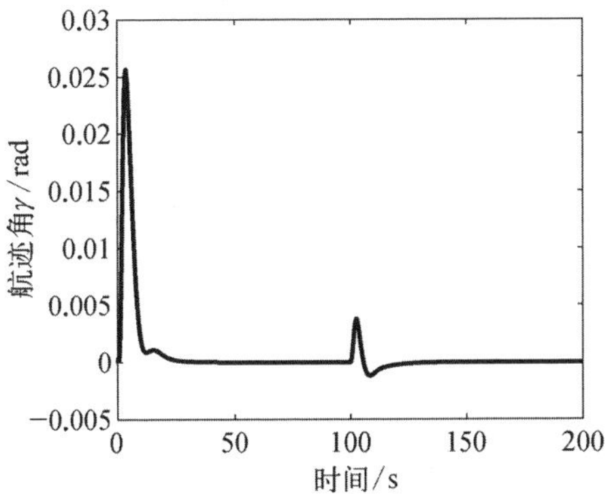

(a) 航迹角

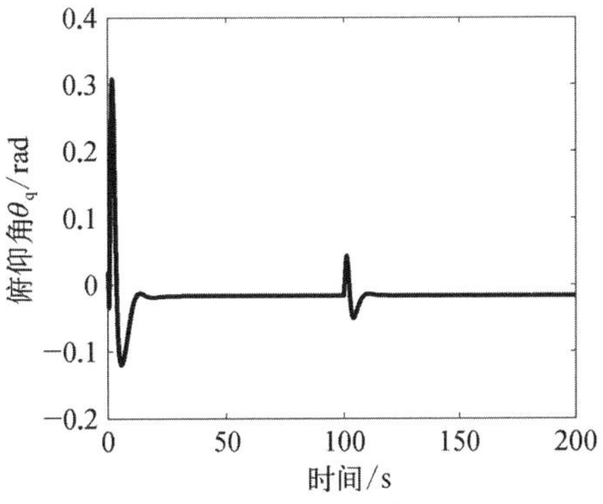

(b) 俯仰角

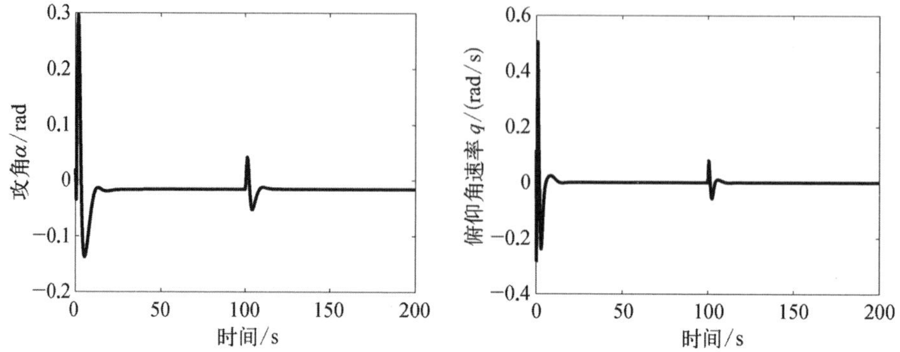

(c) 攻角　　　　(d) 俯仰角速率

图 4.24　状态响应曲线(仿真 B)

4.4　本章小结

本章的研究都是针对高超声速飞行器纵向动态模型的,并且均考虑了舵面卡死和部分失效故障,以及模型参数的不确定性,采用了不同的控制方案设计非线性自适应容错控制器。

首先,在合理假设的基础上,对原模型进行一定程度上的简化。将原系统分为高度子系统和速度子系统,之后分别设计高度和速度的跟踪控制,实现对速度和高度的跟踪控制。并且,建立了故障下的舵面工作模型,为后面容错控制系统的设计打下基础。

然后,基于高超声速飞行器的模型特点,采用了反步法控制方法和动态面技术相结合的控制方案。首先不考虑故障和不确定性参数,获得标称控制器;然后运用自适应在线估计器估计控制器中的不确定参数;考虑到舵面故障,进一步设计了舵面故障容错控制器;最后设计了速度跟踪控制器。通过理论证明和仿真验证,证明了设计的有效性。

最后,考虑到之前的设计是在假设系统全状态可测的情况下进行的,而实际情况中,由于目前的技术条件和经济成本的限制,很多状态量是难于测量的,所以设计了基于输出反馈的自适应容错控制器。标称控制器是采用反馈线性化方法设计的,并通过设计自适应律估计未知参数,而舵面故障也在设计中得到了补偿。另外,通过引入高增益观测器,实现了输出反馈控制。并且,通过理论分析和仿真学习进行验证。

需要说明的是,本章仅研究了高超声速飞行器纵向通道的容错控制设计,通过自适应调整升降舵的偏转角度,补偿升降舵故障对高度追踪的影响,保障飞行器的稳定,同时尽可能恢复其高度追踪性能。这种情况下两片升降舵的偏转角度有可能不一样,会对飞行器的横侧向运动产生影响,需要通过同时调整飞行器的其他气动舵面、反作用控制系统等冗余执行机构保持横侧向的稳定性。

参考文献

[1] 王长青,佘文学,史晓丽,等.空天飞行器制导控制技术展望[J].战术导弹技术,2016(6): 1-7.

[2] Kokotović P, Krstic M, Kanellakopoulos I. Backstepping to passivity: recursive design of adaptive systems[C]. Proceedings of the 31st IEEE Conference on Decision and Control, Tucson, 1992: 3276-3280.

[3] Freeman R, Kokotović P. Backstepping design of robust controllers for a class of nonlinear systems[C]. 2nd IFAC Symposium on Nonlinear Control Systems Design, Bordeaux, 1992, 25(13): 431-436.

[4] Wen C, Zhou J, Wang W. Decentralized adaptive backstepping stabilization of interconnected systems with dynamic input and output interactions[J]. Automatica, 2009, 45(1): 55-67.

[5] Jiang Y, Hu Q, Ma G. Adaptive backstepping fault-tolerant control for flexible spacecraft with unknown bounded disturbances and actuator failures[J]. ISA Transactions, 2010, 49(1): 57-69.

[6] Kristic M, Kanellakopoulis I, Kokotović P. Nonlinear and adaptive control design[M]. New York: Wiley, 1995.

[7] Xu S, Feng G. Further results on adaptive robust control of uncertain time-delay systems[J]. IET Control Theory & Applications, 2008, 2(5): 402-408.

[8] Khalil H K. Adaptive output feedback control of nonlinear systems represented by input-output models[J]. IEEE Transactions on Automatic Control, 1996, 41(2): 177-188.

[9] Freidovich L B, Khalil H K. Robust feedback linearization using extended high-gain observers[C]. The 45th IEEE Conference on Decision and Control, San Diego, 2006: 983-988.

第 5 章

考虑控制方向不确定的高超声速飞行器舵面故障容错控制

本章针对高超声速飞行器的纵向动态模型,考虑参数不确定、未知舵面偏转故障、控制方向不确定及输入受限问题,基于 Nussbaum 增益函数设计自适应容错控制,实现闭环系统的稳定以及高度和速度信号的高精度跟踪控制。

本章着重于解决高超声速飞行器的控制方向不确定性问题。控制方向不确定问题是高超声速飞行器模型固有的[1],但是大多数研究都忽略了这一点,它们通常假设控制方向是恒定的。高超声速飞行器的建模依赖于从风洞试验获得的空气动力学数据。在高超声速飞行过程中,这些空气动力学数据,尤其是与控制方向有关的参数,会随着姿态角而急剧变化,甚至可能会从正跳变为负[2,3]。另外,考虑到高超声速飞行器的恶劣工作环境,突然的湍流等也可能对空气动力学参数的值造成较大的影响。此外,如果舵面有反向偏转故障,则系统的控制方向将直接反向。飞行器的动力学模型和控制系统的复杂结构也加剧了处理不确定的控制方向问题的难度,如多个控制通道的控制方向之间存在耦合的问题。本章分别针对高超声速飞行器纵向动态模型的高度和速度子系统,以及多输入多输出(multi-input multi-output,MIMO)模型,给出控制方向不确定问题的解决方案。另外,考虑到系统调整控制方向时,控制信号的幅值可能会在短时间内迅速增大并超过输入极限范围,因此在控制系统设计时引入抗饱和补偿策略,保证输入受限情况下的跟踪控制效果。

本章还考虑了许多类型的舵面故障,包括卡死故障、部分失效故障和反向偏转故障,给出舵面在故障状态下的工作模型,并在此基础上设计自适应容错控制策略。两个舵面可以相互补偿,以确保总的舵面偏转角在故障下不会改变,从而保持良好的控制效果。本章还考虑了模型参数不确定问题,并将在线参数估计器引入控制系统以实现自适应控制,从而使系统可以实现高精度的跟踪控制,而无需某些难以测量的参数的特定信息。

本章的内容安排如下：5.1 节介绍本章的理论基础，即 Nussbaum 增益自适应控制技术；5.2 节建立舵面故障模型；5.3 节采用 Nussbaum 增益自适应控制，分别设计高度自适应容错跟踪控制器和速度自适应跟踪控制器；5.4 节同样采用 Nussbaum 增益自适应控制，针对高超声速飞行器的 MIMO 纵向动态模型，设计自适应容错跟踪控制器，同时设计相应的抗饱和补偿策略；5.5 节是本章小结。

5.1　理论基础

通常，在设计控制器之前需要先了解系统的控制方向。例如，在单输入单输出(single-input single-output，SISO)系统中，控制方向，即控制增益的符号，为"+"或"-"。根据反馈控制系统的原理，系统的控制方向也决定了反馈控制律的方向。因此，在控制器的设计中，需要预先知道控制方向。如果控制方向未知，那么控制问题将变得难以解决。如果使用自适应参数估计方法估计未知的控制方向，则自适应控制系统将在控制方向变动时生成奇异点，这将导致整个系统发散。R. D. Nussbaum 于 1983 年提出了一种用 Nussbaum 增益函数估计控制方向的方法[4]。Nussbaum 增益函数的定义如下。

定义 5.1[5]　一个关于参数 ξ 的方程 $N(\xi)$ 如果满足下列性质，则为 Nussbaum 型函数：

$$
\begin{aligned}
&\lim_{s\to\infty}\inf\frac{1}{s}\int_0^s N(\xi)\,\mathrm{d}\xi=-\infty\\
&\lim_{s\to\infty}\sup\frac{1}{s}\int_0^s N(\xi)\,\mathrm{d}\xi=+\infty
\end{aligned}
\tag{5.1}
$$

Nussbaum 型函数通常有 $\xi^2\cos\xi$、$\xi^2\sin\xi$、$\exp(\xi^2)\cos(\pi\xi/2)$、$\exp(\xi^2)\sin(2\pi\xi)$ 等。本章用的是

$$
N(\xi)=\exp(\xi^2)\sin(2\pi\xi)
\tag{5.2}
$$

Nussbaum 增益自适应控制方法的原理是：参数 ξ 的变化由反映系统控制效果的指标驱动，所以 Nussbaum 增益函数能够基于系统当前的控制性能指标选择控制方向，在正数和负数之间来回振荡取值，直到获得正确的、能使系统的控制性能满足要求的值。具体来说，当系统趋向于发散时，不稳定的性能指标会驱动

Nussbaum 增益函数扩大振幅，进而纠正当前不正确的控制方向；而当系统趋向于收敛时，性能指标也趋向稳定，Nussbaum 增益函数保持当前取值，控制系统保持当前的控制方向。

自 1983 年 Nussbaum 增益自适应控制技术第一次被应用于简单的一阶系统以来[4]，研究者已将其应用在更多更复杂的系统中，以解决控制增益快速变化抑或更极端的控制方向未知问题。文献[5]结合 Nussbaum 增益自适应和反演控制方法，并应用在高阶的下三角系统中。文献[6]采用神经网络和参数化方法，为一类具有未知时间延迟的非线性系统进行 Nussbaum 增益控制设计。文献[7]中，作者先讨论了 Nussbaum 增益函数的基本特征，并给出了 Mittag - Leffler 型函数转换为 Nussbaum 型函数的条件。文献[8]将 Nussbaum 增益函数与积分型李雅普诺夫函数相结合，且放宽了假设条件，要求控制增益的符号不确定且有界。文献[9]将 Nussbaum 增益控制和自适应神经网络控制相结合，用于具有时滞和未知死区时间的单输入单输出非线性系统。文献[10]中，作者设计了一种基于 Nussbaum 增益函数的自适应反演控制器，用于严格反馈非线性单输入单输出系统。除了针对连续时间系统的研究外，Nussbaum 增益自适应控制也被应用到离散时间系统中。文献[11]中，作者针对存在执行器限制的严格反馈离散系统，进行了离散 Nussbaum 增益控制。文献[12]设计了基于状态反馈的 Nussbaum 增益自适应离散控制器。文献[13]设计了基于输出反馈的 Nussbaum 增益离散控制。

目前，Nussbaum 增益自适应控制技术是使用最广泛的处理方向不确定系统的控制问题的方法，它可以应用于多类系统，还容易与其他控制技术相结合。然而，Nussbaum 增益自适应控制理论仍有较多的发展空间。目前的研究主要是理论研究，而对于复杂的实际系统的应用研究则较少。另外，在 MIMO 系统中，由于多个控制通道之间的耦合作用，控制方向不再是简单的或正的或负的，而是有多个组合方向。单个 Nussbaum 增益函数只能执行正向或负向选择。因此，在 MIMO 系统中通过 Nussbaum 增益函数处理控制方向不确定的问题要比在单输入单输出系统中更为复杂。文献[14]和文献[15]针对具有严格下三角结构的 MIMO 非线性系统，考虑控制方向高频变化问题，分别采用神经网络自适应和模糊自适应设计了 Nussbaum 增益控制器。文献[16]同样针对 MIMO 非线性系统，考虑控制方向未知，假设每个控制通道的方向在任何时候保持一致，设计 Nussbaum 增益模糊控制。文献[17]中，作者在控制系统中引入多个 Nussbaum 增益函数，组成对角阵，分别估计各个控制通道上的控制方向参数。

5.2　舵面故障建模

本节主要讨论三种类型的舵面偏转故障：卡死故障、部分失效故障和反向偏转故障。升降舵总偏转角 δ_e 可以写成以下加权和的形式：

$$\delta_e = k_{e1}\delta_{e1} + k_{e2}\delta_{e2} \tag{5.3}$$

式中，k_{e1} 和 k_{e2} 分别为左右升降舵的组合关系系数，当左右升降舵同向偏转提供俯仰力时，$k_{e1} = k_{e2} = 0.5$；δ_{e1} 和 δ_{e2} 分别为左右升降舵的偏转角。这样的气动舵面的冗余度是自适应容错控制的必要条件。当两个舵面之一发生故障且无法为系统提供足够的升力时，通过设计相应的自适应补偿方案，另一个舵面可以实现对损失的控制信号的补偿。

建立如下舵面工作模型，反映故障下控制输入指令和实际舵面输出之间的关系：

$$\delta_{ei} = (1 - \lambda_i) d_i \sigma_{1i} u_e + \lambda_i \sigma_{2i}, \quad i = 1,\ 2 \tag{5.4}$$

式中，u_e 是待设计的舵面容错控制指令；$\lambda_i \in \{0,\ 1\}$ 表示舵面完全失效与否，为 1 则完全失效，如发生卡死故障，为 0 则部分失效或未失效；$\sigma_{1i} \in (0,\ 1]$ 表示舵面控制效率的百分比；σ_{2i} 表示舵面卡死位置；$d_i \in \{-1,\ 1\}$ 表示舵面的控制方向。通过选择不同的模型参数，故障模型(5.4)可以完成对下面几种舵面工作状态的表达。

（1）正常工作。当没有舵面偏转故障发生时，舵面工作模型(5.4)中 $\lambda_i = 0$，$\sigma_{1i} = 1$，$d_i = 1$。

（2）卡死故障。当舵面卡在某处不再能被操纵而失效时，模型(5.4)中 $\lambda_i = 1$，σ_{2i} 为舵面卡死位置。

（3）部分失效故障。当舵面的控制效率相对于正常状态成比例衰减时，模型(5.4)中 $\lambda_i = 0$，$d_i = 1$，σ_{1i} 为衰减倍数。

（4）反向偏转故障。当舵面发生反偏故障时，模型(5.4)中 $\lambda_i = 0$，$d_i = -1$，$\sigma_{1i} = 1$。

（5）反偏失效故障。舵面反偏的同时部分失效，模型(5.4)中 $\lambda_i = 0$，$d_i = -1$，$\sigma_{1i} \in (0,\ 1)$。

代入舵面故障模型式(5.4)到式(5.3)，则可得到故障下的升降舵舵偏转角

δ_e 与舵面控制指令 u_e 之间的关系：

$$\delta_e = \sigma_1 u_e + \sigma_2 \tag{5.5}$$

式中，$\sigma_1 = \sum_{i=1}^{2} k_{ei}(1 - \lambda_i) d_i \sigma_{1i}$；$\sigma_2 = \sum_{i=1}^{2} k_{ei} \lambda_i \sigma_{2i}$。

假设 5.1 至少有一个舵面不完全失效，即模型(5.4)中 λ_1 和 λ_2 不同时为 1。

注解 5.1 假设 5.1 是为了保证控制系统具有必要的可控性以开展后续容错控制设计。

5.3 基于 Nussbaum 增益的高度和速度自适应容错控制

本节针对高超声速飞行器的高度和速度子模型，考虑模型参数不确定、未知舵面故障和控制方向不确定，基于 Nussbaum 增益函数设计自适应容错控制器，以实现高度和速度对参考信号的跟踪。

本节的内容安排如下：5.3.1 节阐述控制目标；5.3.2 节进行模型预处理，将原纵向动态模型分解为高度子模型和速度子模型；在 5.3.3 节中，对于高度子系统，首先不考虑不确定参数设计标称容错控制器，然后引入在线参数估计和 Nussbaum 增益函数，实现自适应容错控制，最后进行稳定性分析；5.3.4 节针对速度子系统，设计自适应跟踪控制器；5.3.5 节通过仿真验证所提出的控制设计具有较好的跟踪性能和容错能力，且能够处理控制方向跳变问题。

5.3.1 控制目标

本章针对第 2 章给出的高超声速飞行器 Winged-cone 模型，将非线性刚体纵向模型(2.39)分解成高度子系统和速度子系统，考虑未知模型参数、控制方向不确定和舵面故障，分别设计高度容错控制器和速度控制器，使飞行高度 h 和速度 V 分别跟踪参考指令 h^r 和 V^r，并且保证闭环系统的所有信号有界。生成参考指令信号 h^r 和 V^r 的参考模型如下：

$$\begin{bmatrix} \dot{h}^r \\ \ddot{h}^r \\ \dddot{h}^r \\ \ddddot{h}^r \end{bmatrix} = \boldsymbol{K}_{hr} \begin{bmatrix} h^r - h^d \\ \dot{h}^r \\ \ddot{h}^r \\ \dddot{h}^r \end{bmatrix} \tag{5.6}$$

$$\dot{V}^{r} = k_{Vr}(V^{r} - V^{d}) \tag{5.7}$$

式中，$\boldsymbol{K}_{hr} \in \mathbf{R}^{4\times4}$ 是一个 Hurwitz 矩阵；k_{Vr} 是一个负常数；h^{d} 和 V^{d} 分别表示高度和速度的期望值。该参考模型输出的参考信号 h^{r} 和 V^{r} 趋近于高度和速度的期望值 h^{d} 和 V^{d}。并且，输出的参考信号的各阶导数 $\dot{h}^{r}$、$\ddot{h}^{r}$、$\dddot{h}^{r}$、$\ddddot{h}^{r}$、$\dot{V}^{r}$ 反映参考轨迹的瞬态过程，通过选取合适的 $\boldsymbol{K}_{hr}$ 和 k_{Vr} 的值，可以保证参考信号较平缓地瞬态响应，避免出现超调量过大的问题。

5.3.2　模型预处理

在设计控制器之前，首先需要对原 MIMO 非线性纵向动态模型(2.39)进行简化处理，以下假设是必要的。

假设 5.2　纵向模型(2.39)关于速度 V 的微分方程中，推力项 $T\sin\alpha$ 远远小于升力项 L，可认为 $T\sin\alpha \approx 0$。

注解 5.2　对于处于巡航状态的飞行器，其攻角的值很小，这时 $T\sin\alpha$ 的值是远小于升力 L 的，因此假设 5.2 是合理的。

基于注解 5.2，原纵向动态模型(2.39)可以分为两个单输入单输出的高度子系统和速度子系统。在高度子系统中，高度 h 主要由舵面偏转角 δ_e 控制。因此，选取高度 h 为输出信号，舵面偏转角 δ_e 为输入信号，$\boldsymbol{X} = [x_1 \quad x_2 \quad x_3]^{T} = [\gamma \quad \theta_q \quad q]^{T}$ 为状态变量，其中俯仰角 $\theta_q = \alpha + \gamma$。于是，高度子系统可以写成如下状态空间表达式：

$$\begin{aligned}
\dot{h} &= V\sin x_1 \\
\dot{x}_1 &= f_1(x_1, V) + g_1(V)x_2 \\
\dot{x}_2 &= x_3 \\
\dot{x}_3 &= f_2(x_1, x_2, x_3, V) + g_2(V)\delta_e
\end{aligned} \tag{5.8}$$

式中，

$$f_1(x_1, V) = -\frac{(\mu_M - V^2R)\cos\gamma}{VR^3} - \frac{0.310\,15\rho VS_{ref}\gamma}{m}$$

$$g_1(V) = \frac{0.310\,15\rho VS_{ref}}{m}$$

$$f_2(x_1, x_2, x_3, V) = \frac{\rho V^2 S_{ref}\bar{c}[C_{M,\alpha} + C_{M,q} - c_e\alpha]}{2I_{yy}}$$

$$g_2(V)=\frac{\rho V^2 S_{\mathrm{ref}}\bar{c}c_{\mathrm{e}}}{2I_{yy}} \tag{5.9}$$

以上函数在后面内容中简写为f_1、g_1、f_2、g_2。

由于本章的研究范围包括舵面偏转故障,故将故障下的舵面工作模型(5.5)代入上面的高度子系统,可得如下考虑故障的高度动态子模型:

$$\begin{aligned}
\dot{h} &= V\sin x_1\\
\dot{x}_1 &= f_1(x_1,\ V)+g_1(V)x_2\\
\dot{x}_2 &= x_3\\
\dot{x}_3 &= f_2(x_1,\ x_2,\ x_3,\ V)+\sigma_1 g_2(V)u_{\mathrm{e}}+\sigma_2 g_2(V)
\end{aligned} \tag{5.10}$$

而在速度子系统中,速度V主要由油门开度量δ_{t}控制。因此,选取速度V为输出信号,油门开度δ_{t}为输入信号。于是,速度子系统可以表达为下列状态空间方程:

$$\dot{V}=f_3(x_1,\ x_2,\ x_3,\ V)+g_3(x_1,\ x_2,\ V)\delta_{\mathrm{t}} \tag{5.11}$$

式中,

$$\begin{aligned}
f_3(x_1,\ x_2,\ x_3,\ V)&=\begin{cases}-\left(\dfrac{D}{m}-\dfrac{\mu_{\mathrm{M}}\sin\gamma}{R^2}\right), & \delta_{\mathrm{t}}\leqslant 1\\[2ex] \dfrac{0.011\,2\rho V^2 S_{\mathrm{ref}}\cos\alpha}{m}-\left(\dfrac{D}{m}-\dfrac{\mu_{\mathrm{M}}\sin\gamma}{R^2}\right), & \delta_{\mathrm{t}}>1\end{cases}\\
g_3(x_1,\ x_2,\ V)&=\begin{cases}\dfrac{0.012\,85\rho V^2 S_{\mathrm{ref}}\cos\alpha}{m}, & \delta_{\mathrm{t}}\leqslant 1\\[2ex] \dfrac{0.001\,68\rho V^2 S_{\mathrm{ref}}\cos\alpha}{m}, & \delta_{\mathrm{t}}>1\end{cases}
\end{aligned} \tag{5.12}$$

以上函数在后面内容中简写为f_3、g_3。

5.3.3 高度自适应容错跟踪控制

本小节针对考虑舵面故障的高度子模型(5.10),进行高度跟踪控制研究。

1. 标称容错控制

首先,在标称情况下,也就是假设模型参数和故障参数已知,基于反馈线性

化的方法设计标称容错控制律。通过对输出信号高度 h 连续求导,可得

$$\begin{aligned}
\dot{h} &= V\sin x_1 \\
\ddot{h} &= V\cos x_1 \dot{x}_1 \\
\dddot{h} &= V[-\sin x_1(\dot{x}_1)^2 + \cos x_1 \ddot{x}_1] \\
\ddddot{h} &= V[-\cos x_1(\dot{x}_1)^3 - 3\sin x_1 \dot{x}_1 \ddot{x}_1 + \cos x_1 \dddot{x}_1]
\end{aligned} \tag{5.13}$$

式中,

$$\dot{x}_1 = \frac{-(\mu_M - V^2 R)\cos x_1}{VR^2} - g_1(x_1 - x_2)$$

$$\ddot{x}_1 = \left(\frac{\mu_M}{VR} - V\right)\frac{\sin x_1 \dot{x}_1}{R} + \left(\frac{\mu_M}{VR} - \frac{V}{2}\right)\frac{V\sin 2x_1}{R^2} - g_1(\dot{x}_1 - x_3)$$

$$\begin{aligned}
\dddot{x}_1 = &-\frac{\mu_M}{R^3}\sin x_1\left(\sin x_1 \dot{x}_1 + \frac{V}{R}\sin 2x_1\right) + \left(\frac{\mu_M}{VR} - V\right)\frac{\cos x_1(\dot{x}_1)^2 + \sin x_1 \ddot{x}_1}{R} \\
&- \left(\frac{\mu_M}{VR} - V\right)\frac{V(\sin x_1)^2 \dot{x}_1}{R^2} + \left(\frac{\mu_M}{VR} - \frac{V}{2}\right)\frac{2V\cos 2x_1 \dot{x}_1}{R^2} \\
&- \left(\frac{\mu_M}{VR} - \frac{V}{2}\right)\frac{2V^2\sin 2x_1 \sin x_1}{R^3} - g_1(\ddot{x}_1 - f_3) + \sigma_1 g_1 g_2 u_e + \sigma_2 g_1 g_2
\end{aligned} \tag{5.14}$$

因此,可得高度子系统的输入输出相对阶数为 4,等于系统的阶数。从而,可以得到高度子系统的完全输入输出线性化模型:

$$\ddddot{h} = f_h + g_h u_e \tag{5.15}$$

式中,

$$\begin{aligned}
f_h &= A_0 + A_1 g_1 + A_2 g_1^2 + A_3 g_1^3 + A_4 g_1 f_2 + A_4 \sigma_2 g_1 g_2 \\
g_h &= A_4 \sigma_1 g_1 g_2
\end{aligned} \tag{5.16}$$

其中,

$$A_0 = -V\cos x_1 f_{10}^3 - 3V\sin x_1 f_{10}^2 f_{20} + V\cos x_1(f_{30} + f_{10}f_{31} + f_{10}^2 f_{32} + f_{10}f_{20}f_{33} + f_{21}f_{33})$$

$$\begin{aligned}
A_1 = &[3V\cos x_1 f_{10}^2 + 6V\sin x_1 f_{10}f_{20} - V\cos x_1(f_{20}f_{33} + f_{31} + 2f_{10}f_{32})](x_1 - x_2) \\
&+ 3V\sin x_1 f_{10}^2 + V\cos x_1(-f_{21} - f_{10}f_{33} + f_{33}x_4 - f_{10}f_{20})
\end{aligned}$$

$$A_2 = (-3V\cos x_1 f_{10} - 3V\sin x_1 f_{20} + V\cos x_1 f_{32})(x_1 - x_2)^2 + (-6V\sin x_1 f_{10} + V\cos x_1(f_{33} + f_{20}))(x_1 - x_2) + V\cos x_1(f_{10} - x_3)$$

$$A_3 = V\cos x_1(x_1 - x_2)^3 + 3V\sin x_1(x_1 - x_2)^2 - V\cos x_1(x_1 - x_2)$$

其中，

$$f_{10} = \frac{-(\mu_M - V^2R)}{VR^2}\cos x_1, \quad f_{20} = \left(\frac{\mu_M}{VR} - V\right)\frac{\sin x_1}{R}$$

$$f_{21} = \left(\frac{\mu_M}{R} - \frac{V^2}{2}\right)\frac{\sin 2x_1}{R^2}$$

$$f_{30} = \frac{V\sin 2x_1 \sin x_1}{R^3}\left(-\frac{3\mu_M}{R} + V^2\right) - \left(\frac{\mu_M}{R} - V^2\right)\frac{\sin^2 x_1}{R^2}$$

$$f_{31} = -\frac{\mu_M}{R^3}\sin^2 x_1 + \left(\frac{\mu_M}{VR} - \frac{V}{2}\right)\frac{2V\cos 2x_1}{R^2}$$

$$f_{32} = \left(\frac{\mu_M}{VR^2} - \frac{V}{R}\right)\cos x_1, \quad f_{33} = \left(\frac{\mu_M}{VR^2} - \frac{V}{R}\right)\sin x_1$$

输出信号高度 h 和给定参考信号 h^r 之间的跟踪误差可以定义为

$$e_h = h - h^r \tag{5.17}$$

而滤波后的跟踪误差设计为

$$e = k_{e3}\dddot{e}_h + k_{e2}\ddot{e}_h + k_{e1}\dot{e}_h + k_{e0}e_h \tag{5.18}$$

式中，k_{e0}、k_{e1}、k_{e2} 和 k_{e3} 的取值满足 $k_{e3}s^3 + k_{e2}s^2 + k_{e1}s + k_{e0}$ 是 Hurwitz 多项式。这里，不失普遍性，假设 $k_{e3} = 1$。于是，由式(5.15)、式(5.17)和式(5.18)，可得跟踪误差 e 的动态模型：

$$\begin{aligned}\dot{e} &= \ddddot{e}_h + k_{e2}\dddot{e}_h + k_{e1}\ddot{e}_h + k_{e0}\dot{e}_h \\ &= \sum_{i=0}^{2} k_{ei}(h - h^r)^{(i+1)} + (\ddddot{h} - \ddddot{h}^r) \\ &= \sum_{i=0}^{2} k_{ei}(h - h^r)^{(i+1)} - \ddddot{h}^r + f_h + g_h u_e\end{aligned} \tag{5.19}$$

于是，采用反馈线性化方法设计标称高度容错控制信号如下：

$$u_e = \frac{1}{g_h}\left(-k_h e - \sum_{i=0}^{2} \lambda_i (h - h^r)^{(i+1)} + \ddddot{h}^r - f_h\right) \tag{5.20}$$

其中,控制律参数 k_h 是一个正常数。

可将式(5.20)整合为一个简洁的形式:

$$u_e = \frac{1}{g_h}v$$
$$v = -k_h e - \sum_{i=0}^{2}\lambda_i(h - h^r)^{(i+1)} + \ddddot{h}^r - f_h \tag{5.21}$$

式中,v 为虚拟控制律。

将设计的标称控制信号(5.20)代入误差动态方程(5.19),可得到加入控制指令后的闭环误差变化律:

$$\dot{e} = -k_h e \tag{5.22}$$

这表明当系统的模型参数和故障参数确定且已知时,标称控制信号(5.20)可使高度跟踪误差向零渐近收敛,即高度信号 h 渐近跟踪参考信号 h^r。

2. 自适应容错控制

而实际上,由于飞行器燃料消耗、飞行环境气密变化等问题,系统中 m、S_{ref}、ρ、μ_M、I_{yy}、$\bar{c}$、c_e 等参数的值是不确定的。而且,在没有故障监测和辨识装置的情况下,故障发生的时间和故障类型对于控制系统也是未知的。函数 f_h 和 g_h 包含不确定模型参数和故障参数,所以标称控制信号(5.21)不能直接应用于控制系统。因此,在控制系统中引入自适应参数估计器,将标称容错控制律改写为自适应容错控制律。首先,需要将 f_h 参数化,即令 $\theta_1\tau_1 = g_1$, $g_1^2 = \theta_2\tau_2$, $g_1^3 = \theta_3\tau_3$, $g_1 f_2 = \boldsymbol{\Theta}_4\boldsymbol{T}_4^{\mathrm{T}}$, $\theta_5\psi_5 = \sigma_2 g_1 g_2$, 其中 θ_1、θ_2、θ_3、$\boldsymbol{\Theta}_4$、θ_5 为分离出的不确定参数:

$$\theta_1 = \frac{0.620\,3\rho S_{ref}}{2m},\quad \theta_2 = \theta_1^2,\quad \theta_3 = \theta_1^3$$
$$\begin{aligned}\boldsymbol{\Theta}_4 &= [\theta_{41}\quad \theta_{42}\quad \theta_{43}\quad \theta_{44}\quad \theta_{45}\quad \theta_{46}]^{\mathrm{T}}\\ &= \frac{\rho^2 S_{ref}^2\bar{c}}{4mI_{yy}}[0.021\,7\quad 0.022\,7-0.620\,3c_e\quad 3.304\times10^{-6}\\ &\qquad -2.108\bar{c}\quad -0.093\,5\bar{c}\quad -0.070\,99\bar{c}]^{\mathrm{T}}\end{aligned}$$
$$\theta_5 = 0.155\,075\frac{\rho^2 S_{ref}^2\bar{c}c_e\sigma_2}{I_{yy}m}$$

而 ψ_1、ψ_2、ψ_3、$\boldsymbol{\Psi}_4$、ψ_5 为与不确定参数 θ_1、θ_2、θ_3、$\boldsymbol{\Theta}_4$、θ_5 对应的基函数:

$$\psi_1 = V,\quad \psi_2 = V^2,\quad \psi_3 = V^3$$
$$\boldsymbol{\Psi}_4 = [\psi_{41}\quad \psi_{42}\quad \psi_{43}\quad \psi_{44}\quad \psi_{45}\quad \psi_{46}]^{\mathrm{T}}$$
$$= [\alpha^2 V^3\quad \alpha V^3\quad V^3\quad q\alpha^2 V^2\quad q\alpha V^2\quad qV^2]^{\mathrm{T}}$$
$$\psi_5 = V^4 \cos x_1$$

于是,不确定函数 f_{h} 可以写成下列参数化的形式:

$$f_{\mathrm{h}} = A_0 + \boldsymbol{\Psi}^{\mathrm{T}}\boldsymbol{\Theta} \tag{5.23}$$

同样参数化函数 g_{h},令 $\theta_6\psi_6 = g_{\mathrm{h}}$,其中 θ_6 为不确定参数,ψ_6 为对应基函数:

$$\theta_6 = 0.155\,075\,\frac{\rho^2 S_{\mathrm{ref}}^2 \bar{c} c_{\mathrm{e}} \boldsymbol{\sigma}_1}{I_{yy} m}$$
$$\psi_6 = V^4 \cos x_1$$

参数化之后,高度子模型的动态可以写为

$$h^{(4)} = A_0 + \boldsymbol{\Psi}^{\mathrm{T}}\boldsymbol{\Theta} + \theta_6\psi_6 u_{\mathrm{e}} \tag{5.24}$$

所以,高度跟踪误差动态为

$$\dot{e} = f_{\mathrm{h}0} + \boldsymbol{\Psi}^{\mathrm{T}}\boldsymbol{\Theta} + \theta_6\psi_6 u_{\mathrm{e}} \tag{5.25}$$

其中,

$$f_{\mathrm{h}0} = \sum_{i=0}^{2} k_{\mathrm{e}i}(h - h^{\mathrm{r}})^{(i+1)} - \ddot{\ddot{h}}^{\mathrm{r}} + A_0 \tag{5.26}$$

将自适应参数估计器与标称容错控制律(5.21)组合以获得自适应容错控制器。其中,引入 Nussbaum 增益函数估计不确定的控制方向参数 θ_6,自适应容错控制律为

$$u_{\mathrm{e}} = N(\xi)\,\frac{1}{\psi_6}\hat{v} \tag{5.27}$$

式中,$\hat{v}$ 为自适应虚拟控制律:

$$\hat{v} = -k_{\mathrm{h}} e - f_{\mathrm{h}0} - \boldsymbol{\Psi}^{\mathrm{T}}\hat{\boldsymbol{\Theta}} \tag{5.28}$$

式中,$\hat{\boldsymbol{\Theta}}$ 为 $\boldsymbol{\Theta}$ 的自适应估计值,$\tilde{\boldsymbol{\Theta}} = \hat{\boldsymbol{\Theta}} - \boldsymbol{\Theta}$ 是估计误差。

接下来,在开环高度跟踪误差动态(5.25)中代入自适应容错控制律(5.27)和(5.28),可获得如下闭环高度跟踪误差动态:

$$\begin{aligned}\dot{e} &= f_{h0} + \boldsymbol{\Psi}^{T}\boldsymbol{\Theta} + \theta_6 N(\xi)\hat{v} + (-k_h e - f_{h0} - \boldsymbol{\Psi}^{T}\hat{\boldsymbol{\Theta}}) - \hat{v} \\ &= -k_h e - \boldsymbol{\Psi}^{T}\tilde{\boldsymbol{\Theta}} + \theta_6 N(\xi)\hat{v} - \hat{v}\end{aligned} \tag{5.29}$$

自适应估计参数 $\hat{\boldsymbol{\Theta}}$ 和 Nussbaum 增益函数的参数 ξ 的更新律均根据以上的闭环高度跟踪误差动态选择,即

$$\begin{aligned}\dot{\hat{\boldsymbol{\Theta}}} &= k_{\Theta}\boldsymbol{\Psi}e \\ \dot{\xi} &= -k_{\xi}\hat{v}e\end{aligned} \tag{5.30}$$

式中,k_{Θ}、k_{ξ} 为正常数,其大小决定了自适应参数收敛的速度。

3. 稳定性证明

这里的稳定性证明涉及一个关于 Nussbaum 函数的重要引理,该引理的证明可以在文献[5]的附录中找到。引理具体如下。

引理 5.1[5]　令 $V_1(\cdot)$ 和 $\xi(\cdot)$ 是定义在区间 $[0,\ t_f)$ 上的光滑函数,且 $\forall t \in [0,\ t_f)$,$V_1(t) \geqslant 0$,$N(\cdot)$ 是一个均匀光滑的 Nussbaum 型函数,θ_0 是一个非零的常数,如果下列不等式成立:

$$V_1(t) \leqslant \int_0^t (\theta_0 N(\xi) + 1)\dot{\xi}\mathrm{d}\tau + c_0, \quad \forall t \in [0,\ t_f) \tag{5.31}$$

式中,c_0 是一个取值合适的常数。那么,$V_1(t)$、ξ 和 $\int_0^t (\theta_0 N(\xi) + 1)\dot{\xi}\mathrm{d}\tau$ 在区间 $[0,\ t_f)$ 上是有界的。

选取李雅普诺夫函数为

$$V_L = \frac{1}{2}e^2 + \frac{1}{2k_{\Theta}}\mathrm{tr}(\tilde{\boldsymbol{\Theta}}\tilde{\boldsymbol{\Theta}}^{T}) \tag{5.32}$$

对李雅普诺夫函数(5.32)求微分,并进一步代入如式(5.29)所示的闭环跟踪误差以及如式(5.30)所示的参数自适应律,可得

$$\begin{aligned}\dot{V}_L &= e\dot{e} + \frac{1}{k_{\Theta}}\dot{\hat{\boldsymbol{\Theta}}}^{T}\tilde{\boldsymbol{\Theta}} \\ &= e[-k_h e - \boldsymbol{\Psi}^{T}\tilde{\boldsymbol{\Theta}} + \theta_6 N(\xi)\hat{v} - \hat{v}] + \frac{1}{k_{\Theta}}\dot{\hat{\boldsymbol{\Theta}}}^{T}\tilde{\boldsymbol{\Theta}} \\ &= -k_h e^2 + \left(-e\boldsymbol{\Psi}^{T} + \frac{1}{k_{\Theta}}\dot{\hat{\boldsymbol{\Theta}}}^{T}\right)\tilde{\boldsymbol{\Theta}} + \theta_6 N(\xi)\hat{v}e - \hat{v}e \\ &= -k_h e^2 + \frac{1}{k_{\xi}}[\theta_6 N(\xi)\dot{\xi} + \dot{\xi}]\end{aligned} \tag{5.33}$$

对式(5.33)求积分,可得

$$0 \leqslant V_{\mathrm{L}}(t) \leqslant V_{\mathrm{L}}(0) - k_{\mathrm{h}}\int_0^t e^2 \mathrm{d}\tau + \frac{1}{k_{\xi}}\int_0^t [\theta_6 N(\xi) + 1]\dot{\xi}\mathrm{d}\tau \tag{5.34}$$

其等价于

$$\begin{aligned} 0 \leqslant V_{\mathrm{L}}(t) &\leqslant V_{\mathrm{L}}(t) + k_{\mathrm{h}}\int_0^t e^2 \mathrm{d}\tau \\ &\leqslant V_{\mathrm{L}}(0) + \frac{1}{k_{\xi}}\int_0^t [\theta_6 N(\xi) + 1]\dot{\xi}\mathrm{d}\tau \end{aligned} \tag{5.35}$$

由式(5.35)和引理 5.1 可得,在 $t \in [0,\ t_{\mathrm{f}})$, $V_{\mathrm{L}}(t)$、ξ、$\int_0^t [\theta_6 N(\xi) + 1]\dot{\xi}\mathrm{d}\tau$ 是有界的。所以,e、$\tilde{\boldsymbol{\Theta}}$ 有界,同时也得出了 $\hat{\boldsymbol{\Theta}}$ 的有界性。而由于高度跟踪滤波误差 e 是有界的,那么高度误差 e_{h} 也是有界的,所以高度 h 及其各阶导数是有界的,还可以得到系统的状态 $x_i(i = 1,\ 2,\ 3)$ 也是有界的。根据式(5.27)和式(5.28),控制律 u_{e} 的有界性也得到证明。此时不会发生有限时间逃逸现象[5,8,16,18], $t_{\mathrm{f}} = \infty$。于是上述有界性可拓展到在 $t_{\mathrm{f}} = \infty$ 上成立,即 $e \in L_{\infty}$, $\tilde{\boldsymbol{\Theta}} \in L_{\infty}$, $\hat{\boldsymbol{\Theta}} \in L_{\infty}$, $V_{\mathrm{L}}(0) \in L_{\infty}$, $V_{\mathrm{L}}(\infty) \in L_{\infty}$, 且 $\int_0^{\infty} [\theta_6 N(\xi) + 1]\dot{\xi}\mathrm{d}\tau$ 有界。由于有式(5.35), $\int_0^{\infty} e^2 \mathrm{d}\tau$ 存在,有 $e \in L_2$。误差动态(5.29)的右边都有界,所以可得 $\dot{e} \in L_{\infty}$。最终,由于 $e \in L_2 \cap L_{\infty}$ 且 $\dot{e} \in L_{\infty}$(跟踪误差 e 有界; e^2 连续、可积且非负; $\dot{e}$ 有界),且根据 Barbalat 引理[19],可以证明当 $t \to \infty$ 时, $e \to 0$。最终在理论上证明了高度跟踪误差以及其导数的渐近收敛性。证明完毕。

5.3.4 速度自适应跟踪控制

本小节同样运用 Nussbaum 增益自适应控制方法进行速度跟踪控制器的设计。首先定义速度信号的跟踪误差如下:

$$e_{\mathrm{V}} = V - V^{\mathrm{r}} \tag{5.36}$$

根据速度子系统(5.11),可得速度跟踪误差的动态方程:

$$\dot{e}_{\mathrm{V}} = f_3 + g_3\delta_{\mathrm{t}} - \dot{V}^{\mathrm{r}} \tag{5.37}$$

于是,基于反馈线性化,设计输出信号油门开度 δ_{t} 的控制指令为

$$u_t = -\frac{1}{g_3}(k_V e_V - \dot{V}^r + f_3) \tag{5.38}$$

式中，k_V 为一个用户指定的正常数。

而控制律中包含的函数 f_3 和 g_3 中存在不确定模型参数。为达成自适应控制，首先需要对函数 f_3 进行参数化，即令 $\boldsymbol{\Psi}_V^T\boldsymbol{\Theta}_V = f_3$，其中 $\boldsymbol{\Theta}_V$ 是与模型不确定量有关的参数：

$$\begin{aligned}\boldsymbol{\Theta}_V &= [\theta_{V1} \quad \theta_{V2} \quad \theta_{V3} \quad \theta_{V4}]^T \\ &= \left[-0.322\,5\frac{\rho S_{ref}}{m} \quad -0.002\,16\frac{\rho S_{ref}}{m} \quad -0.001\,886\frac{\rho S_{ref}}{m} \quad -\mu_M\right]^T\end{aligned}$$

而对应的基函数 $\boldsymbol{\Psi}_V$ 为

$$\begin{aligned}\boldsymbol{\Psi}_V &= [\psi_{V1} \quad \psi_{V2} \quad \psi_{V3} \quad \psi_{V4}]^T \\ &= \left[V^2\alpha^2 \quad V^2\alpha \quad V^2 \quad \frac{\sin\gamma}{R^2}\right]^T\end{aligned}$$

对函数 g_3 也进行参数化，即令 $\theta_7\psi_7 = g_3$，其中，

$$\theta_7 = \frac{0.012\,85\rho S}{m}$$

$$\psi_7 = V^2\cos\alpha$$

基于 Nussbaum 增益函数，设计如下的速度自适应控制律：

$$u_V = N(\xi_V)\frac{1}{\psi_7}(-k_V e_V + \dot{V}^r - \boldsymbol{\Psi}_V^T\hat{\boldsymbol{\Theta}}_V) \tag{5.39}$$

式中，$\hat{\boldsymbol{\Theta}}_V$ 为 $\boldsymbol{\Theta}_V$ 的自适应估计值，而 $\tilde{\boldsymbol{\Theta}}_V = \hat{\boldsymbol{\Theta}}_V - \boldsymbol{\Theta}_V$ 为估计误差。

将上面的自适应控制律代入开环速度跟踪误差动态(5.37)，获得闭环速度跟踪误差动态如下：

$$\begin{aligned}\dot{e}_V &= \boldsymbol{\Psi}_V^T\boldsymbol{\Theta}_V + \theta_7 N(\xi_V)(-k_V e_V + \dot{V}^r - \boldsymbol{\Psi}_V^T\hat{\boldsymbol{\Theta}}_V) - \dot{V}^r \\ &= -k_V e_V - \boldsymbol{\Psi}_V^T\tilde{\boldsymbol{\Theta}}_V + \theta_7 N(\xi_V)(-k_V e_V + \dot{V}^r - \boldsymbol{\Psi}_V^T\hat{\boldsymbol{\Theta}}_V) \\ &\quad - (-k_V e_V + \dot{V}^r - \boldsymbol{\Psi}_V^T\hat{\boldsymbol{\Theta}}_V)\end{aligned} \tag{5.40}$$

根据闭环误差动态，参数 $\hat{\boldsymbol{\Theta}}_V$ 的自适应律选取为

$$\dot{\hat{\boldsymbol{\Theta}}}_V = k_{\Theta_V}\boldsymbol{\Psi}_V e_V \tag{5.41}$$

k_{Θ_V} 为决定参数收敛速度的正常数。同样，Nussbaum 参数 ξ_V 的调节律选择为

$$\dot{\xi}_V = -k_{\xi_V} e_V(-k_V e_V + \dot{V}^r - \boldsymbol{\Psi}_V^T \hat{\boldsymbol{\Theta}}_V) \tag{5.42}$$

式中，k_{ξ_V} 为正常数。

速度跟踪控制系统的闭环稳定性验证与高度控制系统类似，在此不再赘述。

5.3.5 仿真验证

为了验证本章提出的设计方案的控制效果，特别是当升降舵出现反向偏转故障且控制方向变动时的控制效果，本小节设计了一系列仿真试验，将所设计的方法应用于一架巡航飞行的高超声速飞行器上。

1. 仿真参数选择

系统的初始状态选取为：高度 $h(0) = 110\,000$ ft；速度 $V(0) = 15\,060$ ft/s；航迹角 $\gamma(0) = 0$ rad；攻角 $\alpha(0) = 0.01$ rad；俯仰角速率 $q(0) = 0$ rad/s；舵面工作模型中，两个舵面的增益设定为 $k_{\delta_{e1}} = k_{\delta_{e2}} = 0.5$。

高度跟踪控制系统的参数选择为：高度跟踪控制律中用户选择参数 $k_h = 4.6$；在线参数估计器的自适应参数的初值 $\hat{\boldsymbol{\Theta}}(0) = [0\ \ 0\ \ 0\ \ 0\ \ 0\ \ 0\ \ 0\ \ 0\ \ 0\ \ 0]^T$；Nussbaum 增益函数的参数的初值 $\xi(0) = 0$；自适应律参数 $k_\Theta = 1 \times 10^{-30}$，$k_\xi = 0.000\,01$。

速度跟踪控制系统的参数选择为：控制律参数 $k_V = 0.02$；自适应在线估计器的自适应参数的初值 $\hat{\boldsymbol{\Theta}}_V(0) = [0\ \ 0\ \ 0\ \ 0]^T$；Nussbaum 增益函数的参数的初值 $\xi_V(0) = 0$；自适应律参数 $k_{\Theta_V} = 0.000\,000\,008$，$k_{\xi_V} = 0.000\,000\,008$。

2. 仿真方案设计

本仿真试验方案中，预期高度和预期速度分别为 $h_d = 112\,000$ ft，$V_d = 15\,160$ ft/s。高度和速度参考信号由 h_d 和 V_d 驱动的参考模型提供。为了有效验证控制系统在多种类型故障下的控制效果，通过设定不同的舵面工作状态制定了以下仿真方案。

1) 仿真 A($0 \leqslant t < 50$ s)

两个舵面都正常工作：

$$\begin{cases} \delta_{e1} = u_e \\ \delta_{e2} = u_e \end{cases} \tag{5.43}$$

2）仿真 B（$50\ \text{s}\leqslant t<100\ \text{s}$）

一个舵面发生部分失效故障：

$$\begin{cases}\delta_{e1} = u_e \\ \delta_{e2} = 0.1u_e\end{cases} \tag{5.44}$$

3）仿真 C（$100\ \text{s}\leqslant t<150\ \text{s}$）

另一个舵面卡死：

$$\begin{cases}\delta_{e1} = 1^\circ \\ \delta_{e2} = 0.1u_e\end{cases} \tag{5.45}$$

4）仿真 D（$150\ \text{s}\leqslant t<200\ \text{s}$）

舵面发生反向偏转故障，此时控制方向发生跳变：

$$\begin{cases}\delta_{e1} = 1^\circ \\ \delta_{e2} = -0.1u_e\end{cases} \tag{5.46}$$

3. 仿真结果及分析

仿真试验所得的结果如图 5.1～图 5.7 所示。

1）仿真 A（$0\leqslant t<50\ \text{s}$）

由仿真结果可知，当飞行器的两个升降舵都保持正常工作状态，没有发生故障时，系统稳定且能够实现高度和速度的精确跟踪。从图 5.1 和图 5.2 所示的输出响应和跟踪误差变化情况可以看出，系统的输出信号高度 h 和速度 V 均渐近

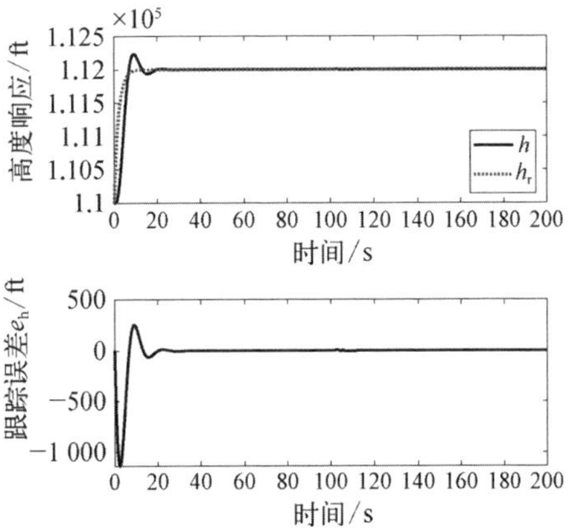

图 5.1　高度响应和高度跟踪误差

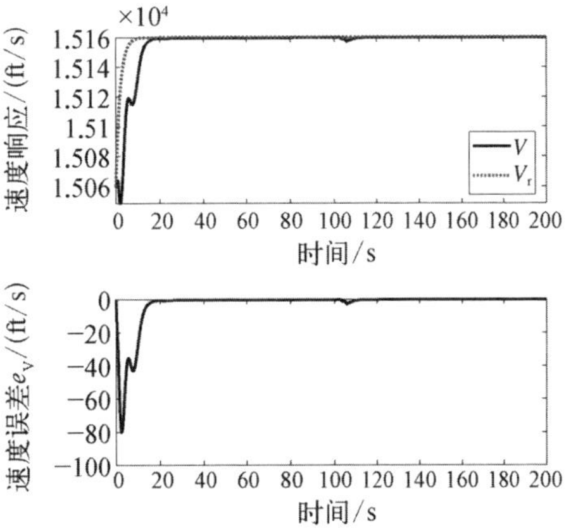

图 5.2　速度响应和速度跟踪误差

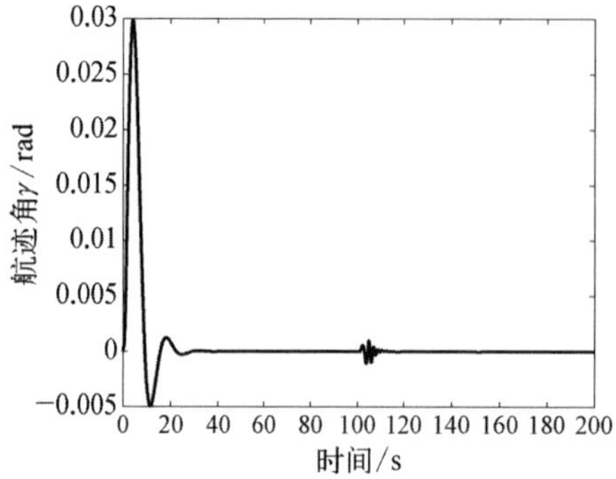

(a) 航迹角

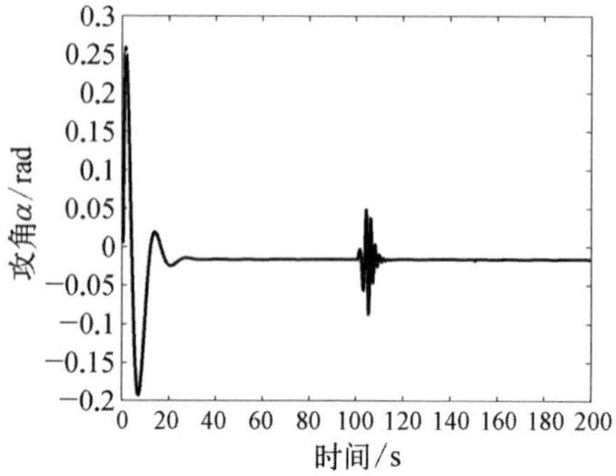

(b) 攻角

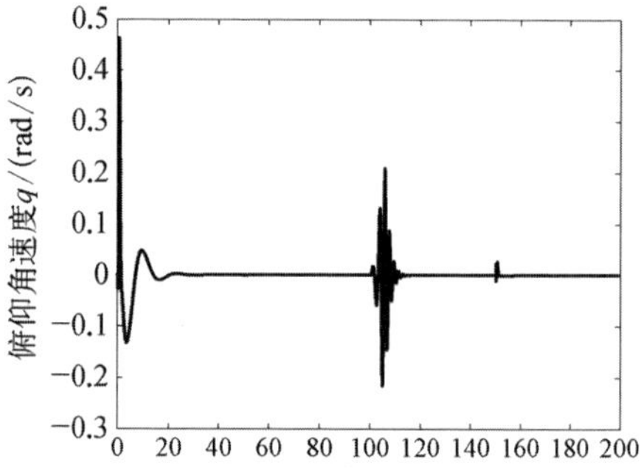

(c) 俯仰角速度

图 5.3 状态响应

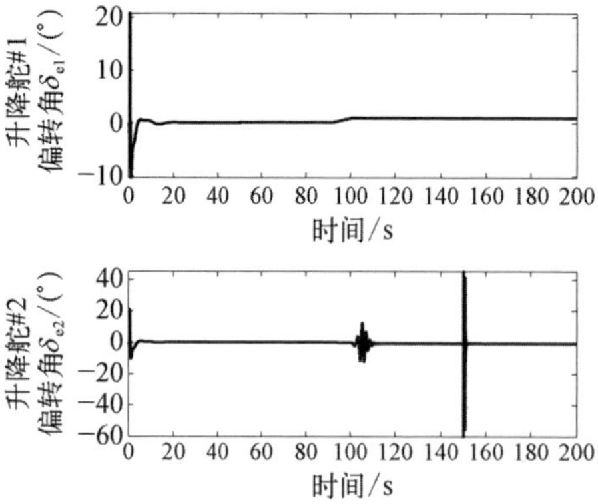

图 5.4 舵面偏转角 δ_{e1} 和 δ_{e2}

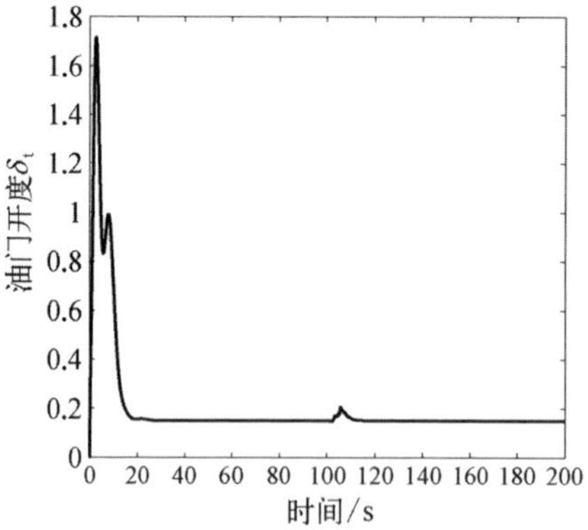

图 5.5 油门开度指令 δ_t

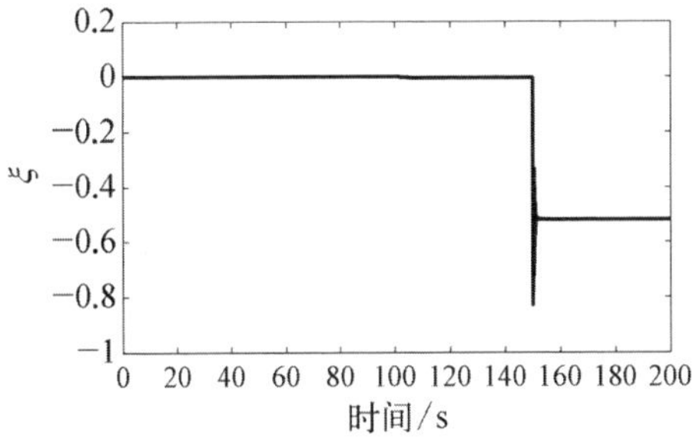

图 5.6　Nussbaum 参数 ξ 变化曲线

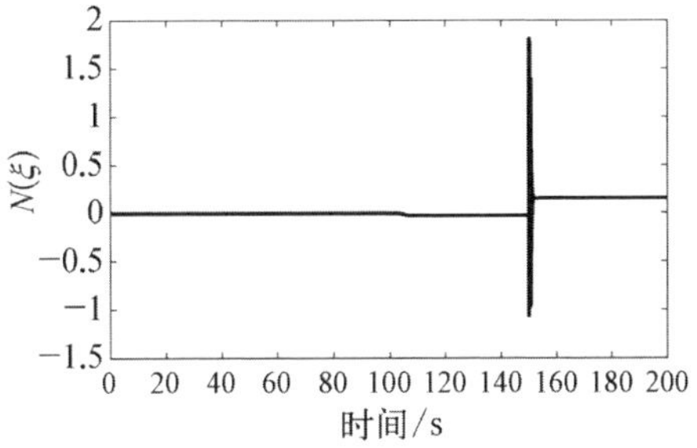

图 5.7　Nussbaum 增益函数变化曲线

跟踪其参考信号，并且其跟踪误差很快收敛到一个很小的数量级。图 5.3 给出了系统其他状态变量的响应情况。由图可以看出，航迹角 γ、攻角 α、俯仰角速度 q 都很快稳定下来。图 5.4 是系统的气动控制舵面的偏转情况。而图 5.5 是系统的另一个控制量发动机的油门开度量的变化情况。

2）仿真 B（$50\ \mathrm{s} \leqslant t < 100\ \mathrm{s}$）

此时，升降舵#2 失效 90%。从图 5.1～图 5.3 可以看出，舵面的故障几乎不会影响系统的输出跟踪效果和系统其他状态变量的稳定性。从图 5.4 可以看出，本节设计的自适应容错控制器可以实现两个舵面之间的相互补偿。因此，当故障发生时，总偏转角仍然可以达到理想值，保证故障下系统的控制效果。

3）仿真 C（$100\ \mathrm{s} \leqslant t < 150\ \mathrm{s}$）

此时，升降舵#1 表面也发生卡死故障。由图 5.1～图 5.3 可知，在本节设计的自适应容错控制器作用下，系统受卡死故障的影响，输出和状态响应曲线发生了短时间的振荡，但之后稳定性迅速恢复。图 5.4 给出了发生故障后两个升降舵相互补偿的过程。

4）仿真 D（$150\ \mathrm{s} \leqslant t < 200\ \mathrm{s}$）

在 150 s 时，升降舵#2 发生了反向偏转故障，且升降舵#1 仍卡死，这使得系统的控制方向发生由正到负的瞬时变化。此时，如图 5.1～图 5.3 所示，系统的输出信号和其他状态变量出现了瞬态振荡，但在本节设计的自适应容错方案的控制下，系统迅速恢复稳定。图 5.6 和图 5.7 分别给出了 Nussbaum 参数和 Nussbaum 增益函数的自适应变化情况。可以看出，当控制方向在 150 s 改变时，跟踪控制效果下降，跟踪误差增大，驱动了 Nussbaum 增益函数根据当前情况重新选择正确的控制方向。并且，在控制方向改变的瞬间，系统保持连续不出现奇异点。

5.4 基于 Nussbaum 增益的 MIMO 自适应抗饱和容错控制

虽然 5.3 节对高超声速飞行器的纵向动态模型进行解耦简化之后进行控制设计，但是高超声速飞行器的动力学模型是强耦合的。忽略高度动态和速度动态之间的耦合会降低控制的精度。而对于飞行速度快、飞行环境复杂的高超声速飞行器，控制精度是非常重要的衡量控制系统优劣的指标。因此，本节针对高超声速飞行器的 MIMO 模型直接进行 Nussbaum 增益自适应容错控制器的设计，目的是在存在不确定的控制方向的情况下实现高精度的纵向跟踪控制效果。而且，本节还考虑了输入限制问题。由于飞机发动机燃料泵的结构特性，飞行器执行器之一的发动机有最大油门开度的限制。此外，飞行器上装配的气动舵面也有最大偏转幅度的限制。由第 4 章的仿真研究结果可知，基于 Nussbaum 增益函数的控制系统虽然具有快速性和对控制方向变化的适应性等优点，但是对控制指标的变化非常灵敏，导致产生的控制信号超调量过大，超出舵面偏转角和油门开度的限制范围。这一现象在控制方向发生变化的瞬间尤为明显。如果仅在系统中限制输入量，而不采取响应的措施补偿损失的控制量，那么期望的控制效果难以保持。因此，本节在控制系统中引入抗饱和补偿器处理此问题，这将提高所设计的 Nussbaum 增益自适应控制方法的实用性。

本节的内容安排如下：5.4.1 节阐述控制目标；5.4.2 节进行模型预处理，最终得到考虑舵面故障的参数化后的输入输出动态；在 5.4.3 节中，首先假设模型参数和故障参数已知，给出标称容错控制器和抗饱和补偿器的设计方案；5.4.4 节则在标称控制的基础上，引入在线参数估计器和 Nussbaum 增益函数来处理不确定参数和不确定控制方向，提出自适应容错抗饱和控制方案；5.4.5 节通过仿真验证所提出的控制设计具有较好的跟踪性能和容错能力，能够处理控制方向跳变问题，且保证系统的输入量不超过实际允许范围。

5.4.1 控制目标

本小节针对 Winged-cone 高超声速飞行器非线性 MIMO 模型(2.39)，设计基于 Nussbaum 函数的自适应容错抗饱和控制器，以在存在未知舵面故障、不确定系统参数、不确定控制方向、有限输入的情况下，实现高度 h 和速度 V 跟踪参考信号 h^r 和 V^r，且确保闭环系统稳定。以下参考模型提供了高度和速度参考信号

h^{r} 和 V^{r}：

$$\begin{bmatrix} \dot{h}^{\mathrm{r}} \\ \ddot{h}^{\mathrm{r}} \\ \dddot{h}^{\mathrm{r}} \\ \ddddot{h}^{\mathrm{r}} \end{bmatrix} = \boldsymbol{K}_{\mathrm{hr}} \begin{bmatrix} h^{\mathrm{r}} - h^{\mathrm{d}} \\ \dot{h}^{\mathrm{r}} \\ \ddot{h}^{\mathrm{r}} \\ \dddot{h}^{\mathrm{r}} \end{bmatrix}$$

$$\begin{bmatrix} \dot{V}^{\mathrm{r}} \\ \ddot{V}^{\mathrm{r}} \\ \dddot{V}^{\mathrm{r}} \end{bmatrix} = \boldsymbol{K}_{\mathrm{Vr}} \begin{bmatrix} V^{\mathrm{r}} - V^{\mathrm{d}} \\ \dot{V}^{\mathrm{r}} \\ \ddot{V}^{\mathrm{r}} \end{bmatrix} \tag{5.47}$$

式中，$\boldsymbol{K}_{\mathrm{hr}} \in \mathbf{R}^{4\times4}$ 和 $\boldsymbol{K}_{\mathrm{Vr}} \in \mathbf{R}^{3\times3}$ 均为 Hurwitz 矩阵；h^{d} 和 V^{d} 分别为预期的高度和速度值。所以，通过该参考模型，输出参考信号 h^{r} 和 V^{r} 可以渐近趋近于高度和速度的预期值。通过选择矩阵 $\boldsymbol{K}_{\mathrm{hr}}$ 和 $\boldsymbol{K}_{\mathrm{Vr}}$ 中各项的值，可以决定参考信号的各阶导数 $\dot{h}^{\mathrm{r}}$、$\ddot{h}^{\mathrm{r}}$、$\dddot{h}^{\mathrm{r}}$、$\ddddot{h}^{\mathrm{r}}$、$\dot{V}^{\mathrm{r}}$、$\ddot{V}^{\mathrm{r}}$、$\dddot{V}^{\mathrm{r}}$，从而给参考信号定义较平缓的瞬态过程，防止系统响应过冲。

5.4.2　模型预处理

1. 输入输出动态

状态向量定义为 $\boldsymbol{X} = [V \quad h \quad \gamma \quad \alpha \quad q \quad \delta_{\mathrm{t}} \quad \dot{\delta}_{\mathrm{t}}]^{\mathrm{T}}$，输入向量定义为 $\boldsymbol{U} = [\delta_{\mathrm{e}} \quad \delta_{\mathrm{tc}}]^{\mathrm{T}}$，将纵向动态模型(2.39)写为如下的状态方程：

$$\dot{\boldsymbol{X}} = \boldsymbol{F}(\boldsymbol{X}) + [\boldsymbol{G}_{\mathrm{e}}(\boldsymbol{X}) \quad \boldsymbol{G}_{\mathrm{t}}(\boldsymbol{X})]\boldsymbol{U} \tag{5.48}$$

式中，

$$\boldsymbol{F}(\boldsymbol{X}) = [f_1(\boldsymbol{X}) \quad f_2(\boldsymbol{X}) \quad f_3(\boldsymbol{X}) \quad f_4(\boldsymbol{X}) \quad f_5(\boldsymbol{X}) \quad f_6(\boldsymbol{X}) \quad f_7(\boldsymbol{X})]^{\mathrm{T}}$$

$$\boldsymbol{G}_{\mathrm{e}}(\boldsymbol{X}) = \left[0 \quad 0 \quad 0 \quad 0 \quad \frac{\rho V^2 S_{\mathrm{ref}} \bar{c} c_{\mathrm{e}}}{2 I_{yy}} \quad 0 \quad 0\right]^{\mathrm{T}}$$

$$\boldsymbol{G}_{\mathrm{t}}(\boldsymbol{X}) = [0 \quad 0 \quad 0 \quad 0 \quad 0 \quad 0 \quad \omega_{\mathrm{n}}^2]^{\mathrm{T}}$$

$$f_1(\boldsymbol{X}) = \frac{1}{2m}\rho V^2 S_{\mathrm{ref}}(C_{\mathrm{T}}^{t}\delta_{\mathrm{t}} + C_{\mathrm{T}}^{0} - C_{\mathrm{D}}^{\alpha^2}\alpha^2 - C_{\mathrm{D}}^{\alpha} - C_{\mathrm{D}}^{0}) - \frac{\mu_{\mathrm{M}}}{R^2}\sin\gamma$$

$$f_2(\boldsymbol{X}) = V\sin\gamma$$

$$f_3(\boldsymbol{X}) = \frac{1}{2m}\rho V S_{\text{ref}}(C_{\text{L}}^{\alpha}\alpha + C_{\text{L}}^{0} + C_{\text{T}}^{t}\delta_{\text{t}}\sin\alpha + C_{\text{T}}^{0}\sin\alpha) - \frac{(\mu_{\text{M}} - V^2 R)\cos\alpha}{VR^2}$$

$$f_4(\boldsymbol{X}) = q - \frac{1}{2m}\rho V S_{\text{ref}}(C_{\text{L}}^{\alpha}\alpha + C_{\text{L}}^{0} + C_{\text{T}}^{t}\delta_{\text{t}}\sin\alpha + C_{\text{T}}^{0}\sin\alpha) + \frac{(\mu_{\text{M}} - V^2 R)\cos\alpha}{VR^2}$$

$$f_5(\boldsymbol{X}) = \frac{1}{4I_{yy}}\rho V S_{\text{ref}}\bar{c}^{\,2} q(C_{\text{M}}^{\alpha^2 q}\alpha^2 + C_{\text{M}}^{\alpha q}\alpha + C_{\text{M}}^{q}) + \frac{1}{2I_{yy}}\rho V^2 S_{\text{ref}}\bar{c} q(C_{\text{M}}^{\alpha^2}\alpha^2 + C_{\text{M}}^{\alpha}\alpha + C_{\text{M}}^{0})$$
$$- \frac{1}{2I_{yy}}\rho V^2 S_{\text{ref}}\bar{c} c_{\text{e}}\alpha$$

$$f_6(\boldsymbol{X}) = \dot{\delta}_{\text{t}}$$

$$f_7(\boldsymbol{X}) = -2\zeta\omega_{\text{n}}^2\dot{\delta}_{\text{t}} - \omega_{\text{n}}^2\delta_{\text{t}} \tag{5.49}$$

对 h 和 V 求连续导数,可知 h、$\dot{h}$、$\ddot{h}$、$\dddot{h}$、V、$\dot{V}$、$\ddot{V}$ 不直接与输入信号 $\boldsymbol{U}$ 相关,而 $\ddddot{h}$ 和 $\dddot{V}$ 直接由 $\boldsymbol{U}$ 控制。因此,MIMO 系统的相对阶是 7(高度相对阶 4+速度相对阶 3),等于系统的阶数。因此,可以完全输入输出线性化,输入输出动态为

$$\begin{bmatrix} \ddddot{h} \\ \dddot{V} \end{bmatrix} = \begin{bmatrix} L_{\text{F}}^4 f_2(\boldsymbol{X}) \\ L_{\text{F}}^3 f_1(\boldsymbol{X}) \end{bmatrix} + \begin{bmatrix} L_{G_{\text{e}}} L_{\text{F}}^4 f_2(\boldsymbol{X}) & L_{G_{\text{t}}} L_{\text{F}}^4 f_2(\boldsymbol{X}) \\ L_{G_{\text{e}}} L_{\text{F}}^3 f_1(\boldsymbol{X}) & L_{G_{\text{t}}} L_{\text{F}}^3 f_1(\boldsymbol{X}) \end{bmatrix}\boldsymbol{U} + \begin{bmatrix} d_{\text{h}}(t) \\ d_{\text{V}}(t) \end{bmatrix} \tag{5.50}$$

式中,$d_{\text{h}}(t)$ 和 $d_{\text{V}}(t)$ 为外部干扰,如侧风等。

假设 5.3 $d_{\text{h}}(t)$ 和 $d_{\text{V}}(t)$ 有界,即 $|d_{\text{h}}| \leqslant d_{\text{h}}^{\text{M}}$ 和 $|d_{\text{V}}| \leqslant d_{\text{V}}^{\text{M}}$,$d_{\text{h}}^{\text{M}}$ 和 d_{V}^{M} 为未知上界值。

2. 输入输出参数化动态

随着飞行器气动环境的变化和燃料的消耗,纵向模型中的气动参数和惯性参数 m、μ、I_{yy}、ρ、$\bar{c}$ 和 c_{e} 也会发生变化。并且,在实际中,这些参数的测量成本比较高,通常难以实时得知它们的准确值。所以,在控制器设计中,这些参数应作为不确定量,并使用自适应在线估计器估计这些不确定参数。自适应估计之前需要对输入输出模型(5.50)参数化,也就是分离其中的不确定参数,于是获得如下输入输出参数化模型:

$$\begin{bmatrix} \ddddot{h} \\ \dddot{V} \end{bmatrix} = \begin{bmatrix} \boldsymbol{\Psi}_{\text{h}}^{\text{T}}(\boldsymbol{X}) \\ \boldsymbol{\Psi}_{\text{V}}^{\text{T}}(\boldsymbol{X}) \end{bmatrix}\boldsymbol{\Theta}_1 + \begin{bmatrix} \psi_{\text{h0}}(\boldsymbol{X}) \\ 0 \end{bmatrix} + \begin{bmatrix} g_{11}(\boldsymbol{X}) & g_{12}(\boldsymbol{X}) \\ g_{21}(\boldsymbol{X}) & g_{22}(\boldsymbol{X}) \end{bmatrix}\begin{bmatrix} \frac{1}{\theta_2} & 0 \\ 0 & \frac{1}{\theta_3} \end{bmatrix}\boldsymbol{U} + \begin{bmatrix} d_{\text{h}}(t) \\ d_{\text{V}}(t) \end{bmatrix} \tag{5.51}$$

式中，参数 $\boldsymbol{\Theta}_1$、θ_2 和 θ_3 是模型中不确定参数的所有组合，并已进行归一化处理：

$$\boldsymbol{\Theta}_1 = [\theta_{1_1} \quad \theta_{1_2} \quad \theta_{1_3} \quad \theta_{1_4} \quad \theta_{1_5} \quad \theta_{1_6} \quad \theta_{1_7} \quad \theta_{1_8} \quad \theta_{1_9} \quad \theta_{1_{10}} \quad \theta_{1_{11}} \quad \theta_{1_{12}}]^{\mathrm{T}}$$

$$\theta_{1_1} = \frac{\rho^3 S_{\mathrm{ref}}^3}{m^3} \times 10^{15}, \quad \theta_{1_2} = \frac{\rho^2 S_{\mathrm{ref}}^2 \mu_{\mathrm{M}}}{m^2} \times 10^{20}, \quad \theta_{1_3} = \frac{\rho^2 S_{\mathrm{ref}}^2}{m^2} \times 10^{10}$$

$$\theta_{1_4} = \frac{\rho S_{\mathrm{ref}} \mu_{\mathrm{M}}^2}{m} \times 10^{25}, \quad \theta_{1_5} = \frac{\rho S_{\mathrm{ref}} \mu_{\mathrm{M}}}{m} \times 10^{15}, \quad \theta_{1_5} = \frac{\rho S_{\mathrm{ref}}}{m} \times 10^{5}, \quad \theta_{1_7} = \mu_{\mathrm{M}}^3 \times 10^{31}$$

$$\theta_{1_8} = \mu_{\mathrm{M}}^2 \times 10^{20}, \quad \theta_{1_9} = \mu_{\mathrm{M}} \times 10^{10}, \quad \theta_{1_{10}} = \frac{\rho^2 S_{\mathrm{ref}}^2 \bar{c}^{\,2}}{m^2 I_{yy}} \times 10^{13}, \quad \theta_{1_{11}} = \frac{\rho^2 S_{\mathrm{ref}}^2 \bar{c} c_{\mathrm{e}}}{m^2 I_{yy}} \times 10^{16}$$

$$\theta_{1_{12}} = \frac{\rho^2 S_{\mathrm{ref}}^2 \bar{c}}{m^2 I_{yy}} \times 10^{15}, \quad \theta_2 = \frac{4 I_{yy} m}{\rho^2 S_{\mathrm{ref}}^2 \bar{c} c_{\mathrm{e}}} \times 10^{-13}, \quad \theta_3 = \frac{2m}{\rho S_{\mathrm{ref}} \omega_{\mathrm{n}}^2} \times 10^{-3}$$

而 $\boldsymbol{\Psi}_{\mathrm{h}}(\boldsymbol{X}) = [\psi_{\mathrm{h}_1} \quad \psi_{\mathrm{h}_2} \quad \psi_{\mathrm{h}_3} \quad \psi_{\mathrm{h}_4} \quad \psi_{\mathrm{h}_5} \quad \psi_{\mathrm{h}_6} \quad \psi_{\mathrm{h}_7} \quad \psi_{\mathrm{h}_8} \quad \psi_{\mathrm{h}_9} \quad \psi_{\mathrm{h}_{10}} \quad \psi_{\mathrm{h}_{11}} \quad \psi_{\mathrm{h}_{12}}]^{\mathrm{T}}$、$\boldsymbol{\Psi}_{\mathrm{V}}(\boldsymbol{X}) = [\psi_{\mathrm{V}_1} \quad \psi_{\mathrm{V}_2} \quad \psi_{\mathrm{V}_3} \quad \psi_{\mathrm{V}_4} \quad \psi_{\mathrm{V}_5} \quad \psi_{\mathrm{V}_6} \quad \psi_{\mathrm{V}_7} \quad \psi_{\mathrm{V}_8} \quad \psi_{\mathrm{V}_9} \quad \psi_{\mathrm{V}_{10}} \quad \psi_{\mathrm{V}_{11}} \quad \psi_{\mathrm{V}_{12}}]^{\mathrm{T}}$ 以及 g_{11}、g_{12}、g_{21} 和 g_{22} 则是对应的与状态量相关的基函数。$\psi_{\mathrm{h}0}$、ψ_{h_i} 和 $\psi_{\mathrm{V}_i}(i = 1, 2, \cdots, 12)$ 以及 g_{11}、g_{12}、g_{21} 和 g_{22} 的表达式在本章结尾的附录中给出。

注解 5.3　在整个飞行包线中，除了垂直飞行路径以外，飞行器动态的控制增益矩阵可逆。而垂直飞行这里不在研究范围内，因此可以认为控制增益矩阵始终可逆。

3. 舵面故障下的输入输出参数化动态

将升降舵偏转故障纳入考虑范围，于是代入故障下的舵面工作模型(5.5)，模型(5.51)可进一步写为如下故障下的输入输出参数化动态模型：

$$\begin{bmatrix} \overset{....}{h} \\ \overset{...}{V} \end{bmatrix} = \begin{bmatrix} \boldsymbol{\Psi}_{\mathrm{h}}^{\mathrm{T}} \\ \boldsymbol{\Psi}_{\mathrm{V}}^{\mathrm{T}} \end{bmatrix} \boldsymbol{\Theta}_1 + \begin{bmatrix} \psi_{\mathrm{h}0} \\ 0 \end{bmatrix} + \begin{bmatrix} g_{11} & g_{12} \\ g_{21} & g_{22} \end{bmatrix} \begin{bmatrix} \dfrac{\sigma_1}{\theta_2} & 0 \\ 0 & \dfrac{1}{\theta_3} \end{bmatrix} \boldsymbol{U}_{\mathrm{c}} + \begin{bmatrix} d_{\mathrm{h}}(t) \\ d_{\mathrm{V}}(t) \end{bmatrix} + \frac{\sigma_2}{\theta_2} \begin{bmatrix} g_{11} \\ g_{21} \end{bmatrix} \tag{5.52}$$

式中，输入信号 $\boldsymbol{U}_{\mathrm{c}} = [u_{\mathrm{e}} \quad u_{\mathrm{t}}]^{\mathrm{T}}$，$u_{\mathrm{e}}$ 和 u_{t} 分别为控制器生成的控制舵面偏转角 δ_{e} 和油门开度 δ_{t} 的指令；σ_1 和 σ_2 为故障参数。

5.4.3 标称容错抗饱和控制

本小节首先在模型参数 $\boldsymbol{\Theta}_1$、θ_2、θ_3、故障参数 σ_1 和 σ_2 已知及不存在干扰 $d_h(t)$ 和 $d_V(t)$ 的假设条件下,进行标称容错控制器设计。

1. 容错控制律

系统输出的跟踪误差定义为

$$\tilde{\boldsymbol{Y}} = \boldsymbol{Y} - \boldsymbol{Y}^r \tag{5.53}$$

式中,$\boldsymbol{Y} = [h \quad \dot{h} \quad \ddot{h} \quad \dddot{h} \quad V \quad \dot{V} \quad \ddot{V}]^T$ 为输出向量;$\boldsymbol{Y}^r = [h^r \quad \dot{h}^r \quad \ddot{h}^r \quad \dddot{h}^r \quad V^r \quad \dot{V}^r \quad \ddot{V}^r]^T$ 为对应的输出参考信号,由参考模型(5.47)提供。

对跟踪误差求导并代入式(5.52),在标称情况下,假设干扰 $d_h(t)$ 和 $d_V(t)$ 为 0,可得输出跟踪误差动态为

$$\dot{\tilde{\boldsymbol{Y}}} = \boldsymbol{A}_0\tilde{\boldsymbol{Y}} + \boldsymbol{B}\left\{\begin{bmatrix}\boldsymbol{\Psi}_h^T \\ \boldsymbol{\Psi}_V^T\end{bmatrix}\boldsymbol{\Theta}_1 + \begin{bmatrix}\psi_{h0} \\ 0\end{bmatrix} + \begin{bmatrix}g_{11} & g_{12} \\ g_{21} & g_{22}\end{bmatrix}\begin{bmatrix}\dfrac{\sigma_1}{\theta_2} & 0 \\ 0 & \dfrac{1}{\theta_3}\end{bmatrix}\boldsymbol{U}_c + \frac{\sigma_2}{\theta_2}\begin{bmatrix}g_{11} \\ g_{21}\end{bmatrix} - \begin{bmatrix}h^{(4)r} \\ \dddot{V}^r\end{bmatrix}\right\} \tag{5.54}$$

式中,

$$\boldsymbol{A}_0 = \begin{bmatrix}\boldsymbol{A}_{h0} & \\ & \boldsymbol{A}_{V0}\end{bmatrix}, \quad \boldsymbol{A}_{h0} = \begin{bmatrix}0 & 1 & 0 & 0 \\ 0 & 0 & 1 & 0 \\ 0 & 0 & 0 & 1 \\ 0 & 0 & 0 & 0\end{bmatrix}, \quad \boldsymbol{A}_{V0} = \begin{bmatrix}0 & 1 & 0 \\ 0 & 0 & 1 \\ 0 & 0 & 0\end{bmatrix}$$

$$\boldsymbol{B} = [\boldsymbol{B}_h \quad \boldsymbol{B}_V], \quad \boldsymbol{B}_h = [0 \quad 0 \quad 0 \quad 1 \quad 0 \quad 0 \quad 0]^T$$

$$\boldsymbol{B}_V = [0 \quad 0 \quad 0 \quad 0 \quad 0 \quad 0 \quad 1]^T$$

采用反馈线性化方法,标称容错控制律设计如下:

$$\boldsymbol{U}_c = \begin{bmatrix}u_e \\ u_t\end{bmatrix} = \begin{bmatrix}\theta_2/\sigma_1 & \\ & \theta_3\end{bmatrix}\boldsymbol{V}$$

$$\boldsymbol{V} = \begin{bmatrix}v_1 \\ v_2\end{bmatrix} = \begin{bmatrix}g_{11} & g_{12} \\ g_{21} & g_{22}\end{bmatrix}^{-1}\left\{\boldsymbol{K}\tilde{\boldsymbol{Y}} + \begin{bmatrix}h^{(4)r} \\ \dddot{V}^r\end{bmatrix} - \begin{bmatrix}\boldsymbol{\Psi}_h^T \\ \boldsymbol{\Psi}_V^T\end{bmatrix}\boldsymbol{\Theta}_1 - \begin{bmatrix}\psi_{h0} \\ 0\end{bmatrix} - \frac{\sigma_2}{\theta_2}\begin{bmatrix}g_{11} \\ g_{21}\end{bmatrix}\right\} \tag{5.55}$$

式中，$\boldsymbol{V}$ 为虚拟控制律；$\boldsymbol{K} \in \mathbf{R}^{2\times 7}$ 为正定矩阵，且其取值使 $\boldsymbol{A}_0 + \boldsymbol{BK}$ 为 Hurwitz 矩阵。

将容错控制律(5.55)代入开环误差动态方程(5.54)，获得闭环误差动态方程：

$$\dot{\tilde{\boldsymbol{Y}}} = (\boldsymbol{A}_0 + \boldsymbol{BK})\tilde{\boldsymbol{Y}} \tag{5.56}$$

据此可以得出结论，在标称容错控制律(5.55)的作用下，跟踪误差 $\tilde{\boldsymbol{Y}}$ 渐近收敛到零，也就是说系统的输出 $\boldsymbol{Y}$ 渐近跟踪参考信号 $\boldsymbol{Y}^{\mathrm{r}}$。

2. 抗饱和补偿器

飞行器的执行器(升降舵和发动机油门)均存在最大偏转范围的约束，所以在控制系统设计中，需要进一步考虑输入受限问题。通过将虚拟控制律 $\boldsymbol{V}$ 经由饱和函数再输入给被控模型，可实现对控制系统的输入限制，饱和函数定义为

$$\mathrm{sat}(\boldsymbol{V}) = \begin{bmatrix} \mathrm{sat}_1(v_1,\ v_1^{\min},\ v_1^{\max}) \\ \mathrm{sat}_2(v_2,\ v_2^{\min},\ v_2^{\max}) \end{bmatrix} \tag{5.57}$$

式中，

$$\mathrm{sat}_1(v_1,\ v_1^{\min},\ v_1^{\max}) = \begin{cases} v_1^{\min}, & v_1 < v_1^{\min} \\ v_1, & v_1^{\min} \leqslant v_1 \leqslant v_1^{\max} \\ v_1^{\max}, & v_1 > v_1^{\max} \end{cases}$$

$$\mathrm{sat}_2(v_2,\ v_2^{\min},\ v_2^{\max}) = \begin{cases} v_2^{\min}, & v_2 < v_2^{\min} \\ v_2, & v_2^{\min} \leqslant v_2 \leqslant v_2^{\max} \\ v_2^{\max}, & v_2 > v_2^{\max} \end{cases}$$

其中，饱和值 $v_1^{\min} = \dfrac{\delta_{\mathrm{e}}^{\min}\sigma_1}{\theta_2}$、$v_1^{\max} = \dfrac{\delta_{\mathrm{e}}^{\max}\sigma_1}{\theta_2}$、$v_2^{\min} = \dfrac{\delta_{\mathrm{t}}^{\min}}{\theta_3}$、$v_2^{\max} = \dfrac{\delta_{\mathrm{t}}^{\max}}{\theta_3}$、$\delta_{\mathrm{e}}^{\min}$、$\delta_{\mathrm{e}}^{\max}$、$\delta_{\mathrm{t}}^{\min}$、$\delta_{\mathrm{t}}^{\max}$ 的取值见表 5.1。

表 5.1　输入的实际约束范围

输入信号	最大值(max)	最小值(min)	单　位
δ_{e}	25	−25	°
δ_{t}	1.5	0.05	%/100

注：数据来源于参考文献[20]。

考虑到如上所述的输入受限问题，跟踪误差动态(5.56)需改写为

$$\dot{\tilde{\boldsymbol{Y}}} = (\boldsymbol{A}_0 + \boldsymbol{BK})\tilde{\boldsymbol{Y}} + \boldsymbol{B}\begin{bmatrix} g_{11} & g_{12} \\ g_{21} & g_{22} \end{bmatrix}\tilde{\boldsymbol{V}} \tag{5.58}$$

式中，$\tilde{\boldsymbol{V}} = \mathrm{sat}(\boldsymbol{V}) - \boldsymbol{V}$，其含义为由输入饱和导致的输入损失量。

因此，必须找到一种方法补偿跟踪误差动态中的输入损失量 $\tilde{\boldsymbol{V}}$，以消除输入饱和对控制系统的影响，否则跟踪误差将不会收敛。根据新的跟踪误差动态(5.58)，设计一个由输入信号损耗 $\tilde{\boldsymbol{V}}$ 驱动的开环稳定辅助系统，即

$$\dot{\boldsymbol{X}}_{\mathrm{aw}} = (\boldsymbol{A}_0 + \boldsymbol{BK})\boldsymbol{X}_{\mathrm{aw}} + \boldsymbol{B}\begin{bmatrix} g_{11} & g_{12} \\ g_{21} & g_{22} \end{bmatrix}\tilde{\boldsymbol{V}} \tag{5.59}$$

式中，$\boldsymbol{X}_{\mathrm{aw}}$ 为辅助系统的状态量。

接着，重新定义输出跟踪误差为

$$\tilde{\boldsymbol{Y}}_{\mathrm{aw}} = \tilde{\boldsymbol{Y}} - \boldsymbol{X}_{\mathrm{aw}} \tag{5.60}$$

将式(5.58)减去式(5.59)，可以得到新的输出跟踪误差 $\tilde{\boldsymbol{Y}}_{\mathrm{aw}}$ 的动态方程：

$$\dot{\tilde{\boldsymbol{Y}}}_{\mathrm{aw}} = \dot{\tilde{\boldsymbol{Y}}} - \dot{\boldsymbol{X}}_{\mathrm{aw}} = (\boldsymbol{A}_0 + \boldsymbol{BK})\tilde{\boldsymbol{Y}}_{\mathrm{aw}} \tag{5.61}$$

由此可以得出结论：若输入达到饱和，则输入信号损失，而如果在控制系统中引入辅助系统，则可以消除输入信号损失给系统的收敛性造成的不良影响。因此，辅助系统在系统中的作用相当于一个抗饱和补偿器。从式(5.61)还可以得出，新的输出跟踪误差 $\tilde{\boldsymbol{Y}}_{\mathrm{aw}}$ 渐近收敛到零。并且，由于抗饱和补偿器(5.59)是开环稳定的，所以当输入处于非饱和状态时，输入信号不损失，即抗饱和补偿器输入量 $\tilde{\boldsymbol{V}} = 0$，抗饱和补偿器的状态量 $\boldsymbol{X}_{\mathrm{aw}}$ 将收敛到零。因此，只要系统可以在输入限制范围内提供足够的控制余量，最终原跟踪误差 $\tilde{\boldsymbol{Y}}$ 也将渐近收敛到零。

5.4.4 自适应容错抗饱和控制

在实际中，模型参数 m、μ、I_{yy}、ρ、$\bar{c}$ 和 c_{e} 是随着飞行环境、飞行时间和飞行状态的变化而变化的。并且，它们难以被精确且实时地测量。另外，在没有配备故障检测装置的情况下，控制系统无法得到故障的时间、类型和参数的取值。未知的外部干扰 $d_{\mathrm{h}}(t)$ 和 $d_{\mathrm{V}}(t)$ 也是不容忽视的不确定因素。舵面可能发生反偏故障，导致故障参数的符号不确定，于是舵面控制通道上的控制方向不确定。综

合以上原因,标称容错控制律(5.55)不能直接应用于实际情况中。于是,在控制系统中引入在线参数估计器及 Nussbaum 增益函数,结合标称容错控制律(5.55),获得自适应容错控制律。

1. 自适应容错控制律

首先,令 σ_2/θ_2 为 θ_4。然后,采用 Nussbaum 型函数估计控制律(5.55)中舵面控制通道上的复合不确定增益系数 θ_2/σ_1,可获得如下基于 Nussbaum 增益的自适应容错控制律:

$$
\begin{aligned}
\boldsymbol{U}_{\mathrm{c}} &= \begin{bmatrix} u_{\mathrm{e}} \\ u_{\mathrm{t}} \end{bmatrix} = \begin{bmatrix} N(\xi) & 0 \\ 0 & \hat{\theta}_3 \end{bmatrix} \boldsymbol{V} \\
\boldsymbol{V} &= \begin{bmatrix} v_1 \\ v_2 \end{bmatrix} \\
&= \begin{bmatrix} g_{11} & g_{12} \\ g_{21} & g_{22} \end{bmatrix}^{-1} \left\{ \boldsymbol{K}\tilde{\boldsymbol{Y}} + \begin{bmatrix} \overset{....}{h}{}^{\mathrm{r}} \\ \overset{...}{V}{}^{\mathrm{r}} \end{bmatrix} - \begin{bmatrix} \boldsymbol{\Psi}_{\mathrm{h}}^{\mathrm{T}} \\ \boldsymbol{\Psi}_{\mathrm{V}}^{\mathrm{T}} \end{bmatrix} \hat{\boldsymbol{\Theta}}_1 - \begin{bmatrix} \psi_{\mathrm{h0}} \\ 0 \end{bmatrix} - \hat{\theta}_4 \begin{bmatrix} g_{11} \\ g_{21} \end{bmatrix} - \begin{bmatrix} \hat{d}_{\mathrm{h}}^{\mathrm{M}} \operatorname{sgn}(\tilde{y}_{\mathrm{h}}) \\ \hat{d}_{\mathrm{V}}^{\mathrm{M}} \operatorname{sgn}(\tilde{y}_{\mathrm{V}}) \end{bmatrix} \right\}
\end{aligned}
\tag{5.62}
$$

式中,$\hat{\boldsymbol{\Theta}}_1$、$\hat{\theta}_3$ 和 $\hat{\theta}_4$ 为参数 $\boldsymbol{\Theta}_1$、θ_3 和 θ_4 的估计值,估计误差 $\tilde{\boldsymbol{\Theta}}_1 = \hat{\boldsymbol{\Theta}}_1 - \boldsymbol{\Theta}_1$、$\tilde{\theta}_3 = \hat{\theta}_3 - \theta_3$、$\tilde{\theta}_4 = \hat{\theta}_4 - \theta_4$;$\hat{d}_{\mathrm{h}}^{\mathrm{M}}$ 和 $\hat{d}_{\mathrm{V}}^{\mathrm{M}}$ 为干扰上界 $d_{\mathrm{h}}^{\mathrm{M}}$ 和 $d_{\mathrm{V}}^{\mathrm{M}}$ 的估计值,估计误差 $\tilde{d}_{\mathrm{h}}^{\mathrm{M}} = \hat{d}_{\mathrm{h}}^{\mathrm{M}} - d_{\mathrm{h}}^{\mathrm{M}}$、$\tilde{d}_{\mathrm{V}}^{\mathrm{M}} = \hat{d}_{\mathrm{V}}^{\mathrm{M}} - d_{\mathrm{V}}^{\mathrm{M}}$;$\operatorname{sgn}(\cdot)$ 为符号函数;$\tilde{y}_{\mathrm{h}} = \boldsymbol{B}_{\mathrm{h}}^{\mathrm{T}}\boldsymbol{P}\tilde{\boldsymbol{Y}}$,$\tilde{y}_{\mathrm{V}} = \boldsymbol{B}_{\mathrm{V}}^{\mathrm{T}}\boldsymbol{P}\tilde{\boldsymbol{Y}}$;矩阵 $\boldsymbol{P} \in \mathbf{R}^{7\times 7}$ 为李雅普诺夫方程 $(\boldsymbol{A}_0 + \boldsymbol{BK})^{\mathrm{T}}\boldsymbol{P} + \boldsymbol{P}(\boldsymbol{A}_0 + \boldsymbol{BK}) = -\boldsymbol{Q}$ 的正定解;$\boldsymbol{Q} \in \mathbf{R}^{7\times 7}$ 为用户选定的正定矩阵。

将自适应容错控制律(5.62)代入开环输出跟踪误差动态(5.54),可得到闭环跟踪误差动态:

$$
\begin{aligned}
\dot{\tilde{\boldsymbol{Y}}} = \boldsymbol{A}_0\tilde{\boldsymbol{Y}} + \boldsymbol{B}\Bigg\{ & \begin{bmatrix} \boldsymbol{\Psi}_{\mathrm{h}}^{\mathrm{T}} \\ \boldsymbol{\Psi}_{\mathrm{V}}^{\mathrm{T}} \end{bmatrix} \boldsymbol{\Theta}_1 + \begin{bmatrix} \psi_{\mathrm{h0}} \\ 0 \end{bmatrix} \\
& + \begin{bmatrix} g_{11} & g_{12} \\ g_{21} & g_{22} \end{bmatrix} \begin{bmatrix} \dfrac{\sigma_1}{\theta_2} & 0 \\ 0 & \dfrac{1}{\theta_3} \end{bmatrix} \begin{bmatrix} N(\xi) & 0 \\ 0 & \hat{\theta}_3 \end{bmatrix} \begin{bmatrix} g_{11} & g_{12} \\ g_{21} & g_{22} \end{bmatrix}^{-1} \bar{\boldsymbol{V}}
\end{aligned}
$$

$$
\begin{aligned}
&+\begin{bmatrix} d_\mathrm{h} \\ d_\mathrm{V} \end{bmatrix} + \theta_4 \begin{bmatrix} g_{11} \\ g_{21} \end{bmatrix} - \begin{bmatrix} \overset{....}{h}{}^\mathrm{r} \\ \overset{...}{V}{}^\mathrm{r} \end{bmatrix} \Bigg\} \\
&= \boldsymbol{A}_0 \tilde{\boldsymbol{Y}} + \boldsymbol{B} \Bigg\{ \begin{bmatrix} \boldsymbol{\Psi}_\mathrm{h}^\mathrm{T} \\ \boldsymbol{\Psi}_\mathrm{V}^\mathrm{T} \end{bmatrix} \boldsymbol{\Theta}_1 + \begin{bmatrix} \psi_{\mathrm{h}0} \\ 0 \end{bmatrix} \\
&+ \left(\frac{N(\xi)\sigma_1}{\theta_2} \boldsymbol{G}_1 + \boldsymbol{G}_1 - \boldsymbol{G}_1 + \frac{\tilde{\theta}_3}{\theta_3} \boldsymbol{G}_2 + \boldsymbol{G} \right) \bar{\boldsymbol{V}} \\
&+ \begin{bmatrix} d_\mathrm{h} \\ d_\mathrm{V} \end{bmatrix} + \theta_4 \begin{bmatrix} g_{11} \\ g_{21} \end{bmatrix} - \begin{bmatrix} \overset{....}{h}{}^\mathrm{r} \\ \overset{...}{V}{}^\mathrm{r} \end{bmatrix} \Bigg\} \\
&= \boldsymbol{A}_0 \tilde{\boldsymbol{Y}} + \boldsymbol{B} \Bigg\{ \begin{bmatrix} \boldsymbol{\Psi}_\mathrm{h}^\mathrm{T} \\ \boldsymbol{\Psi}_\mathrm{V}^\mathrm{T} \end{bmatrix} \boldsymbol{\Theta}_1 + \begin{bmatrix} \psi_{\mathrm{h}0} \\ 0 \end{bmatrix} + \frac{N(\xi)\sigma_1}{\theta_2} \boldsymbol{G}_1 \bar{\boldsymbol{V}} - \boldsymbol{G}_1 \bar{\boldsymbol{V}} + \frac{\tilde{\theta}_3}{\theta_3} \boldsymbol{G}_2 \bar{\boldsymbol{V}} \\
&+ \begin{bmatrix} d_\mathrm{h} \\ d_\mathrm{V} \end{bmatrix} + \theta_4 \begin{bmatrix} g_{11} \\ g_{21} \end{bmatrix} - \begin{bmatrix} \overset{....}{h}{}^\mathrm{r} \\ \overset{...}{V}{}^\mathrm{r} \end{bmatrix} + \boldsymbol{K} \tilde{\boldsymbol{Y}} + \begin{bmatrix} \overset{....}{h}{}^\mathrm{r} \\ \overset{...}{V}{}^\mathrm{r} \end{bmatrix} - \begin{bmatrix} \boldsymbol{\Psi}_\mathrm{h}^\mathrm{T} \\ \boldsymbol{\Psi}_\mathrm{V}^\mathrm{T} \end{bmatrix} \hat{\boldsymbol{\Theta}}_1 - \begin{bmatrix} \psi_{\mathrm{h}0} \\ 0 \end{bmatrix} \\
&- \hat{\theta}_4 \begin{bmatrix} g_{11} \\ g_{21} \end{bmatrix} - \begin{bmatrix} \hat{d}_\mathrm{h}^\mathrm{M} \operatorname{sgn}(\tilde{y}_\mathrm{h}) \\ \hat{d}_\mathrm{V}^\mathrm{M} \operatorname{sgn}(\tilde{y}_\mathrm{V}) \end{bmatrix} \Bigg\} \\
&= (\boldsymbol{A}_0 + \boldsymbol{B}\boldsymbol{K}) \tilde{\boldsymbol{Y}} + \frac{N(\xi)\sigma_1}{\theta_2} \boldsymbol{B}\boldsymbol{G}_1 \bar{\boldsymbol{V}} - \boldsymbol{B}\boldsymbol{G}_1 \bar{\boldsymbol{V}} + \frac{\tilde{\theta}_3}{\theta_3} \boldsymbol{B}\boldsymbol{G}_2 \bar{\boldsymbol{V}} \\
&- \boldsymbol{B} \begin{bmatrix} \boldsymbol{\Psi}_\mathrm{h}^\mathrm{T} \\ \boldsymbol{\Psi}_\mathrm{V}^\mathrm{T} \end{bmatrix} \tilde{\boldsymbol{\Theta}}_1 - \tilde{\theta}_4 \boldsymbol{B} \begin{bmatrix} g_{11} \\ g_{21} \end{bmatrix} - \tilde{d}_\mathrm{h}^\mathrm{M} \operatorname{sgn}(\tilde{y}_\mathrm{h}) \boldsymbol{B}_\mathrm{h} \\
&- \tilde{d}_\mathrm{V}^\mathrm{M} \operatorname{sgn}(\tilde{y}_\mathrm{V}) \boldsymbol{B}_\mathrm{V} + \boldsymbol{B} \left\{ \begin{bmatrix} d_\mathrm{h} \\ d_\mathrm{V} \end{bmatrix} - \begin{bmatrix} d_\mathrm{h}^\mathrm{M} \operatorname{sgn}(\tilde{y}_\mathrm{h}) \\ d_\mathrm{V}^\mathrm{M} \operatorname{sgn}(\tilde{y}_\mathrm{V}) \end{bmatrix} \right\}
\end{aligned}
\tag{5.63}
$$

式中，

$$
\boldsymbol{G}_1 = \frac{1}{g_{11}g_{22} - g_{12}g_{21}} \begin{bmatrix} g_{11}g_{22} & -g_{11}g_{12} \\ g_{21}g_{22} & -g_{12}g_{21} \end{bmatrix}
$$

$$
\boldsymbol{G}_2 = \frac{1}{g_{11}g_{22} - g_{12}g_{21}} \begin{bmatrix} -g_{12}g_{21} & g_{11}g_{12} \\ -g_{21}g_{22} & g_{11}g_{22} \end{bmatrix}
$$

$$\bar{\boldsymbol{V}} = \boldsymbol{K}\tilde{\boldsymbol{Y}} + \begin{bmatrix} \dddot{h}^{\mathrm{r}} \\ \cdots \\ V^{\mathrm{r}} \end{bmatrix} - \begin{bmatrix} \boldsymbol{\Psi}_{\mathrm{h}}^{\mathrm{T}} \\ \boldsymbol{\Psi}_{\mathrm{V}}^{\mathrm{T}} \end{bmatrix} \hat{\boldsymbol{\Theta}}_1 - \begin{bmatrix} \psi_{\mathrm{h0}} \\ 0 \end{bmatrix} - \hat{\theta}_4 \begin{bmatrix} g_{11} \\ g_{21} \end{bmatrix} - \begin{bmatrix} \hat{d}_{\mathrm{h}}^{\mathrm{M}} \mathrm{sgn}(\tilde{y}_{\mathrm{h}}) \\ \hat{d}_{\mathrm{V}}^{\mathrm{M}} \mathrm{sgn}(\tilde{y}_{\mathrm{V}}) \end{bmatrix} \tag{5.64}$$

2. 抗饱和补偿器

与标称控制器中的处理类似,为了确保输入不超出实际限制,将虚拟控制律 $\boldsymbol{V}$ 通过一个饱和度函数传递,该函数为

$$\mathrm{sat}(\boldsymbol{V}) = \begin{bmatrix} \mathrm{sat}_1(v_1,\ v_1^{\min},\ v_1^{\max}) \\ \mathrm{sat}_2(v_2,\ v_2^{\min},\ v_2^{\max}) \end{bmatrix} \tag{5.65}$$

式中,饱和值 $v_1^{\min} = \dfrac{\delta_{\mathrm{e}}^{\min}}{M_1}$、$v_1^{\max} = \dfrac{\delta_{\mathrm{e}}^{\max}}{M_1}$、$v_2^{\min} = \dfrac{\delta_{\mathrm{t}}^{\min}}{M_2}$ 和 $v_2^{\max} = \dfrac{\delta_{\mathrm{t}}^{\max}}{M_2}$;$M_1$ 和 M_2 为正常数,且满足 $|N(\xi)| \leqslant M_1$,$|\hat{\theta}_3| \leqslant M_2$;$M_1$ 和 M_2 是存在的,因为可以通过设置投影确保参数 ξ 和 $\hat{\theta}_3$ 的有界性。

有如上所述的输入限制,则跟踪误差动态(5.63)为

$$\begin{aligned} \dot{\tilde{\boldsymbol{Y}}} = {} & (\boldsymbol{A}_0 + \boldsymbol{B}\boldsymbol{K})\tilde{\boldsymbol{Y}} + \frac{N(\xi)\sigma_1}{\theta_2}\boldsymbol{B}\boldsymbol{G}_1\bar{\boldsymbol{V}} - \boldsymbol{B}\boldsymbol{G}_1\bar{\boldsymbol{V}} + \frac{\tilde{\theta}_3}{\theta_3}\boldsymbol{B}\boldsymbol{G}_2\bar{\boldsymbol{V}} - \boldsymbol{B}\begin{bmatrix} \boldsymbol{\Psi}_{\mathrm{h}}^{\mathrm{T}} \\ \boldsymbol{\Psi}_{\mathrm{V}}^{\mathrm{T}} \end{bmatrix}\tilde{\boldsymbol{\Theta}}_1 \\ & - \tilde{\theta}_4\boldsymbol{B}\begin{bmatrix} g_{11} \\ g_{21} \end{bmatrix} - \tilde{d}_{\mathrm{h}}^{\mathrm{M}}\mathrm{sgn}(\tilde{y}_{\mathrm{h}})\boldsymbol{B}_{\mathrm{h}} - \tilde{d}_{\mathrm{V}}^{\mathrm{M}}\mathrm{sgn}(\tilde{y}_{\mathrm{V}})\boldsymbol{B}_{\mathrm{V}} \\ & + \boldsymbol{B}\left\{\begin{bmatrix} d_{\mathrm{h}} \\ d_{\mathrm{V}} \end{bmatrix} - \begin{bmatrix} d_{\mathrm{h}}^{\mathrm{M}}\mathrm{sgn}(\tilde{y}_{\mathrm{h}}) \\ d_{\mathrm{V}}^{\mathrm{M}}\mathrm{sgn}(\tilde{y}_{\mathrm{V}}) \end{bmatrix}\right\} + \boldsymbol{B}\begin{bmatrix} g_{11} & g_{12} \\ g_{21} & g_{22} \end{bmatrix}\tilde{\boldsymbol{V}} \end{aligned} \tag{5.66}$$

式中,$\tilde{\boldsymbol{V}} = \mathrm{sat}(\boldsymbol{V}) - \boldsymbol{V}$ 表示由输入饱和导致的输入损失量。

类似地,设计如下由 $\tilde{\boldsymbol{V}}$ 驱动的开环稳定的辅助系统:

$$\dot{\boldsymbol{X}}_{\mathrm{aw}} = (\boldsymbol{A}_0 + \boldsymbol{B}\boldsymbol{K})\boldsymbol{X}_{\mathrm{aw}} + \boldsymbol{B}\begin{bmatrix} g_{11} & g_{12} \\ g_{21} & g_{22} \end{bmatrix}\tilde{\boldsymbol{V}} \tag{5.67}$$

式中,$\boldsymbol{X}_{\mathrm{aw}}$ 为系统的状态量。

重新定义输出跟踪误差为

$$\tilde{\boldsymbol{Y}}_{\mathrm{aw}} = \tilde{\boldsymbol{Y}} - \boldsymbol{X}_{\mathrm{aw}} \tag{5.68}$$

并将自适应容错控制律(5.62)改写为

$$\boldsymbol{U}_c = \begin{bmatrix} u_e \\ u_t \end{bmatrix} = \begin{bmatrix} N(\xi) & 0 \\ 0 & \hat{\theta}_3 \end{bmatrix} \boldsymbol{V}$$

$$\boldsymbol{V} = \begin{bmatrix} v_1 \\ v_2 \end{bmatrix}$$

$$= \begin{bmatrix} g_{11} & g_{12} \\ g_{21} & g_{22} \end{bmatrix}^{-1} \left\{ \boldsymbol{K}\tilde{\boldsymbol{Y}} + \begin{bmatrix} \ddddot{h}^{r} \\ \dddot{V}^{r} \end{bmatrix} - \begin{bmatrix} \boldsymbol{\varPsi}_h^{\mathrm{T}} \\ \boldsymbol{\varPsi}_V^{\mathrm{T}} \end{bmatrix} \hat{\boldsymbol{\Theta}}_1 - \begin{bmatrix} \phi_{h0} \\ 0 \end{bmatrix} - \hat{\theta}_4 \begin{bmatrix} g_{11} \\ g_{21} \end{bmatrix} - \begin{bmatrix} \hat{d}_h^{M} \mathrm{sgn}(\tilde{y}_{h_{aw}}) \\ \hat{d}_V^{M} \mathrm{sgn}(\tilde{y}_{V_{aw}}) \end{bmatrix} \right\} \tag{5.69}$$

式中，$\tilde{y}_{V_{aw}} = \boldsymbol{B}_V^{\mathrm{T}} \boldsymbol{P} \tilde{\boldsymbol{Y}}_{aw}$；$\tilde{y}_{h_{aw}} = \boldsymbol{B}_h^{\mathrm{T}} \boldsymbol{P} \tilde{\boldsymbol{Y}}_{aw}$。

式(5.66)减去式(5.67)可得到新的输出跟踪误差的动态：

$$\begin{aligned} \dot{\tilde{\boldsymbol{Y}}}_{aw} &= \dot{\tilde{\boldsymbol{Y}}} - \dot{\boldsymbol{X}}_{aw} \\ &= (\boldsymbol{A}_0 + \boldsymbol{BK})\tilde{\boldsymbol{Y}}_{aw} + \frac{N(\xi)\sigma_1}{\theta_2} \boldsymbol{BG}_1 \bar{\boldsymbol{V}} - \boldsymbol{BG}_1 \bar{\boldsymbol{V}} + \frac{\tilde{\theta}_3}{\theta_3} \boldsymbol{BG}_2 \bar{\boldsymbol{V}} \\ &\quad - \boldsymbol{B} \begin{bmatrix} \boldsymbol{\varPsi}_h^{\mathrm{T}} \\ \boldsymbol{\varPsi}_V^{\mathrm{T}} \end{bmatrix} \tilde{\boldsymbol{\Theta}}_1 - \tilde{\theta}_4 \boldsymbol{B} \begin{bmatrix} g_{11} \\ g_{21} \end{bmatrix} - \tilde{d}_h^{M} \mathrm{sgn}(\tilde{y}_h) \boldsymbol{B}_h - \tilde{d}_V^{M} \mathrm{sgn}(\tilde{y}_V) \boldsymbol{B}_V \\ &\quad + \boldsymbol{B} \left\{ \begin{bmatrix} d_h \\ d_V \end{bmatrix} - \begin{bmatrix} \hat{d}_h^{M} \mathrm{sgn}(\tilde{y}_{h_{aw}}) \\ \hat{d}_V^{M} \mathrm{sgn}(\tilde{y}_{V_{aw}}) \end{bmatrix} \right\} \end{aligned} \tag{5.70}$$

由于上面新的误差动态中不包含控制损失 $\tilde{\boldsymbol{V}}$，所以辅助系统(5.67)是控制系统的抗饱和补偿器，能够消除由输入饱和而出现的输入损失量 $\tilde{\boldsymbol{V}}$。

3. 在线参数更新律

根据闭环输出跟踪误差动态(5.70)，为自适应参数 $\hat{\boldsymbol{\Theta}}_1$、$\hat{\theta}_3$、$\hat{\theta}_4$、$\hat{d}_h^{M}$ 和 $\hat{d}_V^{M}$ 选择合适的在线自适应参数更新律：

$$\begin{aligned} \dot{\hat{\boldsymbol{\Theta}}}_1 &= k_{\Theta_1} [\boldsymbol{\varPsi}_h \quad \boldsymbol{\varPsi}_V] \boldsymbol{B}^{\mathrm{T}} \boldsymbol{P} \tilde{\boldsymbol{Y}}_{aw} \\ \dot{\hat{\theta}}_3 &= -k_{\theta_3} \bar{\boldsymbol{V}}^{\mathrm{T}} \boldsymbol{G}_2^{\mathrm{T}} \boldsymbol{B}^{\mathrm{T}} \boldsymbol{P} \tilde{\boldsymbol{Y}}_{aw} \\ \dot{\hat{\theta}}_4 &= k_{\theta_4} [g_{11} \quad g_{21}] \boldsymbol{B}^{\mathrm{T}} \boldsymbol{P} \tilde{\boldsymbol{Y}}_{aw} \\ \dot{\hat{d}}_h^{M} &= k_{d_h} \mathrm{sgn}(\tilde{y}_h) \boldsymbol{B}_h^{\mathrm{T}} \boldsymbol{P} \tilde{\boldsymbol{Y}}_{aw} \\ \dot{\hat{d}}_V^{M} &= k_{d_V} \mathrm{sgn}(\tilde{y}_V) \boldsymbol{B}_V^{\mathrm{T}} \boldsymbol{P} \tilde{\boldsymbol{Y}}_{aw} \end{aligned} \tag{5.71}$$

式中，k_{Θ_1}、k_{θ_3}、k_{θ_4}、k_{d_h}、k_{d_V} 为正常数。

为 Nussbaum 增益函数的参数 ξ 选择合适的在线自适应更新律，即

$$\dot{\xi} = -k_{\xi}\bar{\boldsymbol{V}}^{\mathrm{T}}\boldsymbol{G}_1^{\mathrm{T}}\boldsymbol{B}^{\mathrm{T}}\boldsymbol{P}\tilde{\boldsymbol{Y}}_{\mathrm{aw}} \tag{5.72}$$

式中，k_{ξ} 为正常数。

4. 投影算子

通过参数投影，保证参数 ξ 和 $\hat{\theta}_3$ 的有界性。为参数 ξ 定义一个凸集合 $\Omega_{\xi} = \{-M_1 \leqslant \xi \leqslant M_1\}$，且 $\Omega_{\delta_{\xi}} = \{\xi \mid -M_1 - \delta_{\xi} \leqslant \xi \leqslant M_1 + \delta_{\xi}\}$。$\xi$ 的投影算子如下：

$$\mathrm{Proj}(\xi,\ \varepsilon_{\xi}) = \begin{cases} k_{\xi}\varepsilon_{\xi}, & -M_1 \leqslant \xi \leqslant M_1 \text{ 或} \\ & \xi > -M_1 \text{ 且 } \varepsilon_{\xi} \leqslant 0 \text{ 或} \\ & \xi < M_1 \text{ 且 } \varepsilon_{\xi} \leqslant 0 \\ k_{\xi}\bar{\varepsilon}_{\xi}, & \xi > M_1 \text{ 且 } \varepsilon_{\xi} > 0 \\ k_{\xi}\breve{\varepsilon}_{\xi}, & \xi < -M_1 \text{ 且 } \varepsilon_{\xi} < 0 \end{cases} \tag{5.73}$$

式中，

$$\begin{aligned} \bar{\varepsilon}_{\xi} &= \left(1 + \frac{-M_1 - \xi}{\delta_{\xi}}\right)\varepsilon_{\xi} \\ \breve{\varepsilon}_{\xi} &= \left(1 + \frac{\xi - M_1}{\delta_{\xi}}\right)\varepsilon_{\xi} \\ \varepsilon_{\xi} &= -\bar{\boldsymbol{V}}^{\mathrm{T}}\boldsymbol{G}_1^{\mathrm{T}}\boldsymbol{B}^{\mathrm{T}}\boldsymbol{P}\tilde{\boldsymbol{Y}}_{\mathrm{aw}} \end{aligned} \tag{5.74}$$

同样为参数 $\hat{\theta}_3$ 定义一个凸集合 $\Omega_{\theta_3} = \{-M_2 \leqslant \hat{\theta}_3 \leqslant M_2\}$，且定义 $\Omega_{\delta_{\theta_3}} = \{\hat{\theta}_3 \mid -M_2 - \delta_{\theta_3} \leqslant \hat{\theta}_3 \leqslant M_2 + \delta_{\theta_3}\}$。$\hat{\theta}_3$ 的投影算子如下：

$$\mathrm{Proj}(\hat{\theta}_3,\ \varepsilon_{\theta_3}) = \begin{cases} k_{\theta_3}\varepsilon_{\theta_3}, & -M_2 \leqslant \hat{\theta}_3 \leqslant M_2 \text{ 或} \\ & \hat{\theta}_3 > -M_2 \text{ 且 } \varepsilon_{\theta_3} \leqslant 0 \text{ 或} \\ & \hat{\theta}_3 < M_2 \text{ 且 } \varepsilon_{\theta_3} \leqslant 0 \\ k_{\theta_3}\bar{\varepsilon}_{\theta_3}, & \hat{\theta}_3 > M_2 \text{ 且 } \varepsilon_{\theta_3} > 0 \\ k_{\theta_3}\breve{\varepsilon}_{\theta_3}, & \hat{\theta}_3 < -M_2 \text{ 且 } \varepsilon_{\theta_3} < 0 \end{cases} \tag{5.75}$$

式中，

$$
\begin{aligned}
\bar{\varepsilon}_{\theta_3} &= \left(1 + \frac{-M_2 - \xi}{\delta_\xi}\right)\varepsilon_{\theta_3} \\
\breve{\varepsilon}_{\theta_3} &= \left(1 + \frac{\xi - M_2}{\delta_\xi}\right)\varepsilon_{\theta_3} \\
\varepsilon_{\theta_3} &= -\bar{\boldsymbol{V}}^{\mathrm{T}}\boldsymbol{G}_2^{\mathrm{T}}\boldsymbol{B}^{\mathrm{T}}\boldsymbol{P}\tilde{\boldsymbol{Y}}_{\mathrm{aw}}
\end{aligned}
\tag{5.76}
$$

5. 稳定性证明

李雅普诺夫函数选择如下：

$$
V_{\mathrm{L}} = \tilde{\boldsymbol{Y}}_{\mathrm{aw}}^{\mathrm{T}}\boldsymbol{P}\tilde{\boldsymbol{Y}}_{\mathrm{aw}} + \frac{2}{k_{\Theta_1}}\mathrm{tr}(\tilde{\boldsymbol{\Theta}}_1\tilde{\boldsymbol{\Theta}}_1^{\mathrm{T}}) + \frac{2}{k_{d_{\mathrm{h}}}}(\tilde{d}_{\mathrm{h}}^{\mathrm{M}})^2 + \frac{2}{k_{d_{\mathrm{V}}}}(\tilde{d}_{\mathrm{V}}^{\mathrm{M}})^2 + \frac{2}{k_{\theta_4}}\tilde{\theta}_4^2 + \frac{2}{\theta_3 k_{\theta_3}}\tilde{\theta}_3^2
\tag{5.77}
$$

式中，$\boldsymbol{P}$ 是由等式 $(\boldsymbol{A}_0 + \boldsymbol{BK})^{\mathrm{T}}\boldsymbol{P} + \boldsymbol{P}(\boldsymbol{A}_0 + \boldsymbol{BK}) = -\boldsymbol{Q}$ 解得的。

接下来，求导李雅普诺夫函数(5.77)并将闭环跟踪误差动态(5.70)代入其中，可得

$$
\begin{aligned}
\dot{V}_{\mathrm{L}} = {} & \tilde{\boldsymbol{Y}}_{\mathrm{aw}}^{\mathrm{T}}[(\boldsymbol{A}_0 + \boldsymbol{BK})^{\mathrm{T}}\boldsymbol{P} + \boldsymbol{P}(\boldsymbol{A}_0 + \boldsymbol{BK})]\tilde{\boldsymbol{Y}}_{\mathrm{aw}} + 2\frac{N(\xi)\sigma_1}{\theta_2}\bar{\boldsymbol{V}}^{\mathrm{T}}\boldsymbol{G}_1^{\mathrm{T}}\boldsymbol{B}^{\mathrm{T}}\boldsymbol{P}\tilde{\boldsymbol{Y}}_{\mathrm{aw}} \\
& - 2\bar{\boldsymbol{V}}^{\mathrm{T}}\boldsymbol{G}_1^{\mathrm{T}}\boldsymbol{B}^{\mathrm{T}}\boldsymbol{P}\tilde{\boldsymbol{Y}}_{\mathrm{aw}} + 2\frac{\tilde{\theta}_3}{\theta_3}\bar{\boldsymbol{V}}^{\mathrm{T}}\boldsymbol{G}_2^{\mathrm{T}}\boldsymbol{B}^{\mathrm{T}}\boldsymbol{P}\tilde{\boldsymbol{Y}}_{\mathrm{aw}} - 2\tilde{\boldsymbol{\Theta}}_1^{\mathrm{T}}[\boldsymbol{\Psi}_{\mathrm{h}} \quad \boldsymbol{\Psi}_{\mathrm{V}}]\boldsymbol{B}^{\mathrm{T}}\boldsymbol{P}\tilde{\boldsymbol{Y}}_{\mathrm{aw}} \\
& - 2\tilde{\theta}_4[g_{11} \quad g_{21}]\boldsymbol{B}^{\mathrm{T}}\boldsymbol{P}\tilde{\boldsymbol{Y}}_{\mathrm{aw}} - 2\tilde{d}_{\mathrm{h}}^{\mathrm{M}}\mathrm{sgn}(\tilde{y}_{\mathrm{h}})\boldsymbol{B}_{\mathrm{h}}^{\mathrm{T}}\boldsymbol{P}\tilde{\boldsymbol{Y}}_{\mathrm{aw}} - 2\tilde{d}_{\mathrm{V}}^{\mathrm{M}}\mathrm{sgn}(\tilde{y}_{\mathrm{V}})\boldsymbol{B}_{\mathrm{V}}^{\mathrm{T}}\boldsymbol{P}\tilde{\boldsymbol{Y}}_{\mathrm{aw}} \\
& + \frac{2}{k_{\Theta_1}}\tilde{\boldsymbol{\Theta}}_1^{\mathrm{T}}\dot{\hat{\boldsymbol{\Theta}}}_1 + \frac{2}{k_{d_{\mathrm{h}}}}\tilde{d}_{\mathrm{h}}^{\mathrm{M}}\dot{\hat{d}}_{\mathrm{h}}^{\mathrm{M}} + \frac{2}{k_{d_{\mathrm{V}}}}\tilde{d}_{\mathrm{V}}^{\mathrm{M}}\dot{\hat{d}}_{\mathrm{V}}^{\mathrm{M}} \\
& + \frac{2}{k_{\theta_4}}\tilde{\theta}_4\dot{\hat{\theta}}_4 + \frac{2}{\theta_3 k_{\theta_3}}\tilde{\theta}_3\dot{\hat{\theta}}_3 + \left\{\begin{bmatrix} d_{\mathrm{h}} \\ d_{\mathrm{V}} \end{bmatrix}^{\mathrm{T}} - \begin{bmatrix} d_{\mathrm{h}}^{\mathrm{M}}\mathrm{sgn}(\tilde{y}_{h_{\mathrm{aw}}}) \\ d_{\mathrm{V}}^{\mathrm{M}}\mathrm{sgn}(\tilde{y}_{V_{\mathrm{aw}}}) \end{bmatrix}^{\mathrm{T}}\right\}\boldsymbol{B}^{\mathrm{T}}\boldsymbol{P}\tilde{\boldsymbol{Y}}_{\mathrm{aw}}
\end{aligned}
\tag{5.78}
$$

在式(5.78)中代入参数自适应律(5.71)及 Nussbaum 参数更新律(5.72)，可得

$$
\begin{aligned}
\dot{V}_{\mathrm{L}} = {} & -\tilde{\boldsymbol{Y}}_{\mathrm{aw}}^{\mathrm{T}}\boldsymbol{Q}\tilde{\boldsymbol{Y}}_{\mathrm{aw}} + [d_{\mathrm{h}} \quad d_{\mathrm{V}}]\begin{bmatrix} \tilde{y}_{h_{\mathrm{aw}}} \\ \tilde{y}_{V_{\mathrm{aw}}} \end{bmatrix} - [d_{\mathrm{h}}^{\mathrm{M}}\mathrm{sgn}(\tilde{y}_{h_{\mathrm{aw}}}) \quad d_{\mathrm{V}}^{\mathrm{M}}\mathrm{sgn}(\tilde{y}_{V_{\mathrm{aw}}})]\begin{bmatrix} \tilde{y}_{h_{\mathrm{aw}}} \\ \tilde{y}_{V_{\mathrm{aw}}} \end{bmatrix} \\
& + \frac{2}{k_\xi}\left(\frac{\sigma_1}{\theta_2}N(\xi)\dot{\xi} + \dot{\xi}\right)
\end{aligned}
$$

$$= -\tilde{\boldsymbol{Y}}_{\mathrm{aw}}^{\mathrm{T}}\boldsymbol{Q}\tilde{\boldsymbol{Y}}_{\mathrm{aw}} + [d_{\mathrm{h}} \quad d_{\mathrm{V}}]\begin{bmatrix} \tilde{y}_{h_{\mathrm{aw}}} \\ \tilde{y}_{V_{\mathrm{aw}}} \end{bmatrix} - [d_{\mathrm{h}} \quad d_{\mathrm{V}}]\begin{bmatrix} |\tilde{y}_{h_{\mathrm{aw}}}| \\ |\tilde{y}_{V_{\mathrm{aw}}}| \end{bmatrix}$$

$$+ \frac{2}{k_{\xi}}\left(\frac{\sigma_1}{\theta_2}N(\xi)\dot{\xi} + \dot{\xi}\right)$$

$$\leqslant -\tilde{\boldsymbol{Y}}_{\mathrm{aw}}^{\mathrm{T}}\boldsymbol{Q}\tilde{\boldsymbol{Y}}_{\mathrm{aw}} + \frac{2}{k_{\xi}}\left(\frac{\sigma_1}{\theta_2}N(\xi)\dot{\xi} + \dot{\xi}\right) \tag{5.79}$$

对式(5.79)在 $[0, t]$ 上求积分,可得

$$0 \leqslant V_{\mathrm{L}}(t) \leqslant V_{\mathrm{L}}(0) - \int_0^t \tilde{\boldsymbol{Y}}_{\mathrm{aw}}^{\mathrm{T}}\boldsymbol{Q}\tilde{\boldsymbol{Y}}_{\mathrm{aw}}\mathrm{d}\tau + \frac{2}{k_{\xi}}\int_0^t\left(\frac{\sigma_1}{\theta_2}N(\xi) + 1\right)\dot{\xi}\mathrm{d}\tau \tag{5.80}$$

此式等价于

$$0 \leqslant V_{\mathrm{L}}(t) \leqslant V_{\mathrm{L}}(t) + \int_0^t \tilde{\boldsymbol{Y}}_{\mathrm{aw}}^{\mathrm{T}}\boldsymbol{Q}\tilde{\boldsymbol{Y}}_{\mathrm{aw}}\mathrm{d}\tau$$

$$\leqslant V_{\mathrm{L}}(0) + \frac{2}{k_{\xi}}\int_0^t\left(\frac{\sigma_1}{\theta_2}N(\xi) + 1\right)\dot{\xi}\mathrm{d}\tau \tag{5.81}$$

由式(5.81)和引理 5.1 可得,当 $t \in [0, t_{\mathrm{f}})$ 时,$V_{\mathrm{L}}(t)$、ξ、$\int_0^t\left(\frac{\sigma_1}{\theta_2}N(\xi) + 1\right)\dot{\xi}\mathrm{d}\tau$ 是有界的。所以,$\tilde{\boldsymbol{Y}}_{\mathrm{aw}}$、$\tilde{\boldsymbol{\Theta}}_1$、$\tilde{d}_{\mathrm{h}}^{\mathrm{M}}$、$\tilde{d}_{\mathrm{V}}^{\mathrm{M}}$、$\tilde{\theta}_3$ 和 $\tilde{\theta}_4$ 有界,同时也得出 $\hat{\boldsymbol{\Theta}}_1$、$\hat{d}_{\mathrm{h}}^{\mathrm{M}}$、$\hat{d}_{\mathrm{V}}^{\mathrm{M}}$、$\hat{\theta}_3$ 和 $\hat{\theta}_4$ 的有界性。由于输出信号的跟踪误差 $\tilde{\boldsymbol{Y}}_{\mathrm{aw}}$ 有界,那么高度和速度的跟踪误差 $\tilde{\boldsymbol{Y}}$ 有界,所以高度 h 和速度 V 以及它们的各阶导数也是有界的。于是,可以得到系统其他状态变量也是有界的。根据式(5.69),控制律 $\boldsymbol{U}_{\mathrm{c}}$ 的有界性也得到证明。此时不会发生有限时间逃逸现象[5,8,16,18],$t_{\mathrm{f}} = \infty$。因此,上述有界性可拓展到在 $t_{\mathrm{f}} = \infty$ 上成立,即 $\tilde{\boldsymbol{Y}}_{\mathrm{aw}}$、$\tilde{\boldsymbol{\Theta}}_1$、$\tilde{d}_{\mathrm{h}}^{\mathrm{M}}$、$\tilde{d}_{\mathrm{V}}^{\mathrm{M}}$、$\tilde{\theta}_3$、$\tilde{\theta}_4$、$\hat{\boldsymbol{\Theta}}_1$、$\hat{d}_{\mathrm{h}}^{\mathrm{M}}$、$\hat{d}_{\mathrm{V}}^{\mathrm{M}}$、$\hat{\theta}_3$ 和 $\hat{\theta}_4 \in L_{\infty}$,$V_{\mathrm{L}}(0)$、$V_{\mathrm{L}}(\infty) \in L_{\infty}$,且 $\int_0^{\infty}\left(\frac{\sigma_1}{\theta_2}N(\xi) + 1\right)\dot{\xi}\mathrm{d}\tau$ 有界。由于有式(5.81),则 $\int_0^t \tilde{\boldsymbol{Y}}_{\mathrm{aw}}^{\mathrm{T}}\boldsymbol{Q}\tilde{\boldsymbol{Y}}_{\mathrm{aw}}\mathrm{d}\tau$ 存在,即有 $\tilde{\boldsymbol{Y}}_{\mathrm{aw}} \in L_2$。误差动态(5.70)的右边都有界,因此可得 $\dot{\tilde{\boldsymbol{Y}}}_{\mathrm{aw}} \in L_{\infty}$。由于 $\tilde{\boldsymbol{Y}}_{\mathrm{aw}} \in L_2 \cap L_{\infty}$ 且 $\dot{\tilde{\boldsymbol{Y}}}_{\mathrm{aw}} \in L_{\infty}$(跟踪误差 $\tilde{\boldsymbol{Y}}_{\mathrm{aw}}$ 有界;$\tilde{\boldsymbol{Y}}_{\mathrm{aw}}^{\mathrm{T}}\tilde{\boldsymbol{Y}}_{\mathrm{aw}}$ 连续、可积且非负;$\dot{\tilde{\boldsymbol{Y}}}_{\mathrm{aw}}^{\mathrm{T}}$ 有界),且根据 Barbalat 引理[19],可以证明当 $t \to \infty$ 时,$\tilde{\boldsymbol{Y}}_{\mathrm{aw}} \to 0$。根据 $\tilde{\boldsymbol{Y}}_{\mathrm{aw}}$ 的定义(5.68),可以得出 $\tilde{\boldsymbol{Y}} + \boldsymbol{X}_{\mathrm{aw}}$ 的渐近收敛性,而又由于

抗饱和补偿器是开环稳定的,所以当输入达不到饱和值, $\tilde{V}=0$, $\boldsymbol{X}_{aw}$ 渐近收敛至零。所以,当 $t\to\infty$, $\tilde{\boldsymbol{Y}}\to 0$。最终在理论上证明了输出跟踪误差的渐近收敛性,高度 h 和速度 V 渐近跟踪参考信号 h^r 和 V^r。证明完毕。

5.4.5 仿真验证

为了验证本章提出的设计方案的控制效果,特别是当升降舵出现反向偏转故障且控制方向变动时的控制效果,本小节设计了一系列仿真试验,将所设计的自适应抗饱和容错控制方案用于一架巡航飞行的高超声速飞行器。

1. 仿真参数选择

系统的初始状态选取为:高度 $h(0)=110\,000$ ft;速度 $V(0)=15\,060$ ft/s;航迹角 $\gamma(0)=0$ rad;攻角 $\alpha(0)=0.01$ rad;俯仰角速度 $q(0)=0$ rad/s;并且,为了模拟外界干扰,选择 $d_h(t)=d_V(t)=0.1\sin(0.2t)$;发动机模型中的参数选择为 $\zeta=0.9$, $\omega_n=50$;舵面工作模型中,两个舵面的增益设定为 $k_{\delta_{e1}}=k_{\delta_{e2}}=0.5$。

控制律中的控制系数矩阵选择为: $\boldsymbol{K}=\begin{bmatrix}3 & 4 & 6 & 3 & 0 & 0 & 0\\ 0 & 0 & 0 & 0 & 3 & 12 & 3\end{bmatrix}$。

在线参数估计器中的参数选择为:自适应参数的初值 $\hat{\theta}_3(0)=2.1$, $\hat{\theta}_4(0)=0$, $\hat{d}_h^M(0)=0$, $\hat{d}_V^M(0)=0$, $\hat{\boldsymbol{\Theta}}_1(0)=[0.5\quad 0.1\quad 0.5\quad 0.1\quad 0.5\quad 0.7\quad 0.1\quad 0.1\quad 0.1\quad 0.5\quad 0.1\quad 0.5]^T$;Nussbaum 增益函数的参数初值 $\xi(0)=1$;自适应更新律的参数 $k_{\Theta_1}=0.000\,01$, $k_{\theta_3}=0.001$, $k_{\theta_4}=0.000\,001$, $k_\xi=0.000\,03$, $k_{d_h}=0.000\,01$, $k_{d_V}=0.000\,01$。

2. 仿真方案设计

本仿真试验方案中,预期高度和预期速度为 $h_d=111\,000$ ft, $V_d=15\,160$ ft/s。高度和速度参考信号由 h_d 和 V_d 驱动的参考模型提供,参考模型中的系数矩阵选择为

$$\boldsymbol{K}_{h_r}=\begin{bmatrix}0 & 1 & 0 & 0\\ 0 & 0 & 1 & 0\\ 0 & 0 & 0 & 1\\ -0.05 & -0.5 & -1.3 & -0.9\end{bmatrix},\quad \boldsymbol{K}_{V_r}=\begin{bmatrix}0 & 1 & 0\\ 0 & 0 & 1\\ -0.3 & -1.8 & -2\end{bmatrix}$$

为了有效验证控制系统在多种类型的故障下的控制效果,通过设定不同的舵面工作状态制定了以下仿真方案。

1）仿真 A（$0 \leqslant t<50$ s）

两个舵面都正常工作：

$$\begin{cases}\delta_{e1} = u_e \\ \delta_{e2} = u_e\end{cases} \tag{5.82}$$

2）仿真 B（50 s$\leqslant t<100$ s）

一个舵面发生部分失效故障：

$$\begin{cases}\delta_{e1} = u_e \\ \delta_{e2} = 0.1u_e\end{cases} \tag{5.83}$$

3）仿真 C（100 s$\leqslant t<150$ s）

另一个舵面卡死：

$$\begin{cases}\delta_{e1} = 6^\circ \\ \delta_{e2} = 0.1u_e\end{cases} \tag{5.84}$$

4）仿真 D（150 s$\leqslant t<200$ s）

发生反向偏转故障，此时控制方向发生跳变：

$$\begin{cases}\delta_{e1} = 6^\circ \\ \delta_{e2} = -0.1u_e\end{cases} \tag{5.85}$$

3. 仿真结果及分析

仿真试验所得的结果如图 5.8～图 5.15 所示。

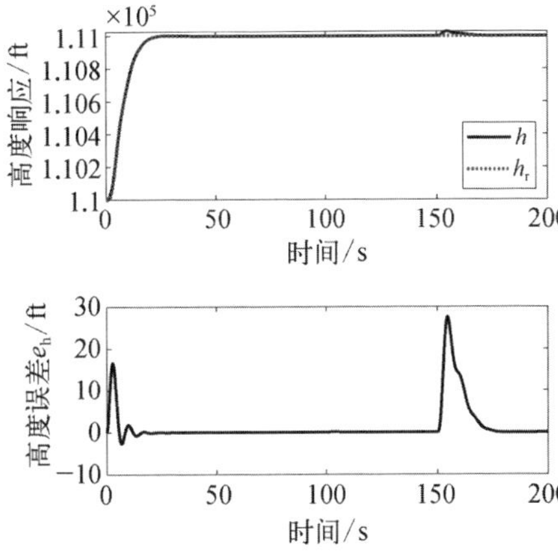

图 5.8　高度响应和高度跟踪误差（MIMO）

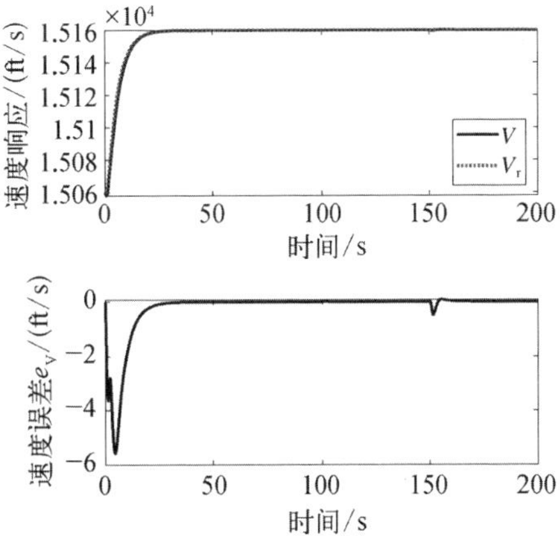

图 5.9　速度响应和速度跟踪误差（MIMO）

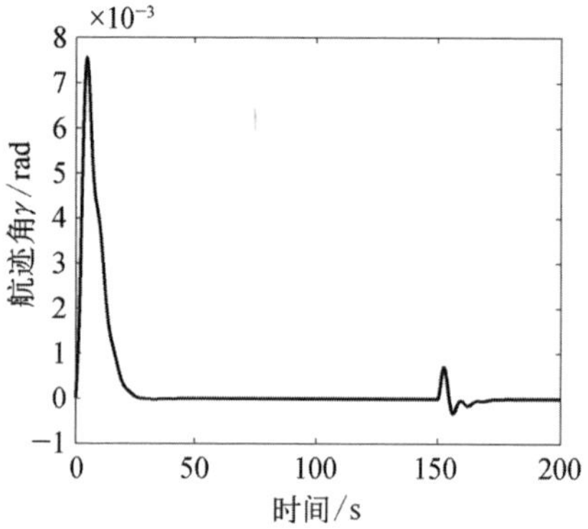

(a) 航迹角

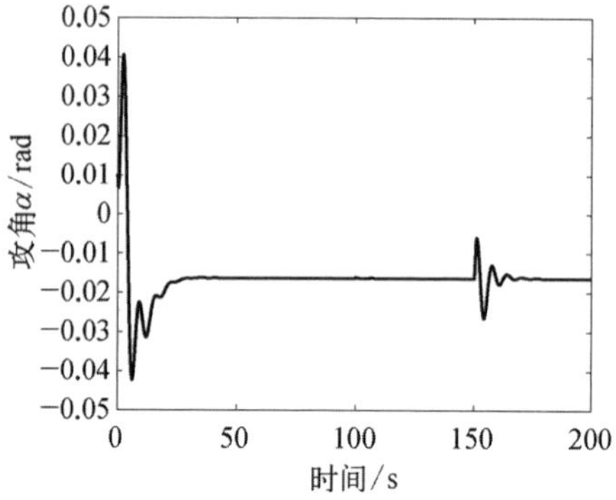

(b) 攻角

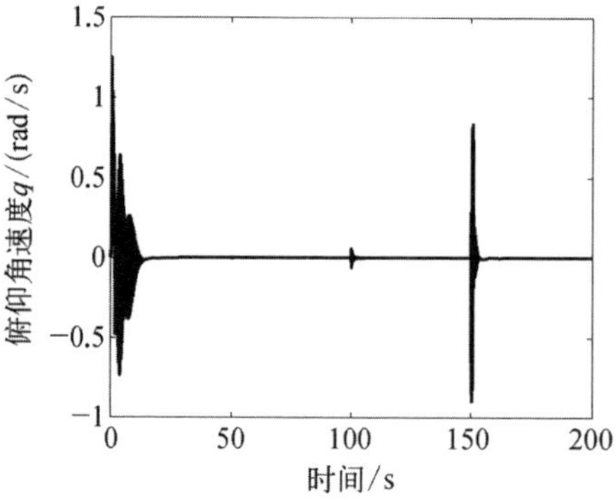

(c) 俯仰角速度

图 5.10　状态响应(MIMO)

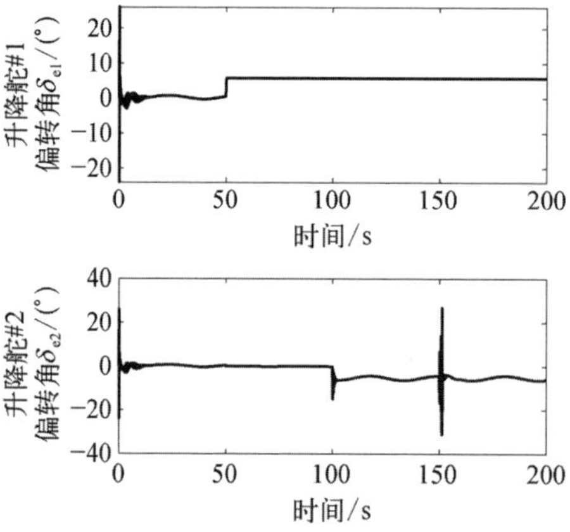

图 5.11　舵面偏转角 δ_{e1} 和 δ_{e2}(MIMO)

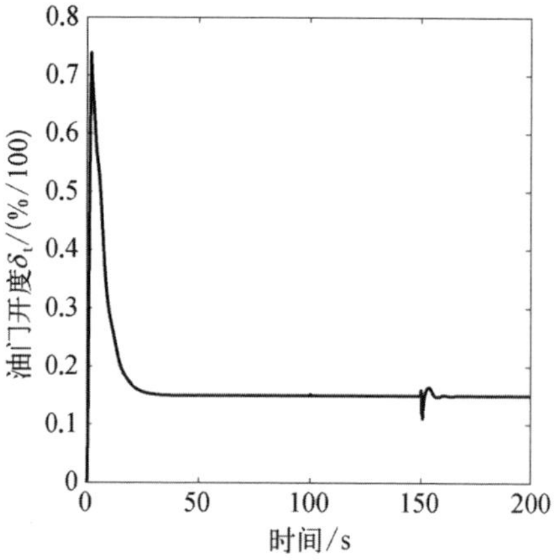

图 5.12　油门开度指令 δ_t(MIMO)

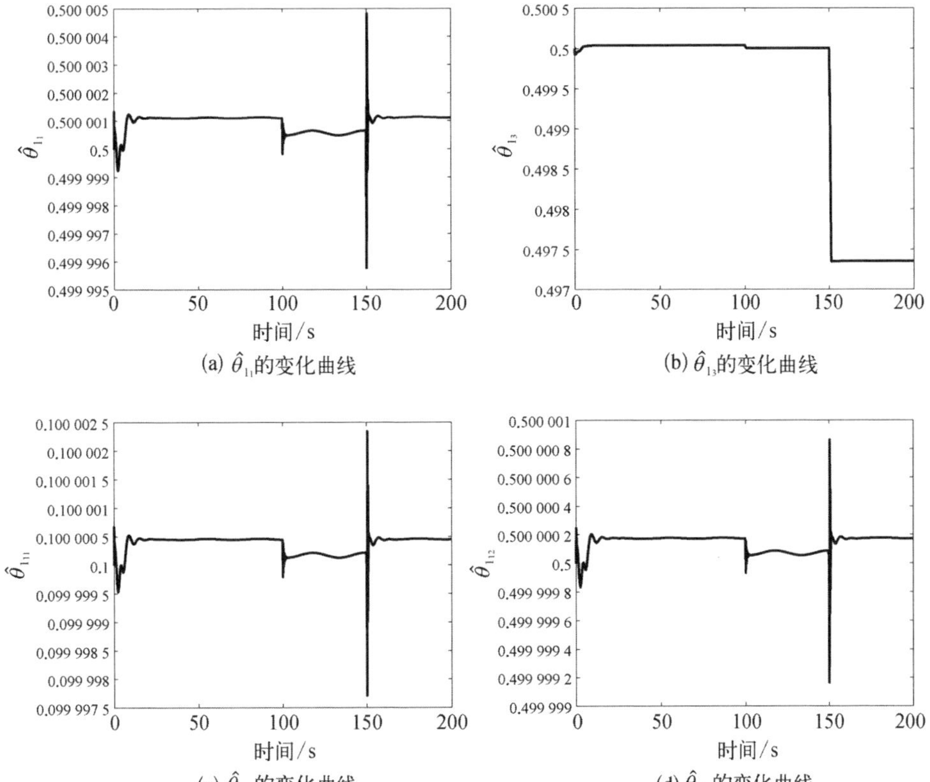

(a) $\hat{\theta}_{11}$的变化曲线　(b) $\hat{\theta}_{13}$的变化曲线

(c) $\hat{\theta}_{111}$的变化曲线　(d) $\hat{\theta}_{112}$的变化曲线

图 5.13　部分自适应参数变化曲线(MIMO)

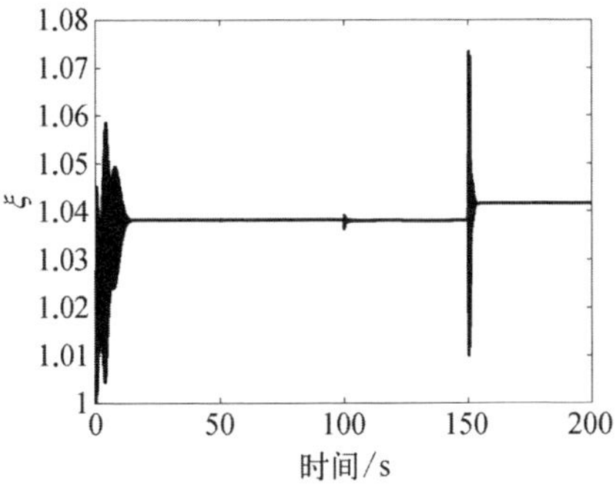

图 5.14　Nussbaum 参数 ξ 变化曲线(MIMO)

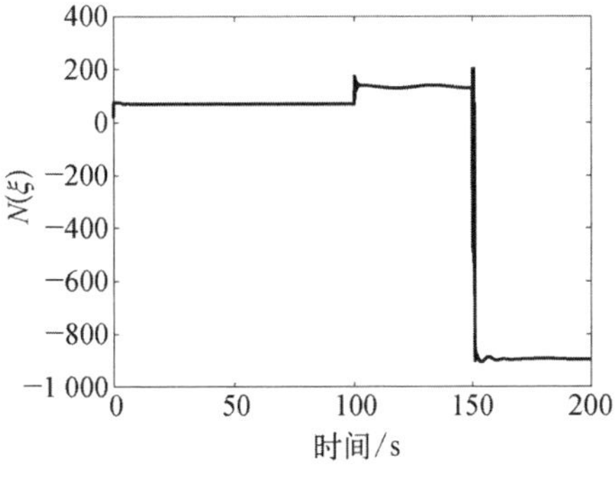

图 5.15　Nussbaum 增益函数变化曲线(MIMO)

1）仿真 A（$0 \leqslant t < 50$ s）

由仿真结果可知，当飞行器的两个升降舵都保持正常工作状态，即没有故障发生时，系统稳定且能够实现高度和速度的精确跟踪。从图 5.8 和图 5.9 所显示的高度和速度的响应和跟踪误差可以看出，系统的输出信号高度 h 和速度 V 均渐近跟踪其参考信号 h^r 和 V^r，并且跟踪误差很快收敛到一个很小的数量级。图 5.10 给出了系统其他状态变量的响应情况，可以看出，航迹角 γ、攻角 α、俯仰角速度 q 都很快稳定下来。图 5.11 给出了系统气动控制舵面的偏转情况，而图 5.12 给出了系统的另一个控制量发动机的油门开度量的变化情况。可以看出，系统输入信号均保持在实际限制范围内，并且系统的输出渐近跟踪性能和稳定性不受输入饱和的影响，因此可以证明控制系统中抗饱和补偿设计的作用。图 5.13 给出了自适应控制器中部分自适应估计参数的曲线，其变化情况与所选择的自适应更新律一致。图 5.14 和图 5.15 给出了 Nussbaum 参数 ξ 的在线自适应调节情况及 Nussbaum 增益函数的变化情况。

2）仿真 B（$50\ \text{s} \leqslant t < 100$ s）

此时，升降舵#2 失效 90%。由图 5.8～图 5.10 可以看出，故障几乎没有影响系统的输出跟踪效果和系统其他状态变量的稳定性。从图 5.11 可以看出，本节设计的自适应容错控制器可以实现两个舵面之间的相互补偿。因此，当发生故障时，总偏转角仍然可以达到理想值，保证故障下系统的控制效果。

3）仿真 C（$100\ \text{s} \leqslant t < 150$ s）

此时，升降舵#1 表面也发生卡死故障。由图 5.8～图 5.10 可知，在本节设计的自适应容错控制器作用下，系统受卡死故障的影响，输出和状态响应曲线发生了短时间的振荡，但之后稳定性迅速恢复。图 5.11 给出了发生故障后两个升降舵相互补偿的过程。

4）仿真 D（$150\ \text{s} \leqslant t < 200$ s）

在 150 s 时，升降舵#2 发生了反向偏转故障，且升降舵#1 仍卡死，这使得系统的控制方向发生了由正到负的瞬时变化。此时，如图 5.8～图 5.10 所示，系统的输出信号和其他状态变量出现了瞬态振荡，但在本节设计的自适应容错方案的控制下，系统迅速恢复稳定。从图 5.14 和图 5.15 可以看出，当控制方向在 150 s 改变时，跟踪控制效果下降，跟踪误差增大，驱动了 Nussbaum 增益函数根据当前情况重新选择正确的控制方向，并且在控制方向改变的瞬间，系统保持连续不出现奇异点。

5.5　本章小结

本章对高超声速飞行器的纵向控制进行了研究，主要关注的是控制方向不确定问题。控制方向不确定是由空气动力学参数的急剧变化、可能的舵面反偏故障以及控制系统的复杂结构引起的。基于 Nussbaum 增益自适应控制技术，本章针对存在控制方向不确定、模型参数不确定、舵面故障未知、输入约束、外部干扰的纵向动态模型提出了一种自适应容错控制策略。本章设计的控制器不仅可以确保闭环系统的稳定性，而且可以实现对输出的高精度跟踪。

首先，介绍 Nussbaum 增益函数的定义及原理、Nussbaum 增益自适应控制的发展历史和研究现状。

然后，考虑卡死故障、部分失效故障及反偏故障等几种常见的舵面故障模式，建立了舵面工作模型。

接着，针对高超声速飞行器的纵向动态模型，在合理假设的基础上，将原系统分为高度子系统和速度子系统。在高度子系统中代入舵面故障模型，得到故障下的高度动态模型。首先，不考虑模型参数和故障参数的不确定性，设计标称容错控制器。然后，在控制系统中引入在线参数估计器和 Nussbaum 增益函数，设计自适应容错控制。同时，根据闭环跟踪误差动态选择自适应参数更新律和 Nussbaum 参数更新律。另外，基于李雅普诺夫稳定性理论证明闭环系统的稳定性和跟踪误差的渐近收敛性。对于速度子系统，跟踪控制设计与高度子系统相同。最后，通过仿真试验，验证在舵面故障和控制方向跳变时所设计的控制系统的控制效果。

最后，针对高超声速飞机的 MIMO 非线性纵向模型，将 Nussbaum 增益自适应控制技术与抗饱和补偿技术相结合，设计了一种自适应容错抗饱和控制方案。首先，进行坐标变化得到输入输出动态。然后考虑不确定参数和舵面故障，得到故障下的参数化输入输出动态。在不考虑不确定性的情况下，设计标称容错控制律，并在标称状态下设计抗饱和补偿器。考虑不确定性，将标称容错控制器拓展为自适应容错控制器，引入在线参数估计器估计不确定模型参数，并在舵面控制通道中引入 Nussbaum 增益函数处理不确定控制方向，且设计抗饱和补偿器补偿输入饱和导致的控制量损失。另外，理论上证明闭环系统的稳定性和跟踪误差的渐近收敛性。最后，进行仿真研究，进一步验证了设计的控制效果。

需要指出的是，本章仅考虑了高超声速飞行器纵向运动的容错控制，在一个升降舵发生故障时，通过自适应地调整另一个升降舵的偏转角度，补偿故障升降舵对纵向动态的影响，恢复高度和速度追踪性能。但这种情况下两个升降舵的偏转角度不一致，势必对飞行器的横侧向运动造成影响。飞行器上装有其他冗余舵面和反作用控制系统等，因此可以通过这些冗余执行机构的作用保证横侧向的稳定性。基于六自由度的飞行器模型，将纵向运动和横侧向运动作为一个整体考虑，针对舵面故障设计自适应容错控制是一个值得深入研究的方向。

参考文献

[1] 雷军委，梁勇，吴华丽.超声速导弹 Nussbaum 增益控制技术[M].北京：国防工业出版社，2014.

[2] Parker J T, Serrani A, Yurkovich S, et al. Control-oriented modeling of an air-breathing hypersonic vehicle[J]. Journal of Guidance, Control, and Dynamics, 2007, 30(3): 856-869.

[3] Shaughnessy J D, Pinckney S Z, Mcminn J D, et al. Hypersonic vehicle simulation model: Winged-cone configuration[R]. NASA-TM - 102610, Hampton: NASA Langley Research Center, 1990.

[4] Nussbaum R D. Some remarks on a conjecture in parameter adaptive control[J]. Systems & Control Letters, 1983, 3(5): 243-246.

[5] Ye X, Jiang J. Adaptive nonlinear design without a priori knowledge of control directions[J]. IEEE Transactions on Automatic Control, 1998, 43(11): 1617-1621.

[6] Ge S S, Hong F, Lee T H. Adaptive neural control of nonlinear time-delay systems with unknown virtual control coefficients[J]. IEEE Transactions on Systems, Man, and Cybernetics, Part B (Cybernetics), 2004, 34(1): 499-516.

[7] Li Y, Chen Y. When is a mittag-leffler function a Nussbaum function? [J]. Automatica, 2009, 45(8): 1957-1959.

[8] Ge S S, Wang J. Robust adaptive tracking for time-varying uncertain nonlinear systems with unknown control coefficients[J]. IEEE Transactions on Automatic Control, 2003, 48(8): 1463-1469.

[9] Zhang T, Ge S S. Adaptive neural control of MIMO nonlinear state time-varying delay systems with unknown dead-zones and gain signs[J]. Automatica, 2007, 43(6): 1021-1033.

[10] Xu H, Mirmirani M. Robust adaptive sliding control for a class of MIMO nonlinear systems [C]. AIAA Guidance, Navigation, and Control Conference and Exhibit, Montreal, 2001: 4168.

[11] Chen W. Adaptive NN control for discrete-time pure-feedback systems with unknown control direction under amplitude and rate actuator constraints[J]. ISA Transactions, 2009, 48(3): 304-311.

[12] Jagannathan S, He P. Neural-network-based state feedback control of a nonlinear discrete-

time system in nonstrict feedback form[J]. IEEE Transactions on Neural Networks, 2008, 19(12): 2073-2087.

[13] Yang C, Ge S S, Xiang C, et al. Output feedback NN control for two classes of discrete-time systems with unknown control directions in a unified approach[J]. IEEE Transactions on Neural Networks, 2008, 19(11): 1873-1886.

[14] Zhang T, Sun Y, Qian H, et al. Robust adaptive fuzzy control for a class of MIMO nonlinear systems with unknown dead-zones and gain signs[C]. 2006 International Conference on Machine Learning and Cybernetics, IEEE, Dalian, 2006: 483-488.

[15] Zhang X, Dawson D, de Queiroz M, et al. Adaptive control for a class of MIMO nonlinear systems with non-symmetric input matrix[C]. Proceedings of the 2004 IEEE International Conference on Control Applications, Taipei, 2004, 2: 1324-1329.

[16] Boulkroune A, Tadjine M, M'Saad M, et al. Fuzzy adaptive controller for MIMO nonlinear systems with known and unknown control direction[J]. Fuzzy Sets and Systems, 2010, 161(6): 797-820.

[17] Jiang P, Chen H, Bamforth L C. A universal iterative learning stabilizer for a class of MIMO systems[J]. Automatica, 2006, 42(6): 973-981.

[18] Ryan E. A universal adaptive stabilizer for a class of nonlinear systems[J]. Systems & Control Letters, 1991, 16(3): 209-218.

[19] Popov V M. Hyperstability of control systems[J]. Journal of Dynamic Systems Measurement & Control, 1974, 96(3): 372.

[20] An H, Liu J, Wang C, et al. Disturbance observer-based antiwindup control for air-breathing hypersonic vehicles[J]. IEEE Transactions on Industrial Electronics, 2016, 63(5): 3038-3049.

附录

式(5.51)中,函数 ψ_{h0}、ψ_{hi} 和 $\psi_{Vi}(i = 1, 2, \cdots, 12)$ 的表达式如下:

$$\psi_{h0} = \frac{V^4}{R^3}(12A_3^2A_4^2 - 3A_4^4)$$

$$\begin{aligned}\psi_{h1} = V^4 \Big(& \frac{7}{8}A_1^2A_2A_4 + \frac{1}{4}A_2^2A_4A_6 + \frac{3}{8}A_2^2A_3A_9 + \frac{1}{8}A_2^3A_4 - \frac{5}{8}A_1A_2A_4A_9 + \frac{3}{4}A_1^3A_3 \\ & - \frac{3}{4}A_1A_2^2A_3 + \frac{5}{8}A_1A_2A_3A_6 - \frac{1}{8}A_2^2A_3A_7 - \frac{1}{8}A_2A_3A_6A_9 + \frac{1}{8}A_2A_4A_9^2 - \frac{1}{8}A_2^2A_4A_9 \\ & - \frac{1}{8}A_2^2A_4A_{10} \Big) \times 10^{-15}\end{aligned}$$

$$\begin{aligned}\psi_{h2} = \frac{V^2}{R^2} \Big(& -\frac{5}{4}A_2^2A_4A_6 + A_2^2A_3^2 + A_1A_4^2A_9 - \frac{9}{4}A_1A_2A_3A_4 + \frac{1}{2}A_2A_3A_4A_9 + 2A_1^2A_3^2 - \frac{5}{4}A_1A_3A_4A_6 \\ & - A_2A_3^2A_6 + \frac{1}{2}A_2A_3A_4A_7 + A_2A_4^2A_{10} + \frac{1}{4}A_3A_4A_6A_9 + \frac{1}{4}A_4^2A_9^2 \Big) \times 10^{-20}\end{aligned}$$

$$
\begin{aligned}
\psi_{h3} = {} & \Big[\frac{V^4}{R} \Big(2A_2A_4^2A_6 + \frac{11}{4}A_1^2A_4^2 - \frac{21}{8}A_1A_2A_3A_4 - \frac{3}{2}A_1A_4^2A_9 + \frac{1}{2}A_2^2A_4^2 - \frac{3}{4}A_2^2A_3^2 \\
& - \frac{7}{4}A_2A_3A_4A_9 - \frac{1}{2}A_1A_3^2A_6 + \frac{7}{4}A_1A_3A_4A_6 + \frac{1}{2}A_2A_3A_4A_7 - \frac{1}{4}A_3A_4A_6A_9 \\
& + \frac{1}{4}A_4^2A_9^2 + \frac{1}{2}A_2A_4^2A_{10} \Big) + V^3 q \Big(\frac{5}{4}A_1A_4A_9 - \frac{3}{2}A_1A_3A_6 - \frac{1}{4}A_4A_9^2 + \frac{3}{4}A_3^2A_9 - A_2A_4A_6 \\
& - \frac{1}{2}A_2A_3A_7 + \frac{1}{4}A_3A_4A_9 - \frac{1}{2}A_2A_4A_{10} \Big) + V^3 \dot{\delta}_t \Big(\frac{1}{2}A_2A_4A_5 + \frac{3}{2}A_3^2A_8 + \frac{3}{4}A_1A_4A_8 \\
& + \frac{3}{2}A_1A_3A_5 + \frac{1}{2}A_2A_3A_8 + \frac{1}{4}A_3A_6A_8 - \frac{1}{4}A_4A_8A_9 \Big) \Big] \times 10^{-10}
\end{aligned}
$$

$$
\begin{aligned}
\psi_{h4} = {} & \frac{1}{R^4} \Big(\frac{7}{2}A_2A_3^3 + A_4^3A_6 - 5A_2A_3^2A_4 + A_3A_4^2A_9 + A_3^2A_4A_6 + A_3A_4^2A_7 + \frac{1}{2}A_4^3A_{10} + 3A_1A_4^2 \\
& + \frac{3}{2}A_4^2A_9 - A_1A_3^3 - \frac{5}{2}A_1A_3A_4^2 - A_3A_4^2A_9 \Big) \times 10^{-25}
\end{aligned}
$$

$$
\begin{aligned}
\psi_{h5} = {} & \Big[\frac{V^2}{R^3} \Big(\frac{9}{2}A_2A_3^2A_4 + \frac{1}{2}A_2A_4^3 - 3A_4^2A_6 - A_3^2A_4A_6 + A_3A_4^2A_7 - A_3A_4^2A_9 + 3A_1A_3^3 - \frac{7}{2}A_1A_3A_4^2 \\
& + 2A_3^3A_4 + A_4^3A_{10} \Big) + \frac{V}{R^2} q (A_4^2A_6 + 2A_3^2A_6 - A_3A_4A_7 - A_3A_4A_9 - A_4^2A_{10}) \\
& + \frac{V}{R^2} \dot{\delta}_t \Big(-\frac{7}{2}A_3A_4A_8 - 2A_3^2A_5 \Big) \Big] \times 10^{-15}
\end{aligned}
$$

$$
\begin{aligned}
\psi_{h6} = {} & \Big[\frac{V^4}{R^2} \Big(-2A_2A_3^2A_4 - \frac{9}{2}A_1A_3A_4^2 + \frac{5}{2}A_3A_4^2A_9 - A_3A_4^2A_7 + \frac{3}{2}A_3^2A_4A_6 + \frac{1}{2}A_4^3A_6 - \frac{1}{2}A_3A_4^3 \\
& - A_2A_4^3 + \frac{1}{2}A_3A_4A_8A_9 - \frac{1}{2}A_8A_{10} \Big) + \frac{V^3}{R} q \Big(A_3A_8A_9 + A_3A_4A_7 - \frac{1}{2}A_4^2A_6 + A_3A_4A_{10} \Big) \\
& + \frac{V^3}{R} \dot{\delta}_t \Big(\frac{5}{2}A_3A_4A_8 - \frac{1}{2}A_4^2A_5 \Big) + V^2 q \dot{\delta}_t (-A_3A_8 + A_4A_5) + V^2 q^2 \Big(-\frac{1}{2}A_3A_7 - \frac{1}{2}A_4A_{10} \Big) \\
& + V^2 A_{11} \Big(\frac{1}{2}A_3A_5 + \frac{1}{2}A_4A_8 \Big) \Big] \times 10^{-5}
\end{aligned}
$$

$$
\psi_{h7} = \frac{1}{V^2R^6}A_4^4 \times 10^{-31}
$$

$$
\psi_{h8} = \frac{1}{R^5}(14A_3^2A_8^2 - A_3^4) \times 10^{-20}
$$

$$
\psi_{h9} = \frac{V^2}{R^4}(26A_3^2A_4^2 - A_4^4 - 6A_3^2) \times 10^{-10}
$$

$$
\psi_{h10} = \frac{1}{8}V^3 q C_{\mathrm{M}}^{q} (A_4A_9 - A_3A_6) \times 10^{-13}
$$

$$
\psi_{h11} = \frac{1}{4}V^3 \alpha (A_4A_9 - A_3A_6) \times 10^{-16}
$$

$$\psi_{h12} = \frac{1}{8}V^3 C_M^{\alpha}(A_4A_9 - A_3A_6) \times 10^{-15}$$

$$\psi_{V1} = V^4\left(\frac{3}{4}A_1^3 + \frac{5}{8}A_1A_2A_6 - \frac{1}{8}A_2^2A_7 - \frac{1}{8}A_2A_6A_9\right) \times 10^{-15}$$

$$\psi_{V2} = \frac{V^2}{R^2}\left(2A_1^2A_3 - \frac{5}{4}A_1A_4A_6 - A_2A_3A_6 + \frac{1}{4}A_2^2A_3 + \frac{1}{2}A_2A_4A_7 - \frac{3}{4}A_1A_2A_4 + \frac{1}{4}A_2A_4A_9 + \frac{1}{4}A_4A_6A_9\right) \times 10^{-20}$$

$$\psi_{V3} = \left[\frac{V^4}{R}\left(\frac{7}{4}A_1A_4A_6 + \frac{1}{2}A_2A_4A_7 - \frac{1}{2}A_1A_3A_6 - \frac{1}{4}A_4A_6A_9\right) + V^3 q\left(-\frac{3}{2}A_1A_6 - \frac{1}{2}A_2A_7 + \frac{1}{4}A_6A_9\right) + V^3\dot{\delta}_t\left(\frac{3}{2}A_1A_5 + \frac{1}{2}A_2A_8 + \frac{1}{4}A_6A_8\right)\right] \times 10^{-10}$$

$$\psi_{V4} = \frac{1}{R^4}(A_3A_4A_6 - A_2A_3A_4 + A_4^2A_7 - A_4^2A_9 - A_1A_3^2) \times 10^{-25}$$

$$\psi_{V5} = \left[\frac{V^2}{R^3}\left(-A_3A_4A_6 + A_4^2A_7 + \frac{1}{2}A_4^2A_9 + 3A_1A_3^2 - A_2A_3A_4 - \frac{3}{2}A_1A_4^2 + 2A_3^2A_4\right) + \frac{V}{R^2}q\left(2A_3A_6 - \frac{1}{2}A_4A_9 - A_4A_7\right) + \frac{V}{R^2}\dot{\delta}_t\left(-2A_3A_5 - \frac{3}{2}A_4A_8\right)\right] \times 10^{-15}$$

$$\psi_{V6} = \left[\frac{V^4}{R^2}\left(-A_4^2A_7 - \frac{3}{2}A_3A_4A_6\right) + \frac{V^3}{R}q(A_4A_7) + \frac{V^3}{R}\dot{\delta}_t(A_4A_8) + V^2q\dot{\delta}_t(-A_8) + V^2q^2\left(-\frac{1}{2}A_7\right) + V^2A_{11}\left(\frac{1}{2}A_5\right)\right] \times 10^{-5}$$

$$\psi_{V7} = \frac{3}{V^2R^6}A_3A_4^2 \times 10^{-31}$$

$$\psi_{V8} = \frac{1}{R^5}(-10A_3A_4^2 - A_3^3) \times 10^{-20}$$

$$\psi_{V9} = \frac{V^2}{R^4}(-6A_3^3 + 9A_3A_4^2) \times 10^{-10}$$

$$\psi_{V10} = -\frac{1}{8}V^3 q C_M^q A_6 \times 10^{-13}$$

$$\psi_{V11} = -\frac{1}{4}V^4 \alpha A_6 \times 10^{-16}$$

$$\psi_{V12} = -\frac{1}{8}V^4 C_M^{\alpha} A_6 \times 10^{-15}$$

其中，

$$A_1 = C_T\cos\alpha - C_D$$

$$A_2 = C_T \sin\alpha + C_L$$

$$A_3 = \sin\gamma$$

$$A_4 = \cos\gamma$$

$$A_5 = \frac{\partial C_T}{\partial \delta_t}\cos\alpha$$

$$A_6 = C_T \sin\alpha + \frac{\partial C_D}{\partial \alpha}$$

$$A_7 = C_T \cos\alpha + \frac{\partial^2 C_D}{\partial \alpha^2}$$

$$A_8 = \frac{\partial C_T}{\partial \delta_t}\sin\alpha$$

$$A_9 = C_T \cos\alpha + \frac{\partial C_L}{\partial \alpha}$$

$$A_{10} = C_T \sin\alpha$$

$$A_{11} = -\zeta\omega_n\dot{\delta}_t - \omega_n^2\delta_t$$

函数 g_{11}、g_{12}、g_{21} 和 g_{22} 的表达式如下：

$$g_{11} = V^4\left[\cos\gamma\left(C_T\cos\alpha + \frac{\partial C_L}{\partial \alpha}\right] - \sin\gamma\left(C_T\sin\alpha + \frac{\partial C_D}{\partial \alpha}\right)\right] \times 10^{-13}$$

$$g_{21} = -V^4\left(C_T\sin\alpha + \frac{\partial C_D}{\partial \alpha}\right) \times 10^{-13}$$

$$g_{12} = V^2\sin(\alpha + \gamma) \times 10^{-3}$$

$$g_{22} = V^2\cos\alpha \times 10^{-3}$$

第 6 章

考虑舵面偏转约束的高超声速飞行器舵面故障容错控制

本章针对高超声速飞行器的纵向非线性模型，考虑模型参数不确定、外界干扰及舵面约束问题，基于模型预测控制，设计自适应容错控制器，保证输出的渐近跟踪和整个闭环系统的稳定。

本章主要解决的问题是高超声速飞行器在舵面偏转限制下的纵向控制问题。气动舵面是高超声速飞行器的重要执行器之一，而且由于存在物理限制和最大偏航范围的限制，舵面具有最大偏转范围的约束。因此，在设计控制器时，必须考虑系统中输入约束的存在。本章的研究中，采用的是模型预测控制解决输入约束问题。模型预测控制是一类优化控制方法，已广泛应用于工业领域。该控制方法可以处理多种多变量系统的状态约束问题和输入约束问题，还对参数变动和未知干扰有较好的鲁棒性，适用于具有强不确定性、快时变性和强非线性的高超声速飞行器动态模型。本章还考虑了舵面偏转故障，设计容错策略提高飞行器的可靠性和安全性。

本章的内容安排如下：6.1 节设计基于广义预测控制方法的自适应容错控制器，解决输入约束问题，并基于仿真试验结果，讨论不确定系统的控制器参数的选择；6.2 节设计基于多模型预测控制的容错控制器，首先根据间隙度量理论建立考虑舵面故障的高超声速飞行器离散线性模型，对每个子模型，设计约束模型容错控制器，并建立切换调度机制实现分步控制；6.3 节是本章小结。

6.1 基于自适应广义预测控制的容错控制

本节针对具有输入约束的高超声速飞行器纵向动态系统，考虑飞行器舵面故障和外界干扰,设计自适应广义约束模型预测容错控制器。

本节内容安排如下：6.1.1 节介绍本章理论基础：广义预测控制；6.1.2 节给出参数化的纵向模型；6.1.3 节介绍本节控制目标；6.1.4 节设计无故障下的自适应预测控制器,考虑未知外界干扰和不确定参数等的影响,结合自适应估计,设计参数更新律实时调节控制器中的自适应参数,并采用投影算子保证自适应参数的有界性,避免控制奇异问题；6.1.5 节在 6.1.4 节的基础上,进一步考虑舵面发生故障的情况,设计广义模型预测自适应容错控制器；6.1.6 节通过总结仿真试验结果,讨论在不同指令下能够保证舵面偏转量在其限制范围内的预测时间的取值范围。

6.1.1 理论基础

模型预测控制(model predictive control,MPC)是一种源于 19 世纪 70 年代的控制方法。模型预测控制可以在存在多种约束的情况下,达成较高标准的综合控制质量,因此已经广泛应用于工业过程控制等实际应用领域。目前模型预测控制方法已发展出许多分支,但通常都由预测模型、滚动优化和反馈矫正等模块组成,如图 6.1 所示。其原理为：在 k 时刻,首先,预测模型基于系统的历史信息及未来的输入信号得出未来的系统状态量；然后,通过优化计算得到使性能指标最优化的控制序列；最后,滚动优化模块将当前控制信号输入被控对象上。每一时刻重复以上步骤,直至控制目的达成[1,2]。

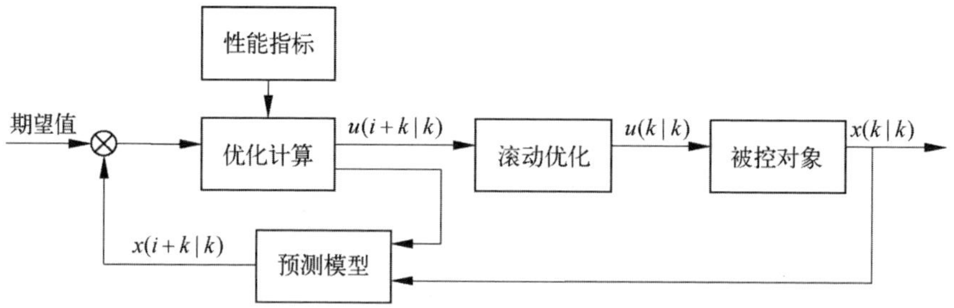

图 6.1 模型预测控制系统的基本框图[3]

从被控系统的角度,模型预测控制方法可以划分为线性模型预测控制方法和非线性模型预测控制方法两种。常见的线性模型预测控制方法包括动态矩阵控制(dynamic matrix control,DMC)、广义预测控制(generalized predictive control,GPC)、模型算法控制(model algorithm control,MAC)、预测函数控制(predictive functional control,PFC)等。非线性模型预测控制方法目前还存在许多开放问题,是一个研究热点[3-5]：一是非线性模型预测控制过程中的优化求解问题往往有一定难度,计算量大,实际应用意义小;二是针对非线性模型预测控制的稳定性验证的理论成果尚不完善。

本小节的理论基础是文献[6]提出的一种广义模型预测控制方法。此方法在泰勒展开的基础上实现有限时间的模型预测控制,无须在线优化,计算量较小,实用性较强,可以满足高超声速飞行器对控制系统快速性的要求。为实现输出 $\boldsymbol{Y}(t)$ 能跟踪上期望参考轨迹 $\boldsymbol{Y}^{\mathrm{r}}(t)$,在时域 T_{p} 内,优化求解性能指标函数,于是获得最优的未来时刻的控制序列 $\boldsymbol{U}^{*}(t+\tau)$, $\tau\in[0, T_{\mathrm{p}}]$,并且,采用滚动时域控制的思想,将得到的当前时刻的控制信号,也就是最优控制序列的第一个值,输入被控模型中。依次在每个时刻,重复实行以上优化和滚动步骤,最终达到多约束下优化跟踪控制的目的。一般来说,广义预测控制系统的性能指标函数定义为

$$J=\frac{1}{2}\int_{0}^{T_{\mathrm{p}}}(\hat{\boldsymbol{Y}}(t+\tau)-\hat{\boldsymbol{Y}}^{\mathrm{r}}(t+\tau))^{\mathrm{T}}(\hat{\boldsymbol{Y}}(t+\tau)-\hat{\boldsymbol{Y}}^{\mathrm{r}}(t+\tau))\mathrm{d}\tau \tag{6.1}$$

式中, T_{p} 为预测控制时域; $\hat{\boldsymbol{Y}}(t+\tau)$ 为 T_{p} 内的预测输出量, $\hat{\boldsymbol{Y}}^{\mathrm{r}}(t+\tau)$ 为 T_{p} 内的参考轨迹。

对 $\hat{\boldsymbol{Y}}(t+\tau)$ 和 $\hat{\boldsymbol{Y}}^{\mathrm{r}}(t+\tau)$ 进行泰勒展开:

$$\begin{gathered}\hat{\boldsymbol{Y}}(t+\tau)=\begin{bmatrix}\hat{y}_1(t+\tau)\\ \vdots\\ \hat{y}_n(t+\tau)\end{bmatrix}\\ \hat{\boldsymbol{Y}}^{\mathrm{r}}(t+\tau)=\begin{bmatrix}\hat{y}_1^{\mathrm{r}}(t+\tau)\\ \vdots\\ \hat{y}_n^{\mathrm{r}}(t+\tau)\end{bmatrix}\end{gathered} \tag{6.2}$$

式中,

$$\hat{y}_i(t+\tau)=y_i(t)+\tau\dot{y}_i(t)+\cdots+\frac{\tau^{(\rho_{\mathrm{k}i}+r_{\mathrm{k}})}}{(\rho_{\mathrm{k}i}+r_{\mathrm{k}})!}y_i^{(\rho_{\mathrm{k}i}+r_{\mathrm{k}})}(t),\quad i=1,2,\cdots,n$$

$$\hat{y}_i^{\mathrm{r}}(t+\tau)=y_i^{\mathrm{r}}(t)+\tau\dot{y}_i^{\mathrm{r}}(t)+\cdots+\frac{\tau^{(\rho_{\mathrm{k}i}+r_{\mathrm{k}})}}{(\rho_{\mathrm{k}i}+r_{\mathrm{k}})!}y_i^{\mathrm{r}(\rho_{\mathrm{k}i}+r_{\mathrm{k}})}(t),\quad i=1,2,\cdots,n$$

其中，ρ_{ki} 为系统第 i 个输出的相对阶；r_k 为控制阶，即控制输入信号微分的次数，定义如下：若控制输入信号满足 $u^{(r_k)}(t+\tau)=0,\ \tau\in[0,\ T_p]$，而 $u^{(r_\rho)}(t+\tau)\neq 0$ 对于所有的 $r_\rho > r_k$ 成立，则系统控制阶为 r_k。

6.1.2 控制目标

针对存在外界干扰、舵面故障和不确定参数的高超声速飞行器纵向动态模型，考虑舵面偏转的物理约束，基于广义预测控制技术，设计自适应容错控制器实现速度 V 和高度 h 对参考信号 V^r 和 h^r 的跟踪控制。

假设 6.1 系统的输出信号 $\boldsymbol{Y}=[V\quad h]^{\mathrm{T}}$ 和参考指令信号 $\boldsymbol{Y}^r=[V^r\quad h^r]^{\mathrm{T}}$ 均连续且可导。

6.1.3 模型预处理

首先对本章研究的模型对象高超声速飞行器纵向动态模型(2.39)进行模型预处理，定义系统的状态变量为 $\boldsymbol{X}=[V\quad \gamma\quad h\quad \alpha\quad q\quad \delta_t\quad \dot{\delta}_t]^{\mathrm{T}}$，输入量为 $\boldsymbol{U}=[\delta_{tc}\quad \delta_e]^{\mathrm{T}}$，输出量为 $\boldsymbol{Y}=[V\quad h]^{\mathrm{T}}$，并且分离不确定参数，纵向动态模型写为以下参数化仿射非线性模型：

$$\begin{cases}\boldsymbol{X}=\boldsymbol{F}(\boldsymbol{X})+\boldsymbol{G}(\boldsymbol{X})\boldsymbol{U}\\ \boldsymbol{Y}=\boldsymbol{H}(\boldsymbol{X})\end{cases} \tag{6.3}$$

式中，

$$\boldsymbol{F}(\boldsymbol{X})=\theta_1\boldsymbol{F}_1(\boldsymbol{X})+\theta_2\boldsymbol{F}_2(\boldsymbol{X})+\theta_3\boldsymbol{F}_3(\boldsymbol{X})+\theta_4\boldsymbol{F}_4(\boldsymbol{X})+\theta_5\boldsymbol{F}_5(\boldsymbol{X})$$

$$\boldsymbol{G}(\boldsymbol{X})=\boldsymbol{G}_1(\boldsymbol{X})+\theta_4\boldsymbol{G}_2(\boldsymbol{X})$$

$$\boldsymbol{F}_1(\boldsymbol{X})=\begin{bmatrix}V^2C_T\cos\alpha-V^2C_D\\ VC_L+VC_T\sin\alpha\\ 0\\ -VC_L-VC_T\sin\alpha\\ 0\\ 0\\ 0\end{bmatrix},\quad \boldsymbol{F}_2(\boldsymbol{X})=\begin{bmatrix}-\sin\gamma/r^2\\ -\cos\gamma/(Vr^2)\\ 0\\ \cos\gamma/(Vr^2)\\ 0\\ 0\\ 0\end{bmatrix}$$

$$\boldsymbol{F}_3(\boldsymbol{X}) = \begin{bmatrix} 0 \\ 0 \\ 0 \\ 0 \\ V^2(C_{\mathrm{M}}^{\alpha} + C_{\mathrm{M}}^{q}) \\ 0 \\ 0 \end{bmatrix}, \quad \boldsymbol{F}_4(\boldsymbol{X}) = \begin{bmatrix} 0 \\ 0 \\ 0 \\ 0 \\ -V^2\alpha \\ 0 \\ 0 \end{bmatrix}$$

$$\boldsymbol{F}_5(\boldsymbol{X}) = \begin{bmatrix} 0 \\ V\cos\gamma/r \\ V\sin\gamma \\ q - V\cos\gamma/r \\ 0 \\ \dot{\delta}_{\mathrm{T}} \\ -2\zeta\omega_{\mathrm{n}}\dot{\delta}_T - \omega_{\mathrm{n}}^2\delta_T \end{bmatrix}, \quad \boldsymbol{G}_1(\boldsymbol{X}) = \begin{bmatrix} 0 & 0 \\ 0 & 0 \\ 0 & 0 \\ 0 & 0 \\ 0 & 0 \\ 0 & 0 \\ \omega_{\mathrm{n}}^2 & 0 \end{bmatrix}, \quad \boldsymbol{G}_2(\boldsymbol{X}) = \begin{bmatrix} 0 & 0 \\ 0 & 0 \\ 0 & 0 \\ 0 & 0 \\ 0 & V^2 \\ 0 & 0 \\ 0 & 0 \end{bmatrix}$$

接下来，为得到完全输入输出线性化模型，对飞行器的输出 $\boldsymbol{Y} = [V \quad h]^{\mathrm{T}}$ 进行连续求导。首先对输出速度 $y_1 = V$ 进行连续求导：

$$\dot{y}_1 = L_{\mathrm{F}}\boldsymbol{H}_1(\boldsymbol{X}) = [\theta_1 \quad \theta_2]\begin{bmatrix} V^2C_T\cos\alpha - V^2C_D \\ -\sin\gamma/r^2 \end{bmatrix} = \boldsymbol{\Phi}_1\boldsymbol{W}_{11} \tag{6.4}$$

$$\ddot{y}_1 = L_{\mathrm{F}}^2\boldsymbol{H}_1(\boldsymbol{X}) = [\theta_1\boldsymbol{\Phi}_1 \quad \theta_2\boldsymbol{\Phi}_1 \quad \theta_5\boldsymbol{\Phi}_1]\begin{bmatrix} \dfrac{\partial \boldsymbol{W}_{11}}{\partial \boldsymbol{X}}\boldsymbol{F}_1 \\ \dfrac{\partial \boldsymbol{W}_{11}}{\partial \boldsymbol{X}}\boldsymbol{F}_2 \\ \dfrac{\partial \boldsymbol{W}_{11}}{\partial \boldsymbol{X}}\boldsymbol{F}_5 \end{bmatrix} = \boldsymbol{\Phi}_2\boldsymbol{W}_{12} \tag{6.5}$$

$$
\begin{aligned}
\dddot{y}_1 &= L_F^3\boldsymbol{H}_1(\boldsymbol{X}) + L_G L_F^2\boldsymbol{H}_1(\boldsymbol{X})\boldsymbol{U} \\
&= [\theta_1\boldsymbol{\Phi}_2 \quad \theta_2\boldsymbol{\Phi}_2 \quad \cdots \quad \theta_5\boldsymbol{\Phi}_2]\begin{bmatrix} \dfrac{\partial \boldsymbol{W}_{12}}{\partial \boldsymbol{X}}\boldsymbol{F}_1 \\ \dfrac{\partial \boldsymbol{W}_{12}}{\partial \boldsymbol{X}}\boldsymbol{F}_2 \\ \vdots \\ \dfrac{\partial \boldsymbol{W}_{12}}{\partial \boldsymbol{X}}\boldsymbol{F}_5 \end{bmatrix} + [\boldsymbol{\Phi}_2 \quad \theta_4\boldsymbol{\Phi}_2]\begin{bmatrix} \dfrac{\partial \boldsymbol{W}_{12}}{\partial \boldsymbol{X}}\boldsymbol{G}_1 \\ \dfrac{\partial \boldsymbol{W}_{12}}{\partial \boldsymbol{X}}\boldsymbol{G}_2 \end{bmatrix}\boldsymbol{U} \\
&= f_V + \boldsymbol{G}_V\boldsymbol{U}
\end{aligned} \tag{6.6}
$$

式中，$\boldsymbol{\Phi}_1 = [\theta_1 \quad \theta_2]$；$\boldsymbol{\Phi}_2 = [\theta_1\boldsymbol{\Phi}_1 \quad \theta_2\boldsymbol{\Phi}_1 \quad \theta_5\boldsymbol{\Phi}_1]$。于是，输出 $y_1 = V$ 的相对阶 $\rho_{k1} = 3$。

然后，对 $y_2 = h$ 进行连续求导：

$$
\begin{aligned}
\dot{y}_2 &= L_F\boldsymbol{H}_2(\boldsymbol{X}) \\
&= V\sin\gamma \\
&= \boldsymbol{W}_{14}
\end{aligned} \tag{6.7}
$$

$$
\begin{aligned}
\ddot{y}_2 &= L_F^2\boldsymbol{H}_2(\boldsymbol{X}) \\
&= [\theta_1 \quad \theta_2 \quad \theta_5]\left[\frac{\partial \boldsymbol{W}_{14}}{\partial \boldsymbol{X}}\boldsymbol{F}_1 \quad \frac{\partial \boldsymbol{W}_{14}}{\partial \boldsymbol{X}}\boldsymbol{F}_2 \quad \frac{\partial \boldsymbol{W}_{14}}{\partial \boldsymbol{X}}\boldsymbol{F}_5\right]^{\mathrm{T}} \\
&= \boldsymbol{\Phi}_5\boldsymbol{W}_{15}
\end{aligned} \tag{6.8}
$$

$$
\begin{aligned}
\dddot{y}_2 &= L_F^3\boldsymbol{H}_2(\boldsymbol{X}) \\
&= [\theta_1\boldsymbol{\Phi}_5 \quad \theta_2\boldsymbol{\Phi}_5 \quad \theta_5\boldsymbol{\Phi}_5]\left[\frac{\partial \boldsymbol{W}_{15}}{\partial \boldsymbol{X}}\boldsymbol{F}_1 \quad \frac{\partial \boldsymbol{W}_{15}}{\partial \boldsymbol{X}}\boldsymbol{F}_2 \quad \frac{\partial \boldsymbol{W}_{15}}{\partial \boldsymbol{X}}\boldsymbol{F}_5\right]^{\mathrm{T}} \\
&= \boldsymbol{\Phi}_6\boldsymbol{W}_{16}
\end{aligned} \tag{6.9}
$$

$$
\begin{aligned}
y_2^{(4)} &= L_F^4\boldsymbol{H}_2(\boldsymbol{X}) + L_G L_F^3\boldsymbol{H}_2(\boldsymbol{X})\boldsymbol{U} \\
&= [\theta_1\boldsymbol{\Phi}_6 \quad \theta_2\boldsymbol{\Phi}_6 \quad \theta_3\boldsymbol{\Phi}_6 \quad \theta_4\boldsymbol{\Phi}_6 \quad \theta_5\boldsymbol{\Phi}_6]\begin{bmatrix} \dfrac{\partial \boldsymbol{W}_{16}}{\partial \boldsymbol{X}}\boldsymbol{F}_1 \\ \dfrac{\partial \boldsymbol{W}_{16}}{\partial \boldsymbol{X}}\boldsymbol{F}_2 \\ \vdots \\ \dfrac{\partial \boldsymbol{W}_{16}}{\partial \boldsymbol{X}}\boldsymbol{F}_5 \end{bmatrix}
\end{aligned}
$$

$$
\begin{aligned}
&+ [\boldsymbol{\Phi}_6 \quad \theta_4\boldsymbol{\Phi}_6] \begin{bmatrix} \dfrac{\partial \boldsymbol{W}_{16}}{\partial \boldsymbol{X}}\boldsymbol{G}_1 \\ \dfrac{\partial \boldsymbol{W}_{16}}{\partial \boldsymbol{X}}\boldsymbol{G}_2 \end{bmatrix} \boldsymbol{U} \\
&= f_{\mathrm{h}} + \boldsymbol{G}_{\mathrm{h}}\boldsymbol{U}
\end{aligned}
\tag{6.10}
$$

式中，$\boldsymbol{\Phi}_5 = [\theta_1 \quad \theta_2 \quad \theta_5]$；$\boldsymbol{\Phi}_6 = [\theta_1\boldsymbol{\Phi}_5 \quad \theta_2\boldsymbol{\Phi}_5 \quad \theta_5\boldsymbol{\Phi}_5]$。同样可得输出 $y_2 = h$ 的相对阶 $\rho_{\mathrm{k2}} = 4$。

此外，还考虑到存在外界干扰，整理以上模型，得到参数化的输入输出动态模型：

$$
\begin{aligned}
\dddot{y}_1 &= L_{\mathrm{F}}^3\boldsymbol{H}_1(x) + L_{\mathrm{G}}L_{\mathrm{F}}^2\boldsymbol{H}_1(x)\boldsymbol{U} + d_1 \\
\ddddot{y}_2 &= L_{\mathrm{F}}^4\boldsymbol{H}_2(\boldsymbol{X}) + L_{\mathrm{G}}L_{\mathrm{F}}^3\boldsymbol{H}_2(\boldsymbol{X})\boldsymbol{U} + d_2
\end{aligned}
\tag{6.11}
$$

式中，d_1 和 d_2 表示干扰。

假设 6.2　干扰 d_1 和 d_2 有界，即存在干扰上界 $\bar{d}_1$ 和 $\bar{d}_2$，使 $|d_1(t)| \leqslant \bar{d}_1$，$|d_2(t)| \leqslant \bar{d}_2$。

6.1.4　无故障下的自适应预测控制

1. 标称预测控制

首先不考虑不确定性，在标称情况下，基于广义预测控制方法，设计控制器。控制器的设计步骤分为输出预测和优化控制两部分。

1）输出预测

已知对于系统的两个输出 $y_1 = V$ 和 $y_2 = h$，相对阶分别为 $\rho_{\mathrm{k1}} = 3$ 和 $\rho_{\mathrm{k2}} = 4$，下面求解输出的更高阶导数：

$$
\begin{aligned}
y_1^{(\rho_{\mathrm{k1}}+i)} &= L_{\mathrm{F}}^{(\rho_{\mathrm{k1}}+i)}\boldsymbol{H}_1(x) + L_{\mathrm{G}}L_{\mathrm{F}}^2\boldsymbol{H}_1(x)\boldsymbol{U}^{(i)} + l_{1i}(\boldsymbol{X}, \boldsymbol{U}, \dot{\boldsymbol{U}}, \cdots, \boldsymbol{U}^{(i-1)}) + d_1^{(i)} \\
y_2^{(\rho_{\mathrm{k2}}+i)} &= L_{\mathrm{F}}^{(\rho_{\mathrm{k2}}+i)}\boldsymbol{H}_2(\boldsymbol{X}) + L_{\mathrm{G}}L_{\mathrm{F}}^3\boldsymbol{H}_2(\boldsymbol{X})\boldsymbol{U}^{(i)} + l_{2i}(\boldsymbol{X}, \boldsymbol{U}, \dot{\boldsymbol{U}}, \cdots, \boldsymbol{U}^{(i-1)}) + d_2^{(i)}
\end{aligned}
\tag{6.12}
$$

式中，l_{1i} 和 l_{2i} 是关于 $\boldsymbol{X}, \boldsymbol{U}, \dot{\boldsymbol{U}}, \cdots, \boldsymbol{U}^{(i-1)}(i = 1, 2, \cdots, r_k)$ 的函数。

已有输出的各阶导数式(6.4)~式(6.12)，基于泰勒展开，可得输出预测如下：

$$\hat{\boldsymbol{Y}}(t+\tau)=\begin{bmatrix}\hat{y}_1(t+\tau)\\ \hat{y}_2(t+\tau)\end{bmatrix}=[\bar{\boldsymbol{T}}\quad \tilde{\boldsymbol{T}}][\bar{\boldsymbol{Y}}_1\quad \bar{\boldsymbol{Y}}_2\quad \tilde{\boldsymbol{Y}}_1\quad \tilde{\boldsymbol{Y}}_2\quad \cdots\quad \tilde{\boldsymbol{Y}}_{r_k+1}]^{\mathrm{T}} \tag{6.13}$$

式中，

$$\bar{\boldsymbol{Y}}_i(t)=[\boldsymbol{Y}_i\quad \dot{\boldsymbol{Y}}_i\quad \cdots\quad \boldsymbol{Y}_i^{(\rho_{\mathrm{k}i}-1)}]$$

$$\bar{\boldsymbol{T}}=\begin{bmatrix}\bar{\boldsymbol{T}}_1 & 0\\ 0 & \bar{\boldsymbol{T}}_2\end{bmatrix},\quad \bar{\boldsymbol{T}}_i=\begin{bmatrix}1 & \tau & \cdots & \dfrac{\tau^{(\rho_{\mathrm{k}i}-1)}}{(\rho_{\mathrm{k}i}-1)!}\end{bmatrix},\quad i=1,2$$

$$\tilde{\boldsymbol{Y}}_j=[\boldsymbol{Y}_1^{(\rho_{\mathrm{k}1}+j-1)}\quad \boldsymbol{Y}_2^{(\rho_{\mathrm{k}2}+j-1)}]$$

$$\tilde{\boldsymbol{T}}=[\tilde{\boldsymbol{T}}_1\quad \tilde{\boldsymbol{T}}_2\quad \cdots\quad \tilde{\boldsymbol{T}}_{r_k+1}]$$

$$\tilde{\boldsymbol{T}}_j=\begin{bmatrix}\dfrac{\tau^{(\rho_{\mathrm{k}1}+j-1)}}{(\rho_{\mathrm{k}1}+j-1)!} & 0\\ 0 & \dfrac{\tau^{(\rho_{\mathrm{k}2}+j-1)}}{(\rho_{\mathrm{k}2}+j-1)!}\end{bmatrix},\quad j=1,2,\cdots,r_k+1$$

同样对系统的参考轨迹泰勒展开：

$$\hat{\boldsymbol{Y}}^{\mathrm{r}}(t+\tau)=\begin{bmatrix}\hat{y}_1^{\mathrm{r}}(t+\tau)\\ \hat{y}_2^{\mathrm{r}}(t+\tau)\end{bmatrix}=[\bar{\boldsymbol{T}}\quad \tilde{\boldsymbol{T}}][\bar{\boldsymbol{Y}}_1^{\mathrm{r}}\quad \bar{\boldsymbol{Y}}_2^{\mathrm{r}}\quad \tilde{\boldsymbol{Y}}_1^{\mathrm{r}}\quad \tilde{\boldsymbol{Y}}_2^{\mathrm{r}}\quad \cdots\quad \tilde{\boldsymbol{Y}}^{\mathrm{r}}_{(r_k+1)}]^{\mathrm{T}} \tag{6.14}$$

式中，

$$\bar{\boldsymbol{Y}}_i^{\mathrm{r}}(t)=[\boldsymbol{Y}_i^{\mathrm{r}}\quad \dot{\boldsymbol{Y}}_i^{\mathrm{r}}\quad \cdots\quad \boldsymbol{Y}_i^{\mathrm{r}(\rho_{\mathrm{k}i}-1)}],\quad i=1,2$$

$$\tilde{\boldsymbol{Y}}_j^{\mathrm{r}}=[\boldsymbol{Y}_1^{\mathrm{r}(\rho_{\mathrm{k}1}+j-1)}\quad \boldsymbol{Y}_2^{\mathrm{r}(\rho_{\mathrm{k}2}+j-1)}],\quad j=1,2,\cdots,r_k+1$$

2）优化控制

基于预测输出(6.13)和参考轨迹(6.14)，设置优化控制的性能指标如下：

$$J=\frac{1}{2}(\boldsymbol{Y}-\boldsymbol{Y}^{\mathrm{r}})^{\mathrm{T}}\bar{\boldsymbol{\Gamma}}(\boldsymbol{Y}-\boldsymbol{Y}^{\mathrm{r}}) \tag{6.15}$$

式中，$\boldsymbol{Y}=[\bar{\boldsymbol{Y}}_1\quad \bar{\boldsymbol{Y}}_2\quad \tilde{\boldsymbol{Y}}_1\quad \cdots\quad \tilde{\boldsymbol{Y}}_{r_k+1}]^{\mathrm{T}}$；$\boldsymbol{Y}^{\mathrm{r}}=[\bar{\boldsymbol{Y}}_1^{\mathrm{r}}\quad \bar{\boldsymbol{Y}}_2^{\mathrm{r}}\quad \tilde{\boldsymbol{Y}}_1^{\mathrm{r}}\quad \tilde{\boldsymbol{Y}}_2^{\mathrm{r}}\quad \cdots\quad \tilde{\boldsymbol{Y}}^{\mathrm{r}}_{(r_k+1)}]^{\mathrm{T}}$；

$\bar{\boldsymbol{\Gamma}} = \int_0^{T_p} \boldsymbol{\Gamma}^{\mathrm{T}}(\tau)\boldsymbol{\Gamma}(\tau)\mathrm{d}\tau$，$\boldsymbol{\Gamma} = [\bar{\boldsymbol{T}} \quad \tilde{\boldsymbol{T}}]$。$\bar{\boldsymbol{\Gamma}}$ 也可表达为分块矩阵的形式 $\bar{\boldsymbol{\Gamma}} = \begin{bmatrix} \boldsymbol{T}_A & \boldsymbol{T}_B \\ \boldsymbol{T}_C & \boldsymbol{T}_D \end{bmatrix}$，其中，$\boldsymbol{T}_A = \int_0^{T_p} \bar{\boldsymbol{T}}^{\mathrm{T}}\bar{\boldsymbol{T}}\mathrm{d}\tau$，$\boldsymbol{T}_A \in \mathbf{R}^{(\rho_{k1}+\rho_{k2})\times(\rho_{k1}+\rho_{k2})}$；$\boldsymbol{T}_B = \int_0^{T_p} \bar{\boldsymbol{T}}^{\mathrm{T}}\tilde{\boldsymbol{T}}\mathrm{d}\tau$，$\boldsymbol{T}_B \in \mathbf{R}^{(\rho_{k1}+\rho_{k2})\times(2r_k+2)}$；$\boldsymbol{T}_C = \int_0^{T_p} \tilde{\boldsymbol{T}}^{\mathrm{T}}\bar{\boldsymbol{T}}\mathrm{d}\tau$，$\boldsymbol{T}_C \in \mathbf{R}^{(2r_k+2)\times(\rho_{k1}+\rho_{k2})}$；$\boldsymbol{T}_D = \int_0^{T_p} \tilde{\boldsymbol{T}}^{\mathrm{T}}\tilde{\boldsymbol{T}}\mathrm{d}\tau$，$\boldsymbol{T}_D \in \mathbf{R}^{(2r_k+2)\times(2r_k+2)}$。

$\boldsymbol{Y} - \boldsymbol{Y}^{\mathrm{r}}$ 可写为如下表达式：

$$\boldsymbol{Y} - \boldsymbol{Y}^{\mathrm{r}} = \begin{bmatrix} \boldsymbol{M}_1 \\ \boldsymbol{M}_2 \end{bmatrix} - \boldsymbol{Y}^{\mathrm{r}} + \begin{bmatrix} \boldsymbol{0}_{(\rho_{k1}+\rho_{k2})\times 1} \\ \boldsymbol{H} \end{bmatrix} \tag{6.16}$$

式中，

$$\boldsymbol{M}_1 = \begin{bmatrix} L_{\mathrm{F}}^{0}\boldsymbol{H}_1(\boldsymbol{X}) \\ L_{\mathrm{F}}^{1}\boldsymbol{H}_1(\boldsymbol{X}) \\ \vdots \\ L_{\mathrm{F}}^{\rho_{k1}-1}\boldsymbol{H}_1(\boldsymbol{X}) \\ L_{\mathrm{F}}^{0}\boldsymbol{H}_2(\boldsymbol{X}) \\ L_{\mathrm{F}}^{1}\boldsymbol{H}_2(\boldsymbol{X}) \\ \vdots \\ L_{\mathrm{F}}^{\rho_{k2}-1}\boldsymbol{H}_2(\boldsymbol{X}) \end{bmatrix}, \quad \boldsymbol{M}_2 = \begin{bmatrix} L_{\mathrm{F}}^{\rho_{k1}}\boldsymbol{H}_1(\boldsymbol{X}) \\ L_{\mathrm{F}}^{\rho_{k2}}\boldsymbol{H}_2(\boldsymbol{X}) \\ \vdots \\ L_{\mathrm{F}}^{(\rho_{k1}+r_k)}\boldsymbol{H}_1(\boldsymbol{X}) \\ L_{\mathrm{F}}^{(\rho_{k2}+r_k)}\boldsymbol{H}_2(\boldsymbol{X}) \end{bmatrix}$$

$$\boldsymbol{H} = \begin{bmatrix} L_{\mathrm{G}}L_{\mathrm{F}}^{\rho_{k1}-1}\boldsymbol{H}_1(\boldsymbol{X})\boldsymbol{U} + d_1 \\ L_{\mathrm{G}}L_{\mathrm{F}}^{\rho_{k2}-1}\boldsymbol{H}_2(\boldsymbol{X})\boldsymbol{U} + d_2 \\ L_{\mathrm{G}}L_{\mathrm{F}}^{\rho_{k1}-1}\boldsymbol{H}_1(\boldsymbol{X})\dot{\boldsymbol{U}} + l_{11}(\boldsymbol{X},\ \boldsymbol{U}) + \dot{d}_1 \\ L_{\mathrm{G}}L_{\mathrm{F}}^{\rho_{k2}-1}\boldsymbol{H}_2(\boldsymbol{X})\dot{\boldsymbol{U}} + l_{21}(\boldsymbol{X},\ \boldsymbol{U}) + \dot{d}_2 \\ \vdots \\ L_{\mathrm{G}}L_{\mathrm{F}}^{\rho_{k1}-1}\boldsymbol{H}_1(\boldsymbol{X})\boldsymbol{U}^{(r_k)} + l_{1r_k}(\boldsymbol{X},\ \boldsymbol{U},\ \dot{\boldsymbol{U}},\ \cdots,\ \boldsymbol{U}^{(r_k-1)}) + d_1^{(r_k)} \\ L_{\mathrm{G}}L_{\mathrm{F}}^{\rho_{k2}-1}\boldsymbol{H}_2(\boldsymbol{X})\boldsymbol{U}^{(r_k)} + l_{2r_k}(\boldsymbol{X},\ \boldsymbol{U},\ \dot{\boldsymbol{U}},\ \cdots,\ \boldsymbol{U}^{(r_k-1)}) + d_2^{(r_k)} \end{bmatrix}$$

设置控制序列为 $\bar{\boldsymbol{U}} = [\boldsymbol{U}(t)^{\mathrm{T}} \quad \dot{\boldsymbol{U}}(t)^{\mathrm{T}} \quad \cdots \quad \boldsymbol{U}^{(r_k)}(t)^{\mathrm{T}}]^{\mathrm{T}}$，为使性能指标

(6.15)最优,有以下最优方程:

$$\frac{\partial J}{\partial \bar{\boldsymbol{U}}}=0 \tag{6.17}$$

从而可得最优控制信号:

$$\bar{\boldsymbol{U}}^*(t+\tau)=\boldsymbol{U}^*(t)+\tau\dot{\boldsymbol{U}}^*(t)+\cdots+\frac{\boldsymbol{\tau}^{r_k}}{r_k!}\boldsymbol{U}^{*(r_k)}(t) \tag{6.18}$$

由于模型预测控制中只将最优控制序列中的当前时刻的控制信号作用到对象模型上,因此这里解最优方程(6.17)时,只求解序列 $\bar{\boldsymbol{U}}$ 的第一个元素,于是获得以下控制律:

$$\boldsymbol{U}=-\boldsymbol{G}_{\mathrm{m}}^{-1}(\boldsymbol{K}(\boldsymbol{M}_1-\bar{\boldsymbol{Y}}^{\mathrm{r}})+\boldsymbol{M}_\rho-\boldsymbol{M}_{\mathrm{d}}+\bar{\boldsymbol{D}}) \tag{6.19}$$

式中, $\boldsymbol{G}_{\mathrm{m}}=\begin{bmatrix}L_{\mathrm{G}}L_{\mathrm{F}}^{\rho_{\mathrm{k}1}-1}\boldsymbol{H}_1(\boldsymbol{X})\\ L_{\mathrm{G}}L_{\mathrm{F}}^{\rho_{\mathrm{k}2}-1}\boldsymbol{H}_2(\boldsymbol{X})\end{bmatrix}=\begin{bmatrix}\boldsymbol{G}_{\mathrm{V}}\\ \boldsymbol{G}_{\mathrm{h}}\end{bmatrix}$; $\bar{\boldsymbol{Y}}^{\mathrm{r}}=\begin{bmatrix}\bar{\boldsymbol{Y}}_1^{\mathrm{r}}\\ \bar{\boldsymbol{Y}}_2^{\mathrm{r}}\end{bmatrix}$; $\boldsymbol{M}_\rho=\begin{bmatrix}L_{\mathrm{F}}^{\rho_{\mathrm{k}1}}\boldsymbol{H}_1(\boldsymbol{X})\\ L_{\mathrm{F}}^{\rho_{\mathrm{k}2}}\boldsymbol{H}_2(\boldsymbol{X})\end{bmatrix}=\begin{bmatrix}f_{\mathrm{V}}\\ f_{\mathrm{h}}\end{bmatrix}$;

$\boldsymbol{M}_{\mathrm{d}}=\begin{bmatrix}\dddot{y}_1^{\mathrm{r}}\\ \dddot{y}_2^{\mathrm{r}}\end{bmatrix}$; $\bar{\boldsymbol{D}}=\begin{bmatrix}\bar{d}_1\\ \bar{d}_2\end{bmatrix}$; $\boldsymbol{K}$ 为矩阵 $\boldsymbol{T}_D^{-1}\boldsymbol{T}_B^{\mathrm{T}}$ 的前两行, $\boldsymbol{T}_B$ 可写为 $2\times(r_k+1)$ 的分块矩阵的形式,每个方块为 $\rho_{\mathrm{k}i}\times 2$ 的矩阵,其中均为零矩阵,除了第 i 列的矩阵为

$$\left[\frac{T_{\mathrm{p}}^{\rho_{\mathrm{k}i}+j}}{(\rho_{\mathrm{k}i}+j-1)!\ (\rho_{\mathrm{k}i}+j)}\quad\cdots\quad\frac{T_{\mathrm{p}}^{2\rho_{\mathrm{k}i}+j-1}}{(\rho_{\mathrm{k}i}+j-1)!\ (\rho_{\mathrm{k}i}-1)!\ (2\rho_{\mathrm{k}i}+j-1)}\right]^{\mathrm{T}},$$

$i=1,2$, $j=1,2,\cdots,r_k+1$。 而 $\boldsymbol{T}_D$ 同理, $\boldsymbol{T}_D$ 的第 (i,j) 个分块矩阵为

$$\begin{bmatrix}\dfrac{T_{\mathrm{p}}^{2\rho_{\mathrm{k}1}+i+j-1}}{(\rho_{\mathrm{k}1}+i-1)(\rho_{\mathrm{k}1}+j-1)!\ (2\rho_{\mathrm{k}1}+i+j-1)} & 0\\ 0 & \dfrac{T_{\mathrm{p}}^{2\rho_{\mathrm{k}2}+i+j-1}}{(\rho_{\mathrm{k}2}+i-1)(\rho_{\mathrm{k}2}+j-1)!\ (2\rho_{\mathrm{k}2}+i+j-1)}\end{bmatrix},$$

$i,j=1,2,\cdots,r_k+1$。

2. 自适应预测控制

上面给出了标称情况下广义预测控制器的设计。但在实际情况中,飞行器的模型参数 m、S_{ref}、ρ、I_{yy}、μ_{M}、R_{E}、$\bar{c}$、c_{e} 等随气动环境、飞行状态及飞行时间的变化而变化,并且直接测量这些变化参数较为困难。而外界干扰的相关信息

通常也是未知的。因此,在本设计中,在标称控制中引入了自适应参数估计技术,在线估计函数f_V、f_h、$\boldsymbol{G}_m$中存在的未知参数及干扰的未知上界$\bar{\boldsymbol{D}}$。首先,对f_V、f_h、$\boldsymbol{G}_m$和$\bar{\boldsymbol{D}}$进行参数化,即令$\boldsymbol{\Theta}_1^{\mathrm{T}}\boldsymbol{W}_1 = f_V$, $\boldsymbol{\Theta}_2^{\mathrm{T}}\boldsymbol{W}_2 = f_h$, $\boldsymbol{W}_3\begin{bmatrix}\theta_6 & 0\\ 0 & \theta_7\end{bmatrix} = \boldsymbol{G}_m$, $\begin{bmatrix}\theta_8\\ \theta_9\end{bmatrix} = \bar{\boldsymbol{D}}$, 其中$\boldsymbol{\Theta}_1$、$\boldsymbol{\Theta}_2$、$\theta_6$、$\theta_7$、$\theta_8$、$\theta_9$为不确定参数:

$$\boldsymbol{\Theta}_1 = [\theta_1\boldsymbol{\Phi}_2 \quad \theta_2\boldsymbol{\Phi}_2 \quad \cdots \quad \theta_5\boldsymbol{\Phi}_2]^{\mathrm{T}} \in \mathbf{R}^{30\times 1}$$

$$\boldsymbol{\Theta}_2 = [\theta_1\boldsymbol{\Phi}_6 \quad \theta_2\boldsymbol{\Phi}_6 \quad \theta_3\boldsymbol{\Phi}_6 \quad \theta_4\boldsymbol{\Phi}_6 \quad \theta_5\boldsymbol{\Phi}_6]^{\mathrm{T}} \in \mathbf{R}^{45\times 1}$$

$$\theta_6 = \theta_3$$

$$\theta_7 = \theta_1\theta_4$$

$$\theta_8 = \bar{d}_1$$

$$\theta_9 = \bar{d}_2$$

而$\boldsymbol{W}_1$、$\boldsymbol{W}_2$、$\boldsymbol{W}_3$为对应的与状态量有关的基函数:

$$\boldsymbol{W}_1 = \left[\frac{\partial \boldsymbol{W}_{12}}{\partial \boldsymbol{X}}\boldsymbol{F}_1 \quad \frac{\partial \boldsymbol{W}_{12}}{\partial \boldsymbol{X}}\boldsymbol{F}_2 \quad \cdots \quad \frac{\partial \boldsymbol{W}_{12}}{\partial \boldsymbol{X}}\boldsymbol{F}_5\right]^{\mathrm{T}} \in \mathbf{R}^{30\times 1}$$

$$\boldsymbol{W}_2 = \left[\frac{\partial \boldsymbol{W}_{16}}{\partial \boldsymbol{X}}\boldsymbol{F}_1 \quad \frac{\partial \boldsymbol{W}_{16}}{\partial \boldsymbol{X}}\boldsymbol{F}_2 \quad \cdots \quad \frac{\partial \boldsymbol{W}_{16}}{\partial \boldsymbol{X}}\boldsymbol{F}_5\right]^{\mathrm{T}} \in \mathbf{R}^{45\times 1}$$

$$\boldsymbol{W}_3 = \begin{bmatrix} w_{31} & w_{32}\\ w_{33} & w_{34}\end{bmatrix} \in \mathbf{R}^{2\times 2}$$

式中,

$$w_{31} = \omega_n^2 V^2\left(\frac{\partial C_T}{\partial \delta_T}\right)\cos\alpha$$

$$w_{32} = -V^4 C_T \sin\alpha - V^4\left(\frac{\partial C_D}{\partial \alpha}\right)$$

$$w_{33} = \omega_n^2 V^2\left(\frac{\partial C_T}{\partial \delta_T}\right)\cos\alpha\sin\gamma + \omega_n^2 V^2\left(\frac{\partial C_T}{\partial \delta_T}\right)\sin\alpha\cos\gamma$$

$$w_{34} = -V^4\left(\frac{\partial C_D}{\partial \alpha}\right)\sin\gamma + V^4\left(\frac{\partial C_L}{\partial \alpha}\right)\cos\gamma + V^4 C_T\cos(\alpha+\gamma)$$

于是,设计自适应广义模型预测控制器如下:

$$\boldsymbol{U} = -\hat{\boldsymbol{G}}_{\mathrm{m}}^{-1}[\boldsymbol{K}(\boldsymbol{M}_1 - \bar{\boldsymbol{Y}}^{\mathrm{r}}) + \hat{\boldsymbol{M}}_{\rho} - \boldsymbol{M}_{\mathrm{d}} + \hat{\bar{\boldsymbol{D}}}] \tag{6.20}$$

式中，$\hat{\boldsymbol{G}}_{\mathrm{m}}$、$\hat{\boldsymbol{M}}_{\rho}$、$\hat{\bar{\boldsymbol{D}}}$ 为 $\boldsymbol{G}_{\mathrm{m}}$、$\boldsymbol{M}_{\rho}$、$\bar{\boldsymbol{D}}$ 的估计值，是用自适应估计值 $\hat{\boldsymbol{\Theta}}_1$、$\hat{\boldsymbol{\Theta}}_2$、$\hat{\theta}_6$、$\hat{\theta}_7$、$\hat{\theta}_8$、$\hat{\theta}_9$ 代替 $\boldsymbol{G}_{\mathrm{m}}$、$\boldsymbol{M}_{\rho}$、$\bar{\boldsymbol{D}}$ 中原来的不确定参数 $\boldsymbol{\Theta}_1$、$\boldsymbol{\Theta}_2$、θ_6、θ_7、θ_8、θ_9 得到的；估计误差定义为 $\tilde{\boldsymbol{\Theta}}_i = \boldsymbol{\Theta}_i - \hat{\boldsymbol{\Theta}}_i$，$i = 1, 2$，$\tilde{\theta}_i = \theta_i - \hat{\theta}_i$，$i = 6, 7, 8, 9$。

输出跟踪误差定义为

$$\begin{bmatrix} e_1 \\ e_2 \end{bmatrix} = \begin{bmatrix} y_1 - y_1^{\mathrm{r}} \\ y_2 - y_2^{\mathrm{r}} \end{bmatrix} \tag{6.21}$$

进而定义

$$\dot{\boldsymbol{E}} = [\dot{e}_1 \quad \ddot{e}_1 \quad \dddot{e}_1 \quad \dot{e}_2 \quad \ddot{e}_2 \quad \dddot{e}_2 \quad \ddddot{e}_2]^{\mathrm{T}} \tag{6.22}$$

代入式(6.11)和控制律(6.20)，可得闭环误差动态方程：

$$\dot{\boldsymbol{E}} = \boldsymbol{A}\boldsymbol{E} + \boldsymbol{B}\left(\begin{bmatrix} \tilde{\boldsymbol{\Theta}}_1^{\mathrm{T}}\boldsymbol{W}_1 \\ \tilde{\boldsymbol{\Theta}}_2^{\mathrm{T}}\boldsymbol{W}_2 \end{bmatrix} + \boldsymbol{W}_3\begin{bmatrix} \tilde{\theta}_7 & 0 \\ 0 & \tilde{\theta}_8 \end{bmatrix}\boldsymbol{U} + \begin{bmatrix} \tilde{\theta}_9 \\ \tilde{\theta}_{10} \end{bmatrix} + \begin{bmatrix} d_1 - \bar{d}_1 \\ d_2 - \bar{d}_2 \end{bmatrix}\right) \tag{6.23}$$

式中，

$$\boldsymbol{A} = \mathrm{diag}(\boldsymbol{A}_1, \boldsymbol{A}_2)$$

$$\boldsymbol{A}_1 = \begin{bmatrix} 0 & 1 & 0 \\ 0 & 0 & 1 \\ -k_{11} & -k_{12} & -k_{13} \end{bmatrix}, \quad \boldsymbol{A}_2 = \begin{bmatrix} 0 & 1 & 0 & 0 \\ 0 & 0 & 1 & 0 \\ 0 & 0 & 0 & 1 \\ -k_{21} & -k_{22} & -k_{23} & -k_{24} \end{bmatrix}$$

$$\boldsymbol{B} = \mathrm{diag}(\boldsymbol{B}_1, \boldsymbol{B}_2)$$

$$\boldsymbol{B}_1 = [0 \quad 0 \quad 1]^{\mathrm{T}}, \quad \boldsymbol{B}_2 = [0 \quad 0 \quad 0 \quad 1]^{\mathrm{T}}$$

而 k_{11}、k_{12}、k_{13} 为控制矩阵 $\boldsymbol{K}$ 中第一行的前三个元素：k_{21}、k_{22}、k_{23}、k_{24} 为控制矩阵 $\boldsymbol{K}$ 中第二行的前四个元素。

根据闭环跟踪误差动态(6.23)，为自适应参数 $\hat{\boldsymbol{\Theta}}_1$、$\hat{\boldsymbol{\Theta}}_2$、$\hat{\theta}_6$、$\hat{\theta}_7$、$\hat{\theta}_8$、$\hat{\theta}_9$ 选择如下的更新律：

$$\dot{\hat{\boldsymbol{\Theta}}}_1 = (\boldsymbol{E}^{\mathrm{T}}\boldsymbol{P}\boldsymbol{B})_1\boldsymbol{\Gamma}_{\Theta 1}\boldsymbol{W}_1$$

$$\dot{\hat{\boldsymbol{\Theta}}}_2 = (\boldsymbol{E}^{\mathrm{T}}\boldsymbol{P}\boldsymbol{B})_2\boldsymbol{\Gamma}_{\Theta 2}\boldsymbol{W}_2$$

$$\dot{\hat{\theta}}_6 = k_{\theta 6}(\boldsymbol{E}^{\mathrm{T}}\boldsymbol{P}\boldsymbol{B}\boldsymbol{W}_3)_1 u_{\mathrm{t}}$$

$$
\begin{aligned}
\dot{\hat{\theta}}_7 &= k_{\theta 7}(\boldsymbol{E}^{\mathrm{T}}\boldsymbol{PBW}_3)_2 u_{\mathrm{e}} \\
\dot{\hat{\theta}}_8 &= k_{\theta 8}(\boldsymbol{E}^{\mathrm{T}}\boldsymbol{PB})_1 \\
\dot{\hat{\theta}}_9 &= k_{\theta 9}(\boldsymbol{E}^{\mathrm{T}}\boldsymbol{PB})_2
\end{aligned} \tag{6.24}
$$

式中，$\boldsymbol{\Gamma}_{\Theta 1} \in \mathbf{R}^{30\times 30}$、$\boldsymbol{\Gamma}_{\Theta 2} \in \mathbf{R}^{45\times 45}$ 为正定矩阵；$k_{\theta 6}$、$k_{\theta 7}$、$k_{\theta 8}$、$k_{\theta 9}$ 为正常数；$(\boldsymbol{E}^{\mathrm{T}}\boldsymbol{PB})_i(i=1, 2)$ 表示矩阵 $(\boldsymbol{E}^{\mathrm{T}}\boldsymbol{PB}) \in \mathbf{R}^{1\times 2}$ 的第 i 个列向量；$(\boldsymbol{E}^{\mathrm{T}}\boldsymbol{PBW}_3)_i(i=1, 2)$ 表示矩阵 $(\boldsymbol{E}^{\mathrm{T}}\boldsymbol{PBW}_3) \in \mathbf{R}^{1\times 2}$ 的第 i 个列向量；u_{t} 为控制律 $\boldsymbol{U}$ 的第一个元素，表示油门开度控制指令；u_{e} 则为控制律 $\boldsymbol{U}$ 的第二个元素，表示舵面偏转控制指令；矩阵 $\boldsymbol{P} \in \mathbf{R}^{7\times 7}$、$\boldsymbol{Q} \in \mathbf{R}^{7\times 7}$ 为满足李雅普诺夫方程 $\boldsymbol{A}^{\mathrm{T}}\boldsymbol{P} + \boldsymbol{PA} = -\boldsymbol{Q}$ 的对称正定矩阵。

3. 投影算子

为保证控制系统的非奇异性，需要保证控制律中矩阵 $\hat{\boldsymbol{G}}_{\mathrm{m}}$ 可逆。已知 $\hat{\boldsymbol{G}}_{\mathrm{m}} = \boldsymbol{W}_3 \cdot \mathrm{diag}(\hat{\theta}_6, \hat{\theta}_7)$，且 $|\boldsymbol{W}_3| = \omega_{\mathrm{n}}^2 V^6\left(\dfrac{\partial C_T}{\partial \delta_T}\right)\left[\left(\dfrac{\partial C_L}{\partial \alpha}\right)\cos\alpha\cos\gamma + \left(\dfrac{\partial C_D}{\partial \alpha}\right)\sin\alpha\sin\gamma + C_T\cos\gamma\right]$。而在巡航飞行段，航迹角 γ 和攻角 α 的值相对较小，因此可近似地认为 $\cos\gamma \approx 1$，$\cos\alpha \approx 1$，$\sin\alpha \approx 0$，且 $(\partial C_T/\partial \delta_T)$、$(\partial C_D/\partial \alpha)$、$C_T$ 远大于零。所以，行列式 $|\boldsymbol{W}_3|$ 非零，$\boldsymbol{W}_3$ 可逆。因此，为了保证 $\hat{\boldsymbol{G}}_{\mathrm{m}}$ 可逆，只需限制其中自适应参数 $\hat{\theta}_6$ 和 $\hat{\theta}_7$ 非零，保证对角阵 $\mathrm{diag}(\hat{\theta}_6, \hat{\theta}_7)$ 可逆。

下面引入投影算子，确保 $\hat{\theta}_6$ 和 $\hat{\theta}_7$ 的有界性。首先，定义一个凸集合 $\Omega_{\Theta_i} = \{\boldsymbol{\Theta}_i^{\mathrm{T}}\boldsymbol{\Theta}_i \leqslant \boldsymbol{\Theta}_i^{\mathrm{m}}\}$，且 $\Omega_{\delta_{\Theta_i}} = \{\boldsymbol{\Theta}_i^{\mathrm{T}}\boldsymbol{\Theta}_i \leqslant \boldsymbol{\Theta}_i^{\mathrm{m}} + \delta_{\Theta_i}\}$，其中 $\delta_{\Theta_i} > 0$，$\boldsymbol{\Theta}_i^{\mathrm{m}} > 0$，$i=1, 2$。$\boldsymbol{\Theta}_i$ 的投影算子如下：

$$
\mathrm{Proj}(\hat{\boldsymbol{\Theta}}_i, \boldsymbol{\Phi}_{\Theta i}) = \begin{cases} \boldsymbol{\Gamma}_{\Theta i}\boldsymbol{\Phi}_{\Theta i}, & \begin{array}{c}\hat{\boldsymbol{\Theta}}_i^{\mathrm{T}}\hat{\boldsymbol{\Theta}}_i \leqslant \boldsymbol{\Theta}_i^{\mathrm{m}} \text{ 或} \\ \hat{\boldsymbol{\Theta}}_i^{\mathrm{T}}\hat{\boldsymbol{\Theta}}_i \geqslant \boldsymbol{\Theta}_i^{\mathrm{m}} \text{ 且 } \hat{\boldsymbol{\Theta}}_i^{\mathrm{T}}\boldsymbol{\Gamma}_{\Theta i}\boldsymbol{\Phi}_{\Theta i} \leqslant 0\end{array}, \quad i=1, 2 \\ \boldsymbol{\Gamma}_{\Theta i}\bar{\boldsymbol{\Phi}}_{\Theta i}, & \text{其他} \end{cases} \tag{6.25}
$$

式中，$\bar{\boldsymbol{\Phi}}_{\Theta i} = \boldsymbol{\Phi}_{\Theta i} - \dfrac{(\hat{\boldsymbol{\Theta}}_i^{\mathrm{T}}\hat{\boldsymbol{\Theta}}_i - \boldsymbol{\Theta}_i^{\mathrm{m}})\hat{\boldsymbol{\Theta}}_i^{\mathrm{T}}\boldsymbol{\Gamma}_{\Theta i}\boldsymbol{\Phi}_{\Theta i}}{\delta_{\Theta_i}\hat{\boldsymbol{\Theta}}_i^{\mathrm{T}}\boldsymbol{\Gamma}_{\Theta i}\hat{\boldsymbol{\Theta}}_i}\hat{\boldsymbol{\Theta}}_i$，$i=1, 2$；$\boldsymbol{\Phi}_{\Theta 1} = (\boldsymbol{E}^{\mathrm{T}}\boldsymbol{PB})_1\boldsymbol{W}_1$；

$\boldsymbol{\Phi}_{\Theta 2}=(\boldsymbol{E}^{\mathrm{T}}\boldsymbol{P}\boldsymbol{B})_2\boldsymbol{W}_2$。

定义凸集合 $\Omega_{\Theta_i}=\{\theta_i^{\min}\leqslant\theta_i\leqslant\theta_i^{\max}\}$，且 $\Omega_{\delta_{\theta_i}}=\{\theta_i^{\min}-\delta_{\theta_i}\leqslant\theta_i\leqslant\theta_i^{\max}+\delta_{\theta_i}\}$，$\delta_{\theta_i}>0$，$\theta_i^{\min}>0$，$i=6,7,8,9$。$\theta$ 的投影算子为

$$\operatorname{Proj}(\hat{\theta}_i,\phi_{\theta i})=\begin{cases}k_{\theta i}\phi_{\theta i}, & \begin{array}{l}\hat{\theta}_i\in[\theta_i^{\min},\theta_i^{\max}]\text{ 或}\\ \hat{\theta}_i\leqslant\theta_i^{\min}\text{ 且 }\phi_{\theta i}\geqslant 0\text{ 或}\\ \hat{\theta}_i\geqslant\theta_i^{\max}\text{ 且 }\phi_{\theta i}\leqslant 0\end{array}\\ k_{\theta i}\left(1+\dfrac{\theta_i^{\max}-\hat{\theta}_i}{\delta_{\theta_i}}\right)\phi_{\theta i}, & \hat{\theta}_i>\theta_i^{\max}\text{ 且 }\phi_{\theta i}>0\\ k_{\theta i}\left(1+\dfrac{\hat{\theta}_i-\theta_i^{\min}}{\delta_{\theta_i}}\right)\phi_{\theta i}, & \hat{\theta}_i<\theta_i^{\min}\text{ 且 }\phi_{\theta i}<0\end{cases},\quad i=6,7,8,9 \tag{6.26}$$

式中，$\phi_{\theta 6}=(\boldsymbol{E}^{\mathrm{T}}\boldsymbol{P}\boldsymbol{B}\boldsymbol{W}_3)_1u_1$；$\phi_{\theta 7}=(\boldsymbol{E}^{\mathrm{T}}\boldsymbol{P}\boldsymbol{B}\boldsymbol{W}_3)_2u_2$；$\phi_{\theta 8}=(\boldsymbol{E}^{\mathrm{T}}\boldsymbol{P}\boldsymbol{B})_1$；$\phi_{\theta 9}=(\boldsymbol{E}^{\mathrm{T}}\boldsymbol{P}\boldsymbol{B})_2$。

于是，自适应参数 $\hat{\boldsymbol{\Theta}}_1$、$\hat{\boldsymbol{\Theta}}_2$、$\hat{\theta}_6$、$\hat{\theta}_7$、$\hat{\theta}_8$、$\hat{\theta}_9$ 的更新律改写为

$$\begin{aligned}&\dot{\hat{\boldsymbol{\Theta}}}_i=\operatorname{Proj}(\hat{\boldsymbol{\Theta}}_i,\boldsymbol{\Phi}_{\Theta i}),\quad i=1,2\\&\dot{\hat{\theta}}_i=\operatorname{Proj}(\hat{\theta}_i,\phi_{\theta i}),\quad i=6,7,8,9\end{aligned} \tag{6.27}$$

4. 稳定性证明

李雅普诺夫函数选择为

$$\begin{aligned}V_{\mathrm{L}}=&\frac{1}{2}\boldsymbol{E}^{\mathrm{T}}\boldsymbol{P}\boldsymbol{E}+\frac{1}{2}\tilde{\boldsymbol{\Theta}}_1^{\mathrm{T}}\boldsymbol{\Gamma}_{\Theta 1}^{-1}\tilde{\boldsymbol{\Theta}}_1+\frac{1}{2}\tilde{\boldsymbol{\Theta}}_2^{\mathrm{T}}\boldsymbol{\Gamma}_{\Theta 2}^{-1}\tilde{\boldsymbol{\Theta}}_2+\frac{1}{2}k_{\theta 6}^{-1}\tilde{\theta}_6^2+\frac{1}{2}k_{\theta 7}^{-1}\tilde{\theta}_7^2\\&+\frac{1}{2}k_{\theta 8}^{-1}\tilde{\theta}_8^2+\frac{1}{2}k_{\theta 9}^{-1}\tilde{\theta}_8^2\end{aligned} \tag{6.28}$$

对李雅普诺夫函数求导，并代入闭环跟踪误差式(6.23)，可得

$$\begin{aligned}\dot{V}_{\mathrm{L}}=&-\frac{1}{2}\boldsymbol{E}^{\mathrm{T}}\boldsymbol{Q}\boldsymbol{E}+\boldsymbol{E}^{\mathrm{T}}\boldsymbol{P}\boldsymbol{B}\left(\begin{bmatrix}\tilde{\boldsymbol{\Theta}}_1^{\mathrm{T}}\boldsymbol{W}_1\\\tilde{\boldsymbol{\Theta}}_2^{\mathrm{T}}\boldsymbol{W}_2\end{bmatrix}+\boldsymbol{W}_3\begin{bmatrix}\tilde{\theta}_6&0\\0&\tilde{\theta}_7\end{bmatrix}\boldsymbol{U}_{\mathrm{c}}+\begin{bmatrix}\tilde{\theta}_8\\\tilde{\theta}_9\end{bmatrix}+\begin{bmatrix}d_1-\bar{d}_1\\d_2-\bar{d}_2\end{bmatrix}\right)\\&+\tilde{\boldsymbol{\Theta}}_1^{\mathrm{T}}\boldsymbol{\Gamma}_{\Theta 1}^{-1}\dot{\tilde{\boldsymbol{\Theta}}}_1+\tilde{\boldsymbol{\Theta}}_2^{\mathrm{T}}\boldsymbol{\Gamma}_{\Theta 2}^{-1}\dot{\tilde{\boldsymbol{\Theta}}}_2+k_{\theta 6}^{-1}\tilde{\theta}_6\dot{\tilde{\theta}}_6+k_{\theta 7}^{-1}\tilde{\theta}_7\dot{\tilde{\theta}}_7+k_{\theta 8}^{-1}\tilde{\theta}_8\dot{\tilde{\theta}}_8+k_{\theta 9}^{-1}\tilde{\theta}_9\dot{\tilde{\theta}}_9\\=&-\frac{1}{2}\boldsymbol{E}^{\mathrm{T}}\boldsymbol{Q}\boldsymbol{E}+(\boldsymbol{E}^{\mathrm{T}}\boldsymbol{P}\boldsymbol{B})_1\tilde{\boldsymbol{\Theta}}_1^{\mathrm{T}}\boldsymbol{W}_1+\tilde{\boldsymbol{\Theta}}_1^{\mathrm{T}}\boldsymbol{\Gamma}_{\Theta 1}^{-1}\dot{\tilde{\boldsymbol{\Theta}}}_1+(\boldsymbol{E}^{\mathrm{T}}\boldsymbol{P}\boldsymbol{B})_2\tilde{\boldsymbol{\Theta}}_2^{\mathrm{T}}\boldsymbol{W}_2+\tilde{\boldsymbol{\Theta}}_2^{\mathrm{T}}\boldsymbol{\Gamma}_{\Theta 2}^{-1}\dot{\tilde{\boldsymbol{\Theta}}}_2\end{aligned}$$

$$+ (\boldsymbol{E}^{\mathrm{T}}\boldsymbol{PBW}_3)_1\tilde{\theta}_6 u_t + k_{\theta6}^{-1}\tilde{\theta}_6\dot{\hat{\theta}}_6 + (\boldsymbol{E}^{\mathrm{T}}\boldsymbol{PBW}_3)_2\tilde{\theta}_7 u_e + k_{\theta7}^{-1}\tilde{\theta}_7\dot{\hat{\theta}}_7$$

$$+ (\boldsymbol{E}^{\mathrm{T}}\boldsymbol{PB})_1\tilde{\theta}_8 + k_{\theta8}^{-1}\tilde{\theta}_8\dot{\hat{\theta}}_8 + (\boldsymbol{E}^{\mathrm{T}}\boldsymbol{PB})_2\tilde{\theta}_9 + k_{\theta9}^{-1}\tilde{\theta}_9\dot{\hat{\theta}}_9 \tag{6.29}$$

根据投影算子的定义(6.25),以 $i = 1$ 为例,可得以下结论。

(1) 如果 $\hat{\boldsymbol{\Theta}}_1^{\mathrm{T}}\hat{\boldsymbol{\Theta}}_1 \leqslant \boldsymbol{\Theta}_1^{\mathrm{m}}$, 或 $\hat{\boldsymbol{\Theta}}_1^{\mathrm{T}}\hat{\boldsymbol{\Theta}}_1 \geqslant \boldsymbol{\Theta}_1^{\mathrm{m}}$ 且 $\hat{\boldsymbol{\Theta}}_1^{\mathrm{T}}\boldsymbol{\Gamma}_{\Theta1}\boldsymbol{\Phi}_{\Theta1} \leqslant 0$, $(\boldsymbol{E}^{\mathrm{T}}\boldsymbol{PB})_1\tilde{\boldsymbol{\Theta}}_1^{\mathrm{T}}\boldsymbol{W}_1 + \tilde{\boldsymbol{\Theta}}_1^{\mathrm{T}}\boldsymbol{\Gamma}_{\Theta1}^{-1}\dot{\hat{\boldsymbol{\Theta}}}_1 = 0$。

(2) 如果 $\hat{\boldsymbol{\Theta}}_1^{\mathrm{T}}\hat{\boldsymbol{\Theta}}_1 > \boldsymbol{\Theta}_1^{\mathrm{m}}$ 或 $\hat{\boldsymbol{\Theta}}_1^{\mathrm{T}}\boldsymbol{\Gamma}_{\Theta1}\boldsymbol{\Phi}_{\Theta1} > 0$, $(\boldsymbol{E}^{\mathrm{T}}\boldsymbol{PB})_1\tilde{\boldsymbol{\Theta}}_1^{\mathrm{T}}\boldsymbol{W}_1 + \tilde{\boldsymbol{\Theta}}_1^{\mathrm{T}}\boldsymbol{\Gamma}_{\Theta1}^{-1}\dot{\hat{\boldsymbol{\Theta}}}_1 = \tilde{\boldsymbol{\Theta}}_1^{\mathrm{T}}[(\boldsymbol{E}^{\mathrm{T}}\boldsymbol{PB})_1\boldsymbol{W}_1 + \boldsymbol{\Gamma}_{\Theta1}^{-1}\dot{\hat{\boldsymbol{\Theta}}}_1] = \tilde{\boldsymbol{\Theta}}_i^{\mathrm{T}}\boldsymbol{\Gamma}_{\Theta1}^{-1}\dfrac{(\hat{\boldsymbol{\Theta}}_1^{\mathrm{T}}\hat{\boldsymbol{\Theta}}_1 - \boldsymbol{\Theta}_1^{\mathrm{m}})\hat{\boldsymbol{\Theta}}_1^{\mathrm{T}}\boldsymbol{\Gamma}_{\Theta1}\boldsymbol{\Phi}_{\Theta1}}{\delta_{\Theta1}\hat{\boldsymbol{\Theta}}_1^{\mathrm{T}}\boldsymbol{\Gamma}_{\Theta1}\hat{\boldsymbol{\Theta}}_1}\hat{\boldsymbol{\Theta}}_1$, $\boldsymbol{\Phi}_{\Theta1} = (\boldsymbol{E}^{\mathrm{T}}\boldsymbol{PB})_1\boldsymbol{W}_1$。由于 $\tilde{\boldsymbol{\Theta}}_1^{\mathrm{T}} = \boldsymbol{\Theta}_1^{\mathrm{T}} - \hat{\boldsymbol{\Theta}}_1^{\mathrm{T}}$, $\boldsymbol{\Theta}_1 \in \Omega_{\Theta1} = \{\boldsymbol{\Theta}_1^{\mathrm{T}}\boldsymbol{\Theta}_1 \leqslant \boldsymbol{\Theta}_1^{\mathrm{m}}\}$, 且 $\boldsymbol{\Gamma}_{\Theta1}$ 为正定矩阵,所以 $(\boldsymbol{E}^{\mathrm{T}}\boldsymbol{PB})_1\tilde{\boldsymbol{\Theta}}_1^{\mathrm{T}}\boldsymbol{W}_1 + \tilde{\boldsymbol{\Theta}}_1^{\mathrm{T}}\boldsymbol{\Gamma}_{\Theta1}^{-1}\dot{\hat{\boldsymbol{\Theta}}}_1 < 0$。

综合以上(1)和(2),可得

$$(\boldsymbol{E}^{\mathrm{T}}\boldsymbol{PB})_1\tilde{\boldsymbol{\Theta}}_1^{\mathrm{T}}\boldsymbol{W}_1 + \tilde{\boldsymbol{\Theta}}_1^{\mathrm{T}}\boldsymbol{\Gamma}_{\Theta1}^{-1}\dot{\hat{\boldsymbol{\Theta}}}_1 \leqslant 0 \tag{6.30}$$

同理,可得

$$(\boldsymbol{E}^{\mathrm{T}}\boldsymbol{PB})_2\tilde{\boldsymbol{\Theta}}_2^{\mathrm{T}}\boldsymbol{W}_2 + \tilde{\boldsymbol{\Theta}}_2^{\mathrm{T}}\boldsymbol{\Gamma}_{\Theta2}^{-1}\dot{\hat{\boldsymbol{\Theta}}}_2 \leqslant 0 \tag{6.31}$$

根据投影算子(6.26),以 $i = 6$ 为例,可得以下结论。

(1) 如果 $\hat{\theta}_6 \in [\theta_6^{\min}, \theta_6^{\max}]$, 或 $\hat{\theta}_6 \leqslant \theta_6^{\min}$ 且 $\phi_{\theta6} \geqslant 0$, 或 $\hat{\theta}_6 \geqslant \theta_6^{\max}$ 且 $\phi_{\theta6} \leqslant 0$, $(\boldsymbol{E}^{\mathrm{T}}\boldsymbol{PBW}_3)_1\tilde{\theta}_6 u_1 + k_{\theta6}^{-1}\tilde{\theta}_6\dot{\hat{\theta}}_6 = 0$。

(2) 如果 $\hat{\theta}_6 > \theta_6^{\max}$ 且 $\phi_{\theta6} > 0$, $\tilde{\theta}_6 = \theta_6 - \hat{\theta}_6 < 0$, $\dot{\hat{\theta}}_6 = -k_{\theta i}\left|\left(1 + \dfrac{\theta_i^{\max} - \hat{\theta}_i}{\delta_{\theta_i}}\right)\right|\phi_{\theta i}$, $k_{\theta i} > 0$, 所以 $(\boldsymbol{E}^{\mathrm{T}}\boldsymbol{PBW}_3)_1\tilde{\theta}_6 u_1 + k_{\theta6}^{-1}\tilde{\theta}_6\dot{\hat{\theta}}_6 < 0$。

(3) 如果 $\hat{\theta}_6 < \theta_6^{\max}$ 且 $\phi_{\theta6} < 0$, $\tilde{\theta}_6 = \theta_6 - \hat{\theta}_6 > 0$, $\dot{\hat{\theta}}_6 = -k_{\theta i}\left|\left(1 + \dfrac{\theta_i^{\max} - \hat{\theta}_i}{\delta_{\theta_i}}\right)\right|\phi_{\theta i}$, $k_{\theta i} > 0$, 所以 $(\boldsymbol{E}^{\mathrm{T}}\boldsymbol{PBW}_3)_1\tilde{\theta}_6 u_1 + k_{\theta6}^{-1}\tilde{\theta}_6\dot{\hat{\theta}}_6 < 0$。

综合以上(1)、(2)和(3),可得

$$(\boldsymbol{E}^{\mathrm{T}}\boldsymbol{PBW}_3)_1\tilde{\theta}_6 u_1 + k_{\theta6}^{-1}\tilde{\theta}_6\dot{\hat{\theta}}_6 \leqslant 0 \tag{6.32}$$

同理,可得

$$
\begin{aligned}
(\boldsymbol{E}^{\mathrm{T}}\boldsymbol{P}\boldsymbol{B}\boldsymbol{W}_3)_2\tilde{\theta}_7 u_2 + k_{\theta 7}^{-1}\tilde{\theta}_7\dot{\tilde{\theta}}_7 &\leqslant 0 \\
(\boldsymbol{E}^{\mathrm{T}}\boldsymbol{P}\boldsymbol{B})_1\tilde{\theta}_8 + k_{\theta 8}^{-1}\tilde{\theta}_8\dot{\tilde{\theta}}_8 &\leqslant 0 \\
(\boldsymbol{E}^{\mathrm{T}}\boldsymbol{P}\boldsymbol{B})_2\tilde{\theta}_9 + k_{\theta 9}^{-1}\tilde{\theta}_9\dot{\tilde{\theta}}_9 &\leqslant 0
\end{aligned} \tag{6.33}
$$

将式(6.30)~式(6.33)代入式(6.29),可得

$$
\dot{V}_{\mathrm{L}} \leqslant -\frac{1}{2}\boldsymbol{E}^{\mathrm{T}}\boldsymbol{Q}\boldsymbol{E} + \boldsymbol{E}^{\mathrm{T}}\boldsymbol{P}\boldsymbol{B}\begin{bmatrix} d_1 - \bar{d}_1 \\ d_2 - \bar{d}_2 \end{bmatrix} \tag{6.34}
$$

当满足以下不等式:

$$
\left\| -\frac{1}{2}\boldsymbol{E}^{\mathrm{T}}\boldsymbol{Q}\boldsymbol{E} \right\| \geqslant \| \boldsymbol{E}^{\mathrm{T}}\boldsymbol{P}\boldsymbol{B}(\boldsymbol{D} - \bar{\boldsymbol{D}}) \| \tag{6.35}
$$

时李雅普诺夫函数的导数 $\dot{V}_{\mathrm{L}} \leqslant 0$。

另外,有

$$
\left\| -\frac{1}{2}\boldsymbol{E}^{\mathrm{T}}\boldsymbol{Q}\boldsymbol{E} \right\| \geqslant \frac{1}{2}\lambda_{\min}(\boldsymbol{Q})\boldsymbol{E}^2 \tag{6.36}
$$

和

$$
\| \boldsymbol{E}^{\mathrm{T}}\boldsymbol{P}\boldsymbol{B}(\boldsymbol{D} - \bar{\boldsymbol{D}}) \| \leqslant \|\boldsymbol{E}\| \, \|\boldsymbol{P}\| \, \|\boldsymbol{B}\| \, |\boldsymbol{D} - \bar{\boldsymbol{D}}| \tag{6.37}
$$

因此,为保证不等式(6.35)成立,输出跟踪误差 $\boldsymbol{E}$ 须满足:

$$
\|\boldsymbol{E}\| \geqslant \frac{2\|\boldsymbol{P}\| \, \|\boldsymbol{B}\| \, |\boldsymbol{D} - \bar{\boldsymbol{D}}|}{\lambda_{\min}(\boldsymbol{Q})} \tag{6.38}
$$

式中,$\lambda_{\min}(\boldsymbol{Q})$ 为 $\boldsymbol{Q}$ 的最小特征值。因此,当 $\boldsymbol{E}$ 满足不等式(6.38)时,$\dot{V}_{\mathrm{L}} \leqslant 0$,根据李雅普诺夫稳定性理论,$\boldsymbol{E}$、$\tilde{\boldsymbol{\Theta}}_1$、$\tilde{\boldsymbol{\Theta}}_2$、$\tilde{\theta}_6$、$\tilde{\theta}_7$、$\tilde{\theta}_8$、$\tilde{\theta}_9$ 均有界,且 $\hat{\boldsymbol{\Theta}}_1$、$\hat{\boldsymbol{\Theta}}_2$、$\hat{\theta}_6$、$\hat{\theta}_7$、$\hat{\theta}_8$、$\hat{\theta}_9$ 有界,所以闭环系统的所有信号都有界。稳定性证明完毕。

6.1.5 舵面故障自适应容错预测控制

1. 舵面故障建模

本小节考虑了舵面偏转故障,因此首先对舵面动态进行建模。飞行器的升降舵总偏转角 δ_{e} 为

$$
\delta_{\mathrm{e}} = k_{\mathrm{e}1}\delta_{\mathrm{e}1} + k_{\mathrm{e}2}\delta_{\mathrm{e}2} \tag{6.39}
$$

式中，k_{e1} 和 k_{e2} 为左右升降舵的组合关系系数，当左右升降舵同向偏转提供俯仰力时，$k_{e1}=k_{e2}=0.5$；δ_{e1} 和 δ_{e2} 分别为左右升降舵的偏转角。

若不考虑舵面故障，舵面的偏转角 δ_{ei} 等于来自控制器的控制指令 u_e。而考虑舵面故障时，可以对实际舵偏角和控制指令之间的关系建立如下模型：

$$\delta_{ei}=(1-\lambda_i)\sigma_{1i}u_e+\lambda_i\sigma_{2i},\quad i=1,\ 2 \tag{6.40}$$

式中，u_e 为待设计的舵面容错控制律；$\lambda_i\in\{0,\ 1\}$ 表示舵面完全失效与否，为 1 则完全失效，即发生卡死故障，为 0 则部分失效或未失效；$\sigma_{1i}\in(0,\ 1]$ 表示舵面控制效率的百分比；σ_{2i} 表示舵面卡死位置。通过选择不同的模型参数，故障模型(6.40)可以表达以下三种类型的舵面工作状态。

1）正常工作

当没有舵面偏转故障发生时，舵面工作模型(6.40)中 $\lambda_i=0$ 且 $\sigma_{1i}=1$。

2）卡死故障

当舵面卡在某处不能再被操纵而失效时，模型(6.40)中 $\lambda_i=1$，σ_{2i} 为舵面卡死位置。

3）部分失效故障

当舵面的控制效率相对于正常状态成比例衰减时，模型(6.40)中 $\lambda_i=0$，σ_{1i} 为衰减倍数。

将舵面故障模型代入式(6.39)，可得到故障下的舵偏角 δ_e 与舵面控制律 u_e 之间的关系：

$$\delta_e=\sigma_1u_e+\sigma_2 \tag{6.41}$$

式中，

$$\sigma_1=\sum_{i=1}^{2}k_{ei}(1-\lambda_i)\sigma_{1i},\ \sigma_2=\sum_{i=1}^{2}k_{ei}\lambda_i\sigma_{2i} \tag{6.42}$$

假设 6.3　两个舵面中至少有一个舵面不完全失效，即 λ_1 和 λ_2 不同时为 1。

注解 6.1　假设 6.3 是为了保证控制系统具有必要的可控性以开展后续容错控制设计。

2. 自适应容错模型预测控制

接下来，设计舵面故障自适应容错预测控制器。首先，假设故障信息已知，即故障参数 σ_1 和 σ_2 已知，理想容错控制器设计为

$$u_e=\varphi_1u_{e0}+\varphi_2 \tag{6.43}$$

式中，u_{e0} 为表达式(6.20)中 $\boldsymbol{U}$ 的第二个元素，表示无故障下的舵面控制指令；φ_1、φ_2 为容错控制参数。那么，结合式(6.41)和式(6.43)，可以得到故障下的舵面偏转角 δ_e 与标称控制信号 u_{e0} 的关系如下：

$$\delta_e = \sigma_1(\varphi_1 u_{e0} + \varphi_2) + \sigma_2 \tag{6.44}$$

若容错控制参数 φ_1 和 φ_2 的选择符合下面的匹配关系，那么 $\delta_e = u_{e0}$，即在故障情况下舵面偏转总量依旧达到系统需要的控制量，实现了容错控制的目的：

$$\begin{cases} \varphi_1 = \dfrac{1}{\sigma_1} \\ \varphi_2 = -\dfrac{\sigma_2}{\sigma_1} \end{cases} \tag{6.45}$$

而通常，故障参数 σ_1 和 σ_2 是未知的，因为有匹配关系(6.45)，容错控制律中的容错参数 φ_1、φ_2 也是未知的，所以在容错控制器(6.43)的基础上设计自适应容错控制器：

$$u_e = \hat{\varphi}_1 u_{e0} + \hat{\varphi}_2 \tag{6.46}$$

式中，$\hat{\varphi}_1$、$\hat{\varphi}_2$ 为 φ_1、φ_2 的估计值。

结合自适应容错控制律(6.46)、式(6.44)以及跟踪误差动态(6.23)，可得自适应容错控制下的闭环跟踪误差动态如下：

$$\dot{\boldsymbol{E}} = \boldsymbol{AE} + \boldsymbol{B}\left(\begin{bmatrix} \tilde{\boldsymbol{\Theta}}_1^{\mathrm{T}} \boldsymbol{W}_1 \\ \tilde{\boldsymbol{\Theta}}_2^{\mathrm{T}} \boldsymbol{W}_2 \end{bmatrix} + \boldsymbol{W}_3 \begin{bmatrix} \tilde{\theta}_7 & 0 \\ 0 & \tilde{\theta}_8 \end{bmatrix} \boldsymbol{U} + \begin{bmatrix} \tilde{\theta}_9 \\ \tilde{\theta}_{10} \end{bmatrix} + \begin{bmatrix} d_1 - \bar{d}_1 \\ d_2 - \bar{d}_2 \end{bmatrix} \\ - \boldsymbol{W}_3 \begin{bmatrix} \theta_6 & 0 \\ 0 & \theta_7 \end{bmatrix} \begin{bmatrix} 0 \\ \sigma_1 \tilde{\varphi}_1 u_{e0} + \sigma_2 \tilde{\varphi}_2 \end{bmatrix} \right) \tag{6.47}$$

根据上面的闭环跟踪误差动态方程，容错控制参数的自适应律选择如下：

$$\begin{aligned} \dot{\hat{\varphi}}_1 &= -k_{\varphi 1}(\boldsymbol{E}^{\mathrm{T}}\boldsymbol{PBW}_3)_2 u_{e0} \\ \dot{\hat{\varphi}}_2 &= -k_{\varphi 2}(\boldsymbol{E}^{\mathrm{T}}\boldsymbol{PBW}_3)_2 \end{aligned} \tag{6.48}$$

式中，$k_{\varphi 1}$、$k_{\varphi 2}$ 为决定容错控制参数更新速度的正常数；$(\boldsymbol{E}^{\mathrm{T}}\boldsymbol{PBW}_3)_2$ 表示矩阵 $(\boldsymbol{E}^{\mathrm{T}}\boldsymbol{PBW}_3)$ 的第二个列向量；u_{e0} 为由式(6.20)表示的无故障下的预测控制律 $\boldsymbol{U}$

的第二个元素。

3. 稳定性证明

李雅普诺夫函数选择为

$$V_{\mathrm{L}}=\frac{1}{2}\boldsymbol{E}^{\mathrm{T}}\boldsymbol{P}\boldsymbol{E}+\frac{1}{2}\tilde{\boldsymbol{\Theta}}_{1}^{\mathrm{T}}\boldsymbol{\Gamma}_{\Theta1}^{-1}\tilde{\boldsymbol{\Theta}}_{1}+\frac{1}{2}\tilde{\boldsymbol{\Theta}}_{2}^{\mathrm{T}}\boldsymbol{\Gamma}_{\Theta2}^{-1}\tilde{\boldsymbol{\Theta}}_{2}+\frac{1}{2}k_{\theta6}^{-1}\tilde{\theta}_{6}^{2}+\frac{1}{2}k_{\theta7}^{-1}\tilde{\theta}_{7}^{2}$$
$$+\frac{1}{2}k_{\theta8}^{-1}\tilde{\theta}_{8}^{2}+\frac{1}{2}k_{\theta9}^{-1}\tilde{\theta}_{8}^{2}+\frac{\theta_{7}\sigma_{1}}{2}k_{\varphi_{1}}^{-1}\tilde{\varphi}_{1}^{2}+\frac{\theta_{7}\sigma_{2}}{2}k_{\varphi2}^{-1}\tilde{\varphi}_{2}^{2} \tag{6.49}$$

对李雅普诺夫函数求导,并代入闭环跟踪误差(6.47),可得

$$\dot{V}_{\mathrm{L}}=-\frac{1}{2}\boldsymbol{E}^{\mathrm{T}}\boldsymbol{Q}\boldsymbol{E}+\boldsymbol{E}^{\mathrm{T}}\boldsymbol{P}\boldsymbol{B}\left(\begin{aligned}&\begin{bmatrix}\tilde{\boldsymbol{\Theta}}_{1}^{\mathrm{T}}\boldsymbol{W}_{1}\\ \tilde{\boldsymbol{\Theta}}_{2}^{\mathrm{T}}\boldsymbol{W}_{2}\end{bmatrix}+\boldsymbol{W}_{3}\begin{bmatrix}\tilde{\theta}_{6}&0\\0&\tilde{\theta}_{7}\end{bmatrix}\boldsymbol{U}_{\mathrm{c}}+\begin{bmatrix}\tilde{\theta}_{8}\\ \tilde{\theta}_{9}\end{bmatrix}+\begin{bmatrix}d_{1}-\bar{d}_{1}\\ d_{2}-\bar{d}_{2}\end{bmatrix}\\&-\boldsymbol{W}_{3}\begin{bmatrix}\theta_{6}&0\\0&\theta_{7}\end{bmatrix}\begin{bmatrix}0\\ \sigma_{1}\tilde{\varphi}_{1}u_{\mathrm{e0}}+\sigma_{2}\tilde{\varphi}_{2}\end{bmatrix}\end{aligned}\right)$$
$$+\tilde{\boldsymbol{\Theta}}_{1}^{\mathrm{T}}\boldsymbol{\Gamma}_{\Theta1}^{-1}\dot{\tilde{\boldsymbol{\Theta}}}_{1}+\tilde{\boldsymbol{\Theta}}_{2}^{\mathrm{T}}\boldsymbol{\Gamma}_{\Theta2}^{-1}\dot{\tilde{\boldsymbol{\Theta}}}_{2}+k_{\theta6}^{-1}\tilde{\theta}_{6}\dot{\tilde{\theta}}_{6}+k_{\theta7}^{-1}\tilde{\theta}_{7}\dot{\tilde{\theta}}_{7}+k_{\theta8}^{-1}\tilde{\theta}_{8}\dot{\tilde{\theta}}_{8}+k_{\theta9}^{-1}\tilde{\theta}_{9}\dot{\tilde{\theta}}_{9}$$
$$+\theta_{7}\sigma_{1}k_{\varphi_{1}}^{-1}\tilde{\varphi}_{1}\dot{\tilde{\varphi}}_{1}+\theta_{7}\sigma_{2}k_{\varphi_{2}}^{-1}\tilde{\varphi}_{2}\dot{\tilde{\varphi}}_{2}$$
$$=-\frac{1}{2}\boldsymbol{E}^{\mathrm{T}}\boldsymbol{Q}\boldsymbol{E}+(\boldsymbol{E}^{\mathrm{T}}\boldsymbol{P}\boldsymbol{B})_{1}\tilde{\boldsymbol{\Theta}}_{1}^{\mathrm{T}}\boldsymbol{W}_{1}+\tilde{\boldsymbol{\Theta}}_{1}^{\mathrm{T}}\boldsymbol{\Gamma}_{\Theta1}^{-1}\dot{\tilde{\boldsymbol{\Theta}}}_{1}+(\boldsymbol{E}^{\mathrm{T}}\boldsymbol{P}\boldsymbol{B})_{2}\tilde{\boldsymbol{\Theta}}_{2}^{\mathrm{T}}\boldsymbol{W}_{2}+\tilde{\boldsymbol{\Theta}}_{2}^{\mathrm{T}}\boldsymbol{\Gamma}_{\Theta2}^{-1}\dot{\tilde{\boldsymbol{\Theta}}}_{2}$$
$$+(\boldsymbol{E}^{\mathrm{T}}\boldsymbol{P}\boldsymbol{B}\boldsymbol{W}_{3})_{1}\tilde{\theta}_{6}u_{\mathrm{t}}+k_{\theta6}^{-1}\tilde{\theta}_{6}\dot{\tilde{\theta}}_{6}+(\boldsymbol{E}^{\mathrm{T}}\boldsymbol{P}\boldsymbol{B}\boldsymbol{W}_{3})_{2}\tilde{\theta}_{7}u_{\mathrm{e}}+k_{\theta7}^{-1}\tilde{\theta}_{7}\dot{\tilde{\theta}}_{7}$$
$$+(\boldsymbol{E}^{\mathrm{T}}\boldsymbol{P}\boldsymbol{B})_{1}\tilde{\theta}_{8}+k_{\theta8}^{-1}\tilde{\theta}_{8}\dot{\tilde{\theta}}_{8}+(\boldsymbol{E}^{\mathrm{T}}\boldsymbol{P}\boldsymbol{B})_{2}\tilde{\theta}_{9}+k_{\theta9}^{-1}\tilde{\theta}_{9}\dot{\tilde{\theta}}_{9}$$
$$+(\boldsymbol{E}^{\mathrm{T}}\boldsymbol{P}\boldsymbol{B}\boldsymbol{W}_{3})_{2}\theta_{7}\sigma_{1}u_{\mathrm{e0}}+\theta_{7}\sigma_{1}k_{\varphi_{1}}^{-1}\tilde{\varphi}_{1}\dot{\tilde{\varphi}}_{1}+(\boldsymbol{E}^{\mathrm{T}}\boldsymbol{P}\boldsymbol{B}\boldsymbol{W}_{3})_{2}\theta_{7}\sigma_{2}+\theta_{7}\sigma_{2}k_{\varphi_{2}}^{-1}\tilde{\varphi}_{2}\dot{\tilde{\varphi}}_{2} \tag{6.50}$$

根据无故障下的稳定性证明结论,以及故障参数更新律式(6.48),进一步可得

$$\dot{V}_{\mathrm{L}}=-\frac{1}{2}\boldsymbol{E}^{\mathrm{T}}\boldsymbol{Q}\boldsymbol{E}+\boldsymbol{E}^{\mathrm{T}}\boldsymbol{P}\boldsymbol{B}(\boldsymbol{D}-\bar{\boldsymbol{D}}) \tag{6.51}$$

若使李雅普诺夫函数的导数 $\dot{V}_{\mathrm{L}}\leqslant 0$, 则有不等式

$$\left\|-\frac{1}{2}\boldsymbol{E}^{\mathrm{T}}\boldsymbol{Q}\boldsymbol{E}\right\|\geqslant\|\boldsymbol{E}^{\mathrm{T}}\boldsymbol{P}\boldsymbol{B}(\boldsymbol{D}-\bar{\boldsymbol{D}})\| \tag{6.52}$$

且有

$$\left\| -\frac{1}{2}\boldsymbol{E}^{\mathrm{T}}\boldsymbol{Q}\boldsymbol{E} \right\| \geqslant \frac{1}{2}\lambda_{\min}(\boldsymbol{Q})\boldsymbol{E}^2 \tag{6.53}$$

和

$$\| \boldsymbol{E}^{\mathrm{T}}\boldsymbol{P}\boldsymbol{B}(\boldsymbol{D}-\bar{\boldsymbol{D}}) \| \leqslant \|\boldsymbol{E}\| \ \|\boldsymbol{P}\| \ \|\boldsymbol{B}\| \ |\boldsymbol{D}-\bar{\boldsymbol{D}}| \tag{6.54}$$

所以,为保证不等式(6.35)成立 $\dot{V}_{\mathrm{L}} \leqslant 0$, 输出跟踪误差 $\boldsymbol{E}$ 必须满足:

$$\|\boldsymbol{E}\| \geqslant \frac{2\|\boldsymbol{P}\| \ \|\boldsymbol{B}\| \ |\boldsymbol{D}-\bar{\boldsymbol{D}}|}{\lambda_{\min}(\boldsymbol{Q})} \tag{6.55}$$

式中, $\lambda_{\min}(\boldsymbol{Q})$ 为 $\boldsymbol{Q}$ 的最小特征值。

因此,当 $\boldsymbol{E}$ 满足不等式(6.38)时, $\dot{V}_{\mathrm{L}} \leqslant 0$, 根据李雅普诺夫稳定性理论, $\boldsymbol{E}$、$\tilde{\boldsymbol{\Theta}}_1$、$\tilde{\boldsymbol{\Theta}}_2$、$\tilde{\theta}_6$、$\tilde{\theta}_7$、$\tilde{\theta}_8$、$\tilde{\theta}_9$、$\tilde{\varphi}_1$、$\tilde{\varphi}_2$ 均有界,且 $\hat{\boldsymbol{\Theta}}_1$、$\hat{\boldsymbol{\Theta}}_2$、$\hat{\theta}_6$、$\hat{\theta}_7$、$\hat{\theta}_8$、$\hat{\theta}_9$、$\hat{\varphi}_1$、$\hat{\varphi}_2$ 有界,所以闭环系统的所有信号都有界。稳定性证明完毕。

6.1.6 仿真验证

本小节以巡航段的高超声速飞行器纵向动态模型为对象,通过仿真试验验证本节所提出的控制设计的预测控制器的控制效果,并且根据仿真结果,讨论控制器参数选择方案,以实现输入限制。

1. 仿真参数选择

飞行器状态量的初值选择为: 初始高度 $h(0) = 110\,000$ ft, 初始速度 $V(0) = 15\,060$ ft/s, 初始航迹角 $\gamma(0) = 0$ rad, 初始攻角 $\alpha(0) = 0.01$ rad, 初始俯仰角速率 $q(0) = 0$ rad/s。

设定升降舵的偏转范围约束为: $\delta_{\mathrm{e}}^{\min} \leqslant \delta_{\mathrm{e}} \leqslant \delta_{\mathrm{e}}^{\max}$, $\delta_{\mathrm{e}}^{\min} = -0.3$ rad, $\delta_{\mathrm{e}}^{\max} = 0.3$ rad。

系统中不确定参数设为其先验值加上变化量: $m = m_0(1+\Delta m)$, $\Delta m = 0.03$; $I_{yy} = I_0(1+\Delta I)$, $\Delta I = 0.02$; $S_{\mathrm{ref}} = S_{\mathrm{ref}\,0}(1+\Delta S_{\mathrm{ref}})$, $\Delta S_{\mathrm{ref}} = 0.01$; $\bar{c} = \bar{c}_0(1+\Delta\bar{c})$, $\Delta\bar{c} = 0.01$; $\rho = \rho_0(1+\Delta\rho)$, $\Delta\rho = 0.06$; $c_{\mathrm{e}} = 0.029\,2(1+\Delta c_{\mathrm{e}})$, $\Delta c_{\mathrm{e}} = 0.03$。

预测控制器中: 控制阶 $r_{\mathrm{k}} = 1$; 预测时间 $T_{\mathrm{p}} = 6$ s, $k_1 = 8$, $k_2 = 5$, $k_3 = 4$; 矩阵 $\boldsymbol{Q} = 0.01\boldsymbol{I}^{7\times7}$; 自适应更新律参数 $\boldsymbol{\Gamma}_{\Theta1} = 10^{-23}\boldsymbol{I}^{30\times30}$, $\boldsymbol{\Gamma}_{\Theta2} = 10^{-30}\boldsymbol{I}^{45\times45}$, $k_{\theta6} = 10^{-20}$, $k_{\theta7} = 10^{-30}$, $k_{\theta8} = 10^{-10}$, $k_{\theta9} = 10^{-5}$。

2. 仿真方案设计

设计如下三组仿真试验方案。

1）仿真 A

速度和高度分别跟踪参考指令 V^{r} 和 h^{r}，由如下参考模型产生：

$$\frac{V^{\mathrm{r}}}{V^{\mathrm{d}}} = \frac{1}{5s + 1} \qquad \frac{h^{\mathrm{r}}}{h^{\mathrm{d}}} = \frac{1}{2s + 1} \tag{6.56}$$

式中，V^{d} 为 500 ft/s 速度阶跃指令，$V^{\mathrm{d}} = V(0) + 500\varepsilon_{\mathrm{STEP}}(t)$；$h^{\mathrm{d}}$ 为 500 ft 的高度阶跃指令，$h^{\mathrm{d}} = h(0) + 500\varepsilon_{\mathrm{STEP}}(t)$；$\varepsilon_{\mathrm{STEP}}$ 为单位阶跃函数。

同时，仿真中在 $t = 40$ s，加入外界干扰 $d_1 = 5\sin t$，$d_2 = 5$。

2）仿真 B

控制目标仍然是跟踪由参考模型(6.56)给出的参考轨迹 V^{r} 和 h^{r}，同时，为了验证设计对舵面故障的容错控制效果，在 100 s 时加入舵面部分失效故障，左右两个舵面的工作状态设置如下：

$$\delta_{\mathrm{e1}}(t) = \begin{cases} u_{\mathrm{e}}(t), & 0 < t \leqslant 100\ \mathrm{s} \\ 0.5u_{\mathrm{e}}(t), & t > 100\ \mathrm{s} \end{cases} \qquad \delta_{\mathrm{e2}}(t) = u_{\mathrm{e}}(t) \tag{6.57}$$

3）仿真 C

控制目标是跟踪由参考模型(6.56)给出的参考轨迹 V^{r} 和 h^{r}，同时在 100 s 时发生舵面卡死故障，左右两个舵面的工作状态设置如下：

$$\delta_{\mathrm{e1}}(t) = \begin{cases} u_{\mathrm{e}}(t), & 0 < t \leqslant 100\ \mathrm{s} \\ 0.01\ \mathrm{rad}, & t > 100\ \mathrm{s} \end{cases} \qquad \delta_{\mathrm{e2}}(t) = u_{\mathrm{e}}(t) \tag{6.58}$$

3. 仿真结果

1）仿真 A

仿真 A 的结果如图 6.2～图 6.6 所示。由图 6.2 和图 6.3 可知，系统的输出速度和高度在 100 s 内就跟踪上了参考轨迹。由图 6.4 和图 6.5 可知，系统的控制信号舵面和油门均保持在允许偏转范围内工作。图 6.6 给出了系统中部分自适应参数的变化情况，符合所定义的自适应更新律。

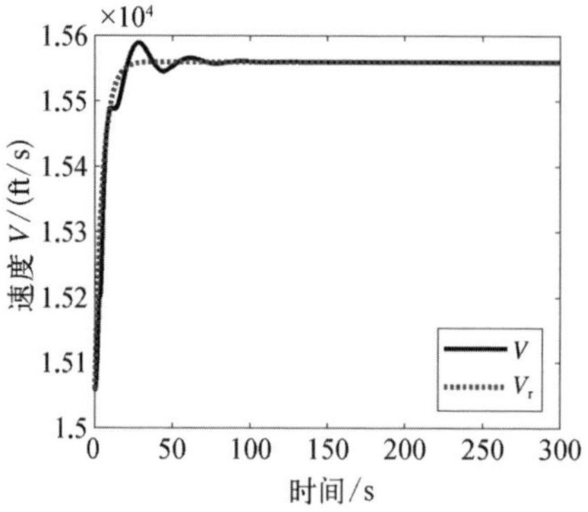

图 6.2 速度 V 跟踪响应曲线(仿真 A)

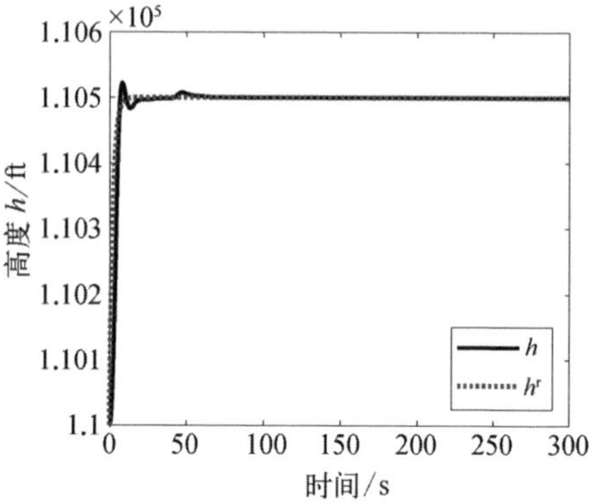

图 6.3 高度 h 跟踪响应曲线(仿真 A)

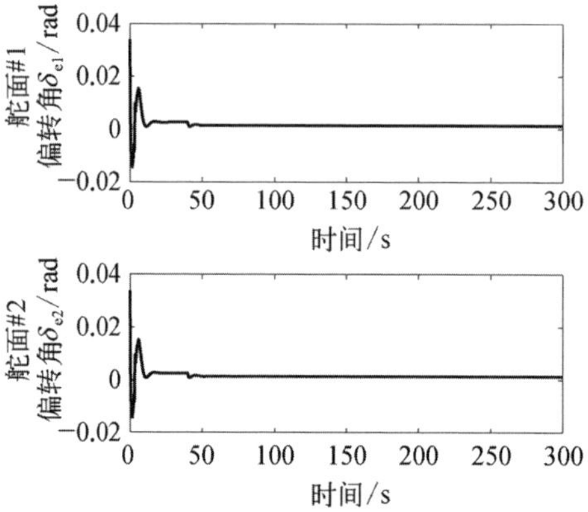

图 6.4 舵面偏转角 δ_{e1} 和 δ_{e2}(仿真 A)

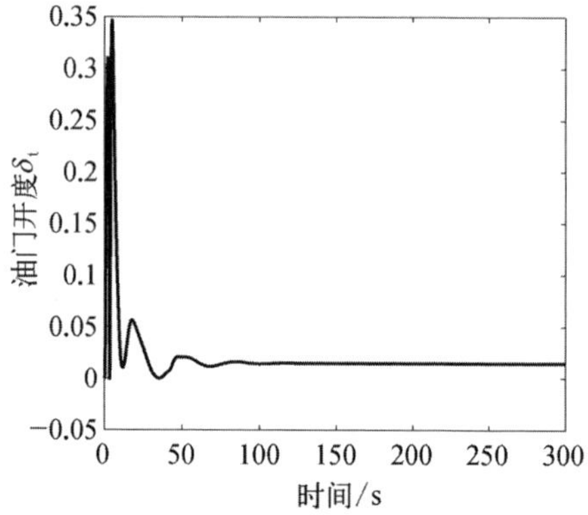

图 6.5 油门开度 δ_t(仿真 A)

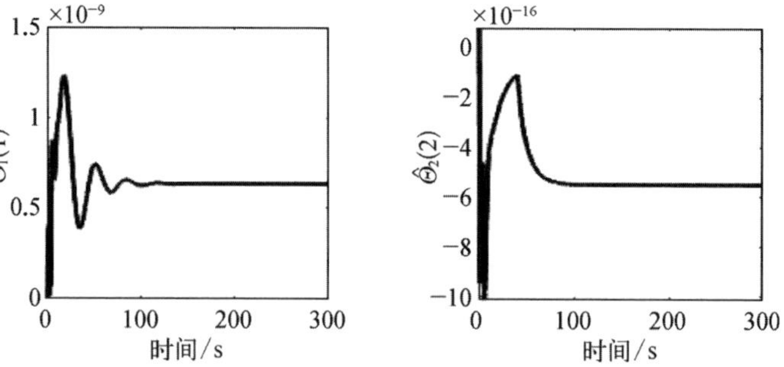

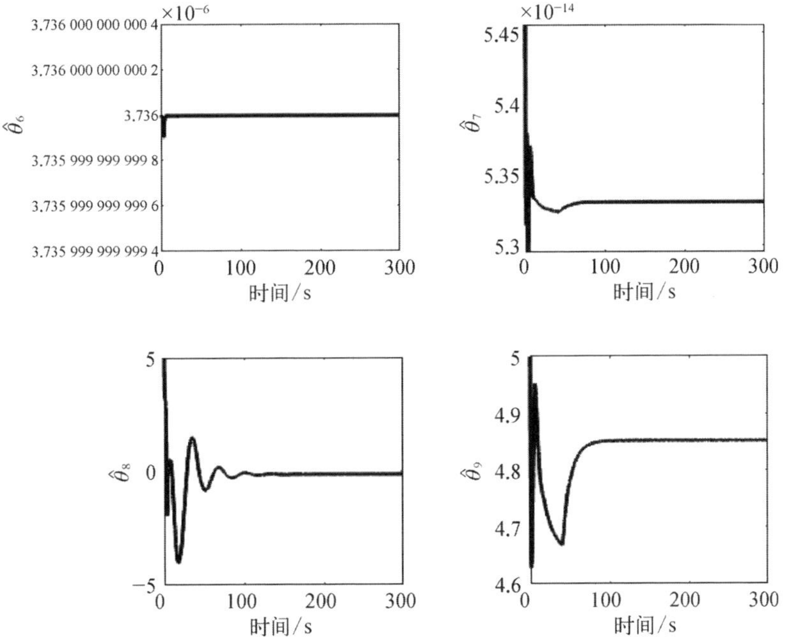

图 6.6　部分自适应参数变化曲线(仿真 A)

2）仿真 B

仿真 B 的结果如图 6.7~图 6.11 所示。由图 6.7 和图 6.8 可知，系统的输出速度和高度在 100 s 内就跟踪上了参考轨迹，并且即使发生部分失效故障，输出依然保持跟踪性能。由图 6.9 可知，当舵面#1 发生部分失效故障，舵面#2 迅速调整以补偿故障的影响。图 6.11 给出了容错控制参数的变化曲线，说明容错参数根据实际的故障情况自适应地进行调整，达到容错控制的目的。

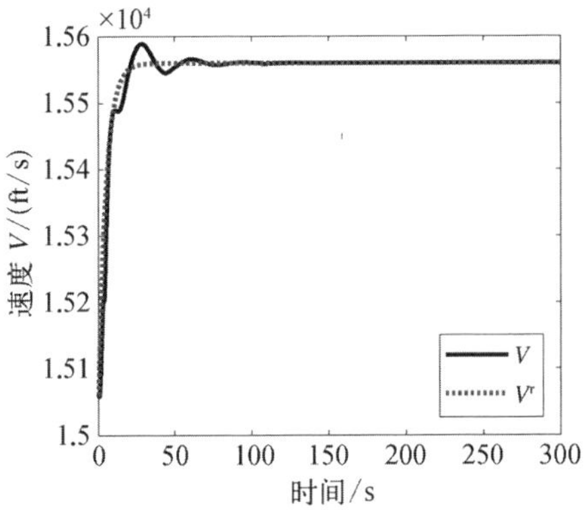

图 6.7　速度 V 跟踪响应曲线(仿真 B)

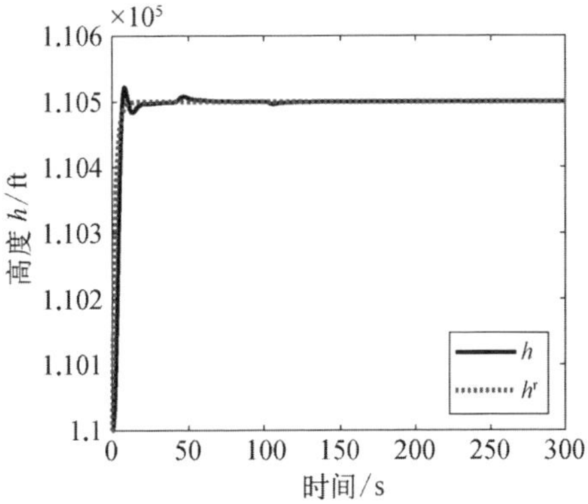

图 6.8　高度 h 跟踪响应曲线(仿真 B)

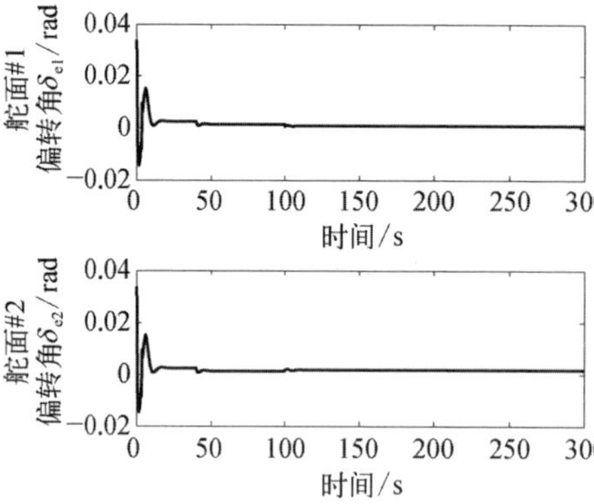

图 6.9 舵面偏转角 δ_{e1} 和 δ_{e2}(仿真 B)

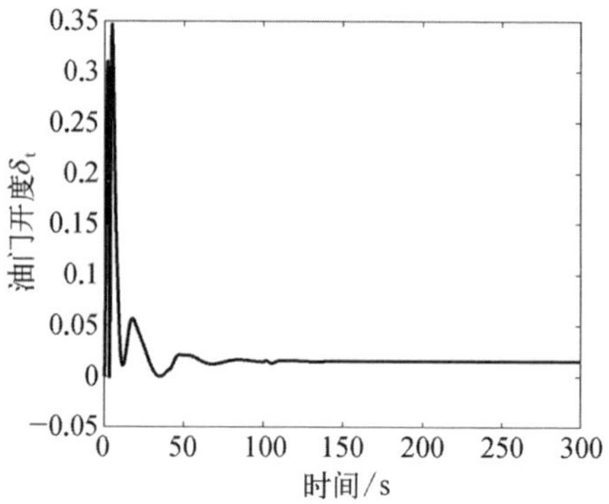

图 6.10 油门开度 δ_t(仿真 B)

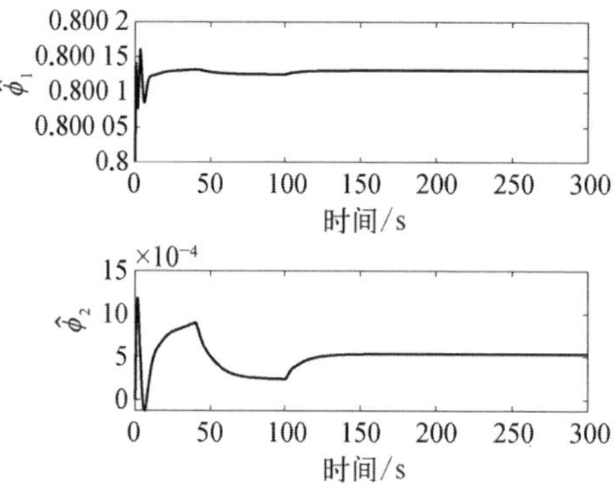

图 6.11 容错控制参数变化曲线(仿真 B)

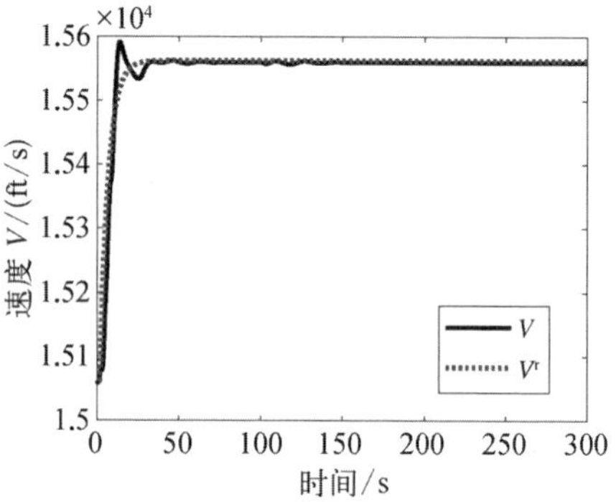

图 6.12 速度 V 跟踪响应曲线(仿真 C)

3）仿真 C

仿真 C 的结果如图 6.12~图 6.16 所示。由图 6.12 和图 6.13 可知,系统的输出速度和高度在 100 s 内就跟踪上了参考轨迹,并且即使发生卡死故障,输出依然保持跟踪性能。由图 6.14 可知,当舵面#1 发生卡死故障,舵面#2 迅速调整以补偿故障的影响。图 6.16 给出了容错控制参数的变化曲线,说明容错控制参数根据实际的故障情况自适应地进行调整,达到容错控制的目的。

4. 仿真参数选择分析

通过选择合适的控制器参数,可以保证升降舵偏转角在其约束范围内。实际上,对于同样的控制器结构,升降舵的偏转幅度取决于控制阶 r_k 和预测时间 T_p 的取值。根据文献[6],控制阶 r_k 应当尽量取小。而通过合理选择预测时间 T_p,可以保证舵偏角的约束。为了明确预测时间应当如何选取,以下通过总结仿真试验结果,得出不同期望指令下预测时间的合理取值范围。

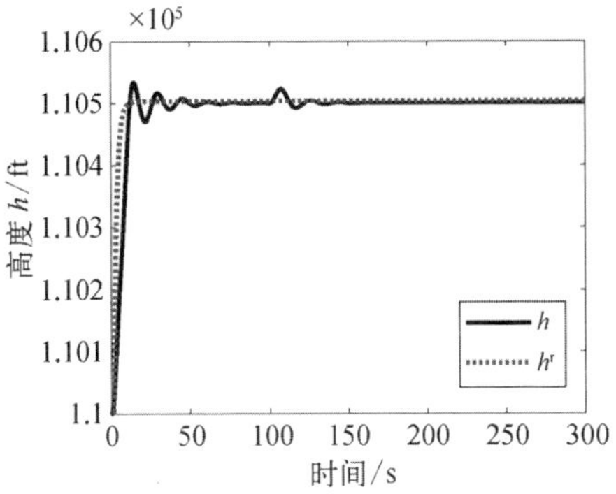

图 6.13　高度 h 跟踪响应曲线(仿真 C)

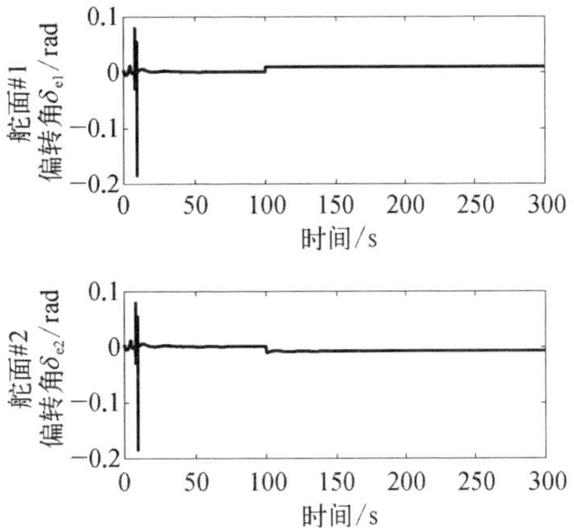

图 6.14　舵面偏转角 δ_{e1} 和 δ_{e2}(仿真 C)

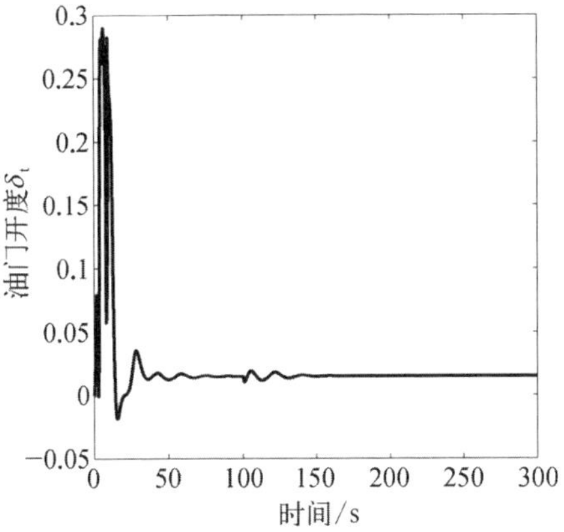

图 6.15　油门开度 δ_t(仿真 C)

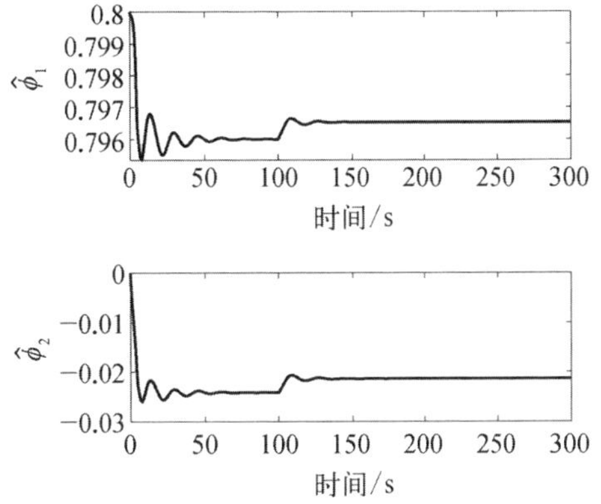

图 6.16　容错控制参数变化曲线(仿真 C)

对于速度和高度,设置 20%的超调量线及 5%的稳态误差线,当舵偏角达到限制值,而高度和速度响应尚未超出所设置的超调量线时,此时 T_p 的取值即此期望指令下的最大值。而当输出响应曲线达到超调量线,而调节时间较短时,此时 T_p 的取值为此期望指令下的最小值。通过大量仿真试验,可以总结出既保证输出超调量不超过 20%,又保证舵偏角不超限制的 T_p 的取值范围。仿真试验结果分为以下几种情况。

1）情况 A

控制阶 $r_k=0$, 飞行速度变化预期指令 $V^d=100\ \mathrm{ft/s}$, 不存在不确定参数和外界干扰，控制器矩阵 $\boldsymbol{K}=\begin{bmatrix} \dfrac{21}{2T_{\mathrm{p}}^{3}} & \dfrac{42}{5T_{\mathrm{p}}^{2}} & \dfrac{7}{2T_{\mathrm{p}}} & 0 & 0 & 0 & 0 \\ 0 & 0 & 0 & \dfrac{216}{5T_{\mathrm{p}}^{4}} & \dfrac{36}{T_{\mathrm{p}}^{3}} & \dfrac{108}{7T_{\mathrm{p}}^{2}} & \dfrac{9}{2T_{\mathrm{p}}} \end{bmatrix}$。不同高度指令下 T_{p} 的取值范围如表 6.1 所示。

表 6.1　不同高度指令下 T_{p} 的取值范围(情况 A)

Δh_{c}/ft	100	200	300	400	500	600	700	800	900	1 000
$T_{\mathrm{p}}^{\min}$/s	4.0	3.4	2.5	3.5	3.5	3.6	3.6	3.5	3.5	3.5
$T_{\mathrm{p}}^{\max}$/s	5.5	6.9	7.8	7.6	7.0	6.6	6.4	5.9	5.8	5.5
$T_{\mathrm{p}}^{\max}-T_{\mathrm{p}}^{\min}$/s	1.5	3.5	5.3	4.1	3.5	3.0	2.8	2.4	2.3	2.0

2）情况 B

控制阶 $r_{\mathrm{k}}=0$，飞行速度变化预期指令 $V^{\mathrm{d}}=500$ ft/s，不存在不确定参数和外界干扰，控制器矩阵 $\boldsymbol{K}=\begin{bmatrix} \dfrac{21}{2T_{\mathrm{p}}^{3}} & \dfrac{42}{5T_{\mathrm{p}}^{2}} & \dfrac{7}{2T_{\mathrm{p}}} & 0 & 0 & 0 & 0 \\ 0 & 0 & 0 & \dfrac{216}{5T_{\mathrm{p}}^{4}} & \dfrac{36}{T_{\mathrm{p}}^{3}} & \dfrac{108}{7T_{\mathrm{p}}^{2}} & \dfrac{9}{2T_{\mathrm{p}}} \end{bmatrix}$。不同高度指令下 T_{p} 的取值范围如表 6.2 所示。

表 6.2　不同高度指令下 T_{p} 的取值范围(情况 B)

Δh_{c}/ft	100	200	300	400	500	600	700	800	900	1 000
$T_{\mathrm{p}}^{\min}$/s	4.0	3.4	2.5	3.5	3.5	3.6	3.6	3.5	3.5	3.5
$T_{\mathrm{p}}^{\max}$/s	5.5	6.9	7.8	7.6	7.0	6.6	6.4	5.9	5.8	5.5
$T_{\mathrm{p}}^{\max}-T_{\mathrm{p}}^{\min}$/s	1.5	3.5	5.3	4.1	3.5	3.0	2.8	2.4	2.3	2.0

3）情况 C

控制阶 $r_{\mathrm{k}}=1$，飞行速度变化预期指令 $V^{\mathrm{d}}=500$ ft/s，不存在不确定参数和外界干扰，控制器矩阵 $\boldsymbol{K}=\begin{bmatrix} \dfrac{336}{5T_{\mathrm{p}}^{3}} & \dfrac{168}{5T_{\mathrm{p}}^{2}} & \dfrac{8}{T_{\mathrm{p}}} & 0 & 0 & 0 & 0 \\ 0 & 0 & 0 & \dfrac{360}{T_{\mathrm{p}}^{4}} & \dfrac{1\,440}{7T_{\mathrm{p}}^{3}} & \dfrac{405}{7T_{\mathrm{p}}^{2}} & \dfrac{10}{T_{\mathrm{p}}} \end{bmatrix}$。不同高度指令下 T_{p} 的取值范围如表 6.3 所示。

表 6.3　不同高度指令下的 T_p 的取值范围（情况 C）

Δh_c/ft	100	200	300	400	500	600	700	800	900	1 000
T_p^{min}/s	7.2	6.0	4.3	4.5	4.6	4.8	4.3	4.4	4.5	4.7
T_p^{max}/s	12.0	15.8	14.9	14.3	12.8	12.0	10.5	9.9	9.3	8.7
$T_p^{max}-T_p^{min}$/s	4.8	9.8	10.6	9.8	8.2	7.2	6.2	5.5	4.8	4.0

4）情况 D

控制阶 $r_k=1$，飞行速度变化预期指令 $V^d=500$ ft/s，存在不确定参数，参数变化量为：$|\Delta m|=0.03$，$|\Delta I|=0.02$，$|\Delta S_{ref}|=0.01$，$|\Delta\bar{c}|=0.01$，$|\Delta\rho|=0.06$，$|\Delta c_e|=0.03$，控制器矩阵 $\boldsymbol{K}=\begin{bmatrix}\frac{336}{5T_p^3} & \frac{168}{5T_p^2} & \frac{8}{T_p} & 0 & 0 & 0 & 0\\ 0 & 0 & 0 & \frac{360}{T_p^4} & \frac{1\,440}{7T_p^3} & \frac{405}{7T_p^2} & \frac{10}{T_p}\end{bmatrix}$。不同高度指令下 T_p 的取值范围如表 6.4 所示。

表 6.4　不同高度指令下 T_p 的取值范围（情况 D）

Δh_c/ft	100	200	300	400	500	600	700	800	900	1 000
T_p^{min}/s	6.6	5.7	4.4	4.1	4.1	4.1	4.2	4.5	4.5	4.8
T_p^{max}/s	11.7	15.6	14.7	13.9	12.4	9.4	9.5	9.3	8.7	8.1
$T_p^{max}-T_p^{min}$/s	5.1	9.9	10.3	9.8	8.3	5.3	5.3	4.8	4.2	3.3

5）情况 E

控制阶 $r_k=1$，飞行速度变化预期指令 $V^d=500$ ft/s，存在不确定参数，参数变化量为：$|\Delta m|=0.1$，$|\Delta I|=0.1$，$|\Delta S_{ref}|=0.1$，$|\Delta\bar{c}|=0.1$，$|\Delta\rho|=0.1$，$|\Delta c_e|=0.1$，控制器矩阵 $\boldsymbol{K}=\begin{bmatrix}\frac{336}{5T_p^3} & \frac{168}{5T_p^2} & \frac{8}{T_p} & 0 & 0 & 0 & 0\\ 0 & 0 & 0 & \frac{360}{T_p^4} & \frac{1\,440}{7T_p^3} & \frac{405}{7T_p^2} & \frac{10}{T_p}\end{bmatrix}$。

不同高度指令下 T_p 的取值范围如表 6.5 所示。

表 6.5 不同高度指令下 T_p 的取值范围(情况 E)

Δh_c/ft	100	200	300	400	500	600	700	800	900	1 000
T_p^{min}/s	5.0	4.2	4.0	4.2	3.9	4.1	4.2	4.5	4.7	5.0
T_p^{max}/s	11.4	15.0	14.0	11.8	11.2	8.4	8.6	8.0	7.2	6.5
$T_p^{max} - T_p^{min}$/s	6.4	10.8	10.0	7.6	7.3	4.3	4.4	3.5	2.5	1.5

注解 6.2 由表 6.1 和表 6.2 可知,当期望的飞行速度变化指令不同时,预测时间 T_p 的取值范围没有发生变化。因此,可以得出结论:速度指令对预测时间 T_p 的取值没有影响。

注解 6.3 在相同的高度指令下,表 6.3 中 T_p 的取值范围大于表 6.4 中的取值范围。由表 6.3~表 6.5 可知,当不确定参数变化小于 10%时,控制器可以取得较好的控制效果。当高度变化指令大于 500 ft,T_p 的可取值范围随着参数不确定性的增大而减小。因此,可以基于系统无参数不确定性的情况下总结出的 T_p 的取值范围为 T_p 取值。当高度变化指令为表中已列出的指令时,建议取对应范围的中间值。当高度变化指令位于表中已列的两个指令值之间时,T_p 可在相邻取值范围的交集内取值,同样建议选取交集的中间值。例如,当高度变化指令为 650 ft 且其参数不确定性较小时,预测时间 T_p 的取值范围为 $T_p \in [4.8\text{ s}, 10.5\text{ s}]$,$T_p$ 取区间中间值 7.6 s。

注解 6.4 若考虑升降舵偏转故障,对于容错控制器,参数选择的讨论同上述过程。总结大量试验结果,当卡死故障发生时,若卡死故障在-0.15~0.15 rad,则在实现容错控制的同时,舵面偏转角也不超过限制。而当一个舵面发生部分失效故障而另一个舵面正常工作时,也可同时保证容错控制效果和舵面偏转约束。

6.2 基于多模型预测控制的容错控制

6.1 节设计了自适应广义模型预测容错控制器,实现了对高超声速飞行器的纵向动态的跟踪控制。为了保证舵面偏转约束,需要选择合适的控制器参数。本节则希望能提出一种控制器,在输入约束下满足控制需求,同时计算量较小。6.1 节采用非线性模型预测控制方法,需要求解约束下的非线性优化问题,计算量较大,系统响应速度慢。因此,为了减少计算量,加快响应速度,增强算法的实用性,本节选择将原非线性模型在多个平衡工作点处线性化,得到一组线性模型,再采用线性预测控制方法为每个子系统分别设计预测控制器。本节采用的控制方法是基于线性矩阵不等式(linear matrix inequalities, LMI)的鲁棒模型预测控制,可以将模型预测问题转换为 LMI 描述的优化问题求解,因此可以以较小的计算量处理约束控制问题。

本节的内容安排如下: 6.2.1 节介绍间隙度量理论;6.2.2 节基于线性度量理论进行模型预处理,将纵向模型转化为离线线性多模型集;6.2.3 节给出控制目标;6.2.4 节设计多模型预测容错控制方案;6.2.5 节理论分析了系统的闭环稳定性;6.2.6 节进行仿真研究,进一步验证控制设计的有效性。

6.2.1　理论基础

为建立更为接近飞行器原非线性模型的离散多线性模型集,需要保证飞行包线划分的合理性。文献[7]中,作者依据飞行马赫数和飞行高度分割飞行包线,但此方法必须建立在具备先验知识的基础上。文献[8]和文献[9]基于间隙度量理论,依据飞行马赫数、飞行高度和动压等高线划分飞行包线。相比于上一种基于范数指标的划分方案,这种方案更具有优势,因为间隙度量更适用于评价两个线性系统之间的差异。

本小节将采用文献[9]中基于间隙度量理论的飞行包线划分方案,为高超声速飞行器的纵向非线性动态模型建立离散线性多模型集,以下简略介绍间隙度量理论。

定义 6.1　设 P 为有限维线性系统的传递函数,其规范右质分解为

$$P = NM^{-1}, \quad \tilde{M}M + \tilde{N}N = 1 \tag{6.59}$$

式中, N、M 为 P 的右互质分解因子; $\tilde{M}(s) = M^{\mathrm{T}}(-s)$; $\tilde{N}(s) = N^{\mathrm{T}}(-s)$。

设 P_1、P_2 为两个有限维线性系统的传递函数,两个系统的间隙定义为

$$\delta(P_1, P_2) = \max\{\boldsymbol{\delta}(P_1, P_2), \boldsymbol{\delta}(P_2, P_1)\} \tag{6.60}$$

式中, $\boldsymbol{\delta}(P_1, P_2)$ 为有向间隙,表达式为

$$\boldsymbol{\delta}(P_i, P_j) = \inf_{Q \in H_\infty} \left\| \begin{pmatrix} M_i \\ N_i \end{pmatrix} - \begin{pmatrix} M_j \\ N_j \end{pmatrix} Q \right\|, \quad i = 1, 2, j = 1, 2, i \neq j \tag{6.61}$$

根据间隙度量理论,如果两个线性系统的间隙度量值很小,则至少存在一个控制器能够使两个系统都稳定。

6.2.2 模型预处理

对于式(2.39)给出的高超声速飞行器纵向动态模型,选取状态变量为 $\boldsymbol{X}=[V \quad h \quad \alpha \quad \gamma \quad q]^{\mathrm{T}}$,选取输入量为 $\boldsymbol{U}=[\delta_{\mathrm{T}} \quad \delta_{\mathrm{e1}} \quad \delta_{\mathrm{e2}}]^{\mathrm{T}}$,其中 $u_2=\delta_{\mathrm{e1}}$ 和 $u_3=\delta_{\mathrm{e2}}$ 分别为飞行器左右升降舵的偏转,选取输出变量为 $\boldsymbol{Y}=[V \quad h]^{\mathrm{T}}$,于是有如下的空间状态方程:

$$\begin{aligned}\dot{\boldsymbol{X}}&=f(\boldsymbol{X},\ \boldsymbol{U})\\ \dot{\boldsymbol{Y}}&=g(\boldsymbol{X},\ \boldsymbol{U})\end{aligned} \tag{6.62}$$

而对于 $u_2=\delta_{\mathrm{e1}}$ 和 $u_3=\delta_{\mathrm{e2}}$,存在如下的输入约束:

$$\begin{aligned}u_2^{\min} \leqslant u_2 \leqslant u_2^{\max}\\ u_3^{\min} \leqslant u_3 \leqslant u_3^{\max}\end{aligned} \tag{6.63}$$

式中,$u_2^{\min}$、$u_2^{\max}$、$u_3^{\min}$、$u_3^{\max}$ 分别为左右舵面偏转角的上界和下界。$\boldsymbol{\Psi}$ 表示飞行包线范围,可以将输出空间划分为 p 个区域,即 $\boldsymbol{\Psi}_1 \cup \boldsymbol{\Psi}_2 \cup \cdots \boldsymbol{\Psi}_p=\boldsymbol{\Psi}$。而 $\boldsymbol{\Psi}_m$ 表示输出空间的第 m 个子区域,$\boldsymbol{\Psi}_m \subseteq \boldsymbol{\Psi}$。子区域 $\boldsymbol{\Psi}_m$ 内,在平衡点 $(x_m^{\mathrm{ep}},\ u_m^{\mathrm{ep}})$ 处建立线性模型,记为 Y_m。最终,得到各个子区域的线性模型,于是飞行包线 $\boldsymbol{\Psi}$ 的线性模型集表示为 $Y=\{Y_1,\ Y_2,\ \cdots,\ Y_p\}$。

这里采用飞行器的动压 $\bar{q}=1/2\rho V^2$ 作为参考指标,实现对飞行包线范围的划分。设动压范围为 $\bar{q}_1 \sim \bar{q}_M$,基于动压的包线分割步骤如下。

1) 步骤 1

在动压 $\bar{q}_1 \sim \bar{q}_M$ 内,以等间隔选择 N 条动压等高线,分别记为 I_i,$i=1,\ 2,\ \cdots,\ N$。对于等高线 I_i,在其上选择 F 个平衡点,在平衡点处对原非线性系统(6.62)建立线性化模型,得到等高线 I_i 上的 F 个线性模型。计算等高线 I_i 和等高线 $I_j(j \neq i)$ 之间的间隙度量值,记为 $\delta(I_i,\ I_j)$。

2) 步骤 2

计算 $\delta(I_i,\ I_j)$,$i=1,\ 2,\ \cdots,\ N$,$j=1,\ 2,\ \cdots,\ N$,$i \neq j$,记为间隙度量矩阵 $[\delta(I_i,\ I_j)]^{N \times N}$。

3) 步骤 3

为间隙度量值设置一个阈值 χ,从 $i=1$,$j=1,\ 2,\ \cdots,\ N$ 开始,依次比较

$\delta(I_i, I_j)$ 与χ，如果$\delta(I_i, I_k) > \chi$，那么动压线 I_i 上的线性模型可代表动压线 I_i，I_{i+1}，…，I_{k-1} 上的线性模型。

4）步骤 4

$i = j = k$，循环步骤 3，最终从 N 条动压等高线中选择出 p 条等压近似线，能够近似体现 N 条动压等高线。

接下来，由于同一等压线上间隙度量值较少，所以为每条等压线建立一个线性模型代表该等压线，步骤如下。

（1）步骤 1：在等高线 I_j 上取 F 个平衡点，在平衡点处建立线性化模型，记为 Z_i，$i = 1, 2, \cdots, F$。

（2）步骤 2：解优化方程 $\min\limits_j \text{Gap} = \min\limits_j \sum\limits_{i=1}^{F} \delta(Z_i, Z_j)$，获得等高线 I_j 上的典型线性模型。

经过以上步骤，可以得到 p 条典型动压等高线以及其上的 p 个典型线性模型，将 p 个线性模型组合为线性模型集，记为 $Y = \{Y_1, Y_2, \cdots, Y_p\}$。这里，选择在马赫数 15$Ma$、高度 110 000 ft 处建立线性模型集，集合 Y 中的第 m 个线性离散模型 Y_m 为

$$\begin{cases} \bar{\boldsymbol{X}}_m(k+1) = \boldsymbol{A}_m \bar{\boldsymbol{X}}_m(k) + \boldsymbol{B}_m \bar{\boldsymbol{U}}_m(k) \\ \boldsymbol{Y}(k) = \boldsymbol{C}_m \bar{\boldsymbol{X}}_m(k) \end{cases} \tag{6.64}$$

式中，$\bar{\boldsymbol{X}}_m(k) = \boldsymbol{X}_m - \boldsymbol{X}_m^{\text{ep}} \in \mathbf{R}^n$ 为状态量；$\bar{\boldsymbol{U}}_m(k) = \bar{\boldsymbol{U}}_m(k) - \boldsymbol{U}_m^{\text{ep}} \in \mathbf{R}^l$ 为输入量；$\boldsymbol{X}_m^{\text{ep}}$、$\boldsymbol{U}_m^{\text{ep}}$ 为平衡点。通过上述方法，建立动压范围 2 400~3 400 slug/(ft · s^2) 上的线性模型集，相邻模型间的间隙度量值阈值设为 0.1。其中，平衡点如表 6.6 所示。矩阵 $\boldsymbol{A}_i$、$\boldsymbol{B}_i$($i = 1, 2, 3, 4$) 见本章附录。

表 6.6　动压范围为 2 400~3 400 slug/(ft · s^2) 内线性模型集的平衡点

m	动压范围/[slug/(ft · s^2)]	$\boldsymbol{X}_m^{\text{ep}} = [V\ \ h\ \ \alpha\ \ \gamma\ \ q]^{\text{T}}$	$\boldsymbol{U}_m^{\text{ep}} = [\delta_{\text{T}}\ \ \delta_{\text{e1}}\ \ \delta_{\text{e2}}]^{\text{T}}$
1	[2 400, 2 500)	[14 041　109 000　0.038 3　0　0]^{T}	[0.018 9　-0.004 1　-0.004 1]^{T}
2	[2 500, 2 700)	[14 899　110 000　0.032 2　0　0]^{T}	[0.017 8　-0.003 6　-0.003 6]^{T}
3	[2 700, 2 900)	[15 766　111 000　0.027 1　0　0]^{T}	[0.016 9　-0.003 1　-0.003 1]^{T}
4	[2 900, 3 400)	[16 644　112 000　0.022 6　0　0]^{T}	[0.016 3　-0.002 7　-0.002 7]^{T}

在模型集 $Y = \{Y_1, Y_2, \cdots, Y_p\}$ 的基础上,考虑舵面故障,建立如下故障下的线性模型集,记为 $Y_F = \{Y_{F1}, Y_{F2}, \cdots, Y_{Fp}\}$,其中第 m 个线性离散模型 Y_{Fm} 为

$$\begin{cases}\bar{\boldsymbol{X}}_m(k+1) = \boldsymbol{A}_m\bar{\boldsymbol{X}}_m(k) + \boldsymbol{B}_m\bar{\boldsymbol{U}}_m(k) + \boldsymbol{B}_m\boldsymbol{F}(k)\\ \boldsymbol{Y}(k) = \boldsymbol{C}_m\bar{\boldsymbol{X}}_m(k)\end{cases} \tag{6.65}$$

式中,$\boldsymbol{F}(k) \in \mathbf{R}^r$ 代表执行器的故障,且满足 $\boldsymbol{F}(k+1) - \boldsymbol{F}(k) \in l_2[0, \infty)$。

6.2.3 控制目标

设当前的飞行速度为 V_j,飞行高度为 h_j,依据动压 $\bar{q}_j$,计算出期望速度 V^d 和高度 h^d 的期望动压 $\bar{q}^d$,将期望点 (V^d, h^d) 设为最后一个平衡点,并在 (V^d, h^d) 处建立最后一个线性模型。于是,得到初始动压到期望动压的区域内的典型线性模型集,记为 $Y_F = \{Y_{Fi}, Y_{F(i+1)}, \cdots, Y_{FN}\}$,模型集 Y_F 中的子模型记为 $Y_{Fsub} \subseteq Y_F$,$1 \leqslant i \leqslant N \leqslant p$。这里,控制目标是针对该线性模型集,设计容错控制器。在存在升降舵故障的情况下,实现速度 V 和高度 h 对预期速度 V^d 和预期高度 h^d 的跟踪,并确保每个子系统的闭环稳定性。

6.2.4 多模型预测容错控制器

多模型预测容错控制器包括故障观测器、子控制器和切换调度三个模块。针对模型集中的每一个子模型,设计容错控制器,保证子系统的闭环稳定性,并设计切换调度机制,最终实现输出对期望指令的跟踪控制。

1. 离散故障观测器

采用参考文献[10]中的方法,设计如下故障观测器观测舵面故障信息:

$$\begin{aligned}&\hat{\bar{\boldsymbol{X}}}_m(k+1) = \boldsymbol{A}_m\hat{\bar{\boldsymbol{X}}}_m(k) + \boldsymbol{B}_m\bar{\boldsymbol{U}}_m(k) + \boldsymbol{B}_m\hat{\boldsymbol{F}}(k) - \boldsymbol{\vartheta}(\hat{\boldsymbol{Y}}_m(k) - \boldsymbol{Y}_m(k))\\ &\hat{\boldsymbol{Y}}_m(k) = \boldsymbol{C}_m\hat{\bar{\boldsymbol{X}}}_m(k)\\ &\hat{\boldsymbol{F}}(k+1) = \hat{\boldsymbol{F}}(k) - \boldsymbol{\Lambda}(\hat{\boldsymbol{Y}}_m(k) - \boldsymbol{Y}_m(k))\end{aligned} \tag{6.66}$$

式中,$\hat{\bar{\boldsymbol{X}}}_m \in \mathbf{R}^n$ 为故障观测器的状态量;$\hat{\boldsymbol{Y}}_m \in \mathbf{R}^q$ 为故障观测器的输出量;$\hat{\boldsymbol{F}} \in \mathbf{R}^r$ 为故障观测器的观测值;$\boldsymbol{\vartheta}$、$\boldsymbol{\Lambda}$ 为观测矩阵。

观测误差定义为

$$\begin{aligned} &\boldsymbol{e}_{\bar{X}_m}(k)=\hat{\bar{\boldsymbol{X}}}_m(k)-\bar{\boldsymbol{X}}_m(k) \\ &\boldsymbol{e}_F=\hat{\boldsymbol{F}}(k)-\boldsymbol{F}(k) \end{aligned} \tag{6.67}$$

于是,观测误差动态为

$$\begin{aligned} &\boldsymbol{e}_{\bar{X}_m}(k+1)=(\boldsymbol{A}_m-\boldsymbol{\vartheta}\boldsymbol{C}_m)\boldsymbol{e}_{\bar{X}_m}(k)+\boldsymbol{B}_m\boldsymbol{e}_F(k) \\ &\boldsymbol{e}_F(k+1)=\boldsymbol{e}_F(k)-\boldsymbol{\Lambda}\boldsymbol{C}_m\boldsymbol{e}_{\bar{X}_m}(k)-\Delta\boldsymbol{F}(k) \end{aligned} \tag{6.68}$$

式中, $\Delta\boldsymbol{F}(k)=\boldsymbol{F}(k+1)-\boldsymbol{F}(k)$。

假设有 $\gamma_2>0$, 令 $\|\Delta\boldsymbol{F}(k)\|_2<\gamma_2\|\bar{\boldsymbol{X}}_m(k)\|_2$ 成立,则定义状态变量为 $\bar{\boldsymbol{e}}(k)=[\boldsymbol{e}_{\bar{X}_m}(k)\quad \boldsymbol{e}_F(k)]^{\mathrm{T}}$, 可将式(6.68)写为

$$\begin{aligned} &\bar{\boldsymbol{e}}(k+1)=(\bar{\boldsymbol{A}}_m-\bar{\boldsymbol{\vartheta}}\bar{\boldsymbol{C}}_m)\bar{\boldsymbol{e}}(k)-\bar{\boldsymbol{D}}_1\boldsymbol{\eta}(k) \\ &\boldsymbol{e}_F(k)=\bar{\boldsymbol{I}}_r\bar{\boldsymbol{e}}(k) \end{aligned} \tag{6.69}$$

式中, $\bar{\boldsymbol{A}}_m=\begin{bmatrix}\boldsymbol{A}_m & \boldsymbol{B}_m\\ \boldsymbol{0} & \boldsymbol{I}\end{bmatrix}$; $\bar{\boldsymbol{\vartheta}}=[\boldsymbol{\vartheta}\quad \boldsymbol{\Lambda}]^{\mathrm{T}}$; $\bar{\boldsymbol{C}}_m=[\boldsymbol{C}_m\quad \boldsymbol{0}]$; $\boldsymbol{\eta}(k)=[\boldsymbol{0}\quad \Delta\boldsymbol{F}(k)]^{\mathrm{T}}$; $\bar{\boldsymbol{D}}_1=\begin{bmatrix}\boldsymbol{0} & \boldsymbol{0}\\ \boldsymbol{0}_{r\times n} & \boldsymbol{I}_r\end{bmatrix}$; $\bar{\boldsymbol{I}}_r=[\boldsymbol{0}_{r\times n}\quad \boldsymbol{I}_r]$。

由文献[10]中的定理 5.5 可知,对于给定圆盘形区域 $\boldsymbol{O}(\xi_1,\varepsilon_1)$ 和 H_∞ 性能指标 γ_1, 若有对称正定矩阵 $\bar{\boldsymbol{P}}_1$、$\bar{\boldsymbol{P}}_2\in\mathbf{R}^{(n+r)\times(n+r)}$、$\bar{\boldsymbol{\Xi}}\in\mathbf{R}^{(n+r)\times(n+r)}$、$\bar{\boldsymbol{H}}\in\mathbf{R}^{(n+r)\times(n+r)}$ 使如下不等式成立:

$$\begin{bmatrix}-\bar{\boldsymbol{\Xi}}-\bar{\boldsymbol{\Xi}}^{\mathrm{T}}+\bar{\boldsymbol{P}}_1 & \bar{\boldsymbol{\Xi}}\bar{\boldsymbol{A}}_{\mathrm{m}}-\bar{\boldsymbol{H}}\bar{\boldsymbol{C}}-\xi_1\bar{\boldsymbol{\Xi}}\\ * & -\varepsilon_1^2\bar{\boldsymbol{P}}_1\end{bmatrix}<0 \tag{6.70}$$

$$\begin{bmatrix}-\bar{\boldsymbol{\Xi}}-\bar{\boldsymbol{\Xi}}^{\mathrm{T}}+\bar{\boldsymbol{P}}_2 & \bar{\boldsymbol{\Xi}}\bar{\boldsymbol{A}}_{\mathrm{m}}-\bar{\boldsymbol{H}}\bar{\boldsymbol{C}} & -\bar{\boldsymbol{D}}_1\bar{\boldsymbol{\Xi}} & 0\\ * & -\bar{\boldsymbol{P}}_2 & 0 & \bar{\boldsymbol{I}}_r\\ * & * & -\gamma_1\boldsymbol{I} & 0\\ * & * & * & -\gamma_1\boldsymbol{I}\end{bmatrix}<0 \tag{6.71}$$

则 $(\bar{\boldsymbol{A}}_m-\bar{\boldsymbol{\vartheta}}\bar{\boldsymbol{C}}_m)$ 的特征根位于 $\boldsymbol{O}(\xi_1,\varepsilon_1)$ 内,观测器的增益矩阵 $\bar{\boldsymbol{\vartheta}}=\bar{\boldsymbol{P}}_2^{-1}\bar{\boldsymbol{\Xi}}$, 且式(6.69)满足 $\|\boldsymbol{e}_F(k)\|_2<\gamma_1\|\boldsymbol{\eta}(k)\|_2$。因此,存在 $\gamma_3>0$ 使 $\|\boldsymbol{e}_{\mathrm{F}}(k)\|_2\leqslant$

$\gamma_3 \| \bar{X}_m(k) \|_2$ 成立。

2. 子模型容错控制器

下面,为建立的线性系统集 $\boldsymbol{Y}_F$ 的第 m 个子系统 $\boldsymbol{Y}_{Fm}$ 设计容错控制器,目标是跟踪期望平衡点。设子模型 $\boldsymbol{Y}_{Fm}$ 的状态量为 $\bar{\boldsymbol{X}}_m(k)=\boldsymbol{X}_m-\boldsymbol{X}_{\text{ep}}^m$。因此,可以通过设计镇定控制器,使状态量 $\bar{\boldsymbol{X}}_m(k)$ 趋近于零,进而实现 $\boldsymbol{X}_m(k)$ 对平衡点 $\boldsymbol{X}_{\text{ep}}^m$ 的跟踪控制。设计模型预测容错控制器如下:

$$\bar{\boldsymbol{U}}_m(k+i\mid k)=\bar{\boldsymbol{V}}_m(k+i\mid k)-\boldsymbol{N}\hat{\boldsymbol{F}} \tag{6.72}$$

式中,$\bar{\boldsymbol{V}}_m(k+i\mid k)=\boldsymbol{K}(k)\bar{\boldsymbol{X}}_m(k+i\mid k)$;$\boldsymbol{N}_m=\begin{bmatrix}1&0&0\\0&0&1\\0&1&0\end{bmatrix}$;$\hat{\boldsymbol{F}}$ 为故障估计;$\boldsymbol{K}(k)$ 为控制增益矩阵。

由式(6.72)可知,为设计 $\bar{\boldsymbol{U}}_m(k+i\mid k)$,可以转而设计 $\bar{\boldsymbol{V}}_m(k+i\mid k)$。

考虑舵面偏转故障,对舵面约束建立性能指标函数如下:

$$J_m=\sum_{i=0}^{\infty}\left[\bar{\boldsymbol{X}}_m(k+i\mid k)^{\mathrm{T}}\boldsymbol{Q}_m\bar{\boldsymbol{X}}_m(k+i\mid k)+\bar{\boldsymbol{V}}_m(k+i\mid k)^{\mathrm{T}}\boldsymbol{R}_m\bar{\boldsymbol{V}}_m(k+i\mid k)\right]$$
$$\text{s.t.}\quad u_2^{\min}\leqslant u_2\leqslant u_2^{\max},\ u_3^{\min}\leqslant u_3\leqslant u_3^{\max} \tag{6.73}$$

式中,$\boldsymbol{Q}_m\in\mathbf{R}^n$、$\boldsymbol{R}_m\in\mathbf{R}^p$ 为对称正定矩阵。

定义李雅普诺夫函数如下:

$$V(\bar{\boldsymbol{X}}_m(k+i\mid k))=\bar{\boldsymbol{X}}_m(k+i\mid k)^{\mathrm{T}}\boldsymbol{P}_m\bar{\boldsymbol{X}}_m(k+i\mid k) \tag{6.74}$$

式中,$\boldsymbol{P}_m\in\mathbf{R}^{n\times n}$ 为对称正定矩阵。

假设式(6.74)满足如下稳定性约束条件:

$$\begin{aligned}&V(\bar{\boldsymbol{X}}_m(k+i+1\mid k))-V(\bar{\boldsymbol{X}}_m(k+i\mid k))\\&\leqslant-\left[\bar{\boldsymbol{X}}_m(k+i\mid k)^{\mathrm{T}}\boldsymbol{Q}\bar{\boldsymbol{X}}_m(k+i\mid k)+\bar{\boldsymbol{V}}_m(k+i\mid k)^{\mathrm{T}}\boldsymbol{R}_m\bar{\boldsymbol{V}}_m(k+i\mid k)\right]\end{aligned} \tag{6.75}$$

对式(6.75)在 $i=0$ 至 $i=\infty$ 上求积分,并要求满足 $V(\bar{x}_m(\infty))=0$ 或 $\bar{\boldsymbol{X}}_m(\infty)=0$,于是可得

$$J_m(k) \leqslant V(\bar{\boldsymbol{X}}_m(k)) \leqslant \gamma \tag{6.76}$$

式中，γ 为性能指标的上界值。

根据 Schur 定理，式(6.76)可表示为下列不等式：

$$\begin{bmatrix} 1 & \bar{\boldsymbol{X}}_m(k)^{\mathrm{T}} \\ \bar{\boldsymbol{X}}_m(k) & \boldsymbol{S}_m \end{bmatrix} \geqslant 0 \tag{6.77}$$

式中，$\boldsymbol{S}_m = \gamma \boldsymbol{P}_m^{-1}$。

基于式(6.65)、式(6.72)、式(6.74)，鲁棒稳定性约束条件式(6.75)重新表示为

$$\begin{aligned} &\bar{\boldsymbol{X}}_m(k+i+1 \mid k)^{\mathrm{T}} \boldsymbol{P}_m \bar{\boldsymbol{X}}_m(k+i+1 \mid k) - \bar{\boldsymbol{X}}_m(k+i \mid k)^{\mathrm{T}} \boldsymbol{P}_m \bar{\boldsymbol{X}}_m(k+i \mid k) \\ &\leqslant -\bar{\boldsymbol{X}}_m(k+i \mid k)^{\mathrm{T}} \boldsymbol{Q}_m \bar{\boldsymbol{X}}_m(k+i \mid k) - \bar{\boldsymbol{V}}_m(k+i \mid k)^{\mathrm{T}} \boldsymbol{R}_m \bar{\boldsymbol{V}}_m(k+i \mid k) \end{aligned} \tag{6.78}$$

式中，

$$\begin{aligned} \bar{\boldsymbol{X}}_m(k+i+1 \mid k) &= \boldsymbol{A}_m \bar{\boldsymbol{X}}_m(k+i \mid k) + \boldsymbol{B}_m(\bar{\boldsymbol{U}}_m(k+i \mid k) + \boldsymbol{F}(k+i \mid k)) \\ &= \boldsymbol{A}_m \bar{\boldsymbol{X}}_m(k+i \mid k) + \boldsymbol{B}_m(\bar{\boldsymbol{V}}_m(k+i \mid k) + \tilde{\boldsymbol{e}}_F(k+i \mid k)) \end{aligned}$$

因此，式(6.78)的左边满足下列不等式：

$$\begin{aligned} &\bar{\boldsymbol{X}}_m(k+i+1 \mid k)^{\mathrm{T}} \boldsymbol{P}_m \bar{\boldsymbol{X}}_m(k+i+1 \mid k) - \bar{\boldsymbol{X}}_m(k+i \mid k)^{\mathrm{T}} \boldsymbol{P}_m \bar{\boldsymbol{X}}_m(k+i \mid k) \\ &\leqslant 2\bar{\boldsymbol{X}}_m(k+i \mid k)^{\mathrm{T}} (\boldsymbol{A}_m + \boldsymbol{B}_m \boldsymbol{F})^{\mathrm{T}} \boldsymbol{P}_m \bar{x}_m (\boldsymbol{A}_m + \boldsymbol{B}_m \boldsymbol{F})(k+i \mid k) \\ &\quad + 2(\boldsymbol{B}_m \tilde{\boldsymbol{e}}_F(k+i \mid k))^{\mathrm{T}} \boldsymbol{P}_m (\boldsymbol{B}_m \tilde{\boldsymbol{e}}_F(k+i \mid k)) - \bar{\boldsymbol{X}}_m(k+i \mid k)^{\mathrm{T}} \boldsymbol{P}_m \bar{\boldsymbol{X}}_m(k+i \mid k) \end{aligned}$$

由于故障的观测误差满足不等式 $\| \boldsymbol{e}_{\mathrm{F}}(k) \|_2 < \gamma_3 \| \bar{\boldsymbol{X}}_{\mathrm{m}}(k) \|_2$。所以，式(6.78)中 $2(\boldsymbol{B}_m \tilde{\boldsymbol{e}}_F(k+i \mid k))^{\mathrm{T}} \boldsymbol{P}_m (\boldsymbol{B}_m \tilde{\boldsymbol{e}}_F(k+i \mid k)) \leqslant 2\gamma_3 \bar{\boldsymbol{X}}_m(k+i \mid k)^{\mathrm{T}} \boldsymbol{B}_m^{\mathrm{T}} \boldsymbol{P}_m \boldsymbol{B}_m \bar{\boldsymbol{X}}_m(k+i \mid k)$。则式(6.78)可以重新表达为

$$\begin{aligned} &\bar{\boldsymbol{X}}_m(k+i \mid k)^{\mathrm{T}} [2(\boldsymbol{A}_m + \boldsymbol{B}_m \boldsymbol{K})^{\mathrm{T}} \boldsymbol{P}_m (\boldsymbol{A}_m + \boldsymbol{B}_m \boldsymbol{K}) + 2\gamma_3 \boldsymbol{B}_m^{\mathrm{T}} \boldsymbol{P}_m \boldsymbol{B}_m] \bar{\boldsymbol{X}}_m(k+i \mid k) \\ &+ \bar{\boldsymbol{X}}_m(k+i \mid k)^{\mathrm{T}} [-\boldsymbol{P} + \boldsymbol{Q} + \boldsymbol{K}^{\mathrm{T}} \boldsymbol{R} \boldsymbol{K}] \bar{\boldsymbol{X}}_m(k+i \mid k) \leqslant 0 \end{aligned} \tag{6.79}$$

当

$$[2(\boldsymbol{A}_m+\boldsymbol{B}_m\boldsymbol{K})^{\mathrm{T}}\boldsymbol{P}_m(\boldsymbol{A}_m+\boldsymbol{B}_m\boldsymbol{K})+2\gamma_3\boldsymbol{B}_m^{\mathrm{T}}\boldsymbol{P}_m\boldsymbol{B}_m-\boldsymbol{P}+\boldsymbol{Q}+\boldsymbol{K}^{\mathrm{T}}\boldsymbol{R}\boldsymbol{K}]\leqslant 0 \tag{6.80}$$

成立时,不等式(6.79)成立。定义 $\boldsymbol{K}=\boldsymbol{Y}_m\boldsymbol{S}_m^{-1}$,根据 Schur 定理,式(6.80)可表达为下列矩阵不等式:

$$\begin{bmatrix} \boldsymbol{S}_m & \sqrt{2}(\boldsymbol{A}_m\boldsymbol{S}_m+\boldsymbol{B}_m\boldsymbol{Y}_m)^{\mathrm{T}} & \sqrt{2\gamma_3}\boldsymbol{B}_m^{\mathrm{T}} & (\boldsymbol{Q}_m^{1/2}\boldsymbol{S}_m)^{\mathrm{T}} & (\boldsymbol{R}_m^{1/2}\boldsymbol{Y}_m)^{\mathrm{T}} \\ \sqrt{2}(\boldsymbol{A}_m\boldsymbol{S}_m+\boldsymbol{B}_m\boldsymbol{Y}_m) & \boldsymbol{S}_m & 0 & 0 & 0 \\ \sqrt{2\gamma_3}\boldsymbol{B}_m & 0 & \boldsymbol{S}_m & 0 & 0 \\ (\boldsymbol{Q}_m^{1/2}\boldsymbol{S}_m) & 0 & 0 & \gamma\boldsymbol{I} & 0 \\ (\boldsymbol{R}_m^{1/2}\boldsymbol{Y}_m) & 0 & 0 & 0 & \gamma\boldsymbol{I} \end{bmatrix}\geqslant 0 \tag{6.81}$$

本设计中的容错控制策略是:当某一升降舵发生故障时,通过调节控制律,另一个正常工作的升降舵可以弥补故障带来的影响。下面举例说明,假设飞行器的升降舵#1 出现加性故障,而升降舵#2 工作正常。此时,对于容错控制器,有下列约束存在:

$$\begin{cases} u_2^{\min}\leqslant \bar{v}_{m2}+u_{m2}^{\mathrm{ep}}\leqslant u_2^{\max} \\ u_3^{\min}\leqslant \bar{v}_{m3}+u_{m3}^{\mathrm{ep}}-\hat{f}_2\leqslant u_3^{\max} \end{cases} \tag{6.82}$$

式中,$u_2^{\min}$、$u_2^{\max}$ 分别为升降舵#1 的偏转范围的上下界;$u_3^{\min}$、$u_3^{\max}$ 分别为升降舵#2 的偏转范围的上下界;$\hat{f}_2$ 为升降舵#1 的故障观测值。

输入约束可以表达成下列矩阵不等式:

$$\begin{bmatrix} \boldsymbol{H}_m & \boldsymbol{Y}_m \\ \boldsymbol{Y}_m^{\mathrm{T}} & \boldsymbol{S}_m \end{bmatrix}\geqslant 0,\quad H_{m,22}\leqslant \bar{v}_{m2}^{\max},\quad H_{m,33}\leqslant \bar{v}_{m3}^{\max} \tag{6.83}$$

$$\bar{v}_{m2}^{\max}=u_2^{\max}-u_{m2}^{\mathrm{ep}},\quad \bar{v}_{m3}^{\max}=u_3^{\max}-u_{m3}^{\mathrm{ep}}+\hat{f}_2$$

式中,$\boldsymbol{H}_m$ 为对称矩阵;$H_{m,22}$、$H_{m,33}$ 为 $\boldsymbol{H}_m$ 对角线上第二个、第三个元素。当飞行器的升降舵发生故障时,通过求解不等式(6.77)、式(6.81)、式(6.83)可得容错控制器的状态反馈增益 $\boldsymbol{K}(k)=\boldsymbol{Y}_m\boldsymbol{S}_m^{-1}$。可得到 $\bar{\boldsymbol{V}}_m(k|k)=\boldsymbol{K}(k)\bar{\boldsymbol{X}}_m(k|k)$,$\boldsymbol{K}=\boldsymbol{Y}_m\boldsymbol{S}_m^{-1}$,从而得到控制器 $\boldsymbol{U}_m(k|k)=K(k)\bar{\boldsymbol{X}}_m(k|k)-\boldsymbol{N}\hat{\boldsymbol{F}}+\boldsymbol{U}_m^{\mathrm{ep}}$,实现 $\boldsymbol{X}_m$ 到达期望平衡点 $\boldsymbol{X}_m^{\mathrm{ep}}$,并确保子系统在域 $\boldsymbol{\Phi}_m=\{\boldsymbol{X}_m \mid (\boldsymbol{X}_m-\boldsymbol{X}_m^{\mathrm{ep}})^{\mathrm{T}}\boldsymbol{S}_m^{-1}(\boldsymbol{X}_m-\boldsymbol{X}_m^{\mathrm{ep}})\leqslant 1\}$ 上的闭环稳定。

3. 切换调度控制

在初始点 (V_j, h_j) 到期望输出 (V^{d}, h^{d}) 的过程中,需实现子控制器的切换。切换调度机制是：在飞行过程中,不断实时计算实时动压值,并比较且判断动压所在的区域,从而调用对应区域内的子控制器,直到分段实现对期望输出 (V^{d}, h^{d}) 的跟踪控制。

6.2.5 稳定性分析

基于故障观测器得到的故障信息,针对子系统 $Y_{\mathrm{F}m}$ 所设计的约束模型预测容错控制器(6.72)是通过求解矩阵不等式(6.77)、(6.81)、(6.83)得到的,不等式(6.81)的成立保证了子系统 $Y_{\mathrm{F}m}$ 的鲁棒稳定性。因此,子系统 $Y_{\mathrm{F}m}$ 是局部稳定的。而又因为线性模型集 Y_{F} 是基于间隙度量理论建立的,如果切换前后的两个模型之间的间隙度量值满足系列条件,那么本节所设计的多模型预测容错控制器能够确保整个系统的稳定性[9]：

$$\delta(Y_{\mathrm{F}m},\ Y_{\mathrm{F}m+1}) \leqslant \eta_{\mathrm{F}m} \tag{6.84}$$

式中, $m \in \{1, 2, \cdots, N-1\}$;$\eta_{\mathrm{F}m}$ 为设定的阈值。

在为非线性系统建立多个线性模型时,两个模型间的间隙度量值越小,两个模型间的特征就越接近,其稳定域重叠的部分就越大。当控制器从第 m 个控制器切换到第 $m+1$ 个控制器时,切换点在两模型的重叠区域内,进而保证了全局的稳定性。

6.2.6 仿真验证

本小节以巡航段的高超声速飞行器纵向动态模型为对象,通过仿真试验验证本节所提出的控制设计的预测控制器的控制效果。

飞行器的初始速度 V_j = 13 841 ft/s; 初始高度 h_j = 108 900 ft; 初始动压 $\bar{q}_j$ = 2 439 slug/(ft · s^2)。预期飞行速度 V^{d}= 16 644 ft/s; 预期高度 h^{d} = 112 000 ft; 预期动压 $\bar{q}^{\mathrm{d}}$ = 3 100 slug/(ft · s^2)。设定升降舵的偏转范围约束为：$\delta_{\mathrm{e}}^{\min} \leqslant \delta_{\mathrm{e}} \leqslant \delta_{\mathrm{e}}^{\max}$, $\delta_{\mathrm{e}}^{\min} = -0.3$ rad, $\delta_{\mathrm{e}}^{\max} = 0.3$ rad。为验证容错控制效果,假设飞行器的升降舵#1 发生故障,故障参数 $f_2 = 0.1$。

仿真结果如图 6.17~图 6.21 所示。图 6.21 为飞行器在飞行过程中的动压变化曲线。图 6.17 和图 6.18 分别为速度和高度的跟踪响应曲线。由图可知,切换调度机制依据动压所属区域进行控制器的切换,总共切换了 3 次子控制器,系统的输出和其他信号经过三个阶段,最终跟踪到期望指令信号。根据图 6.19,飞行器的两个升降舵的偏转角可以相互补偿,达到容错控制的目的。

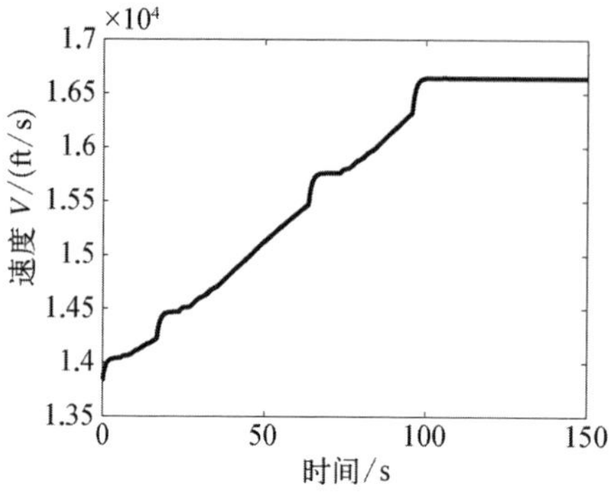

图 6.17　速度 V 跟踪响应曲线

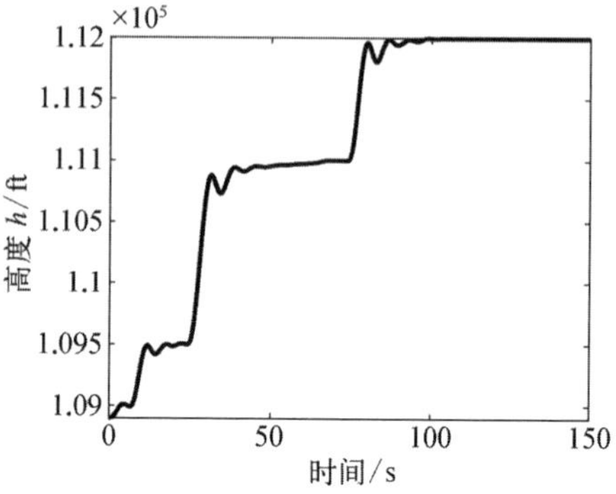

图 6.18　高度 h 跟踪响应曲线

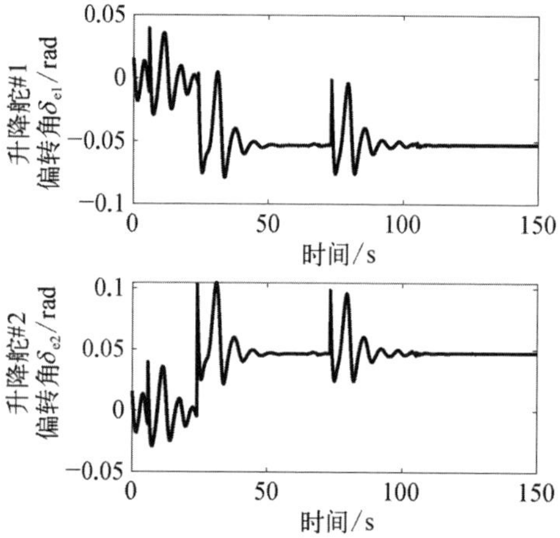

图 6.19　舵面偏转角 δ_{e1} 和 δ_{e2}

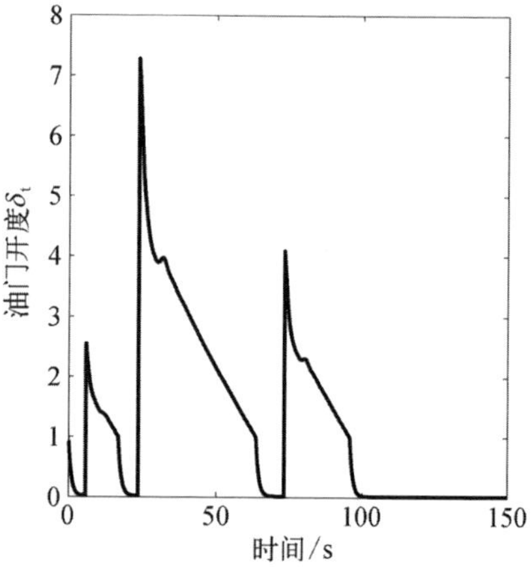

图 6.20　油门开度 δ_t

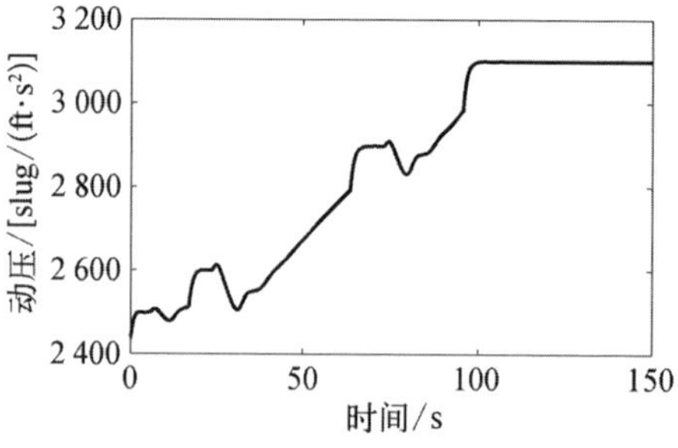

图 6.21　动压变化曲线

6.3 本章小结

舵面作为高超声速飞行器的重要执行机构，对整个飞行控制系统的影响较大。同时，从现实因素考虑，舵面的偏转受到一定的物理范围约束。所以，在本章中，将舵面约束纳入考虑范围设计高超声速飞行器的容错控制系统。

首先，针对具有输入约束的高超声速飞行器纵向多输入多输出非线性模型，考虑系统参数不确定性和舵面发生未知故障的情况，设计自适应广义模型预测容错控制器。并且，基于大量的仿真试验结果，讨论了系统参数存在不确定时控制器参数如何选择的问题。

然后，由于非线性模型预测存在运算量过大的弊端，考虑采用同多模型预测控制的方法，基于高超声速飞行器纵向模型的多线性模型集设计自适应容错模型预测控制方案。首先，基于间隙度量的理论建立考虑故障的离散线性模型集后，针对每一个子模型建立约束模型预测容错控制器，然后通过切换调度选择子控制器，从而分步实现故障下对期望指令的跟踪控制。

参考文献

[1] Mayne D Q, Rawlings J B, Rao C V, et al. Survey constrained model predictive control: stability and optimality[J]. Automatica, 2000, 36(6): 789-814.

[2] 陈虹.模型预测控制[M].北京：科学出版社，2013.

[3] 何德峰，丁宝苍，于树友.非线性系统模型预测控制若干基本特点与主题回顾[J].控制理论与应用，2013，(3)：4-18.

[4] 席裕庚，李德伟，林姝.模型预测控制——现状与挑战[J].自动化学报，2013，(3)：28-42.

[5] Mayne D Q. Model predictive control[J]. Automatica, 2014, 50(12): 2967-2986.

[6] Chen W H, Ballance D J, Gawthrop P J. Optimal control of nonlinear systems: a predictive control approach[J]. Automatica, 2003, 39(4): 633-641.

[7] 李中健.大包线飞行控制系统鲁棒设计研究[D].西安：西北工业大学，2000.

[8] 何超凡，杨凌宇，李鑫.基于间隙度量的高超声速飞行器包线定量划分[J].北京航空航天大学学报，2014，40(9)：1250-1255.

[9] Tao X, Li N, Li S. Multiple model predictive control for large envelope flight of hypersonic vehicle systems[J]. Information Sciences, 2016, 328(C): 115-126.

[10] 张柯.基于观测器的动态系统故障估计和调节[D].南京：南京航空航天大学，2012.

附录

$$
\boldsymbol{W}_{12}=\begin{bmatrix}
V^3C_T^2+V^3C_T^2\cos^2\alpha-4V^3C_TC_D\cos\alpha\\
+2V^3C_D^2+V^3C_TC_L\sin\alpha+V^3C_L\dfrac{\partial C_D}{\partial\alpha};\\
\left(-2VC_T\sin\gamma\cos\alpha+2VC_D\sin\gamma\right.\\
\left.-VC_T\cos\gamma\sin\alpha-V\cos\gamma\dfrac{\partial C_D}{\partial\alpha}\right)\Big/r^2;\\
-V^2C_Tq\sin\alpha-V^2q\dfrac{\partial C_D}{\partial\alpha}+V^3C_T\cos\gamma\sin\alpha\Big/r\\
+V^3\cos\gamma\dfrac{\partial C_D}{\partial\alpha}\Big/r+V^2\dot{\delta}_T\dfrac{\partial C_T}{\partial\delta_T}\cos\alpha;\\
-VC_L\cos\gamma/r^2-VC_T\cos\gamma\sin\alpha/r^2;\\
\cos\gamma/(Vr^4);\\
-V\cos^2\gamma/r^3+2V\sin^2\gamma/r^3
\end{bmatrix}
$$

$\boldsymbol{W}1=[\boldsymbol{S}_{13}\cdot\boldsymbol{F}_1;\boldsymbol{S}_{13}\cdot\boldsymbol{F}_2;\boldsymbol{S}_{13}\cdot\boldsymbol{F}_3;\boldsymbol{S}_{13}\cdot\boldsymbol{F}_4;\boldsymbol{S}_{13}\cdot\boldsymbol{F}_5;\boldsymbol{S}_{14}\cdot\boldsymbol{F}_1;\boldsymbol{S}_{14}\cdot\boldsymbol{F}_2;\boldsymbol{S}_{14}\cdot\boldsymbol{F}_3;\boldsymbol{S}_{14}\cdot\boldsymbol{F}_4;\boldsymbol{S}_{14}\cdot\boldsymbol{F}_5]$，$\boldsymbol{S}_{13}=[\boldsymbol{s}_{131}^{\mathrm{T}};\boldsymbol{s}_{132}^{\mathrm{T}};\boldsymbol{s}_{133}^{\mathrm{T}}]$

其中，

$$
\boldsymbol{s}_{131}=\begin{bmatrix}
3V^2C_T^2+3V^2C_T^2\cos^2\alpha-12V^2C_TC_D\cos\alpha+6V^2C_D^2\\
+3V^2C_TC_L\sin\alpha+3V^2C_T\sin\alpha\dfrac{\partial C_D}{\partial\alpha}+3V^2C_L\dfrac{\partial C_D}{\partial\alpha};\\
0;\\
0;\\
-2V^3C_T^2\cos\alpha\sin\alpha-4V^3C_T\dfrac{\partial C_D}{\partial\alpha}\cos\alpha\\
+4V^3C_TC_D\sin\alpha+4V^3C_D\dfrac{\partial C_D}{\partial\alpha}+V^3C_T\dfrac{\partial C_L}{\partial\alpha}\sin\alpha\\
+V^3C_TC_L\cos\alpha+V^3\dfrac{\partial C_L}{\partial\alpha}\left(\dfrac{\partial C_D}{\partial\alpha}\right)+V^3C_L\dfrac{\partial\left(\dfrac{\partial C_D}{\partial\alpha}\right)}{\partial\alpha}\\
+V^3C_T\cos\alpha\dfrac{\partial C_D}{\partial\alpha}+V^3C_T\sin\alpha\dfrac{\partial\left(\dfrac{\partial C_D}{\partial\alpha}\right)}{\partial\alpha};\\
0;\\
2V^3C_T\dfrac{\partial C_T}{\partial\delta_T}(1+\cos^2\alpha)-4V^3\dfrac{\partial C_T}{\partial\delta_T}C_D\cos\alpha+V^3\dfrac{\partial C_T}{\partial\delta_T}C_L\sin\alpha\\
0
\end{bmatrix}
$$

$$
\boldsymbol{s}_{132}=\begin{bmatrix}
\left(-2C_T\sin\gamma\cos\alpha+2C_D\sin\gamma-C_T\cos\gamma\sin\alpha-\cos\gamma\dfrac{\partial C_D}{\partial\alpha}\right)\Big/ r^2;\\
\left(-2VC_T\cos\gamma\cos\alpha+2VC_D\cos\gamma+VC_T\sin\gamma\cos\alpha+V\sin\gamma\dfrac{\partial C_D}{\partial\alpha}\right)\Big/ r^2;\\
\left(4VC_T\sin\gamma\cos\alpha-4VC_D\sin\gamma+2VC_T\cos\gamma\sin\alpha+2V\cos\gamma\dfrac{\partial C_D}{\partial\alpha}\right)\Big/ r^3;\\
\left(2VC_T\sin\gamma\sin\alpha+2V\dfrac{\partial C_D}{\partial\alpha}\sin\gamma-VC_T\cos\gamma\cos\alpha-V\cos\gamma\dfrac{\partial\left(\dfrac{\partial C_D}{\partial\alpha}\right)}{\partial\alpha}\right)\Big/ r^2;\\
0;\\
\left(-2V\dfrac{\partial C_T}{\partial\delta_T}\sin\gamma\cos\alpha-V\dfrac{\partial C_T}{\partial\delta_T}\cos\gamma\sin\alpha\right)\Big/ r^2;\\
0
\end{bmatrix}
$$

$$
\boldsymbol{s}_{133}=\begin{bmatrix}
-2VC_Tq\sin\alpha-2Vq\dfrac{\partial C_D}{\partial\alpha}+3V^2C_T\cos\gamma\sin\alpha/r\\
+3V^2\cos\gamma\dfrac{\partial C_D}{\partial\alpha}/r+2V\dot{\delta}_T\dfrac{\partial C_D}{\partial\alpha}\cos\alpha;\\
\left(-V^3C_T\sin\gamma\sin\alpha-V^3\sin\gamma\dfrac{\partial C_D}{\partial\alpha}\right)\Big/ r;\\
\left(V^3C_T\cos\gamma\sin\alpha+V^3\cos\gamma\dfrac{\partial C_D}{\partial\alpha}\right)\Big/(-r^2);\\
-V^2C_Tq\cos\alpha-V^2q\dfrac{\partial\left(\dfrac{\partial C_D}{\partial\alpha}\right)}{\partial\alpha}+V^3C_T\cos\gamma\cos\alpha/r\\
+V^3\cos\gamma\dfrac{\partial\left(\dfrac{\partial C_D}{\partial\alpha}\right)}{\partial\alpha}\Big/ r-V^2\dot{\delta}_T\dfrac{\partial C_T}{\partial\delta_T}\sin\alpha;\\
-V^2C_T\sin\alpha-V^2\dfrac{\partial C_D}{\partial\alpha};\\
-V^2\dfrac{\partial C_D}{\partial\alpha}q\sin\alpha-V^2q\dfrac{\partial C_D}{\partial\alpha}+V^3\dfrac{\partial C_T}{\partial\delta_T}\cos\gamma\sin\alpha/r;\\
V^2\dfrac{\partial C_T}{\partial\delta_T}\cos\alpha
\end{bmatrix}
$$

$$\boldsymbol{S}_{14}=[\boldsymbol{s}_{141}^{\mathrm{T}};\ \boldsymbol{s}_{142}^{\mathrm{T}};\ \boldsymbol{s}_{143}^{\mathrm{T}}]$$

其中，

$$
\boldsymbol{s}_{141} = \begin{bmatrix} -C_L\cos\gamma/r^2 - C_T\cos\gamma\sin\alpha/r^2; \\ VC_L\sin\gamma/r^2 + VC_T\sin\gamma\sin\alpha/r^2; \\ 2(VC_L\cos\gamma + VC_T\cos\gamma\sin\alpha)/r^3; \\ -V\dfrac{\partial C_L}{\partial\alpha}\cos\gamma/r^2 - VC_T\cos\gamma\cos\alpha/r^2; \\ 0; \\ -V\dfrac{\partial C_T}{\partial\delta_T}\cos\gamma\sin\alpha/r^2; \\ 0 \end{bmatrix}, \quad \boldsymbol{s}_{142} = \begin{bmatrix} \cos^2\gamma/(-r^4V^2); \\ -2\cos\gamma\sin\gamma/(Vr^4); \\ 0; \\ 0; \\ 0; \\ 0; \\ 0 \end{bmatrix}
$$

$$
\boldsymbol{s}_{143} = \begin{bmatrix} -V\cos^2\gamma/r^3 + 2V\sin^2\gamma/r^3; \\ -\cos^2\gamma/r^3 + 2\sin^2\gamma/r^3; \\ 2V\sin\gamma\cos\gamma/r^3 + 4V\sin\gamma\cos\gamma/r^3; \\ 3V\cos^2\gamma/r^4 - 6V\sin^2\gamma/r^4; \\ 0; \\ 0; \\ 0 \end{bmatrix}
$$

$$
\boldsymbol{W}_{15} = \begin{bmatrix} V^2C_T\sin\gamma\cos\alpha - V^2C_D\sin\gamma + V^2C_L\cos\gamma + V^2C_T\sin\alpha\cos\gamma; \\ -\sin^2\gamma/r^2 - \cos^2\gamma/(Vr^2); \\ V^2\cos^2\gamma/r \end{bmatrix}
$$

$$
\boldsymbol{W}_{16} = [\boldsymbol{W}_{15\_\mathrm{dot1}}\cdot\boldsymbol{F}_1;\ \boldsymbol{W}_{15\_\mathrm{dot1}}\cdot\boldsymbol{F}_2;\ \boldsymbol{W}_{15\_\mathrm{dot1}}\cdot\boldsymbol{F}_5]
$$

其中,

$$
\boldsymbol{W}_{15\_\mathrm{dot1}} = [\boldsymbol{W}^{\mathrm{T}}_{15\_\mathrm{dot1\_1}};\ \boldsymbol{W}^{\mathrm{T}}_{15\_\mathrm{dot1\_2}};\ \boldsymbol{W}^{\mathrm{T}}_{15\_\mathrm{dot1\_3}}]
$$

$$
\boldsymbol{W}_{15\_\mathrm{dot1\_1}} = \begin{bmatrix} 2VC_T\sin\gamma\cos\alpha - 2VC_D\sin\gamma + 2VC_L\cos\gamma + 2VC_T\sin\gamma\cos\alpha; \\ V^2C_T\cos\gamma\cos\alpha - V^2C_D\cos\gamma - V^2C_L\sin\gamma - V^2C_T\sin\gamma\sin\alpha; \\ 0; \\ -V^2C_T\sin\gamma\sin\alpha - V^2\dfrac{\partial C_D}{\partial\alpha}\sin\gamma + V^2\dfrac{\partial C_L}{\partial\alpha}\cos\gamma + V^2C_T\cos\gamma\cos\alpha; \\ 0; \\ V^2\dfrac{\partial C_T}{\partial\delta_T}\sin\gamma\cos\alpha + V^2\dfrac{\partial C_T}{\partial\delta_T}\cos\gamma\sin\alpha; \\ 0 \end{bmatrix}
$$

$$
\boldsymbol{W}_{15\_dot1\_2} = \begin{bmatrix} \cos^2\gamma/(V^2 r^2)\,; \\ -2\sin\gamma\cos\gamma/r^2 + 2\sin\gamma\cos\gamma/(Vr^2)\,; \\ 2\sin^2\gamma/r^3 + 2\cos^2\gamma/(Vr^3)\,; \\ 0\,; \\ 0\,; \\ 0\,; \\ 0 \end{bmatrix}
$$

$$
\boldsymbol{W}_{15\_dot1\_3} = \begin{bmatrix} 2V\cos^2\gamma/r\,; \\ -2V^2\sin\gamma\cos\gamma/r\,; \\ -V^2\cos^2\gamma/r^2 \\ 0\,; \\ 0\,; \\ 0\,; \\ 0 \end{bmatrix}
$$

$$
\boldsymbol{W}_2 = \begin{bmatrix} \boldsymbol{M}_{13} \cdot \boldsymbol{F}_1\,; & \boldsymbol{M}_{13} \cdot \boldsymbol{F}_2\,; & \boldsymbol{M}_{13} \cdot \boldsymbol{F}_3\,; & \boldsymbol{M}_{13} \cdot \boldsymbol{F}_4\,; & \boldsymbol{M}_{13} \cdot \boldsymbol{F}_5 \end{bmatrix}
$$

式中，$\boldsymbol{M}_{13} = \begin{bmatrix} \boldsymbol{m}_{131}^{\mathrm{T}}\,; & \boldsymbol{m}_{132}^{\mathrm{T}}\,; & \boldsymbol{m}_{133}^{\mathrm{T}}\,; & \boldsymbol{m}_{134}^{\mathrm{T}}\,; & \boldsymbol{m}_{135}^{\mathrm{T}}\,; & \boldsymbol{m}_{136}^{\mathrm{T}}\,; & \boldsymbol{m}_{137}^{\mathrm{T}}\,; & \boldsymbol{m}_{138}^{\mathrm{T}}\,; & \boldsymbol{m}_{139}^{\mathrm{T}} \end{bmatrix}$

$$
\boldsymbol{m}_{131} = \begin{bmatrix}
6V^2 C_T^2 \cos^2\alpha\sin\gamma - 12V^2 C_T C_D \sin\gamma\cos\alpha + 6V^2 C_T C_L \cos\gamma\cos\alpha \\
+\, 6V^2 C_T^2 \sin\alpha\cos\gamma\cos\alpha + 6V^2 C_D^2 \sin\gamma - 9V^2 C_D C_L \cos\gamma - 6V^2 C_D C_T \sin\alpha\cos\gamma \\
-\, 3V^2 C_L^2 \sin\gamma + 3V^2 C_L \dfrac{\partial C_D}{\partial\alpha}\sin\gamma - 3V^2 C_L \dfrac{\partial C_L}{\partial\alpha}\cos\gamma - 3V^2 C_D C_T \cos\gamma\sin\alpha \\
-\, 3V^2 C_T C_L \sin\gamma\sin\alpha + 3V^2 C_T \sin\alpha \dfrac{\partial C_D}{\partial\alpha}\sin\gamma - 3V^2 C_T \sin\alpha \dfrac{\partial C_L}{\partial\alpha}\cos\gamma\,; \\[4pt]
2V^3 C_T^2 \cos^2\alpha\cos\gamma - 2V^3 C_T C_D \cos\alpha\cos\gamma - 2V^3 C_T C_L \sin\gamma\cos\alpha \\
-\, 2V^3 C_T^2 \sin\alpha\sin\gamma\cos\alpha - 2V^3 C_T C_D \cos\alpha\cos\gamma + 2V^3 C_D^2 \cos\gamma \\
+\, 2V^3 C_D C_L \sin\gamma + 2V^3 C_T C_D \sin\alpha\sin\gamma + V^3 C_D C_L \sin\gamma - V^3 C_L^2 \cos\gamma \\
+\, V^3 C_L \dfrac{\partial C_D}{\partial\alpha}\cos\gamma + V^3 C_L \dfrac{\partial C_L}{\partial\alpha}\sin\gamma + V^3 C_T C_D \sin\gamma\sin\alpha - V^3 C_T C_L \cos\gamma\sin\alpha \\
+\, V^3 C_T \sin\alpha \dfrac{\partial C_D}{\partial\alpha}\cos\gamma + V^3 C_T \sin\alpha \dfrac{\partial C_L}{\partial\alpha}\sin\gamma\,; \\[4pt]
0\,; \\[4pt]
-\, 4V^3 C_T^2 \sin\alpha\sin\gamma\cos\alpha - 2V^3 C_T \dfrac{\partial C_D}{\partial\alpha}\sin\gamma\cos\alpha + 2V^3 C_T C_D \sin\gamma\sin\alpha \\
+\, 2V^3 C_T \dfrac{\partial C_L}{\partial\alpha}\cos\gamma\cos\alpha - 2V^3 C_T C_L \cos\gamma\sin\alpha + 2V^3 C_T^2 \cos^2\alpha\cos\gamma \\
-\, 2V^3 C_T^2 \sin^2\alpha\cos\gamma - 2V^3 \dfrac{\partial C_D}{\partial\alpha} C_T \sin\gamma\cos\alpha + 2V^3 C_D C_T \sin\gamma\sin\alpha
\end{bmatrix}
$$

$$
\left[\begin{array}{l}
+4V^3 C_D \dfrac{\partial C_D}{\partial \alpha}\sin\gamma - 3V^3 \dfrac{\partial C_D}{\partial \alpha} C_L \cos\gamma - 2V^3 C_D \dfrac{\partial C_L}{\partial \alpha}\cos\gamma - 2V^3 \dfrac{\partial C_D}{\partial \alpha} C_T \cos\gamma \sin\alpha \\
-2V^3 C_D C_T \cos\gamma\cos\alpha - V^3 C_D \dfrac{\partial C_L}{\partial \alpha}\cos\gamma - 2V^3 C_L \dfrac{\partial C_L}{\partial \alpha}\sin\gamma + V^3 \dfrac{\partial C_L}{\partial \alpha}\dfrac{\partial C_D}{\partial \alpha}\sin\gamma \\
+V^3 C_L \dfrac{\partial\left(\dfrac{\partial C_D}{\partial \alpha}\right)}{\partial \alpha}\sin\gamma - V^3\left(\dfrac{\partial C_L}{\partial \alpha}\right)^2\cos\gamma - V^3 C_T \dfrac{\partial C_D}{\partial \alpha}\cos\gamma\sin\alpha \\
-V^3 C_T C_D \cos\gamma\cos\alpha - V^3 C_T \dfrac{\partial C_L}{\partial \alpha}\sin\gamma\sin\alpha - V^3 C_T C_L \sin\gamma\cos\alpha \\
+V^3 C_T \cos\alpha \dfrac{\partial C_D}{\partial \alpha}\sin\gamma + V^3 C_T \sin\alpha \dfrac{\partial\left(\dfrac{\partial C_D}{\partial \alpha}\right)}{\partial \alpha}\sin\gamma - V^3 C_T\cos\alpha \dfrac{\partial C_L}{\partial \alpha}\cos\gamma; \\
0; \\
4V^3 C_T \dfrac{\partial C_T}{\partial \delta_T}\cos^2\alpha\sin\gamma - 2V^3 \dfrac{\partial C_T}{\partial \delta_T} C_D \sin\gamma\cos\alpha + 2V^3 \dfrac{\partial C_T}{\partial \delta_T} C_L \cos\gamma\cos\alpha \\
+4V^3 C_T \dfrac{\partial C_T}{\partial \delta_T}\sin\alpha\cos\gamma\cos\alpha - 2V^3 C_D \dfrac{\partial C_T}{\partial \delta_T}\sin\gamma\cos\alpha - 3V^3 C_D \dfrac{\partial C_T}{\partial \delta_T}\cos\gamma\sin\alpha \\
-V^3 \dfrac{\partial C_T}{\partial \delta_T} C_L \sin\gamma\sin\alpha + V^3 \dfrac{\partial C_T}{\partial \delta_T}\sin\gamma\sin\alpha \dfrac{\partial C_D}{\partial \alpha} - V^3 \dfrac{\partial C_T}{\partial \delta_T}\cos\gamma\sin\alpha \dfrac{\partial C_L}{\partial \alpha}; \\
0
\end{array}\right]
$$

$$
\boldsymbol{m}_{132} = \left[\begin{array}{l}
(-2C_L\sin\gamma\cos\gamma - 2C_T\sin\alpha\sin\gamma\cos\gamma)/r^2; \\
-2\sin\gamma\cos\gamma C_T\cos\alpha/r^2 + 2\sin\gamma\cos\gamma C_D/r^2 \\
+(VC_L + VC_T\sin\alpha)[(2\sin^2\gamma - 2\cos^2\gamma)/r^2 + (2\cos^2\gamma - 2\sin^2\gamma)/(Vr^2)]; \\
-2\cos^2\gamma(C_T\cos\alpha - C_D)/r^3 \\
-(VC_L + VC_T\sin\alpha)(-4\sin\gamma\cos\gamma + 4\sin\gamma\cos\gamma/V)/r^3; \\
-C_T\sin\alpha\cos^2\gamma/r^2 - \dfrac{\partial C_D}{\partial \alpha}\cos^2\gamma/r^2 \\
+\left(V\dfrac{\partial C_L}{\partial \alpha} + VC_T\cos\alpha\right)[-2\sin\gamma\cos\gamma/r^2 + \sin(2\gamma)/(Vr^2)]; \\
0; \\
\dfrac{\partial C_T}{\partial \delta_T}\cos\alpha\cos^2\gamma/r^2 - V\dfrac{\partial C_T}{\partial \delta_T}\sin\alpha\sin(2\gamma)/r^2 + \dfrac{\partial C_T}{\partial \delta_T}\sin\alpha\sin(2\gamma)/r^2; \\
0
\end{array}\right]
$$

$$
\boldsymbol{m}_{133} = \begin{bmatrix}
6V^2 C_T \cos\alpha\cos^2\gamma/r - 6V^2 C_D\cos^2\gamma/r \\
-6V^2 C_L\sin\gamma\cos\gamma/r - 6V^2 C_T\sin\alpha\sin\gamma\cos\gamma/r; \\
-4\sin\gamma\cos\gamma(V^3 C_T\cos\alpha - V^3 C_D)/r \\
+(VC_L + VC_T\sin\alpha)(-2V^2/r)(\cos^2\gamma - \sin^2\gamma); \\
(2V^3 C_T\cos\alpha - 2V^3 C_D)\cos^2\gamma/(-r^2) \\
+(2V^3 C_L + 2V^3 C_T\sin\alpha)\sin\gamma\cos\gamma/r^2; \\
-2V^3 C_T\sin\alpha\cos^2\gamma/r - 2V^3\dfrac{\partial C_D}{\partial\alpha}\cos^2\gamma/r \\
-2V^3\dfrac{\partial C_L}{\partial\alpha}\sin\gamma\cos\gamma/r - 2V^3 C_T\sin\gamma\cos\gamma\cos\alpha/r; \\
0; \\
\left(2V^3\dfrac{\partial C_T}{\partial\delta_T}\cos\alpha\cos^2\gamma - 2V^3\dfrac{\partial C_T}{\partial\delta_T}\sin\alpha\sin\gamma\cos\gamma\right)\Big/ r; \\
0
\end{bmatrix}
$$

$$
\boldsymbol{m}_{134} = \begin{bmatrix}
-2C_T\cos\alpha\sin^2\gamma/r^2 + C_D/r^2 + C_D\sin^2\gamma/r^2 - C_L\sin\gamma\cos\gamma/r^2 \\
-2C_T\sin\alpha\sin\gamma\cos\gamma/r^2 - \dfrac{\partial C_D}{\partial\alpha}\sin\gamma\cos\gamma/r^2 + \dfrac{\partial C_L}{\partial\alpha}\cos^2\gamma/r^2; \\
-4VC_T\sin\gamma\cos\gamma\cos\alpha/r^2 + 4VC_D\sin\gamma\cos\gamma/r^2 - 2VC_L\cos(2\gamma)/r^2 \\
-2VC_T\sin\alpha(-\sin^2\gamma + \cos^2\gamma)/r^2 - 2VC_D\sin\gamma\cos\gamma/r^2 \\
-V\dfrac{\partial C_D}{\partial\alpha}(-\sin^2\gamma + \cos^2\gamma)/r^2 - 2V\dfrac{\partial C_L}{\partial\alpha}\sin\gamma\cos\gamma/r^2; \\
2\sin\gamma(2VC_T\sin\gamma\cos\alpha - 2VC_D\sin\gamma + 2VC_L\cos\gamma + 2VC_T\cos\gamma\sin\alpha)/r^3 \\
+2\cos\gamma\left(-VC_D\cos\gamma - VC_L\sin\gamma + V\dfrac{\partial C_D}{\partial\alpha}\sin\gamma - V\dfrac{\partial C_L}{\partial\alpha}\cos\gamma\right)\Big/ r^3; \\
\sin\gamma\left(2VC_T\sin\alpha\sin\gamma + 2V\dfrac{\partial C_D}{\partial\alpha}\sin\gamma - 2V\dfrac{\partial C_L}{\partial\alpha}\cos\gamma - 2VC_T\cos\alpha\cos\gamma\right)\Big/ r^2 \\
-\cos\gamma\left(-V\dfrac{\partial C_D}{\partial\alpha}\cos\gamma - V\dfrac{\partial C_L}{\partial\alpha}\sin\gamma + V\dfrac{\partial\left(\dfrac{\partial C_D}{\partial\alpha}\right)}{\partial\alpha}\sin\gamma\right)\Bigg/ r^2; \\
0; \\
(-\sin\gamma/r^2)\left(2V\dfrac{\partial C_T}{\partial\delta_T}\sin\gamma\cos\alpha + 2V\dfrac{\partial C_T}{\partial\delta_T}\cos\gamma\sin\alpha\right); \\
0
\end{bmatrix}
$$

$$
\boldsymbol{m}_{135} = \begin{bmatrix}
6\sin\gamma\cos^2\gamma/(V^3r^4) - 2\sin\gamma\cos^2\gamma/(V^2r^4); \\
(-3\cos^3\gamma + 6\sin^2\gamma\cos\gamma)/(V^2r^4) + (2\cos^3\gamma - 4\sin^2\gamma\cos\gamma)/(Vr^4); \\
12\sin\gamma\cos^2\gamma/(V^2r^5) - 8\sin\gamma\cos^2\gamma/(Vr^5); \\
0; \\
0; \\
0; \\
0
\end{bmatrix}
$$

$$
\boldsymbol{m}_{136} = [0;\ 0;\ 0;\ 0;\ 0;\ 0;\ 0]^{\mathrm{T}}
$$

$$
\boldsymbol{m}_{137} = \begin{bmatrix}
(-3V^2C_D\cos^2\gamma)/r - 3V^2C_L\sin\gamma\cos\gamma/r - 2qV\dfrac{\partial C_D}{\partial\alpha}\sin\gamma + 2qV\dfrac{\partial C_L}{\partial\alpha}\cos\gamma \\
+ 3V^2\dfrac{\partial C_D}{\partial\alpha}\sin\gamma\cos\gamma/r - 3V^2\dfrac{\partial C_L}{\partial\alpha}\cos^2\gamma/r + 2\dot{\delta}_T V\dfrac{\partial C_T}{\partial\delta_T}\sin\gamma\cos\alpha \\
+ 2\dot{\delta}_T V\dfrac{\partial C_T}{\partial\delta_T}\sin\alpha\cos\gamma - 2qVC_T\sin\alpha\sin\gamma + 2qVC_T\cos\alpha\cos\gamma; \\
2V^3C_D\sin\gamma\cos\gamma/r - V^3C_L(\cos^2\gamma - \sin^2\gamma)/r - qV^2\dfrac{\partial C_D}{\partial\alpha}\cos\gamma - qV^2\dfrac{\partial C_L}{\partial\alpha}\sin\gamma \\
+ V^3\dfrac{\partial C_D}{\partial\alpha}(\cos^2\gamma - \sin^2\gamma)/r + 2V^3\dfrac{\partial C_L}{\partial\alpha}\sin\gamma\cos\gamma/r + \dot{\delta}_T V^2\dfrac{\partial C_T}{\partial\delta_T}\cos\alpha\cos\gamma \\
- \dot{\delta}_T V^2\dfrac{\partial C_T}{\partial\delta_T}\sin\alpha\sin\gamma - qV^2C_T\cos\gamma\sin\alpha - qV^2C_T\sin\gamma\cos\alpha; \\
\left(V^3C_D\cos^2\gamma + V^3C_L\sin\gamma\cos\gamma - V^3\dfrac{\partial C_D}{\partial\alpha}\sin\gamma\cos\gamma + V^3\dfrac{\partial C_L}{\partial\alpha}\cos^2\gamma\right)\Big/ r^2; \\
(V\cos\gamma/r)\left(-V^2\dfrac{\partial C_D}{\partial\alpha}\cos\gamma - V^2\dfrac{\partial C_L}{\partial\alpha}\sin\gamma + V^2\dfrac{\partial\left(\dfrac{\partial C_D}{\partial\alpha}\right)}{\partial\alpha}\sin\gamma\right) \\
+ q\left(-V^2C_T\sin\gamma\cos\alpha - V^2\dfrac{\partial\left(\dfrac{\partial C_D}{\partial\alpha}\right)}{\partial\alpha}\sin\gamma - V^2C_T\cos\gamma\sin\alpha\right) \\
+ \dot{\delta}_T\left(-V^2\dfrac{\partial C_T}{\partial\delta_T}\sin\alpha\sin\gamma + V^2\dfrac{\partial C_T}{\partial\delta_T}\cos\alpha\cos\gamma\right); \\
-V^2\dfrac{\partial C_D}{\partial\alpha}\sin\gamma + V^2\dfrac{\partial C_L}{\partial\alpha}\cos\gamma - V^2C_T\sin\alpha\sin\gamma + V^2C_T\cos\alpha\cos\gamma; \\
-qV^2\dfrac{\partial C_T}{\partial\delta_T}\sin\alpha\sin\gamma + qV^2\dfrac{\partial C_T}{\partial\delta_T}\cos\alpha\cos\gamma; \\
V^2\dfrac{\partial C_T}{\partial\delta_T}\sin\gamma\cos\alpha + V^2\dfrac{\partial C_T}{\partial\delta_T}\cos\gamma\sin\alpha
\end{bmatrix}
$$

$$
\boldsymbol{m}_{138}=\begin{bmatrix}-2\sin\gamma\cos^2\gamma/r^3+2\sin^3\gamma/r^3;\\-2V(\cos^3\gamma-2\sin^2\gamma\cos\gamma)/r^3\\+4(\cos^3\gamma-2\sin^2\gamma\cos\gamma)/r^3+6V\sin^2\gamma\cos\gamma/r^3\\(6V\sin\gamma\cos^2\gamma-12\sin\gamma\cos^2\gamma-6V\sin^3\gamma)/r^4;\\0;\\0;\\0;\\0\end{bmatrix}
$$

$$
\boldsymbol{m}_{139}=\begin{bmatrix}-9V^2\cos^2\gamma\sin\gamma/r^2;\\6V^3\cos\gamma\sin\gamma/r^2-3V^3\cos^3\gamma/r^2;\\6V^3\cos^2\gamma\sin\gamma/r^3;\\0;\\0;\\0;\\0\end{bmatrix}
$$

$$
\boldsymbol{A}_1=\begin{bmatrix}1.000\,003\,188 & 1.81\text{E}-09 & -53.255\,436\,8 & -31.485\,572\,92 & -25.192\,620\,66\\0.002\,211\,337 & 1.000\,001\,258 & 295.191\,349\,1 & 14\,040.982\,62 & 95.722\,751\,64\\-3.37\text{E}-07 & -1.92\text{E}-10 & 1.191\,085\,449 & 3.85\text{E}-06 & 1.024\,515\,868\\3.13\text{E}-07 & 1.78\text{E}-10 & 0.043\,346\,528 & 0.999\,996\,299 & 0.020\,587\,593\\-7.49\text{E}-08 & -4.26\text{E}-11 & 0.478\,628\,19 & 5.83\text{E}-07 & 1.167\,603\,194\end{bmatrix}
$$

$$
\boldsymbol{B}_1=\begin{bmatrix}237.219\,5 & -24.000\,2 & -24.000\,2\\4.664\,793 & 68.825\,51 & 68.825\,51\\-0.000\,72 & 1.446\,756 & 1.446\,756\\0.000\,672 & 0.019\,655 & 0.019\,655\\-0.000\,16 & 3.013\,126 & 3.013\,126\end{bmatrix}
$$

$$
\boldsymbol{A}_2=\begin{bmatrix}1.000\,002\,609 & 1.54\text{E}-09 & -52.045\,717 & -31.482\,570\,84 & -24.394\,926\,33\\0.002\,081\,876 & 1.000\,001\,229 & 334.814\,210\,8 & 14\,898.984\,21 & 108.132\,107\,7\\-3.04\text{E}-07 & -1.80\text{E}-10 & 1.243\,020\,062 & 3.32\text{E}-06 & 1.039\,065\,307\\2.77\text{E}-07 & 1.64\text{E}-10 & 0.046\,695\,842 & 0.999\,996\,829 & 0.021\,982\,171\\-8.22\text{E}-08 & -4.85\text{E}-11 & 0.595\,897\,468 & 6.16\text{E}-07 & 1.218\,066\,432\end{bmatrix}
$$

$$
\boldsymbol{B}_2=\begin{bmatrix}267.152\,3 & -26.085 & -26.085\\4.433\,344 & 87.413\,75 & 87.413\,75\\-0.000\,66 & 1.639\,909 & 1.639\,909\\0.000\,603 & 0.023\,56 & 0.023\,56\\-0.000\,17 & 3.444\,379 & 3.444\,379\end{bmatrix}
$$

$$
\boldsymbol{A}_3 = \begin{bmatrix} 1.29\text{E}-09 & -50.682\,718\,8 & -31.479\,570\,12 & -23.525\,915\,82 \\ 1.000\,001\,198 & 377.936\,761\,4 & 15\,765.985\,59 & 121.534\,047\,1 \\ -1.68\text{E}-10 & 1.299\,542\,293 & 2.89\text{E}-06 & 1.054\,865\,177 \\ 1.51\text{E}-10 & 0.050\,223\,921 & 0.999\,997\,273 & 0.023\,422\,086 \\ -5.40\text{E}-11 & 0.725\,096\,302 & 6.38\text{E}-07 & 1.272\,895\,191 \end{bmatrix}
$$

$$
\boldsymbol{B}_3 = \begin{bmatrix} 299.193\,4 & -28.073\,5 & -28.073\,5 \\ 4.184\,5 & 109.844\,2 & 109.844\,2 \\ -0.000\,6 & 1.849\,627 & 1.849\,627 \\ 0.000\,539 & 0.028\,021 & 0.028\,021 \\ -0.000\,19 & 3.919\,579 & 3.919\,579 \end{bmatrix}
$$

$$
\boldsymbol{A}_4 = \begin{bmatrix} 1.05\text{E}-09 & -49.146\,733\,6 & -31.476\,570\,59 & -22.579\,538\,42 \\ 1.000\,001\,164 & 424.892\,982\,1 & 16\,643.986\,87 & 136.010\,851 \\ -1.58\text{E}-10 & 1.361\,075\,985 & 2.51\text{E}-06 & 1.072\,033\,278 \\ 1.39\text{E}-10 & 0.053\,953\,765 & 0.999\,997\,648 & 0.024\,913\,73 \\ -5.91\text{E}-11 & 0.867\,612\,342 & 6.51\text{E}-07 & 1.332\,532\,512 \end{bmatrix}
$$

$$
\boldsymbol{B}_4 = \begin{bmatrix} 333.480\,6 & -29.919\,7 & -29.919\,7 \\ 3.917\,518 & 136.772\,7 & 136.772\,7 \\ -0.000\,54 & 2.077\,491 & 2.077\,491 \\ 0.000\,479 & 0.033\,105 & 0.033\,105 \\ -0.000\,2 & 4.443\,887 & 4.443\,887 \end{bmatrix}
$$

第 7 章

高超声速滑翔再入飞行器姿态容错控制

本章针对再入段高超声速飞行器的姿态模型，考虑不确定模型参数及未知舵面偏转故障等，设计自适应姿态容错控制器，实现对姿态角的跟踪控制，保证闭环系统的稳定。

再入段是飞行器重返大气层的阶段。飞行器的再入技术视为实现空天运输、可重复运载的基础。高超声速飞行器的再入制导与控制问题是近年来该领域的研究热点。在再入段，飞行器的飞行空域广、飞行速度跨度大、气动环境复杂且多变。在再入段，飞行器处于无动力滑翔飞行状态，气动舵面提供了飞行器姿态控制的主要控制力。在再入段，各阶段的空气密度变化大，相应地气动舵面的控制效力也具有较大差异，因此给动力学模型带来了很强的不确定性。此外，再入段的飞行环境恶劣，可能出现高温烧蚀、机械损伤等，导致气动舵面出现故障，甚至失去控制力。再入飞行器上装有反作用控制系统（RCS），既可以用于在空气稀薄、气动舵面控制效力不足的情况下提供辅助力矩，也可以用于在气动舵面发生故障时为稳定飞行器所需的俯仰力矩、滚转力矩和偏航力矩进行补偿，保障飞行器的安全。

本章的内容安排如下：7.1 节和 7.2 节是再入段飞行器的气动舵面和 RCS 融合容错控制研究，在气动舵面和 RCS 的控制分配问题上，分别采用混合整型规划技术和基于模糊逻辑的控制分配技术；7.3 节基于抗饱和控制技术和滑模控制方法，设计姿态控制器，同时保证再入段飞行器的舵面偏转幅度限制以及姿态跟踪；7.4 节是本章小结。

7.1　基于气动舵面和 RCS 融合控制的再入姿态容错控制（Ⅰ）

由于高超声速飞行器再入段初期，空气稀薄，舵面提供的气动力不足以达成姿态控制目标。因此,通常采用气动舵面和 RCS 相融合的控制方法,以在舵面控制效力不足时提供额外的辅助控制力。然而,如何正确地在气动舵面之间合理分配控制力矩,如何决定 RCS 开启和关闭的时机成为新的问题。本节为再入段高超声速飞行器设计姿态控制器,并为气动舵面融合 RCS 的控制机制设计相应的控制分配策略。

本节内容安排如下: 7.1.1 节给出舵面和 RCS 的融合控制模型;7.1.2 节介绍本节控制目标;7.1.3 节对再入段姿态模型进行反步法跟踪控制器设计;7.1.4 节设计无故障情况下的控制分配策略;7.1.5 节进行故障下的容错控制分配设计;7.1.6 节对系统的稳定性进行理论分析;7.1.7 节进行仿真验证。

7.1.1 舵面 RCS 融合控制模型

再入段飞行器的主要动力来源是气动舵面,如图 7.1 所示。飞行器装配有 8 块主要舵面,包括: 左右内侧升降副翼,其偏转角分别记作 δ_1、δ_2; 左右机身襟翼,其偏转角分别记作 δ_3、δ_4; 左右方向舵,偏转角分别记作 δ_5、δ_6; 左右外侧升降副翼,其偏转角记作 δ_7、δ_8。 舵面提供的力矩向量表示为

$$\boldsymbol{\tau}_\delta = [\tau_{L\delta} \quad \tau_{M\delta} \quad \tau_{N\delta}]^{\mathrm{T}} = \boldsymbol{\Phi}_\delta(\cdot)\boldsymbol{\delta} \tag{7.1}$$

式中,$\boldsymbol{\Phi}_\delta(\cdot) \in \mathbf{R}^{3\times 8}$ 表示 8 个舵面的控制分配矩阵;$\tau_{L\delta}$、$\tau_{M\delta}$、$\tau_{N\delta}$ 分别表示气动舵面提供的滚转力矩、俯仰力矩、偏航力矩;$\boldsymbol{\delta} = [\delta_1 \quad \delta_2 \quad \delta_3 \quad \delta_4 \quad \delta_5 \quad \delta_6 \quad \delta_7 \quad \delta_8]^{\mathrm{T}}$ 表示 8 个舵面的偏转角向量。

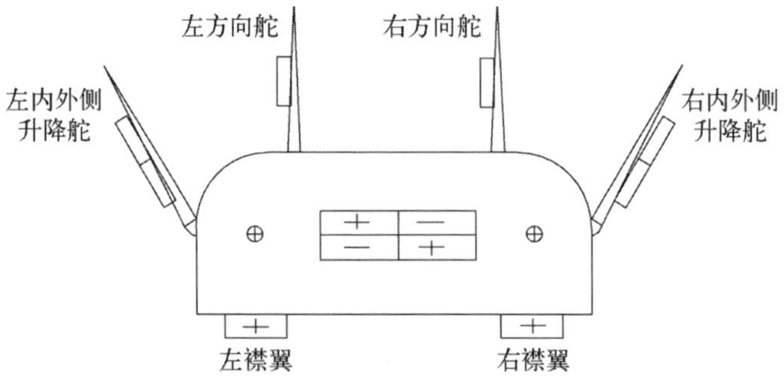

图 7.1 高超声速飞行器气动舵面分布示意图

RCS 是指安装在飞行器上提供反作用力的助推系统,通过消耗燃料、开关喷管,RCS 可以为飞行器提供离散的短效推力,作为飞行器动力和力矩的补充来源。通常,忽略 RCS 的喷管开关的延迟,认为 RCS 只有开(1)和关(0)两种工作

状态。本章研究的飞行器上装配了 5 对 RCS,提供的力矩向量为

$$\boldsymbol{\tau}_{\mathrm{R}} = [\tau_{LR} \quad \tau_{MR} \quad \tau_{NR}]^{\mathrm{T}} = \boldsymbol{\Phi}_{\mathrm{R}}(\cdot)\boldsymbol{U} \tag{7.2}$$

式中, $\boldsymbol{\Phi}_{\mathrm{R}}(\cdot) \in \mathbf{R}^{3\times10}$ 表示 RCS 的力矩矩阵,其中第 i 行第 k 列的元素 $\phi_{\mathrm{R}i,k}$ 表示第 k 个 RCS 在第 i 个轴上的力矩矩阵; τ_{LR}、τ_{MR}、τ_{NR} 分别表示 RCS 提供的滚转力矩、俯仰力矩、偏航力矩; $\boldsymbol{U} = [u_1 \quad u_2 \quad u_3 \quad u_4 \quad u_5 \quad u_6 \quad u_7 \quad u_8 \quad u_9 \quad u_{10}]^{\mathrm{T}}$ 表示 RCS 控制向量,其中 u_i 表示第 i 个 RCS 的工作状态,为 1 表示开启,为 0 表示关闭。

本小节研究舵面和 RCS 融合控制,总的力矩向量为

$$\boldsymbol{\tau} = \boldsymbol{\tau}_{\delta} + \boldsymbol{\tau}_{\mathrm{R}} = \boldsymbol{\Phi}_{\delta}(\cdot)\boldsymbol{\delta} + \boldsymbol{\Phi}_{\mathrm{R}}(\cdot)\boldsymbol{U} \tag{7.3}$$

本章的控制分配设计基于 D. Doman 等在文献[1]和文献[2]中所提出的基于混合整型线性规划技术的舵面和 RCS 融合控制思想,采用链式递增,当气动舵面达到饱和后才开启 RCS,最大限度地增加气动舵面的使用,降低 RCS 的参与,从而能够减少 RCS 带来的燃料消耗。

7.1.2　控制目标

针对高超声速飞行器再入段姿态模型(2.49),设计故障下气动舵面和 RCS 的融合容错控制方法,保证舵面故障下飞行器姿态稳定和跟踪性能。具体如下。

(1) 针对再入段姿态模型,基于反步法方法,设计期望控制力矩 $\boldsymbol{\tau}^{\mathrm{d}}$, 实现姿态角向量 $\boldsymbol{\Omega}$ 对期望指令 $\boldsymbol{\Omega}^{\mathrm{d}}$ 的渐近跟踪。

(2) 期望控制力矩 $\boldsymbol{\tau}^{\mathrm{d}}$ 由气动舵面和 RCS 共同提供,设计控制分配策略,遵循减少 RCS 燃料消耗的原则,采用链式递增分配法将 $\boldsymbol{\tau}^{\mathrm{d}}$ 分配给各个执行器。

假设 7.1　姿态角期望指令 $\boldsymbol{\Omega}^{\mathrm{d}}$ 及其导数 $\dot{\boldsymbol{\Omega}}^{\mathrm{d}}$ 有界。

7.1.3　反步法姿态控制器

观察再入段姿态动力学模型(2.49),可以发现其具有分层递阶的下三角结构,方便采用反步法思想进行控制器设计。反步法控制是解决一类复杂非线性系统控制问题的有效方法,不仅设计过程简洁明确,而且由于其每一步的设计都是基于李雅普诺夫稳定性理论进行的,所以得到的控制器能够保证非线性系统的闭环稳定性[3]。

首先,定义状态变量为 $\boldsymbol{X}_1 = \boldsymbol{\Omega} = [\sigma \quad \beta \quad \alpha]^{\mathrm{T}}$, $\boldsymbol{X}_2 = \boldsymbol{\omega} = [p \quad q \quad r]^{\mathrm{T}}$, 则姿态

动力学模型(2.49)可写为

$$\begin{aligned}\dot{\boldsymbol{X}}_1 &= \boldsymbol{H}_1(\boldsymbol{X}_1)\boldsymbol{X}_2\\ \dot{\boldsymbol{X}}_2 &= \boldsymbol{H}_2(\boldsymbol{X}_2) + \boldsymbol{H}_3\boldsymbol{\tau}\\ \boldsymbol{Y} &= \boldsymbol{X}_1\end{aligned} \tag{7.4}$$

式中，$\boldsymbol{H}_1(\boldsymbol{X}_1) = \boldsymbol{R}(\cdot)$；$\boldsymbol{H}_2(\boldsymbol{X}_2) = \boldsymbol{R}(\cdot) = -\boldsymbol{J}^{-1}\boldsymbol{\Xi}\boldsymbol{J}\boldsymbol{\omega}$；$\boldsymbol{H}_3 = \boldsymbol{J}^{-1}$。

以下分步骤进行反步法控制器的设计。

1）步骤 1

定义跟踪误差：

$$\boldsymbol{E}_1 = \boldsymbol{X}_1 - \boldsymbol{\Omega}^{\mathrm{d}} \tag{7.5}$$

对式(7.5)进行微分，计算跟踪误差动态：

$$\dot{\boldsymbol{E}}_1 = \boldsymbol{H}_1(\boldsymbol{X}_1)\boldsymbol{X}_2 - \dot{\boldsymbol{\Omega}}^{\mathrm{d}} \tag{7.6}$$

式中，$\boldsymbol{X}_2$ 为上述系统的虚拟控制信号。

选择李雅普诺夫函数：

$$V_{\mathrm{L1}} = \frac{1}{2}\boldsymbol{E}_1^{\mathrm{T}}\boldsymbol{E}_1 \tag{7.7}$$

求李雅普诺夫函数的导数为

$$\dot{V}_{\mathrm{L1}} = \boldsymbol{E}_1^{\mathrm{T}}\dot{\boldsymbol{E}}_1 = \boldsymbol{E}_1^{\mathrm{T}}(\boldsymbol{H}_1(\boldsymbol{X}_1)\boldsymbol{X}_2 - \dot{\boldsymbol{\Omega}}^{\mathrm{d}}) \tag{7.8}$$

设计虚拟控制律为

$$\boldsymbol{X}_2^{\mathrm{d}} = \boldsymbol{H}_1^{-1}(\boldsymbol{X}_1)(-k_1\boldsymbol{E}_1 + \dot{\boldsymbol{\Omega}}^{\mathrm{d}}) \tag{7.9}$$

式中，k_1 为正常数。

将虚拟控制律(7.9)代入式(7.8)可得 $\dot{V}_{\mathrm{L1}} = -k_1\boldsymbol{E}_1^{\mathrm{T}}\boldsymbol{E}_1 \leqslant 0$，根据 Barbalat 引理[4]，易证明跟踪误差 $\boldsymbol{E}_1$ 渐近收敛到零，$\boldsymbol{X}_1$ 渐近跟踪 $\boldsymbol{\Omega}^{\mathrm{d}}$。

2）步骤 2

定义跟踪误差：

$$\boldsymbol{E}_2 = \boldsymbol{X}_2 - \boldsymbol{X}_2^{\mathrm{d}} \tag{7.10}$$

式中，$\boldsymbol{X}_2^{\mathrm{d}}$ 是步骤 1 得到的虚拟控制律(7.9)，这里作为 $\boldsymbol{X}_2$ 的参考信号。

对式(7.10)进行微分，计算跟踪误差动态：

$$\dot{\boldsymbol{E}}_2 = \boldsymbol{H}_2(\boldsymbol{X}_2) + \boldsymbol{H}_3\boldsymbol{\tau} - \dot{\boldsymbol{X}}_2^{\mathrm{d}} \tag{7.11}$$

式中，$\boldsymbol{X}_2$ 为上述系统的虚拟控制信号。

选择李雅普诺夫函数：

$$V_{\mathrm{L2}} = V_{\mathrm{L1}} + \frac{1}{2}\boldsymbol{E}_2^{\mathrm{T}}\boldsymbol{E}_2 \tag{7.12}$$

求李雅普诺夫函数的导数为

$$\begin{aligned}\dot{V}_{\mathrm{L2}} &= \boldsymbol{E}_1^{\mathrm{T}}\dot{\boldsymbol{E}}_1 + \boldsymbol{E}_2^{\mathrm{T}}\dot{\boldsymbol{E}}_2 \\ &= \boldsymbol{E}_1^{\mathrm{T}}(\boldsymbol{H}_1(\boldsymbol{X}_1)\boldsymbol{X}_2 - \dot{\boldsymbol{\Omega}}^{\mathrm{d}}) + \boldsymbol{E}_2^{\mathrm{T}}(\boldsymbol{H}_2(\boldsymbol{X}_2) + \boldsymbol{H}_3\boldsymbol{\tau} - \dot{\boldsymbol{X}}_2^{\mathrm{d}}) \\ &= \boldsymbol{E}_1^{\mathrm{T}}(\boldsymbol{H}_1(\boldsymbol{X}_1)\boldsymbol{X}_2^{\mathrm{d}} - \dot{\boldsymbol{\Omega}}^{\mathrm{d}}) + \boldsymbol{E}_1^{\mathrm{T}}\boldsymbol{H}_1(\boldsymbol{X}_1)\boldsymbol{E}_2 + \boldsymbol{E}_2^{\mathrm{T}}(\boldsymbol{H}_2(\boldsymbol{X}_2) + \boldsymbol{H}_3\boldsymbol{\tau} - \dot{\boldsymbol{X}}_2^{\mathrm{d}}) \\ &= -k_1\boldsymbol{E}_1^{\mathrm{T}}\boldsymbol{E}_1 + \boldsymbol{E}_2^{\mathrm{T}}(\boldsymbol{H}_1^{\mathrm{T}}(\boldsymbol{X}_1)\boldsymbol{E}_1 + \boldsymbol{H}_2(\boldsymbol{X}_2) + \boldsymbol{H}_3\boldsymbol{\tau} - \dot{\boldsymbol{X}}_2^{\mathrm{d}})\end{aligned} \tag{7.13}$$

设计控制律为

$$\boldsymbol{\tau}^{\mathrm{d}} = \boldsymbol{H}_3^{-1}(-k_2\boldsymbol{E}_2 - \boldsymbol{H}_1^{\mathrm{T}}(\boldsymbol{X}_1)\boldsymbol{E}_1 - \boldsymbol{H}_2(\boldsymbol{X}_2) + \dot{\boldsymbol{X}}_2^{\mathrm{d}}) \tag{7.14}$$

式中，k_2 为正常数。

将控制律(7.14)代入式(7.13)可得 $\dot{V}_{\mathrm{L2}} = -k_1\boldsymbol{E}_1^{\mathrm{T}}\boldsymbol{E}_1 - k_2\boldsymbol{E}_2^{\mathrm{T}}\boldsymbol{E}_2 \leqslant 0$，根据 Barbalat 引理[4]，易证明 $\boldsymbol{\Omega}$ 渐近跟踪 $\boldsymbol{\Omega}^{\mathrm{d}}$。

7.1.4　无故障下的控制分配

上面得到的控制律(7.14)是为实现姿态跟踪所需的期望控制力矩，由气动舵面和 RCS 共同提供：

$$\boldsymbol{\tau}^{\mathrm{d}} = \boldsymbol{\tau}_\delta + \boldsymbol{\tau}_{\mathrm{R}} = \boldsymbol{\Phi}_\delta(\cdot)\boldsymbol{\delta} + \boldsymbol{\Phi}_{\mathrm{R}}(\cdot)\boldsymbol{U} \tag{7.15}$$

下面，为了将期望力矩合理分配给各个执行器，并减少 RCS 的燃料损耗，采用链式递增分配法进行控制分配。控制分配的流程如图 7.2 所示。

1. 基于二次规划的舵面控制分配

采用二次规划方法将预期力矩分配到各个气动舵面上，尽可能多利用气动舵面，所以设置优化目标为减少期望力矩 $\boldsymbol{\tau}^{\mathrm{d}}$ 和气动舵面力矩 $\boldsymbol{\tau}_\delta$ 之间的差值，于是定义以下目标函数：

$$\min_{\boldsymbol{\delta}_{\mathrm{c}}} J_1 = \frac{1}{2}[(1-\underline{\sigma})(\boldsymbol{\tau}^{\mathrm{d}} - \boldsymbol{\Phi}_\delta(\cdot)\boldsymbol{\delta}_{\mathrm{c}})^{\mathrm{T}}(\boldsymbol{\tau}^{\mathrm{d}} - \boldsymbol{\Phi}_\delta(\cdot)\boldsymbol{\delta}_{\mathrm{c}}) + \underline{\sigma}\boldsymbol{\delta}_{\mathrm{c}}^{\mathrm{T}}\boldsymbol{\delta}_{\mathrm{c}}] \tag{7.16}$$

式中，$\underline{\sigma}$ 通常为非常小的正数，$0 < \underline{\sigma} < 1$。而上面最优方程的解 $\boldsymbol{\delta}_c$ 需满足对舵偏角的实际限制，$\boldsymbol{\delta}^{\min} \leqslant \boldsymbol{\delta}_c \leqslant \boldsymbol{\delta}^{\max}$，$\boldsymbol{\delta}^{\min}$、$\boldsymbol{\delta}^{\max}$ 分别为上下界，具体取值见表 7.1。在约束范围内，最小化目标函数(7.16)，可得舵偏角指令向量 $\boldsymbol{\delta}_c$。

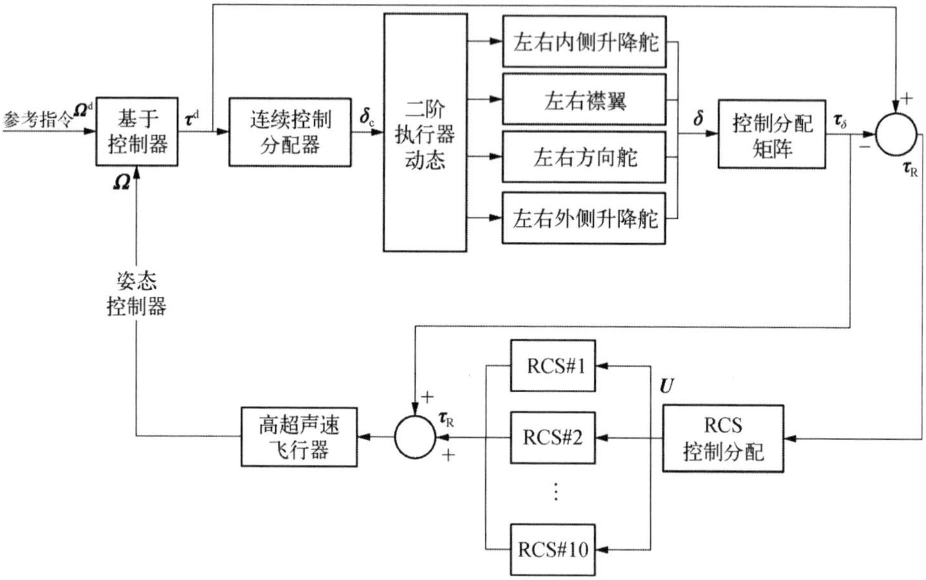

图 7.2 控制分配流程图

表 7.1 气动舵面偏转上下界 （单位：rad）

气动舵面偏转范围	左右内侧升降副翼 (δ_1, δ_2)	左右机身襟翼 (δ_3, δ_4)	左右方向舵 (δ_5, δ_6)	左右外侧升降副翼 (δ_7, δ_8)
最小值	−0.44	−0.26	−0.52	−0.52
最大值	0.44	0.45	1.04	0.52

注解 7.1 补偿舵偏角指令 $\boldsymbol{\delta}_c$ 经过二阶执行器动态之后可能出现衰减，文献[5]中提出了补偿方法，在控制分配模块和执行器之间加入一个补偿模块，实现下一时刻对上一时刻损失的能量补偿。

2. 基于整型线性规划的 RCS 控制分配

当舵面偏转角已经达到饱和，但仍不足以提供需要的期望力矩 $\boldsymbol{\tau}^d$ 时，需要开启 RCS 为飞行器提供额外的力矩。由于 RCS 只有“开”和“关”两种状态，所以 RCS 的控制命令 $\boldsymbol{U}$ 是离散时间信号，不能采用与舵面控制分配一样的二次规划方法。这里，可以将 RCS 的控制分配问题转化为 RCS 控制信号 $\boldsymbol{U}$ 在{0, 1}上的整型线性规划问题。

为整型线性规划问题设置以下目标函数：

$$\min_{\boldsymbol{U}} J_2 = \sum_{i=1}^{3} w_{\text{axis}_i} \mid \tau_{\text{R}i}^{\text{d}} - \sum_{k=1}^{10} \phi_{\text{R}i,k} u_k \mid + \sum_{k=1}^{10} w_k u_k \tag{7.17}$$

式中，$\boldsymbol{\tau}_{\text{R}}^{\text{d}} = \boldsymbol{\tau}^{\text{d}} - \boldsymbol{\tau}_{\delta}$ 为预期的 RCS 控制力矩向量；$\tau_{\text{R}i}^{\text{d}}$ 为 RCS 期望力矩在第 i 个轴上的分量；$\phi_{\text{R}i,k}$ 为 RCS 的力矩矩阵 $\boldsymbol{\Phi}_{\text{R}}(\cdot)$ 中第 i 行第 k 列的元素，表示第 k 个 RCS 在第 i 个轴上提供的力矩；w_{axis_i} 为第 i 个轴上力矩误差的权重系数；w_k 表示第 k 个 RCS 的权重系数。最小化目标函数(7.17)，首要目标是减少期望力矩 $\boldsymbol{\tau}_{\text{R}}^{\text{d}}$ 和 RCS 实际提供力矩之间 $\boldsymbol{\tau}_{\text{R}}$ 的误差，其次是减少 RCS 的使用，以降低燃料的消耗，因此系数 w_1、w_2、…、w_{10} 远远小于 w_{axis_1}、w_{axis_2}、w_{axis_3}。此外，有以下约束条件存在：

$$\begin{aligned} 0 \leqslant \sum_{k=1}^{10} \phi_{\text{R}i,k} u_k \leqslant \tau_{\text{R}_i}^{\text{d}}, \quad \forall \tau_{\text{R}_i}^{\text{d}} \geqslant 0 \\ 0 \geqslant \sum_{k=1}^{10} \phi_{\text{R}i,k} u_k \geqslant \tau_{\text{R}_i}^{\text{d}}, \quad \forall \tau_{\text{R}_i}^{\text{d}} < 0 \end{aligned} \tag{7.18}$$

式(7.18)的实际意义是，RCS 实际提供的力矩不能超过期望提供的力矩。设置此约束条件的目的是避免 RCS 的过度使用，避免燃料浪费。通过求解目标函数(7.17)最小化，可以得到 RCS 的开关信号 $\boldsymbol{U}$。

7.1.5　故障下的容错控制分配

1. 舵面故障建模

接下来，考虑舵面偏转故障。首先，设置舵面动态模型为一个如下的二阶系统：

$$\ddot{\delta}_i + \lambda_{2i}\dot{\delta}_i + \lambda_{1i}\delta_i = \lambda_{1i}\delta_{ci}, \quad i = 1, 2, \cdots, 8 \tag{7.19}$$

式中，λ_{1i}、λ_{2i} 为正常数；δ_{ci} 表示第 i 个舵面的偏转指令；δ_i 表示第 i 个舵面的实际偏转量。

若存在部分失效故障，则舵面动态模型可表达为

$$\ddot{\delta}_i + \lambda_{2i}\dot{\delta}_i + \lambda_{1i}\delta_i = \rho_i\lambda_{1i}\delta_{ci}, \quad i = 1, 2, \cdots, 8 \tag{7.20}$$

式中，$0 < \rho_i \leqslant 1$ 为失效百分比，当 $\rho_i = 1$ 时，表示舵面未失效，工作正常。

若存在卡死故障，则舵面动态模型可表达为

$$\ddot{\delta}_i + \lambda_{2i}\dot{\delta}_i + \lambda_{1i}\delta_i = \lambda_{1i}\bar{\delta}_i, \quad i = 1, 2, \cdots, 8 \tag{7.21}$$

式中，$\bar{\delta}_i$ 为常数，表示卡死位置。

2. 故障检测与识别

基于文献[6]中所提出的基于执行器动态的故障诊断方法，下面对故障进行检测和识别，主要包括故障检测与故障识别两部分。具体如下。

1）故障检测

针对考虑故障的舵面动态(7.20)和(7.21)，设计如下的虚拟执行器：

$$W_{ai}^{v}(s) = \frac{\delta_i^{v}}{\delta_{ci}} = \frac{\lambda_{1i}}{s^2 + \lambda_{2i}s + \lambda_{1i}}, \quad i = 1, 2, \cdots, 8 \tag{7.22}$$

式中，δ_i^{v} 为虚拟执行器的输出。残差信号定义为 $e_{\delta i} = \delta_i^{v} - \delta_i$。为了在存在干扰影响的情况下判断故障与否，选取阈值 $\varepsilon_1 > 0$。当残差的绝对值 $|e_{\delta i}| < \varepsilon_1$ 时，则认为第 i 个舵面正常；否则，认为存在故障。

2）故障识别

在故障检测的基础上，识别故障参数的大小。首先对于部分失效故障，针对舵面动态(7.20)，设计如下的观测器：

$$\ddot{\delta}_i^{p} + \lambda_{2i}\dot{\delta}_i^{p} + \lambda_{1i}\delta_i^{p} = \hat{\rho}_i\lambda_{1i}\delta_{ci}, \quad i = 1, 2, \cdots, 8 \tag{7.23}$$

式中，δ_i^{p} 为观测器的输出；$\hat{\rho}_i$ 为失效故障参数 ρ_i 的估计值，估计误差定义为 $\tilde{\rho}_i = \hat{\rho}_i - \rho_i$；观测器误差定义为 $\tilde{\delta}_i^{p} = \delta_i^{p} - \delta_i$，根据式(7.20)和式(7.23)，观测误差动态为

$$\ddot{\tilde{\delta}}_i^{p} + \lambda_{2i}\dot{\tilde{\delta}}_i^{p} + \lambda_{1i}\tilde{\delta}_i^{p} = \tilde{\rho}_i\lambda_{1i}\delta_{ci}, \quad i = 1, 2, \cdots, 8 \tag{7.24}$$

设观测误差向量 $\boldsymbol{E}_i^{p} = [e_{1i}^{p} \quad e_{2i}^{p}]^{T} = [\tilde{\delta}_i^{p} \quad \dot{\tilde{\delta}}_i^{p}]^{T}$，则式(7.24)为

$$\dot{\boldsymbol{E}}_i^{p} = \boldsymbol{A}_{p}\boldsymbol{E}_i^{p} + \boldsymbol{B}_{p} \tag{7.25}$$

式中，

$$\boldsymbol{A}_{p} = \begin{bmatrix} 0 & 1 \\ -\lambda_{1i} & -\lambda_{2i} \end{bmatrix}, \quad \boldsymbol{B}_{p} = \begin{bmatrix} 0 \\ \lambda_{1i}\tilde{\rho}_i\delta_{ci} \end{bmatrix}$$

选取李雅普诺夫函数：

$$V_{L3} = \frac{1}{2}\boldsymbol{E}_i^{pT}\boldsymbol{P}\boldsymbol{E}_i^p + \frac{1}{2}c_7\tilde{\rho}_i^2 \tag{7.26}$$

式中，$\boldsymbol{P}$ 满足等式 $\boldsymbol{A}_p^T\boldsymbol{P} + \boldsymbol{P}\boldsymbol{A}_p = -\boldsymbol{Q}$，$\boldsymbol{Q}$ 为对称正定矩阵；$c_7 > 0$。

对式(7.26)求导，可得

$$\begin{aligned}\dot{V}_{L3} &= \frac{1}{2}(\dot{\boldsymbol{E}}_i^{pT}\boldsymbol{P}\boldsymbol{E}_i^p + \boldsymbol{E}_i^{pT}\boldsymbol{P}\dot{\boldsymbol{E}}_i^p) + c_7\tilde{\rho}_i\dot{\tilde{\rho}}_i \\ &= \frac{1}{2}\boldsymbol{E}_i^{pT}(\boldsymbol{A}_p^T\boldsymbol{P} + \boldsymbol{P}\boldsymbol{A}_p)\boldsymbol{E}_i^p + \boldsymbol{E}_i^{pT}\boldsymbol{P}\boldsymbol{B}_p + c_7\tilde{\rho}_i\dot{\tilde{\rho}}_i \\ &= -\frac{1}{2}\boldsymbol{E}_i^{pT}\boldsymbol{Q}\boldsymbol{E}_i^p + (e_{1i}^p p_{12} + \dot{e}_{1i}^p p_{22})\boldsymbol{\lambda}_{1i}\tilde{\rho}_i\delta_{ci} + c_7\tilde{\rho}_i\dot{\tilde{\rho}}_i\end{aligned} \tag{7.27}$$

于是，估计参数 $\hat{\rho}_i$ 的自适应律选择为

$$\dot{\hat{\rho}}_i = k_\rho(e_{1i}^p p_{12} + \dot{e}_{1i}^p p_{22})\boldsymbol{\lambda}_{1i}\delta_{ci} \tag{7.28}$$

式中，$k_\rho = -\dfrac{1}{c_7}$。

将自适应律(7.28)代入式(7.27)，可得

$$\dot{V}_{L3} = -\frac{1}{2}\boldsymbol{E}_i^{pT}\boldsymbol{Q}\boldsymbol{E}_i^p \leqslant 0 \tag{7.29}$$

因此，$\boldsymbol{E}_i^p$ 和 $\tilde{\rho}_i$ 有界。从而，可得 $\hat{\rho}_i$ 有界。并且，有式(7.25)，所以 $\dot{\boldsymbol{E}}_i^p$ 也有界。

对式(7.29)两侧求积分，可得

$$\begin{aligned}V_{L3}(\infty) - V_{L3}(0) &= -\frac{1}{2}\int_0^\infty \boldsymbol{E}_i^{pT}\boldsymbol{Q}\boldsymbol{E}_i^p\mathrm{d}t \\ &\leqslant -\frac{1}{2}\boldsymbol{\lambda}_{\min}(\boldsymbol{Q})\int_0^\infty \boldsymbol{E}_i^{pT}\boldsymbol{E}_i^p\mathrm{d}t\end{aligned} \tag{7.30}$$

式中，$\boldsymbol{\lambda}_{\min}(\boldsymbol{Q})$ 为正定矩阵 $\boldsymbol{Q}$ 的最小特征值，有 $\boldsymbol{\lambda}_{\min}(\boldsymbol{Q}) > 0$。由于 V_{L3} 是有界的，所以 $\int_0^\infty \boldsymbol{E}_i^{pT}\boldsymbol{E}_i^p\mathrm{d}t$ 有界。因此，$\boldsymbol{E}_i^p(t) \in L^2 \cap L^\infty$ 且 $\dot{\boldsymbol{E}}_i^p(t) \in L^\infty$，根据 Barbalat 引理[4]，可得出结论 $\lim\limits_{t\to\infty}\boldsymbol{e}_i^p(t) = 0$。

同理，对于卡死故障，针对舵面动态(7.21)，设计如下的观测器：

$$\ddot{\delta}_i^{s} + \lambda_{2i}\dot{\delta}_i^{s} + \lambda_{1i}\delta_i^{s} = \lambda_{1i}\hat{\bar{\delta}}_i, \quad i = 1, 2, \cdots, 8 \tag{7.31}$$

式中，δ_i^s 为观测器的输出；$\hat{\bar{\delta}}_i$ 为卡死未知 $\bar{\delta}_i$ 的估计值，估计误差定义为 $\tilde{\bar{\delta}}_i = \hat{\bar{\delta}}_i - \bar{\delta}_i$；观测器误差定义为 $\tilde{\delta}_i^s = \delta_i^s - \delta_i$。证明过程类似失效故障观测器，以下不再赘述。

3. 容错控制分配

接下来，分别针对部分失效和卡死故障，进行容错控制分配算法设计。

若发生部分失效故障，基于上面的故障检测装置，舵面提供的力矩估计为

$$\hat{\boldsymbol{\tau}}_\delta = \boldsymbol{\Phi}_\delta(\cdot)\hat{\boldsymbol{\rho}}\boldsymbol{\delta}_c \tag{7.32}$$

式中，$\hat{\boldsymbol{\rho}} = \mathrm{diag}\{\hat{\rho}_1, \cdots, \hat{\rho}_8\}$ 为失效系数估计值向量。

目标函数定义为

$$\min_{\boldsymbol{\delta}_c} J_3 = \frac{1}{2}[(1-\underline{\sigma})(\boldsymbol{\tau}^d - \boldsymbol{\Phi}_\delta(\cdot)\hat{\boldsymbol{\rho}}\boldsymbol{\delta}_c)^T(\boldsymbol{\tau}^d - \boldsymbol{\Phi}_\delta(\cdot)\hat{\boldsymbol{\rho}}\boldsymbol{\delta}_c) + \underline{\sigma}\boldsymbol{\delta}_c^T\boldsymbol{\delta}_c] \tag{7.33}$$

且满足舵偏角约束 $\boldsymbol{\delta}^{\min} \leqslant \boldsymbol{\delta}_c \leqslant \boldsymbol{\delta}^{\max}$。

若第 j 个舵面发生卡死故障，估计的卡死位置为 $\hat{\bar{\delta}}_j$，则气动舵面提供的估计力矩表示为

$$\hat{\boldsymbol{\tau}}_\delta = \boldsymbol{\Phi}_{\delta r}\boldsymbol{\delta}_r + \boldsymbol{\Phi}_{\delta s}\bar{\boldsymbol{\delta}}_j \tag{7.34}$$

式中，$\boldsymbol{\delta}_r \in \mathbf{R}^{7\times1}$ 为剩余正常舵面；$\boldsymbol{\Phi}_{\delta r} \in \mathbf{R}^{3\times7}$ 为剩余正常舵面的控制分配矩阵；$\boldsymbol{\Phi}_{\delta s} \in \mathbf{R}^{3\times1}$ 为 $\boldsymbol{\Phi}_\delta(\cdot)$ 中对应卡死舵面的列。

定义目标函数为

$$\min_{\boldsymbol{\delta}_r} J_4 = \frac{1}{2}[(1-\underline{\sigma})(\boldsymbol{\tau}^d - \boldsymbol{\Phi}_{\delta r}\boldsymbol{\delta}_r - \boldsymbol{\Phi}_{\delta s}\hat{\bar{\boldsymbol{\delta}}}_j)^T(\boldsymbol{\tau}^d - \boldsymbol{\Phi}_{\delta r}\boldsymbol{\delta}_r - \boldsymbol{\Phi}_{\delta s}\hat{\bar{\boldsymbol{\delta}}}_j) + \underline{\sigma}\boldsymbol{\delta}_r^T\boldsymbol{\delta}_r] \tag{7.35}$$

且满足舵偏角约束 $\boldsymbol{\delta}_r^{\min} \leqslant \boldsymbol{\delta}_r \leqslant \boldsymbol{\delta}_r^{\max}$。

注解 7.2 如果气动舵面在约束范围内不能提供补偿故障所需的控制信号，则启动 RCS 补充力矩以实现容错控制，同样采用整型线性规划方法进行 RCS 的控制分配。

7.1.6　稳定性证明

接下来,理论分析控制系统的稳定性。文献[7]中,D. Liberzon 等分析了量化控制作用下的连续线性系统及非线性系统的稳定性。参考文献[7]中的稳定性分析过程,论证量化控制作用下高超声速飞行器的闭环姿态控制系统的稳定性。

首先,假设存在正实数 M 和 Δ 满足以下不等式:

$$|q(z)-z|\leqslant \Delta \tag{7.36}$$

式中, $|z|\leqslant M$。

不等式(7.36)给出了当量化函数 $q(\cdot)$ 未达到饱和时量化误差的最大值。这里 M 为量化函数 $q(\cdot)$ 的量化范围, Δ 为量化误差。这里使用的量化函数可表达为[5]

$$q_{\nu}(z)=\nu q\left(\frac{z}{\nu}\right) \tag{7.37}$$

式中, $\nu>0$, $q_{\nu}(z)$ 的量化范围为 $M\nu$, 量化误差为 $\Delta\nu$。

那么,量化控制作用下的闭环系统的动态可以表示为

$$\begin{aligned}\dot{\boldsymbol{X}}_1&=\boldsymbol{H}_1(\boldsymbol{X}_1)\boldsymbol{X}_2\\ \dot{\boldsymbol{X}}_2&=\boldsymbol{H}_2(\boldsymbol{X}_2)+\boldsymbol{H}_3q_{\nu}(\boldsymbol{\tau})\end{aligned} \tag{7.38}$$

式中, $q_{\nu}(\boldsymbol{\tau})$ 表示量化后的力矩向量。

定义量化误差为 $\boldsymbol{E}_q=q_{\nu}(\boldsymbol{\tau})-\boldsymbol{\tau}$, 则模型(7.38)表达为

$$\begin{aligned}\dot{\boldsymbol{X}}_1&=\boldsymbol{H}_1(\boldsymbol{X}_1)\boldsymbol{X}_2\\ \dot{\boldsymbol{X}}_2&=\boldsymbol{H}_2(\boldsymbol{X}_2)+\boldsymbol{H}_3(\boldsymbol{\tau}+\boldsymbol{E}_q)\end{aligned} \tag{7.39}$$

则跟踪误差的动态表达式为

$$\begin{aligned}\dot{\boldsymbol{E}}_1&=\boldsymbol{H}_1(\boldsymbol{X}_1)\boldsymbol{X}_2-\dot{\boldsymbol{\Omega}}^{\mathrm{d}}\\ \dot{\boldsymbol{E}}_2&=\boldsymbol{H}_2(\boldsymbol{X}_2)+\boldsymbol{H}_3(\boldsymbol{\tau}+\boldsymbol{E}_q)-\dot{\boldsymbol{X}}_2^{\mathrm{d}}\end{aligned} \tag{7.40}$$

定理 7.1　假设 $\alpha_1(\boldsymbol{\kappa}^{-1}(M\nu))>\alpha_2(\rho(\Delta\nu))$, 则集合 $R_1(\nu)=\{\xi: W(\xi)\leqslant\alpha_1(\boldsymbol{\kappa}^{-1}(M\nu))\}$, $R_2(\nu)=\{\xi: W(\xi)\leqslant\alpha_2(\rho(\Delta\nu))\}$ 是系统(7.40)不变集,且系统(7.40)的所有解都起始于集合 $R_1(\nu)$, 终止于集合 $R_2(\nu)$。

证明: 考虑跟踪误差动态(7.40),定义变量 $\boldsymbol{E}=[\boldsymbol{E}_1\quad \boldsymbol{E}_2]^{\mathrm{T}}$, 选择李雅普诺夫方程:

$$V_{\mathrm{L}}=\frac{1}{2}\boldsymbol{E}^{\mathrm{T}}\boldsymbol{E} \tag{7.41}$$

对式(7.41)求导:

$$\begin{aligned}\dot{V}_{\mathrm{L}}&=-c_2\boldsymbol{E}_1^{\mathrm{T}}E_1-c_3\boldsymbol{E}_2^{\mathrm{T}}\boldsymbol{E}_2+\boldsymbol{E}_2^{\mathrm{T}}\boldsymbol{J}^{-1}\boldsymbol{E}_q\\&=-c_2\|\boldsymbol{E}_1\|^2-c_3\|\boldsymbol{E}_2\|^2+\boldsymbol{E}_2^{\mathrm{T}}\boldsymbol{J}^{-1}\boldsymbol{E}_q\\&\leqslant-c_4\|\boldsymbol{E}\|^2+\|\boldsymbol{E}_2\|\cdot\|\boldsymbol{J}^{-1}\|\cdot\|\boldsymbol{E}_q\|\\&\leqslant-c_4\|\boldsymbol{E}\|^2+\|\boldsymbol{E}\|\cdot\|\boldsymbol{J}^{-1}\|\cdot\|\boldsymbol{E}_q\|\\&\leqslant-c_4\|\boldsymbol{E}\|(\|\boldsymbol{E}\|-\|\boldsymbol{J}^{-1}\|\cdot\|\boldsymbol{E}_q\|)\end{aligned} \tag{7.42}$$

则当 $\|\boldsymbol{E}\|\geqslant\rho(\|\boldsymbol{E}_q\|)$ 时,有 $\dot{V}_{\mathrm{L}}\leqslant-\alpha_3(\|\boldsymbol{E}\|)$。其中,$\rho(\|\boldsymbol{E}_q\|)=(1+\varepsilon)\|\boldsymbol{J}^{-1}\|\cdot\|\boldsymbol{E}_q\|$, $\varepsilon>0$, $\alpha_3(\|\boldsymbol{E}\|)=c_4\varepsilon\|\boldsymbol{E}\|\cdot\|\boldsymbol{J}^{-1}\|\cdot\|\boldsymbol{E}_q\|$。这意味着若把量化误差 $\boldsymbol{E}_q$ 看作系统(7.40)输入,则该系统是输入状态稳定的。

定义 κ 为 k_{∞} 函数,且满足条件

$$\kappa(r)\geqslant\max_{|E|\leqslant r}|\tau(\boldsymbol{E})|,\ \forall r\geqslant 0 \tag{7.43}$$

即 $|\tau(\boldsymbol{E})|\leqslant\kappa(\boldsymbol{E})$。

容易得出,如果 $|\kappa(\boldsymbol{E})/\nu|\leqslant M$, 即 $\boldsymbol{E}\leqslant\kappa^{-1}(M\nu)$, 则 $|\tau(\boldsymbol{E})/\nu|\leqslant M$ 成立。因此,当

$$\rho(\|\boldsymbol{E}_q\|)\leqslant\|\boldsymbol{E}\|\leqslant\kappa^{-1}(M\nu) \tag{7.44}$$

时, $\dot{V}_{\mathrm{L}}\leqslant 0$。

定义集合 $\beta_1(\nu)=\{\boldsymbol{E}:\|\boldsymbol{E}\|\leqslant\kappa^{-1}(M\nu)\}$, 集合 $\beta_2(\nu)=\{\boldsymbol{E}:\|\boldsymbol{E}\|\leqslant\rho(\|\boldsymbol{E}_p\|)\}$。由于 $\alpha_1(\|\boldsymbol{E}\|)\leqslant V_{\mathrm{L}}(\|\boldsymbol{E}\|)\leqslant\alpha_2(\|\boldsymbol{E}\|)$, 则 $\beta_2(\nu)\subset R_2(\nu)$, $R_1(\nu)\subset\beta_1(\nu)$, 可得

$$\beta_2(\nu)\subset R_2(\nu)\subset R_1(\nu)\subset\beta_1(\nu) \tag{7.45}$$

这表示集合 $R_1(\nu)$ 和 $R_2(\nu)$ 为不变集,且解的轨迹起始于集合 $R_1(\nu)$, 终止于集合 $R_2(\nu)$。若 t_0 表示初始时间, $\xi(t_0)$ 起始于集合 $R_1(\nu)$, 则在 t_0+T_{μ} 时刻, $\xi(t_0+T_{\mu})$ 在集合 $R_2(\nu)$ 内,这里 $T_{\nu}=\dfrac{\alpha_1(\kappa^{-1}(M\nu))-\alpha_2(\rho(\Delta\nu))}{\alpha_3(\rho(\Delta\nu))}$。

7.1.7 仿真验证

本节进行数值仿真试验,验证本节设计的姿态控制器和控制分配算法的有

效性。

1. 仿真参数选择

飞行器状态量的初值选择为：初始姿态角矢量 $[\sigma(0) \quad \beta(0) \quad \alpha(0)] = [0.2 \quad 0.3 \quad 0.1]\text{rad}$；初始姿态角速率 $[p(0) \quad q(0) \quad r(0)] = [0 \quad 0 \quad 0]\text{rad/s}$；姿态角参考指令 $\boldsymbol{\Omega}^{d} = [0.1 \quad 0 \quad 0.2]\text{rad}$；舵面二阶执行器参数：$\lambda_{1i} = 35$，$\lambda_{2i} = 900$。

反步法姿态控制律的参数 $k_1 = 1$，$k_2 = 5$。

$\hat{\rho}_i$ 更新律的参数 $k_\rho = -0.05$。

转动惯量矩阵：

$$\boldsymbol{J} = \begin{bmatrix} 554\,486 & 0 & -23\,002 \\ 0 & 1\,136\,949 & 0 \\ -23\,002 & 0 & 1\,376\,852 \end{bmatrix} \text{kg} \cdot \text{m}^2$$

RCS 力矩矩阵：

$$\boldsymbol{\Phi}_{\text{R}} = \begin{bmatrix} 0 & -1\,511 & 8\,574 & -5\,098 & 0 & 1\,515 & -8\,573 & 5\,098 & 0 & 0 \\ -367 & 0 & -6\,982 & 8\,702 & -367 & 0 & -6\,981 & 8\,702 & -367 & -367 \\ 14\,675 & -11\,597 & -6\,918 & -8\,702 & -14\,675 & 11\,597 & 6\,981 & 8\,702 & -14\,675 & 14\,675 \end{bmatrix} \text{N} \cdot \text{m}$$

控制分配参数 $\underline{\sigma} = 0.005$；$\omega_{\text{axis}_i} = \max(e_{\text{axis}_i} / \| e_{\text{axis}} \|_2, 0.1)$；$\omega_1, \cdots, \omega_{10} = 0.01$，其中 e_{axis} 为跟踪误差向量。

2. 仿真结果及分析

设计如下几组试验方案。

1）仿真 A

所有执行器正常工作。仿真结果如图 7.3~图 7.6 所示。图 7.3 和图 7.4 分别是姿态角和姿态角速率的跟踪响应曲线，分别对比了没有 RCS 和加入 RCS 的控制效果。由图可以看到，如果不加入 RCS，系统响应较为缓慢，大约 200 s 才跟踪上参考指令。而采用舵面和 RCS 融合控制的控制系统在 10s 左右就已经实现了姿态角和姿态角速率的跟踪。图 7.5 是 8 个舵面的偏转情况。图 7.6 是 10 个 RCS 的开关情况。由图可以看出，在 12 s 前，系统未达成跟踪控制，所需控制力矩较大，舵面的偏转量已处于饱和状态，此时 RCS 开启。而当输出跟踪上参考信号后，需要的控制力矩下降，舵面偏转尚未达到饱和，此时 RCS 关闭。以上结果证明了本节所设计的控制分配方案具有较好的经济性和实用性，只有当舵面不足以提供控制力矩时才开启 RCS，最大限度地减少燃料消耗。图 7.7 和图 7.8 分别给出了气动舵面和 RCS 提供的控制力矩变化图。

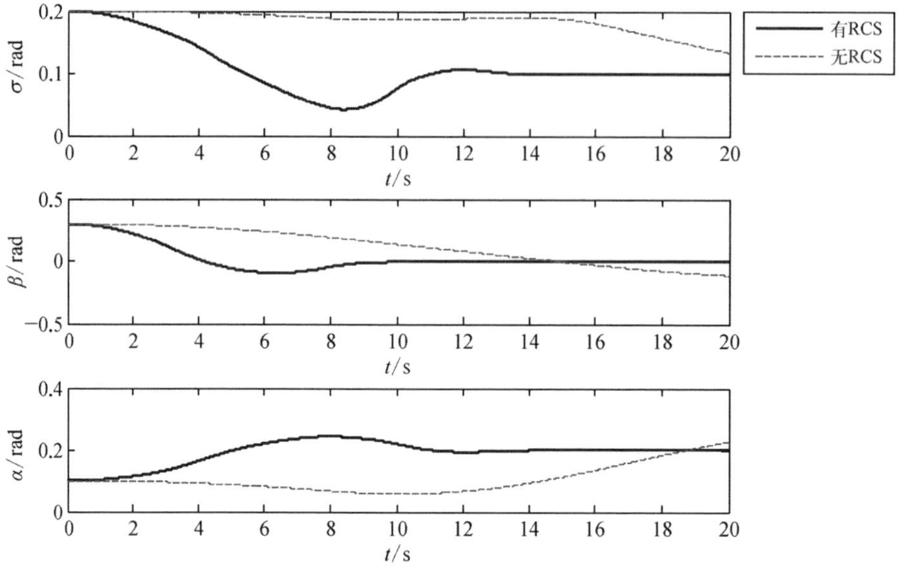

图 7.3　姿态角跟踪曲线(仿真 A)

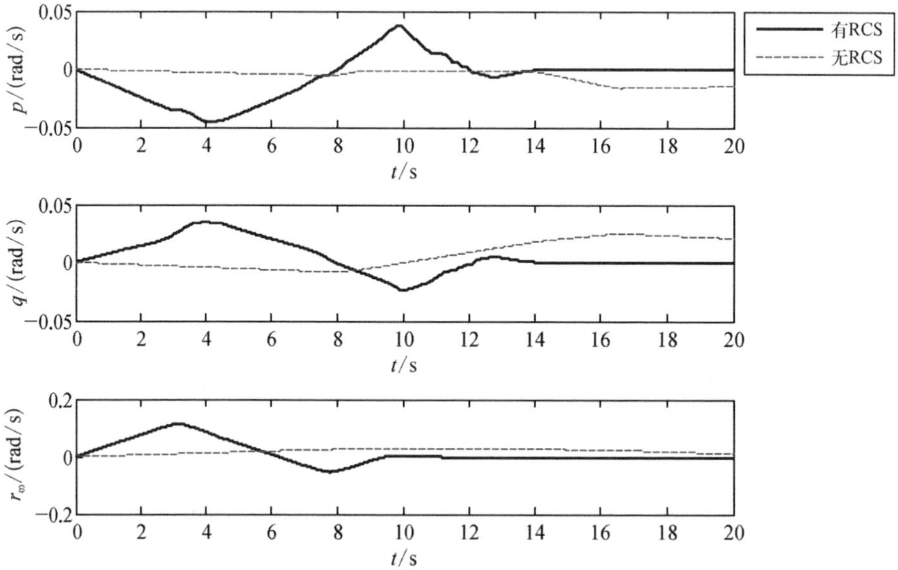

图 7.4　角速率跟踪曲线(仿真 A)

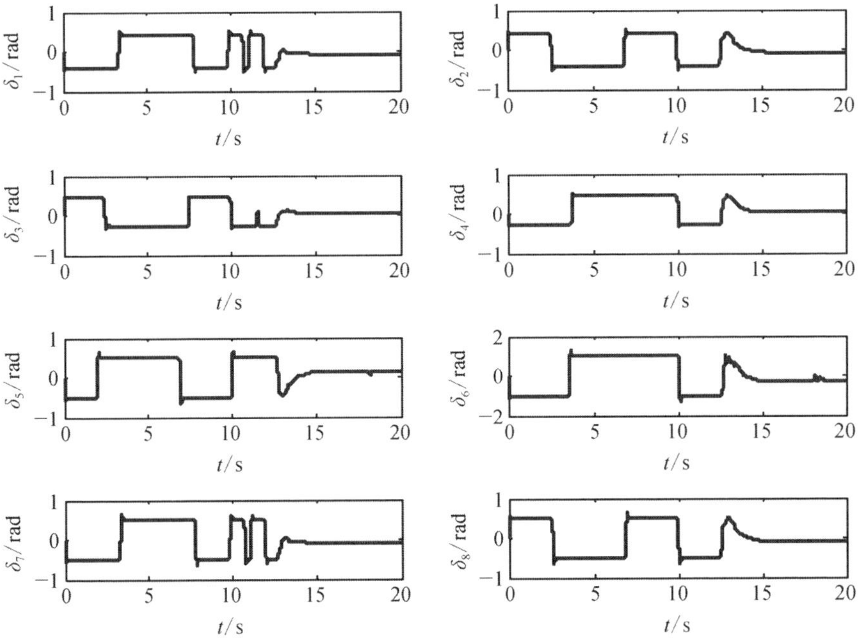

图 7.5　气动舵面偏转角(仿真 A)

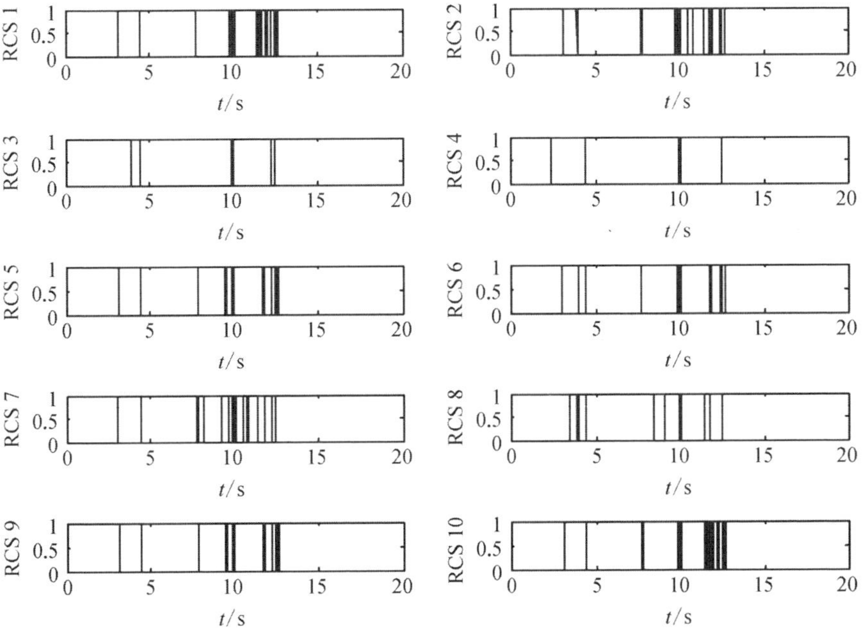

图 7.6　RCS 开关状态(仿真 A)

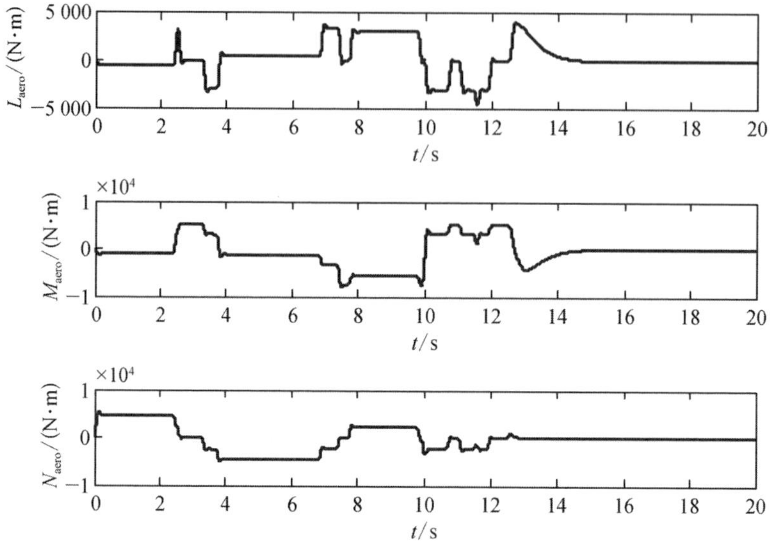

图 7.7　气动舵面提供的力矩

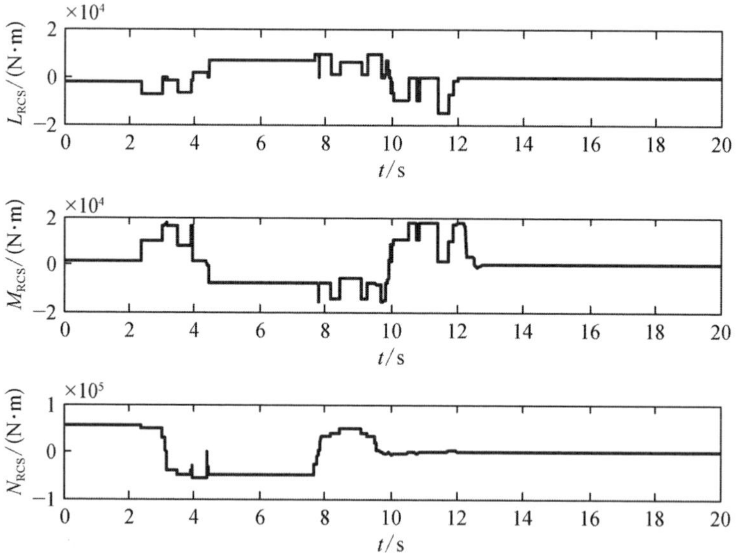

图 7.8　RCS 提供的力矩(仿真 A)

2）仿真B

右内侧升降舵发生部分失效故障,失效比例为50%。仿真结果如图7.9～图7.14所示。图7.9和图7.10分别为姿态角和姿态角速率的跟踪响应曲线。由图可以看到,系统在存在部分失效故障的情况下依旧保持了较好的跟踪性能和稳定性。图7.11给出了舵面的偏转情况。图7.12给出了RCS的开关情况。由于失效故障,右内侧升降舵的可偏转范围下降了一半,于是RCS对损失的控制信号进行了补偿。图7.14给出了故障估计器对失效因子的估计情况。

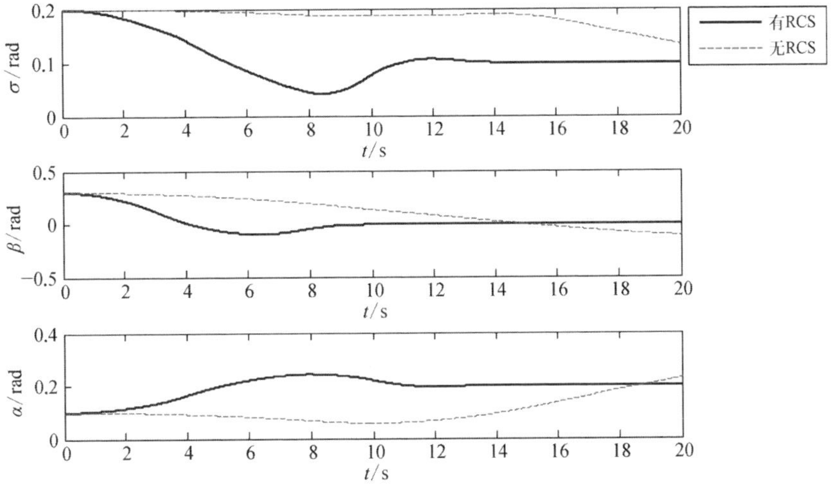

图7.9　姿态角跟踪曲线(仿真B)

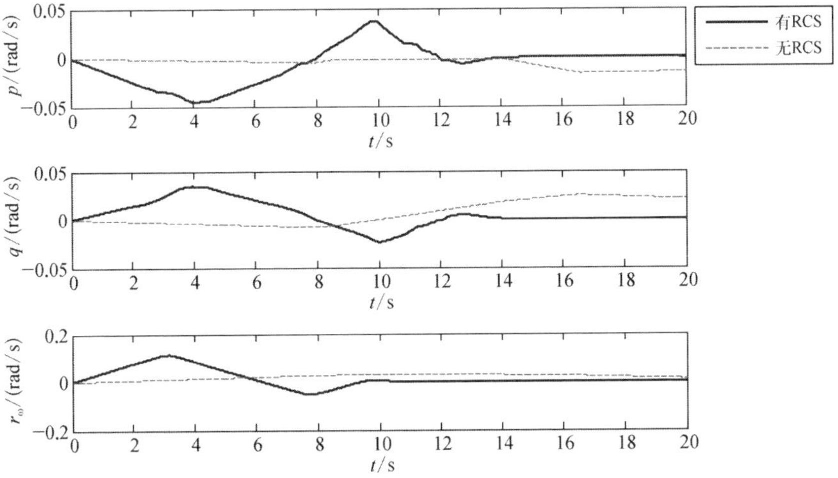

图7.10　角速率跟踪曲线(仿真B)

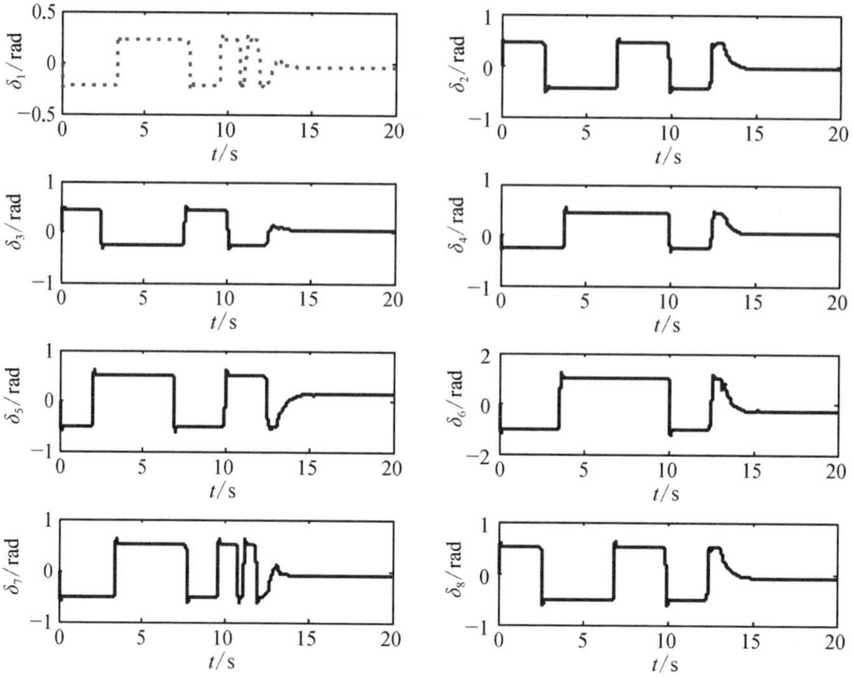

图 7.11 气动舵面偏转角(仿真 B)

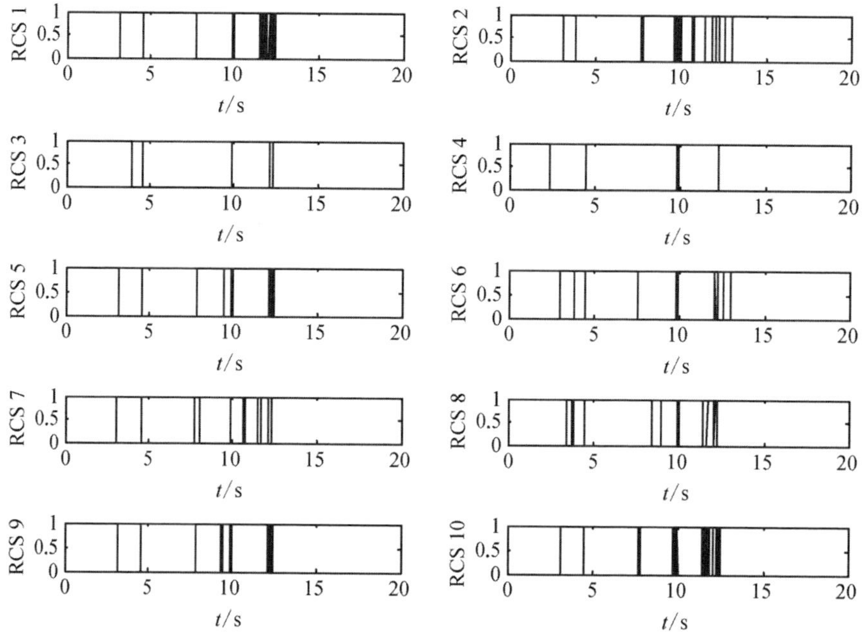

图 7.12 RCS 开关状态(仿真 B)

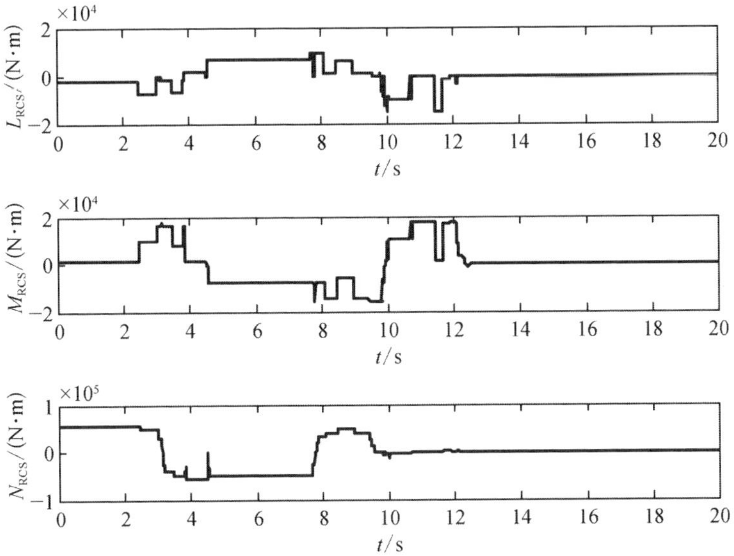

图 7.13　RCS 提供的力矩(仿真 B)

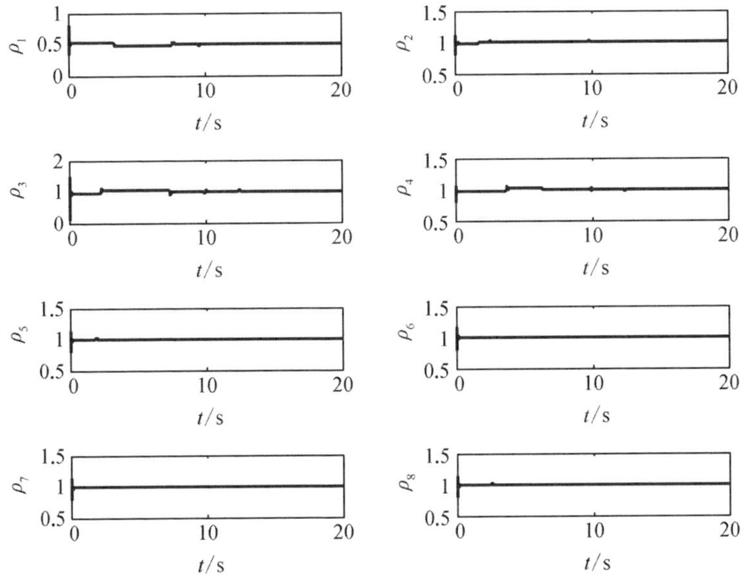

图 7.14　失效系数估计值(仿真 B)

3）仿真 C

右侧机身襟翼发生卡死故障。仿真结果如图 7.15～图 7.18 所示。图 7.15 和图 7.16 分别为姿态角和姿态角速率的跟踪响应曲线。由图可以看到,卡死故障没有对系统的稳定性和姿态角的跟踪性能产生明显影响。图 7.17 和图 7.18 分别给出了卡死故障下舵面的偏转情况和 RCS 的开关序列。

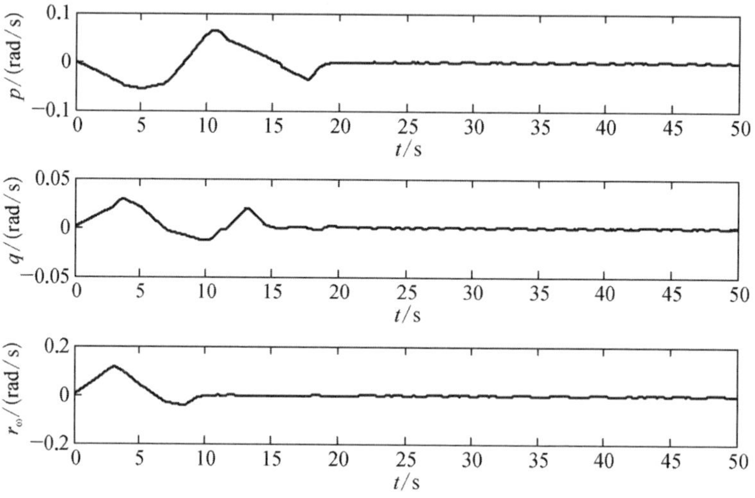

图 7.15　姿态角跟踪曲线(仿真 C)

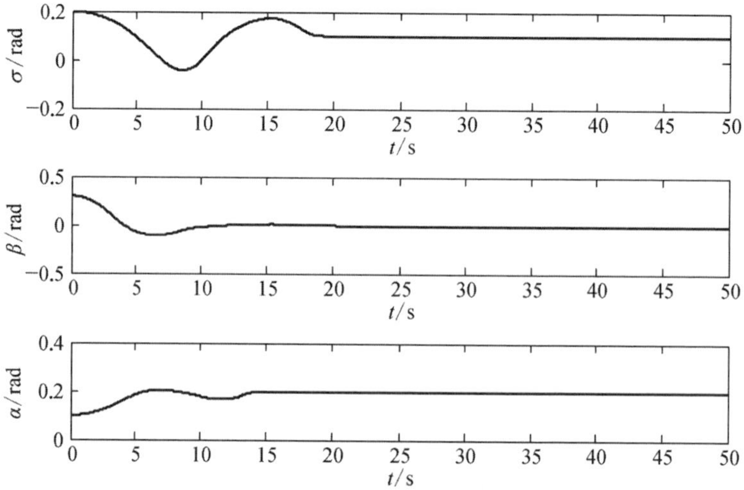

图 7.16　角速率跟踪曲线(仿真 C)

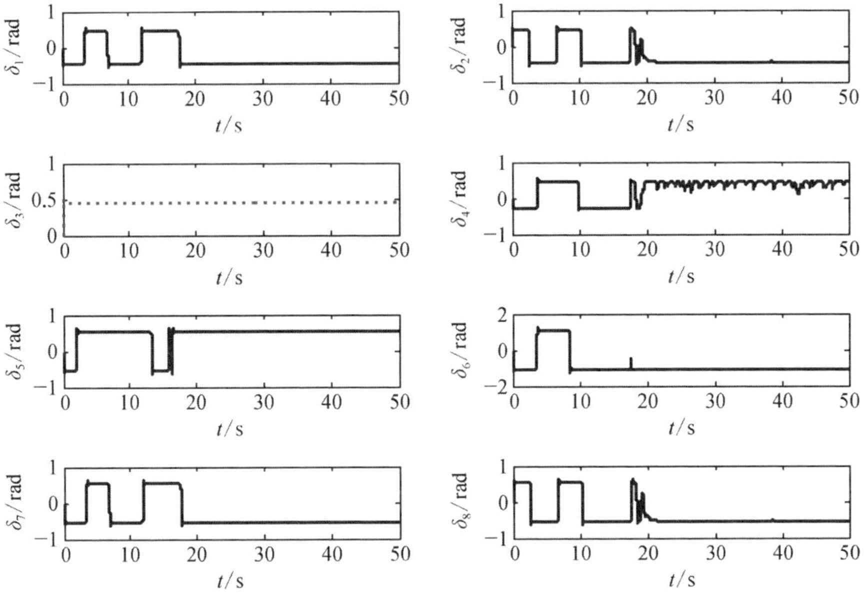

图 7.17　气动舵面偏转角(仿真 C)

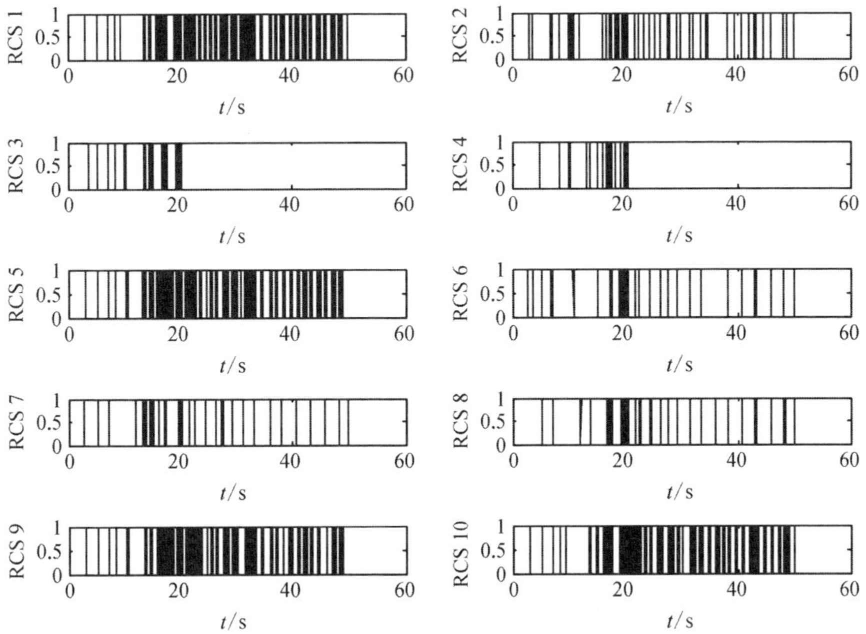

图 7.18　RCS 开关状态(仿真 C)

3. 可容忍故障范围

除了以上三组仿真实验,还模拟了不同的舵面故障模式,进行了大量的仿真研究。在存在舵面偏转幅度限制的情况下,系统的气动控制力矩是有限的,因此存在一个可容忍的故障范围。表 7.2 和表 7.3 分别给出了仿真实验结果总结后得出的故障容忍范围。

表 7.2 可通过冗余舵面补偿的卡死故障范围(I)

气动舵面	单个舵面卡死	两个同类型舵面同时卡死
内侧升降副翼	[−0.44 0.44] rad	[−0.44 0.44] rad
机身襟翼	[−0.1 0.1] rad	[−0.01 0.015] rad(左机身襟翼) [−0.01 0.006] rad(右机身襟翼)
方向舵	[−0.52 1.04] rad	[−0.52 1.04] rad
外侧升降副翼	[−0.52 0.52] rad	[0.2 0.52] rad(右外侧升降副翼)

表 7.3 可通过冗余舵面补偿的卡死故障范围(II)

气 动 舵 面	两个不同类型舵面同时故障
内侧升降副翼+机身襟翼	[−0.4 0.01] rad(左内侧升降副翼) [−0.1 0.4] rad(右内侧升降副翼) [−0.001 0.001] rad(左机身襟翼) [−0.01 0.01] rad(右机身襟翼)
升降副翼+方向舵	[−0.44 0.44] rad(左内侧升降副翼) [0 0.44] rad(右内侧升降副翼) [−0.52 1.04] rad(左右方向舵)
机身襟翼+方向舵	[−0.001 0.001] rad(左右机身襟翼) [0.4 0.5] rad(左方向舵) [0.35 0.5] rad(右方向舵)
机身襟翼+外侧升降副翼	[−0.003 0.003] rad(左机身襟翼) [−0.01 0.006] rad(右机身襟翼) [−0.3 0.1] rad(左外侧升降副翼) [0 0.52] rad(右外侧升降副翼)
方向舵+外侧升降副翼	[−0.52 0.52] rad(左外侧升降副翼) [0.3 0.52] rad(右外侧升降副翼) [−0.52 1.04] rad(左右方向舵)
内侧升降副翼+外侧升降副翼	无法仅依靠气动舵面补偿

7.2　基于气动舵面和 RCS 融合控制的再入姿态容错控制(II)

本节在 7.1 节的基础上,进一步考虑姿态系统中的不确定性,包括转动惯量不确定性及外界干扰等,进行舵面和 RCS 融合控制的研究。

高超声速飞行器在再入段的飞行环境复杂且多变,可能经历如侧风、湍流等的干扰。机体的磨损、机身的弹性变形及燃料的消耗会导致飞行器转动变量和气动参数的变化。因此,在姿态控制设计中,考虑不确定性和干扰的影响是十分必要的。本节在姿态控制器设计上,采用双环滑模控制方法,并采用链式分配的方法协调舵面和 RCS,其中对于 RCS 的分配问题,提出一种新的基于模糊逻辑、决策机制与优化目标的控制分配策略。与第 6 章已有的方法相比,具有更好的控制分配性能,并且提高了闭环系统的跟踪控制表现性能。

本节的内容具体安排如下:7.2.1 节给出具有参数不确定和未知干扰的高超声速飞行器姿态模型;7.2.2 节介绍本节的控制目标;7.2.3 节进行基于滑模的内外环姿态控制器设计,并给出稳定性证明;7.2.4 节进行容错控制分配器设计,包括基于二次规划的舵面控制分配器和基于模糊逻辑的 RCS 控制分配器;7.2.5 节对整个闭环的姿态控制和控制分配系统的稳定性进行理论分析;7.2.6 节进行仿真研究,同时与 7.1 节中的设计进行对比研究。

7.2.1　再入段姿态模型

基于式(2.49)给出的高超声速飞行器再入段姿态模型,考虑外部干扰和参数不确定性,给出如下姿态模型:

$$\begin{aligned}\dot{\boldsymbol{\Omega}} &= \boldsymbol{R}(\cdot)\boldsymbol{\omega} + \boldsymbol{D}_2 \\ (\boldsymbol{J} + \Delta\boldsymbol{J})\dot{\boldsymbol{\omega}} &= -\boldsymbol{\Xi}(\boldsymbol{J} + \Delta\boldsymbol{J})\boldsymbol{\omega} + \boldsymbol{\tau} + \boldsymbol{D}\end{aligned} \tag{7.46}$$

式中,$\Delta\boldsymbol{J} \in \mathbf{R}^{3\times3}$ 为转动惯量矩阵 $\boldsymbol{J}$ 的不确定部分;$\boldsymbol{D}$、$\boldsymbol{D}_2 \in \mathbf{R}^3$ 为外界干扰。

将不确定参数项与干扰项进一步整合,可得

$$\begin{aligned}\dot{\boldsymbol{\Omega}} &= \boldsymbol{R}(\cdot)\boldsymbol{\omega} + \boldsymbol{D}_2 \\ \dot{\boldsymbol{\omega}} &= -\boldsymbol{J}^{-1}\boldsymbol{\Xi}\boldsymbol{J}\boldsymbol{\omega} + \boldsymbol{J}^{-1}\boldsymbol{\tau} + \boldsymbol{J}^{-1}\boldsymbol{D}_1\end{aligned} \tag{7.47}$$

式中,$\boldsymbol{D}_1$ 为复合干扰项:

$$\boldsymbol{D}_1=\boldsymbol{D}-\Delta\boldsymbol{J}\dot{\boldsymbol{\omega}}-\boldsymbol{\Xi}\Delta\boldsymbol{J}\boldsymbol{\omega} \tag{7.48}$$

舵面和 RCS 共同提供姿态模型的输入信号力矩 $\boldsymbol{\tau}$:

$$\boldsymbol{\tau}=\boldsymbol{\tau}_\delta+\boldsymbol{\tau}_\mathrm{R}=\boldsymbol{\Phi}_\delta(\cdot)\boldsymbol{\delta}+\boldsymbol{\Phi}_\mathrm{R}(\cdot)\boldsymbol{U} \tag{7.49}$$

式中, $\boldsymbol{\tau}=[\tau_L\quad\tau_M\quad\tau_N]^\mathrm{T}$ 为滚转力矩、俯仰力矩、偏航力矩向量; $\boldsymbol{\tau}_\delta=[\tau_{L\delta}\quad\tau_{M\delta}\quad\tau_{N\delta}]^\mathrm{T}$ 为气动舵面提供的力矩向量; $\boldsymbol{\tau}_\mathrm{R}=[\tau_{L\mathrm{R}}\quad\tau_{M\mathrm{R}}\quad\tau_{N\mathrm{R}}]^\mathrm{T}$ 为 RCS 提供的力矩向量; $\boldsymbol{\Phi}_\delta(\cdot)\in\mathbf{R}^{3\times8}$ 为 8 个舵面的控制分配矩阵; $\boldsymbol{\delta}=[\delta_1\quad\delta_2\quad\delta_3\quad\delta_4\quad\delta_5\quad\delta_6\quad\delta_7\quad\delta_8]^\mathrm{T}$ 为 8 个舵面的舵面偏转角向量; $\boldsymbol{\Phi}_\mathrm{R}(\cdot)\in\mathbf{R}^{3\times10}$ 表示 RCS 的力矩矩阵; $\boldsymbol{U}=[u_1\quad u_2\quad u_3\quad u_4\quad u_5\quad u_6\quad u_7\quad u_8\quad u_9\quad u_{10}]^\mathrm{T}$ 为 10 个 RCS 开闭状态向量,其中 u_i 为 1 表示第 i 个 RCS 开启,为 0 则表示关闭。

7.2.2 控制目标

针对存在不确定参数和干扰的再入段姿态模型(7.47),采用双环滑模控制方法设计期望控制力矩 $\boldsymbol{\tau}^\mathrm{d}$, 实现姿态角向量 $\boldsymbol{\Omega}$ 对期望指令 $\boldsymbol{\Omega}^\mathrm{d}$ 的渐近跟踪。

期望控制力矩 $\boldsymbol{\tau}^\mathrm{d}$ 由气动舵面和 RCS 共同提供,设计控制分配策略,遵循减少 RCS 燃料消耗的原则,采用链式递增分配法将 $\boldsymbol{\tau}^\mathrm{d}$ 分配给各个执行器。

假设 7.2 姿态角期望指令 $\boldsymbol{\Omega}^\mathrm{d}$ 及其导数 $\dot{\boldsymbol{\Omega}}^\mathrm{d}$ 有界。

假设 7.3 模型(7.47)中的干扰 $\boldsymbol{D}_1$ 是有界的,满足 $\|\boldsymbol{D}_1\|\leqslant\bar{D}_1$, 其中, $\bar{D}_1$ 是未知的正数。

假设 7.4 模型(7.47)中的干扰 $\boldsymbol{D}_2$ 是缓变干扰,满足 $\dot{\boldsymbol{D}}_2\approx0$。

7.2.3 滑模姿态控制器

气动舵面与 RCS 融合控制的系统框图如图 7.19 所示。

其中,滑模姿态控制器包括基于非线性干扰观测器的外环控制器和内环控制器两个部分。

1. 基于非线性干扰观测器的外环控制器

首先定义外环滑模面为

$$\boldsymbol{s}_1=[s_{11}\quad s_{12}\quad s_{13}]^\mathrm{T}=e_1+\boldsymbol{K}_1\int_0^t\boldsymbol{e}_1\mathrm{d}\tau \tag{7.50}$$

式中, $\boldsymbol{e}_1=\boldsymbol{\Omega}^\mathrm{d}-\boldsymbol{\Omega}$ 为姿态角跟踪误差; $\boldsymbol{K}_1=\mathrm{diag}\{k_{11},k_{12},k_{13}\}$, 其中 $k_{1i}>0(i=1,2,3)$ 为用户选定的参数。在滑模面 $\boldsymbol{s}_1=0$ 上显然有

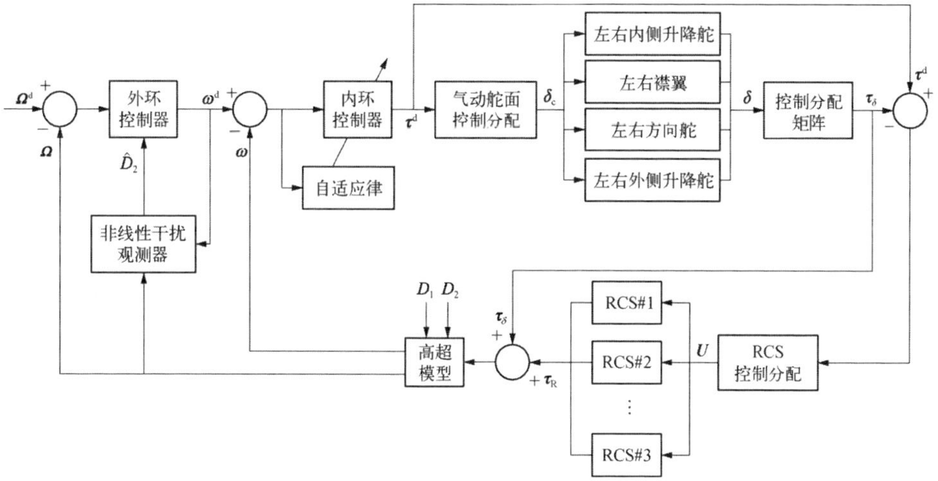

图 7.19 姿态控制与控制分配系统框图

$$\boldsymbol{s}_1 = [s_{11} \quad s_{12} \quad s_{13}]^{\mathrm{T}} = \boldsymbol{e}_1 + \boldsymbol{K}_1 \int_0^t \boldsymbol{e}_1 \mathrm{d}\tau = 0 \tag{7.51}$$

基于姿态模型(7.47)中的姿态角动态,对式(7.51)求导,得到滑模面动态为

$$\dot{\boldsymbol{s}}_1 = \dot{\boldsymbol{\Omega}}^{\mathrm{d}} - (\boldsymbol{R}(\cdot)\boldsymbol{\omega} + \boldsymbol{D}_2) + \boldsymbol{K}_1 \boldsymbol{e}_1 = 0 \tag{7.52}$$

为估计未知干扰 $\boldsymbol{D}_2$ 设计非线性干扰观测器如下:

$$\begin{aligned} \dot{\boldsymbol{\chi}} &= -\boldsymbol{l}(\boldsymbol{\Omega})\boldsymbol{\chi} - \boldsymbol{l}(\boldsymbol{\Omega})(\boldsymbol{R}(\cdot)\boldsymbol{\omega} + \boldsymbol{\eta}(\boldsymbol{\Omega})) \\ \hat{\boldsymbol{D}}_2 &= \boldsymbol{\chi} + \boldsymbol{\eta}(\boldsymbol{\Omega}) \end{aligned} \tag{7.53}$$

式中,$\hat{\boldsymbol{D}}_2 \in \mathbf{R}^3$ 为 $\boldsymbol{D}_2$ 的估计值;$\boldsymbol{\chi} \in \mathbf{R}^3$ 为观测器的状态变量;$\boldsymbol{l}(\boldsymbol{\Omega}): \mathbf{R}^3 \to \mathbf{R}^{3\times 3}$ 和 $\boldsymbol{\eta}(\boldsymbol{\Omega}): \mathbf{R}^3 \to \mathbf{R}^3$ 分别为用户定义的观测器增益矩阵和函数,且满足下列条件:

$$\boldsymbol{l}(\boldsymbol{\Omega}) = \frac{\partial \boldsymbol{\eta}(\boldsymbol{\Omega})}{\partial \boldsymbol{\Omega}} \tag{7.54}$$

这里 $\boldsymbol{l}(\boldsymbol{\Omega})$ 取正定对角矩阵。$\boldsymbol{\eta}(\boldsymbol{\Omega})$ 和 $\boldsymbol{l}(\boldsymbol{\Omega})$ 的具体选择为

$$\boldsymbol{\eta}(\boldsymbol{\Omega}) = a\begin{bmatrix} \sigma + \frac{1}{3}\sigma^3 \\ \beta + \frac{1}{3}\beta^3 \\ \alpha + \frac{1}{3}\alpha^3 \end{bmatrix}, \quad \boldsymbol{l}(\boldsymbol{\Omega}) = \frac{\partial \boldsymbol{\eta}(\boldsymbol{\Omega})}{\partial \boldsymbol{\Omega}} = a\begin{bmatrix} 1+\sigma^2 & 0 & 0 \\ 0 & 1+\beta^2 & 0 \\ 0 & 0 & 1+\alpha^2 \end{bmatrix}$$

式中，a 为正常数。

定义 $\hat{\boldsymbol{D}}_2$ 的估计误差为

$$\tilde{\boldsymbol{D}}_2 = \hat{\boldsymbol{D}}_2 - \boldsymbol{D}_2 \tag{7.55}$$

对式(7.55)求导，且 $\boldsymbol{D}_2$ 满足假设 7.4，基于式(7.53)和式(7.54)，可得

$$\dot{\tilde{\boldsymbol{D}}}_2 = \dot{\hat{\boldsymbol{D}}}_2 - \dot{\boldsymbol{D}}_2 = -\boldsymbol{l}(\boldsymbol{\Omega})\tilde{\boldsymbol{D}}_2 \tag{7.56}$$

根据式(7.56)可以得出，估计误差 $\tilde{\boldsymbol{D}}_2$ 趋近于零，即 $\hat{\boldsymbol{D}}_2$ 渐近收敛至 $\boldsymbol{D}_2$，所以干扰观测器可以观测 $\boldsymbol{D}_2$。这里 $\boldsymbol{l}(\boldsymbol{\Omega})$ 取正定对角矩阵，估计误差的收敛速度取决于 $\boldsymbol{l}(\boldsymbol{\Omega})$ 中各项参数的取值。

于是，设计外环控制律：

$$\boldsymbol{\omega}^{\mathrm{d}} = \boldsymbol{R}^{-1}(\dot{\boldsymbol{\Omega}}^{\mathrm{d}} + \boldsymbol{K}_1\boldsymbol{e}_1 - \hat{\boldsymbol{D}}_2 + \rho_1\boldsymbol{s}_1) + \boldsymbol{R}^{-1}\rho_2\mathrm{sign}(\boldsymbol{s}_1) \tag{7.57}$$

式中，ρ_1、ρ_2 为选定正常数；符号函数 $\mathrm{sign}(\boldsymbol{s}_1) = [\mathrm{sign}(s_{11}) \quad \mathrm{sign}(s_{12}) \quad \mathrm{sign}(s_{13})]^{\mathrm{T}}$。

选择李雅普诺夫函数如下：

$$V_{\mathrm{L1}} = \frac{1}{2}\boldsymbol{s}_1^{\mathrm{T}}\boldsymbol{s}_1 + \frac{1}{2}\tilde{\boldsymbol{D}}_2^{\mathrm{T}}\tilde{\boldsymbol{D}}_2 \tag{7.58}$$

对李雅普诺夫函数求导，并代入式(7.52)、式(7.56)和式(7.57)，可得

$$\begin{aligned}
\dot{V}_{\mathrm{L1}} &= \boldsymbol{s}_1^{\mathrm{T}}\dot{\boldsymbol{s}}_1 + \tilde{\boldsymbol{D}}_2^{\mathrm{T}}\boldsymbol{l}^{-1}(\boldsymbol{\Omega})\dot{\tilde{\boldsymbol{D}}}_2 \\
&= \boldsymbol{s}_1^{\mathrm{T}}[\dot{\boldsymbol{\Omega}}^{\mathrm{d}} - (\boldsymbol{R}(\cdot)\boldsymbol{\omega}^{\mathrm{d}} + \boldsymbol{D}_2) + \boldsymbol{K}_1\boldsymbol{e}_1] - \tilde{\boldsymbol{D}}_2^{\mathrm{T}}\boldsymbol{l}(\boldsymbol{\Omega})\tilde{\boldsymbol{D}}_2 \\
&\leqslant \boldsymbol{s}_1^{\mathrm{T}}(\hat{\boldsymbol{D}}_2 - \boldsymbol{D}_2) - \rho_1\|\boldsymbol{s}_1\|^2 - \rho_2\boldsymbol{s}_1^{\mathrm{T}}\mathrm{sign}(\boldsymbol{s}_1) - a\|\tilde{\boldsymbol{D}}_2\|^2 \\
&= \boldsymbol{s}_1^{\mathrm{T}}\tilde{\boldsymbol{D}}_2 - \rho_1\|\boldsymbol{s}_1\|^2 - \rho_2\sum_{i-1}^{3}|s_{1i}| - a\|\tilde{\boldsymbol{D}}_2\|^2 \\
&\leqslant \frac{1}{2}\|\boldsymbol{s}_1\|^2 + \frac{1}{2}\|\tilde{\boldsymbol{D}}_2\|^2 - \rho_1\|\boldsymbol{s}_1\|^2 - \rho_2\sum_{i-1}^{3}|s_{1i}| - a\|\tilde{\boldsymbol{D}}_2\|^2 \\
&\leqslant -\left(\rho_1 - \frac{1}{2}\right)\|\boldsymbol{s}_1\|^2 - \rho_2\sum_{i-1}^{3}|s_{1i}| - \left(a - \frac{1}{2}\right)\|\tilde{\boldsymbol{D}}_2\|^2
\end{aligned} \tag{7.59}$$

若 $\rho_1 > 0.5$，$\rho_2 > 0$，$a > 0.5$，则可以得出结论：滑模面 $\boldsymbol{s}_1 = 0$ 渐近稳定。从而，可以得出跟踪误差 $\boldsymbol{e}_1$ 渐近收敛到零，实现了姿态角 $\boldsymbol{\Omega}$ 对姿态角期望指令 $\boldsymbol{\Omega}^{\mathrm{d}}$ 的渐近跟踪。

2. 内环控制器

内环控制器的控制目的是姿态角速率 $\boldsymbol{\omega}$ 对外环控制器得到的期望角速率

$\boldsymbol{\omega}^{\mathrm{d}}$ 的渐近跟踪。设计内环控制的滑模面为

$$\boldsymbol{s}_2 = [s_{21} \quad s_{22} \quad s_{23}]^{\mathrm{T}} = \boldsymbol{e}_2 + \boldsymbol{K}_2\int_0^t \boldsymbol{e}_2 \mathrm{d}\tau \tag{7.60}$$

式中，$\boldsymbol{e}_2 = \boldsymbol{\omega}^{\mathrm{d}} - \boldsymbol{\omega}$ 为姿态角速率的跟踪误差；$\boldsymbol{K}_2 = \mathrm{diag}\{k_{21}, k_{22}, k_{23}\}$，其中 $k_{2i} > 0(i = 1, 2, 3)$ 为用户选定的参数。

对滑模面(7.60)求导，且代入姿态模型(7.47)中的姿态角速率动态，可得

$$\begin{aligned}\dot{\boldsymbol{s}}_2 &= \dot{\boldsymbol{e}}_2 + \boldsymbol{K}_2\boldsymbol{e}_2 \\ &= \dot{\boldsymbol{\omega}}^{\mathrm{d}} - \dot{\boldsymbol{\omega}} + \boldsymbol{K}_2\boldsymbol{e}_2 \\ &= \dot{\boldsymbol{\omega}}^{\mathrm{d}} + \boldsymbol{K}_2\boldsymbol{e}_2 + \boldsymbol{J}^{-1}\boldsymbol{\Xi}\boldsymbol{J}\boldsymbol{\omega} - \boldsymbol{J}^{-1}\boldsymbol{\tau} - \boldsymbol{J}^{-1}\boldsymbol{D}_1\end{aligned} \tag{7.61}$$

于是，设计内环控制器：

$$\boldsymbol{\tau}^{\mathrm{d}} = \boldsymbol{J}\dot{\boldsymbol{\omega}}^{\mathrm{d}} + \boldsymbol{J}\boldsymbol{K}_2\boldsymbol{e}_2 + \boldsymbol{\Xi}\boldsymbol{J}\boldsymbol{\omega} + (\varepsilon_0 + \hat{D}_1)\mathrm{sign}(\boldsymbol{s}_2) \tag{7.62}$$

式中，ε_0 为选定正常数；$\hat{D}_1$ 为干扰 $\boldsymbol{D}_1$ 的上界 $\bar{D}_1$ 的估计值，$\tilde{D}_1 = \hat{D}_1 - \bar{D}_1$ 为估计误差；符号函数 $\mathrm{sign}(\boldsymbol{s}_2) = [\mathrm{sign}(s_{21}) \quad \mathrm{sign}(s_{22}) \quad \mathrm{sign}(s_{23})]^{\mathrm{T}}$。

选择干扰上界估计 $\hat{D}_1$ 的自适应律为

$$\dot{\hat{D}}_1 = k_D \|\boldsymbol{s}_2\| \tag{7.63}$$

式中，k_D 为正数。

选择李雅普诺夫函数如下：

$$V_{\mathrm{L2}} = \frac{1}{2}\boldsymbol{s}_2^{\mathrm{T}}\boldsymbol{J}\boldsymbol{s}_2 + \frac{1}{2k_D}\tilde{D}_1^2 \tag{7.64}$$

对李雅普诺夫函数求导：

$$\dot{V}_{\mathrm{L2}} = \boldsymbol{s}_2^{\mathrm{T}}\boldsymbol{J}\dot{\boldsymbol{s}}_2 + \frac{1}{k_D}\tilde{D}_1\dot{\hat{D}}_1 \tag{7.65}$$

将式(7.61)~式(7.63)代入式(7.65)，可得

$$\begin{aligned}\dot{V}_{\mathrm{L2}} &= \boldsymbol{s}_2^{\mathrm{T}}[-(\varepsilon_0 + \hat{D}_1)\mathrm{sign}(\boldsymbol{s}_2) - \boldsymbol{D}_1] + (\hat{D}_1 - \bar{D}_1)\|\boldsymbol{s}_2\| \\ &= -(\varepsilon_0 + \hat{D}_1)\boldsymbol{s}_2^{\mathrm{T}}\mathrm{sign}(\boldsymbol{s}_2) - \boldsymbol{s}_2^{\mathrm{T}}\boldsymbol{D}_1 + \hat{D}_1\|\boldsymbol{s}_2\| - \bar{D}_1\|\boldsymbol{s}_2\| \\ &\leqslant -\varepsilon_0\sum_{i=1}^{3}|s_{2i}| - \hat{D}_1\|\boldsymbol{s}_2\| - \|\boldsymbol{s}_2^{\mathrm{T}}\|\|\boldsymbol{D}_1\| + \hat{D}_1\|\boldsymbol{s}_2\| - \bar{D}_1\|\boldsymbol{s}_2\| \\ &\leqslant -\varepsilon_0\sum_{i=1}^{3}|s_{2i}|\end{aligned} \tag{7.66}$$

由于 $\varepsilon_0>0$，所以可得滑模面 $\boldsymbol{s}_2=0$ 渐近稳定。从而，可以得出跟踪误差 $\boldsymbol{e}_2$ 渐近收敛到零，即姿态角速率 $\boldsymbol{\omega}$ 渐近跟踪期望姿态角速率指令 $\boldsymbol{\omega}^{\mathrm{d}}$。

7.2.4 容错控制分配

以上得到的控制律(7.62)是为实现姿态跟踪所需的期望控制力矩，本研究中讨论舵面和 RCS 融合控制的策略，因此此期望力矩由舵面和 RCS 共同提供：

$$\boldsymbol{\tau}^{\mathrm{d}}=\boldsymbol{\tau}_{\delta}+\boldsymbol{\tau}_{\mathrm{R}}=\boldsymbol{\Phi}_{\delta}(\cdot)\boldsymbol{\delta}+\boldsymbol{\Phi}_{\mathrm{R}}(\cdot)\boldsymbol{U} \tag{7.67}$$

为了最大限度地使用气动舵面，减少 RCS 燃料的消耗，采用链式递增的分配方法，将控制力矩优先分配给舵面，当舵面饱和但仍然无法提供所需要的力矩时，启动 RCS。这里，对于舵面分配，采用二次规划方法对目标进行优化，求解舵面的最优偏转角度。对于 RCS 的控制分配，提出一种基于模糊逻辑的控制分配策略，并且控制分配中考虑舵面故障及舵面故障带来的气动力矩损失，所设计的控制分配策略具有对舵面偏转故障的容忍能力。

1. 基于二次规划的舵面控制分配

采用二次规划的分配方法，将控制分配问题转化为多目标优化问题。

考虑常见的舵面卡死和部分失效故障，建立如下反映实际舵偏角与舵偏角指令之间关系的模型：

$$\boldsymbol{\delta}=\boldsymbol{\rho}\boldsymbol{\Lambda}\boldsymbol{\delta}_{\mathrm{c}}+(\boldsymbol{I}_8-\boldsymbol{\Lambda})\bar{\boldsymbol{\delta}} \tag{7.68}$$

式中，$\boldsymbol{\delta}=[\delta_1\quad\delta_2\quad\delta_3\quad\delta_4\quad\delta_5\quad\delta_6\quad\delta_7\quad\delta_8]^{\mathrm{T}}$ 为实际的舵偏角向量，满足偏转幅度限制条件 $\boldsymbol{\delta}^{\min}\leqslant\boldsymbol{\delta}\leqslant\boldsymbol{\delta}^{\max}$；$\boldsymbol{\delta}_{\mathrm{c}}=[\delta_{\mathrm{c1}}\quad\delta_{\mathrm{c2}}\quad\delta_{\mathrm{c3}}\quad\delta_{\mathrm{c4}}\quad\delta_{\mathrm{c5}}\quad\delta_{\mathrm{c6}}\quad\delta_{\mathrm{c7}}\quad\delta_{\mathrm{c8}}]^{\mathrm{T}}$ 为舵偏角指令向量；$\bar{\boldsymbol{\delta}}=[\bar{\delta}_1\quad\bar{\delta}_2\quad\bar{\delta}_3\quad\bar{\delta}_4\quad\bar{\delta}_5\quad\bar{\delta}_6\quad\bar{\delta}_7\quad\bar{\delta}_8]^{\mathrm{T}}$ 为舵面卡死位置向量；$\boldsymbol{I}_8\in\mathbf{R}^{8\times8}$ 为单位矩阵；$\boldsymbol{\Lambda}=\mathrm{diag}\{\lambda_1,\lambda_2,\cdots,\lambda_8\}$，其中 $\lambda_j\in\{0,1\}$，$j=1,2,\cdots,8$，若为 0 则第 j 个舵面卡死在 $\bar{\delta}_j$，若为 1 则第 j 个舵面没有发生卡死故障；$\boldsymbol{\rho}=\mathrm{diag}\{\rho_1,\rho_2,\cdots,\rho_8\}$ 为舵面失效因子矩阵，其中 $\rho_i\in(0,1]$，$i=1,2,\cdots,8$，若为 1 则第 i 个舵面没有失效，若 $\rho_i\in(0,1)$，则第 i 个舵面出现部分失效，且失效比例为 ρ_i。

故障下舵面提供的控制力矩可改写为

$$\boldsymbol{\tau}_{\delta}=\boldsymbol{\Phi}_{\delta}(\cdot)[\boldsymbol{\rho}\boldsymbol{\Lambda}\boldsymbol{\delta}_{\mathrm{c}}+(\boldsymbol{I}_8-\boldsymbol{\Lambda})\bar{\boldsymbol{\delta}}] \tag{7.69}$$

假设第 j 个舵面卡死在某一位置 $\bar{\delta}_j$，那么舵面提供的控制力矩为

$$\boldsymbol{\tau}_\delta = \boldsymbol{\Phi}_{\delta r}\boldsymbol{\rho}_r\boldsymbol{\delta}_r + \boldsymbol{\Phi}_{\delta s}\bar{\boldsymbol{\delta}}_j \tag{7.70}$$

式中，$\boldsymbol{\delta}_r \in \mathbf{R}^{7\times1}$ 为未卡死的舵面偏转角；$\boldsymbol{\Phi}_{\delta r} \in \mathbf{R}^{3\times7}$ 为其余舵面的控制分配矩阵；$\boldsymbol{\rho}_r \in \mathbf{R}^{7\times7}$ 为其余舵面的失效因子对角矩阵；$\boldsymbol{\Phi}_{\delta s} \in \mathbf{R}^{3\times1}$ 为控制分配矩阵 $\boldsymbol{\Phi}_\delta(\cdot)$ 中与卡死舵面相关的一列。

考虑上述舵面故障，优化目标函数定义为

$$\begin{aligned}\min_{\delta_r} J_1 = \frac{1}{2}[&(1-\underline{\sigma})(\boldsymbol{\tau}^{\mathrm{d}} - \boldsymbol{\Phi}_{\delta r}\boldsymbol{\rho}_r\boldsymbol{\delta}_r - \boldsymbol{\Phi}_{\delta s}\bar{\boldsymbol{\delta}}_j)^{\mathrm{T}}\boldsymbol{W}_1(\boldsymbol{\tau}^{\mathrm{d}} - \boldsymbol{\Phi}_{\delta r}\boldsymbol{\rho}_r\boldsymbol{\delta}_r - \boldsymbol{\Phi}_{\delta s}\bar{\delta}_j)\\ &+ \underline{\sigma}\boldsymbol{\delta}_r^{\mathrm{T}}\boldsymbol{W}_2\boldsymbol{\delta}_r]\end{aligned} \tag{7.71}$$

解上述优化目标函数得到 $\boldsymbol{\delta}_r$，$\boldsymbol{\delta}_r$ 满足 $\boldsymbol{\delta}_r^{\min} \leqslant \boldsymbol{\delta}_r \leqslant \boldsymbol{\delta}_r^{\max}$，其中 $\boldsymbol{W}_1 = \mathrm{diag}\{w_{\mathrm{axis}_1}, w_{\mathrm{axis}_2}, w_{\mathrm{axis}_3}\}$ 和 $\boldsymbol{W}_2 = \mathrm{diag}\{w_1, w_2, \cdots, w_r\}$ 为正定的权值矩阵，通过其中的参数取值，可以改变每个力矩轴上控制力矩的权重以及每个舵面的控制权重。为了最大限度利用气动舵面，需要减少期望力矩 $\boldsymbol{\tau}^{\mathrm{d}}$ 与实际气动力矩之间的差值，所以 $\boldsymbol{W}_1$ 中参数取值大于 $\boldsymbol{W}_2$ 中的参数。

2. 基于模糊逻辑的 RCS 控制分配

由于存在舵面偏转最大限制，所以飞行器能提供的气动力矩有限。当气动力不足以提供足够的力矩时，开启 RCS 提供额外力矩。RCS 控制分配就是将期望力矩 $\boldsymbol{\tau}^{\mathrm{d}}$ 中除去气动力矩 $\boldsymbol{\tau}_\delta$ 的部分分配给各个 RCS，同时尽量减少燃料消耗。7.1 节采用整型二次规划设计 RCS 的控制分配算法，缺点是计算量大，实时性差。本节基于模糊逻辑设计一种新的 RCS 控制分配策略。如图 7.20 所示，本节所设计的模糊控制分配系统包括三个部分：模糊控制器、决策机制和优化目标。通过模糊控制器，将期望 RCS 力矩与实际 RCS 力矩之间的误差转换为离散的 RCS 控制序列以确定 RCS 的开关情况。

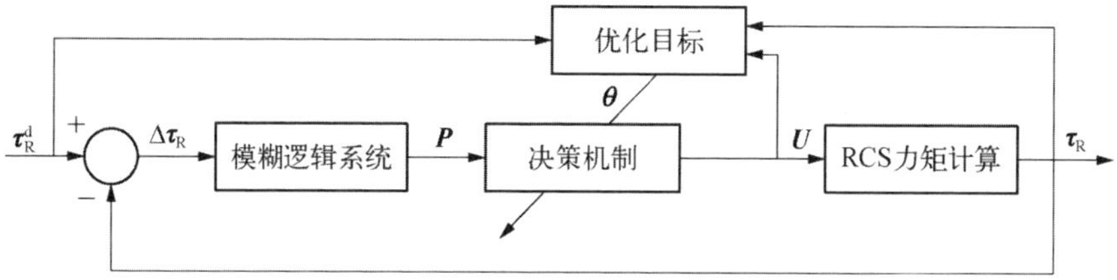

图 7.20　基于模糊逻辑的 RCS 控制分配框图

首先,设计一个 Mamdani 模糊逻辑控制器如下:

$$X = X_1 \times \cdots \times X_m \subseteq \mathbf{R}^m \rightarrow Y = Y_1 \times \cdots \times Y_n \subseteq \mathbf{R}^n \tag{7.72}$$

式中,m 和 n 分别为输入和输出的个数; X_i 和 Y_j 分别为第 i 个输入和第 j 个输出的论域, $i = 1, 2, \cdots, m$, $j = 1, 2, \cdots, n$。

定义期望 RCS 力矩向量与实际 RCS 力矩向量之间的误差为

$$\Delta\boldsymbol{\tau}_{\mathrm{R}} = [\Delta\tau_{\mathrm{LR}} \quad \Delta\tau_{\mathrm{MR}} \quad \Delta\tau_{\mathrm{NR}}]^{\mathrm{T}} = \boldsymbol{\tau}_{\mathrm{R}}^{\mathrm{d}} - \boldsymbol{\tau}_{\mathrm{R}} \tag{7.73}$$

式中, $\boldsymbol{\tau}_{\mathrm{R}}^{\mathrm{d}} = \boldsymbol{\tau}^{\mathrm{d}} - \boldsymbol{\tau}_{\delta}$ 为期望力矩 $\boldsymbol{\tau}^{\mathrm{d}}$ 中除去气动力矩 $\boldsymbol{\tau}_{\delta}$ 的部分,也就是期望 RCS 提供的力矩; $\boldsymbol{\tau}_{\mathrm{R}}$ 为 RCS 实际提供的力矩。

将力矩误差 $\Delta\tau_{\mathrm{LR}}$、$\Delta\tau_{\mathrm{MR}}$、$\Delta\tau_{\mathrm{NR}}$ 作为模糊逻辑控制器的输入,RCS 喷管开启的概率 $\boldsymbol{P} = [p_1 \quad p_2 \quad p_3 \quad p_4 \quad p_5 \quad p_6 \quad p_7 \quad p_8 \quad p_9 \quad p_{10}]^{\mathrm{T}}$ 为模糊控制器的输出。其中, p_i 表示第 i 个 RCS 开启的可能性, $p_i \in (0, 1]$。 因此,对于模糊控制器(7.72), $m = 3$, $n = 10$, 输入和输出记为

$$\begin{aligned} \boldsymbol{X} &= [x_1 \quad x_2 \quad x_3]^{\mathrm{T}} \\ &= [\Delta\tau_{\mathrm{LR}} \quad \Delta\tau_{\mathrm{MR}} \quad \Delta\tau_{\mathrm{NR}}]^{\mathrm{T}} \\ \boldsymbol{Y} &= [y_1 \quad y_2 \quad y_3 \quad y_4 \quad y_5 \quad y_6 \quad y_7 \quad y_8 \quad y_9 \quad y_{10}]^{\mathrm{T}} \\ &= [p_1 \quad p_2 \quad p_3 \quad p_4 \quad p_5 \quad p_6 \quad p_7 \quad p_8 \quad p_9 \quad p_{10}]^{\mathrm{T}} \end{aligned} \tag{7.74}$$

模糊逻辑系统包括模糊化、模糊规则设计、模糊推理和去模糊化四个步骤,具体设计过程如下。

1) 模糊化

模糊化就是将确定的数值转化为模糊集。首先,定义输入的论域和输出的论域。然后,如图 7.21 所示,将输入论域划分为模糊子集 {NB, NS, ZO, PS, PB}, 其中 NB 表示负大, NS 表示负小, ZO 表示零, PS 表示正小, PB 表示正大;如图 7.22 所示,将输出论域划分为 {S, B}, 其中,S 表示 RCS 开启的可能性小,B 表示 RCS 开启的可能性大。

2) 模糊规则设计

建立模糊规则,作为后面模糊推理的依据。模糊规则覆盖所有输入输出论域,且反映输入和输出之间的对应关系。本研究中,模糊规则的设计主要保证:需要开启的 RCS 产生的力矩方向与期望力矩方向尽量一致;RCS 开启的数量尽量少。

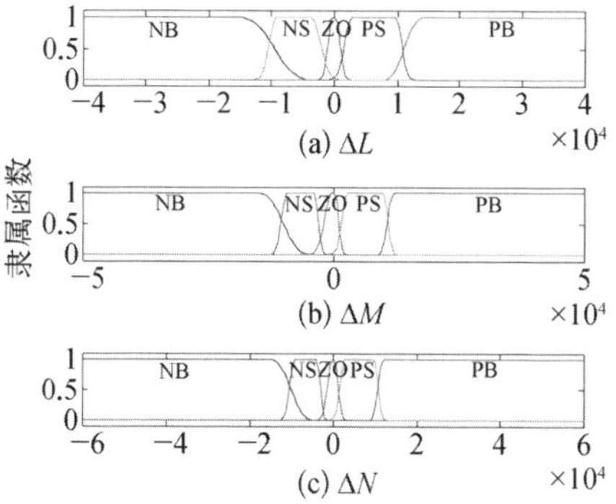

图 7.21　$\Delta\tau_{LR}$、$\Delta\tau_{MR}$、$\Delta\tau_{NR}$的隶属函数

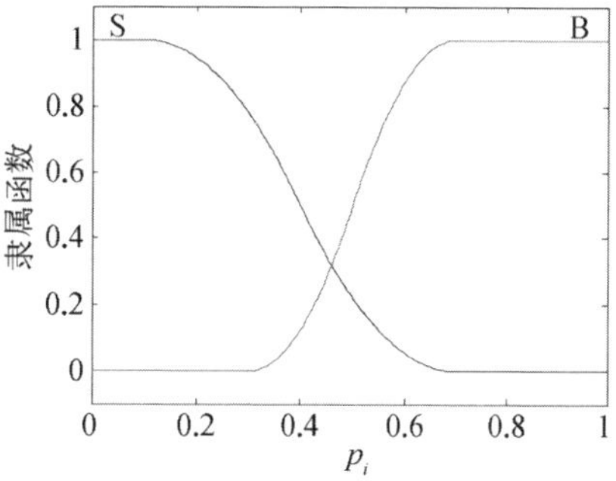

图 7.22　p_i 的隶属函数

在本节设计的模糊逻辑系统中,有 3 个输入,每个输入有 5 个模糊子集,所以总共有 $5^3=125$ 条模糊规则。第 l 条模糊规则 R^l 为以下形式:

$$R^l:\text{如果 } x_1 \text{ 是 } A_1^l, \text{且 } x_2 \text{ 是 } A_2^l, \text{且 } x_3 \text{ 是 } A_3^l,$$
$$\text{那么 } y_1 \text{ 是 } B_1^l, y_2 \text{ 是 } B_2^l, \cdots, y_{10} \text{ 是 } B_{10}^l,\quad l=1,\ 2,\ \cdots,\ 125$$

其中,$A_i^l(i=1,\ 2,\ 3)$ 和 $B_j^l(j=1,\ 2,\ \cdots,\ 10)$ 分别是输入 x_i 和输出 y_j 在第 l 条模糊规则中的模糊子集。

这里以第 1 个 RCS 为例,根据文献[2],第 1 个 RCS 若开启则会产生力矩向量$[0\quad -367\quad 14\,675]^{\mathrm{T}}$。令 x_1 为 NB, x_2 和 x_3 在{NB, NS, ZO, PS, PB}内取值,最终得到第 1 个 RCS 的开启可能性 y_1 的 25 条模糊规则,如表 7.4 所示。例如,当 x_1 为 NB、x_2 为 ZO、x_3 为 NB 时,所需的力矩与 RCS 提供的力矩在大小与方向上都有较大的偏差,所以 y_1 为 S,即第 1 个 RCS 开启的可能性较小。

表 7.4　输出 y_1 的部分模糊规则

$y_1(p_1)$		$\Delta N_{RCS}(x_3)$				
		NB	NS	ZO	PS	PB
$\Delta M_{RCS}(x_2)$	NB	S	B	B	B	B
	NS	S	B	S	S	S
	ZO	S	B	B	B	B
	PS	B	S	S	B	B
	PB	S	S	S	S	B

3）模糊推理

模糊推理就是基于模糊规则，从输入量到输出量的推理过程。每条模糊规则确定了一个模糊蕴含关系，将所有规则得到的模糊输出通过某种合成方式进行组合，便可得到最终的模糊输出。

模糊逻辑控制器共有 10 个输出，以第 j 个输出为例，给出模糊推理具体过程。例如，第 l 条模糊规则定义了一个模糊蕴含关系[8]：$A_1^l \times A_2^l \times A_3^l \to B_j^l$，其中，"×"表示笛卡儿乘积。令 $\boldsymbol{X}^* = [x_1^* \quad x_2^* \quad x_3^*]^{\mathrm{T}}$ 为输入论域上的任意输入，采用 Mamdani 模糊蕴含方式，即取最小值的方式，可以得到由第 l 条模糊规则推出的第 j 个模糊输出的隶属函数：

$$\mu_{A_x^l{}^* \circ R^l}(y_j) = \mu_{A_1^l \times A_2^l \times A_3^l \to B_j^l}(\boldsymbol{X}^*,\ y_j) = \min_{y_j \in Y_j}\{\mu_{A_1^l \times A_2^l \times A_3^l}(x^*),\ \mu_{B_j^l}(y_j)\} \tag{7.75}$$

式中，$\mu(\cdot)$ 表示隶属函数；"∘"表示合成运算，且

$$\mu_{A_1^l \times A_2^l \times A_3^l}(\boldsymbol{X}^*) = \mu_{A_1^l}(x_1^*) \oplus \mu_{A_2^l}(x_2^*) \oplus \mu_{A_3^l}(x_3^*) \tag{7.76}$$

式中，"⊕"表示 R^l 中的"和"运算，这里相当于取交集运算。

于是，式(7.76)可改写为

$$\mu_{A_1^l \times A_2^l \times A_3^l}(\boldsymbol{X}^*) = \min\{\mu_{A_1^l}(x_1^*),\ \mu_{A_2^l}(x_2^*),\ \mu_{A_3^l}(x_3^*)\} \tag{7.77}$$

最终，根据 125 条模糊规则确定的 125 个模糊输出，就可以得到第 j 个输出的最终模糊推理结果 $A_x^* \circ (R^1,\ R^2,\ \cdots,\ R^{125})$。这里采用"或"运算进行合成，即取最大值运算，那么第 j 个输出的隶属函数就可以通过求解式(7.78)得到，即

$$\mu_{A_x{}^* \circ (R^1,\ R^2,\ \cdots,\ R^{125})}(y_j) = \max\{\mu_{A_x^1{}^* \circ R^1}(y_j),\ \mu_{A_x^2{}^* \circ R^2}(y_j),\ \cdots,\ \mu_{A_x^{125}{}^* \circ R^{125}}(y_j)\} \tag{7.78}$$

4）去模糊化

去模糊化是对模糊推理得到的模糊集解模糊化，以得到精确的输出结果。这里，使用重心法解模糊化。重心法是取模糊推理得到的模糊集合的隶属函数与横坐标所围成的面积的重心所对应的 Y 作为最终的输出。因此，模糊控制器的第 j 个输出为

$$y_j^* = \frac{\int y_j \mu_{A_x{}^* \circ (R^1,\ R^2,\ \cdots,\ R^{125})}(y_j)\,\mathrm{d}y_j}{\int \mu_{A_x{}^* \circ (R^1,\ R^2,\ \cdots,\ R^{125})}(y_j)\,\mathrm{d}y_j} \tag{7.79}$$

于是,可以获得模糊控制器的输出向量为

$$\begin{aligned} Y^* &= [y_1^* \quad y_2^* \quad y_3^* \quad y_4^* \quad y_5^* \quad y_6^* \quad y_7^* \quad y_8^* \quad y_9^* \quad y_{10}^*]^{\mathrm{T}} \\ &= [p_1 \quad p_2 \quad p_3 \quad p_4 \quad p_5 \quad p_6 \quad p_7 \quad p_8 \quad p_9 \quad p_{10}]^{\mathrm{T}} \end{aligned} \tag{7.80}$$

模糊控制器的输出 p_j 表示第 j 个 RCS 开启的可能性, $p_j \in (0,\ 1]$。于是,设计一个决策机制,来基于模糊控制器的输出 p_j 判断第 j 个 RCS 开启与否。首先,选择阈值向量 $\boldsymbol{\theta} = [\theta_1 \quad \theta_2 \quad \cdots \quad \theta_{10}]^{\mathrm{T}}$, 并设置以下逻辑关系进行决策:

$$\begin{cases} p_j \geqslant \theta_j, & \text{开启第 } j \text{ 个 RCS} \\ p_j < \theta_j, & \text{不开启第 } j \text{ 个 RCS} \end{cases} \tag{7.81}$$

最终,在模糊控制器和决策机制下,10 个 RCS 的开关状态序列为

$$\boldsymbol{U} = [u_1 \quad u_2 \quad \cdots \quad u_{10}]^{\mathrm{T}} = [s(p_1 - \theta_1) \quad s(p_2 - \theta_2) \quad \cdots \quad s(p_{10} - \theta_{10})]^{\mathrm{T}} \tag{7.82}$$

式中,

$$s(x) = \begin{cases} 1, & x \geqslant 0 \\ 0, & x < 0 \end{cases} \tag{7.83}$$

RCS 提供的力矩为

$$\boldsymbol{\tau}_{\mathrm{R}} = \boldsymbol{\Phi}_{\mathrm{R}}(\cdot)\boldsymbol{U} = \boldsymbol{\Phi}_{\mathrm{R}}(\cdot)[s(p_1 - \theta_1) \quad s(p_2 - \theta_2) \quad \cdots \quad s(p_{10} - \theta_{10})]^{\mathrm{T}} \tag{7.84}$$

可以看出,RCS 的开关序列很大程度上取决于阈值 $\boldsymbol{\theta}$ 的取值。因此,为实现最优的 RCS 开闭,需要对阈值的取值进行最优化处理,所以设计优化目标如下:

$$\min_{\boldsymbol{\theta}} J = \|\boldsymbol{\tau}_{\mathrm{R}}^{\mathrm{d}} - \boldsymbol{\tau}_{\mathrm{R}}\|^2 + h\|\boldsymbol{U}\|^2 \tag{7.85}$$

式中, $\boldsymbol{\theta}$ 的限制条件为 $\boldsymbol{\theta}^{\min} \leqslant \boldsymbol{\theta} \leqslant \boldsymbol{\theta}^{\max}$; h 为权重因子,由于 RCS 控制分配器的首要任务是减小分配给 RCS 的力矩与 RCS 实际产生力矩之间的误差,次要目标是减少 RCS 开启的个数,因此 h 的取值较小,通常 $0 < h \leqslant 1$。

7.2.5　稳定性证明

下面在文献[2]的基础上,对整个控制系统的闭环稳定性进行理论分析。首先设计姿态角跟踪控制器,然后将期望的控制力矩分配给 8 个气动舵面和 10

个 RCS,这样的控制分配会带来控制误差。此外,RCS 只有开和关两种工作状态,所以 RCS 提供的力矩是离散的,这也给稳定性分析带来困难。每个 RCS 可以为飞行器提供三轴力矩,对于特定的一轴,10 个 RCS 的开闭组合可以提供 1 024 种力矩值。而 RCS 控制分配机制就是通过解最优目标函数,根据连续的预期力矩从 1 024 种力矩中选择最合适的值,从而选定 10 个 RCS 的开关状态。这样的 RCS 控制分配器相当于一个非均匀多输入多输出量化器[9,10]。如图 7.23 所示,连续的力矩输入量 $\tau(t)$ 转化为非均匀量化的离散力矩 $q(\tau(t))$。设置这样的量化过程产生的量化误差为 $\Delta\tau(t) = q(\tau(t)) - \tau(t)$。

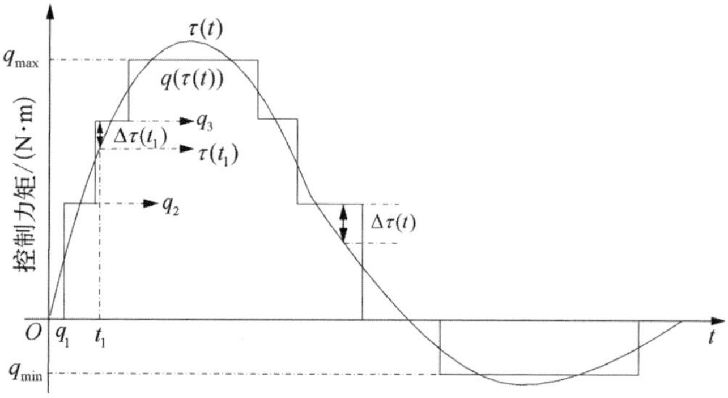

图 7.23 期望的连续力矩和离散化的 RCS 力矩

本节所设计的 RCS 控制算法通过优化控制的思想,选取最接近连续控制力矩 $\tau(t)$ 的离散力矩 $q(\tau(t))$。基于以上分析,可以建立如下连续控制力矩 $\tau(t)$ 和离散力矩 $q(\tau(t))$ 之间的关系:

$$q(\tau(t)) = \begin{cases} q_{\min}, & \tau(t) \leqslant q_{\min} \\ q_i, & |\tau(t) - q_i| \leqslant |\tau(t) - q_{i+1}|, \quad i = 1, 2, \cdots \\ q_{i+1}, & |\tau(t) - q_i| > |\tau(t) - q_{i+1}| \\ q_{\max}, & \tau(t) \geqslant q_{\max} \end{cases} \tag{7.86}$$

式中,q_i 和 $q_{i+1}(i = 1, 2, \cdots)$ 表示最接近 $\tau(t)$ 的两个相邻的 RCS 提供的力矩值。只要预期连续力矩在 RCS 所能提供的力矩范围限制之内,就总能找到这样的两个相邻的量化 RCS 力矩。而控制分配器会选择相邻量化力矩中与 $\tau(t)$ 误差更小的那个。例如,在图 7.23 中,在 t_1 时刻,$\tau(t_1)$ 处于 q_2 和 q_3 之间,由于 $|\tau(t_1) - q_2| > |\tau(t_1) - q_3|$,所以控制分配器给出的离散 RCS 力矩为 q_3。

下面基于以上对量化的描述,分析姿态系统在气动舵面提供的气动力矩 $\boldsymbol{\tau}_\delta$

和 RCS 提供离散力矩 $\boldsymbol{\tau}_{\mathrm{R}}$ 的共同作用下的闭环稳定性，以及对期望姿态角的跟踪性能。

首先，参考姿态控制器中选择的李雅普诺夫函数(7.58)和(7.64)，选李雅普诺夫函数为

$$V_{\mathrm{L3}}=\frac{1}{2}\boldsymbol{s}_1^{\mathrm{T}}\boldsymbol{s}_1+\frac{1}{2}\tilde{\boldsymbol{D}}_2^{\mathrm{T}}\tilde{\boldsymbol{D}}_2+\frac{1}{2}\boldsymbol{s}_2^{\mathrm{T}}\boldsymbol{J}\boldsymbol{s}_2+\frac{1}{2k_{\mathrm{D}}}\tilde{\boldsymbol{D}}_1^2 \tag{7.87}$$

对上面的李雅普诺夫函数求导，可得

$$\dot{V}_{\mathrm{L3}}=\boldsymbol{s}_1^{\mathrm{T}}\dot{\boldsymbol{s}}_1+\tilde{\boldsymbol{D}}_2^{\mathrm{T}}\dot{\tilde{\boldsymbol{D}}}_2+\boldsymbol{s}_2^{\mathrm{T}}\boldsymbol{J}\dot{\boldsymbol{s}}_2+\frac{1}{k_D}\tilde{\boldsymbol{D}}_1\dot{\hat{\boldsymbol{D}}}_1 \tag{7.88}$$

将式(7.52)、式(7.53)、式(7.56)、式(7.57)、式(7.61)~式(7.63)代入到式(7.88)中，可得

$$\begin{aligned}
\dot{V}_{\mathrm{L3}}=&\ \boldsymbol{s}_1^{\mathrm{T}}[\dot{\boldsymbol{\Omega}}^{\mathrm{d}}-(R(\cdot)\boldsymbol{\omega}^{\mathrm{d}}+\boldsymbol{D}_2)+\boldsymbol{K}_1\boldsymbol{e}_1]-\tilde{\boldsymbol{D}}_2^{\mathrm{T}}\boldsymbol{l}(\boldsymbol{\Omega})\tilde{\boldsymbol{D}}_2\\
&+\boldsymbol{s}_2^{\mathrm{T}}(\boldsymbol{J}\dot{\boldsymbol{\omega}}^{\mathrm{d}}+\boldsymbol{J}\boldsymbol{K}_2\boldsymbol{e}_2+\boldsymbol{\Xi}\boldsymbol{J}\boldsymbol{\omega}-\boldsymbol{\tau}-\boldsymbol{D}_1)+(\hat{D}_1-\bar{D}_1)\|\boldsymbol{s}_2\|\\
\leqslant&\ \boldsymbol{s}_1^{\mathrm{T}}[\dot{\boldsymbol{\Omega}}^{\mathrm{d}}-(\dot{\boldsymbol{\Omega}}^{\mathrm{d}}+\boldsymbol{K}_1\boldsymbol{e}_1-\hat{\boldsymbol{D}}_2+\rho_1\boldsymbol{s}_1+\rho_2\mathrm{sign}(\boldsymbol{s}_1)+\boldsymbol{D}_2)+\boldsymbol{K}_1\boldsymbol{e}_1]-a\|\tilde{\boldsymbol{D}}_2\|\\
&+\boldsymbol{s}_2^{\mathrm{T}}(\boldsymbol{J}\dot{\boldsymbol{\omega}}^{\mathrm{d}}+\boldsymbol{J}\boldsymbol{K}_2\boldsymbol{e}_2+\boldsymbol{\Xi}\boldsymbol{J}\boldsymbol{\omega}-(\boldsymbol{\tau}^{\mathrm{d}}-\Delta\boldsymbol{\tau}_{\mathrm{R}})-\boldsymbol{D}_1)+(\hat{D}_1-\bar{D}_1)\|\boldsymbol{s}_2\|\\
\leqslant&\ \boldsymbol{s}_1^{\mathrm{T}}\tilde{\boldsymbol{D}}_2-\rho_1\|\boldsymbol{s}_1\|^2-\rho_2\sum_{i=1}^{3}|s_{1i}|-a\|\tilde{\boldsymbol{D}}_2\|^2-\varepsilon_0\sum_{j=1}^{3}|s_{2j}|-\hat{D}_1\|\boldsymbol{s}_2\|\\
&+\boldsymbol{s}_2^{\mathrm{T}}\Delta\boldsymbol{\tau}_{\mathrm{R}}-\boldsymbol{s}_2^{\mathrm{T}}\boldsymbol{D}_1+\hat{D}_1\|\boldsymbol{s}_2\|-\bar{D}_1\|\boldsymbol{s}_2\|\\
\leqslant&\ \frac{1}{2}\|\boldsymbol{s}_1\|^2+\frac{1}{2}\|\tilde{\boldsymbol{D}}_2\|^2-\rho_1\|\boldsymbol{s}_1\|^2-\rho_2\sum_{i=1}^{3}|s_{1i}|-a\|\tilde{\boldsymbol{D}}_2\|^2-\varepsilon_0\sum_{j=1}^{3}|s_{2j}|\\
&-\|s_2^{\mathrm{T}}\|\|\Delta\boldsymbol{\tau}_{\mathrm{R}}\|-(a-0.5)\|\tilde{\boldsymbol{D}}_2\|^2\\
\leqslant&-\left(\rho_1-\frac{1}{2}\right)\|\boldsymbol{s}_1\|^2-\rho_2\sum_{i=1}^{3}|s_{1i}|-\varepsilon_0\sum_{j=1}^{3}|s_{2j}|+\sum_{j=1}^{3}|s_{2j}|(|\Delta\tau_{\mathrm{LR}}|\\
&+|\Delta\tau_{\mathrm{MR}}|+|\Delta\tau_{\mathrm{NR}}|)-(a-0.5)\|\tilde{\boldsymbol{D}}_2\|^2\\
\leqslant&-\left(\rho_1-\frac{1}{2}\right)\|\boldsymbol{s}_1\|^2-\rho_2\sum_{i=1}^{3}|s_{1i}|-[\varepsilon_0-(|\Delta\tau_{\mathrm{LR}}|+|\Delta\tau_{\mathrm{MR}}|\\
&+|\Delta\tau_{\mathrm{NR}}|)]\sum_{j=1}^{3}|s_{2j}|-(a-0.5)\|\tilde{\boldsymbol{D}}_2\|^2
\end{aligned} \tag{7.89}$$

若 $\rho_1>0.5$, $a>0.5$, 则

$$\dot{V}_{L3} \leqslant -\rho_2 \sum_{i=1}^{3} |s_{1i}| - [\varepsilon_0 - (|\Delta\tau_{LR}| + |\Delta\tau_{MR}| + |\Delta\tau_{NR}|)] \sum_{j=1}^{3} |s_{2j}| \tag{7.90}$$

式中，$\Delta\tau_{LR}$、$\Delta\tau_{MR}$、$\Delta\tau_{NR}$ 分别为 RCS 在三轴上提供的实际力矩与预期力矩之间的误差。由式(7.90)可以得知，RCS 带来的力矩误差。而由图 6.23 可知，始终存在最大值 $|\Delta\tau_{LR}|^{max}$、$|\Delta\tau_{MR}|^{max}$、$|\Delta\tau_{NR}|^{max}$，使 $|\Delta\tau_{LR}| + |\Delta\tau_{MR}| + |\Delta\tau_{NR}| \leqslant |\Delta\tau_{LR}|^{max} + |\Delta\tau_{MR}|^{max} + |\Delta\tau_{NR}|^{max}$ 成立。所以，当选择参数 ε_0 满足 $\varepsilon_0 > |\Delta\tau_{LR}|^{max} + |\Delta\tau_{MR}|^{max} + |\Delta\tau_{NR}|^{max}$ 且 $\rho_2 > 0$ 时，$\dot{V}_{L3} \leqslant 0$。

综上所述，当控制器(7.62)中的参数 $\rho_1 > 0.5$，$\rho_2 > 0$，且 $\varepsilon_0 > |\Delta\tau_{LR}|^{max} + |\Delta\tau_{MR}|^{max} + |\Delta\tau_{NR}|^{max}$ 时，可以得出结论，滑模面 $\boldsymbol{s}_1 = 0$ 和 $\boldsymbol{s}_2 = 0$ 渐近稳定。所以，所设计的姿态控制器与控制分配器可以实现姿态角对参考信号的渐近跟踪。证毕。

注解 7.3 如果期望 RCS 力矩在 RCS 所能提供的力矩范围内，可得 $|\Delta\tau_R| = |\tau_R - q(\tau_R)| \leqslant |q_{i+1} - q_i|$ 恒成立。但是，本节所设计的 RCS 控制分配器基于两个条件实行控制分配，一是如式(7.86)描述的最优量化策略，二是减少开启 RCS 的个数。所以，受条件二约束，不等式 $|\Delta\tau_R| \leqslant |q_{i+1} - q_i|$ 可能有时不成立。但是，无论此不等式是否成立，不等式 $|\Delta\tau_R| \leqslant q_{max} - q_{min}$ 都恒成立。因此，量化带来的控制力矩误差的有界性可以保证。

注解 7.4 根据仿真实验数据及经验，每个 RCS 开启之后能提供的三轴力矩已知。因此，$|\Delta\tau_{LR}|^{max}$、$|\Delta\tau_{MR}|^{max}$、$|\Delta\tau_{NR}|^{max}$ 的值已知，分别为 RCS 在三轴所能提供的最大力矩。

7.2.6 仿真验证

本小节进行仿真实验，验证所提出的姿态控制器和控制分配器的有效性。

1. 仿真参数选择

姿态模型中：初始姿态角向量 $\boldsymbol{\Omega}(0) = [0.15 \quad 0.1 \quad 0.1]^T$ rad，初始姿态角速率向量 $\boldsymbol{\omega}(0) = [-0.1 \quad 0.2 \quad 0.23]^T$ rad/s；转动惯量取 $\boldsymbol{J} = \begin{bmatrix} 554\,486 & 0 & -23\,002 \\ 0 & 1\,136\,949 & 0 \\ -23\,002 & 0 & 1\,376\,852 \end{bmatrix}$ kg · m²；转动惯量不确定性参数 $\Delta\boldsymbol{J} \in$

$[-0.01J \quad 0.01J]$；外部干扰 $\boldsymbol{D}_1 = [4\,500 \quad 1\,500\sin(t) \quad 4\,000]^{\mathrm{T}}\mathrm{N\cdot m}$，$\boldsymbol{D}_2 = [0.000\,1 \quad 0.000\,1 \quad 0.000\,1\cos(t)]^{\mathrm{T}}\mathrm{N\cdot m}$。

姿态控制器参数选择为：$\boldsymbol{K}_1 = \mathrm{diag}\{2,\ 2,\ 2\}$，$\boldsymbol{K}_2 = \mathrm{diag}\{6.5,\ 6.5,\ 6.5\}$，$\rho_1 = 1$，$\rho_2 = 0.5$，$\eta = 0.01$，$\varepsilon_0 = 200$；自适应律参数 $k_D = 100$。

控制分配器的参数选择为：w_{axis_1}、w_{axis_2}、$w_{\mathrm{axis}_3} = 0.1$，$w_1$、$w_2$、…、$w_8 = 0.01$，$\sigma = 0.005$，$\boldsymbol{\theta}^{\min} = [0.45 \quad 0.45 \quad \cdots \quad 0.45]^{\mathrm{T}}$，$\boldsymbol{\theta}^{\max} = [0.75 \quad 0.75 \quad \cdots \quad 0.75]^{\mathrm{T}}$，$h = 0.001$。

2. 仿真方案设计

1）仿真 A

设所有舵面均正常工作，没有故障发生。设置 7.1 节提出的基于整型线性规划（integer linear programming，ILP）的方法和不开启 RCS 的方法作为对照组进行对比，更好地验证本节所提出的基于模糊逻辑（fuzzy logic control algorithm，FLCA）的 RCS 控制分配策略的优越性。

2）仿真 B

考虑舵面偏转故障。设置在 12～17 s，右侧襟翼卡死在−0.1 rad，右侧方向舵卡死在 0.4 rad，左侧方向舵发生部分失效故障，失效因子为 20%，左外侧副翼发生部分失效故障，失效因子为 30%。即舵面故障模型（7.68）中的 $\boldsymbol{\rho}$、$\boldsymbol{\Lambda}$ 和 $\bar{\boldsymbol{\delta}}$ 的值分别为 $\boldsymbol{\rho} = \mathrm{diag}\{1,\ 1,\ 1,\ 1,\ 1,\ 0.2,\ 1,\ 0.3\}$、$\boldsymbol{\Lambda} = \mathrm{diag}\{1,\ 1,\ 0,\ 1,\ 0,\ 1,\ 1,\ 1\}$、$\bar{\boldsymbol{\delta}} = \mathrm{diag}\{0,\ 0,\ -0.1,\ 0,\ 0.4,\ 0,\ 0,\ 0\}$。

3. 仿真结果及分析

1）仿真 A

仿真结果如图 7.24～图 7.30 所示。图 7.24 和图 7.25 给出了姿态角响应曲线和姿态角速度响应曲线，并给出了本节中设计 FLCA 方法、7.1 节中设计的 ILP 方法和不开启 RCS 的仿真结果对比。可以看出，与不开启 RCS 相比，RCS 和舵面的融合控制大大提高了姿态控制器的跟踪性能。FLCA 方法和 ILP 方法都能实现姿态角的跟踪，但 FLCA 方法可以取得更好的瞬态特性和更快的收敛速度。图 7.26 给出了 8 个气动舵面的偏转情况。可以看出，在 2s 时，气动舵面达到了偏转幅度限制，舵面偏转饱和。图 7.27 给出了气动舵面所提供力矩的情况。图 7.28 和图 7.29 分别给出了基于 FLCA 和基于 ILP 的控制分配下 RCS 的开关情况。对比图 7.28 和图 7.29 可知，基于 FLCA 的控制分配方法可以减少 RCS 的开启时间，从而有效降低了燃料消耗。此外，在相同的计算机硬件条件下（2.60GHzCPU、2.48G 内存、Windows XP 系统），基于 FLCA 的控制分配算法运行时间为 79.26 s,远小于基于 ILP 的控制分配算法的 386.52 s。图 7.30 给出了期望 RCS 力矩和基于 FLCA 的控制分配算法下 RCS 实际提供的力矩。可以看出,力矩误差很小,控制分配取得了不错的效果。

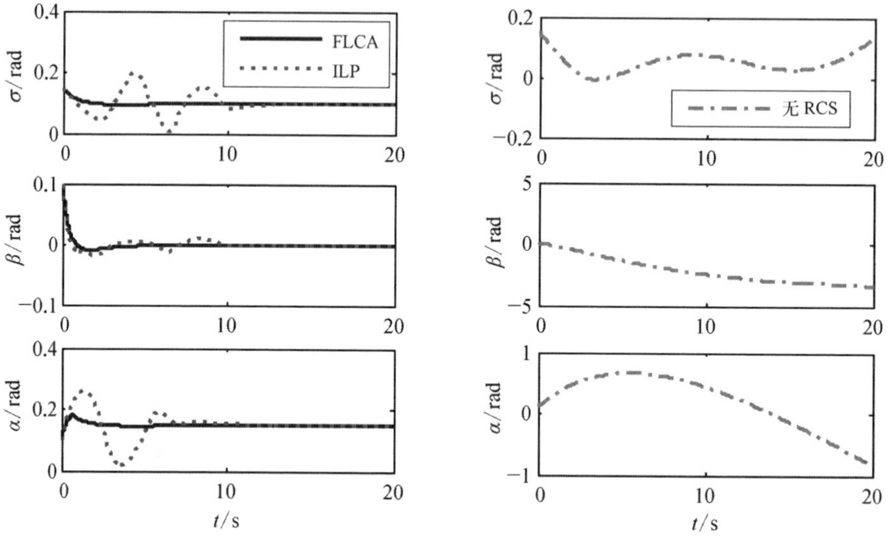

图 7.24　姿态角响应曲线(仿真 A)

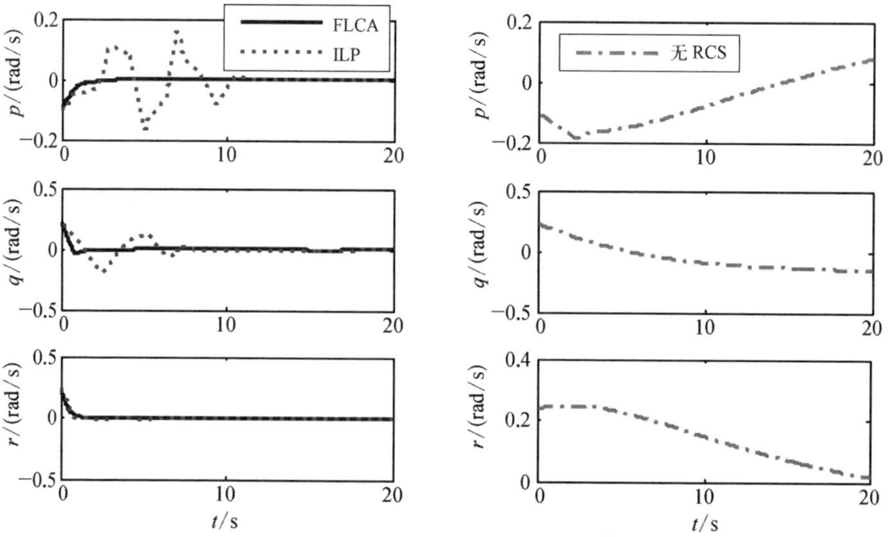

图 7.25　姿态角速度响应曲线(仿真 A)

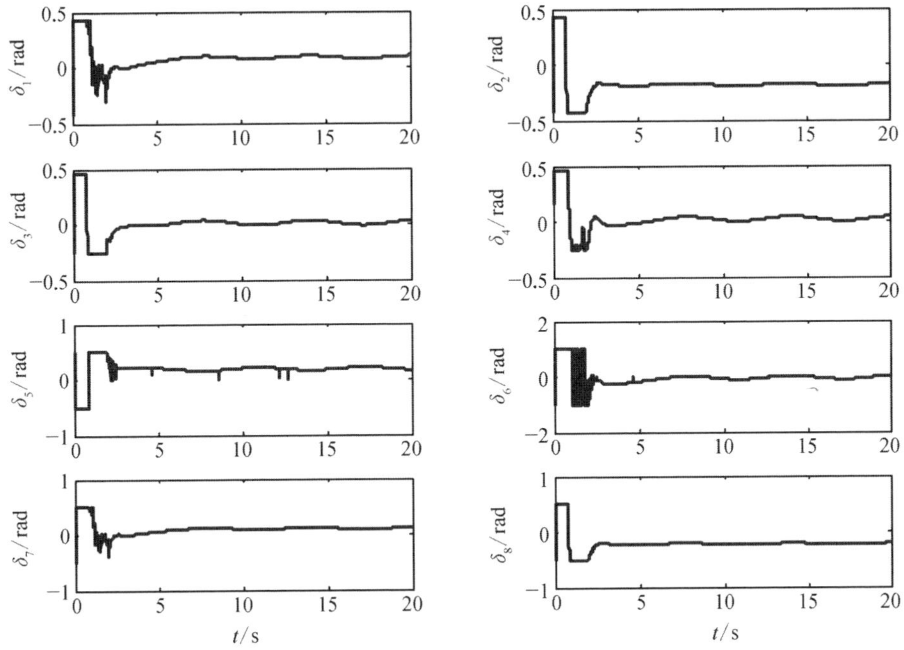

图 7.26　气动舵面偏转角(仿真 A)

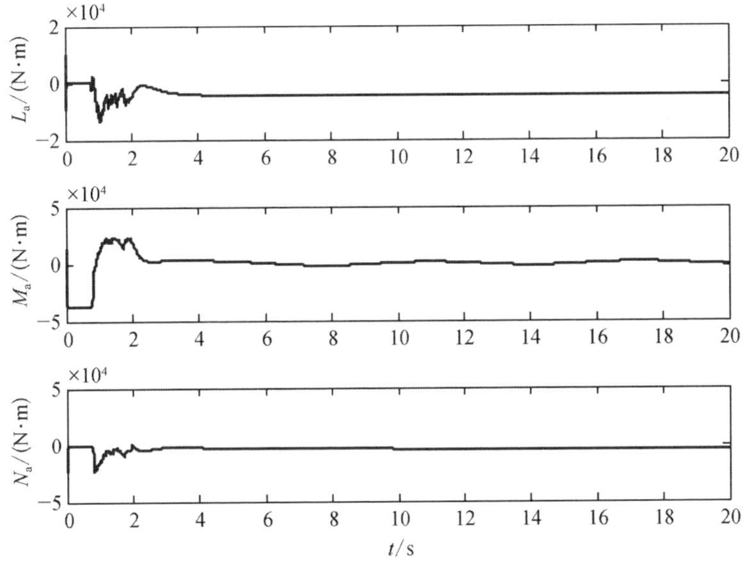

图 7.27　气动舵面提供的控制力矩(仿真 A)

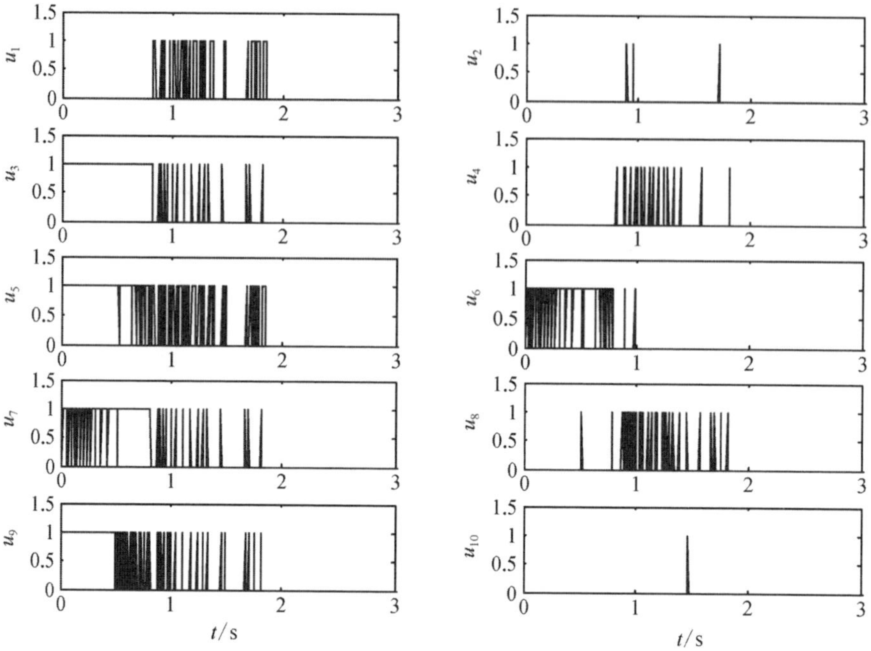

图 7.28　基于 FLCA 控制分配的 RCS 开关情况(仿真 A)

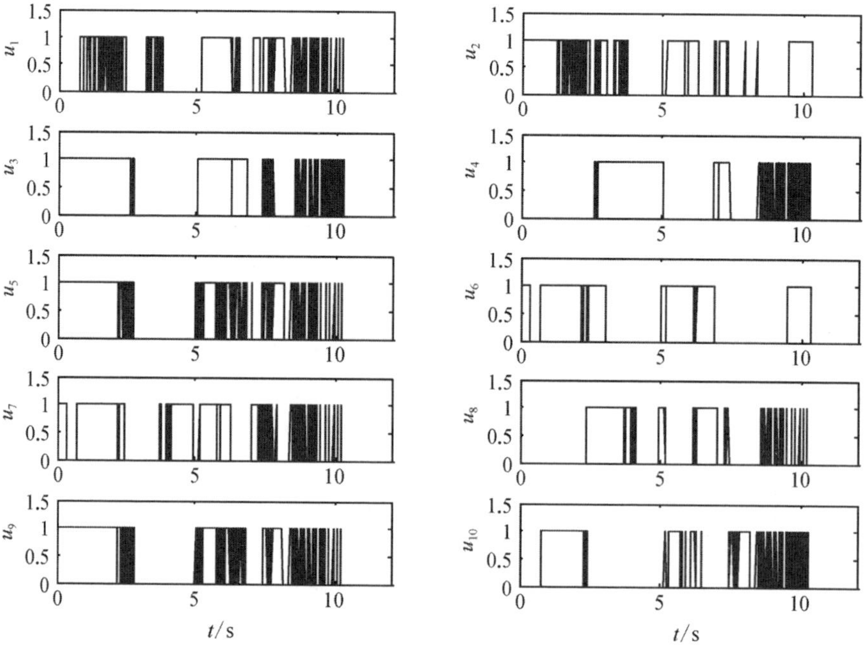

图 7.29　基于 ILP 控制分配的 RCS 开关情况(仿真 A)

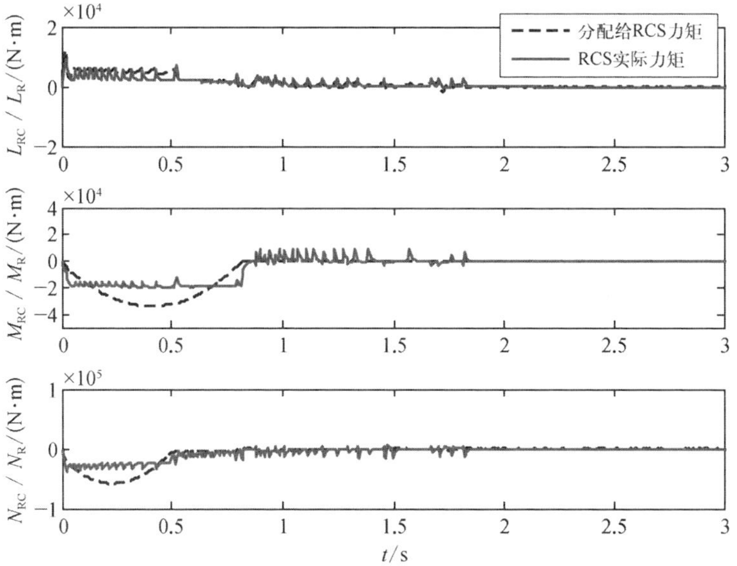

图 7.30　RCS 期望力矩和 RCS 实际提供力矩(仿真 A)

2）仿真 B

仿真结果如图 7.31～图 7.35 所示。由图 7.31 和图 7.32 可知,本节所设计的容错控制分配算法可以在存在舵面故障的情况下,保证姿态角和姿态角速度的跟踪控制,并且相比于基于 ILP 的控制分配算法和不采用 RCS 的情况,能够取

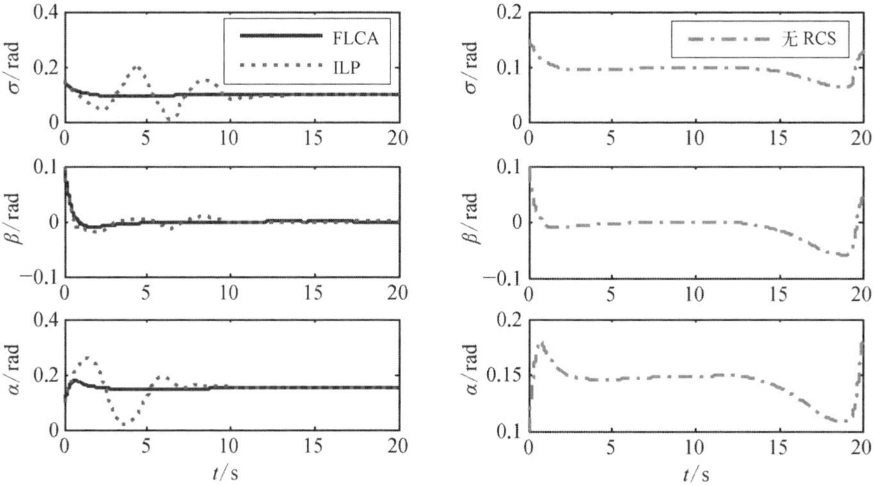

图 7.31　姿态角响应曲线(仿真 B)

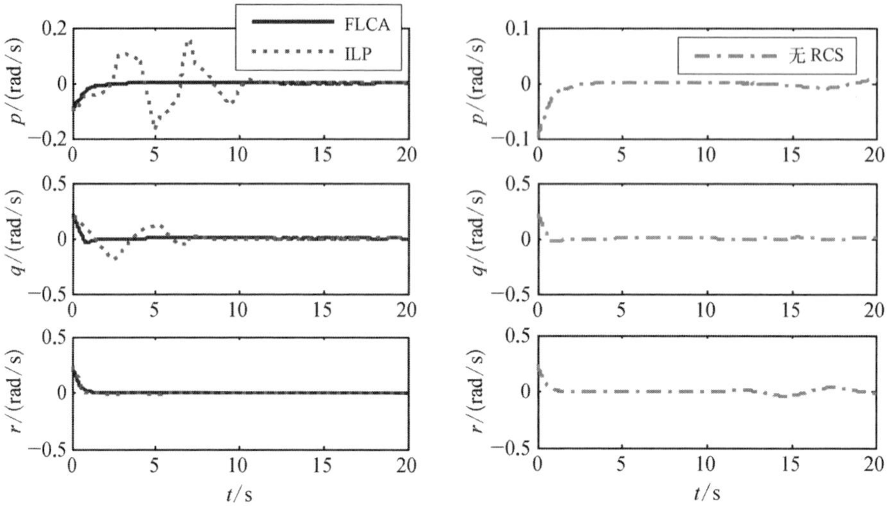

图 7.32　姿态角速度响应曲线(仿真 B)

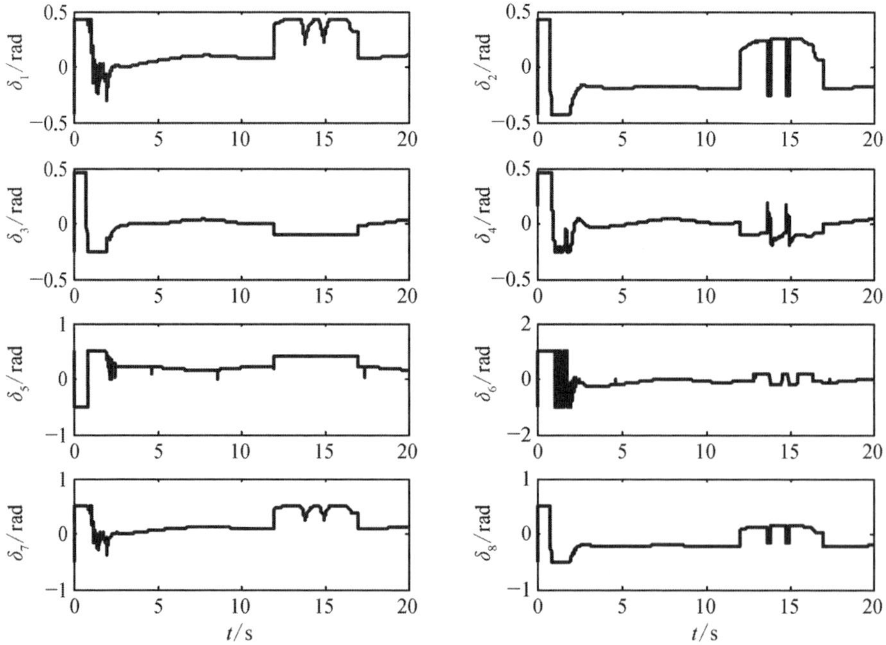

图 7.33　气动舵面偏转角(仿真 B)

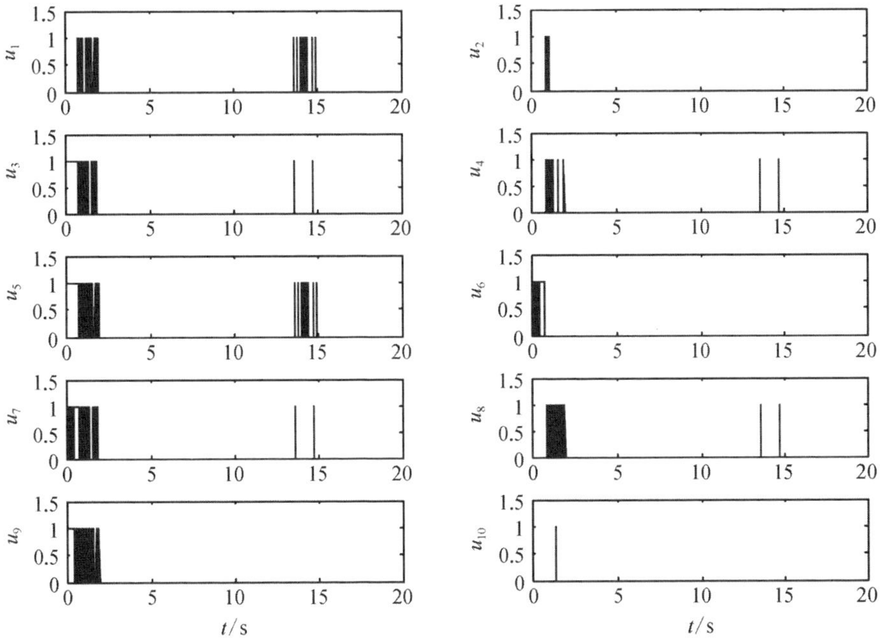

图 7.34　基于 FLCA 控制分配的 RCS 开关情况(仿真 B)

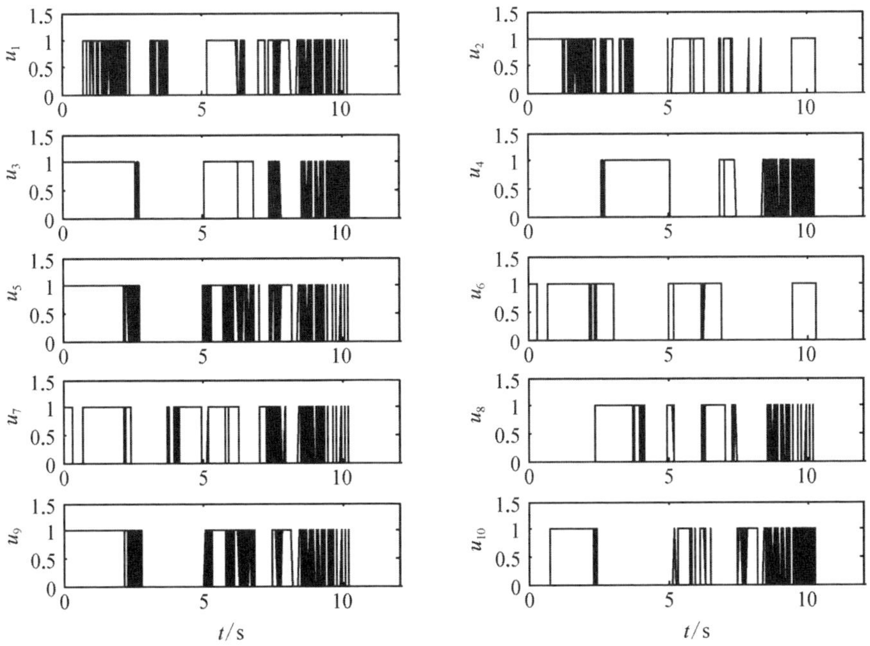

图 7.35　基于 ILP 控制分配的 RCS 开关情况(仿真 B)

得更快、更平稳的收敛效果。由图 7.33 可知，δ_1 卡死在 -0.1 rad，δ_5 卡死在 0.4 rad，δ_6 发生 20%的失效故障，δ_8 发生 30%的失效故障，但由于容错控制分配机制发挥了作用，其余舵面在其允许的偏转范围内对这几个舵面故障导致的控制力矩损失加以补偿。而当舵面不足以提供足够的控制力矩时，则开启 RCS。RCS 的开关状态如图 7.34 所示。对比图 7.35 给出的基于 ILP 控制分配下的 RCS 开关情况，本节所提出的基于 FLCA 的容错控制分配算法能够减少 RCS 的开启时间和开启个数，大大减少燃料的消耗量。

7.3 基于抗饱和滑模控制的再入姿态容错控制

本节将针对具有舵面偏转约束的高超声速飞行器姿态模型，基于滑模控制方法，设计抗饱和容错姿态控制器，其能够自动补偿舵面偏转饱和导致的系统控制信号损失，实现姿态角和姿态角速度的跟踪控制。

高超声速飞行器在再入时处于无动力、长时间滑翔状态。尽管可采用 RCS 与气动舵面融合控制的方式，但考虑到飞行器的载荷和成本问题，所携的 RCS 燃料量十分有限。所以，在中低层飞行空域内(20~70 km)，气动舵面是主要执行器，为飞行器的运动提供最主要的气动控制力矩。然而，此空域空气稀薄，且气动舵面偏转幅度有限，所以气动力矩也有限，很容易出现气动力矩饱和问题。当气动力矩达到饱和时，系统就不能得到足够的控制力矩，将导致原定控制目标无法达成，甚至导致系统失稳。因此，设计具有抗饱和能力的容错姿态控制策略，对于具有舵面偏转限制的高超声速飞行器的安全再入有着重要的意义。

本节的内容安排如下：7.3.1 节介绍本节的理论基础；7.3.2 节给出存在干扰、故障和约束的双环再入段姿态模型；7.3.3 节介绍本节的控制目标；7.3.4 节对姿态慢回路设计滑模控制器；7.3.5 节对姿态快回路进行抗饱和容错滑模控制器设计；7.3.6 节进行仿真验证。

7.3.1 理论基础

一旦控制器的输入处于饱和状态后，将会有部分控制量无法执行，引起闭环系统的振荡，甚至导致系统的不稳定。所以，要设计补偿控制系统来抑制控制输入受限带来的不良影响，目的是保证系统的性能和稳定性。抗饱和(anti-windup,AW)指的是对执行器饱和非线性系统的抗饱和,即在执行机构存在非线性饱和时抑制系统性能的降低。在实际系统中,控制器的输出大部分情况下都处于非饱和状态,抗饱和补偿系统仅在控制器输出发生饱和时产生作用,即不存在饱和时系统的闭环性能不受影响[11]。典型的抗饱和补偿系统结构如图 7.36 所示。

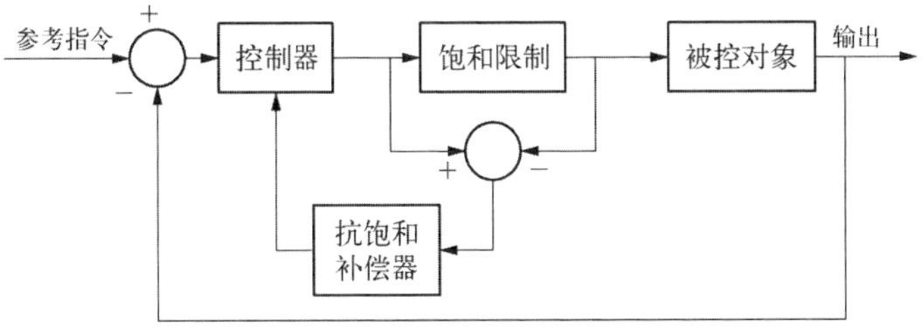

图 7.36 抗饱和补偿系统结构图

7.3.2 再入段姿态模型

首先将高超声速飞行器再入段姿态模型(2.49)写为慢回路+快回路的形式,并考虑外部干扰、舵面故障和舵面约束,建立面向控制的模型。

1. 姿态慢回路

姿态慢回路系统即姿态模型(2.49)中的姿态角动态,将姿态角 $\boldsymbol{\Omega}$ 作为输出量,姿态角速率 $\boldsymbol{\omega}$ 作为输入量。慢回路控制器使得姿态角 $\boldsymbol{\Omega}$ 在有限时间内跟踪指令信号 $\boldsymbol{\Omega}^{\mathrm{d}}$,且认为慢回路开始响应时,快回路已经到达稳态,由此慢回路控制器给出快回路的指令信号 $\boldsymbol{\omega}^{\mathrm{d}}$。对于慢回路中参数不确定性的因素,采用自适应参数的方法,通过在线自适应辨识扰动上界消除其影响。根据姿态模型(2.49),将姿态模型中的慢回路环描述为如下的仿射非线性系统:

$$\dot{\boldsymbol{\Omega}} = \boldsymbol{G}_{\mathrm{s}}\boldsymbol{\omega} + \boldsymbol{D}_{\mathrm{s}} \tag{7.91}$$

式中,

$$\boldsymbol{G}_{\mathrm{s}} = \boldsymbol{R}(\cdot) = \begin{bmatrix} \cos\alpha & 0 & \sin\alpha \\ \sin\alpha & 0 & -\cos\alpha \\ 0 & 1 & 0 \end{bmatrix} \tag{7.92}$$

$\boldsymbol{D}_{\mathrm{s}} = [D_{\mathrm{s1}} \quad D_{\mathrm{s2}} \quad D_{\mathrm{s3}}]^{\mathrm{T}}$ 表示系统受到的复合扰动,且满足 $\|\boldsymbol{D}_{\mathrm{s}}\| \leqslant \theta_1 + \theta_2\|\boldsymbol{\Omega}\|$;$\theta_1$、$\theta_2$ 分别为未知的正参数。

2. 姿态快回路

快回路的控制量是待设计的力矩控制指令 $\boldsymbol{\tau}_c$，输出为姿态角速度 $\boldsymbol{\omega}$。快回路的控制目标是设计控制律使角速度 $\boldsymbol{\omega}$ 跟踪慢回路给出的预期姿态角速度指令 $\boldsymbol{\omega}^d$。根据姿态模型(2.49)中的姿态角速度动态,且考虑舵面偏转故障,得到以下快回路仿射非线性方程为

$$\dot{\boldsymbol{\omega}} = \boldsymbol{F}_f + \Delta \boldsymbol{F}_f + \boldsymbol{G}_f \boldsymbol{\tau}_c - \Delta_f \tag{7.93}$$

式中，

$$\begin{aligned} \boldsymbol{F}_f &= -\boldsymbol{J}^{-1}\boldsymbol{\Xi}\boldsymbol{J}\boldsymbol{\omega} \\ \boldsymbol{G}_f &= \boldsymbol{J}^{-1} \end{aligned} \tag{7.94}$$

$\boldsymbol{\tau}_c = \boldsymbol{\Phi}_\delta \boldsymbol{\delta}_c$ 为系统的控制输入量，$\boldsymbol{\Phi}_\delta$ 为已知的系统控制量分配矩阵，$\boldsymbol{\delta}_c = [\delta_e \quad \delta_a \quad \delta_r]^T$ 为飞行器的舵面偏转角，$\Delta_f = \boldsymbol{G}_f \tilde{\boldsymbol{n}} \boldsymbol{\lambda} \boldsymbol{\tau}_c = [\Delta_{f1} \quad \Delta_{f2} \quad \Delta_{f3}]^T$ 指的是执行器的部分失效故障。其中，$\tilde{\boldsymbol{n}} = \mathrm{diag}\{\tilde{n}_1, \tilde{n}_2, \tilde{n}_3\}$ 代表故障发生的时间,满足 $\tilde{n}_i(t-T) = \begin{cases} 0, & t < T \\ 1, & t \geq T \end{cases}$, $i = 1, 2, 3$, T 代表的是故障发生的时刻。$\boldsymbol{\lambda} = \mathrm{diag}\{\lambda_1, \lambda_2, \lambda_3\}$ 为执行器的失效因子,满足 $0 < \lambda_i < 1$, $i = 1, 2, 3$。即,当 $\tilde{n}_i(t-T) = 0$, 系统未出现故障;当 $\tilde{n}_i(t-T) = 1$, $0 < \lambda_i < 1$ 时,系统在 T 时刻出现执行器部分失效故障。

另外,执行效率下降的执行器往往需要更大的舵面偏转转角 $\delta_{ci}(i = 1, 2, 3)$（舵面的实际偏转角)来实现姿态调整所需的控制力矩 $\boldsymbol{\tau}_c = \boldsymbol{\Phi}_\delta \boldsymbol{\delta}_c$。考虑到物理约束,这里对控制舵面偏转角引入如下的饱和约束：

$$\mathrm{sat}(\delta_{ci}(t)) = \begin{cases} \delta_{ci}^{\max}, & \delta_{ci}(t) > \delta_{ci}^{\max} \\ \delta_{ci}(t), & \delta_{ci}^{\min} \leq \delta_{ci}(t) \leq \delta_{ci}^{\max}, \quad i = 1, 2, 3 \\ \delta_{ci}^{\min}, & \delta_{ci}(t) < \delta_{ci}^{\min} \end{cases} \tag{7.95}$$

其中，$\delta_{ci}^{\max}$、$\delta_{ci}^{\min}$ 分别为舵面偏转角的上、下界。

为了便于后续的分析,基于式(7.93)~式(7.95),本小节将 HSV 姿态快回路中的执行器部分失效故障、系统不确定性以及外部干扰,统一记为复合扰动 $\boldsymbol{D}_f$，即 $\boldsymbol{D}_f = [D_{f1}, D_{f2}, D_{f3}]^T = \Delta \boldsymbol{F}_f - \Delta_f + \boldsymbol{d}_f$，其中，$\boldsymbol{d}_f$ 为有界的外部扰动。此外,复合扰动满足如下假设：

假设 7.5 $|\dot{D}_{fi}| \leq \eth_{2i}(i = 1, 2, 3)$, $\eth_{2i} > 0$ 为未知参数。

7.3.3　控制目标

本节针对高超声速飞行器再入段姿态模型(2.49)的慢回路(7.91)和快回路(7.93),考虑舵面偏转约束和舵面偏转故障,设计双环姿态容错抗饱和补偿跟踪控制系统。在快回路中,设计姿态角指令信号 $\boldsymbol{\omega}^{\mathrm{d}}$, 使姿态角 $\boldsymbol{\Omega}$ 跟踪姿态角期望指令 $\boldsymbol{\Omega}^{\mathrm{d}}$; 在慢回路中,设计力矩的控制指令 $\boldsymbol{\tau}_{\mathrm{c}}$, 使姿态角速度 $\boldsymbol{\omega}$ 跟踪慢回路中设计的姿态角指令信号 $\boldsymbol{\omega}^{\mathrm{d}}$。抗饱和补偿器和滑模干扰观测器的加入保证了整个闭环控制系统在存在输入饱和、故障和干扰的情况下的稳定性。图 7.37 给出了本节所设计的抗饱和容错控制系统框图。

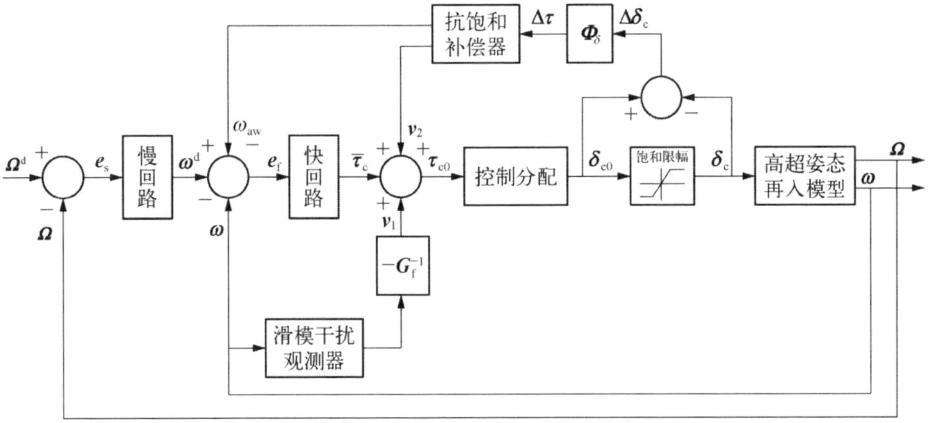

图 7.37　高超声速飞行器抗饱和容错控制系统框图

7.3.4　姿态慢回路控制

定义慢回路控制环输出的跟踪误差:

$$\boldsymbol{e}_{\mathrm{s}} = \boldsymbol{\Omega} - \boldsymbol{\Omega}^{\mathrm{d}} \tag{7.96}$$

进一步选取终端滑模面:

$$s_i = e_{si} + \int_0^t (a_1 e_{si} + b_1 e_{si}^{q_1/p_1})\mathrm{d}\tau,\ i = 1,\ 2,\ 3 \tag{7.97}$$

式中, $a_1 > 0$; $b_1 > 0$; $p_1 > q_1$, 且 p_1、q_1 为正奇数; e_{si} 为 $\boldsymbol{e}_{\mathrm{s}}$ 中的元素,同理 s_i 构成滑模面向量 $\boldsymbol{s} = [s_1 \quad s_2 \quad s_3]^{\mathrm{T}}$。

对滑模面(7.97)的两端求导,且代入慢回路动态(7.91),可得

$$\dot{s}_i = \dot{e}_{si} + a_1 e_{si} + b_1 e_{si}^{q_1/p_1} = D_{si} + (\boldsymbol{G}_{\mathrm{s}}\boldsymbol{\omega})_i - \dot{\boldsymbol{\Omega}}_i^{\mathrm{d}} + a_1 e_{si} + b_1 e_{si}^{q_1/p_1} \tag{7.98}$$

这里采用趋近律的方法改善趋近运动的品质,令

$$\dot{s}_i = -l_1 s_i - l_2 |s_i|^k \text{sign}(s_i) \tag{7.99}$$

式中,l_1、l_2 为趋近律的增益,满足 $l_1 > 0$, $l_2 > 0$;k 为趋近律的设计参数,满足 $0 < k < 1$。当滑模面 $\boldsymbol{s}$ 离 0 较远时,趋近律 $\dot{\boldsymbol{s}}$ 的特性由 $\dot{\boldsymbol{s}} = -l_1\boldsymbol{s}$ 决定。当 $\boldsymbol{s}$ 趋近于 0 时,趋近律 $\dot{\boldsymbol{s}}$ 的特性由 $\dot{\boldsymbol{s}} = -l_2 |\boldsymbol{s}|^k \text{sign}(\boldsymbol{s})$ 决定。通过趋近律的引入,可改善滑模控制的动态特性。

于是,设计慢回路控制器为

$$\boldsymbol{\omega}^{\mathrm{d}} = \boldsymbol{G}_{\mathrm{s}}^{-1}\left[\dot{\boldsymbol{\Omega}}^{\mathrm{d}} - a_1\boldsymbol{e}_{\mathrm{s}} - b_1\begin{bmatrix} e_{\mathrm{s1}}^{q_1/p_1} \\ e_{\mathrm{s2}}^{q_1/p_1} \\ e_{\mathrm{s3}}^{q_1/p_1} \end{bmatrix} - l_1\boldsymbol{s} - l_2\begin{bmatrix} |s_1|^k\text{sign}(s_1) \\ |s_2|^k\text{sign}(s_2) \\ |s_3|^k\text{sign}(s_3) \end{bmatrix}\right.$$
$$\left. - (\hat{\theta}_1 + \hat{\theta}_2 \|\boldsymbol{\Omega}\|)\begin{bmatrix} \text{sign}(s_1) \\ \text{sign}(s_2) \\ \text{sign}(s_3) \end{bmatrix}\right] \tag{7.100}$$

式中,$\hat{\theta}_1$、$\hat{\theta}_2$ 为未知参数 θ_1、θ_2 的估计值,参数估计误差为 $\tilde{\theta}_1 = \hat{\theta}_1 - \theta_1$, $\tilde{\theta}_2 = \hat{\theta}_2 - \theta_2$。

$\hat{\theta}_1$、$\hat{\theta}_2$ 的自适应调节律选择为

$$\begin{aligned} \dot{\hat{\theta}}_1 &= k_{\theta 1} \|\boldsymbol{s}\| \\ \dot{\hat{\theta}}_2 &= k_{\theta 2} \|\boldsymbol{s}\| \, \|\boldsymbol{\Omega}\| \end{aligned} \tag{7.101}$$

式中,$k_{\theta 1}$、$k_{\theta 2}$ 为定义的正参数。

定理 7.2 针对带有异常质心变动的 HSV 姿态慢回路(7.91),在控制器(7.100)及其自适应律(7.101)的作用下,系统(7.91)的跟踪误差能在有限时间内收敛到一个小区域内,同时保障 HSV 姿态慢回路系统的稳定性。系统的收敛区域如下

$$\begin{aligned} |s_i| &\leqslant (\tilde{D}_{\mathrm{s}i}/l_2)^{1/k} \\ |\dot{s}_i| &\leqslant l_1(\tilde{D}_{\mathrm{s}i}/l_2)^{1/k} + \tilde{D}_{\mathrm{s}i} \end{aligned} \tag{7.102}$$

其中,$\tilde{D}_{\mathrm{s}i}$ 是对复合扰动 $D_{\mathrm{s}i}$ 的估计误差,满足 $|(\hat{\theta}_1 + \hat{\theta}_2 \|\boldsymbol{\Omega}\|) - D_{\mathrm{s}i}| \leqslant \tilde{D}_{\mathrm{s}i}$, $\tilde{D}_{\mathrm{s}i} > 0$, $i = 1, 2, 3$。另外,$\tilde{D}_{\mathrm{s}i}$ 组合在一起构成复合扰动估计误差向量 $\tilde{\boldsymbol{D}}_{\mathrm{s}} =$

$[\tilde{D}_{s1} \quad \tilde{D}_{s2} \quad \tilde{D}_{s3}]^{T}$。

证明：李雅普诺夫函数为

$$V_{Ls} = \frac{1}{2}\boldsymbol{s}^{T}\boldsymbol{s} + \frac{1}{2k_{\theta 1}}\tilde{\theta}_1^2 + \frac{1}{2k_{\theta 2}}\tilde{\theta}_2^2 \tag{7.103}$$

在时间域内，对式(7.103)求导，可得

$$\begin{aligned}
\dot{V}_{Ls} &= \boldsymbol{s}^{T}\dot{\boldsymbol{s}} + \frac{1}{k_{\theta 1}}\tilde{\theta}_1\dot{\tilde{\theta}}_1 + \frac{1}{k_{\theta 2}}\tilde{\theta}_2\dot{\tilde{\theta}}_2 \\
&= \boldsymbol{s}^{T}\left[\boldsymbol{D}_s - (\hat{\theta}_1 + \hat{\theta}_2\|\boldsymbol{\Omega}\|)\begin{bmatrix}\mathrm{sign}(s_1)\\ \mathrm{sign}(s_2)\\ \mathrm{sign}(s_3)\end{bmatrix} - l_1\boldsymbol{s} - l_2\begin{bmatrix}|s_1|^{k}\mathrm{sign}(s_1)\\ |s_2|^{k}\mathrm{sign}(s_2)\\ |s_3|^{k}\mathrm{sign}(s_3)\end{bmatrix}\right] \\
&\quad + \frac{1}{k_{\theta 1}}\tilde{\theta}_1\dot{\tilde{\theta}}_1 + \frac{1}{k_{\theta 2}}\tilde{\theta}_2\dot{\tilde{\theta}}_2 \\
&\leqslant \|\boldsymbol{s}\|[\|\boldsymbol{D}_s\| - (\hat{\theta}_1 + \hat{\theta}_2\|\boldsymbol{\Omega}\|)] + \boldsymbol{s}^{T}\tilde{\boldsymbol{D}}_s - l_1\boldsymbol{s}^{T}\boldsymbol{s} - l_2\boldsymbol{s}^{T}\begin{bmatrix}|s_1|^{k}\mathrm{sign}(s_1)\\ |s_2|^{k}\mathrm{sign}(s_2)\\ |s_3|^{k}\mathrm{sign}(s_3)\end{bmatrix} \\
&\quad + \tilde{\theta}_1\|\boldsymbol{s}\| + \tilde{\theta}_2\|\boldsymbol{s}\|\,\|\boldsymbol{\Omega}\| \\
&\leqslant -l_1\boldsymbol{s}^{T}\boldsymbol{s} - \boldsymbol{s}^{T}(l_2[|s_1|^{k} \quad |s_2|^{k} \quad |s_3|^{k}]^{T} - \tilde{\boldsymbol{D}}_s)
\end{aligned} \tag{7.104}$$

依据参考文献[12]和[13]，如果 $l_2|s_i|^{k} \geqslant \tilde{D}_{si}$，可得

$$\dot{V}_{Ls} + l_1 V_{Ls} \leqslant 0 \tag{7.105}$$

则收敛区域为

$$|s_i| \leqslant (\tilde{D}_{si}/l_2)^{1/k} \tag{7.106}$$

将式(7.106)代入式(7.99)，可得

$$\begin{aligned}
|\dot{s}_i| &\leqslant l_1|s_i| + l_2|s_i|^{k} \leqslant l_1(\tilde{D}_{si}/l_2)^{1/k} + l_2[(\tilde{D}_{si}/l_2)^{1/k}]^{k} \\
&\leqslant l_1(\tilde{D}_{si}/l_2)^{1/k} + \tilde{D}_{si}
\end{aligned} \tag{7.107}$$

由于系统收敛到滑模面附近的区域内，为了反映系统在该收敛过程中的时间消耗，此处假设系统到达滑模面来计算系统收敛时间的上界，依据式(7.99)，可得

$$\dot{s}_i + l_1 s_i = - l_2 s_i^k \tag{7.108}$$

将等式两边同时乘以 s_i^{-k}，并令 $\lambda_i = s_i^{1-k}$，可得

$$\begin{aligned} & s_i^{-k}\frac{\mathrm{d}s_i}{\mathrm{d}t} + l_1 s_i^{1-k} = - l_2 \\ & \frac{\mathrm{d}\lambda_i}{\mathrm{d}t} + (1-k)l_1\lambda_i = -(1-k)l_2 \end{aligned} \tag{7.109}$$

求解式(7.109)，可得

$$\lambda_i = c_1 e^{-\int(1-k)l_1\mathrm{d}t} - \frac{l_2 e^{\int(1-k)l_1\mathrm{d}t}}{l_1} e^{-\int(1-k)l_1\mathrm{d}t} = c_1 e^{(1-k)l_1 t} - \frac{l_2}{l_1} \tag{7.110}$$

将 $\lambda_i = s_i^{1-k}$ 代入式(7.110)，可得

$$s_i^{1-k} = c_1 e^{(1-k)l_1 t} - l_2/l_1 \tag{7.111}$$

当 $t=0$，$s_i = s_{0i}$，其中，s_{0i}，$i=1, 2, 3$ 对应滑模面向量 $\boldsymbol{s}$ 中各分量的0初始值，则

$$c_1 = s_{0i}^{1-k} l_2/l_1 \tag{7.112}$$

因此，系统的收敛时间为

$$t_i = \frac{1}{(1-k)l_1}[\ln(s_i^{1-k} + l_2/l_1) - \ln(s_{0i}^{1-k} + l_2/l_1)],\ i=1, 2, 3 \tag{7.113}$$

因此，$t \leqslant \max\{t_1, t_2, t_3\}$，定理得证。

由于滑模控制器中的切换函数会引起系统的抖振，严重影响系统的控制效果。为了抑制抖振，将滑模控制中的符号函数 $\mathrm{sign}(s_i)$ 替换为如下连续函数：

$$\mathrm{sign}(s_i) = \frac{s_i}{\|\boldsymbol{s}\| + \Delta + \|\boldsymbol{e}_s\|} \tag{7.114}$$

式中，Δ 为一个小的常量。

滑模面上一个很小的偏移就会造成 $\boldsymbol{s}$ 不为0，导致 $\|\boldsymbol{s}\| > 0$，于是 $\dot{\hat{\theta}}_i > 0$ $(i=1, 2)$，$\hat{\theta}_i$ 不断增大，造成参数估计 $\hat{\theta}_i$ 变化过大，从而一直加强控制器的控制作用，引起不必要的扰动。为了有效稳定 $\hat{\theta}_i$ 变化，在自适应律中引入边界层，得到改进后的自适应律，具体如下：

$$\dot{\hat{\theta}}_1=\begin{cases}k_{\theta 1}\|\boldsymbol{s}\|, & \|\boldsymbol{s}\|>\varepsilon_0\\0, & \|\boldsymbol{s}\|\leqslant\varepsilon_0\end{cases}$$
$$\dot{\hat{\theta}}_2=\begin{cases}k_{\theta 2}\|\boldsymbol{s}\|\|\boldsymbol{\Omega}\|, & \|\boldsymbol{s}\|>\varepsilon_0\\0, & \|\boldsymbol{s}\|\leqslant\varepsilon_0\end{cases}\tag{7.115}$$

式中，$\varepsilon_0>0$ 为一个足够小的设计参数。

7.3.5　姿态快回路控制

1. 抗饱和补偿器

抗饱和补偿系统的作用是消除舵面偏转饱和对系统性能的影响。本小节采用的是外部抗饱和补偿器，设计如下：

$$\begin{aligned}&\dot{\boldsymbol{\omega}}_{\text{aw}}=\boldsymbol{F}_{\text{f}}(\boldsymbol{\omega}_{\text{aw}})+\boldsymbol{G}_{\text{f}}(\boldsymbol{h}(\boldsymbol{\omega}_{\text{aw}})+\Delta\boldsymbol{\tau})\\&\boldsymbol{\nu}_1=C\boldsymbol{\omega}_{\text{aw}}\\&\boldsymbol{\nu}_2=\boldsymbol{h}(\boldsymbol{\omega}_{\text{aw}})+\boldsymbol{G}_{\text{f}}^{-1}\boldsymbol{F}_{\text{f}}(\boldsymbol{\omega}_{\text{aw}})\end{aligned}\tag{7.116}$$

式中，$\boldsymbol{\omega}_{\text{aw}}$ 为补偿系统的状态量；C 为系统输出的增益；$\boldsymbol{\nu}_1$、$\boldsymbol{\nu}_2$ 为 Anti-windup 补偿系统的输出。基于图 7.37，并依据 $\boldsymbol{\tau}_{\text{c}}=\boldsymbol{\Phi}_{\delta}\boldsymbol{\delta}_{\text{c}}$，我们可以看到，在 $\boldsymbol{\delta}_{\text{c0}}$ 代表执行器的期望可执行量，$\boldsymbol{\delta}_{\text{c}}$ 指代执行器的实际执行量时，受飞行器执行器物理结构的约束，未执行的控制量 $\Delta\boldsymbol{\tau}=\boldsymbol{\Phi}_{\delta}\Delta\boldsymbol{\delta}_{\text{c}}=\boldsymbol{\Phi}_{\delta}(\boldsymbol{\delta}_{\text{c}}-\boldsymbol{\delta}_{\text{c0}})$。

当 $\Delta\boldsymbol{\tau}=0$ 时，$\boldsymbol{h}(\boldsymbol{\omega}_{\text{aw}})$ 设计用来保障系统(7.116)的渐近稳定性。首先定义抗饱和补偿器误差项：

$$\boldsymbol{e}_{\text{aw}}=\boldsymbol{\omega}_{\text{aw}}-\boldsymbol{\omega}_{\text{aw}}^{\text{d}}\tag{7.117}$$

式中，$\boldsymbol{\omega}_{\text{aw}}$ 为 Anti-windup 系统的状态；$\boldsymbol{\omega}_{\text{aw}}^{\text{d}}$ 为 Anti-windup 系统的期望信号。

基于动态逆控制方法，$\boldsymbol{h}(\boldsymbol{\omega}_{\text{aw}})$ 设计如下：

$$\boldsymbol{h}(\boldsymbol{\omega}_{\text{aw}})=\boldsymbol{G}_{\text{f}}^{-1}(-k_{\text{c}}\boldsymbol{e}_{\text{aw}}-\boldsymbol{F}_{\text{f}}(\boldsymbol{\omega}_{\text{aw}})+\dot{\boldsymbol{\omega}}_{\text{aw}}^{\text{d}})\tag{7.118}$$

式中，k_{c} 为带宽频率。

基于式(7.118)、式(7.117)和式(7.116)，得到 $\Delta\boldsymbol{\tau}=0$ 时误差项导数为

$$\dot{\boldsymbol{e}}_{\text{aw}}=\dot{\boldsymbol{\omega}}_{\text{aw}}-\dot{\boldsymbol{\omega}}_{\text{aw}}^{\text{d}}=\boldsymbol{F}_{\text{f}}(\boldsymbol{\omega}_{\text{aw}})+\boldsymbol{G}_{\text{f}}\boldsymbol{h}(\boldsymbol{\omega}_{\text{aw}})-\dot{\boldsymbol{\omega}}_{\text{aw}}^{\text{d}}\tag{7.119}$$

李雅普诺夫函数选择如下：

$$V_{L_{aw}} = \frac{1}{2}\boldsymbol{e}_{aw}^{T}\boldsymbol{e}_{aw} \tag{7.120}$$

对李雅普诺夫函数求导,可得

$$\begin{aligned}\dot{V}_{L_{aw}} &= \boldsymbol{e}_{aw}^{T}\dot{\boldsymbol{e}}_{aw} \\ &= \boldsymbol{e}_{aw}^{T}(\boldsymbol{F}_{f}(\boldsymbol{\omega}_{aw}) + \boldsymbol{G}_{f}\boldsymbol{h}(\boldsymbol{\omega}_{aw}) - \dot{\boldsymbol{\omega}}_{aw}^{d}) \\ &= \boldsymbol{e}_{aw}^{T}[\boldsymbol{F}_{f}(\boldsymbol{\omega}_{aw}) + \boldsymbol{G}_{f}\boldsymbol{G}_{f}^{-1}(-k_{c}\boldsymbol{e}_{aw} - \boldsymbol{F}_{f}(\boldsymbol{\omega}_{aw}) + \dot{\boldsymbol{\omega}}_{aw}^{d}) - \dot{\boldsymbol{\omega}}_{aw}^{d}] \\ &\leqslant -k_{c}\|\boldsymbol{e}_{aw}\|^{2}\end{aligned} \tag{7.121}$$

因此,基于 $V_{L_{aw}} \geqslant 0$, $\dot{V}_{L_{aw}} \leqslant 0$, 则 $V_{L_{aw}}$ 是有界的。由式(7.120)可知, $\boldsymbol{e}_{aw}$ 是有界的。由于 $\dot{\boldsymbol{e}}_{aw}=-k_{c}\boldsymbol{e}_{aw}$, 可得 $\dot{\boldsymbol{e}}_{aw}$ 也是有界的。根据 Barbalat 引理[4], $\boldsymbol{e}_{aw}$ 将最终收敛到 0。至此,抗饱和补偿系统的稳定性证毕。

2. 标称抗饱和滑模控制器

首先不考虑舵面故障和干扰,姿态快回路终端滑模面设计如下:

$$s_{fi} = e_{fi} + \int_{0}^{t}(a_{2}e_{fi} + b_{2}e_{fi}^{q_2/p_2})d\tau,\ i = 1,\ 2,\ 3 \tag{7.122}$$

其中, $e_{fi}=\omega_{i}-\omega_{i}^{d}-\omega_{awi}$ 是姿态快回路的跟踪误差; $a_{2}>0$; $b_{2}>0$; $p_{2}>0$, p_{2}、q_{2} 为正奇数。进一步, s_{fi} 构成滑模面向量 $\boldsymbol{s}_{f}=[s_{f1}\quad s_{f2}\quad s_{f3}]^{T}$, e_{fi} 构成姿态快回路的跟踪误差向量 $\boldsymbol{e}_{f}=[e_{f1}\quad e_{f2}\quad e_{f3}]^{T}$。

对滑模面求导,可得

$$\begin{aligned}\dot{\boldsymbol{s}}_{f} &= \dot{\boldsymbol{e}}_{f} + a_{2}\boldsymbol{e}_{f} + b_{2}\boldsymbol{e}_{f}^{q_2/p_2} \\ &= \dot{\boldsymbol{\omega}} - \dot{\boldsymbol{\omega}}^{d} - \dot{\boldsymbol{\omega}}_{aw} + a_{2}\boldsymbol{e}_{f} + b_{2}\boldsymbol{e}_{f}^{q_2/p_2} \\ &= \boldsymbol{F}_{f} + \boldsymbol{G}_{f}\boldsymbol{\tau}_{c} - \dot{\boldsymbol{\omega}}^{d} - \boldsymbol{F}_{f}(\boldsymbol{\omega}_{aw}) - \boldsymbol{G}_{f}\boldsymbol{h}(\boldsymbol{\omega}_{aw}) - \boldsymbol{G}_{f}\Delta\boldsymbol{\tau} + a_{2}\boldsymbol{e}_{f} + b_{2}\boldsymbol{e}_{f}^{q_2/p_2}\end{aligned} \tag{7.123}$$

式中, $\boldsymbol{e}_{f}^{q_2/p_2}=[e_{f1}^{q_2/p_2}\quad e_{f2}^{q_2/p_2}\quad e_{f3}^{q_2/p_2}]^{T}$。

基于图 7.37 以及 $\boldsymbol{\tau}_{c}=\boldsymbol{\Phi}_{\delta}\boldsymbol{\delta}_{c}$, 由于执行器受到物理约束限制而未能执行的控制量 $\Delta\boldsymbol{\tau}$ 满足

$$\Delta\boldsymbol{\tau} = \boldsymbol{\Phi}_{\delta}\Delta\boldsymbol{\delta}_{c} = \boldsymbol{\Phi}_{\delta}(\boldsymbol{\delta}_{c} - \boldsymbol{\delta}_{c0}) = \boldsymbol{\tau}_{c} - \boldsymbol{\tau}_{c0} \tag{7.124}$$

将式(7.124)代入式(7.123),可得

$$\begin{aligned}\dot{\boldsymbol{s}}_{f} = &\boldsymbol{F}_{f} + \boldsymbol{G}_{f}\boldsymbol{\tau}_{c0} - \dot{\boldsymbol{\omega}}^{d} - \boldsymbol{F}_{f}(\boldsymbol{\omega}_{aw}) - \boldsymbol{G}_{f}\boldsymbol{h}(\boldsymbol{\omega}_{aw}) + a_{2}\boldsymbol{e}_{f} \\ &+ b_{2}[e_{f1}^{q_2/p_2}\quad e_{f2}^{q_2/p_2}\quad e_{f3}^{q_2/p_2}]^{T}\end{aligned} \tag{7.125}$$

因此,标称系统的抗饱和控制器设计如下:

$$\boldsymbol{\tau}_{c0} = -\boldsymbol{G}_f^{-1}(\boldsymbol{F}_f - \dot{\boldsymbol{\omega}}^d + a_2\boldsymbol{e}_f + b_2[e_{f1}^{q_2/p_2} \quad e_{f2}^{q_2/p_2} \quad e_{f3}^{q_2/p_2}]^T + k_f\boldsymbol{s}_f) + \boldsymbol{G}_f^{-1}\boldsymbol{F}_f(\boldsymbol{\omega}_{aw}) + \boldsymbol{h}(\boldsymbol{\omega}_{aw}) \tag{7.126}$$

其中，k_f 为设计参数，是正数。基于如下的滑模趋近律：

$$\dot{\boldsymbol{s}}_f = -k_f\boldsymbol{s}_f \tag{7.127}$$

下面对标称系统在抗饱和控制器作用下的稳定性进行分析。选择李雅普诺夫函数：

$$\boldsymbol{V}_{Lf} = \frac{1}{2}\boldsymbol{s}_f^T\boldsymbol{s}_f \tag{7.128}$$

对其求导且代入式(7.127)，可得

$$\dot{\boldsymbol{V}}_{Lf} = -k_f\boldsymbol{s}_f^T\boldsymbol{s}_f \leqslant -k_f\|\boldsymbol{s}_f\|^2 \tag{7.129}$$

当且仅当 $\boldsymbol{s}_f = 0$ 时，$\dot{\boldsymbol{V}}_{Lf} = 0$，则系统是渐近稳定的。至此，标称系统抗饱和控制器设计完成。

3. 基于 Super-twisting 的滑模干扰观测器

由于系统的执行器部分失效故障与系统受到的干扰力矩，对控制器的系统性能造成了极大的影响，故基于 Super-twisting 二阶滑模，设计干扰观测器，通过逼近执行器的部分失效故障与外界扰动，将信息反馈到控制系统，实现容错抗干扰控制。在观测器设计之前，给出以下引理。

引理 7.1[14]　考虑如下非线性系统：

$$\begin{aligned} \dot{x}_1 &= -k_1|x_1|^{1/2}\mathrm{sign}(x_1) + x_2 + \xi(t) \\ \dot{x}_2 &= -k_2\mathrm{sign}(x_1) \end{aligned} \tag{7.130}$$

式中，$x_i(i=1, 2)$ 为系统状态量；$k_1 > 0$、$k_2 > 0$ 为设计的增益。通过恰当的增益 k_1、k_2，用来保障 x_1、$\dot{x}_1$ 在有限时间收敛到平衡点。

在快回路模型(7.93)中的复合干扰项 $\boldsymbol{D}_f$，基于 Super-twisting 的二阶滑模观测器设计如下：

$$\begin{cases} \boldsymbol{\sigma} = \boldsymbol{\omega} + \boldsymbol{z} \\ \dot{\boldsymbol{z}} = -\boldsymbol{F}_f - \boldsymbol{G}_f\boldsymbol{\tau}_c - \boldsymbol{\nu} \\ \hat{\boldsymbol{D}}_f = \boldsymbol{\nu} \end{cases} \tag{7.131}$$

式中，$\boldsymbol{\omega}$ 为系统快回路的状态量；$\boldsymbol{z}$ 为系统的辅助状态；$\boldsymbol{\nu}$ 为复合扰动 $\boldsymbol{D}_f$ 的观测值，具体如下：

$$
\begin{aligned}
v_i &= l_{i1} | \sigma_i |^{1/2} \mathrm{sign}(\sigma_i) + \int l_{i2} \mathrm{sign}(\sigma_i) \mathrm{d}\tau \\
\dot{l}_{i1} &= \rho_i \| \boldsymbol{\omega} \| \| \boldsymbol{\sigma} \| \\
l_{i2} &= (\varepsilon l_{i1} + \varepsilon^2 + \lambda)/2
\end{aligned} \tag{7.132}
$$

式中，σ_i 为辅助滑模面；ρ_i 为自适应参数 l_{i1} 的增益，满足 $\rho_i > 0$；l_{i1}、l_{i2} 为观测器输出 v_i 的增益，满足 $l_{i1} > 0$, $l_{i2} > 0$, $i = 1, 2, 3$；λ、ε 为正实数。

由于符号函数 $\mathrm{sign}(\sigma_i)$ 会引起系统的抖振，将其用下面的连续函数替代：

$$
\mathrm{sign}(\sigma_i) = \frac{\sigma_i}{| \sigma_i | + \delta_i + \| \boldsymbol{e}_\mathrm{f} \|} \tag{7.133}
$$

式中，δ_i 为小的正常数。

定理 7.3 基于上述设计的改进滑模干扰观测器(7.131)~(7.132)，能够渐近追踪系统(7.93)~(7.95)中的复合干扰项 $\boldsymbol{D}_\mathrm{f}$。

下面，证明在上述改进滑模干扰观测器作用下，闭环系统的稳定性和跟踪控制性能。对式(7.131)求导，可得

$$
\begin{aligned}
\dot{\boldsymbol{\sigma}} &= \dot{\boldsymbol{\omega}} + \dot{z} \\
&= \boldsymbol{F}_\mathrm{f} + \boldsymbol{G}_\mathrm{f} \boldsymbol{\tau}_\mathrm{c} + \boldsymbol{D}_\mathrm{f} - \boldsymbol{F}_\mathrm{f} - \boldsymbol{G}_\mathrm{f} \boldsymbol{\tau}_\mathrm{c} - \boldsymbol{\nu} \\
&= \boldsymbol{D}_\mathrm{f} - \boldsymbol{\nu} \\
&= \boldsymbol{D}_\mathrm{f} - \boldsymbol{l}_1 | \boldsymbol{\sigma} |^{1/2} \cdot \mathrm{sign}(\boldsymbol{\sigma}) - \int \boldsymbol{l}_2 \mathrm{sign}(\boldsymbol{\sigma}) \mathrm{d}\tau
\end{aligned} \tag{7.134}
$$

式中，$| \boldsymbol{\sigma} |^{1/2} \mathrm{sign}(\boldsymbol{\sigma}) = [| \sigma_1 |^{1/2} \mathrm{sign}(\sigma_1) \quad | \sigma_2 |^{1/2} \mathrm{sign}(\sigma_2) \quad | \sigma_3 |^{1/2} \mathrm{sign}(\sigma_3)]^\mathrm{T}$；$\mathrm{sign}(\boldsymbol{\sigma}) = [\mathrm{sign}(\sigma_1) \quad \mathrm{sign}(\sigma_2) \quad \mathrm{sign}(\sigma_3)]^\mathrm{T}$。

根据引理 7.1，式(7.134)可重新整理为

$$
\begin{cases}
\dot{\sigma}_i = - l_{i1} | \sigma_i |^{1/2} \mathrm{sign}(\sigma_i) + y_i \\
\dot{y}_i = - l_{i2} \mathrm{sign}(\sigma_i) + \dot{D}_{\mathrm{f}i}
\end{cases} \quad i = 1, 2, 3 \tag{7.135}
$$

式中，$y_i = D_{\mathrm{f}i} - \int_0^t l_{i2} \mathrm{sign}(\sigma_i) \mathrm{d}\tau$。

为了方便后面的分析，引入以下变量替换：

$$
\begin{aligned}
\varsigma_i &= \begin{bmatrix} \varsigma_{i1} \\ \varsigma_{i2} \end{bmatrix} = \begin{bmatrix} | \sigma_i |^{1/2} \mathrm{sign}(\sigma_i) \\ y_i \end{bmatrix} \\
\varsigma_i^\mathrm{T} \varsigma_i &= \varsigma_{i1}^2 + \varsigma_{i2}^2 = | \sigma_i | + y_i^2 \\
\mathrm{sign}(\sigma_i) &= \mathrm{sign}(\varsigma_{i1}) \\
| \varsigma_{i1} | &= | \sigma_i |^{1/2}
\end{aligned} \tag{7.136}
$$

简化后,可得

$$\begin{cases}\dot{\varsigma}_{i1}=(-l_{i1}|\sigma_i|^{1/2}\mathrm{sign}(\sigma_i)+y_i)/(2|\sigma_i|^{1/2})\\ \dot{\varsigma}_{i2}=-l_{i2}\mathrm{sign}(\sigma_i)+\dot{D}_{\mathrm{f}i}\end{cases}\tag{7.137}$$

令 $\dot{\tilde{D}}_{\mathrm{f}i}=|\sigma_i|^{1/2}\dot{D}_{\mathrm{f}i}$, 式(7.137)可转化为

$$\dot{\varsigma}_i=(\boldsymbol{A}_i\varsigma_i+\boldsymbol{B}_i\dot{\tilde{D}}_{\mathrm{f}i})/|\sigma_i|^{1/2}\tag{7.138}$$

式中, $\boldsymbol{A}_i=\begin{bmatrix}-l_{i1}/2 & 1/2\\ -l_{i2} & 0\end{bmatrix}$; $\boldsymbol{B}_i=\begin{bmatrix}0\\1\end{bmatrix}$; $\boldsymbol{C}_i=\begin{bmatrix}1\\0\end{bmatrix}^{\mathrm{T}}$。如果 ς_{i1}、ς_{i2} 能在有限时间收敛到 0,则保障了 σ_i、$\dot{\sigma}_i$ 在有限时间收敛到零。

经过变量替换后,式(7.135)的稳定性问题转化为式(7.137)的稳定性问题。由于在集合 $S=\{(\sigma_i, y_i)\in\mathbf{R}^2|\sigma_i=0\}$ 中,式(7.137)的导数不存在,故在此分两种情况讨论。

1) 当 $\sigma\neq 0$ 时

李雅普诺夫函数选择如下:

$$V_{\mathrm{L}}=\varsigma_i^{\mathrm{T}}\boldsymbol{P}\varsigma_i+\frac{1}{2\kappa_1}(l_{i1}-\bar{l}_{i1})^2+\frac{1}{2\kappa_2}(l_{i2}-\bar{l}_{i2})^2\tag{7.139}$$

式中, $\boldsymbol{P}=\begin{bmatrix}\lambda+\varepsilon^2 & -\varepsilon\\ -\varepsilon & 1\end{bmatrix}$; λ、ε、κ_1、κ_2 为正实数; $\bar{l}_{i1}$、$\bar{l}_{i2}$ 为正常数,代表参数 l_{i1}、l_{i2} 的上边界。为了简化分析,将式(7.139)重写为

$$V_{\mathrm{L}}=V_{\mathrm{L}0}+\frac{1}{2\kappa_1}(l_{i1}-\bar{l}_{i1})^2+\frac{1}{2\kappa_2}(l_{i2}-\bar{l}_{i2})^2\tag{7.140}$$

式中, $V_{\mathrm{L}0}=\varsigma_i^{\mathrm{T}}\boldsymbol{P}\varsigma_i$。

结合式(7.138),对 $V_{\mathrm{L}0}$ 求导,可得

$$\begin{aligned}\dot{V}_{\mathrm{L}0}&=\dot{\varsigma}_i^{\mathrm{T}}\boldsymbol{P}\varsigma_i+\varsigma_i^{\mathrm{T}}\boldsymbol{P}\dot{\varsigma}_i\\&\leqslant\frac{1}{|\sigma_i|^{1/2}}[\varsigma_i^{\mathrm{T}}(\boldsymbol{P}\boldsymbol{A}_i+\boldsymbol{A}_i^{\mathrm{T}}\boldsymbol{P})\varsigma_i+2\dot{\tilde{D}}_{\mathrm{f}i}\boldsymbol{B}_i^{\mathrm{T}}\boldsymbol{P}\varsigma_i+\delta_{2i}^2|\sigma_i|-\dot{\tilde{D}}_{\mathrm{f}i}^2]\end{aligned}\tag{7.141}$$

式中, $\delta_{2i}^2\varsigma_i^{\mathrm{T}}\boldsymbol{C}^{\mathrm{T}}\boldsymbol{C}\varsigma_i=\delta_{2i}^2|\sigma_i|$。依据算术几何平均不等式, $2\dot{\tilde{D}}_{\mathrm{f}i}\boldsymbol{B}_i^{\mathrm{T}}\boldsymbol{P}\varsigma_i\leqslant\dot{\tilde{D}}_{\mathrm{f}i}^2+$

$(\boldsymbol{B}_i^{\mathrm{T}}\boldsymbol{P}\varsigma_i)^{\mathrm{T}}\boldsymbol{B}_i^{\mathrm{T}}\boldsymbol{P}\varsigma_i$，式(7.141)可重写为

$$\begin{aligned}\dot{V}_{\mathrm{L0}} &\leqslant \frac{1}{|\sigma_i|^{1/2}}[\varsigma_i^{\mathrm{T}}(\boldsymbol{P}\boldsymbol{A}_i+\boldsymbol{A}_i^{\mathrm{T}}\boldsymbol{P})\varsigma_i+\delta_{2i}^2\varsigma_i^{\mathrm{T}}\boldsymbol{C}^{\mathrm{T}}\boldsymbol{C}\varsigma_i+2\tilde{\dot{D}}_{\mathrm{f}i}\boldsymbol{B}_i^{\mathrm{T}}\boldsymbol{P}\varsigma_i-\tilde{\dot{D}}_{\mathrm{f}i}^2]\\ &\leqslant \frac{1}{|\sigma_i|^{1/2}}[\varsigma_i^{\mathrm{T}}(\boldsymbol{P}\boldsymbol{A}_i+\boldsymbol{A}_i^{\mathrm{T}}\boldsymbol{P})\varsigma_i+\delta_{2i}^2\varsigma_i^{\mathrm{T}}\boldsymbol{C}^{\mathrm{T}}\boldsymbol{C}\varsigma_i+\varsigma_i^{\mathrm{T}}\boldsymbol{P}\boldsymbol{B}_i\boldsymbol{B}_i^{\mathrm{T}}\boldsymbol{P}\varsigma_i]\\ &= \frac{1}{|\sigma_i|^{1/2}}\varsigma_i^{\mathrm{T}}(\boldsymbol{P}\boldsymbol{A}_i+\boldsymbol{A}_i^{\mathrm{T}}\boldsymbol{P}+\delta_{2i}^2\boldsymbol{C}^{\mathrm{T}}\boldsymbol{C}+\boldsymbol{P}\boldsymbol{B}_i\boldsymbol{B}_i^{\mathrm{T}}\boldsymbol{P})\varsigma_i\end{aligned} \tag{7.142}$$

式中，$\boldsymbol{Q}=-(\boldsymbol{P}\boldsymbol{A}_i+\boldsymbol{A}_i^{\mathrm{T}}\boldsymbol{P}+\delta_{2i}^2\boldsymbol{C}^{\mathrm{T}}\boldsymbol{C}+\boldsymbol{P}\boldsymbol{B}_i\boldsymbol{B}_i^{\mathrm{T}}\boldsymbol{P})$。

结合式(7.138)，可得

$$\boldsymbol{Q}=\begin{bmatrix} l_{i1}(\lambda+\varepsilon^2)-2l_{i2}\varepsilon-\delta^2-\varepsilon^2 & l_{i2}-\dfrac{l_{i1}}{2}\varepsilon-\dfrac{1}{2}(\lambda+\varepsilon^2)+\varepsilon \\ l_{i2}-\dfrac{l_{i1}}{2}\varepsilon-\dfrac{1}{2}(\lambda+\varepsilon^2)+\varepsilon & \varepsilon-1 \end{bmatrix} \tag{7.143}$$

为了保障$\boldsymbol{Q}$正定，在此引入式(7.132)中l_{i2}的设计，为了便于后续的分析，在此将l_{i2}重写为

$$l_{i2}=l_{i1}\varepsilon/2+\varepsilon^2/2+\lambda/2 \tag{7.144}$$

将式(7.144)代入式(7.143)中，可得

$$\boldsymbol{Q}-\frac{1}{2}\varepsilon\boldsymbol{I}=\begin{bmatrix} l_{i1}\lambda-\varepsilon^3-\varepsilon^2-\lambda\varepsilon-\delta^2-\varepsilon/2 & \varepsilon \\ \varepsilon & \varepsilon/2-1\end{bmatrix} \tag{7.145}$$

根据Schur补定理，保障$\boldsymbol{Q}$正定及其最小特征值满足$\lambda_{\min}(\boldsymbol{Q})>\varepsilon/2$的条件如下：

$$\begin{cases} l_{i1}>\max\left\{\begin{array}{l}[\varepsilon^3+\varepsilon^2+(0.5+\lambda)\varepsilon+\delta^2]/\lambda, \\ \dfrac{\varepsilon^4-\varepsilon^3+(\lambda+0.5)\varepsilon^2-(2\lambda+1)\varepsilon-(2+\varepsilon)\delta^2}{\lambda(\varepsilon-2)}\end{array}\right\} \\ \varepsilon>2 \end{cases} \tag{7.146}$$

根据式(7.145)，可得

$$\boldsymbol{Q}-\varepsilon\boldsymbol{I}/2>0 \tag{7.147}$$

即

$$\dot{V}_{\mathrm{L0}} \leqslant -\varsigma_i^{\mathrm{T}}\boldsymbol{Q}\varsigma_i/|\sigma_i|^{\frac{1}{2}} \leqslant -\varepsilon\varsigma_i^{\mathrm{T}}\varsigma_i/2|\varsigma_{i1}| \leqslant -\frac{\varepsilon\|\varsigma_i\|}{2|\varsigma_{i1}|}\|\varsigma_i\| \quad (7.148)$$

由于 $\|\varsigma_i\|^2 = \varsigma_{i1}^2 + \varsigma_{i2}^2 = |\sigma_i| + \varsigma_{i2}^2$, 可得

$$\|\varsigma_i\| \geqslant |\varsigma_{i1}| \quad (7.149)$$

经化简,可得

$$\dot{V}_{\mathrm{L0}} \leqslant -\frac{\varepsilon}{2}\|\varsigma_i\| \quad (7.150)$$

由于 $V_{\mathrm{L0}} = \varsigma_i^{\mathrm{T}}\boldsymbol{P}\varsigma_i$, 满足:

$$\lambda_{\min}(\boldsymbol{P})\|\varsigma_i\|^2 \leqslant V_{\mathrm{L0}} = \varsigma_i^{\mathrm{T}}\boldsymbol{P}\varsigma_i \leqslant \lambda_{\max}(\boldsymbol{P})\|\varsigma_i\|^2 \quad (7.151)$$

进而,可得

$$\left(\frac{V_0}{\lambda_{\max}(\boldsymbol{P})}\right)^{1/2} \leqslant \|\varsigma_i\| \quad (7.152)$$

基于式(7.150)和式(7.152),可得

$$\dot{V}_{\mathrm{L0}} \leqslant -rV_{\mathrm{L0}}^{1/2} \quad (7.153)$$

式中, $r = \varepsilon/2\lambda_{\max}^{1/2}(\boldsymbol{P})$。

基于式(7.140)、式(7.153)和式(7.132),可得

$$\begin{aligned}
\dot{V}_{\mathrm{L}} \leqslant & -rV_{\mathrm{L0}}^{\frac{1}{2}} + \frac{1}{\kappa_1}(l_{i1} - \bar{l}_{i1})\dot{l}_{i1} + \frac{1}{\kappa_2}(l_{i2} - \bar{l}_{i2})\dot{l}_{i2} \\
= & -rV_{\mathrm{L0}}^{\frac{1}{2}} - \frac{\rho_i\|\boldsymbol{\omega}\|\|\boldsymbol{\sigma}\|}{\kappa_1}|l_{i1} - \bar{l}_{i1}| - \frac{\hat{\rho}_i\|\boldsymbol{\omega}\|\|\boldsymbol{\sigma}\|}{\kappa_2}|l_{i2} - \bar{l}_{i2}| \\
& + \frac{1}{\kappa_1}(l_{i1} - \bar{l}_{i1})\dot{l}_{i1} + \frac{1}{\kappa_2}(l_{i2} - \bar{l}_{i2})\dot{l}_{i2} + \frac{\rho_i\|\boldsymbol{\omega}\|\|\boldsymbol{\sigma}\|}{\kappa_1}|l_{i1} - \bar{l}_{i1}| \\
& + \frac{\hat{\rho}_i\|\boldsymbol{\omega}\|\|\boldsymbol{\sigma}\|}{\kappa_2}|l_{i2} - \bar{l}_{i2}|
\end{aligned} \quad (7.154)$$

式中, ρ_i、$\hat{\rho}_i > 0$。

基于不等式 $\sqrt{x^2 + y^2 + z^2} \leqslant |x| + |y| + |z|$, 可得

$$-\hat{\eta}\sqrt{V_{\mathrm{L}}} \geqslant -rV_{\mathrm{L0}}^{\frac{1}{2}} - \frac{\sqrt{2}\rho_i \|\boldsymbol{\omega}\| \|\boldsymbol{\sigma}\|}{\sqrt{2\kappa_1}} | l_{i1} - \bar{l}_{i1} | - \frac{\sqrt{2}\hat{\rho}_i \|\boldsymbol{\omega}\| \|\boldsymbol{\sigma}\|}{\sqrt{2\kappa_2}} | l_{i2} - \bar{l}_{i2} | \tag{7.155}$$

式中，$\hat{\eta} = \min\{r, \sqrt{2}\rho_i \|\boldsymbol{\omega}\| \|\boldsymbol{\sigma}\|, \sqrt{2}\hat{\rho}_i \|\boldsymbol{\omega}\| \|\boldsymbol{\sigma}\|\}$。

因此，式(7.154)可重写为

$$\dot{V}_{\mathrm{L}} \leqslant -\hat{\eta}\sqrt{V_{\mathrm{L}}} + \frac{1}{\kappa_1}(l_{i1} - \bar{l}_{i1})\dot{l}_{i1} + \frac{1}{\kappa_2}(l_{i2} - \bar{l}_{i2})\dot{l}_{i2} + \frac{\rho_i \|\boldsymbol{\omega}\| \|\boldsymbol{\sigma}\|}{\kappa_1} | l_{i1} - \bar{l}_{i1} | + \frac{\hat{\rho}_i \|\boldsymbol{\omega}\| \|\boldsymbol{\sigma}\|}{\kappa_2} | l_{i2} - \bar{l}_{i2} | \tag{7.156}$$

假定 l_{i1}、l_{i2} 最终能达到它们的上界值 $\bar{l}_{i1}$、$\bar{l}_{i2}$，即满足 $l_{i1} - \bar{l}_{i1} < 0$, $l_{i2} - \bar{l}_{i2} < 0\ (\forall t \geqslant 0)$，进而可得

$$\dot{V}_{\mathrm{L}} \leqslant -\hat{\eta}\sqrt{V_{\mathrm{L}}} - | l_{i1} - \bar{l}_{i1} | \left(\frac{1}{\kappa_1}\dot{l}_{i1} - \frac{\rho_i \|\boldsymbol{\omega}\| \|\boldsymbol{\sigma}\|}{\kappa_1}\right) - | l_{i2} - \bar{l}_{i2} | \left(\frac{1}{\kappa_2}\dot{l}_{i2} - \frac{\hat{\rho}_i \|\boldsymbol{\omega}\| \|\boldsymbol{\sigma}\|}{\kappa_2}\right) \tag{7.157}$$

此时，引入观测器式(7.132)中参数 l_{i1}、l_{i2} 的自适应律设计，可得

$$\begin{aligned} &\frac{1}{\kappa_1}\dot{l}_{i1} - \frac{\rho_i \|\boldsymbol{\omega}\| \|\boldsymbol{\sigma}\|}{\kappa_1} = 0 \\ &\frac{1}{\kappa_2}\dot{l}_{i2} - \frac{\hat{\rho}_i \|\boldsymbol{\omega}\| \|\boldsymbol{\sigma}\|}{\kappa_2} = 0 \end{aligned} \tag{7.158}$$

进一步结合式(7.144)，可得

$$\hat{\rho}_i = \frac{\varepsilon}{2}\rho_i \tag{7.159}$$

最终，可得 $\dot{V}_{\mathrm{L}} \leqslant 0$，基于李雅普诺夫稳定性定理，$\boldsymbol{\sigma} = 0$ 部分的稳定性证明完成。

为了抑制自适应参数的漂移，对 l_{i1}、l_{i2} 进行约束限制。引入紧集 $\Omega_{l_{i1}}$、$\Omega_{l_{i2}}$，满足：

$$\Omega_{l_{i1}} = \{l_{i1}:\ \underline{l}_{i1} \leqslant l_{i1} \leqslant \bar{l}_{i1}\}$$
$$\Omega_{l_{i2}} = \{l_{i2}:\ \underline{l}_{i2} \leqslant l_{i2} \leqslant \bar{l}_{i2}\} \tag{7.160}$$

式中，$\bar{l}_{i1}$、$\underline{l}_{i1}$、$\bar{l}_{i2}$、$\underline{l}_{i2}$ 为参数 l_{i1}、l_{i2} 的上下界。

进而，参数自适应律改写为

$$\dot{l}_{i1} = \mathrm{Proj}(l_{i1},\ \rho_i \|\boldsymbol{\omega}\|\ \|\boldsymbol{\sigma}\|)$$
$$\dot{l}_{i2} = \mathrm{Proj}(l_{i2},\ \varepsilon\rho_i \|\boldsymbol{\omega}\|\ \|\boldsymbol{\sigma}\|/2) \tag{7.161}$$

其中，$\mathrm{Proj}(a,\ b)$ 为

$$\mathrm{Proj}(a,\ b) = \begin{cases} 0, & a = \underline{a},\ b < 0 \\ 0, & a = \bar{a},\ b > 0 \\ b, & \text{其他} \end{cases} \tag{7.162}$$

式中，$\bar{a}$ 和 $\underline{a}$ 表示 a 的上下界。

2）当 $\sigma = 0$ 时

李雅普诺夫函数选为

$$V_{\mathrm{L}} = \varsigma_i^{\mathrm{T}} \boldsymbol{P} \varsigma_i \tag{7.163}$$

依据式(7.148)，可得

$$\dot{V}_{\mathrm{L}} \leqslant -\varsigma_i^{\mathrm{T}} \boldsymbol{Q} \varsigma_i / |\sigma_i|^{\frac{1}{2}} \tag{7.164}$$

由于 $\varsigma_{i1} = |\sigma_i|^{1/2}\mathrm{sgn}(\sigma_i)$，当 σ_i 处于 $S = \{(\sigma_i,\ y_i) \in \mathbf{R}^2 \mid \sigma_i = 0\}$ 中时，V_{L} 的导数不存在，故不满足条件(7.164)。但 V_{L} 仍然可以作为李雅普诺夫函数，前提是它沿着系统轨线单调递减，并收敛到零。同样的思路详见 Zubov 定理(参考文献[15]第 568 页，定理 20.2)。如果能表明 $V_{\mathrm{L}}(\varphi(t,\ \sigma_0))$ 是关于时间的绝对连续函数，当且仅当 $\dot{V}_{\mathrm{L}}$ 几乎处处负定时，$V(\varphi(t,\ \sigma_0))$ 为单调递减函数(见参考文献[16]第 207 页)。这里注意到 $V_{\mathrm{L}}(\varphi(t,\ \sigma_0)) = V_{\mathrm{L}} \circ \varphi(t,\ \sigma_0)$ 是由 σ 的绝对连续函数 $V_{\mathrm{L}}(\sigma)$ 与 $\varphi(t,\ \sigma_0)$ 组成的。$\varphi(t,\ \sigma_0)$ 定义为微分包含式(7.135)的一个解，它也是关于时间的绝对连续函数。然而，两个绝对连续函数的组合通常不是绝对连续函数(见参考文献[17]第 391 页)。由于两个绝对连续函数的加法和乘法通常是绝对连续函数，如果 h 满足 Lipschitz 或 g 满足单调，则可以保证两个(标量)绝对连续函数的组合 $h \circ g$ 是绝对连续函数。由于当 $\sigma_i = 0$ 时，$|\sigma_i|^{1/2}\mathrm{sign}(\sigma_i)$ 不满足 Lipschitz 条件，保证 $V(\varphi(t,\ \sigma_0))$ 的绝对连续性将取

决于 $|\sigma_i|^{1/2}\text{sign}(\sigma_i)$。$\varphi_1(t,\sigma_0)=|\varphi_1(t,\sigma_0)|^{\frac{1}{2}}\text{sign}(\varphi_1(t,\sigma_0))$。然而，当 $\varphi_1(t,\sigma_0)$ 穿过 $\varphi_1(t,\sigma_0)=0$ 时，它满足单调性的条件。这点证明了 $V_L(\varphi(t,\sigma_0))$ 是关于时间 t 的绝对连续函数，因此它的导数几乎处处有定义，见式 (7.164) 中 $\dot{V}_L=-\varsigma_i^T\boldsymbol{Q}\varsigma_i/|\sigma_i|^{\frac{1}{2}}$。

为了证明 $\varphi_1(t,\sigma_0)$ 过零时是单调的。假设当 $\varphi_1(t,\sigma_0)$ 过零时，在 $t=\tau$ 时刻，$\varphi_2(\tau,\sigma_0)\neq 0$。然后，基于微分包含 $\dot{\sigma}\in -l_{i1}|\sigma_i|^{1/2}\text{sign}(\sigma_i)+y_i$，可得在包含 τ 的时间间隔内，$\varphi_1(t,\sigma_0)$ 是单调递减或递增的。如果当 $\varphi_1(t,\sigma_0)$ 过零时，$\varphi_2(\tau,\sigma_0)=0$，则 $\varphi_1(t,\sigma_0)$ 保持为零。在上述分析中 $V_L(\varphi(t,\sigma_0))$ 都是绝对连续函数。

由于 $V_L(\varphi(t,\sigma_0))$ 是绝对连续函数，并且 $\dot{V}_L$ 几乎处处负定，可得 $V_L(\varphi(t,\sigma_0))$ 为单调递减函数(见参考文献[16]第 207 页)。此外，结合 $\lambda_{\min}\{\boldsymbol{P}\}\|\varsigma\|^2\leqslant V_L(\sigma_i)\leqslant\lambda_{\max}\{\boldsymbol{P}\}\|\varsigma\|^2$ 和 $|\sigma_i|^{1/2}\leqslant\|\varsigma\|\leqslant\lambda_{\min}^{1/2}\{\boldsymbol{P}\}V^{1/2}(\sigma_i)$，可得 $\dot{V}_L(\varphi(t,\sigma_0))\leqslant -\dfrac{\lambda_{\min}^{1/2}\{\boldsymbol{P}\}\lambda_{\min}\{\boldsymbol{Q}\}}{\lambda_{\max}\{\boldsymbol{P}\}}V_L^{1/2}(\varphi(t,\sigma_0))$。由于绝对连续函数是其导数的积分，可得

$$
\begin{aligned}
V_L(\varphi(t,\sigma_0))-V_L(\varphi(0,\sigma_0))&=\int_0^t\dot{V}_L(\varphi(\tau,\sigma_0))\mathrm{d}\tau\\
&\leqslant-\frac{\lambda_{\min}^{1/2}\{\boldsymbol{P}\}\lambda_{\min}\{\boldsymbol{Q}\}}{\lambda_{\max}\{\boldsymbol{P}\}}\int_0^t V_L^{1/2}(\varphi(\tau,\sigma_0))\mathrm{d}\tau
\end{aligned}
\tag{7.165}
$$

基于 Bihari's 不等式(见参考文献[15]第 509 页)，可得 $V_L(\varphi(t,\sigma_0))\leqslant(V_L^{1/2}(\sigma_0)-(\kappa/2)t)^2$，其中 $\kappa=\dfrac{\lambda_{\min}^{1/2}\{\boldsymbol{P}\}\lambda_{\min}\{\boldsymbol{Q}\}}{\lambda_{\max}\{\boldsymbol{P}\}}$。最终，$V_L(\varphi(t,\sigma_0))$ 和 $\varphi(t,\sigma_0)$ 能收敛到 0。

由于 $\boldsymbol{D}_f$ 能用 $\boldsymbol{\nu}$ 准确估计，基于此，补偿控制律为 $\boldsymbol{v}_1=-\boldsymbol{G}_f^{-1}\hat{\boldsymbol{D}}_f$。最终，姿态快回路总控制器为

$$
\begin{aligned}
\boldsymbol{\tau}_{c0}&=-\boldsymbol{G}_f^{-1}(\boldsymbol{F}_f-\dot{\boldsymbol{\omega}}^d+a_2\boldsymbol{e}_f+b_2\boldsymbol{e}_f^{q_2/p_2}+k_f\cdot\boldsymbol{s}_f)+\boldsymbol{G}_f^{-1}\cdot\boldsymbol{F}_f(\boldsymbol{\omega}_{aw})+\boldsymbol{h}(\boldsymbol{\omega}_{aw})\\
&=-\boldsymbol{G}_f^{-1}(\boldsymbol{F}_f-\dot{\boldsymbol{\omega}}_c+a_2\boldsymbol{e}_f+b_2\boldsymbol{e}_f^{q_2/p_2}+k_f\boldsymbol{s}_f)+\boldsymbol{G}_f^{-1}\cdot\boldsymbol{F}_f(\boldsymbol{\omega}_{aw})\\
&\quad+\boldsymbol{h}(\boldsymbol{\omega}_{aw})-\boldsymbol{G}_f^{-1}\hat{\boldsymbol{D}}_f\\
&=\bar{\boldsymbol{\tau}}_c+\boldsymbol{\nu}_2+\boldsymbol{v}_1
\end{aligned}
\tag{7.166}
$$

式中，$\bar{\boldsymbol{\tau}}_c$ 代表终端滑模控制器在未考虑执行器饱和系统不确定情况下的输出；

k_f 为控制器的设计参数；$\boldsymbol{v}_2$ 为抗饱和系统的补偿量；$\boldsymbol{v}_1$ 是基于改进滑模干扰观测器提供的信息而对系统故障及外部扰动的补偿控制量。

7.3.6 仿真验证

本小节通过数值仿真试验,验证本节所设计的抗饱和容错姿态控制器的有效性。

1. 仿真参数选择

高超声速飞行器仿真初始条件选择为：初始速度 $V(0)=3$ km/s；初始高度 $h(0)=30$ km；初始飞行器质量 $m(0)=136\,820$ kg；初始位置 $x(0)=y(0)=1$ km；初始姿态角向量 $\boldsymbol{\Omega}(0)=[1\quad 2.5\quad 3]^{\mathrm{T}}(^\circ)$；初始姿态角度 $\boldsymbol{\omega}(0)=[0\quad 0\quad 0]^{\mathrm{T}}$rad/s；姿态快、慢回路受到的扰动 $d_{s1}=0.005\cdot(\sin(t)+1)$rad/s，$d_{s2}=0.005\cdot(\cos(t)+1)$rad/s，$d_{s3}=0.01\cdot\sin(t+1)$rad/s，$d_{f1}=200\,000\sin(4t+0.2)$N·m，$d_{f2}=400\,000\sin(11t-0.6)$N·m，$d_{f3}=400\,000\sin(5t+0.2)$N·m。

控制器中的设计参数如下：慢回路 $a_1=2$，$b_1=2$，$q_1=7$，$p_1=9$；快回路 $a_2=1$，$b_2=3$，$q_2=7$，$p_2=9$，$k_f=\mathrm{diag}(10,10,10)$，$\boldsymbol{P}_{aw}=\begin{bmatrix}10^4 & 0 & 0\\ 0 & 10^4 & 0\\ 0 & 0 & 1\end{bmatrix}$。

改进的滑模控制观测参数：$\delta_1=\delta_3=0.045$，$\delta_2=0.05$，$l_{i1}=l_{i2}=1$，$\lambda=0.1$。

2. 仿真方案设计

设置如下期望姿态角作为模型的输出参考信号：

$$\boldsymbol{\Omega}^{\mathrm{d}}=\begin{cases}[5\quad 0\quad 0]^{\mathrm{T}}(^\circ), & 1\ \mathrm{s}\leqslant t\leqslant 4\ \mathrm{s}\\ [11\quad 0\quad 0]^{\mathrm{T}}(^\circ), & 4\ \mathrm{s}<t\leqslant 15\ \mathrm{s}\end{cases}\tag{7.167}$$

这里设计以下两组仿真方案。

1）仿真 A

不考虑舵面偏转故障,舵面偏转限幅约束为 $\delta_i^{\min}=-25^\circ$，$\delta_i^{\max}=25^\circ$。

2）仿真 B

考虑舵面的部分失效故障,设置执行器部分失效效率因子为 $\lambda=\mathrm{diag}\{-0.3\quad -0.4\quad -0.2\}^{\mathrm{T}}$。故障下,舵面偏转幅度限制设置为 $\delta_i^{\min}=-20^\circ$，$\delta_i^{\max}=20^\circ$。

3. 仿真结果及分析

1）仿真 A

仿真结果如图 7.38~图 7.40 所示。图 7.38 给出了姿态角的跟踪响应,其中 α^{d}、β^{d}、σ^{d} 分别为期望的姿态角指令,p^{d}、q^{d}、r^{d} 代表的是期望的姿态角速率指

令。α_{AW}、β_{AW}、σ_{AW} 为加入抗饱和器的姿态角响应曲线，而 α_{NAW}、β_{NAW}、σ_{NAW} 为未加入抗饱和补偿器的姿态角响应曲线。对比结果表明，控制系统若无抗饱和补偿器补偿输入受限带来的信号损失，其控制效果不佳，不能满足高精度控制的需求。

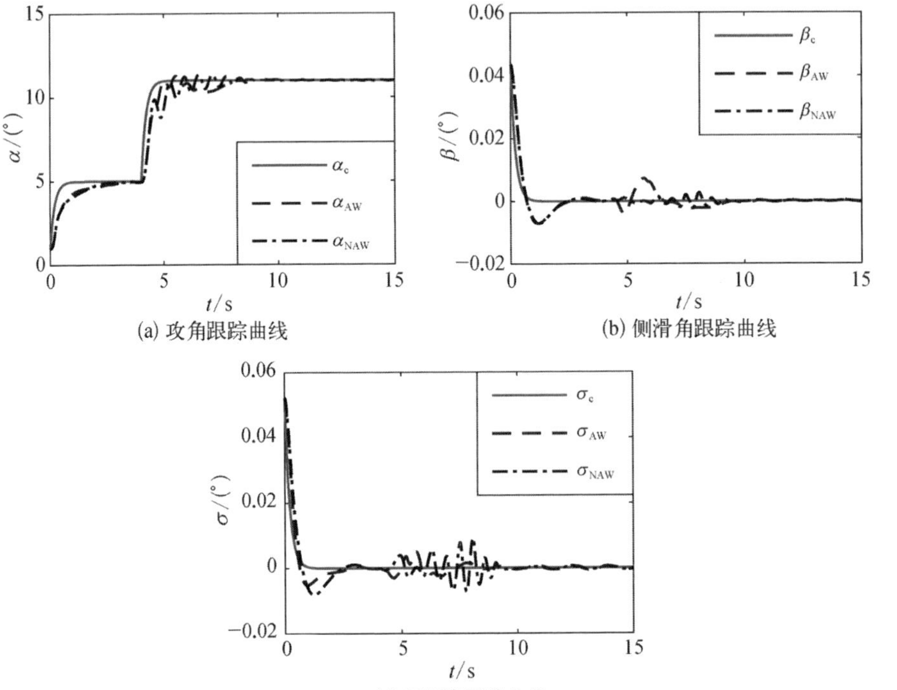

(a) 攻角跟踪曲线　(b) 侧滑角跟踪曲线

(c) 倾侧角跟踪曲线

图 7.38　高超声速飞行器姿态角跟踪图(仿真 A)

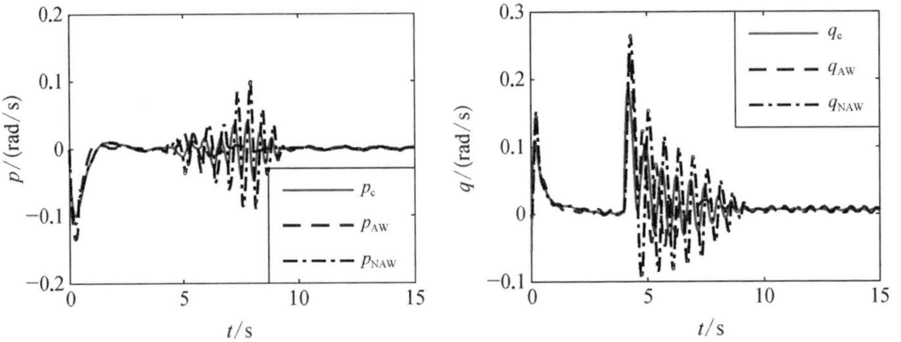

(a) 滚转角速率跟踪曲线　(b) 俯仰角速率跟踪曲线

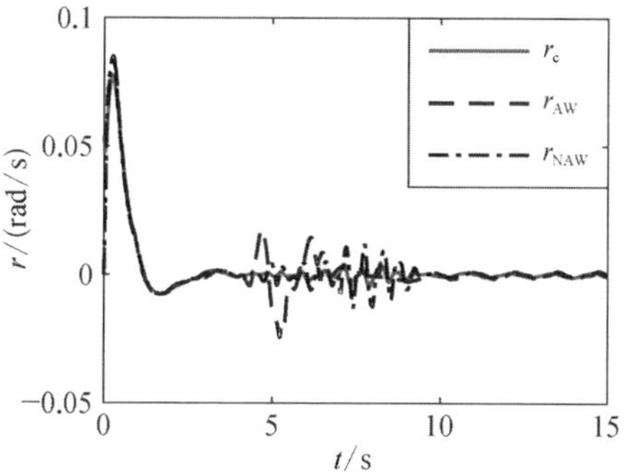

(c) 偏航角速率跟踪曲线

图 7.39 高超声速飞行器姿态角速率跟踪图(仿真 A)

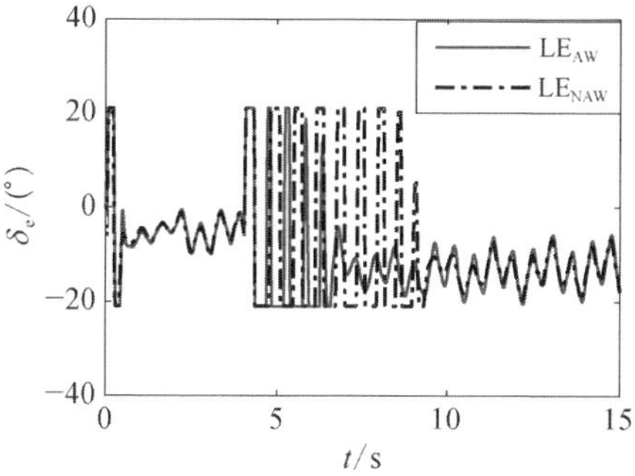

(a) 左升降舵偏转

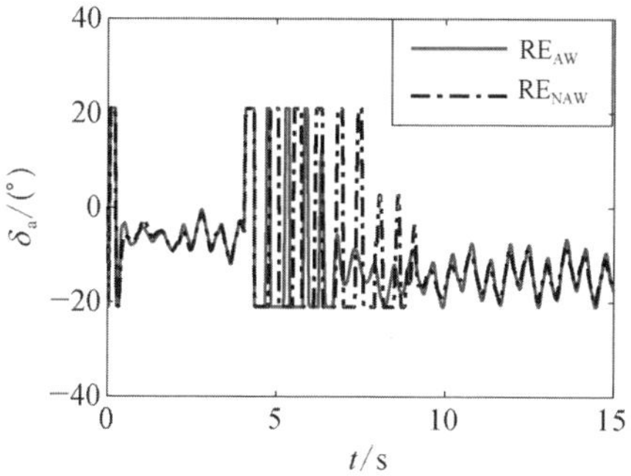

(b) 右升降舵偏转

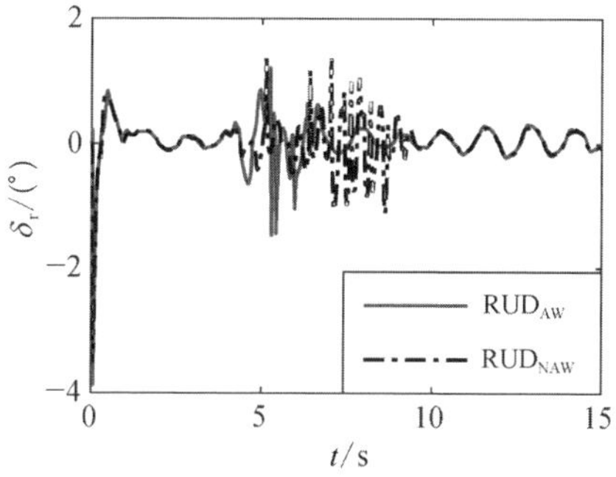

(c) 方向舵偏转

图 7.40 高超声速飞行器舵面偏转角情况(仿真 A)

2）仿真 B

仿真结果如图 7.41～图 7.43 所示。舵面偏转故障导致的控制信号损失越多，则飞控系统的性能下降越明显。例如，图 7.41 中的 σ_{NAW} 响应曲线在发生故障后出现较明显的振荡。而根据图 7.43，由于存在最大偏转幅度的限制，舵面的偏转达到了饱和，导致姿态角和姿态角速率的跟踪控制情况进一步恶化。而抗饱和补偿器的引入，将会调整个控制系统的输出，避免出现舵面偏转角长时间处于边界值，引起舵面偏转饱和的现象，保障飞行器能够平稳快速地跟踪期望的控制指令。以图 7.43 中左升降的响应情况为例，故障引起的控制舵面有效偏转范围越小，控制舵面的振荡幅度越大。而对比可知，加入抗饱和补偿器后的左升降舵偏转角 LE_{AW} 明显平滑于不存在抗饱和补偿的左升降舵偏转角 LE_{NAW}，显著改善了飞行器舵面的偏转变化情况和飞行器对姿态角与姿态角速率的跟踪效果。并且，根据图 7.41 和图 7.42，系统能够改善控制量与执行器之间不匹配的情况，抑制控制器性能的退化，尤其是对出现故障的情况。基于上述分析，可以证明本章提出的方法能够改善容错控制器在出现执行器偏转饱和时的控制性能。

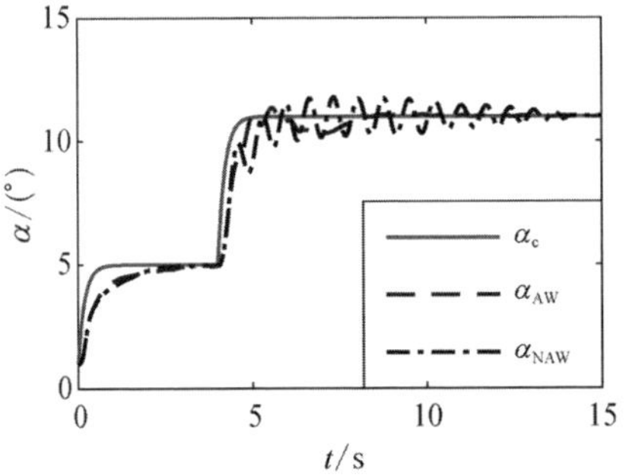

(a) 攻角跟踪曲线

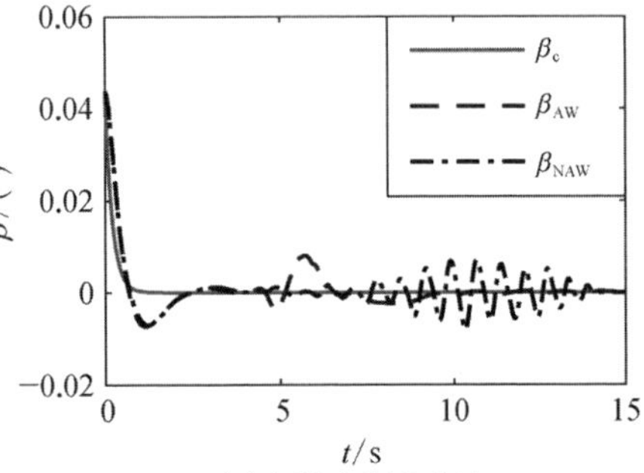

(b) 侧滑角跟踪曲线

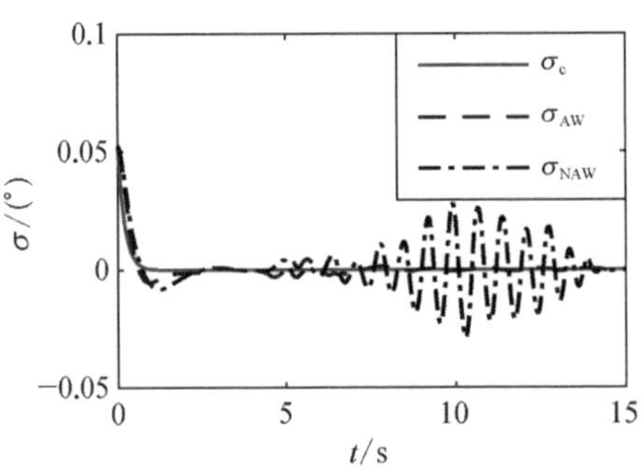

(c) 倾侧角跟踪曲线

图 7.41　高超声速飞行器姿态角跟踪图（仿真 B）

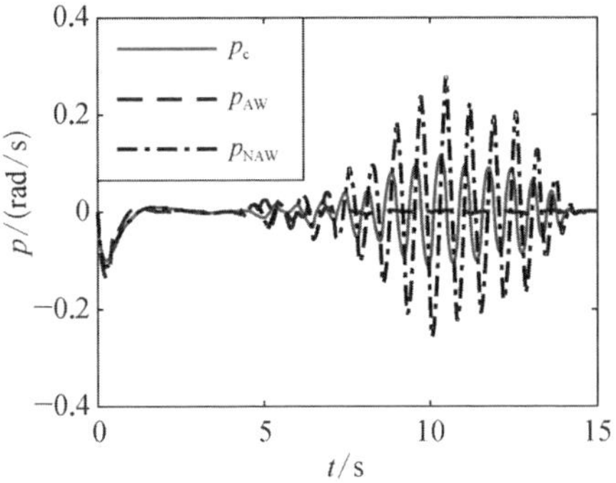

(a) 滚转角速率跟踪曲线

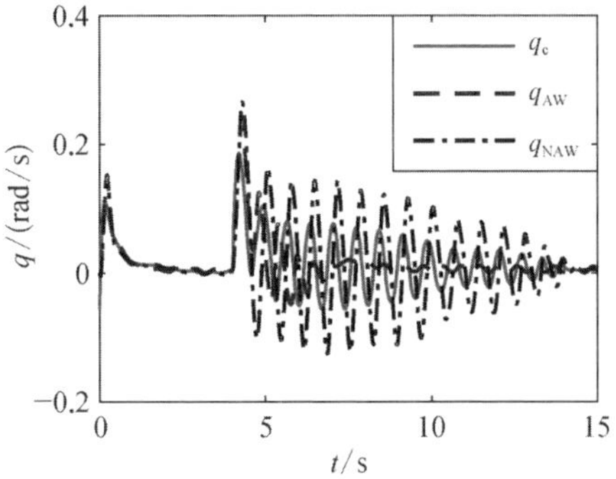

(b) 俯仰角速率跟踪曲线

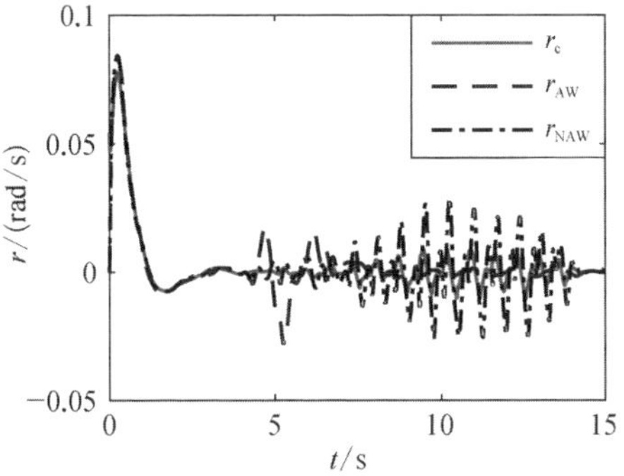

(c) 偏航角速率跟踪曲线

图 7.42　高超声速飞行器姿态角速率跟踪图(仿真 B)

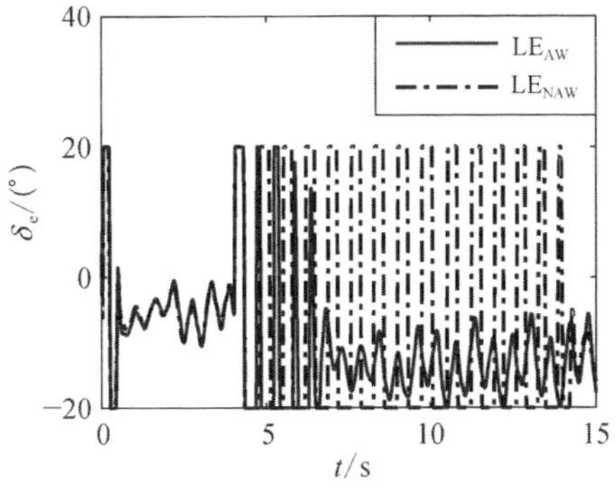

(a) 左升降舵偏转

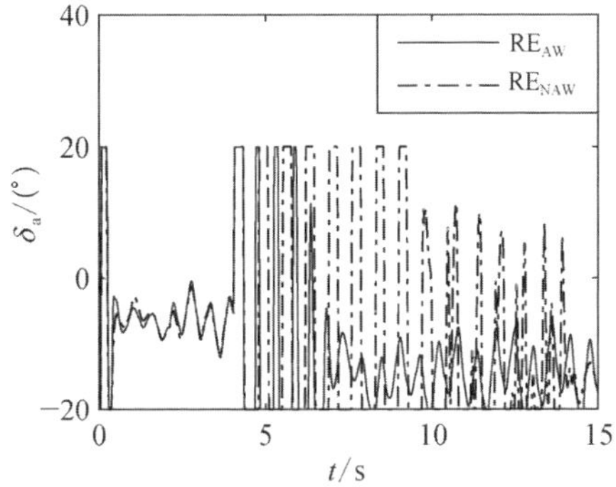

(b) 右升降舵偏转

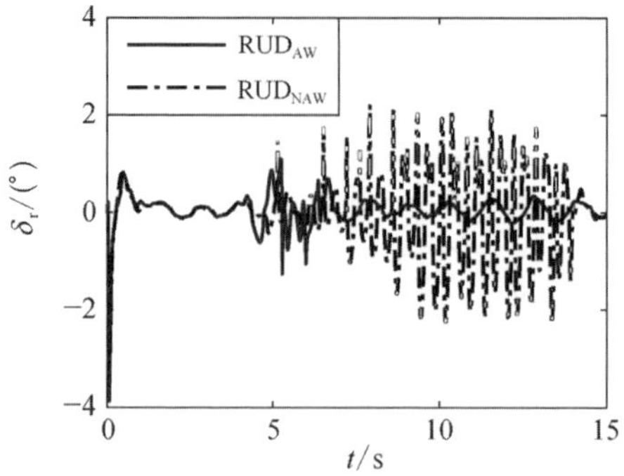

(c) 方向舵偏转

图 7.43　高超声速飞行器舵面偏转角情况(仿真 B)

7.4　本章小结

本章针对高超声速飞行器再入段由于大气密度低和故障导致的气动舵面控制效力不足的问题,设计了一种气动舵面与 RCS 融合的控制方法,实现了良好的高超姿态跟踪控制效果,具有良好的容错与抗干扰能力。此外,针对高超飞行过程中出现的舵面偏转饱和现象,设计了外部抗饱和系统,实现了高超姿态系统的抗饱和容错控制。

参考文献

[1] Doman D, Gamble B, Ngo A. Control allocation of reaction control jets and aerodynamic surfaces for entry vehicles[C]. AIAA Guidance, Navigation, and Control Conference and Exhibit, Hilton Head, 2007: 6778.

[2] Doman D B, Gamble B J, Ngo A D. Quantized control allocation of reaction control jets and aerodynamic control surfaces[J]. Journal of Guidance, Control, and Dynamics, 2009, 32(1): 13-24.

[3] Krstic M, Kanellakopoulos I, Kokotović P. Nonlinear and Adaptive Control Design[M]. New York: John Wiley and Sons, 1995.

[4] Popov V M. Hyperstability of control systems[J]. Journal of Dynamic Systems Measurement & Control, 1974, 96(3): 372.

[5] Oppenheimer M W, Doman D B. Methods for compensating for control allocator and actuator interactions[J]. Journal of Guidance, Control, and Dynamics, 2004, 27(5): 922-927.

[6] Xu D, Jiang B, Liu H. Fast robust asymptotic fault accommodation for reentry near space vehicles [C]. AIAA Guidance, Navigation, and Control Conference, Minneapolls,

2012: 4451.

[7] Liberzon D. Hybrid feedback stabilization of systems with quantized signals[J]. Automatica, 2003, 39(9): 1543-1554.

[8] LEE C C. Fuzzy logic in control systems: fuzzy logic controller. I[J]. IEEE Transactions on Systems, Man, and Cybernetics, 1990, 20(2): 404-418.

[9] Gray R M, Neuhoff D L. Quantization[J]. IEEE Transactions on Information Theory, 1998, 44(6): 2325-2383.

[10] Zhong P J, Teng F L. Quantized nonlinear control—a survey[J]. Acta Automatica Sinica, 2013, 39(11): 1820-1830.

[11] Weston P F, Postlethwaite I. Linear conditioning for systems containing saturating actuators [J]. Automatica, 2000, 36(9): 1347-1354.

[12] Zhang Y, Ma G F, Guo Y N, et al. A multi power reaching law of sliding mode control design and analysis[J]. Acta Automatica Sinica, 2016, 42(3): 466-472.

[13] Zhang H X, Fan J S, Meng F, et al. A new double power reaching law for sliding mode control[J]. Control and Decision, 2013, 28(2): 289-293.

[14] Picó J, Picó-Marco E, Vignoni A, et al. Stability preserving maps for finite-time convergence: Super-twisting sliding-mode algorithm [J]. Automatica, 2013, 49(2): 534-539.

[15] Poznyak A. Advanced mathematical tools for control engineers: volume 1: deterministic techniques[M]. Amsterdam: Elsevier, 2008.

[16] Bacciotti A, Rosier L. liapunov functions and stability in control theory[M]. Berlin: Springer Science & Business Media, 2005.

[17] Bogachev V I. Measure theory[M]. Berlin: Springer Science & Business Media, 2007.

第 8 章

高超声速飞行器直接力/气动力复合容错控制

本章考虑发生发动机推力损失故障的高超声速飞行器,针对直接力、气动力复合容错控制问题,设计一种基于自适应滑模的容错控制策略,以在故障情况下实现俯仰通道状态跟踪的同时,保证机体横侧向的稳定。

本章着重研究飞行器直接力、气动力复合控制的问题。近些年,许多学者对高超声速飞行器的容错控制,尤其对简化的纵向模型的控制开展了卓有成效的研究工作。Sun 等将飞行器纵向模型分为速度子系统和高度子系统并基于障碍李雅普诺夫函数和辅助系统,分别为速度子系统和高度子系统设计了两种自适应容错控制器,在解决了输入饱和问题的同时实现了对飞行器状态的约束[1]。Zhou 等进行了自适应滑模容错控制方法的研究,解决了飞行器执行机构失效的故障问题[2]。Jiang 等讨论了离散时间系统的故障估计和调节问题[3]。一种多约束下的降阶故障估计观测器实现了对离散时间 T-S 模糊模型中执行器故障的估计,并且利用在线的估计信息,设计基于模糊的动态输出反馈补偿故障的影响。但是,已有的大部分方法进行的容错控制是对舵面故障进行故障模式分析、补偿设计,利用舵面提供的气动力、气动力矩进行控制器设计,未充分发挥飞行器直接力的作用,在飞行器处于低动压或者需要快速响应等状态下时可能无法满足需求;此外,他们的设计只基于纵向通道,在实际应用中有一定局限性。实际上,当舵面或发动机发生了故障需要利用剩余健康舵面或发动机对纵向通道进行补偿控制时,势必会打破横侧向的平衡,而横侧向对平衡的需求有明确的实际物理意义,也是对俯仰通道可以独立进行设计的前提。

本章以上升末段的高超声速飞行器为研究对象,在俯仰通道控制模型的基础上考虑发动机推力损失的故障,基于直接力与气动力复合控制的思路设计容错控制器实现对给定速度、高度的跟踪。同时,在设计具体控制输入时,综合考虑故障带来的影响,在横侧向设计相应的补偿,实现姿态角误差的渐近稳定,保证俯仰通道独立设计的有效性。

本章的内容安排如下: 8.1 节对本章所研究对象的模型进行介绍;8.2 节采用输入输出线性化的方法对纵向控制模型进行处理,对拟研究的发动机故障进行初步分析;8.3 节进行总体控制方案的设计,包括对纵向通道的容错控制及横侧向的补偿设计等;8.4 节对提出的复合容错控制策略进行仿真验证;8.5 节是本章小结。

8.1　带矢量发动机的高超声速飞行器模型

高超声速飞行器的运动模型主要采用文献[4]的研究结果。该飞行器具有三角形机翼、单垂直尾翼、可独立工作的左右升降副翼和可收缩水平鸭翼。主发动机系统为具有推力矢量控制的变推力组合发动机系统,即在超声速飞行阶段采用吸气式发动机,以液态氢为燃料,在高超声速阶段采用火箭发动机[5]。飞行器摆动发动机的安装示意及两视图分别如图 8.1 和图 8.2 所示。图中,X_b、Y_b、Z_b 表示飞行器机体坐标系的轴线,四台 X 形安装的摆动发动机如图 8.1中标号 1、2、3、4 所示,它们可分别沿图中点划线圆的切线方向摆动,发动机在机身的位置如图 8.2 所示两视图上的标注。鸭翼主要用于高超声速飞行器再入大气层的亚声速阶段,不失一般性,本节着重研究飞行器在上升飞行末段时的控制,因此水平鸭翼的控制效果将不予考虑[6],且发动机只工作在单一模态下,不涉及发动机工作模态的切换。

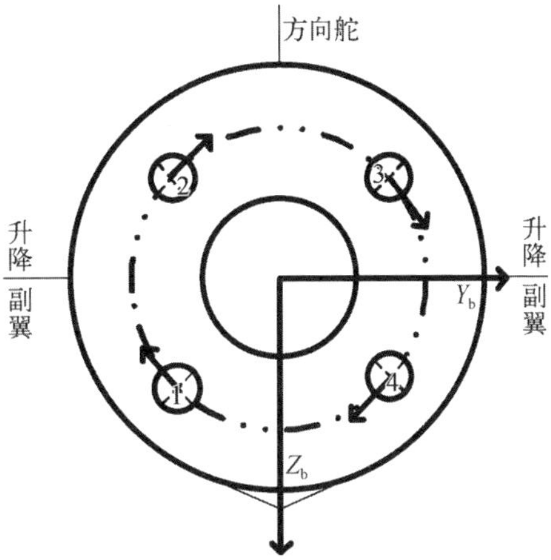

图 8.1　后视图及摆动发动机位置示意图

对于滚转通道稳定的飞行器,如果在飞行过程中攻角和侧滑角很小,那么可以得出通道之间的相互耦合作用有界[7],在上升末段零侧滑及零倾侧的情况下,对文献[3]中的控制模型进行合理简化,得到俯仰通道的控制模型:

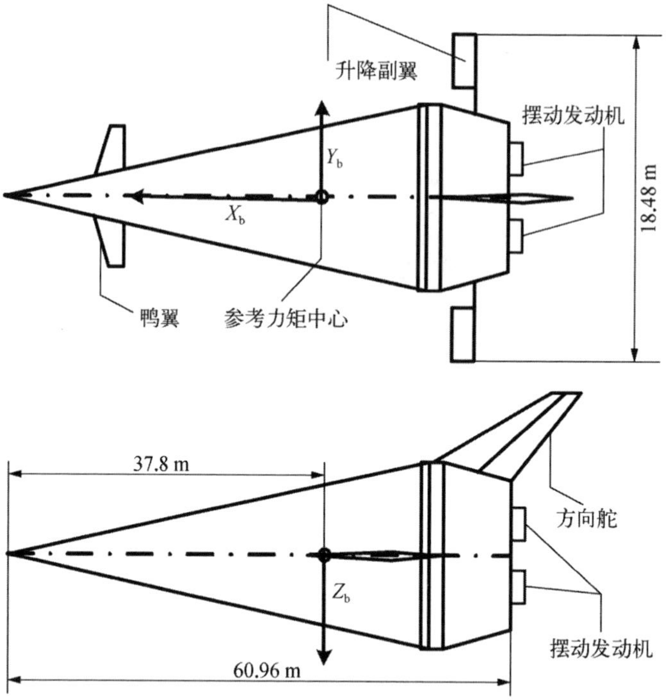

图 8.2　飞行器俯视图及侧视图

$$
\begin{aligned}
\dot{V} &= \frac{T_x\cos\alpha - D}{m} - \frac{\mu_0\sin\gamma}{r^2} \\
\dot{\gamma} &= \frac{L + T_x\sin\alpha}{mV} - \frac{(\mu_0 - V^2 r)\cos\gamma}{Vr^2} \\
\dot{h} &= V\sin\gamma \\
\dot{\alpha} &= q - \dot{\gamma} \\
\dot{q} &= \frac{M_{yy}}{I_{yy}}
\end{aligned}
\tag{8.1}
$$

式中，状态 V、γ、h、α、q 分别表示飞行器的速度、航迹倾斜角、高度、攻角以及机体坐标系下的俯仰角速度分量，μ_0 为引力常数，r 为飞行器与地心距离。

在方程组(8.1)中的阻力、升力计算如下：$D=\bar{q}SC_D$，$L=\bar{q}SC_L$。$\bar{q}=0.5\rho V^2$ 为动压；T_x 为机体 x 轴方向的推力：

$$
T_x = T\sum_{i=1}^{4}\cos\delta_i \tag{8.2}
$$

摆动角满足 $-15° \leqslant \delta_i \leqslant 15°$；主发动机推力 $T=\bar{q}SC_{\mathrm{T}}$，推力系数 C_{T} 是油门开度 β_{T} 的线性函数，$C_{\mathrm{T}}=f(\beta_{\mathrm{T}})$；对于吸气式发动机，其模型可由一个二阶的方程表示[8]：

$$\ddot{\beta}_{\mathrm{T}}=-2\xi_{\mathrm{n}}\omega_{\mathrm{n}}\dot{\beta}_{\mathrm{T}}-\omega_{\mathrm{n}}^2\beta_{\mathrm{T}}+\omega_{\mathrm{n}}^2\beta_{\mathrm{Tc}} \tag{8.3}$$

式中，ξ_{n}、ω_{n} 分别为发动机的阻尼比和自然频率。

控制力矩 $M_{yy}=M_{\mathrm{a}}+M_{\mathrm{T}}$，由以下两部分组成。

一部分是气动力矩：

$$M_{\mathrm{a}}=\bar{q}cSC_{\mathrm{m}}-X_{\mathrm{cg}}Z \tag{8.4}$$

式中，$C_{\mathrm{m}}=f(\delta_{\mathrm{e}},\alpha)$，将 δ_{e} 设为左右升降副翼的等效舵偏[9]，即 $\delta_{\mathrm{e}}=\delta_{\mathrm{e1}}+\delta_{\mathrm{e2}}$，具体的独立偏转角度将结合横侧向动态设计；式(8.4)中 X_{cg} 为飞行器质心与参考力矩中心的距离；$Z=-D\sin\alpha-L\cos\alpha$。

另一部分是发动机推力提供的控制力矩：

$$M_{\mathrm{T}}=T_z(X_{\mathrm{t}}-X_{\mathrm{m}}) \tag{8.5}$$

式中，X_{t}、X_{m} 分别表示主发动机推力作用中心到机头的位置和飞行器的质心位置；T_z 为机体轴 z 轴方向的推力，且

$$T_z=\frac{\sqrt{2}}{2}T(\sin\delta_1+\sin\delta_2-\sin\delta_3-\sin\delta_4) \tag{8.6}$$

发动机的摆动角有一定幅度限制，必须满足 $-15° \leqslant \delta_i \leqslant 15°$[6]，因此对推力式进行一定简化：

$$T_x=4T \tag{8.7}$$

$$T_z=\frac{\sqrt{2}\pi}{360}T\delta_z \tag{8.8}$$

式中，$\delta_z=\delta_1+\delta_2-\delta_3-\delta_4$。

在以上给出的参数标称值中加入 Δ 表示不确定性：$m=m_0(1+\Delta m)$，$c=c_0(1+\Delta c)$，$I_{yy}=I_{yy0}(1+\Delta I_{yy})$，$S=S_0(1+\Delta S)$，$\rho=\rho_0(1+\Delta\rho)$，$\bar{q}=\bar{q}_0(1+\Delta\bar{q})$，$C_m=C_{m0}(1+\Delta C_m)$。

至此，俯仰通道的控制输入都已出现，它们是独立工作的升降副翼的等效舵偏 δ_{e}、发动机的油门开度 β_{T} 和作用于机体 z 轴的发动机摆动角 δ_z。其中，在俯

仰通道左右升降舵是叠加工作的关系，即

$$\delta_e = \delta_{e1} + \delta_{e2} \tag{8.9}$$

当左右升降副翼不平衡偏转或发动机摆动角未配置在理想状态时，将产生对机体横侧不期望的控制力矩，因此给出姿态侧滑角、倾侧角及偏航、滚转角速率的动态模型如下：

$$\begin{aligned}\dot{\beta} = & p\sin\alpha - r\cos\alpha + \frac{1}{mV}(Y\cos\beta + mg\cos\gamma\sin\mu \\ & - T_x\cos\alpha\sin\beta + T_y\cos\beta - T_z\sin\alpha\sin\beta)\end{aligned} \tag{8.10}$$

$$\begin{aligned}\dot{\mu} = & \sec\beta(p\cos\alpha + r\sin\alpha) + \frac{1}{mV}[L\tan\gamma\sin\mu + L\tan\beta - mg\cos\gamma\cos\mu\tan\beta \\ & + (T_x\sin\alpha - T_z\cos\alpha)(\tan\gamma\sin\mu + \tan\beta) - (T_x\cos\alpha + T_z\sin\alpha)\tan\gamma\cos\mu\tan\beta \\ & + (Y + T_y)\tan\gamma\cos\mu\cos\beta]\end{aligned} \tag{8.11}$$

$$I_{xx}\dot{p} = (I_q - I_r)qr + M_{xx} \tag{8.12}$$

$$I_{zz}\dot{r} = (I_p - I_q)pq + M_{zz} \tag{8.13}$$

模型中出现的变量可在文献[4]中找到详细说明。

8.2 模型预处理与故障分析

8.2.1 模型预处理

模型(8.1)中，速度 V 和高度 h 作为输出，它们与其他变量高度耦合、呈现出很强的非线性，为了在设计中尽可能保留这些相互关系而不是通过模型简化获取具有某种特性的方程，利用李导数分别对 V 和 h 求导，直到出现控制量 δ_e、β_T 和 δ_z，获得输入与输出的直接关系式[10]，以进行下一步设计。

假设 8.1 沿机体 x 轴的推力 T_x 的大小不受发动机摆动角的影响。

摆动角幅度满足 $-15° \leqslant \delta_i \leqslant 15°$，因此大多数情况下的摆动角余弦值 $\cos\delta_i \approx 1$。以下的分析设计均在假设 8.1 下进行，但在仿真验证时，仍取实际的工作状态，以验证控制算法的鲁棒性及假设的合理性。

定义 $\boldsymbol{Z} = [V \quad \gamma \quad \alpha \quad \beta_T \quad h]^T$

$$\begin{cases}\dot{V}=f_{\mathrm{v}}(\boldsymbol{Z})\\ \ddot{V}=\boldsymbol{\omega}_1\dot{\boldsymbol{Z}}\\ \dddot{V}=\boldsymbol{\omega}_1\ddot{\boldsymbol{Z}}+\dot{\boldsymbol{\omega}}_1\dot{\boldsymbol{Z}}=\boldsymbol{\omega}_1\ddot{\boldsymbol{Z}}+\dot{\boldsymbol{Z}}^{\mathrm{T}}\boldsymbol{\omega}_2\dot{\boldsymbol{Z}}\end{cases}\tag{8.14}$$

$$\begin{cases}\dot{h}=V\sin\gamma\\ \ddot{h}=\dot{V}\sin\gamma+V\dot{\gamma}\cos\gamma\\ \dddot{h}=\ddot{V}\sin\gamma+2\dot{V}\dot{\gamma}\cos\gamma+V\ddot{\gamma}\cos\gamma-V\dot{\gamma}^2\sin\gamma\\ h^{(4)}=\dddot{V}\sin\gamma+2(\ddot{V}\dot{\gamma}\cos\gamma+\dot{V}\ddot{\gamma}\cos\gamma-\dot{V}\dot{\gamma}^2\sin\gamma)\\ \qquad+\dot{V}\ddot{\gamma}\cos\gamma+V\dddot{\gamma}\cos\gamma-V\dot{\gamma}\ddot{\gamma}\sin\gamma-\dot{V}\dot{\gamma}^2\sin\gamma\\ \qquad-2V\ddot{\gamma}\dot{\gamma}\sin\gamma-V\dot{\gamma}^3\cos\gamma+\ddot{V}\dot{\gamma}\cos\gamma\end{cases}\tag{8.15}$$

其中，$\boldsymbol{\omega}_1$ 和 $\boldsymbol{\omega}_2$ 的表达式见附录。

注意到增广向量 $\boldsymbol{Z}$ 中 α 的两阶导数 $\ddot{\alpha}$：

$$\ddot{\alpha}=\dot{q}-\ddot{\gamma}=-\boldsymbol{\pi}_1\dot{\boldsymbol{Z}}+(M_{\mathrm{a}}+M_{\mathrm{T}})/I_{yy}\tag{8.16}$$

而

$$M_{\mathrm{a}}=\bar{q}cS(C_{\mathrm{m}}(\alpha,\ Ma)+C_{\mathrm{m},\,\delta_{\mathrm{e}}}\delta_{\mathrm{e}})-X_{\mathrm{cg}}Z\tag{8.17}$$

$$M_{\mathrm{T}}=\frac{\sqrt{2}\,\pi}{360}T(X_{\mathrm{t}}-X_{\mathrm{m}})\delta_z\tag{8.18}$$

因此，对增广向量 $\boldsymbol{Z}$ 中 α 的两阶导数 $\ddot{\alpha}$ 按有无控制量划分为两个部分，即 $\ddot{\alpha}=\alpha_0+\alpha_{\mathrm{u}}$。同理，将 $\ddot{\beta}_{\mathrm{T}}$ 写成二者之和的形式 $\ddot{\beta}_{\mathrm{T}}=\beta_0+\omega_{\mathrm{n}}^2\beta_{\mathrm{Tc}}$。

此时，可以将式(8.14)中速度 V 的高阶导数 $\dddot{V}$ 和式(8.15)中 $h^{(4)}$ 写成标准输入输出的形式：

$$\begin{cases}\dddot{V}=F_{\mathrm{v}}+\boldsymbol{G}_{\mathrm{v}}\boldsymbol{u}+d_{\mathrm{v}}\\ h^{(4)}=F_{\mathrm{h}}+\boldsymbol{G}_{\mathrm{h}}\boldsymbol{u}+d_{\mathrm{h}}\end{cases}\tag{8.19}$$

式中，$\boldsymbol{u}\in\mathbf{R}^{3\times1}$，为 $[\delta_{\mathrm{e}}\quad\beta_{\mathrm{Tc}}\quad\delta_{\mathrm{z}}]^{\mathrm{T}}$。

进一步，有

$$\begin{bmatrix}\dddot{V}\\ h^{(4)}\end{bmatrix}=\begin{bmatrix}F_{\mathrm{v}}\\ F_{\mathrm{h}}\end{bmatrix}+\boldsymbol{G}\boldsymbol{u}+\begin{bmatrix}d_{\mathrm{v}}\\ d_{\mathrm{h}}\end{bmatrix}\tag{8.20}$$

式中，$\boldsymbol{G}=[\boldsymbol{G}_{\mathrm{v}} \quad \boldsymbol{G}_{\mathrm{h}}]^{\mathrm{T}}$；$d_{\mathrm{v}}$、$d_{\mathrm{h}}$ 表示未建模动态或参数不确定等引起的附加干扰；F_{v}、F_{h} 等见附录。

8.2.2 故障分析

本章讨论的高超声速飞行器具有四台摆动发动机，每台发动机的摆动独立工作、互不影响，本小节研究某一台发生推力损失故障的情况。此种故障下，最直接且显著的影响就是沿机体 x 轴方向的推力 T_x 的损失，由式(8.2)可知，故障下将有

$$T_{x\mathrm{f}}=\lambda_i T\cos\delta_i+\sum_{j=1,\,j\neq i}^{4} T\cos\delta_j \tag{8.21}$$

式中，λ_i 表示编号为 i 发动机的推力损失因子，$\lambda_i=1$ 表示发动机处于健康状态，$\lambda_i=0$ 表示发动机处于完全失效。它将直接导致对速度的跟踪难以实现，同时由于状态间耦合，对俯仰姿态也有一定影响。其次，由于某发动机的推力损失，原本四台对称分布的发动机的合力方向将发生改变，这可能带来不期望的俯仰通道控制力矩与横侧向干扰力矩。例如，在 1 号发动机发生故障时，此时沿机体 z 轴的推力为

$$T_{z\mathrm{f}}=\frac{\sqrt{2}}{2}T(\lambda_1\sin\delta_1+\sin\delta_2-\sin\delta_3-\sin\delta_4) \tag{8.22}$$

因此，俯仰通道的容错控制需要满足：① 对推力损失的补偿；② 发动机的摆动角不产生额外力矩；③ 利用冗余舵面补偿俯仰通道容错控制对横侧向的影响。

8.3 控制方案设计

总体设计方案如下：针对 8.1 节所述的高超声速飞行器俯仰通道控制模型，以 8.2 节输入输出线性化后的式(8.20)为直接研究对象，在发生未知的发动机推力损失故障情况下，设计自适应的滑模控制器，实现飞行器高度、速度分别跟踪参考信号，同时在横侧向设计自适应反步控制器，保证飞行器整体的动态稳定。容错控制器结构框图如图 8.3 所示。

图 8.3 中，δ_y 是作用于机体 y 轴的发动机摆动角，它与 δ_z 将在 8.3.2 节具体讨论设计。

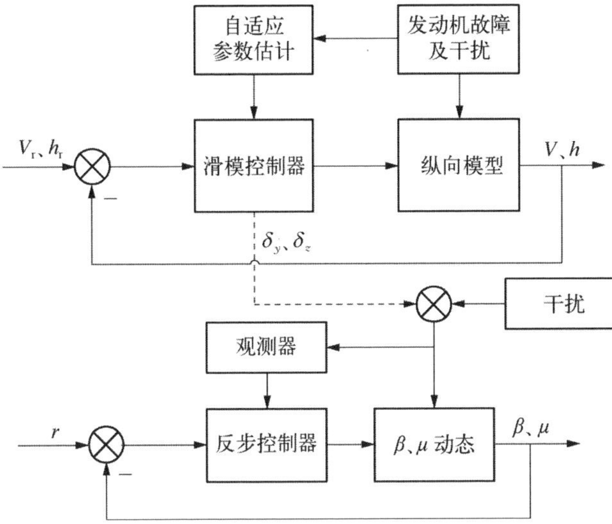

图 8.3　容错控制器结构框图

高度和速度参考模型由下式给出：

$$\begin{bmatrix} \dot{V}_r \\ \ddot{V}_r \\ \dddot{V}_r \end{bmatrix} = \boldsymbol{K}_v \begin{bmatrix} V_r - V_d \\ \dot{V}_r \\ \ddot{V}_r \end{bmatrix}, \quad \begin{bmatrix} \dot{h}_r \\ \ddot{h}_r \\ \dddot{h}_r \\ h_r^{(4)} \end{bmatrix} = \boldsymbol{K}_h \begin{bmatrix} h_r - h_d \\ \dot{h}_r \\ \ddot{h}_r \\ \dddot{h}_r \end{bmatrix} \tag{8.23}$$

式中，$\boldsymbol{K}_v \in \mathbf{R}^{3\times3}$、$K_h \in \mathbf{R}^{4\times4}$ 是 Hurwitz 矩阵；V_d、h_d 分别是期望的飞行器速度和高度，通过该参考模型，跟踪的参考信号可以渐近趋近于期望值，并且可以得到参考信号的各阶导数，从而实现状态的稳定过渡[11]。

8.3.1　俯仰通道容错控制设计

为了解决高超声速飞行器飞行过程发动机推力损失的问题，需要对故障的信息进行一定估计。同时，建模不确定、外部干扰等因素导致的未知因素也不可忽略，因此本小节将研究对故障和干扰的处理。

假设 8.2　发生故障的摆动发动机位置已知，即由机载故障诊断模块知道发生故障的发动机编号[12]，假设发动机 1 发生故障。

由发动机的推力模型可知，推力大小是与其油门开度呈线性相关的函数，在假设 8.1 的基础上，将编号为 1 的发动机的推力损失故障在俯仰通道转换为整

体的推力损失,失效因子 λ 满足关系:

$$\lambda = \frac{3 + \lambda_1}{4} \tag{8.24}$$

式中,λ_1 表示发动机 1 的失效因子,它在区间 [0, 1]。

此时,式(8.20)描述的俯仰通道的输入输出线性化方程在 1 号发动机发生故障下的表示如下:

$$\begin{bmatrix} \dddot{V} \\ h^{(4)} \end{bmatrix} = \begin{bmatrix} F_{\mathrm{v}} \\ F_{\mathrm{h}} \end{bmatrix} + \boldsymbol{G\Lambda u} + \begin{bmatrix} d_{\mathrm{v}} \\ d_{\mathrm{h}} \end{bmatrix}, \quad \boldsymbol{\Lambda} = \begin{bmatrix} 1 & & \\ & \lambda & \\ & & 1 \end{bmatrix} \tag{8.25}$$

式中,$\lambda \in [0.75, 1]$,满足 $\boldsymbol{\Lambda}$ 其逆一定存在。

设计系统在故障及干扰情况下的滑模量如下[13]:

$$s_{\mathrm{v}} = \left(\frac{\mathrm{d}}{\mathrm{d}t} + k_{\mathrm{v}}\right)^3 \int_0^t e_{\mathrm{v}} \mathrm{d}\tau, \quad e_{\mathrm{v}} = V - V_{\mathrm{r}} \tag{8.26}$$

$$s_{\mathrm{h}} = \left(\frac{\mathrm{d}}{\mathrm{d}t} + k_{\mathrm{h}}\right)^4 \int_0^t e_{\mathrm{h}} \mathrm{d}\tau, \quad e_{\mathrm{h}} = h - h_{\mathrm{r}} \tag{8.27}$$

式中,k_{v}、k_{h} 为正实数。

将式(8.26)和式(8.27)分别求导,即有

$$\dot{s}_{\mathrm{v}} = \ddot{e}_{\mathrm{v}} + 3k_{\mathrm{v}}\ddot{e}_{\mathrm{v}} + 3k_{\mathrm{v}}^2\dot{e}_{\mathrm{v}} + k_{\mathrm{v}}^3 e_{\mathrm{v}} \tag{8.28}$$

$$\dot{s}_{\mathrm{h}} = e_{\mathrm{h}}^{(4)} + 4k_{\mathrm{h}}\ddot{e}_{\mathrm{h}} + 6k_{\mathrm{h}}^2\ddot{e}_{\mathrm{h}} + 4k_{\mathrm{h}}^3\dot{e}_{\mathrm{h}} + k_{\mathrm{h}}^4 e_{\mathrm{h}} \tag{8.29}$$

将式(8.28)和式(8.29)写成向量形式并代入式(8.25)所示故障下的输入输出动态方程,可写成向量形式:

$$\dot{\boldsymbol{s}} = \boldsymbol{F} + \boldsymbol{G\Lambda u} + \boldsymbol{\phi} + \boldsymbol{d} \tag{8.30}$$

式中,$\boldsymbol{s} = [s_{\mathrm{v}} \quad s_{\mathrm{h}}]^{\mathrm{T}}$;$\boldsymbol{F} = [F_{\mathrm{v}} \quad F_{\mathrm{h}}]^{\mathrm{T}}$;$\boldsymbol{d} = [d_{\mathrm{v}} \quad d_{\mathrm{h}}]^{\mathrm{T}}$;$\boldsymbol{\phi} = \begin{bmatrix} -\dddot{V}_{\mathrm{r}} + 3k_{\mathrm{v}}\ddot{e}_{\mathrm{v}} + 3k_{\mathrm{v}}^2\dot{e}_{\mathrm{v}} + k_{\mathrm{v}}^3 e_{\mathrm{v}} \\ -h_{\mathrm{r}}^{(4)} + 4k_{\mathrm{h}}\ddot{e}_{\mathrm{h}} + 6k_{\mathrm{h}}^2\ddot{e}_{\mathrm{h}} + 4k_{\mathrm{h}}^3\dot{e}_{\mathrm{h}} + k_{\mathrm{h}}^4 e_{\mathrm{h}} \end{bmatrix}$。

基于上述分析的滑模变量动态,设计控制律:

$$\boldsymbol{u} = (\hat{\boldsymbol{\Lambda}}^{-1}\boldsymbol{G}^{-1})(-\boldsymbol{F} - \boldsymbol{\phi} - \boldsymbol{K}_1\boldsymbol{s} - \boldsymbol{K}_2\mathrm{sgn}(\boldsymbol{s}) - \hat{\boldsymbol{d}}) \tag{8.31}$$

控制系数矩阵 $\boldsymbol{G} \in \mathbf{R}^{2\times 3}$，因此 $\boldsymbol{G}^{-1}$ 由伪逆 $\boldsymbol{G}^{\#} = \boldsymbol{G}^{\mathrm{T}}(\boldsymbol{G}\boldsymbol{G}^{\mathrm{T}})^{-1}$ 代替[14]。同时，因为控制输入中只有油门开度 β_{Tc} 发生一定程度的失效，它对应输入向量中的第二个。注意到式(8.25)，$\boldsymbol{\Lambda}$ 作为对角矩阵，只需要估计其第二个元素 λ。而 λ 具有上界 $\bar{\lambda} = 1$，下界 $\underline{\lambda} = 0.75$，因此 $\hat{\boldsymbol{\Lambda}}$ 的可逆性由其元素 $\hat{\lambda}$ 估计时的投影保证，同时，$\boldsymbol{G}$ 的可逆性在文献[15]中有类似说明，这里不再赘述，它们保证了式(8.31)的实现。

$\boldsymbol{d}$ 和 λ 的估计更新律设计为

$$\dot{\hat{\boldsymbol{d}}} = \boldsymbol{\Gamma}_2 \boldsymbol{s} \tag{8.32}$$

$$\dot{\hat{\lambda}} = \boldsymbol{P}_{\hat{\lambda}}[\Gamma_{12}\boldsymbol{s}^{\mathrm{T}}\boldsymbol{G}_2 u_2] \tag{8.33}$$

式中，$\boldsymbol{\Gamma}_2$ 为正定对角矩阵；Γ_{12} 为正实数；$\boldsymbol{G}_2$ 为输入系数 $\boldsymbol{G}$ 矩阵的第二列元素；u_2 为控制输入 $\boldsymbol{u}$ 的第二个元素 β_{Tc}。$\boldsymbol{P}_{\hat{\lambda}}[\cdot]$ 表示 $\hat{\lambda}$ 投影在 $[\underline{\lambda}, \bar{\lambda}]$ 区间，且 $\hat{\lambda}$ 的投影算法设计如下[16]：

$$\dot{\hat{\lambda}} = \Gamma_{12}\boldsymbol{s}^{\mathrm{T}}\boldsymbol{G}_2 u_2 + f_{\lambda} \tag{8.34}$$

f_{λ} 如下定义：

$$f_{\lambda} = \begin{cases} 0, & \hat{\lambda} \in [\underline{\lambda}, \bar{\lambda}] \\ & \text{或 } \hat{\lambda} = \bar{\lambda},\ f_0 \leqslant 0 \\ & \text{或 } \hat{\lambda} = \underline{\lambda},\ f_0 \geqslant 0 \\ -f_0, & \hat{\lambda} = \bar{\lambda},\ f_0 > 0 \\ & \hat{\lambda} = \underline{\lambda},\ f_0 < 0 \end{cases} \tag{8.35}$$

式中，$f_0 = \Gamma_{12}\boldsymbol{s}^{\mathrm{T}}\boldsymbol{G}_2 u_2$。

本节的主要结果以如下定理的形式给出。

定理 8.1　考虑未知发动机推力损失故障和干扰的高超声速飞行器俯仰通道控制模型(8.25)，在假设 8.1 和 8.2 情况下，设计基于式(8.32)和式(8.33)自适应更新律的控制输入(8.31)，能够使状态跟踪误差 e_{v}、e_{h} 收敛到 0，且闭环系统是全局渐近稳定的。

证明 选取李雅普诺夫函数：

$$V = \frac{1}{2}(\boldsymbol{s}^{\mathrm{T}}\boldsymbol{s} + \Gamma_{12}^{-1}\tilde{\boldsymbol{\lambda}}\tilde{\boldsymbol{\lambda}} + \tilde{\boldsymbol{d}}^{\mathrm{T}}\boldsymbol{\Gamma}_{2}^{-1}\tilde{\boldsymbol{d}}) \tag{8.36}$$

式中，$\boldsymbol{s}$ 为积分滑模变量；$\tilde{\lambda}$、$\tilde{\boldsymbol{d}}$ 分别为失效因子矩阵和未知干扰的估计误差：$\tilde{\lambda} = \lambda - \hat{\lambda}$，$\tilde{\boldsymbol{d}} = \boldsymbol{d} - \hat{\boldsymbol{d}}$；$\Gamma_{12}$、$\boldsymbol{\Gamma}_2$ 如式(8.32)和式(8.33)定义。对式(8.36)求导，并代入式(8.31)等，有

$$\dot{V} = \boldsymbol{s}^{\mathrm{T}}\dot{\boldsymbol{s}} - \Gamma_{12}^{-1}\tilde{\lambda}\dot{\hat{\lambda}} - \tilde{\boldsymbol{d}}^{\mathrm{T}}\boldsymbol{\Gamma}_{2}^{-1}\dot{\hat{\boldsymbol{d}}} \tag{8.37}$$

在 $\dot{\boldsymbol{s}}$ 中代入控制律(8.31)、参数估计误差 $\tilde{\boldsymbol{\lambda}} = \lambda - \hat{\lambda}$、$\tilde{\boldsymbol{d}} = \boldsymbol{d} - \hat{\boldsymbol{d}}$ 等，式(8.37)简化为

$$\begin{aligned}\dot{V} = {} & \boldsymbol{s}^{\mathrm{T}}(-\boldsymbol{K}_1\boldsymbol{s} - \boldsymbol{K}_2\mathrm{sgn}(\boldsymbol{s}) + \tilde{\boldsymbol{d}} + \boldsymbol{G}_2\boldsymbol{u}_2\tilde{\lambda}) \\ & - \boldsymbol{\Gamma}_{12}^{-1}\tilde{\boldsymbol{\lambda}}\dot{\hat{\lambda}} - \tilde{\boldsymbol{d}}^{\mathrm{T}}\boldsymbol{\Gamma}_{2}^{-1}\dot{\hat{\boldsymbol{d}}}\end{aligned} \tag{8.38}$$

代入自适应更新律式(8.32)、式(8.33)，根据具体的参数投影算法[式(8.34)]分为如下两种情况。

(1) 当式(8.34)中 $f_\lambda = 0$ 时，式(8.38)简化为

$$\begin{aligned}\dot{V} \leqslant {} & \boldsymbol{s}^{\mathrm{T}}(-\boldsymbol{K}_1\boldsymbol{s} - \boldsymbol{K}_2\mathrm{sgn}(\boldsymbol{s}) + \tilde{\boldsymbol{d}} + \boldsymbol{G}_2\tilde{\lambda}\boldsymbol{u}_2) \\ & - \tilde{\lambda}\boldsymbol{s}^{\mathrm{T}}\boldsymbol{G}_2 u_2 - \tilde{\boldsymbol{d}}^{\mathrm{T}} s \\ \leqslant {} & -\rho\, \|\boldsymbol{s}\|_2^2\end{aligned} \tag{8.39}$$

式中，$\rho = \min(\mathrm{diag}(\boldsymbol{K}_1)) > 0$。

(2) 当式(8.34)中 $f_\lambda = -f_0$ 时，式(8.38)简化为

$$\begin{aligned}\dot{V} = {} & \boldsymbol{s}^{\mathrm{T}}(-\boldsymbol{K}_1\boldsymbol{s} - \boldsymbol{K}_2\mathrm{sgn}(\boldsymbol{s}) + \boldsymbol{G}_2 u_2\tilde{\lambda} + \tilde{\boldsymbol{d}}) \\ & - \boldsymbol{\Gamma}_{12}^{-1}\tilde{\lambda}\dot{\hat{\lambda}} - \tilde{\boldsymbol{d}}\boldsymbol{\Gamma}_{2}^{-1}\dot{\hat{\boldsymbol{d}}} \\ = {} & -\boldsymbol{K}_1\, \|\boldsymbol{s}\|_2^2 - \boldsymbol{K}_2\, \|\boldsymbol{s}\|_1 + \boldsymbol{s}^{\mathrm{T}}\boldsymbol{G}_2 u_2\tilde{\lambda} \\ = {} & -\boldsymbol{K}_1\, \|\boldsymbol{s}\|_2^2 - \boldsymbol{K}_2\, \|\boldsymbol{s}\|_1 + \Gamma_{12}^{-1} f_0\tilde{\lambda}\end{aligned} \tag{8.40}$$

因为有 $\lambda \in [\underline{\lambda}, \bar{\lambda}]$，所以当 $\hat{\lambda} = \underline{\lambda}$ 时，$\tilde{\lambda} = \lambda - \hat{\lambda} \geqslant 0$，而此时 $f_\lambda = -f_0$ 的前提是 $f_0 < 0$，因此 f_0 与 $\tilde{\boldsymbol{\lambda}}$ 异号。又因为 $\Gamma_{12}^{-1} > 0$，所以对于式(8.40)，有 $\dot{V} \leqslant$

$-\rho\|\boldsymbol{s}\|_2^2$。同理,当 $\hat{\lambda}=\bar{\lambda}$ 时,有同样的结论。因此,对于李雅普诺夫函数式(8.36),总有

$$\dot{V}\leqslant-\rho\|\boldsymbol{s}\|_2^2 \tag{8.41}$$

由 $\dot{V}\leqslant 0$ 可得 V 的有界性,未知参数的估计 $\hat{\lambda}$、$\hat{\boldsymbol{d}}$ 由式(8.36)、式(8.41)以及它们的真值可得其有界性。同时,根据式(8.31)可得控制输入的有界性。再由式(8.30)滑模变量的动态,得 $\dot{s}\in L_\infty$。由式(8.41)可得

$$\int_0^\infty\rho\|\boldsymbol{s}\|_2^2\mathrm{d}\tau\leqslant-\int_0^\infty\dot{V}\mathrm{d}\tau=V(0)-V(\infty)<\infty \tag{8.42}$$

因此,$\boldsymbol{s}\in L_2$。根据 Barbalat 引理[17],有滑模变量 $\boldsymbol{s}$ 渐近收敛:$\lim\limits_{t\to\infty}\boldsymbol{s}=0$。由式(8.26)和式(8.27)可得,$\lim\limits_{t\to\infty}e_{\mathrm{v}}=0$,$\lim\limits_{t\to\infty}e_{\mathrm{h}}=0$。从而,在存在未知故障和干扰时,所设计的控制方法在闭环系统所有状态有界下实现了跟踪误差的渐近收敛。至此,定理证明完毕。

为了减轻抖振,可以将控制律(8.31)中的符号函数 $\mathrm{sgn}(s)$ 用连续的饱和函数替代[18]。

8.3.2　发动机摆动角设计

在 8.3.1 节中,设计了升降副翼的等效偏转 δ_e,在无发动机故障情况下,发动机摆动角 $\delta_z=\delta_1+\delta_2-\delta_3-\delta_4$,但在 1 号发动机发生推力损失故障后,为了仍然使用式(8.6)中沿机体 z 轴推力 T_z 的形式,此时 δ_z 将引入 1 号发动机的失效因子,即

$$\delta_z=\lambda_1\delta_1+\delta_2-\delta_3-\delta_4 \tag{8.43}$$

同时,注意到以上设计都是基于横侧向简化,在俯仰通道进行的。在设计具体发动机摆动角时考虑机体除俯仰通道的其他方向是有必要的。

下面给出沿机体 x 轴和机体 z 轴的力矩:

$$L_{\mathrm{T}}=-\frac{\pi}{180}TX_{\mathrm{rc}}(\lambda_1\delta_1+\delta_2+\delta_3+\delta_4)=\frac{-\pi}{180}TX_{\mathrm{rc}}\delta_x \tag{8.44}$$

$$N_{\mathrm{T}}=\frac{\sqrt{2}\pi}{360}T(\lambda_1\delta_1-\delta_2-\delta_3+\delta_4)=\frac{\sqrt{2}\pi}{360}T\delta_y \tag{8.45}$$

δ_z 是根据跟踪动态确定的理想输入,δ_x、δ_y 将对横侧向的平衡产生不利影

响,是不期望出现的摆动,X_{rc} 是参考力矩中心到机头的距离。因此,在设计具体摆动角 δ_i 时将以上述要求为依据。同时,式(8.44)和式(8.45)中的 $\boldsymbol{\lambda}_1$ 将用转化后的 3.1 节的 $\hat{\lambda}$ 代替:

$$\hat{\lambda}_1 = 4\hat{\lambda} - 3 \tag{8.46}$$

即 $\delta_i(i = 1, 2, 3, 4)$ 满足

$$\begin{cases} \hat{\lambda}_1\delta_1 + \delta_2 - \delta_3 - \delta_4 = \delta_z \\ \hat{\lambda}_1\delta_1 - \delta_2 - \delta_3 + \delta_4 = 0 \\ \hat{\lambda}_1\delta_1 + \delta_2 + \delta_3 + \delta_4 = 0 \end{cases} \tag{8.47}$$

注意到 $\hat{\lambda}_1$ 对实际发动机失效因子 $\boldsymbol{\lambda}_1$ 的估计有一定的暂态误差,这将导致附加在机体 y、z 轴方向的力矩。为了验证这一附加干扰力矩的影响,同时实现横侧向的稳定,保证对俯仰通道进行独立设计的有效性,对式(8.11)~式(8.14)描述的姿态方程进行设计。

8.3.3 横侧向反步设计

注意到独立偏转的左右升降副翼在偏航、滚转通道都是差动工作起到控制功效,因此设 δ_a 为升降副翼差动等效偏转[19],即

$$\delta_a = \delta_{e1} - \delta_{e2} \tag{8.48}$$

式中,δ_{e1}、δ_{e2} 分别为左右升降副翼的偏转角,在此基础上将式(8.10)~式(8.13)方程组写成向量形式如下:

$$\begin{cases} \dot{\boldsymbol{x}}_1 = \boldsymbol{f}_1(\boldsymbol{x}_1) + \boldsymbol{g}_1(\boldsymbol{x}_1)\boldsymbol{x}_2 \\ \dot{\boldsymbol{x}}_2 = \boldsymbol{f}_2(\boldsymbol{x}_1, \boldsymbol{x}_2) + \boldsymbol{g}_2(\boldsymbol{x}_1)\boldsymbol{u}_2 + \boldsymbol{d} \\ \boldsymbol{y} = \boldsymbol{x}_1 \end{cases} \tag{8.49}$$

式中,$\boldsymbol{x}_1 = [\beta \quad \mu]^{\mathrm{T}}$; $\boldsymbol{x}_2 = [p \quad r]^{\mathrm{T}}$; $\boldsymbol{u}_2 = [\delta_a \quad \delta_r]^{\mathrm{T}}$; δ_r 为垂直尾翼的偏转角; $\boldsymbol{d}$ 由两部分组成,一部分是系统外部干扰或建模误差等固有附加干扰力矩;另一部分为在俯仰通道进行发动机摆动角设计时参数估计误差导致的偏航、滚转通道不期望的控制力矩。在这里将它们作为一个整体进行处理。式(8.49)中还有一些系数矩阵,它们具体形式可在文献[6]中找到。

零侧滑和滚转是俯仰通道单独设计的基础,同时希望尽可能降低俯仰通道的设计对其他通道的影响,因此这里的控制目标是在存在未知干扰的情况下,使

系统输出 $\boldsymbol{x}_1$ 趋近于 0。

选取误差变量：

$$\boldsymbol{e}_1 = \boldsymbol{x}_1 - \boldsymbol{x}_{1d} \tag{8.50}$$

$$\boldsymbol{e}_2 = \boldsymbol{x}_2 - \boldsymbol{x}_{2d} \tag{8.51}$$

式中，$\boldsymbol{x}_{2d}$ 为待设计的期望姿态角速度。

误差 $\boldsymbol{e}_1$ 的动态为

$$\dot{\boldsymbol{e}}_1 = \boldsymbol{f}_1(\boldsymbol{x}_1) + \boldsymbol{g}_1(\boldsymbol{x}_1)\boldsymbol{x}_2 \tag{8.52}$$

$\boldsymbol{x}_{2d}$ 看作式(8.52)的虚拟输入，设计为

$$\boldsymbol{x}_{2d} = \boldsymbol{g}_1^{-1}(\boldsymbol{x}_1)(-\boldsymbol{f}_1(\boldsymbol{x}_1) - \boldsymbol{k}_1\boldsymbol{e}_1) \tag{8.53}$$

式中，$\boldsymbol{k}_1$ 为元素均为正的对角矩阵；$\boldsymbol{g}_1(\boldsymbol{x}_1)$ 有如下形式：

$$\boldsymbol{g}_1(\boldsymbol{x}_1) = \begin{bmatrix} \sin\alpha & -\cos\alpha \\ \cos\alpha\sec\beta & \sin\alpha\sec\beta \end{bmatrix} \tag{8.54}$$

在 $|\beta| < \dfrac{\pi}{2}$ 时，总是 $\boldsymbol{g}_1^{-1}(\boldsymbol{x}_1)$ 总是可得到的。

因此，有

$$\dot{\boldsymbol{e}}_1 = -\boldsymbol{k}_1\boldsymbol{e}_1 + \boldsymbol{g}_1(\boldsymbol{x}_1)\boldsymbol{e}_2 \tag{8.55}$$

误差 $\boldsymbol{e}_2$ 的动态为

$$\dot{\boldsymbol{e}}_2 = \boldsymbol{f}_2(\boldsymbol{x}_1, \boldsymbol{x}_2) + \boldsymbol{g}_2(\boldsymbol{x}_1)\boldsymbol{u}_2 + \boldsymbol{d} - \dot{\boldsymbol{x}}_{2d} \tag{8.56}$$

备选李雅普诺夫函数如下：

$$V = \frac{1}{2}\boldsymbol{e}_1^{\mathrm{T}}\boldsymbol{e}_1 + \frac{1}{2}\boldsymbol{e}_2^{\mathrm{T}}\boldsymbol{e}_2 + \tilde{\boldsymbol{d}}^{\mathrm{T}}\boldsymbol{\Gamma}^{-1}\tilde{\boldsymbol{d}} \tag{8.57}$$

式中，$\tilde{\boldsymbol{d}}$ 为干扰的估计误差 $\boldsymbol{d} - \hat{\boldsymbol{d}}$。沿状态轨迹对 V 求导，可得

$$\begin{aligned}\dot{V} &= \boldsymbol{e}_1^{\mathrm{T}}\dot{\boldsymbol{e}}_1 + \boldsymbol{e}_2^{\mathrm{T}}\dot{\boldsymbol{e}}_2 - \tilde{\boldsymbol{d}}^{\mathrm{T}}\boldsymbol{\Gamma}^{-1}\dot{\hat{\boldsymbol{d}}} \\ &= \boldsymbol{e}_1^{\mathrm{T}}(-\boldsymbol{k}_1\boldsymbol{e}_1 + \boldsymbol{g}_1\boldsymbol{e}_2) + \boldsymbol{e}_2^{\mathrm{T}}(\boldsymbol{f}_2 + \boldsymbol{g}_2 u_2 + \boldsymbol{d} - \dot{\boldsymbol{x}}_{2d}) - \tilde{\boldsymbol{d}}^{\mathrm{T}}\boldsymbol{\Gamma}^{-1}\dot{\hat{\boldsymbol{d}}}\end{aligned} \tag{8.58}$$

选取控制律：

$$\boldsymbol{u}_2=\boldsymbol{g}_2^{-1}(-\boldsymbol{k}_2\boldsymbol{e}_2-\boldsymbol{f}_2+\dot{\boldsymbol{x}}_{2d}-\hat{\boldsymbol{d}}-\boldsymbol{g}_1^{\mathrm{T}}e_1) \tag{8.59}$$

式中，$\boldsymbol{k}_2$ 为元素为正的对角矩阵。在实际系统中，$\boldsymbol{g}_2$ 的各个元素表示不同舵面的控制效率，它们均是与状态有关的非线性函数，且状态 α、马赫数 Ma 在较小区间变化时，$\boldsymbol{g}_2$ 非奇异。

设计干扰估计更新律：

$$\dot{\hat{\boldsymbol{d}}}=\boldsymbol{\Gamma}\boldsymbol{e}_2 \tag{8.60}$$

式中，$\boldsymbol{\Gamma}$ 为元素均为正的对角矩阵。

此时，有

$$\begin{aligned}\dot{V}&=\boldsymbol{e}_1^{\mathrm{T}}\dot{\boldsymbol{e}}_1+\boldsymbol{e}_2^{\mathrm{T}}\dot{\boldsymbol{e}}_2-\tilde{\boldsymbol{d}}^{\mathrm{T}}\boldsymbol{\Gamma}^{-1}\dot{\hat{\boldsymbol{d}}}\\&=-\boldsymbol{e}_1^{\mathrm{T}}\boldsymbol{k}_1\boldsymbol{e}_1+\boldsymbol{e}_2^{\mathrm{T}}(-\boldsymbol{k}_2\boldsymbol{e}_2+\tilde{\boldsymbol{d}})-\tilde{\boldsymbol{d}}^{\mathrm{T}}\boldsymbol{e}_2\\&\leqslant-\boldsymbol{e}_1^{\mathrm{T}}\boldsymbol{k}_1\boldsymbol{e}_1-\boldsymbol{e}_2^{\mathrm{T}}\boldsymbol{k}_2\boldsymbol{e}_2\leqslant 0\end{aligned} \tag{8.61}$$

因此，跟踪误差 $\boldsymbol{e}_1$、$\boldsymbol{e}_2$ 和干扰估计误差 $\tilde{\boldsymbol{d}}$ 均有界，同时根据误差的定义，有状态 $\boldsymbol{x}_1$ 有界。类似地，干扰的估计值 $\hat{\boldsymbol{d}}$ 有界。结合式(8.53)，有 $\boldsymbol{x}_{2d}$ 有界，因此状态 $\boldsymbol{x}_2$ 有界。根据式(8.59)，控制输入 $\boldsymbol{u}_2$ 有界。同时，$\boldsymbol{e}_1$、$\boldsymbol{e}_2$ 的动态满足 $\dot{\boldsymbol{e}}_1\in L_\infty$、$\dot{\boldsymbol{e}}_2\in L_\infty$。由此，闭环系统所有状态有界。

由式(8.61)，$\dot{V}\leqslant-\boldsymbol{e}_1^{\mathrm{T}}\boldsymbol{k}_1\boldsymbol{e}_1$，有

$$\int_0^\infty \boldsymbol{e}_1^{\mathrm{T}}(\tau)\boldsymbol{k}_1\boldsymbol{e}_1(\tau)\mathrm{d}\tau\leqslant-\int_0^\infty\dot{V}\mathrm{d}\tau=V(0)-V(\infty)<\infty \tag{8.62}$$

所以，$\boldsymbol{e}_1(t)\in L_2$，根据 Barbalat 引理[17]，可得到 $\lim\limits_{t\to\infty}\boldsymbol{e}_1(t)=0$。同理，有 $\lim\limits_{t\to\infty}\boldsymbol{e}_2(t)=0$。

为了减少计算量，式(8.59)中的 $\dot{\boldsymbol{x}}_{2d}$ 由动态面技术得到

$$\tau\dot{\bar{\boldsymbol{x}}}_{2d}+\bar{\boldsymbol{x}}_{2d}=\boldsymbol{x}_{2d},\quad \bar{\boldsymbol{x}}_{2d}(0)=\boldsymbol{x}_{2d}(0) \tag{8.63}$$

因此，选取控制律(8.59)和干扰更新律(8.60)能够抵消横侧向不平衡干扰力矩，实现姿态角渐近稳定。由 8.1 节和 8.3.3 节的设计，分别可得到式(8.9)和式(8.48)的左右升降舵组合关系，因此其独立的偏转可以随之确定。至此，所有的控制输入设计已完成。

8.4 仿真研究

为验证本章控制算法的有效性,本节进行仿真验证。设置初始条件为 $V = 13\,000$ ft/s, $h = 100\,000$ ft, $\alpha = 0.1$ rad, $q = 0$ rad/s, $\gamma = 0$ rad; 期望的高度、速度跃升指令分别为 $\Delta h = 3\,000$ ft, $\Delta V = 1\,000$ ft/s。控制参数见表8.1。在30 s时,1号发动机发生了推力40%的损失。参考模型的系数矩阵分别选择为

$$\boldsymbol{K}_{\mathrm{v}} = \begin{bmatrix} 0 & 1 & 0 \\ 0 & 0 & 1 \\ -0.3 & -1.8 & -2 \end{bmatrix}, \quad \boldsymbol{K}_{\mathrm{h}} = \begin{bmatrix} 0 & 1 & 0 & 0 \\ 0 & 0 & 1 & 0 \\ 0 & 0 & 0 & 1 \\ -0.06 & -0.46 & -1.27 & -0.9 \end{bmatrix}$$

表8.1 控制器参数

滑模变量参数	控制律参数	自适应参数
$k_{\mathrm{v}} = 1$ $k_{\mathrm{h}} = 0.5$	$\boldsymbol{K}_1 = \mathrm{diag}(2,\ 1)$ $\boldsymbol{K}_2 = 0.5\boldsymbol{I}$ $\boldsymbol{k}_1 = \boldsymbol{I}$ $\boldsymbol{k}_2 = \boldsymbol{I}$	$\Gamma_{12} = 50$ $\boldsymbol{\Gamma}_2 = 5\boldsymbol{I}$ $\boldsymbol{\Gamma} = \boldsymbol{I}$

参数不确定度如下:

$$|\Delta c| \leqslant 0.01, \quad |\Delta I_{yy}| \leqslant 0.02, \quad |\Delta S| \leqslant 0.01$$
$$|\Delta \rho| \leqslant 0.01, \quad |\Delta \bar{q}| \leqslant 0.03, \quad |\Delta C_{\mathrm{m}}| \leqslant 0.1$$

实际仿真中, ΔI_{yy} 取最大的下界,其余取最大的下界,同时对于 Δm 取近似关于油门开度的严格为负的递减函数。

图8.4和图8.5分别给出了速度响应曲线和速度跟踪误差响应曲线。由图8.6~图8.9可知,在故障发生后,所设计的容错控制器有效地实现了故障信息的估计和状态的跟踪。注意到速度的跟踪误差在故障发生后有所波动,由于发动机的推力直接作用于速度系统,因此速度的跟踪误差相比于高度误差较为显著也是合理的。同时,给出8.3.3节所设计的控制器的控制结果,如图8.10和图8.11所示。

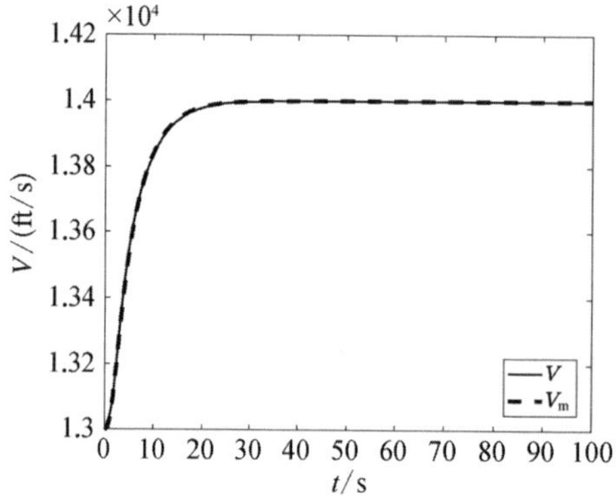

图 8.4 速度响应

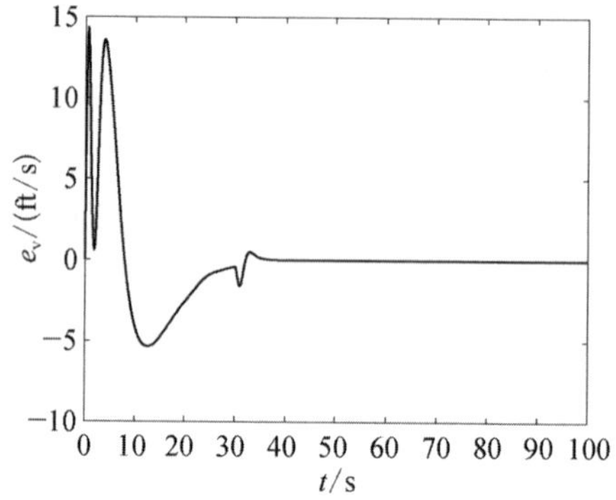

图 8.5 速度跟踪误差

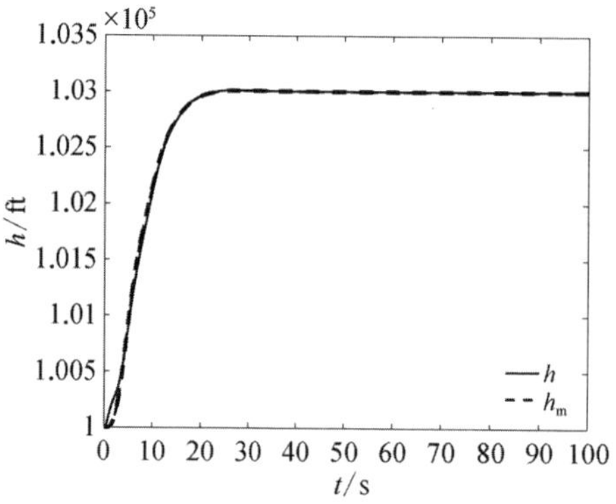

图 8.6 高度响应

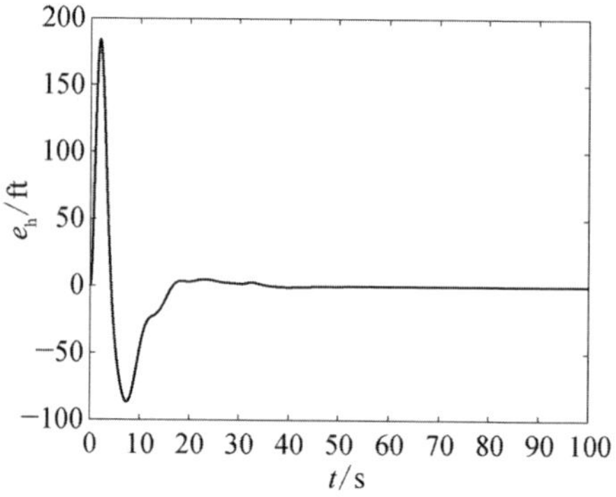

图 8.7 高度跟踪误差

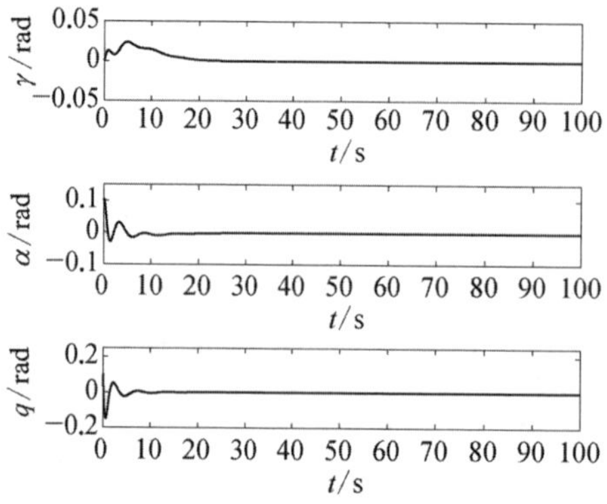

图 8.8 姿态角响应

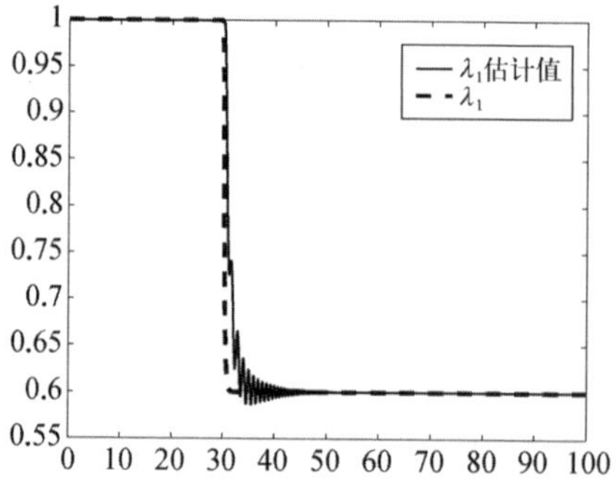

图 8.9 故障因子估计

图 8.10~图 8.14 表明,横侧向的稳定控制是有效可行的,存在未知干扰力矩的情况下,实现了姿态角、姿态角速度的渐近收敛。同时,控制输入在远离饱和的区域,证实了进行俯仰通道独立设计的可行性。

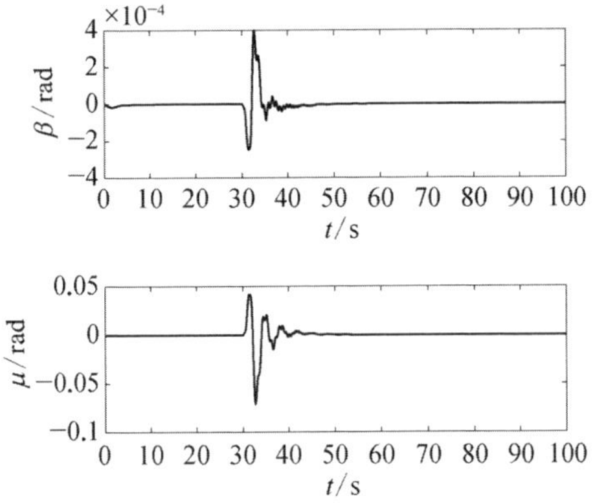

图 8.10　侧滑角及速度滚转角

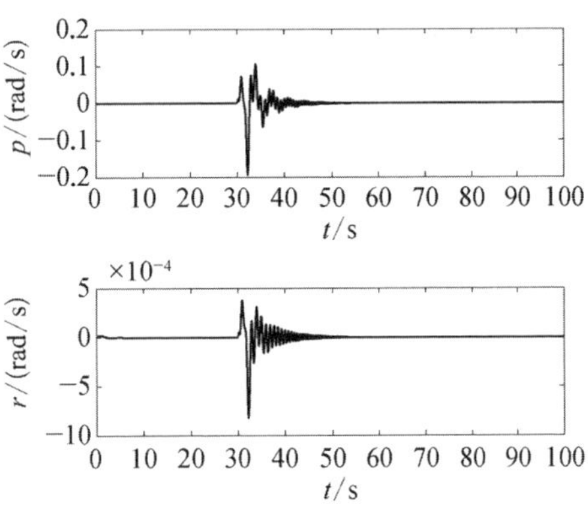

图 8.11　偏航及滚转角速度

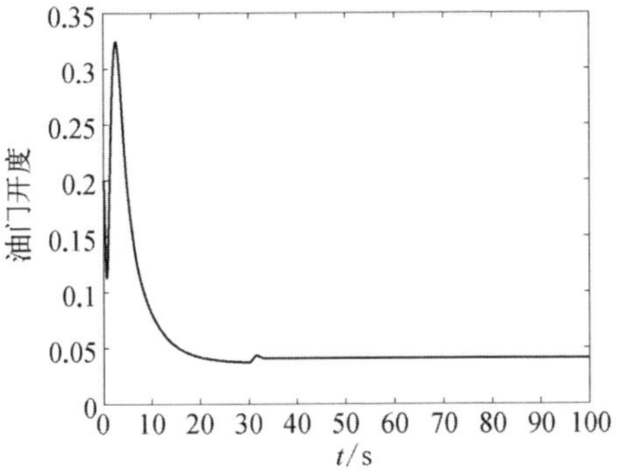

图 8.12　油门开度

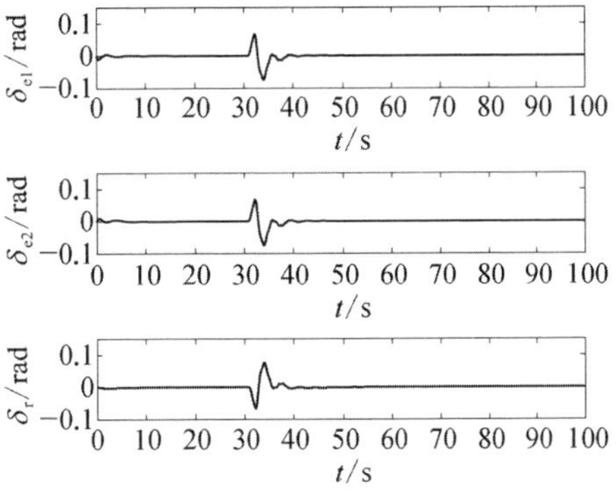

图 8.13　左右升降舵及方向舵偏转角

本章设计方案具有以下特点。

(1) 某个发动机故障情况下,利用摆动发动机的组合与舵面进行复合补偿,发动机摆动角与舵面舵偏均在较小的调整范围,实现了俯仰通道的跟踪控制。

(2) 发动机摆动角的设计基于故障因子的估计,一方面满足俯仰通道控制任务的需求,另一方面可以尽可能降低对横侧向的影响,姿态角以弧度制处于−2次方的数量级波动。

(3) 对俯仰通道进行的容错控制,考虑了其对横侧向平衡的破坏,并利用设计的相应控制律,保证了俯仰通道独立设计的合理性。

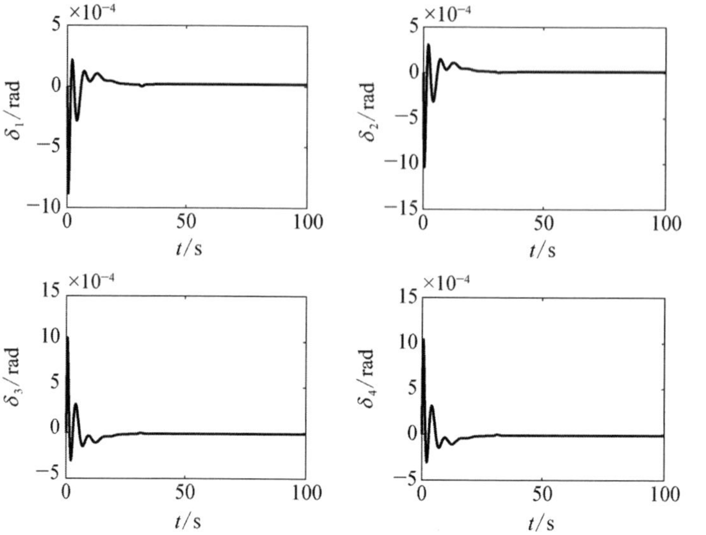

图 8.14　发动机摆动角

8.5　本章小结

本章是对高超声速飞行器复合控制的研究，主要关注矢量发动机发生推力损失故障的情况，在线性化后的纵向模型上进行容错控制，同时依据飞行器执行机构设置，对容错控制可能导致的横侧向干扰进行补偿，确保了独立进行纵向容错控制的合理性。

首先，介绍了具有推力矢量功能的高超声速飞行器，说明其具体工作方式，并给出了推力矢量控制下一般形式的纵向模型及横侧向姿态角动态方程。

其次，基于输入输出线性化的方法，对原始纵向模型进行处理，将其作为进行容错控制研究的对象。对发动机故障的模式及其对纵向模型和横侧向姿态可能产生的影响进行了分析。

接着，介绍了总体的控制思路，并按回路分别展开设计。在纵向模型中，基于积分滑模的方法进行控制器设计，采用自适应方法对故障的影响因子等效后再进行估计，以实现推力补偿。进行横侧向稳定控制设计时，考虑了纵向通道的影响，利用飞行器执行机构冗余的特点，设计需要的控制输入。

最后，对本章设计方案进行了仿真验证。

参考文献

[1] Sun J, Li C, Guo Y, et al. Adaptive fault tolerant control for hypersonic vehicle with input saturation and state constraints[J]. Acta Astronautica, 2020, 167: 302 - 313.

[2] Zhou L, Yin L. Dynamic surface control based on neural network for an air-breathing hypersonic vehicle [J]. Optimal Control Applications and Methods, 2015, 36(6): 774 - 793.

[3] Jiang B, Zhang K, Shi P. Integrated fault estimation and accommodation design for discrete-time Takagi-Sugeno fuzzy systems with actuator faults [J]. IEEE Transactions on Fuzzy Systems, 2011, 19(2): 291 - 304.

[4] 朱亮,姜长生,方炜.空天飞行器六自由度数学建模研究[J].航天控制,2006,(4): 39 - 44.

[5] Keshmirii S, Colgren R, Mirmirani M. Six-DOF modeling and simulation of a generic hypersonic vehicle for control and navigation purposes[C]. AIAA Guidance, Navigation, and Control Conference and Exhibit, Keystone, 2006: 21 - 24.

[6] 陈洁,沈如松,宋超,等.近空间高超声速飞行器容错控制及制导技术[M].北京: 北京航空航天大学出版社,2016.

[7] 王宗学.飞行器控制系统概论[M].北京: 北京航空航天大学出版社,1993.

[8] Yu Y, Wang H, Li N. Fault-tolerant control for over-actuated hypersonic reentry vehicle subject to multiple disturbances and actuator faults[J]. Aerospace Science and Technology, 2019, 87: 230 - 243.

[9] Xu Y, Jiang B, Tao G, et al. Fault tolerant control for a class of nonlinear systems with application to near space vehicle[J]. Circuits, Systems, and Signal Processing, 2011, 30(3): 655 - 672.

[10] Cao L, Zhang D, Tang S, et al. A practical parameter determination strategy based on improved hybrid PSO algorithm for higher-order sliding mode control of air-breathing hypersonic vehicles[J]. Aerospace Science and Technology, 2016, 59: 1 - 10.

[11] 徐斌彦.考虑控制方向不确定的高超声速飞行器自适应容错控制研究[D].南京: 南京航空航天大学,2019.

[12] 杨伟,章卫国,杨朝旭,等.容错飞行控制系统[M].西安: 西北工业大学出版社,2007.

[13] Hu X, Wu L, Hu C, et al. Adaptive sliding mode tracking control for a flexible air-breathing hypersonic vehicle[J]. Journal of the Franklin Institute, 2012, 349(2): 559 - 577.

[14] Zhao J, Jiang B, Xie F, et al. Adaptive sliding mode backstepping control for near space vehicles considering engine faults[J]. Journal of Systems Engineering and Electronics, 2018(2): 343 - 351.

[15] Wang J, Wu Y, Dong X. Recursive terminal sliding mode control for hypersonic flight vehicle with sliding mode disturbance observer [J]. Nonlinear Dynamics, 2015, 81(3): 1489 - 1510.

[16] Qi R, Tao G, Jiang B. Fuzzy system identification and adaptive control[M]. Switzerland: Springer, 2019.

[17] Tao G. A simple alternative to the Barbalat lemma [J]. IEEE Transactions on Automatic

Control, 1997, 42(5): 698 - 698.
[18] Hu X, Wu L, Hu C, et al. Adaptive sliding mode tracking control for a flexible air-breathing hypersonic vehicle[J]. Journal of the Franklin Institute, 2012, 349(2): 559 - 577.
[19] Tong S, Li Y, Feng G, et al. Observer-based adaptive fuzzy backstepping dynamic surface control for a class of MIMO nonlinear systems[J]. IEEE Transactions on Systems, Man and Cybernetics, Part B (Cybernetics), 2011, 41(4): 1124 - 1135.
[20] Bechlioulis C, Rovithakis G. Robust adaptive control of feedback linearizable MIMO nonlinear systems with prescribed performance[J]. IEEE Transactions on Automatic Control, 2008, 53(9): 2090 - 2099.

附录

$$\boldsymbol{\omega}_1 = \frac{1}{m}\begin{bmatrix} \frac{\partial T}{\partial V}\cos\alpha - \frac{\partial D}{\partial V} \\ \frac{-m\mu_0\cos\gamma}{r^2} \\ -T\sin\alpha - \frac{\partial D}{\partial \alpha} \\ \frac{\partial T}{\partial \beta_T}\cos\alpha \\ \frac{2m\mu_0\sin\gamma}{r^3} \end{bmatrix}^T, \quad \boldsymbol{\omega}_2 = \frac{1}{m}\begin{bmatrix} \omega_{21} \\ \omega_{22} \\ \omega_{23} \\ \omega_{24} \\ \omega_{25} \end{bmatrix}^T, \quad \boldsymbol{\omega}_{21} = \begin{bmatrix} \frac{\partial^2 T}{\partial V^2}\cos\alpha - \frac{\partial^2 D}{\partial V^2} \\ 0 \\ -\frac{\partial T}{\partial V}\sin\alpha - \frac{\partial^2 D}{\partial V\partial\alpha} \\ \frac{\partial^2 T}{\partial V\partial\beta_T}\cos\alpha \\ 0 \end{bmatrix}$$

$$\boldsymbol{\omega}_{22} = \begin{bmatrix} 0 \\ \frac{m\mu_0\sin\gamma}{r^2} \\ 0 \\ 0 \\ \frac{2m\mu_0\cos\gamma}{r^3} \end{bmatrix} \quad \boldsymbol{\omega}_{23} = \begin{bmatrix} -\frac{\partial T}{\partial V}\sin\alpha - \frac{\partial^2 D}{\partial\alpha\partial V} \\ 0 \\ -T\sin\alpha - \frac{\partial^2 D}{\partial\alpha^2} \\ -\frac{\partial T}{\partial\beta_T}\sin\alpha \\ 0 \end{bmatrix}, \quad \boldsymbol{\omega}_{24} = \begin{bmatrix} \frac{\partial^2 T}{\partial\beta_T\partial V}\cos\alpha \\ 0 \\ -\frac{\partial T}{\partial\beta_T}\sin\alpha \\ \frac{\partial^2 T}{\partial\beta_T^2}\cos\alpha \\ 0 \end{bmatrix}$$

$$\boldsymbol{\omega}_{25} = \begin{bmatrix} 0 \\ \frac{2m\mu_0\cos\gamma}{r^3} \\ 0 \\ 0 \\ \frac{-6m\mu_0\sin\gamma}{r^4} \end{bmatrix}, \quad \boldsymbol{\pi}_2 = \begin{bmatrix} \pi_{21} \\ \pi_{22} \\ \pi_{23} \\ \pi_{24} \\ \pi_{25} \end{bmatrix}^T$$

$$\boldsymbol{\pi}_1=\begin{bmatrix}\dfrac{\dfrac{\partial L}{\partial V}+\dfrac{\partial T}{\partial V}\sin\alpha}{mV}-\dfrac{L+T\sin\alpha}{mV^2}+\dfrac{\mu_0\cos\gamma}{V^2r^2}+\dfrac{\cos\gamma}{r}\\ \dfrac{(\mu_0-V^2r)\sin\gamma}{Vr^2}\\ \dfrac{\dfrac{\partial L}{\partial\alpha}+T\cos\alpha}{mV}\\ \dfrac{\dfrac{\partial T}{\partial\beta_T}\sin\alpha}{mV}\\ \dfrac{2\mu_0\cos\gamma}{Vr^3}-\dfrac{V\cos\gamma}{r^2}\end{bmatrix}^{\mathrm{T}}$$

$$\boldsymbol{\pi}_{21}=\begin{bmatrix}\dfrac{\dfrac{\partial^2 L}{\partial V^2}+\dfrac{\partial^2 T}{\partial V^2}\sin\alpha}{mV}-\dfrac{\dfrac{\partial L}{\partial V}+\dfrac{\partial T}{\partial V}\sin\alpha}{mV^2}+\dfrac{2(L+T\sin\alpha)}{mV^3}-\dfrac{\dfrac{\partial L}{\partial V}+\dfrac{\partial T}{\partial V}\sin\alpha}{mV^2}-\dfrac{2\mu_0\cos\gamma}{V^3r^2}\\ -\sin\gamma\left(\dfrac{\mu_0}{V^2r^2}+\dfrac{1}{r}\right)\\ \left(\dfrac{\partial^2 L}{\partial V\partial\alpha}+\dfrac{\partial T}{\partial V}\sin\alpha\right)/(mV)-\left(\dfrac{\partial L}{\partial\alpha}+T\cos\alpha\right)/(mV^2)\\ \dfrac{\partial^2 T}{\partial V\partial\beta_T}\sin\alpha/(mV)-\dfrac{\partial T}{\partial\beta_T}\sin\alpha/(mV^2)\\ -2\mu_0\cos\gamma/(V^2r^3)-\cos\gamma/r^2\end{bmatrix}$$

$$\boldsymbol{\pi}_{22}=\begin{bmatrix}-\mu_0\sin\gamma/(V^2r^2)-\sin\gamma/r\\ (\mu_0-V^2r)\cos\gamma/(Vr^2)\\ 0\\ 0\\ -2\mu_0\sin\gamma/(Vr^3)+V\sin\gamma/r^2\end{bmatrix},\quad \boldsymbol{\pi}_{23}=\begin{bmatrix}\dfrac{\dfrac{\partial^2 L}{\partial\alpha\partial V}+\dfrac{\partial T}{\partial V}\cos\alpha}{mV}-\dfrac{\dfrac{\partial L}{\partial\alpha}+T\cos\alpha}{mV^2}\\ 0\\ \dfrac{\dfrac{\partial^2 L}{\partial\alpha^2}-T\sin\alpha}{mV}\\ \dfrac{\dfrac{\partial T}{\partial\beta_T}\cos\alpha}{mV}\\ 0\end{bmatrix}$$

$$\boldsymbol{\pi}_{24}=\begin{bmatrix}\dfrac{\partial^2 T}{\partial\beta_{\mathrm{T}}\partial V}\dfrac{\sin\alpha}{mV}-\dfrac{\partial T}{\partial\beta_{\mathrm{T}}}\dfrac{\sin\alpha}{mV^2}\\0\\\dfrac{\partial T}{\partial\beta_{\mathrm{T}}}\dfrac{\cos\alpha}{mV}\\0\\0\end{bmatrix}$$

$$\boldsymbol{\pi}_{25}=\begin{bmatrix}-2\mu_0\cos\gamma/(V^2r^3)-\cos\gamma/r^2\\-2\mu_0\sin\gamma/(Vr^3)+V\sin\gamma/r^2\\0\\0\\-6\mu_0\cos\gamma/(Vr^4)+2V\cos\gamma/r^3\end{bmatrix}$$

$$F_{\mathrm{v}}=\frac{1}{m}(\omega_1\ddot{z}_0+\dot{z}^{\mathrm{T}}\omega_2\dot{z})$$

$$F_{\mathrm{h}}=F_{\mathrm{v}}\sin\gamma+3\ddot{V}\dot{\gamma}\cos\gamma-3\dot{V}\dot{\gamma}^2\sin\gamma+3\dot{V}\ddot{\gamma}\cos\gamma-3V\ddot{\gamma}\dot{\gamma}\sin\gamma-V\dot{\gamma}^3\cos\gamma+V(\boldsymbol{\pi}_1\ddot{z}_0+\dot{z}^{\mathrm{T}}\boldsymbol{\pi}_2\dot{z})\cos\gamma$$

$$\boldsymbol{G}_{\mathrm{v}}=\begin{bmatrix}\dfrac{-T\sin\alpha-\partial D/\partial\alpha}{m}\dfrac{0.5\rho V^2cS}{I_{yy}}C_{\mathrm{m},\delta_{\mathrm{e}}}\\\dfrac{1}{m}\dfrac{\partial T}{\partial\beta_{\mathrm{T}}}\cos\alpha\omega_{\mathrm{n}}^2\\\dfrac{-T\sin\alpha-\partial D/\partial\alpha}{m}(X_{\mathrm{t}}-X_{\mathrm{m}})\dfrac{\sqrt{2}\pi}{360}\end{bmatrix}^{\mathrm{T}},\quad \boldsymbol{G}_{\mathrm{h}}=\begin{bmatrix}\dfrac{0.5\rho V^2cS}{I_{yy}}\dfrac{C_{\mathrm{m},\delta_{\mathrm{e}}}}{m}(T\cos(\alpha+\gamma)\\+\partial L/\partial\alpha\cos\gamma-\partial D/\partial\alpha\sin\gamma)\\\dfrac{\partial T}{\partial\beta_{\mathrm{T}}}\dfrac{\omega_{\mathrm{n}}^2}{m}\sin(\alpha+\gamma)\\\dfrac{\sqrt{2}\pi}{360}\dfrac{X_{\mathrm{t}}-X_{\mathrm{m}}}{m}(T\cos(\alpha+\gamma)\\-\dfrac{\partial D}{\partial\alpha}\sin\gamma+\dfrac{\partial L}{\partial\alpha}\cos\gamma)\end{bmatrix}$$

第 9 章

基于 NFTET 的高超声速飞行器再入容错制导

高超声速飞行器应具有较强的自主性、安全性和可靠性，这就要求高超声速飞行器必须具备处理突发事件的能力，即可以实现故障下的轨迹重构与容错制导。再入轨迹重构和容错制导是指飞行器受到故障的影响偏离再入标称轨迹后，根据飞行器当前的飞行状态和操控能力，重新计算出满足多种约束条件的可行再入轨迹，在此基础上重新生成制导指令，使得故障下的飞行器依然能够被安全地引导至期望的终端位置。

当飞行器发生故障后，其气动参数和安全飞行包线会发生改变，针对标称情况设计的离线轨迹可能不再满足安全飞行的要求。因此，需要对再入飞行轨迹进行轨迹重构以满足约束要求，使飞行器能够被安全地引导至预先设定的终端区域，进入下一阶段——终端区域能量管理段（terminal area energy management，TAEM）。因此，针对故障情况下再入段高超声速飞行器的轨迹重构和容错制导技术，对飞行器顺利进入 TAEM 及后续安全平稳降落具有重要的研究意义。

目前对于故障下高超声速飞行器轨迹重构技术方面的研究相对较少，但也产生了一些优秀的研究成果[1-11]。Schierman 等根据 X－40A 飞行器飞行试验获得的故障下的气动参数，拟合出不同故障类型下的气动参数变化曲线，针对不同故障计算可行轨迹，将其预先存储在可行轨迹数据库，飞行器飞行时运用最优飞行路径自适应寻优算法，实现故障下的轨迹重构[1-3]。Jiang 和 Ordonez 提出了相邻可行轨迹存在定理（neighboring feasible trajectory existence theorem，NFTET），实现了故障下的轨迹重构[5]。

本章以 2.3.1 节介绍的再入制导模型为基础，研究飞行器的制导与轨迹重构问题。首先，基于反馈线性化思想，设计标称再入初始轨迹；然后，考虑高超声速飞行器较小/较大故障情况下安全再入飞行问题，基于相邻可行轨迹存在定理设计在线轨迹重构算法，生成满足多种约束条件的再入轨迹，保障高超声速飞行器故障条件下的再入飞行任务，以较高精度安全着陆。通过仿真分析，基于NFTET设计的轨迹重构算法，能够得到落点精度较高的再入飞行轨迹。

9.1 问题描述

在高超声速飞行器再入飞行初始阶段，飞行器具有极大的动能与势能，面临着存在多种不确定因素的复杂外界空间环境，为使飞行器能够安全顺利地完成再入任务，飞行器必须始终处于约束范围之内。

高超声速飞行器再入过程主要存在路径约束、终端约束和控制约束三大约束条件。

1. 路径约束

在再入飞行阶段，由于大气压强及气动阻力的存在，必须对飞行器所能承受的热流率、过载和动压等条件加以约束，防止飞行器发生形变以及表面温度上升，保持飞行器始终安全飞行。路径约束条件定义为飞行器在飞行过程中所满足的约束。

再入飞行过程中，高超声速飞行器再入轨迹存在多种不等式路径约束，包括热流率约束 $\dot{Q}_s$、过载约束 N、动压约束 $\bar{q}$ [12,13]：

$$\dot{Q}_s = k_h \rho^{0.5} V^{3.15} \leqslant \dot{Q}_{max} \tag{9.1}$$

$$N = \frac{\sqrt{D^2 + L^2}}{m g_0} \leqslant N_{max} \tag{9.2}$$

$$\bar{q} = \frac{1}{2} \rho V^2 \leqslant \bar{q}_{max} \tag{9.3}$$

式中，$\dot{Q}_{max}$ 为热流率峰值；k_h 为常系数；N_{max} 为允许过载峰值；$\bar{q}_{max}$ 为最大允许动压。热流率约束、过载约束和动压约束为飞行器再入过程中必须严格遵守的“硬约束”条件，对于飞行器再入安全问题至关重要。

为了使飞行器飞行升力与重力达到某种平稳状态，从而获得平滑的再入飞行轨迹，文献[14]提出了拟平衡滑翔条件(quasi-equilibrium glide condition，QEGC)。采用常值飞行路径角，即将 $\dot{\gamma}$ 代入式(2.46)第二个等式可获得QEGC：

$$m\left(g - \frac{V^2}{R}\right)\cos\gamma - L\cos\sigma = 0 \tag{9.4}$$

为了使飞行轨迹更加平滑提出拟平衡条件,飞行器在发生故障时对平滑性要求降低,该条件在短时间内可以不满足,因此将 QEGC 称为“软约束”条件。

2. 终端约束

对于给定的再入飞行任务,需要明确飞行器的终端位置及其飞行状态,并与 TAEM 制导系统顺利完成交接。一般情况下,可根据具体的任务要求对终端位置的高度、经纬度、速度等进行合理约束,期望终端状态可以描述为

$$\begin{cases} h(t_f) = h_f^*, & l_\theta(t_f) = l_{\theta_f}^* \\ l_\phi(t_f) = l_{\phi_f}^*, & V(t_f) = V_f^* \end{cases} \tag{9.5}$$

式中,终端时间 t_f 是可变的,给定的 h_f^*、$l_{\theta_f}^*$、$l_{\phi_f}^*$ 和 V_f^* 分别为期望的飞行终端高度、经度、纬度和速度。

高超声速飞行器再入段的终端位置为 TAEM 的初始位置,由于 TAEM 阶段具有一定的自适应调节能力,如果再入终端位置的实际值与期望值之间的误差在任务允许的精度范围内,即可认为飞行器完成了再入任务要求。终端约束条件为实际终端位置在距离期望位置的一定区域范围内且该区域满足任务允许的精度要求,因此飞行终端约束条件也可视为“软约束”条件。

3. 控制约束

为避免飞行器发生失速或产生过大气动力耦合的情况,考虑到飞行器自身控制结构的特点和有限的执行机构动作范围以及飞行器的可控能力,控制变量攻角 α 和倾侧角 σ 必须被限制在某一变化范围内:

$$\begin{cases} \alpha_{\min} \leqslant \alpha \leqslant \alpha_{\max} \\ \sigma_{\min} \leqslant \sigma \leqslant \sigma_{\max} \end{cases} \tag{9.6}$$

式中,$\alpha_{\max}$、$\alpha_{\min}$、$\sigma_{\max}$ 和 $\sigma_{\min}$ 分别为攻角和倾侧角的最大与最小边界值。

9.2　基于反馈线性化的标称再入制导

基于 2.3.1 节介绍的高超声速飞行器再入制导模型[式(2.46)],考虑 9.2 节

所述的再入约束条件,可利用反馈线性化理论设计高超声速飞行器预测校正再入制导算法。本节采用非固定攻角,设计基于反馈线性化思想的高超声速飞行器标称再入制导律。首先,以横向过载 n_y 和纵向过载 n_z 作为中间控制变量,基于准平衡滑翔条件(quasi-equilibrium glide condition,QEGC),将再入制导过程中的路径约束条件转换为新的过载约束。然后,利用反馈线性化思想分别在纵向和横向实时预测校正终端位置设计再入制导律。最后,在初始状态存在偏差或气动系数存在摄动的情况下,通过大量仿真验证基于反馈线性化所设计的预测校正制导算法的鲁棒性。

9.2.1 再入约束条件转换

高超声速飞行器再入制导的关键问题是:如何在整个制导过程中使飞行器飞行轨迹始终保持在狭窄的飞行走廊约束范围内?标称再入制导律设计过程中,若直接将约束条件施加于飞行器,需要实时判断多个状态参数是否在约束范围内,这使得制导律的设计难度大大增加。本小节将横向和纵向过载作为中间变量,利用 QEGC 和飞行走廊约束条件与过载约束条件的相互转换,实现再入制导路径约束的合理转换。

1. 再入飞行走廊

高超声速飞行器在飞行过程中面临着多种复杂苛刻的约束条件,其飞行制导与控制的研究均是以再入飞行走廊为基础。高超声速飞行器再入段受到多种严苛的路径约束,再入飞行走廊较为狭窄。为了降低制导律的设计难度,可将过载、热流率、动压约束分别转换为同一平面内更为直观的状态量之间的约束,从而确定飞行器再入飞行的安全区域,即再入飞行走廊。

再入飞行走廊通常以速度 (V) 为自变量,以高度 (h) 或阻力 (D) 为因变量,控制过程中将最大热流率、过载、动压以及准平衡滑翔条件约束作为再入飞行走廊的边界条件,转换为间接约束进行控制,间接合理地确定飞行允许的边界值,描述出再入飞行走廊的飞行包线。在本小节中选择将路径约束条件转换为高度-速度 ($h-V$) 剖面进行间接飞行约束控制。

由于路径约束条件表达式均含有或隐含有大气密度 ρ,故选择大气密度 $\rho = \rho_0 e^{-h/h_s}$(式中,ρ_0 为海平面大气密度,h_s 为地球大气等效密度高度)作为中间转换变量,从而获得约束条件的高度-速度 ($h-V$) 不等式,得到如下所示的 ($h-V$) 剖面具体形式:

$$\begin{cases} h \geqslant H_{\dot{Q}_{\max}} = -2\ln\left(\dfrac{\dot{Q}_{\text{smax}}}{k_{\text{h}}\rho_0^{0.5}V^{3.15}}\right) \cdot h_{\text{s}} \\ h \geqslant H_{N_{\max}} = -\ln\left(\dfrac{2mg_0N_{\max}}{S_{\text{ref}}\rho_0V^2\sqrt{C_L^2 + C_D^2}}\right) \cdot h_{\text{s}} \\ h \geqslant H_{\bar{q}_{\max}} = -\ln\left(\dfrac{2\bar{q}_{\max}}{\rho_0V^2}\right) \cdot h_{\text{s}} \\ h \leqslant H_{\text{QEGC}} = -\ln\left(\dfrac{2m\left(g - \dfrac{V^2}{R}\right)\cos\gamma}{S_{\text{ref}}\rho_0V^2C_L^2\cos\sigma_{\text{QE}}}\right) \cdot h_{\text{s}} \end{cases} \tag{9.7}$$

式中，ρ_0 为未知干扰项 $d_0(t)$ 的上界；σ_{QE} 为准平衡滑翔条件下期望的倾侧角；$H_{\dot{Q}_{\max}}$、$H_{N_{\max}}$、$H_{\bar{q}_{\max}}$ 和 H_{QEGC} 分别表示热流率、过载、动压和准平衡滑翔条件下对应的高度上下边界。因此，高度-速度 $(h-V)$ 剖面的上下边界表示为

$$\begin{cases} H_{\text{up}}(V) = H_{\text{QEGC}} \\ H_{\text{down}}(V) = \max(H_{\dot{Q}_{\max}},\ H_{N_{\max}},\ H_{\bar{q}_{\max}}) \end{cases} \tag{9.8}$$

只要飞行器在飞行走廊范围内飞行，即可满足再入路径约束，实现安全再入。

2. 约束转换

实际再入制导飞行过程中，纵向过载 n_y 和横向过载 n_z 可表示为[11,12]

$$n_y = \frac{\rho V^2 S_{\text{ref}} C_L \cos\sigma}{2mg_0} \tag{9.9}$$

$$n_z = -\frac{\rho V^2 S_{\text{ref}} C_L \sin\sigma}{2mg_0} \tag{9.10}$$

假设 $\cos\gamma = 1$，联立纵向过载 n_y 与式(9.4)的准平衡滑翔条件，可推导出基于纵向过载的准平衡滑翔条件：

$$n_y = 1 - V^2/(Rg) \tag{9.11}$$

由于高度与地心距存在关系：$R = h + R_{\text{e}}$，对于给定的飞行速度 V，结合再入飞行走廊，可以得到飞行器地心距的边界值 R_{down}。因此，纵向过载约束条件可表示为

$$\max\left(1-\frac{V^2}{gR_{\text{down}}},\ n_{y\min}\right) \leqslant n_y \leqslant n_{y\max} \tag{9.12}$$

式中，$n_{y\min}$ 和 $n_{y\max}$ 分别为允许的纵向最小过载和最大过载，由于 QEGC 为“软约束”条件，故不等式(9.12)右侧不要求再入飞行走廊的上边界条件严格成立，但过载必须小于其允许的最大值 $n_{y\max}$。

横向过载在允许的边界范围内即可满足再入制导设计要求，横向约束条件为

$$n_{z\min} \leqslant n_z \leqslant n_{z\max} \tag{9.13}$$

式中，$n_{z\min}$ 和 $n_{z\max}$ 为横向过载边界值。因此，可通过转换路径约束条件为横纵向过载约束条件实现高超声速飞行器再入制导。

9.2.2 标称再入制导律设计

本小节采用攻角 α 和倾侧角 σ 作为控制量，在线生成基于反馈线性化思想的标称制导轨迹。以过载作为中间变量，通过反馈线性化实时预测校正终端位置，分别设计纵向和横向制导律，以消除航向偏差；考虑到终端速度约束，增加横向机动过载，以实现飞行器机动飞行并降低其飞行速度；根据纵向与横向所需过载，反解获取制导指令，完成标称再入制导律的设计。

1. 纵向制导律设计

为了消除纵向轨迹之间的偏差，本小节定义了视线(line-of-sight)偏角 γ_{LOS}，如图 9.1 所示。点 O 为地心，飞行器当前的位置为 E，T 为飞行器期望的再入终

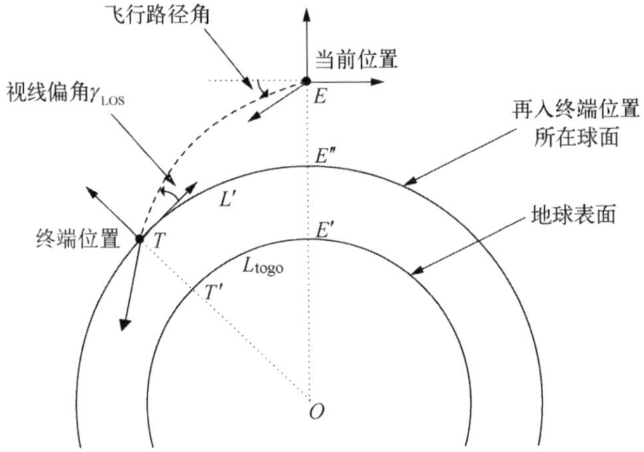

图 9.1 纵向角度之间的关系图

端位置；E' 和 E'' 分别为 E 在地球表面和再入终端位置所在球面的投影；T 在地球表面的投影为 T'。

由于地心距远远大于飞行高度，可将图形 $EE'T$ 视为直角三角形，由弧长等于半径比可得

$$\frac{L'}{L_{\text{togo}}}=\frac{R_{\text{E}}+h_{\text{f}}^{*}}{R_{\text{E}}}\Rightarrow L'=\frac{(R_{\text{E}}+h_{\text{f}}^{*})L_{\text{togo}}}{R_{\text{E}}} \tag{9.14}$$

由于实际纵向飞行轨迹在很大的三维空间可以近似为直线，因此可将弧长 L' 看成直角三角形的另外一边。所以，视线偏角 γ_{LOS} 为

$$\tan\gamma_{\text{LOS}}=\frac{R_{\text{E}}(h-h_{\text{f}}^{*})}{(R_{\text{E}}+h_{\text{f}}^{*})L_{\text{togo}}} \tag{9.15}$$

式中，L_{togo} 为剩余航程。$(l_{\theta_{\text{f}}}^{*},\ l_{\phi_{\text{f}}}^{*})$ 和 $(l_{\theta},\ l_{\phi})$ 分别为再入期望终端位置和飞行器当前位置的经纬度。利用球面三角定理，剩余航程 L_{togo} 可表示为

$$L_{\text{togo}}=R_{\text{E}}\cdot\arccos(\sin l_{\phi}\sin l_{\phi_{\text{f}}}^{*}+\cos l_{\phi}\cos l_{\phi_{\text{f}}}^{*}\cos(l_{\theta_{\text{f}}}^{*}-l_{\theta})) \tag{9.16}$$

由于飞行路径角 γ 与视线偏角 γ_{LOS} 的方向相反且 $\gamma\leqslant 0$，所以将视线偏角与飞行路径角之间的夹角定义为速度倾角误差 $\Delta\gamma$：

$$\Delta\gamma=\gamma_{\text{LOS}}+\gamma \tag{9.17}$$

当飞行器飞行路径直接指向终端位置时，$\Delta\gamma=0$，经过一定时间飞行器必能到达终端高度位置。因此，纵向制导任务为 $\lim\limits_{t\to t_{\text{f}}}\Delta\gamma=0$，显然纵向制导要求制导环满足：

$$\Delta\dot{\gamma}\Delta\gamma<0 \tag{9.18}$$

联立式(9.9)、式(9.15)、式(9.17)和式(2.46)，容易推导出速度倾角误差 $\Delta\gamma$ 的微分表达式：

$$\begin{aligned}\Delta\dot{\gamma}&=\dot{\gamma}_{\text{LOS}}+\dot{\gamma}\\&=\dot{\gamma}_{\text{LOS}}+\frac{L\cos\sigma}{mV}+\left(\frac{V}{R}-\frac{g}{V}\right)\cos\gamma\\&=\dot{\gamma}_{\text{LOS}}+\frac{g_0}{V}n_y+\left(\frac{V}{R}-\frac{g}{V}\right)\cos\gamma\end{aligned} \tag{9.19}$$

再入制导任务需要对攻角与倾侧角进行调节，将隐含有攻角和倾侧角的过

载作为中间变量,根据反馈线性化理论可获得飞行器所需的纵向过载:

$$n_y = -\frac{V}{g_0}\left[\dot{\gamma}_{\mathrm{LOS}} + \left(\frac{V}{R} - \frac{g}{V}\right)\cos\gamma + k_y\Delta\gamma\right] \tag{9.20}$$

式中,反馈系数 k_y 为正常数。

将式(9.20)代入式(9.19)中,可得

$$\Delta\dot{\gamma} = -k_y\Delta\gamma \tag{9.21}$$

由式(9.21)可得 $\lim\limits_{t\to\infty}\Delta\gamma = 0$。当纵向过载超过其约束边界值时,根据纵向过载约束条件,此时飞行过载为其约束边界值,从而确定飞行器纵向制导律。

2. 横向制导律设计

高超声速飞行器横向制导需要逐渐消除航向角误差,飞行器当前实际位置到期望终端位置视线方位角与航向角之间的夹角定义为航向角误差 $\Delta\chi$:

$$\Delta\chi = \chi_{\mathrm{LOS}} - \chi \tag{9.22}$$

式中,χ_{LOS} 为视线方位角,其表达式为

$$\tan\chi_{\mathrm{LOS}} = \frac{\sin(l_{\theta_{\mathrm{f}}}^* - l_\theta)}{\cos l_\phi \tan l_{\phi_{\mathrm{f}}}^* - \sin l_\phi \cos(l_{\theta_{\mathrm{f}}}^* - l_\theta)} \tag{9.23}$$

则飞行器横向制导任务为 $\lim\limits_{t\to t_{\mathrm{f}}}\Delta\chi = 0$, 故横向制导任务实现的条件为

$$\Delta\dot{\chi}\Delta\chi < 0 \tag{9.24}$$

联立式(9.10)、式(9.23)和式(2.46),可得航向角误差 $\Delta\chi$ 的微分方程:

$$\begin{aligned}\Delta\dot{\chi} &= \dot{\chi}_{\mathrm{LOS}} - \dot{\chi} \\ &= \dot{\chi}_{\mathrm{LOS}} + \frac{\rho V S_{\mathrm{ref}} C_L \sin\sigma}{2m\cos\gamma} - \frac{V}{R}\cos\gamma\sin\chi\tan\phi \\ &= \dot{\chi}_{\mathrm{LOS}} - \frac{g}{V\cos\gamma}n_z - \frac{V}{R}\cos\gamma\sin\chi\tan\phi\end{aligned} \tag{9.25}$$

同样地,基于反馈线性化思想可获得飞行器所需要的飞行横向过载:

$$n_z = \frac{V\cos\gamma}{g_0}\left(\frac{V}{R}\cos\gamma\sin\chi\tan\phi - \dot{\chi}_{\mathrm{LOS}} - k_z\Delta\chi\right) \tag{9.26}$$

式中,反馈系数 k_z 为正常数。

将式(9.26)代入式(9.25)中,可得

$$\Delta\dot{\chi} = -k_z\Delta\chi \tag{9.27}$$

由式(9.27)可得 $\lim_{t\to\infty}\Delta\chi = 0$。同时,将横向过载限定在横向过载约束范围内,从而完成了飞行器横向制导律设计。

3. 终端速度反馈设计

考虑高超声速飞行器再入期望的终端速度,首先需要对终端速度进行实时预测,为了保证飞行器满足再入期望的终端速度,需要对其进行反馈设计。

由 2.3.1 节中简化的再入运动学模型,可获得飞行速度与高度的微分关系:

$$\frac{\mathrm{d}V}{\mathrm{d}h} = -\frac{\rho V S_{\mathrm{ref}} C_D}{2m\sin\gamma} - \frac{g}{V} \tag{9.28}$$

纵向制导目标为 $\Delta\gamma \approx 0$, $\Delta\dot{\gamma} \approx 0$。视线偏角与飞行路径角相等为纵向制导的任务,故可将 γ_{LOS} 代替飞行路径角;将短时间内气动系数 C_{D} 的值视为常值,预测终端飞行速度 V_{f} 可对微分方程(9.28)进行积分解得。

增加附加横向机动过载 Δn_z 策略使飞行器减速并满足终端约束条件:

$$n_z = n_{z0} + \Delta n_z \tag{9.29}$$

式中, n_z 为增加了附加横向机动过载 Δn_z 的横向过载。

为了降低机动策略对制导精度的影响,采用正弦形式的机动过载控制策略,使飞行器在终端位置时,附加机动过载收缩到 0,具体形式如下:

$$\Delta n_z = \begin{cases} k_{\mathrm{v}}(V_{\mathrm{f}} - V_{\mathrm{f}}^*)\sin\left(2\pi\dfrac{L_{\mathrm{togo0}} - L_{\mathrm{togo}}}{L_{\mathrm{togo0}}}\right), & V_{\mathrm{f}} > V_{\mathrm{f}}^* \\ 0, & V_{\mathrm{f}} \leqslant V_{\mathrm{f}}^* \end{cases} \tag{9.30}$$

式中, k_{v} 为速度控制反馈系数; L_{togo0} 表示初始时刻的再入剩余航程。

4. 制导控制量

控制飞行器轨迹的制导指令可由所需的纵向和横向过载转换而来。攻角可由式(9.31)通过反插值解得,即

$$\frac{\rho V^2 S_{\mathrm{ref}} C_L}{2mg_0} = \sqrt{n_y^2 + n_z^2} \tag{9.31}$$

倾侧角可表示为

$$\sigma = \begin{cases} \arctan(n_z/n_y), & n_y \geqslant 0 \\ \arctan(n_z/n_y) - \pi, & n_y < 0 \ \& \ n_z \leqslant 0 \\ \arctan(n_z/n_y) + \pi, & n_y < 0 \ \& \ n_z \geqslant 0 \end{cases} \tag{9.32}$$

飞行器制导过程需要的控制变量可由式(9.31)和式(9.32)得到,从而完成了高超声速飞行器再入制导律的设计。

9.2.3 仿真验证

在本小节中,针对 X-33 型飞行器再入模型,在满足"硬约束"和"软约束"的条件下,通过仿真验证所设计的高超声速飞行器再入制导算法的有效性。

1. 仿真参数选择

对于给定的 X-33 型飞行器模型,选取飞行器再入初始时刻状态量的初始值为 $\boldsymbol{x}(0)=[h(0) \quad l_\theta(0) \quad l_\phi(0) \quad V(0) \quad \gamma(0) \quad \chi(0)]^{\mathrm{T}}=[70\ \mathrm{km} \quad 0° \quad 0° \quad 6\,500\ \mathrm{m/s} \quad 0° \quad 0°]^{\mathrm{T}}$。再入过程中所要求的路径约束和控制约束条件指标、终端约束条件及终端约束条件所允许的范围分别如表 9.1 和表 9.2 所示。

表 9.1 再入约束指标要求

约束条件	性能指标
热流率峰值 ($\dot{Q}_{smax}$)	800 km/m²
过载峰值 (N_{max})	4
动压峰值 ($\bar{q}_{max}$)	100 kPa
攻角范围 (α)	[5°, 35°]
倾侧角范围 (σ)	[−70°, 70°]

表 9.2 终端约束及其允许范围

终端约束	期望值	允许偏差范围
飞行速度(V)	1 000 m/s	±200 m/s
飞行高度(h)	25 km	±2 km
经度 (l_θ)	15°	±1°
纬度 (l_ϕ)	35°	±1°

飞行器终端飞行状态可由仿真计算得到: 飞行速度 $V=998.041\,4$ m/s; 飞行

高度 $h = 25.032\ \text{km}$；经度 $l_{\theta_f}^* = 14.988\ 6°$；纬度 $l_{\phi_f}^* = 14.988\ 6°$。以上终端飞行状态均在允许的误差范围内，故满足飞行器再入终端约束条件。

2. 仿真结果及分析

仿真曲线如图 9.2 和图 9.3 所示。由图 9.2 所示的高超声速飞行器三维再入轨迹曲线可以看出，在标称情况下，飞行器有着光滑稳定的三维再入轨迹。图 9.3 为飞行器再入飞行状态及控制变量的响应曲线。图 9.3(a) 为飞行高度-速度响应曲线，图中高超声速飞行器再入飞行轨迹满足所有再入路径约束条件。图 9.3(b) 为经度-纬度响应曲线。图 9.3(c) 为纵向/横向过载变量响应曲线。图 9.3(d) 为控制变量曲线，攻角和倾侧角均满足控制变量约束，并且控制变量没有突变，攻角和倾侧角曲线平滑。

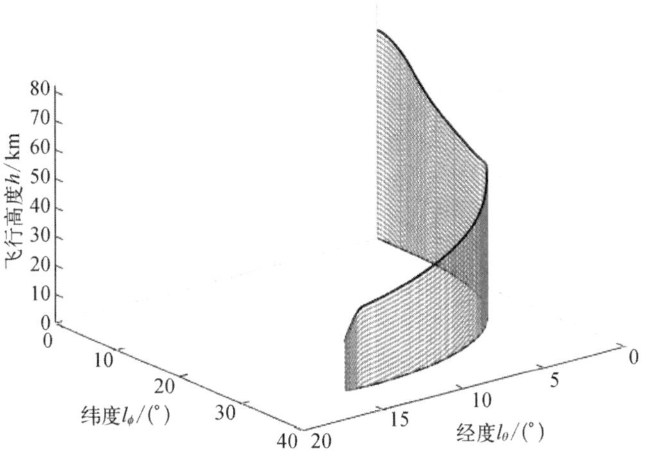

图 9.2　高超声速飞行器三维再入轨迹曲线

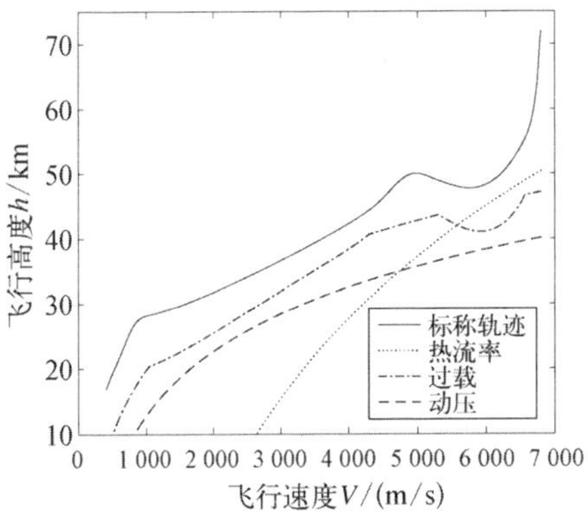

(a) 飞行高度-速度响应曲线

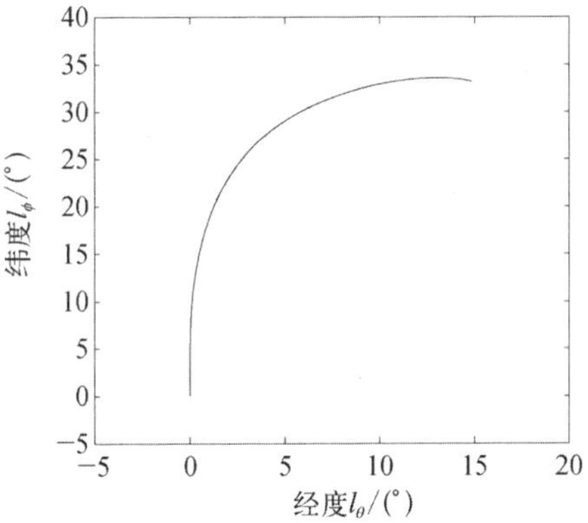

(b) 经度-纬度响应曲线

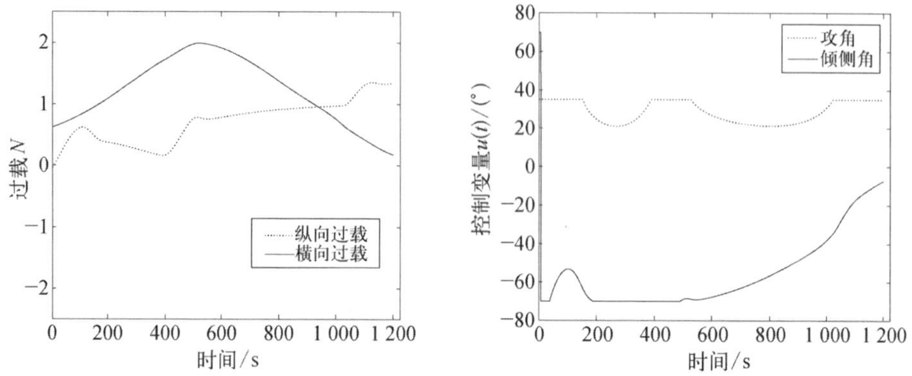

(c) 过载变量响应曲线　　(d) 控制变量曲线

图 9.3　再入飞行状态及控制变量的响应曲线

由图 9.2 和图 9.3 可以看出,标称情况下,再入飞行过程中所有的状态变量及控制变量均满足所有的约束条件,故本章所设计的基于反馈线性化的高超声速飞行器预测校正再入制导算法是有效的。

9.3　基于 NFTET 的再入容错制导

高超声速飞行器再入制导问题可描述为:基于简化的飞行器运动学模型,给定飞行器初始条件,在满足飞行路径约束条件下,通过适当调节制导控制量(攻角 α 和倾侧角 σ),将飞行器安全引导至终端允许范围内。高超声速飞行器发展的关键技术之一为先进制导与控制技术,当飞行器的再入条件发生改变、飞行器发生故障或任务重构时,制导系统必须具有强鲁棒性和强自适应调节能力,可以快速生成故障模式下满足任务要求的再入安全轨迹。

根据故障对飞行器再入飞行状态影响的严重程度以及故障下再入任务是否需要进行重构,飞行器故障可以划分为较小故障、较大故障、严重故障和灾难性故障四个等级。不同的故障类型对再入飞行性能造成的影响不同。对于较小故障和较大故障,不需要改变飞行任务,可以在线重构适合故障下飞行器的安全再入轨迹。飞行器发生严重故障时,需要改变再入任务,重新规划轨迹寻找新的着陆点以使飞行器能够安全再入返回。飞行器发生灾难性故障,会导致飞行器失事,飞行任务失败。本章主要考虑的是高超声速飞行器较小故障和较大故障下的轨迹重构问题。

文献[14]提出 NFTET，该定理指出在离线生成的最优标称轨迹附近存在满足约束条件的可行轨迹。本节考虑飞行器发生较小/较大故障的情况，结合反馈线性化控制思想和 NFTET，研究故障下的可行再入轨迹重构问题。

9.3.1　相邻可行轨迹存在定理

考虑以下非线性系统通式的形式：

$$\dot{\boldsymbol{x}}(t)=f(t,\ \boldsymbol{x}(t),\ \boldsymbol{u}(t),\ \boldsymbol{\lambda}(t)) \tag{9.33}$$

式中，$\boldsymbol{x}(t)\in\mathbf{R}^n$ 为状态向量；$\boldsymbol{u}(t)\in\mathbf{R}^m$ 为控制输入向量；$\boldsymbol{\lambda}(t)\in\mathbf{R}^p$ 为参数向量。

设标称情况下计算出的满足约束条件的最优解为 $(\boldsymbol{x}^*,\ \boldsymbol{u}^*)$，其中 $\boldsymbol{x}^*$ 为标称情况下轨迹的状态量，$\boldsymbol{u}^*$ 为控制量，满足 $\boldsymbol{x}_{\min}\leqslant\boldsymbol{x}^*\leqslant\boldsymbol{x}_{\max}$，$\boldsymbol{u}_{\min}\leqslant\boldsymbol{u}^*\leqslant\boldsymbol{u}_{\max}$。

定义控制输入的非线性通式的形式：

$$\boldsymbol{u}(t)=g(t,\ \boldsymbol{x}(t),\ \boldsymbol{\lambda}(t)) \tag{9.34}$$

假设 9.1　(1) 非线性系统(9.33)对应的状态方程在 $(t,\ \boldsymbol{x},\ \boldsymbol{\lambda})$ 为连续函数；

(2) 状态方程函数 f 关于状态量 $\boldsymbol{x}$ 局部 Lipschitz 连续，关于时间 t 和参数 $\boldsymbol{\lambda}$ 一致 Lipschitz 连续；

(3) 状态量和控制量集合为连续凸集合。

假设 9.2　对于非线性系统(9.33)而言，存在开环最优解 $\boldsymbol{x}^*(t)$ 和最优控制 $\boldsymbol{u}^*(t)$。

定理 9.1 (NFTET)[5]　(1) 对于非线性系统(9.33)的某个初始状态量 $\boldsymbol{z}(t_0)$(t_0 为初始时刻)，存在相邻可行轨迹状态量 $\boldsymbol{z}(t)$ 和控制量 $\boldsymbol{v}(t)$，满足

$$\sup\|\boldsymbol{z}(t)-\boldsymbol{x}^*(t)\|\leqslant K \tag{9.35}$$

式中，K 为上边界且为常值。

(2) 当非线性系统(9.33)中的参数 $\boldsymbol{\lambda}$ 由 $\boldsymbol{\lambda}_1$ 变化到 $\boldsymbol{\lambda}_2(\boldsymbol{\lambda}_2=\boldsymbol{\lambda}_1+\delta\boldsymbol{\lambda})$ 时，存在相邻可行轨迹 $\boldsymbol{z}(t)$ 和可行控制量 $\boldsymbol{v}(t)$，其中 $\boldsymbol{v}(t)$ 由式(9.36)决定：

$$\boldsymbol{v}(t)=\boldsymbol{u}^*(t)+\boldsymbol{G}(t)(\boldsymbol{Z}(t)-\boldsymbol{X}^*(t)) \tag{9.36}$$

式中，$\boldsymbol{Z}(t)=\begin{bmatrix}\boldsymbol{z}(t)\\ \boldsymbol{\lambda}_2\end{bmatrix}\in\mathbf{R}^{n+p}$ 为状态量 $\boldsymbol{z}(t)$ 的增广向量；$\boldsymbol{X}^*(t)=\begin{bmatrix}\boldsymbol{x}^*(t)\\ \boldsymbol{\lambda}_1\end{bmatrix}\in$

$\mathbf{R}^{n+p}$ 为状态量 $\boldsymbol{x}^*(t)$ 的增广向量；$\boldsymbol{G}(t)$ 为反馈增益矩阵，可由 $\boldsymbol{G}(t)=\delta\boldsymbol{U}\delta\bar{\boldsymbol{X}}^{-1}$ 计算得到，$\delta\bar{\boldsymbol{X}}\in\mathbf{R}^{(n+p)\times(n+p)}$ 为包含状态扰动 $\delta\boldsymbol{x}$ 和参数扰动 $\delta\boldsymbol{\lambda}$ 的偏差矩阵，$\delta\boldsymbol{U}\in\mathbf{R}^{m\times(n+p)}$ 为状态扰动和参数扰动导致的控制量偏差矩阵。

式(9.35)说明重构轨迹状态量与标称轨迹状态量在空间上相距的最大值不超过常值 K，也就是在故障情况下，重构之后的轨迹是在距离标称轨迹一定范围内的集合内，偏离距离不超过 K 的一系列可行轨迹。

NFTET 表明，当满足假设 9.1 和假设 9.2 的非线性系统发生状态扰动 $\delta\boldsymbol{x}$ 和参数扰动 $\delta\boldsymbol{\lambda}$ 时，存在相邻轨迹 $\boldsymbol{z}(t)$ 和控制量 $\boldsymbol{v}(t)$，可以通过 $\delta\boldsymbol{x}$ 和 $\delta\boldsymbol{\lambda}$ 计算得到。

由于重构系统轨迹实际的控制律是与 $(t,\ \boldsymbol{z},\ \boldsymbol{\lambda}_2)$ 相关的函数，根据式(9.34)的形式，$\boldsymbol{v}(t)=g(t,\ \boldsymbol{z},\ \boldsymbol{\lambda}_2)$ 为重构轨迹的控制量，标称情况下的控制量为 $\boldsymbol{u}^*(t)=g(t,\ \boldsymbol{x}^*,\ \boldsymbol{\lambda}_1)$，对该函数在 $(\boldsymbol{x}^*,\ \boldsymbol{\lambda}_1)$ 处进行泰勒级数展开：

$$
\begin{aligned}
\boldsymbol{v}(t) &= g(t,\ \boldsymbol{z},\ \boldsymbol{\lambda}_2)=g(t,\ \boldsymbol{x}^*+\delta\boldsymbol{x},\ \boldsymbol{\lambda}_1+\delta\boldsymbol{\lambda}) \\
&= g(t,\ \boldsymbol{x}^*,\ \boldsymbol{\lambda}_1)+\frac{\partial g}{\partial \boldsymbol{x}}\delta\boldsymbol{x}+\frac{\partial g}{\partial \boldsymbol{\lambda}}\delta\boldsymbol{\lambda}+\text{H.O.T} \\
&= \boldsymbol{u}^*+\frac{\partial g}{\partial \boldsymbol{x}}(z-\boldsymbol{x}^*)+\frac{\partial g}{\partial \boldsymbol{\lambda}}(\boldsymbol{\lambda}_2-\boldsymbol{\lambda}_1)+\text{H.O.T} \\
&= \boldsymbol{u}^*+\begin{bmatrix}\dfrac{\partial g}{\partial \boldsymbol{x}} & \dfrac{\partial g}{\partial \boldsymbol{\lambda}}\end{bmatrix}\left(\begin{bmatrix} z \\ \boldsymbol{\lambda}_2\end{bmatrix}-\begin{bmatrix}\boldsymbol{x}^* \\ \boldsymbol{\lambda}_1\end{bmatrix}\right)+\text{H.O.T} \\
&= \boldsymbol{u}^*+\boldsymbol{G}(\boldsymbol{Z}-\boldsymbol{X}^*)+\text{H.O.T}
\end{aligned}
\tag{9.37}
$$

对展开式(9.37)中的函数 $g(t,\ \boldsymbol{z},\ \boldsymbol{\lambda}_2)$ 求关于 $(\boldsymbol{x}^*,\ \boldsymbol{\lambda}_1)$ 的一阶偏导数，将其提取出来组成反馈增益矩阵：

$$
\boldsymbol{G}=\begin{bmatrix}\dfrac{\partial \boldsymbol{g}}{\partial \boldsymbol{x}} & \dfrac{\partial \boldsymbol{g}}{\partial \boldsymbol{\lambda}}\end{bmatrix}\in\mathbf{R}^{m\times(n+p)}
\tag{9.38}
$$

用 H.O.T 表示式(9.37)中二阶及二阶以上偏微分高次项。如果状态量扰动 $\delta\boldsymbol{x}$ 和系统参数扰动 $\delta\boldsymbol{\lambda}$ 足够小，则可以忽略在 $(\boldsymbol{x}^*,\ \boldsymbol{\lambda}_1)$ 处展开式中的高次项 H.O.T；反之，则不能忽略。因此，在忽略 H.O.T 的情况下可以将泰勒级数展开式化简得到式(9.36)。

对式(9.34)求其在 $(t,\ \boldsymbol{x},\ \boldsymbol{\lambda})$ 处的偏微分，因为对于任意 $t\in[t_0,\ t_{\mathrm{f}}]$($t_{\mathrm{f}}$ 为结束时间)，可认为时间偏差 δt 为 0，所以可以得到

$$\delta \boldsymbol{u} = \frac{\partial g}{\partial \boldsymbol{x}}\delta \boldsymbol{x} + \frac{\partial g}{\partial \lambda}\delta \boldsymbol{\lambda} = \begin{bmatrix} \dfrac{\partial g}{\partial \boldsymbol{x}} & \dfrac{\partial g}{\partial \boldsymbol{\lambda}} \end{bmatrix} \begin{bmatrix} \delta \boldsymbol{x} \\ \delta \boldsymbol{\lambda} \end{bmatrix} = \boldsymbol{G}\delta \boldsymbol{X} \tag{9.39}$$

由于反馈增益矩阵 $\boldsymbol{G}$ 中的一阶偏微分包含非线性方程对变量的偏微分，很难实现直接求解，文献[14]中给出一种间接求取反馈增益矩阵 $\boldsymbol{G}$ 的方法。令 $\delta \boldsymbol{X}^i \in \mathbf{R}^{n+p}$ 为对应第 i 组状态及参数扰动的列向量，$\delta \boldsymbol{u}^i \in \mathbf{R}^m$ 为相应的控制量偏差，构造 $\delta \bar{\boldsymbol{X}} = [\delta \boldsymbol{X}^1,\ \delta \boldsymbol{X}^2,\ \cdots,\ \delta \boldsymbol{X}^{n+p}] \in \mathbf{R}^{(n+p)\times(n+p)}$，$\delta \boldsymbol{U} = [\delta \boldsymbol{u}^1,\ \delta \boldsymbol{u}^2,\ \cdots,\ \delta \boldsymbol{u}^{n+p}] \in \mathbf{R}^{m\times(n+p)}$。若 $\delta \bar{\boldsymbol{X}}$ 为非奇异矩阵，则反馈增益矩阵 $\boldsymbol{G}$ 可通过式(9.40)计算得到：

$$\boldsymbol{G}(t) = \delta \boldsymbol{U}\delta \bar{\boldsymbol{X}}^{-1} \tag{9.40}$$

矩阵 $\delta \bar{\boldsymbol{X}}$ 的非奇异性可以通过选择 $n+p$ 组线性不相关的状态及参数扰动保证。

9.3.2　较小故障下的再入容错制导

基于简化的再入运动学模型，对于 NFTET 的应用进行可行性分析。本小节将 NFTET 运用于高超声速飞行器再入平移运动模型，对定理的假设条件进行说明，并分析再入飞行器针对 NFTET 的满足情况，证明当高超声速飞行器发生较小故障时，实际再入运动学模型仍满足 NFTET 所假设的条件，即说明相邻可行轨迹存在，飞行器能够实时进行轨迹重构完成自主容错制导任务，实现飞行器再入安全制导[6,7]。

1. 理论分析

因为再入制导过程的简化运动学状态方程式均由初等函数组成，所以满足 9.4.1 节假设 9.1(1)中是连续函数的条件；将非线性的运动模型式(2.46)写成如式(9.33)所示的非线性系统通式的形式：

$$\dot{\boldsymbol{x}}(t) = f(t,\ \boldsymbol{x}(t),\ \boldsymbol{\lambda}(t)) \tag{9.41}$$

式中，$\boldsymbol{x} = [h \quad l_\theta \quad l_\phi \quad V \quad \gamma \quad \chi]^{\mathrm{T}} \in \mathbf{R}^6$ 表示飞行轨迹的轨迹状态量，$\boldsymbol{\lambda}$ 泛指飞行器的气动参数。

再入制导控制输入 $\boldsymbol{u} = [\alpha \quad \sigma]^{\mathrm{T}}$ 写成如式(9.34)所示的非线性通式的形式：

$$\boldsymbol{u}(t) = g(t,\ \boldsymbol{x}(t),\ \boldsymbol{\lambda}(t)) \tag{9.42}$$

轨迹状态量以及气动参数在整个再入准平衡滑翔过程中的变化都是连续的，不存在突变，所以 $\dot{\boldsymbol{x}}$ 的值随时间连续变化，即函数 f 为连续函数。因为再入轨迹光滑，对于局部一定范围内的状态量 $\boldsymbol{x}_1$ 和 $\boldsymbol{x}_2$，可以合理假设存在足够大的常数 M，满足如下不等式：

$$\| f(\boldsymbol{x}_1) - f(\boldsymbol{x}_2) \| \leqslant M \| \boldsymbol{x}_1 - \boldsymbol{x}_2 \| \tag{9.43}$$

即函数 f 满足对状态量 $\boldsymbol{x}$ 局部 Lipschitz 连续。

由上述的论证过程可知，函数 f 为 Lipschitz 函数，满足假设 9.1(2)，又由于 Lipschitz 函数是一类凸函数，所以满足连续凸集合，即满足假设 9.1(3)。

由上述理论分析可知，以 X-33 型高超声速飞行器为研究对象的再入制导系统满足 NFTET 的假设条件，因此适用于简化运动学模型的容错制导算法可以基于 NFTET 进行设计[16]。

2. 容错制导律设计

将 $\boldsymbol{u}^* = [\alpha^* \quad \sigma^*]^{\mathrm{T}}$ 设为标称情况下再入制导的控制变量。故障情况下，再入重构轨迹的控制变量为 $\boldsymbol{u}_{\mathrm{FTG}} = [\alpha_{\mathrm{FTG}} \quad \sigma_{\mathrm{FTG}}]^{\mathrm{T}}$。本节设计采用固定攻角模型，仅对倾侧角进行重构，则对 X-33 型高超声速飞行器为研究对象的系统，基于 NFTET 将式(9.36)应用在实际模型中的表达式为

$$\sigma_{\mathrm{FTG}} = \sigma^* + \boldsymbol{G}(\boldsymbol{Z} - \boldsymbol{X}^*) \tag{9.44}$$

式中，$\boldsymbol{G}$ 的意义与 NFTET 描述的一致；$\boldsymbol{Z} = \begin{bmatrix} \boldsymbol{z} \\ \boldsymbol{\lambda} \end{bmatrix}$；$\boldsymbol{X}^* = \begin{bmatrix} \boldsymbol{x}^* \\ \boldsymbol{\lambda}^* \end{bmatrix}$；$\boldsymbol{z} = [h \quad l_\theta \quad l_\phi \quad V \quad \gamma \quad \chi]^{\mathrm{T}}$；$\boldsymbol{\lambda} = [C_L \quad C_D]^{\mathrm{T}}$，为重构前后状态向量与气动参数的增广向量。

为了计算反馈增益矩阵 $\boldsymbol{G}$，本小节采用标称轨迹在初始状态和气动系数出现扰动的一些情况下的飞行数据。选取 8 组状态量及参数扰动偏差组成增广状态偏差向量 $\delta \boldsymbol{X}^i$：

$$\begin{aligned} \delta \boldsymbol{X}^i &= [\delta h^i \quad \delta l_\theta^i \quad \delta l_\phi^i \quad \delta V^i \quad \delta \gamma^i \quad \delta \chi^i \quad \delta C_L^i \quad \delta C_D^i]^{\mathrm{T}}, \quad i = 1, 2, \cdots, 8 \\ &= [h^i - h^* \quad l_\theta^i - l_\theta^* \quad l_\phi^i - l_\phi^* \quad V^i - V^* \quad \gamma^i - \gamma^* \quad \chi^i - \chi^* \\ &\quad\ C_L^i - C_L^* \quad C_D^i - C_D^*]^{\mathrm{T}} \end{aligned}$$

构造求解 $\boldsymbol{G}$ 的矩阵 $\delta \bar{\boldsymbol{X}}$：

$$\delta\bar{\boldsymbol{X}} = [\delta\boldsymbol{X}^1 \quad \delta\boldsymbol{X}^2 \quad \cdots \quad \delta\boldsymbol{X}^8] = \begin{bmatrix} \delta h^1 & \delta h^2 & \cdots & \delta h^8 \\ \delta l_\theta^1 & \delta l_\theta^2 & \cdots & \delta l_\theta^8 \\ \delta l_\phi^1 & \delta l_\phi^2 & \cdots & \delta l_\phi^8 \\ \delta V^1 & \delta V^2 & \cdots & \delta V^8 \\ \delta\gamma^1 & \delta\gamma^2 & \cdots & \delta\gamma^8 \\ \delta\chi^1 & \delta\chi^2 & \cdots & \delta\chi^8 \\ \delta C_L^1 & \delta C_L^2 & \cdots & \delta C_L^8 \\ \delta C_D^1 & \delta C_D^2 & \cdots & \delta C_D^8 \end{bmatrix}$$

$$\delta\boldsymbol{\sigma} = [\sigma^1 - \sigma^* \quad \sigma^2 - \sigma^* \quad \cdots \quad \sigma^8 - \sigma^*]$$

式中,上标 1~8 表示 8 组偏差作用下所对应的轨迹状态量、气动参数和控制量(倾侧角 σ)。通过式(9.40)可计算出反馈增益矩阵 $\boldsymbol{G} = \delta\boldsymbol{\sigma}\delta\bar{\boldsymbol{X}}^{-1}$。

在某个时间点 $t_s \in [t_0, t_f]$ 矩阵 $\delta\bar{\boldsymbol{X}}$ 可能为奇异矩阵,因此 $\delta\bar{\boldsymbol{X}}^{-1}$ 不存在。为了保证矩阵 $\delta\boldsymbol{X}$ 始终是非奇异的,把该点时刻的矩阵 $\delta\bar{\boldsymbol{X}}(t_s)$ 用其前一时间点的矩阵替换。

故障下采用容错制导算法进行轨迹重构后的新轨迹对应控制量 σ_{FTG} 可以通过上述过程求解得到,同时求出的倾侧角的值必须满足如下约束条件:

$$\sigma = \begin{cases} \sigma_{\min}, & \sigma_{FTG} < \sigma_{\min} \\ \sigma_{FTG}, & \sigma_{\min} \leqslant \sigma_{FTG} \leqslant \sigma_{\max} \\ \sigma_{\max}, & \sigma_{FTG} > \sigma_{\max} \end{cases} \tag{9.45}$$

式中,$\sigma_{\max}$ 和 $\sigma_{\min}$ 分别为倾侧角约束的上下边界。最后,将 σ 代入运动方程式中可得故障下进行重构之后新的相邻可行轨迹。

9.3.3　较大故障下的再入容错制导

本小节考虑飞行器发生较大故障时,高超声速飞行器的安全再入飞行问题。针对此问题提出基于 NFTET 的鲁棒在线轨迹重构算法。9.3.2 节设计的轨迹重构算法在进行泰勒展开时,忽略了二阶以上的高阶偏微分项,只适用于发生较小故障的情况。此外,9.3.2 节采用的是固定攻角模型,而再入实际飞行模型包含两个系统控制输入变量:攻角 α 和倾侧角 σ。本节在 9.3.2 节的基础上考虑较大故障导致的较大偏差,对攻角 α 和倾侧角 σ 同时进行更新,设计鲁棒轨迹重构算法,保证飞行器在较大故障下仍能以较高精度安全着陆,实现较大故障下多输入系统的轨迹重构和容错制导[17]。仿真结果表明,本小节改进的算法提高了飞行器的自主容错能力,能够有效地解决飞行器较大故障下的安全再入轨迹重构问题。

1. 改进理论

9.3.2 节仅考虑了非线性系统的一阶泰勒展开偏微分项,二阶泰勒展开偏微分项及以上高阶项被忽略,其控制算法只适用于一个较小范围内的状态扰动偏差,能够在较小故障下实现飞行器的安全再入飞行。当状态变量偏差足够小时,可直接应用 9.3.1 节中的 NFTET,利用式(9.36)对轨迹控制律进行线性逼近,从而实现控制律的重构设计。当飞行器发生较大故障时,系统展开的高阶项不能被忽略,为了补偿线性逼近带来的误差影响,增加二阶项的微分补偿项 $\boldsymbol{u}_{\mathrm{s}}(t)$,则再入系统重构控制量可表示为

$$\boldsymbol{u}_{\mathrm{FTG}}(t)=\boldsymbol{u}^{*}(t)+\boldsymbol{G}(t)(\boldsymbol{Z}(t)-\boldsymbol{X}^{*}(t))+\boldsymbol{u}_{\mathrm{s}}(t) \tag{9.46}$$

式中,补偿项 $\boldsymbol{u}_{\mathrm{s}}(t)$ 为式(9.37)中的二阶微分控制项,即

$$\boldsymbol{u}_{\mathrm{s}}(t)=\frac{1}{2}\delta\boldsymbol{X}^{\mathrm{T}}(t)\left(\frac{\partial^{2}\boldsymbol{u}^{*}}{\partial\boldsymbol{X}^{2}}(t)\right)\delta\boldsymbol{X}(t) \tag{9.47}$$

再入制导运动学模型为多控制输入系统,由于控制量二阶偏微分项的计算较复杂,因此分别计算单个输入二阶微分项的值。用 $x_{n+1},\ \cdots,\ x_{n+p}$ 表示新的状态量即系统的特征参数 $\boldsymbol{\lambda}(t)$ 且新的状态向量 $\boldsymbol{X}(t)\in\mathbf{R}^{n+p}$。因此,控制输入表达式(9.37)中第 $j(j=1,\ 2,\ \cdots,\ m)$ 个控制输入的二阶偏微分项可扩展为

$$\delta\boldsymbol{X}^{\mathrm{T}}\frac{\partial^{2}u_{j}^{*}(t)}{\partial\boldsymbol{X}^{2}(t)}\delta\boldsymbol{X}=
\begin{bmatrix}\delta x_{1} & \delta x_{2} & \cdots & \delta x_{n+p}\end{bmatrix}
\begin{bmatrix}
\dfrac{\partial^{2}u_{j}^{*}}{\partial x_{1}^{2}} & \dfrac{\partial^{2}u_{j}^{*}}{\partial x_{1}\partial x_{2}} & \cdots & \dfrac{\partial^{2}u_{j}^{*}}{\partial x_{1}\partial x_{n+p}}\\
\dfrac{\partial^{2}u_{j}^{*}}{\partial x_{2}\partial x_{1}} & \dfrac{\partial^{2}u_{j}^{*}}{\partial x_{2}^{2}} & \cdots & \dfrac{\partial^{2}u_{j}^{*}}{\partial x_{2}\partial x_{n+p}}\\
\vdots & \vdots & & \vdots\\
\dfrac{\partial^{2}u_{j}^{*}}{\partial x_{n+p}\partial x_{1}} & \dfrac{\partial^{2}u_{j}^{*}}{\partial x_{n+p}\partial x_{2}} & \cdots & \dfrac{\partial^{2}u_{j}^{*}}{\partial x_{n+p}^{2}}
\end{bmatrix}
\begin{bmatrix}\delta x_{1}\\ \delta x_{2}\\ \vdots\\ \delta x_{n+p}\end{bmatrix} \tag{9.48}$$

式中,矩阵为 $(n+p)\times(n+p)$ 的二阶增益对称矩阵。因此,可将式(9.48)进行展开:

$$\begin{aligned}\delta X^{\mathrm{T}}\frac{\partial^2 u_j^*(t)}{\partial X^2(t)}\delta X=&\frac{\partial^2 u_j^*}{\partial x_1^2}\delta x_1\delta x_1+2\left(\frac{\partial^2 u_j^*}{\partial x_1\partial x_2}\delta x_1\delta x_2+\cdots+\frac{\partial^2 u_j^*}{\partial x_1\partial x_{n+p}}\delta x_1\delta x_{n+p}\right)\\&+\frac{\partial^2 u_j^*}{\partial x_2^2}\delta x_2\delta x_2+2\left(\frac{\partial^2 u_j^*}{\partial x_2\partial x_3}\delta x_2\delta x_3+\cdots+\frac{\partial^2 u_j^*}{\partial x_2\partial x_{n+p}}\delta x_2\delta x_{n+p}\right)\\&\vdots\\&+\frac{\partial^2 u_j^*}{\partial x_{n+p}^2}\delta x_{n+p}\delta x_{n+p}\end{aligned}\tag{9.49}$$

由于有限差分方程在计算控制增益函数时具有简便灵活的特点,可逐步计算增益矩阵中的单个元素,因此可通过二阶有限差分逼近二阶微分。标称轨迹的光滑连续控制量函数信息 $\boldsymbol{u}^*(x_i)$ 可由系统光滑连续的标称轨迹 $(\boldsymbol{X}^*,\boldsymbol{u}^*)$ 获得。因此,控制量扩展二阶增益元素的标准有限差分表达式为

$$\begin{aligned}\frac{\partial^2\boldsymbol{u}^*}{\partial x_i^2}&\approx\frac{\boldsymbol{u}^*(x_i^*+2\Delta x_i)-2\boldsymbol{u}^*(x_i^*+\Delta x_i)+\boldsymbol{u}^*(x_i^*)}{|\Delta x_i^2|}\\&\approx\frac{\boldsymbol{u}^*(x_i^*+2\Delta x_i)-2\boldsymbol{u}^*(x_i^*)+\boldsymbol{u}^*(x_i^*-2\Delta x_i)}{|\Delta x_i^2|}\end{aligned}\tag{9.50}$$

$$\begin{aligned}\frac{\partial^2\boldsymbol{u}^*}{\partial x_i x_j}\approx&[\boldsymbol{u}^*(x_i^*+\Delta x_i+\Delta x_j)-\boldsymbol{u}^*(x_i^*+\Delta x_i-\Delta x_j)\\&-\boldsymbol{u}^*(x_i^*-\Delta x_i+\Delta x_j)+\boldsymbol{u}^*(x_i^*-\Delta x_i-\Delta x_j)]\cdot\frac{1}{|4\Delta x_i\Delta x_j|}\end{aligned}\tag{9.51}$$

式中, $\boldsymbol{u}^*(x_i^*+\Delta x_i+\Delta x_j)$ 表示控制量函数信息 $\boldsymbol{u}^*(x_i)$ 在 $x_i=x_i^*+\Delta x_i+\Delta x_j$ 处的控制输入信息,其余控制输入信息与之类似。前项差分和中心差分表达式分别由式(9.50)和式(9.51)给出。

式(9.50)和式(9.51)中,偏微分的求解精度与有限差分间隔 Δx_i 的大小有关,可根据轨迹生成算法已知或期望的精度确定有限差分间隔 Δx_i 的大小。在控制过程中,由状态偏差 $\delta\boldsymbol{x}$ 引起的控制量偏差小于所允许控制量扰动最大值 $\delta\boldsymbol{u}_{\max}$, 即

$$\|\delta\boldsymbol{u}\|\leqslant\delta\boldsymbol{u}_{\max}\tag{9.52}$$

一般而言，在初始阶段扰动偏差较大，结束时的扰动偏差可以通过补偿减小。所需要的控制量扰动 $\delta\boldsymbol{u}$ 随着状态量偏差 $\delta\boldsymbol{x}$ 的增大而增大。由于控制过程中，状态量扰动逐渐减小，控制量扰动幅度可利用连续递减的有限差分间隔 Δx_i 控制策略维持恒定。本小节采用的有限差分间隔控制策略为

$$\Delta x_i = \frac{1}{2}\delta x_i \tag{9.53}$$

控制变量的二阶增益元素可通过逐步迭代所设计的有限差分间隔控制策略获得，结合 9.3.1 节中 NFTET 求得的反馈增益矩阵，通过式(9.46)获得重构控制量的解，可以实现较大偏差故障下的轨迹重构。

2. 容错制导律设计

针对飞行器的较大故障，这里进行再入轨迹重构设计。是否忽略控制量高阶偏微分项可根据非线性系统中控制量展开式中状态偏差的大小确定：较小故障情况下，可以忽略二阶及以上高阶项，获得简化算法[式(9.36)]；较大故障情况下，采用鲁棒重构算法[式(9.46)]增加高阶偏微分项。根据实际飞行与标称轨迹各个状态变量或气动参数之间的偏差大小，在满足约束条件 $\sup\|\boldsymbol{z}(t)-\boldsymbol{x}^*(t)\| \leqslant K$ 前提下，将较大故障下状态量或气动参数等的偏差程度分为较小偏差情况和较大偏差情况，即

$$\begin{cases} 0 < |\Delta x_k| \leqslant K_{k1}, & \text{较小偏差} \\ K_{k1} < |\Delta x_k| \leqslant K_{k2}, & \text{较大偏差} \end{cases}$$

式中，Δx_k 为定义各变量的扰动偏差模型，状态量偏差设定分别为 Δh、ΔV、Δl_θ 和 Δl_ϕ，气动参数偏差为 ΔC_L 和 ΔC_D。K_{k1} 和 K_{k2} 分别表示相应的状态量或气动参数较小偏差和较大偏差所允许的上下界，且 $K_{k1} < K_{k2}$。注意，当飞行器正常或发生轻微故障时，$\Delta x_k = 0$ 或 Δx_k 足够小；本章不考虑约束条件 $\sup\|\boldsymbol{z}(t)-\boldsymbol{X}^*(t)\| > K$，这表示飞行器发生了严重故障。

将 NFTET 应用于故障下飞行器实际再入飞行制导模型中，设计再入轨迹重构。对于飞行器再入制导问题，系统的状态变量为 $\boldsymbol{z} = [h \quad l_\theta \quad l_\phi \quad V \quad \gamma \quad \chi]^{\mathrm{T}}$，重构后的控制变量为 $\boldsymbol{u}_{\mathrm{FTG}} = [\alpha_{\mathrm{FTG}} \quad \sigma_{\mathrm{FTG}}]^{\mathrm{T}}$。故障对飞行器性能的影响最终反映在气动参数的改变上，故选择气动参数 C_D 与 C_L 作为轨迹重构算法中可变的特征参数 $\boldsymbol{\lambda}$，扩张状态变量 $\boldsymbol{Z} = [\boldsymbol{z}^{\mathrm{T}} \quad \boldsymbol{\lambda}^{\mathrm{T}}]^{\mathrm{T}}$。将改进后的 NFTET 应用于实际再入制导模型，则重构控制律为

$$\boldsymbol{u}_{\mathrm{FTG}}=\begin{bmatrix}\alpha_{\mathrm{FTG}}\\ \sigma_{\mathrm{FTG}}\end{bmatrix}=\begin{bmatrix}\alpha^{*}\\ \sigma^{*}\end{bmatrix}+\boldsymbol{G}(\boldsymbol{Z}-\boldsymbol{X}^{*})+\boldsymbol{u}_{\mathrm{s}}(t) \tag{9.54}$$

式中，$\boldsymbol{u}_{\mathrm{s}}(t)=[\alpha_s\quad\sigma_s]^{\mathrm{T}}$；$\boldsymbol{G}$ 为 NFTET 的反馈增益矩阵。

计算反馈增益矩阵 $\boldsymbol{G}$ 的算法步骤与 9.3.1 节相同，这里不再赘述。

由 NFTET 鲁棒轨迹重构算法，并根据故障所引起的状态偏差，合理地选择有限差分间隔 Δx_i；各二阶项微分系数可由标准有限差分表达式计算得到；根据当前状态偏差以及微分系数计算出各扩展二阶项，获得二阶偏微分补偿项 $\boldsymbol{u}_{\mathrm{s}}(t)$。

不同的制导律重构方法可根据不同故障下偏差的大小来选择，较小偏差下，补偿项 $\boldsymbol{u}_{\mathrm{s}}(t)$ 可忽略，采用简化算法(9.36)重构制导律；较大偏差下，加入补偿项 $\boldsymbol{u}_{\mathrm{s}}(t)$，此时的重构制导律可通过鲁棒重构算法(9.46)求得。针对某一确定的故障，易获得初始飞行状态与标称轨迹之间的偏差，在满足其控制约束条件的情况下初始位置控制变量 α_{FTG} 和 σ_{FTG} 可由式(9.54)获得，迭代更新飞行状态量，重复计算反馈增益矩阵 $\boldsymbol{G}$、当前飞行偏差、二阶补偿项以及重构控制量，直至飞行器安全抵达终端位置，从而实现较小/较大偏差故障下的安全轨迹重构。

9.3.4　仿真验证

本小节利用 MATLAB 仿真软件，针对 X－33 再入模型，分别验证基于 NFTET 所设计的较小偏差故障和较大偏差故障下轨迹重构算法的有效性。

1）仿真参数选择

本小节算法的仿真条件与标称再入制导算法的仿真条件相同，初始条件、终端条件、约束条件以及仿真环境等参数详见 9.2.3 节。

2）仿真方案设计

当飞行器发生故障时，气动参数发生明显改变，为了保证飞行器安全可靠地飞行至终端位置，必须进行再入轨迹重构以恢复原再入飞行任务。考虑如下故障：故障 1 为较小偏差故障即双垂直方向舵故障；故障 2 为较大偏差故障即机身襟翼故障。将以上两种故障下的气动系数引入实际再入模型对轨迹重构算法进行验证。

3）仿真结果及分析

图 9.4 和图 9.5 所示的轨迹曲线包括再入标称轨迹、故障下未重构轨迹以及分别采用式(9.44)和式(9.46)重构算法生成的故障下重构轨迹。图 9.4 为双垂

直方向舵较小偏差故障 1 下的仿真曲线。当飞行器发生较小偏差故障时，飞行器将偏离原标称轨迹且不满足飞行终端约束条件，若不进行轨迹重构会导致再入制导任务失败。由图 9.4 可知，当方向舵发生故障时，采用简化算法或鲁棒重构算法对不满足终端约束的轨迹曲线进行重构，重构后的轨迹曲线均能以较高精度按照预定的再入任务飞行至终端位置。

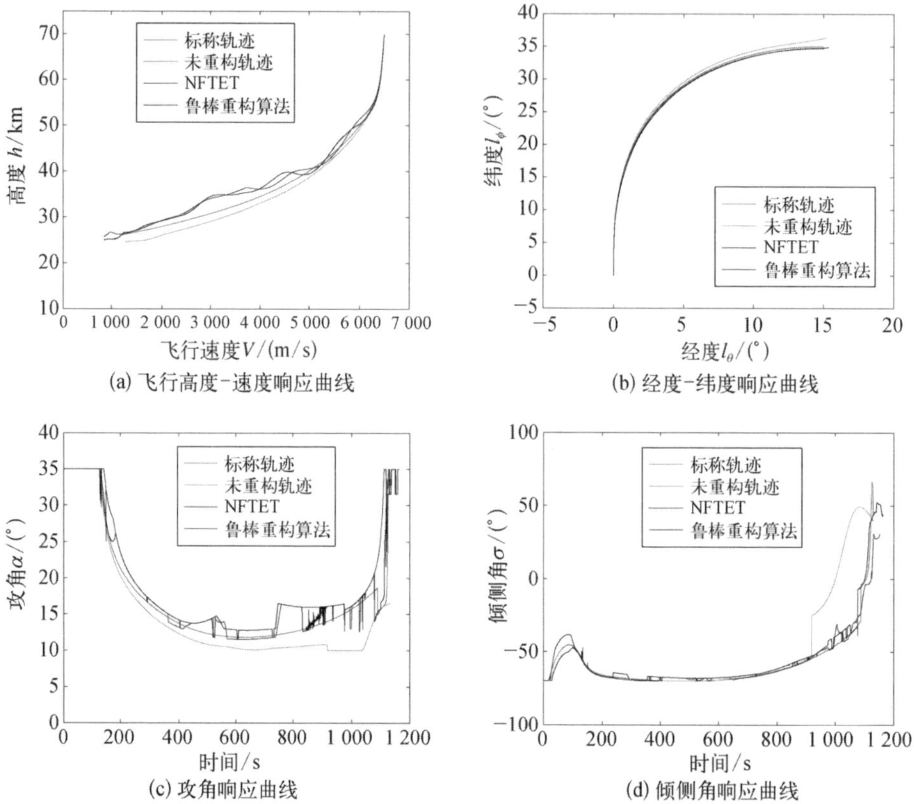

图 9.4　较小偏差故障下重构轨迹

图 9.5 为较大偏差故障 2 下的仿真历史曲线。当飞行器发生较大偏差故障时，飞行轨迹严重偏离标称轨迹，若不进行轨迹重构会导致再入任务失败。由图 9.5 可知，机身襟翼发生故障时，采用鲁棒在线重构算法能使飞行器按预定的再入任务飞行至终端。飞行器发生较大偏差故障时，标称轨迹与轨迹重构前后的轨迹终端状态如表 9.3 所示，表中阴影部分数据表示终端状态不满足再入终端约束条件。

从图 9.4 和图 9.5 所示的攻角和倾侧角控制变量曲线可以看出，当飞行器发

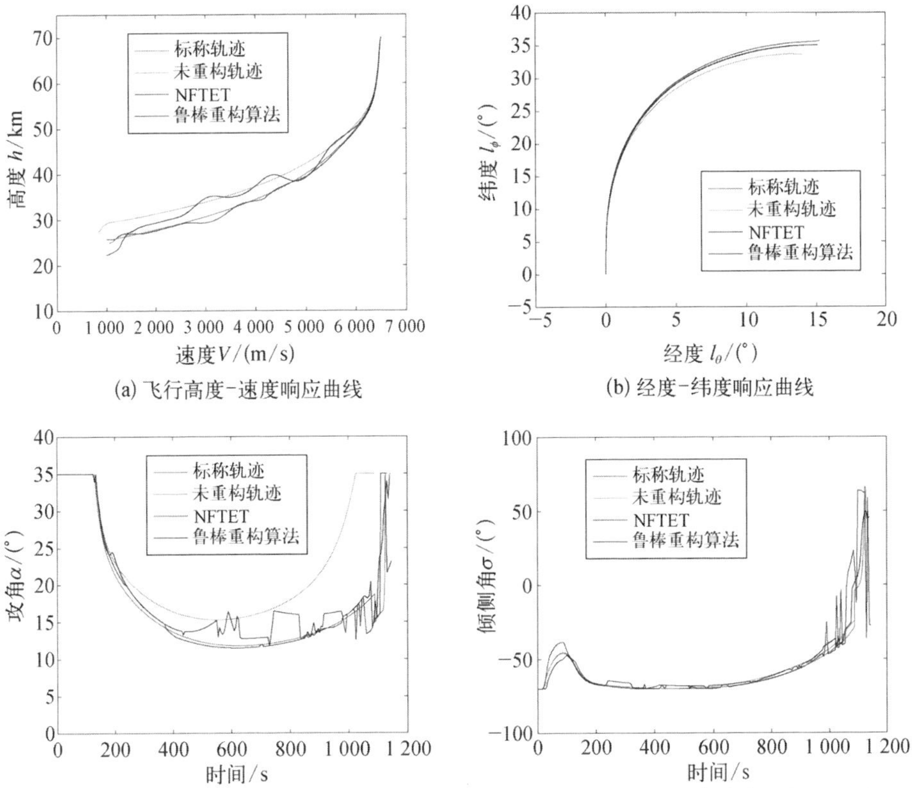

(a) 飞行高度-速度响应曲线　(b) 经度-纬度响应曲线

(c) 攻角响应曲线　(d) 倾侧角响应曲线

图 9.5　较大偏差故障下重构轨迹

生故障时，控制量曲线的平滑性较差，这是因为故障下，为了使飞行器能够恢复原来的再入飞行任务，重构后的控制变量需要结合故障偏差信息实时调节 NFTET 反馈增益矩阵或补偿项。

表 9.3　较大偏差故障 2 条件下不同方法的飞行轨迹终端状态

终端状态	速度 V/(m/s)	高度 h/km	经度 l_θ/(°)	纬度 l_ϕ/(°)
标称轨迹	998.041 4	25.032	14.988 6	35.031 1
未重构轨迹	881.803 1	28.036	13.917 1	33.592 5
简化 NFTET 算法	986.454 7	22.339	15.293 3	35.666 7
鲁棒重构算法	1003.346 6	25.770	15.126 0	35.053 5

在相同环境下（主频 3.20 GHz 的戴尔 OptiPlex 7010 Mini Tower 计算机，于 Windows 7 操作系统运行 MATLAB 2014a 软件），通过大量的仿真试验，经测算采

用不同算法生成再入轨迹的算法 CPU 平均执行时间如表 9.4 所示。

表 9.4 各算法的 CPU 平均执行时间

算　　法	执行时间/s
反馈线性预测校正算法	2.242
预测校正算法	5.272
简化 NFTET 算法	8.758
鲁棒重构算法	15.593

由于鲁棒重构算法中加入了二阶微分项,其算法的复杂度高,CPU 执行时间相对较长。所以,在满足再入任务及约束条件的前提下,进行再入轨迹重构设计时,应充分考虑算法的执行效率。

针对不同类型的飞行器故障,可根据偏差的大小合理选择轨迹重构算法。当飞行器发生较小偏差故障时,为了完成预定的再入飞行任务,可以采用简化算法或鲁棒重构算法重构轨迹,采用鲁棒重构算法重构轨迹时,算法复杂度高、执行效率低。因此,较小偏差故障下,采用重构算法执行效率较高的简化算法就可完成较小偏差故障下的轨迹重构,不需要扩展 NFTET 二阶及以上的微分项。当发生较大偏差故障时,简化重构算法无法完成原再入飞行任务,较大偏差故障下轨迹重构可通过鲁棒重构算法实现,完成再入飞行任务,从而实现高超声速飞行器较小/较大偏差故障下的安全再入轨迹重构设计。

算法的鲁棒性及冗余程度可以通过大量仿真生成满足飞行任务及约束条件的再入轨迹验证。仿真分析各个状态或参数扰动偏差对飞行任务的影响。不同的扰动偏差和算法所生成的轨迹不尽相同。当扰动偏差超出某一范围时,可能对飞行轨迹产生很大的影响,飞行轨迹将不再满足期望的终端约束或路径约束条件,导致飞行器再入任务失败。通过大量的仿真,表 9.5 给出了各种再入制导与轨迹重构算法所适用的扰动偏差允许变化范围。

表 9.5 初始条件下随机偏差的变化范围

扰动范围	反馈线性预测校正算法	简化 NFTET 算法	鲁棒轨迹重构算法
高度(h)	−7.1%～+7.7%	−15.6%～+12.1%	−19.3%～+14.5%
速度(V)	−5.2%～+1.8%	−10.2%～+6.9%	−17.4%～+9.1%
经度 l_θ/(°)	−2.7～3.4	−4.0～4.1	−5.8～4.6
纬度 l_ϕ/(°)	−4.6～2.7	−5.8～4.2	−6.2～4.9

（续表）

扰动范围	反馈线性预测校正算法	简化 NFTET 算法	鲁棒轨迹重构算法
l_θ 和 l_ϕ/(°)	−2.6～4.6	−3.5～5.0	−3.8～5.4
升力系数(C_L)	−3%～+5.2%	−6.4%～+9.8%	−8.5%～+12.6%
阻力系数(C_D)	−2.3%～+6.6%	−7.7%～+11.5%	−8.0%～+15.3%
C_L 和 C_D	−1.7%～+3.7%	−4.9%～+7.3%	−6.2%～+9.4%

由表 9.5 可知，采用反馈线性预测校正算法所允许的随机偏差变化范围较小，性能较差，鲁棒性较差，冗余程度较低；基于 NFTET 的简化算法重构轨迹时，其偏差允许变化范围变大，性能得到了提升；采用鲁棒轨迹重构算法进行轨迹重构时，其允许范围进一步扩大，算法的鲁棒性最好及冗余程度大，综合来说，性能最好。综上所述，飞行轨迹可根据飞行器故障引起状态量或气动参数的偏差大小采用不同的理论算法生成。

9.4　本章小结

高超声速飞行器发生故障时，飞行轨迹将偏离标称轨迹，为了能保证飞行器安全着陆需要对制导环进行轨迹重构。飞行器故障信息最终体现在状态偏差或气动参数的改变上，为了提高飞行器的自主容错能力，依据故障引起的状态量或气动参数偏差大小，合理地选择轨迹重构算法，能够有效解决飞行器发生较小/较大偏差故障时的安全再入轨迹重构问题。

在满足所有飞行过程约束条件和终端约束条件的情况下，本章所设计的再入制导与轨迹重构算法，有效实现了不同故障下的再入轨迹重构。当飞行器无故障或出现轻微故障时，再入飞行轨迹可通过预测校正制导算法生成；当飞行器发生较大故障且偏差较小时，采用 NFTET 的简化算法重构再入轨迹；采用改进的基于 NFTET 的鲁棒轨迹重构算法可以处理较大偏差的严重故障，提高了飞行器容错能力与安全系数。

基于 NFTET 的再入轨迹重构算法，实现了飞行器再入系统在较小/较大偏差故障下的轨迹重构，本章所提出的基于 NFTET 的制导与重构算法对高超声速飞行器再入飞行及安全降落具有重要的研究意义。

参考文献

[1] Schierman J D, Ward D G, Hull J R, et al. Integrated adaptive guidance and control for re-entry vehicles with flight test results[J]. Journal of Guidance, Control, and Dynamics, 2004, 27(6): 975-988.

[2] Schierman J D, Hull J, Ward D. On-line trajectory command reshaping for reusable launch vehicles[C]. AIAA Guidance, Navigation, and Control Conference and Exhibit, Austin, 2003, 2003-5439: 1-11.

[3] Schierman J D, Ward D G, Hull J R, et al. Adaptive guidance systems for hypersonic reusable launch vehicles[C]. IEEE Aerospace Conference, Big Sky, 2016, (6): 2657-2668.

[4] Fahroo F, Doman D. A direct method for approach and landing trajectory reshaping with failure effect estimation[C]. 2004 AIAA Guidance, Navigation, and Control Conference, Rhode Island, 2004, 2004-4772: 1-10.

[5] Jiang Z, Ordonez R. On-line robust trajectory generation on approach and landing for reusable launch vehicles[J]. Automatica, 2009, 45(7): 1668-1678.

[6] 宗群,李智禹,叶林奇,等.变信赖域序列凸规划 RLV 再入轨迹在线重构[J].哈尔滨工业大学学报,2020,52(3),147-155.

[7] 李昭莹,张冉,李惠峰.RLV 轨迹在线重构与动态逆控制跟踪[J].宇航学报,2015,36(2): 196-202.

[8] 宋征宇,王聪,巩庆海.运载火箭上升段推力下降故障的自主轨迹规划方法[J].中国科学(信息科学),2019,(11): 1472-1487.

[9] 呼卫军,周军,常晶,等.RLV 应急再入轨迹规划问题的动态伪谱法求解[J].宇航学报,2015,36(11): 1255-1261.

[10] 解永锋,唐硕.基于伪谱反馈控制的亚轨道返回在线轨道重构方法[J].宇航学报,2012,33(8): 1056-1063.

[11] 钱佳淞,齐瑞云,姜斌.高超声速飞行器再入容错制导技术综述[J].飞行力学,2015,33(5): 390-394.

[12] Shen Z, Lu P. Dynamics lateral entry guidance logic[J]. Journal of Guidance, Control and Dynamics, 2004, 27(6): 949-959.

[13] Lu P. Predictor-corrector entry guidance for low-lifting vehicles[J]. Journal of Guidance, Control, and Dynamics, 2008, 31(4): 1067-1075.

[14] Xue S, Lu P. Constrained predictor-corrector entry guidance[J]. Journal of Guidance, Control and Dynamics, 2010, 33(4): 1273-1281.

[15] Xu M L, Chen K J, Liu L H, et al. Quasi-equilibrium glide adaptive guidance for hypersonic vehicles[J]. Science China Technological Sciences, 2012, 55(3): 856-866.

[16] 钱佳淞,齐瑞云.基于 NFTET 的高超声速飞行器再入容错制导[J].航空学报,2015,36(10): 3370-3381.

[17] 郭小平,齐瑞云.基于 NFTET 的高超声速飞行器鲁棒轨迹重构设计[J].南京航空航天大学学报,2017,49(S): 82-88.

第 10 章

基于模型预测静态规划的高超声速飞行器再入容错制导

作为空天往返飞行器,高超声速飞行器在重返大气层的再入段面临苛刻的过程约束,也需要满足更高的可靠性和安全性要求。在飞行器发生故障时,基于标称情况设计的再入轨迹及制导律往往不能满足故障下安全飞行的需求。因此,对具有自适应调整和强鲁棒性的轨迹重构与容错制导方法的研究,对提高再入飞行器的安全性和可靠性具有重要意义。轨迹重构和容错制导是指当飞行器发生发动机、气动舵面等发生故障时,能够根据飞行器当前的飞行状态和操控能力,在线重新规划出一条满足路径约束、终端约束和任务需求的可行安全再入轨迹。

目前,再入飞行器轨迹重构和容错制导方法主要有预测校正制导[1-3]、基于邻域最优控制理论的轨迹重构[4,5]、基于伪谱法的轨迹优化[6-11]、基于模型预测静态规划的鲁棒制导[12-14]等。预测校正制导方法将故障的影响视为干扰,根据预测值与期望值的偏差调整控制指令,能够在故障影响较小时保证飞行器以较高精度到达期望区域。基于邻域最优控制理论的轨迹重构方法对离线获得的最优轨迹进行小范围内的校正,能够在较小故障下获得新的可行轨迹及相应的控制量,但不能保证重构后轨迹的最优性。求解最优控制问题的伪谱法是一种基于全局插值多项式的直接配点法,它相对于一般直接配点法的优势是可以用较少的节点获得较高的精度,在高超声速飞行器的轨迹优化问题中得到了广泛的应用。伪谱法的计算效率较高,但设计较为复杂。模型预测静态规划(model predictive static programming, MPSP)制导算法结合了模型预测控制和自适应动态规划的思想,能够以较高的计算效率求解一类约束下的有限时域优化问题[12]。相较于典型的两点边值优化问题,MPSP 制导算法只需要一个静态共态向量对控制量进行更新，该共态向量以及控制量有解，获得该解的敏感度矩阵能够通过递归的方式计算。

本章针对高超声速飞行器再入过程发生故障的情况，研究其轨迹重构和容错制导方案。考虑再入运动方程、约束条件及性能指标目标函数，利用自适应鲁棒无迹卡尔曼滤波器（adaptive robust unscented Kalman filter, ARUKF）对故障引起的气动力系数变化程度进行快速准确的估计，并利用改进的 MPSP 制导算法对故障引起的终端位置偏差进行估计，若超出偏差范围，则对控制量进行更新，从而重构再入飞行轨迹，得到满足再入约束的高精度再入制导轨迹。仿真结果表明，执行器故障下在线生成的轨迹满足再入飞行约束和实时性要求，同时保证高超声速飞行器可以安全到达指定的区域，提高了飞行器的安全性和可靠性。

10.1 理论基础

为了便于读者理解本章算法，本节对基础的 MPSP 算法进行简要介绍，详细算法推导及步骤参见文献[12]~文献[14]。

考虑如下形式的离散系统：

$$\begin{cases} \boldsymbol{X}_{k+1} = \boldsymbol{F}_k(\boldsymbol{X}_k,\ \boldsymbol{U}_k) \\ \boldsymbol{Y}_k = \boldsymbol{H}(\boldsymbol{X}_k) \\ k = 1,\ 2,\ \cdots,\ N-1 \end{cases} \tag{10.1}$$

式中，向量 $\boldsymbol{X}_k \in \mathbf{R}^n$、$\boldsymbol{U}_k \in \mathbf{R}^m$ 和 $\boldsymbol{Y}_k \in \mathbf{R}^p$ 分别表示状态向量、控制向量和输出向量。

令 $\boldsymbol{X}_k^i \in \mathbf{R}^n$、$\boldsymbol{U}_k^i \in \mathbf{R}^m$ 和 $\boldsymbol{Y}_k^i \in \mathbf{R}^p$ 表示第 i 次迭代的状态向量、控制向量和输出向量，则第 i 次迭代的状态方程和输出方程为

$$\begin{cases} \boldsymbol{X}_{k+1}^i = \boldsymbol{F}_k(\boldsymbol{X}_k^i,\ \boldsymbol{U}_k^i) \\ \boldsymbol{Y}_k^i = \boldsymbol{H}(\boldsymbol{X}_k^i) \\ i = 1,\ 2,\ \cdots,\ N-1 \end{cases} \tag{10.2}$$

式中，$\boldsymbol{X}_1^i$ 代表第 i 次迭代中的状态初始值，对所有的 i 都相同；$\boldsymbol{U}_k^1(k = 1,\ 2,\ \cdots,\ N-1)$ 表示控制量更新序列。

MPSP 算法的目标是通过尽可能少的迭代次数，寻找合适的控制量更新序列 $\boldsymbol{U}_k^i(k=1,2,\cdots,N-1)$，使得最后时刻的输出量 $\boldsymbol{Y}_N^i$ 趋于期望输出 $\boldsymbol{Y}_N^{\mathrm{d}}$。

第 i 次迭代的输出误差定义为

$$\Delta\boldsymbol{Y}_N^i=\boldsymbol{Y}_N^i-\boldsymbol{Y}_N^{\mathrm{d}} \tag{10.3}$$

对 $\boldsymbol{Y}_N=\boldsymbol{H}(\boldsymbol{X}_N)$ 在 $\boldsymbol{X}_N^i$ 处进行泰勒展开并忽略高阶项，可得

$$\Delta\boldsymbol{Y}_N^i\approx \mathrm{d}\boldsymbol{Y}_N^i=\left[\frac{\partial\boldsymbol{Y}_N}{\partial\boldsymbol{X}_N}\right]\Bigg|_{\boldsymbol{X}_N^i}\mathrm{d}\boldsymbol{X}_N^i \tag{10.4}$$

对 $\boldsymbol{X}_{k+1}=\boldsymbol{F}_k(\boldsymbol{X}_k,\boldsymbol{U}_k)$ 在 $(\boldsymbol{X}_k^i,\boldsymbol{U}_k^i)$ 处展开，可得

$$\mathrm{d}\boldsymbol{X}_{k+1}^i=\left[\frac{\partial\boldsymbol{F}_k}{\partial\boldsymbol{X}_k}\right]\Bigg|_{(\boldsymbol{X}_k^i,\boldsymbol{U}_k^i)}\mathrm{d}\boldsymbol{X}_k^i+\left[\frac{\partial\boldsymbol{F}_k}{\partial\boldsymbol{U}_k}\right]\Bigg|_{(\boldsymbol{X}_k^i,\boldsymbol{U}_k^i)}\mathrm{d}\boldsymbol{U}_k^i \tag{10.5}$$

式中，$\mathrm{d}\boldsymbol{X}_k^i$ 和 $\mathrm{d}\boldsymbol{U}_k^i$ 分别表示第 i 次迭代中 k 时刻的状态误差和控制量误差。结合式(10.4)和式(10.5)，可得

$$\mathrm{d}\boldsymbol{Y}_{\mathrm{N}}^i=\left[\frac{\partial\boldsymbol{Y}_N}{\partial\boldsymbol{X}_N}\right]\Bigg|_{\boldsymbol{X}_N^i}\left(\left[\frac{\partial\boldsymbol{F}_{N-1}}{\partial\boldsymbol{X}_{N-1}}\right]\Bigg|_{(\boldsymbol{X}_{N-1}^i,\boldsymbol{U}_{N-1}^i)}\mathrm{d}\boldsymbol{X}_{N-1}^i+\left[\frac{\partial\boldsymbol{F}_{N-1}}{\partial\boldsymbol{U}_{N-1}}\right]\Bigg|_{(\boldsymbol{X}_{N-1}^i,\boldsymbol{U}_{N-1}^i)}\mathrm{d}\boldsymbol{U}_{N-1}^i\right) \tag{10.6}$$

通过迭代解决直到 $k=1$ 步，能够获得

$$\mathrm{d}\boldsymbol{Y}_N^i=\boldsymbol{A}\mathrm{d}\boldsymbol{X}_1^i+\boldsymbol{B}_1\mathrm{d}\boldsymbol{U}_1^i+\boldsymbol{B}_2\mathrm{d}\boldsymbol{U}_2^i+\cdots+\boldsymbol{B}_{N-1}\mathrm{d}\boldsymbol{U}_{N-1}^i \tag{10.7}$$

式中，

$$\begin{aligned}\boldsymbol{A}&=\left[\frac{\partial\boldsymbol{Y}_N}{\partial\boldsymbol{X}_N}\right]\Bigg|_{\boldsymbol{X}_N^i}\left[\frac{\partial\boldsymbol{F}_{N-1}}{\partial\boldsymbol{X}_{N-1}}\right]\Bigg|_{(\boldsymbol{X}_{N-1}^i,\boldsymbol{U}_{N-1}^i)}\cdots\left[\frac{\partial\boldsymbol{F}_1}{\partial\boldsymbol{X}_1}\right]\Bigg|_{(\boldsymbol{X}_1^i,\boldsymbol{U}_1^i)}\\ \boldsymbol{B}_k&=\left[\frac{\partial\boldsymbol{Y}_N}{\partial\boldsymbol{X}_N}\right]\Bigg|_{\boldsymbol{X}_N^i}\left[\frac{\partial\boldsymbol{F}_{N-1}}{\partial\boldsymbol{X}_{N-1}}\right]\Bigg|_{(\boldsymbol{X}_{N-1}^i,\boldsymbol{U}_{N-1}^i)}\cdots\left[\frac{\partial\boldsymbol{F}_{k+1}}{\partial\boldsymbol{X}_{k+1}}\right]\Bigg|_{(\boldsymbol{X}_{k+1}^i,\boldsymbol{U}_{k+1}^i)}\left[\frac{\partial\boldsymbol{F}_k}{\partial\boldsymbol{X}_k}\right]\Bigg|_{(\boldsymbol{X}_k^i,\boldsymbol{U}_k^i)}\end{aligned} \tag{10.8}$$

其中，$\boldsymbol{B}_k(k=1,2,\cdots,N-1)$ 为灵敏度矩阵(sensitivity matrix)，可以通过递归计算得到。

由于初始状态量是给定的，因此在第一项中的初始状态量没有误差，即 $d\boldsymbol{X}_1 = 0$。式(10.7)可简化为

$$d\boldsymbol{Y}_N^i = \boldsymbol{B}_1 d\boldsymbol{U}_1^i + \boldsymbol{B}_2 d\boldsymbol{U}_2^i + \cdots + \boldsymbol{B}_{N-1} d\boldsymbol{U}_{N-1}^i \tag{10.9}$$

假设初始猜想的控制序列足够好，那么更新的控制序列应该靠近前一时刻的控制序列。因此，选择代价函数：

$$J = \frac{1}{2} \sum_{k=1}^{N-1} (d\boldsymbol{U}_k^i)^{\mathrm{T}} \boldsymbol{R}_k (d\boldsymbol{U}_k^i) \tag{10.10}$$

式中，$d\boldsymbol{U}_k^i$ 表示在第 i 次迭代中用于在前一次控制量上更新的控制量误差；$\boldsymbol{R}_k > 0$ 为设计者选择的时变权重矩阵。

式(10.9)和式(10.10)形成了约束静态优化问题，可基于静态优化理论求解[15]：

$$d\boldsymbol{U}_k^i = -\boldsymbol{R}_k^{-1} \boldsymbol{B}_k^{\mathrm{T}} \boldsymbol{A}_\lambda^{-1} d\boldsymbol{Y}_N^i \tag{10.11}$$

式中，$\boldsymbol{A}_\lambda = -\sum_{k=1}^{N-1} \boldsymbol{B}_k \boldsymbol{R}_k^{-1} \boldsymbol{B}_k^{\mathrm{T}}$。

控制量更新律为

$$\boldsymbol{U}_k^{i+1} = \boldsymbol{U}_k^i - d\boldsymbol{U}_k^i \tag{10.12}$$

通过式(10.12)计算得到更新的控制量 $\boldsymbol{U}_k^{i+1}(k = 1, 2, \cdots, N-1)$ 代入式(10.2)用于更新状态量。

10.2 再入模型无量纲化处理

MPSP 制导算法的核心思想是利用有限时间的滚动优化代替一成不变的全局优化，设计一定的制导性能指标函数优化求解下一时刻的控制量，是利用当前时刻的状态量以及估计的状态量决定每一时刻的优化控制问题。由于优化过程中涉及的状态变量(地心距 R、速度 V 及制导时间 t)的数量级相对较大，不利于最优化求解的计算效率，所以为了进一步提高求解再入轨迹的优化控制问题的计算效率，对飞行器再入运动学模型(2.46)进行无量纲化处理，从而得到无量纲化的再入运动学模型：

$$
\begin{cases}
\dfrac{\mathrm{d}R^*}{\mathrm{d}t^*} = V^* \sin\gamma \\
\dfrac{\mathrm{d}l_\theta}{\mathrm{d}t^*} = \dfrac{V^* \cos\gamma \sin\chi}{R^* \cos l_\phi} \\
\dfrac{\mathrm{d}l_\phi}{\mathrm{d}t^*} = \dfrac{V^* \cos\gamma \cos\chi}{R^*} \\
\dfrac{\mathrm{d}V^*}{\mathrm{d}t^*} = -D - \dfrac{\sin\gamma}{(R^*)^2} \\
\dfrac{\mathrm{d}\gamma}{\mathrm{d}t^*} = \dfrac{1}{V^*}\left[L\cos\sigma + \dfrac{\cos\gamma}{R^*}\left((V^*)^2 - \dfrac{1}{R^*}\right)\right] \\
\dfrac{\mathrm{d}\chi}{\mathrm{d}t^*} = \dfrac{1}{V^*}\left[\dfrac{L\sin\sigma}{\cos\gamma} + \dfrac{(V^*)^2}{R^*}\cos\gamma\sin\chi\tan l_\phi\right]
\end{cases}
\tag{10.13}
$$

式中,带上标“ * ”的状态量是无量纲化后的状态量,不带上标的是原始有量纲的状态量。

对于数量级相差较大的状态量进行无量纲处理的操作如下:

$$
\begin{cases}
V^* = V/V_c = V/\sqrt{R_0 g_0} \\
R^* = R/R_0 \\
t^* = t/\sqrt{R_0/g_0}
\end{cases}
\tag{10.14}
$$

式中, $V_c = \sqrt{R_0 g_0}$ 是地球表面轨道速度。

对应的无量纲化的升阻力表示为

$$
\begin{cases}
L = \dfrac{\rho(V^* V_c)^2 S_{ref} C_L}{2mg_0} \\
D = \dfrac{\rho(V^* V_c)^2 S_{ref} C_D}{2mg_0}
\end{cases}
\tag{10.15}
$$

式中, S_{ref} 是飞行器的有效参考面积; ρ 是大气密度; C_L 和 C_D 是升力系数和阻力系数。

升力系数 C_L 和阻力系数 C_D 可表示为关于攻角 α 的多项式函数:

$$
\begin{cases}
C_L = C_L^0 + C_L^\alpha \alpha + C_L^{\alpha^2} \alpha^2 \\
C_D = C_D^0 + C_D^\alpha \alpha + C_D^{\alpha^2} \alpha^2
\end{cases}
\tag{10.16}
$$

式中，C_L^0、C_L^α、$C_L^{\alpha^2}$、C_D^0、C_D^α 和 $C_D^{\alpha^2}$ 为气动常系数。

为避免飞行器发生失速或产生过大气动力耦合的情况，考虑到飞行器自身控制结构的特点和有限的执行机构动作范围以及飞行器的可控能力，控制变量攻角 α 和倾侧角 σ 必须被限制在某一变化范围内：

$$\alpha_{\min} \leqslant \alpha \leqslant \alpha_{\max}, \quad \sigma_{\min} \leqslant \sigma \leqslant \sigma_{\max} \tag{10.17}$$

式中，$\alpha_{\min}$、$\alpha_{\max}$、$\sigma_{\min}$、$\sigma_{\max}$ 代表攻角 α 和倾侧角 σ 需满足的上下边界值。

本章后续方案设计基于无量纲处理后的再入运动模型(10.13)，可提高算法的运行效率。

10.3 改进的 MPSP 算法

在本节中，将对基础 MPSP 算法进行改进，并运用其解决高超声速飞行器的再入制导问题。

10.3.1 标准运动学方程的转化

将 10.2 节给出的无量纲飞行器再入运动模型(10.13)表示为如下状态空间形式：

$$\begin{cases} \dot{\boldsymbol{X}}(t) = f(\boldsymbol{X}(t),\ \boldsymbol{U}(t)) \\ \boldsymbol{Y}(t) = h(\boldsymbol{X}(t)) \end{cases} \tag{10.18}$$

式中，$\boldsymbol{X} = [R \quad l_\theta \quad l_\phi \quad V \quad \gamma \quad \chi]^{\mathrm{T}}$ 表示状态向量，在 t_0 时刻初始值为 $\boldsymbol{X}_0$；$\boldsymbol{U} = [\alpha \quad \sigma]^{\mathrm{T}}$ 表示输入控制向量；$\boldsymbol{Y} = [R \quad l_\theta \quad l_\phi \quad V]^{\mathrm{T}}$ 表示输出向量。

为了便于设计迭代优化算法，对连续时间的非线性方程(10.18)进行离散化，可得

$$\begin{cases} \boldsymbol{X}_{k+1} = \boldsymbol{F}_k(\boldsymbol{X}_k,\ \boldsymbol{U}_k) \\ \boldsymbol{Y}_k = \boldsymbol{H}(\boldsymbol{X}_k) \end{cases} \tag{10.19}$$

式中，$\boldsymbol{X}_k$、$\boldsymbol{U}_k$、$\boldsymbol{Y}_k$ 分别表示在第 k 步的状态、控制输入和输出。

时间步长 $\Delta t = (t_{\mathrm{f}} - t_0)/(N-1)$ 可以由初始时间 t_0 和终点飞行时间 t_{f} 确定。使用欧拉积分法，离散状态动力学可以表示为

$$\boldsymbol{F}_k(\boldsymbol{X}_k,\ \boldsymbol{U}_k) = \dot{\boldsymbol{X}}_k \Delta t + \boldsymbol{X}_k = \boldsymbol{X}_k + \Delta t \cdot f_k(\boldsymbol{X}_k,\ \boldsymbol{U}_k),\quad k = 1,\ 2,\ \cdots,\ N-1 \tag{10.20}$$

10.3.2 节中，为了得到灵敏度矩阵 $\boldsymbol{B}_k$ 需要计算 $\dfrac{\partial \boldsymbol{F}_k}{\partial \boldsymbol{X}_k}$、$\dfrac{\partial \boldsymbol{F}_k}{\partial \boldsymbol{U}_k}$、$\dfrac{\partial \boldsymbol{Y}_N}{\partial \boldsymbol{X}_N}$。由于输出变量为时间步长 N（终点时间）的状态变量值，则可得

$$\left[\frac{\partial \boldsymbol{Y}_N}{\partial \boldsymbol{X}_N}\right]_{4\times 6} = [\boldsymbol{I}_{4\times 4} \quad \boldsymbol{0}_{4\times 2}] \tag{10.21}$$

$\dfrac{\partial \boldsymbol{F}_k}{\partial \boldsymbol{X}_k}$ 可以表示为如下形式：

$$\begin{cases} \left[\dfrac{\partial \boldsymbol{F}_k}{\partial \boldsymbol{X}_k}\right]_{6\times 6} = \boldsymbol{I}_{6\times 6} + \Delta t\left[\dfrac{\partial f_k}{\partial \boldsymbol{X}_k}\right]_{6\times 6} \\ \left[\dfrac{\partial f_k}{\partial \boldsymbol{X}_k}\right]_{6\times 6} = \left[\dfrac{\partial f_k}{\partial r_k} \quad \dfrac{\partial f_k}{\partial \theta_k} \quad \dfrac{\partial f_k}{\partial \varphi_k} \quad \dfrac{\partial f_k}{\partial V_k} \quad \dfrac{\partial f_k}{\partial \gamma_k} \quad \dfrac{\partial f_k}{\partial \psi_k}\right]_{6\times 6} \end{cases} \tag{10.22}$$

$\dfrac{\partial \boldsymbol{F}_k}{\partial \boldsymbol{U}_k}$ 可以表示为如下形式：

$$\left[\frac{\partial \boldsymbol{F}_k}{\partial \boldsymbol{U}_k}\right]_{6\times 2} = \Delta t\left[\frac{\partial f_k}{\partial \alpha_k} \quad \frac{\partial f_k}{\partial \sigma_k}\right]_{6\times 2} \tag{10.23}$$

10.3.2　求解敏感度矩阵

本章给出的改进的 MPSP 制导算法需要确定初始控制变量，校正环节实现了当前控制变量 $\boldsymbol{U}_k^{\mathrm{p}}$ 的更新，保证了输出量 $\boldsymbol{Y}_N$ 满足 $\boldsymbol{Y}_N \to \boldsymbol{Y}_N^{\mathrm{d}}$。主要控制目标是获得一个合适的控制变量 $\boldsymbol{U}_k$，以便输出 $\boldsymbol{Y}_N$ 达到所需的值 $\boldsymbol{Y}_N^{\mathrm{d}}$。在改进的 MPSP 制导算法中，它提供了一种解析式形式计算校正控制变量 $\mathrm{d}\boldsymbol{U}_k$，并且根据终端误差以闭环形式更新 $\mathrm{d}\boldsymbol{U}_k$，将其添加到先前的控制量 $\boldsymbol{U}_k^{\mathrm{p}}$（初始值产生于初始值生成器）来获取更新控制变量 $\boldsymbol{U}_k = \boldsymbol{U}_k^{\mathrm{p}} + \mathrm{d}\boldsymbol{U}_k$。

实际输出 $\boldsymbol{Y}_N$ 在终端时刻计算获取。这样，最终输出终端位置误差可以表示为

$$\Delta \boldsymbol{Y}_N = \boldsymbol{Y}_N - \boldsymbol{Y}_N^{\mathrm{d}} \tag{10.24}$$

使用泰勒级数展开法，在 $\boldsymbol{Y}_N^{\mathrm{d}}$ 点扩展 $\boldsymbol{Y}_N$ 且忽略高阶项，则 $\Delta \boldsymbol{Y}_N$ 可表示为

$$\Delta \boldsymbol{Y}_N = \boldsymbol{Y}_N - \boldsymbol{Y}_N^{\mathrm{d}} \cong \mathrm{d}\boldsymbol{Y}_N = \left[\frac{\partial \boldsymbol{Y}_N}{\partial \boldsymbol{X}_N}\right]\mathrm{d}\boldsymbol{X}_N \tag{10.25}$$

该变化需要在更新控制量时需要使用 $\Delta \boldsymbol{Y}_N$，控制量启动在多约束条件下改

进的MPSP制导算法。控制量需要不断校正更新使得 $\Delta \boldsymbol{Y}_N \to 0$。为了实现这个控制目标,改进的 MPSP 制导理论的发展将在后续的推导中变得清晰。

根据离散化的模型(10.19),第 $(k+1)$ 步中状态的误差可以表示为

$$\mathrm{d}\boldsymbol{X}_{k+1} = \left[\frac{\partial \boldsymbol{F}_k}{\partial \boldsymbol{X}_k}\right]\mathrm{d}\boldsymbol{X}_k + \left[\frac{\partial \boldsymbol{F}_k}{\partial \boldsymbol{U}_k}\right]\mathrm{d}\boldsymbol{U}_k \tag{10.26}$$

根据式(10.26),终端时间的输出误差 $\mathrm{d}\boldsymbol{Y}_N$ 可以表示为

$$\mathrm{d}\boldsymbol{Y}_N = \left[\frac{\partial \boldsymbol{Y}_N}{\partial \boldsymbol{X}_N}\right]\left(\left[\frac{\partial \boldsymbol{F}_{N-1}}{\partial \boldsymbol{X}_{N-1}}\right]\mathrm{d}\boldsymbol{X}_{N-1} + \left[\frac{\partial \boldsymbol{F}_{N-1}}{\partial \boldsymbol{U}_{N-1}}\right]\mathrm{d}\boldsymbol{U}_{N-1}\right) \tag{10.27}$$

通过迭代解决直到 $k=1$ 步,能够获得

$$\mathrm{d}\boldsymbol{Y}_N = \boldsymbol{A}\mathrm{d}\boldsymbol{X}_1 + \boldsymbol{B}_1\mathrm{d}\boldsymbol{U}_1 + \boldsymbol{B}_2\mathrm{d}\boldsymbol{U}_2 + \cdots + \boldsymbol{B}_{N-1}\mathrm{d}\boldsymbol{U}_{N-1} \tag{10.28}$$

$$\begin{cases} \boldsymbol{A} = \left[\dfrac{\partial \boldsymbol{Y}_N}{\partial \boldsymbol{X}_N}\right]\left[\dfrac{\partial \boldsymbol{F}_{N-1}}{\partial \boldsymbol{X}_{N-1}}\right]\left[\dfrac{\partial \boldsymbol{F}_{N-2}}{\partial \boldsymbol{X}_{N-2}}\right]\cdots\left[\dfrac{\partial \boldsymbol{F}_1}{\partial \boldsymbol{X}_1}\right] \\ \boldsymbol{B}_k = \left[\dfrac{\partial \boldsymbol{Y}_N}{\partial \boldsymbol{X}_N}\right]\left[\dfrac{\partial \boldsymbol{F}_{N-1}}{\partial \boldsymbol{X}_{N-1}}\right]\left[\dfrac{\partial \boldsymbol{F}_{N-2}}{\partial \boldsymbol{X}_{N-2}}\right]\cdots\left[\dfrac{\partial \boldsymbol{F}_{k+1}}{\partial \boldsymbol{X}_{k+1}}\right]\left[\dfrac{\partial \boldsymbol{F}_k}{\partial \boldsymbol{X}_k}\right] \\ \boldsymbol{B}_{N-1} = \left[\dfrac{\partial \boldsymbol{Y}_N}{\partial \boldsymbol{X}_N}\right]\left[\dfrac{\partial \boldsymbol{F}_{N-1}}{\partial \boldsymbol{X}_{N-1}}\right] \end{cases} \tag{10.29}$$

由于在基础的 MPSP 制导算法中始终假设已经给定初始状态量,因此在第一项中的初始状态量没有误差,这就意味着假定 $\mathrm{d}\boldsymbol{X}_1 = 0$。在改进的 MPSP 制导算法中,采用预测校正制导算法生成初始轨迹。由于预测校正制导算法对初始状态扰动不敏感,所以改进的 MPSP 制导算法对初始状态扰动的鲁棒性较强。在算法初始阶段,初始轨迹生成器可根据产生的初始状态变量和控制变量直接获得终端输出误差,省去一次积分过程,因而较基础 MPSP 制导算法计算效率更高。

灵敏度矩阵 $\boldsymbol{B}_k$ 的计算是影响 MPSP 制导算法计算效率的关键因素且相当复杂。通过递归计算,可以快速计算灵敏度矩阵 $\boldsymbol{B}_k$,求解过程如下。

步骤 1　定义 $\boldsymbol{B}_{N-1}^0 = \left[\dfrac{\partial \boldsymbol{Y}_N}{\partial \boldsymbol{X}_N}\right]$。

步骤 2　反向迭代计算:$\boldsymbol{B}_k^0 = \boldsymbol{B}_{k+1}^0\left[\dfrac{\partial \boldsymbol{F}_{k+1}}{\partial \boldsymbol{X}_{k+1}}\right]$, $k = N-2, N-3, \cdots, 1$。

步骤 3　计算灵敏度矩阵 $\boldsymbol{B}_k$,$\boldsymbol{B}_k = \boldsymbol{B}_k^0\left[\dfrac{\partial \boldsymbol{F}_k}{\partial \boldsymbol{U}_k}\right]$, $k = N-2, N-3, \cdots, 1$。

10.3.3　控制量更新

再入段制导是一个多约束条件下的优化问题,再入段制导需要满足路径约束硬约束和准平衡滑翔软约束。路径约束严格而复杂,包括热流率 $\dot{Q}_s$、动压 $\bar{q}$ 和负载 N。再入制导轨道飞行走廊狭窄且需要满足非常严格的约束条件。在再入制导过程中,路径约束和准平衡滑翔约束转换为关于高度-速度的约束,然后路径约束可以转换为控制约束。假设控制变量满足以下约束:

$$\begin{cases} \boldsymbol{U}_k < \boldsymbol{U}_{\max} \\ \boldsymbol{U}_k > \boldsymbol{U}_{\min} \end{cases} \tag{10.30}$$

替换 $\boldsymbol{U}_k = \boldsymbol{U}_k^{\mathrm{p}} + \mathrm{d}\boldsymbol{U}_k$ 到式(10.30),可得

$$\begin{cases} \boldsymbol{U}_k^{\mathrm{p}} + \mathrm{d}\boldsymbol{U}_k - \boldsymbol{U}_{\max} < 0 \\ \boldsymbol{U}_{\min} - \boldsymbol{U}_k^{\mathrm{p}} - \mathrm{d}\boldsymbol{U}_k < 0 \end{cases} \tag{10.31}$$

如果终端误差不符合飞行任务要求,那么多约束条件下的改进 MPSP 制导算法可以通过引入最优控制理论来纠正控制量并重新预测终端输出状态。不完全约束方程的解并不是唯一的,可以使用下面的性能优化理论获得最小代价函数和 $\mathrm{d}\boldsymbol{U}_k$。采用该方法将约束优化问题转化为无约束优化问题,并采用无约束优化方法解决约束问题。

考虑到上述因素,本小节设计了一个新的性能指标函数 J_{a} 来解决优化问题和多约束下的制导优化问题,J_{a} 由目标函数和处理约束函数组成:

$$\begin{aligned} J_{\mathrm{a}} = & \frac{1}{2}\sum_{k=1}^{N-1}(\mathrm{d}\boldsymbol{U}_k)^{\mathrm{T}}\boldsymbol{R}_k(\mathrm{d}\boldsymbol{U}_k) + \Lambda^{\mathrm{T}}\left(\mathrm{d}\boldsymbol{Y}_N - \sum_{k=1}^{N-1}\boldsymbol{B}_k\mathrm{d}\boldsymbol{U}_k\right) \\ & + \frac{1}{2}\sum_{k=1}^{N-1}(\boldsymbol{U}_k^{\mathrm{p}} + \mathrm{d}\boldsymbol{U}_k - \boldsymbol{U}_{\max})^{\mathrm{T}}\boldsymbol{\alpha}_k(\boldsymbol{U}_k^{\mathrm{p}} + \mathrm{d}\boldsymbol{U}_k - \boldsymbol{U}_{\max}) \\ & + \frac{1}{2}\sum_{k=1}^{N-1}(\boldsymbol{U}_{\min} - \boldsymbol{U}_k^{\mathrm{p}} - \mathrm{d}\boldsymbol{U}_k)^{\mathrm{T}}\boldsymbol{\beta}_k(\boldsymbol{U}_{\min} - \boldsymbol{U}_k^{\mathrm{p}} - \mathrm{d}\boldsymbol{U}_k) \end{aligned} \tag{10.32}$$

式中,Λ 是一个静态拉格朗日乘子;$\boldsymbol{\alpha}_k$ 和 $\boldsymbol{\beta}_k$ 是惩罚函数的系数;$\boldsymbol{R}_k > 0$ 是权重函数矩阵。正定系数矩阵 $\boldsymbol{\alpha}_k$、$\boldsymbol{\beta}_k$ 和权重函数 $\boldsymbol{R}_k$ 能够在可利用的时间窗口内分配制导控制要求,并调整控制变量以避免违背约束条件,因此需要设计者明智地选择。

本章节采用如下方式选择 $\boldsymbol{\alpha}_k$ 和 $\boldsymbol{\beta}_k$:

$$\boldsymbol{\alpha}_k(\boldsymbol{\beta}_k)=\begin{cases}\begin{bmatrix}0&0\\0&0\end{bmatrix}, & \boldsymbol{U}_{\min}+\varepsilon\leqslant\boldsymbol{U}_k\leqslant\boldsymbol{U}_{\max}-\varepsilon\\ \begin{bmatrix}\mu_1&0\\0&\mu_2\end{bmatrix}, & \boldsymbol{U}_k<\boldsymbol{U}_{\min}+\varepsilon\quad 或\quad \boldsymbol{U}_k>\boldsymbol{U}_{\max}-\varepsilon\end{cases}\tag{10.33}$$

式中，μ_1 和 μ_2 是很大的正数；$\boldsymbol{\varepsilon}=[\varepsilon_1\quad\varepsilon_2]^{\mathrm{T}}$，$\varepsilon_1$ 和 ε_2 是很小的正数。

权重函数矩阵 $\boldsymbol{R}_k$ 的具体表达式可以设计为如下形式：

$$\boldsymbol{R}_k=\begin{bmatrix}1+c_1\mathrm{e}^{[-(\alpha_{\min}-\alpha_k)]}+c_2\mathrm{e}^{[-(\alpha_{\max}-\alpha_k)]} & 0\\ 0 & 1+c_3\mathrm{e}^{[-(\sigma_{\min}-\sigma_k)]}+c_4\mathrm{e}^{[-(\sigma_{\max}-\sigma_k)]}\end{bmatrix}\tag{10.34}$$

式中，c_1、c_2、c_3、c_4 表示调节系数；α_k、σ_k 是当前的控制命令变量；“max”和“min”表示控制命令变量的上下边界。

由于 J_{a} 是自由变量 $\mathrm{d}\boldsymbol{U}_k$ 和 Λ 的函数，最小化 J_{a} 可以得到以下两个等式：

$$\begin{cases}\dfrac{\partial J_k}{\partial(\mathrm{d}\boldsymbol{U}_k)}=\boldsymbol{R}_k(\boldsymbol{U}_k^{\mathrm{p}}+\mathrm{d}\boldsymbol{U}_k)-\boldsymbol{B}_k^{\mathrm{T}}\Lambda+\boldsymbol{\alpha}_k(\boldsymbol{U}_k^{\mathrm{p}}+\mathrm{d}\boldsymbol{U}_k-\boldsymbol{U}_{\max})+\boldsymbol{\beta}_k(\boldsymbol{U}_{\min}-\boldsymbol{U}_k^{\mathrm{p}}-\mathrm{d}\boldsymbol{U}_k)\\ \qquad\qquad=0\\ \dfrac{\partial J_k}{\partial\Lambda}=\mathrm{d}\boldsymbol{Y}_N-\displaystyle\sum_{k=1}^{N-1}\boldsymbol{B}_k\mathrm{d}\boldsymbol{U}_k=0\end{cases}\tag{10.35}$$

由式(10.35)可得

$$\mathrm{d}\boldsymbol{U}_k=(\boldsymbol{R}_k-\boldsymbol{\alpha}_k-\boldsymbol{\beta}_k)^{-1}[\boldsymbol{B}_k^{\mathrm{T}}\Lambda-\boldsymbol{R}_k\boldsymbol{U}_k^{\mathrm{p}}+\alpha_k(\boldsymbol{U}_{\max}-\boldsymbol{U}_k^{\mathrm{p}})-\boldsymbol{\beta}_k(\boldsymbol{U}_{\min}-\boldsymbol{U}_k^{\mathrm{p}})]\tag{10.36}$$

$$\begin{aligned}\mathrm{d}\boldsymbol{Y}_N=\sum_{k=1}^{N-1}\boldsymbol{B}_k\{&(\boldsymbol{R}_k-\boldsymbol{\alpha}_k-\boldsymbol{\beta}_k)^{-1}[\boldsymbol{B}_k^{\mathrm{T}}\Lambda-\boldsymbol{R}_k\boldsymbol{U}_k^{\mathrm{p}}+\boldsymbol{\alpha}_k(\boldsymbol{U}_{\max}-\boldsymbol{U}_k^{\mathrm{p}})\\&-\boldsymbol{\beta}_k(\boldsymbol{U}_{\min}-\boldsymbol{U}_k^{\mathrm{p}})]\}\end{aligned}\tag{10.37}$$

将式(10.37)转换为 $\mathrm{d}\boldsymbol{Y}_N=\boldsymbol{A}_\lambda\Lambda-\boldsymbol{b}_\lambda$ 的形式，可得

$$\boldsymbol{A}_\lambda=\sum_{k=1}^{N-1}\boldsymbol{B}_k[(\boldsymbol{R}_k-\boldsymbol{\alpha}_k-\boldsymbol{\beta}_k)^{-1}\boldsymbol{B}_k^{\mathrm{T}}]\tag{10.38}$$

$$\boldsymbol{b}_\lambda=\sum_{k=1}^{N-1}\boldsymbol{B}_k(\boldsymbol{R}_k-\boldsymbol{\alpha}_k-\boldsymbol{\beta}_k)^{-1}[\boldsymbol{R}_k\boldsymbol{U}_k^{\mathrm{p}}-\boldsymbol{\alpha}_k(\boldsymbol{U}_{\max}-\boldsymbol{U}_k^{\mathrm{p}})+\boldsymbol{\beta}_k(\boldsymbol{U}_{\min}-\boldsymbol{U}_k^{\mathrm{p}})]\tag{10.39}$$

假设 $\boldsymbol{A}_\lambda$ 是非奇异矩阵，由于 $\mathrm{d}\boldsymbol{Y}_N = \boldsymbol{A}_\lambda \Lambda - \boldsymbol{b}_\lambda$，所以 Λ 可以表达为以下形式：

$$\Lambda = \boldsymbol{A}_\lambda^{-1}(\mathrm{d}\boldsymbol{Y}_N + \boldsymbol{b}_\lambda) \tag{10.40}$$

将式(10.40)代入式(10.36)，可得

$$\begin{aligned}\mathrm{d}\boldsymbol{U}_k = &(\boldsymbol{R}_k - \boldsymbol{\alpha}_k - \boldsymbol{\beta}_k)^{-1}[\boldsymbol{B}_k^{\mathrm{T}}\boldsymbol{A}_\lambda^{-1}(\mathrm{d}\boldsymbol{Y}_N + \boldsymbol{b}_\lambda) - \boldsymbol{R}_k\boldsymbol{U}_k^{\mathrm{p}} \\ &+ \boldsymbol{\alpha}_k(\boldsymbol{U}_{\max} - \boldsymbol{U}_k^{\mathrm{p}}) - \boldsymbol{\beta}_k(\boldsymbol{U}_{\min} - \boldsymbol{U}_k^{\mathrm{p}})]\end{aligned} \tag{10.41}$$

更新后的控制量为

$$\begin{aligned}\boldsymbol{U}_k &= \boldsymbol{U}_k^{\mathrm{p}} + \mathrm{d}\boldsymbol{U}_k \\ &= \boldsymbol{U}_k^{\mathrm{p}} + (\boldsymbol{R}_k - \boldsymbol{\alpha}_k - \boldsymbol{\beta}_k)^{-1}[\boldsymbol{B}_k^{\mathrm{T}}\boldsymbol{A}_\lambda^{-1}(\mathrm{d}\boldsymbol{Y}_N + \boldsymbol{b}_\lambda) - \boldsymbol{R}_k\boldsymbol{U}_k^{\mathrm{p}} + \boldsymbol{\alpha}_k(\boldsymbol{U}_{\max} - \boldsymbol{U}_k^{\mathrm{p}}) \\ &\quad - \boldsymbol{\beta}_k(\boldsymbol{U}_{\min} - \boldsymbol{U}_k^{\mathrm{p}})]\end{aligned} \tag{10.42}$$

为了使终端状态量的偏差接近于零，同时保证满足多重约束条件，改进的 MPSP 制导算法在泰勒展开时忽略了高阶项的影响，校正环节多次迭代校正更新。为了使算法在满足任务需求的情况下结束迭代运行，输出最终故障下的重构轨迹控制量，本小节设计如下的算法收敛率阈值：

$$E_Y = \frac{\|\boldsymbol{Y}_N - \boldsymbol{Y}_N^{\mathrm{d}}\|_{\max}}{\|\boldsymbol{Y}_N^{\mathrm{d}}\|_{\max}} \tag{10.43}$$

式中，$\boldsymbol{Y}_N$ 为预测的离散节点 N 的状态量；$\boldsymbol{Y}_N^{\mathrm{d}}$ 为期望的终端状态量。当 $E_Y \leqslant 0.01$ 时，改进的 MPSP 制导算法终止，输出满足制导要求的控制量。

改进的 MPSP 制导算法框图如图 10.1 所示。

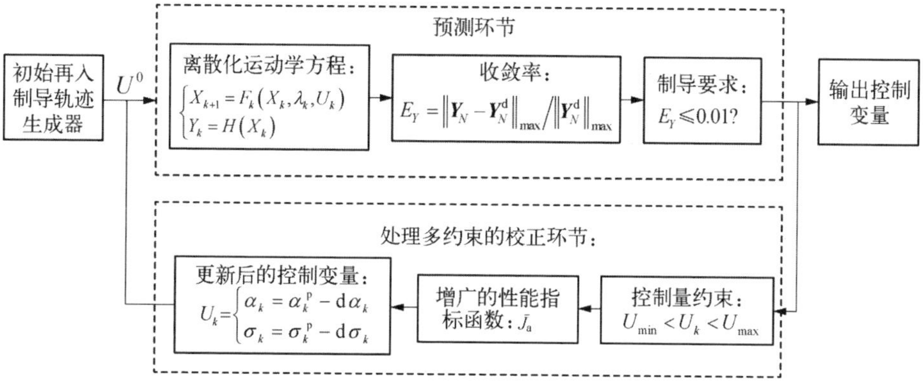

图 10.1　改进的 MPSP 制导算法框图

10.4 基于 ARUKF 的参数估计

当飞行器的气动舵面发生损伤或卡死故障时，飞行器的气动参数会发生改变[4]。用 10.3 节设计的 MPSP 制导算法求解控制量时，需要用到飞行器的气动参数值，当飞行器的气动参数具有不确定性时，需要对参数进行在线估计，以便获得更准确的参数值，提高 MPSP 制导算法的精度。

卡尔曼滤波器能够利用输入输出数据，对线性系统的状态和参数进行最优估计。对于非线性系统，一般采用扩展卡尔曼滤波器(extended Kalman filter, EKF)对状态和参数进行估计，但该方法稳定性差、精度不高、对目标机动迟缓。Julier 和 Uhlmann 提出一种新型的非线性滤波方法——无迹卡尔曼滤波器(unscented Kalman filter, UKF)[16]。UKF 采用无迹变换(unscented transform, UT)，对非线性函数的概率密度分布进行近似，用一系列确定样本逼近状态的后验概率密度，摒弃了 EKF 中对非线性函数进行线性化的传统做法。UKF 没有线性化忽略高阶项，因此对非线性分布统计量的计算精度较高。

基于 UKF 的思想，Ishihara 和 Yamakita 提出了一种自适应鲁棒无迹卡尔曼滤波器(adaptive robust unscented Kalman filter, ARUKF)[17]，它能够对含有参数不确定性的非线性系统的状态变量进行滤波估计。文献[18]和[19]进一步研究了 ARUKF。

本节将设计基于 ARUKF 的参数估计方案，对在故障下发生改变的气动参数进行在线估计，参数估计值可用于 MPSP 制导算法更新控制量。

10.4.1 气动参数模型转换

飞行器损伤或故障都会引起空气动力学模型发生变化，从而产生新的气动系数，引起气动控制力的变化。为了表达故障对气动参数的影响，在 C_L 和 C_D 的表达式(10.16)中引入气动参数变化因子 $\lambda_i(i=1, 2, \cdots, 6)$：

$$C_L = \lambda_1 C_L^0 + \lambda_2 C_L^\alpha \alpha + \lambda_3 C_L^{\alpha^2} \alpha^2 \tag{10.44}$$

$$C_D = \lambda_4 C_D^0 + \lambda_5 C_D^\alpha \alpha + \lambda_6 C_D^{\alpha^2} \alpha^2 \tag{10.45}$$

式中，λ_i 取不同的值能够反映不同的气动参数变化，标称情况下 λ_i 的值为 1。

式(10.44)和式(10.45)可用矩阵的形式表示为

$$\begin{bmatrix} C_L \\ C_D \end{bmatrix} = \begin{bmatrix} \lambda_1 & \lambda_2 & \lambda_3 & 0 & 0 & 0 \\ 0 & 0 & 0 & \lambda_4 & \lambda_5 & \lambda_6 \end{bmatrix} \begin{bmatrix} C_L^0 & 0 & 0 \\ 0 & C_L^{\alpha} & 0 \\ 0 & 0 & C_L^{\alpha^2} \\ C_D^0 & 0 & 0 \\ 0 & C_D^{\alpha} & 0 \\ 0 & 0 & C_D^{\alpha^2} \end{bmatrix} \begin{bmatrix} 1 \\ \alpha \\ \alpha^2 \end{bmatrix} \tag{10.46}$$

通过滤波方法进行参数估计需要将实际的参数估计问题转换为状态估计问题,一般通过将未知参数视为扩展状态变量定义新的增广状态向量。

令未知参数向量 $\boldsymbol{\lambda} = [\lambda_1 \quad \lambda_2 \quad \lambda_3 \quad \lambda_4 \quad \lambda_5 \quad \lambda_6]^{\mathrm{T}}$, 定义增广状态向量:

$$\bar{\boldsymbol{X}} = \begin{bmatrix} \boldsymbol{X} \\ \boldsymbol{\lambda} \end{bmatrix} \tag{10.47}$$

本章考虑未知参数向量 $\boldsymbol{\lambda}$ 为常数向量,即有

$$\dot{\boldsymbol{\lambda}} = 0 \tag{10.48}$$

增广后的系统状态方程写为

$$\begin{cases} \dot{\bar{\boldsymbol{X}}}(t) = \bar{f}(\boldsymbol{X}(t),\ \boldsymbol{\lambda}(t),\ \boldsymbol{U}(t)) \\ \boldsymbol{Y}(t) = h(\boldsymbol{X}(t)) \end{cases} \tag{10.49}$$

式中,

$$\bar{f}(\boldsymbol{X}(t),\ \boldsymbol{\lambda}(t),\ \boldsymbol{U}(t)) = \begin{bmatrix} f(\boldsymbol{X}(t),\ \boldsymbol{\lambda}(t),\ \boldsymbol{U}(t)) \\ \boldsymbol{0}_{6\times 1} \end{bmatrix} \tag{10.50}$$

为了对式(10.49)中的未知参数进行滤波估计,对式(10.49)进行离散化,可得

$$\begin{cases} \bar{\boldsymbol{X}}_{k+1} = \bar{\boldsymbol{F}}_k(\boldsymbol{X}_k,\ \boldsymbol{\lambda}_k,\ \boldsymbol{U}_k) \\ \boldsymbol{Y}_k = \boldsymbol{H}(\boldsymbol{X}_k) \end{cases} \tag{10.51}$$

10.4.2　参数估计

考虑具有不确定参数的非线性系统的通式:

$$
\begin{aligned}
\boldsymbol{X}_k &= \boldsymbol{F}(\boldsymbol{X}_{k-1}, \boldsymbol{P}_{k-1}) + \boldsymbol{W}_k \\
\boldsymbol{Y}_k &= \boldsymbol{H}_k\boldsymbol{X}_k + \boldsymbol{V}_k
\end{aligned}
\tag{10.52}
$$

式中,向量 $\boldsymbol{X}_k \in \mathbf{R}^n$、$\boldsymbol{Y}_k \in \mathbf{R}^n$ 和 $\boldsymbol{P}_k \in \mathbf{R}^l$ 分别表示状态向量、测量输出向量和不确定参数向量。$\boldsymbol{W}_k$ 和 $\boldsymbol{V}_k$ 分别是协方差为 $\boldsymbol{Q}_k$ 和 $\boldsymbol{R}_k$ 的不相关的零均值高斯白噪声和测量噪声。假设参数不确定性分布满足正态分布:$\boldsymbol{P}_k \sim \boldsymbol{N}(\boldsymbol{P}_k^{\text{nom}}, \boldsymbol{P}_k^{\text{pp}})$。

1. 预测环

首先定义权重系数:

$$
\begin{aligned}
W_0^{(\mathrm{m})} &= \frac{\lambda_{\text{ukf}}}{n + \lambda_{\text{ukf}}} \\
W_0^{(\mathrm{c})} &= W_0^{(m)} + (1 - \eta_{\text{ukf}}^2 + \beta_{\text{ukf}}) \\
W_i^{(\mathrm{c})} &= W_i^{(m)} = \frac{1}{2(n + \lambda_{\text{ukf}})}, \quad i = 1, 2, \cdots, n
\end{aligned}
\tag{10.53}
$$

式中,$i = 1, 2, \cdots, n$;$\lambda_{\text{ukf}} = \eta_{\text{ukf}}^2(n + \kappa_{\text{ukf}}) - n$ 是权重参数的调节参数,Sigma 采样点分布范围的大小由参数 η_{ukf} 决定,参数 κ_{ukf} 表示二次缩放参数;$W_i^{(\mathrm{m})}$ 和 $W_i^{(\mathrm{c})}$ 分别表示均值和协方差的权重系数。文献[17]详细讨论了如何选择权重系数 $W_i^{(\mathrm{m})}$ 和 $W_i^{(\mathrm{c})}$,对本节选取的高斯分布,最佳选择是 $\beta_{\text{ukf}} = 2$ 和 $n + \lambda_{\text{ukf}} = 3$。

设计第 $2n + 1$ 个 Sigma 点,进行无迹变换:

$$
\begin{aligned}
\boldsymbol{\chi}_{k-1|k-1} = \Big[& \hat{\boldsymbol{X}}_{k-1|k-1} \quad \hat{\boldsymbol{X}}_{k-1|k-1} + \sqrt{(n + \lambda_{\text{ukf}})\boldsymbol{P}_{k-1|k-1}^{xx}} \\
& \hat{\boldsymbol{X}}_{k-1|k-1} - \sqrt{(n + \lambda_{\text{ukf}})\boldsymbol{P}_{k-1|k-1}^{xx}} \Big]
\end{aligned}
\tag{10.54}
$$

预测均值和协方差如下:

$$
\begin{aligned}
\hat{\boldsymbol{X}}_{k|k-1} &= \sum_{i=0}^{2n} \boldsymbol{W}_i^{(\mathrm{m})} \boldsymbol{\chi}_{k|k-1,i} \\
\boldsymbol{P}_{k|k-1}^{xx} &= \sum_{i=0}^{2n} \boldsymbol{W}_i^{(\mathrm{c})} (\boldsymbol{\chi}_{k|k-1,i} - \hat{\boldsymbol{X}}_{k|k-1})(\boldsymbol{\chi}_{k|k-1,i} - \hat{\boldsymbol{X}}_{k|k-1})^{\mathrm{T}} + \boldsymbol{Q}_k \\
\boldsymbol{\chi}_{k|k-1,i} &= f(\boldsymbol{\chi}_{k-1|k-1,i})
\end{aligned}
\tag{10.55}
$$

通过无迹变换计算参数不确定度的影响程度 $\boldsymbol{F}_{\mathrm{p},k-1}$,表示形式为

$$
\boldsymbol{F}_{\mathrm{p},k-1} = \left[\sum_{j=0}^{2l} \boldsymbol{W}_j f(\hat{\boldsymbol{X}}_{k|k-1}, \boldsymbol{P}_j)(\boldsymbol{P}_j - \boldsymbol{P}_{k-1}^{\text{nom}})^{\mathrm{T}} \right] (\boldsymbol{P}_k^{\text{pp}})^{-1}
\tag{10.56}
$$

式中，$\boldsymbol{P}_j$ 是正态分布 $\boldsymbol{N}(\boldsymbol{P}_{k-1}^{\mathrm{nom}},\ \boldsymbol{P}_{k-1}^{\mathrm{pp}})$ 的 Sigma 点，预测误差协方差矩阵可以定义为

$$\begin{cases}\hat{\boldsymbol{P}}_{k|k-1}^{xx,\ \mathrm{arukf}} = \hat{\boldsymbol{P}}_{k|k-1}^{xx} + \eta_k \hat{\boldsymbol{P}}_{k|k-1}^{\mathrm{rob}} \\ \hat{\boldsymbol{P}}_{k|k-1}^{\mathrm{rob}} = \boldsymbol{F}_{\mathrm{p},\ k-1}\boldsymbol{P}_{k-1}^{\mathrm{pp}}\boldsymbol{F}_{P,\ k-1}^{\mathrm{T}} + \Delta\boldsymbol{P}_k^{\mathrm{rukf}}\end{cases} \tag{10.57}$$

计算测量均值和协方差如下：

$$\begin{aligned}
&\boldsymbol{Y}_{k|k-1,\ i} = h(\chi_{k|k-1,\ i}) \\
&\hat{\boldsymbol{Y}}_{k|k-1} = \sum_{i=0}^{2n} \boldsymbol{W}_i^{(\mathrm{m})} \boldsymbol{Y}_{k|k-1,\ i} \\
&\boldsymbol{P}_{k|k-1}^{yy} = \sum_{i=0}^{2n} \boldsymbol{W}_i^{(\mathrm{c})} (\boldsymbol{Y}_{k|k-1,\ i} - \hat{\boldsymbol{Y}}_{k|k-1})(\boldsymbol{Y}_{k|k-1,\ i} - \hat{\boldsymbol{Y}}_{k|k-1})^{\mathrm{T}} + \boldsymbol{R}_k \\
&\boldsymbol{P}_{k|k-1}^{xy} = \sum_{i=0}^{2n} \boldsymbol{W}_i^{(\mathrm{c})} (\chi_{k|k-1,\ i} - \hat{\boldsymbol{X}}_{k|k-1})(\boldsymbol{Y}_{k|k-1,\ i} - \hat{\boldsymbol{Y}}_{k|k-1})^{\mathrm{T}}
\end{aligned} \tag{10.58}$$

2. 更新校正环

$$\begin{aligned}
&\boldsymbol{K}_k = \hat{\boldsymbol{P}}_{k|k-1}^{xy}(\hat{\boldsymbol{P}}_{k|k-1}^{yy})^{-1} \\
&\hat{\boldsymbol{X}}_{k|k} = \hat{\boldsymbol{X}}_{k|k-1} + \boldsymbol{K}_k(\boldsymbol{Y}_k - \hat{\boldsymbol{Y}}_{k|k-1}) \\
&\hat{\boldsymbol{P}}_{k|k}^{xx} = \hat{\boldsymbol{P}}_{k|k-1}^{xx} - \boldsymbol{K}_k \hat{\boldsymbol{P}}_{k|k-1}^{yy} \boldsymbol{K}_k^{\mathrm{T}}
\end{aligned} \tag{10.59}$$

通过 ARUKF 的迭代预测更新能够对故障引起的气动参数变化因子进行在线估计，为改进的 MPSP 制导算法的预测环节对终端状态的准确预测提供基础，从而提高重构轨迹的再入制导精度。

10.5　轨迹重构与容错制导方案设计

在改进的 MPSP 制导算法中，采用基于滑模跟踪控制理论的制导算法作为初始再入制导轨迹生成器。在校正环节中，通过罚函数设计一个新的性能指标函数解决再入轨迹优化问题和多约束下的制导问题。当高超声速飞行器发生故障时，气动参数将会发生变化。采用 ARUKF 快速估计气动参数变化因子，对参数的不确定性具有一定的鲁棒性。在预测环节中，确定终端状态是否满足收敛要求。当收敛要求不符合时，校正环节将开始更新控制变量并重新重构再入轨迹。

10.5.1 初始轨迹生成器设计

本小节采用基于滑模跟踪控制和遗传算法的预测校正制导算法[20]，以过载为辅助控制变量。初始制导轨迹生成器分别通过滑模跟踪控制和遗传算法对纵向和横向终端位置进行修正，设计初始再入制导律并生成初始标称再入轨迹。

初始轨迹生成器定义了视线偏角，如图 10.2 所示。

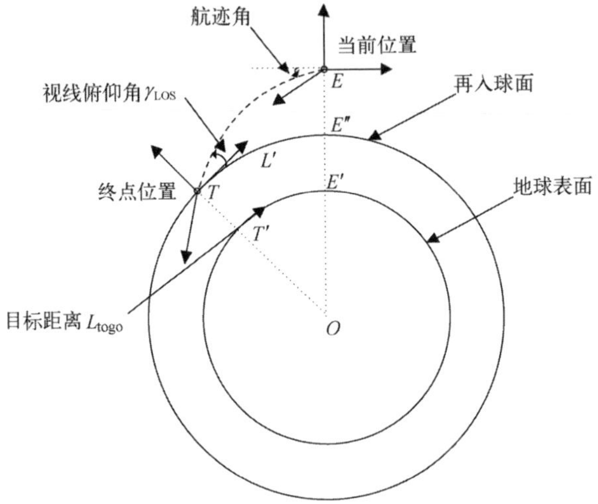

图 10.2 地球纵向角度之间的关系图[20]

设计纵向制导律，目的是满足终端位置的约束。纵向制导的控制目标是确保飞行路径角 γ 等于 γ_{LOS}，即 γ 的期望值 γ_d 为

$$\gamma_d = \gamma_{LOS} = \arctan\left(\frac{R_e(h - h_d)}{(R_e + h_d)L_{togo}}\right) \tag{10.60}$$

设计横向制导律，目的是精确描述高超声速飞行器的横向运动。横向制导的控制目标是确保航向角 χ 等于视线方位角 χ_{LOS}，即 χ 的期望值 χ_d 为

$$\chi_d = \chi_{LOS} = \arctan\left(\frac{\sin(l_\theta - l_{\theta 0})}{\cos l_{\phi 0}\tan l_\phi - \cos(l_\theta - l_{\theta 0})\sin l_{\phi 0}}\right) \tag{10.61}$$

用于滑模跟踪控制的简化运动方程如下：

$$\begin{cases} \dfrac{d\gamma}{dt} = \left(\dfrac{V}{R} - \dfrac{g}{V}\right)\cos\gamma + \dfrac{g_0 N_y}{V} \\ \dfrac{d\chi}{dt} = \dfrac{V\cos\gamma\sin\chi\tan\phi}{V} + \dfrac{g_0 N_z}{V\cos\gamma} \end{cases} \tag{10.62}$$

定义辅助控制变量为

$$\boldsymbol{u}^* = \begin{bmatrix} N_y \\ N_z \end{bmatrix} = \begin{bmatrix} \dfrac{\rho V^2 S_{\mathrm{ref}} C_{\mathrm{L}} \cos\sigma}{2mg_0} \\ -\dfrac{\rho V^2 S_{\mathrm{ref}} C_{\mathrm{L}} \sin\sigma}{2mg_0} \end{bmatrix} \tag{10.63}$$

辅助状态变量为 $\boldsymbol{x}^* = [\gamma \quad \chi]^{\mathrm{T}}$；辅助输出变量为 $\boldsymbol{y}^* = [\gamma \quad \chi]^{\mathrm{T}}$。

将运动方程(10.62)转换为非线性方程：

$$\begin{cases} \dot{\boldsymbol{x}}^* = \boldsymbol{f}(x) + \boldsymbol{g}(x)\boldsymbol{u}^* \\ \boldsymbol{y}^* = \boldsymbol{h}(x) \end{cases} \tag{10.64}$$

式中，

$$\boldsymbol{f}(x) = \begin{bmatrix} \cos\gamma\left(\dfrac{V}{R} - \dfrac{g}{V}\right) \\ \dfrac{V\tan\phi\cos\gamma\sin\chi}{R} \end{bmatrix},\quad \boldsymbol{g}(x) = \begin{bmatrix} \dfrac{g_0}{V} & 0 \\ 0 & \dfrac{g_0}{V\cos\gamma} \end{bmatrix},\quad \boldsymbol{h}(x) = \begin{bmatrix} \gamma \\ \chi \end{bmatrix}$$

针对式(10.64)表示的非线性系统,应用滑模跟踪控制理论设计辅助控制量 u^*，实现对输出 $\boldsymbol{y}^*$ 的跟踪控制。选取如下滑模面：

$$\boldsymbol{S} = [S_1 \quad S_2]^{\mathrm{T}} = \boldsymbol{e} + \boldsymbol{K}\int_0^t \boldsymbol{e}\,\mathrm{d}\tau \tag{10.65}$$

式中，$\boldsymbol{K} = \mathrm{diag}\{k_i\}\ (i = 1, 2)$，$k_i$ 为设计参数；$\boldsymbol{e} = \boldsymbol{y}^* - \boldsymbol{y}_{\mathrm{d}}$，$\boldsymbol{y}_{\mathrm{d}} = [\gamma_{\mathrm{d}} \quad \chi_{\mathrm{d}}]^{\mathrm{T}}$ 为期望输出向量。

选取如下滑模面的趋近律：

$$\dot{\boldsymbol{S}} = -C\boldsymbol{S} - \varepsilon\,\mathrm{sign}(\boldsymbol{S}) \tag{10.66}$$

式中，C 和 ε 都是大于零的常数，$\mathrm{sign}(\boldsymbol{S}) = [\mathrm{sign}(S_1) \quad \mathrm{sign}(S_2)]^{\mathrm{T}}$，$\mathrm{sign}(S_i)$ 为符号函数,定义为

$$\mathrm{sign}(S_i) = \begin{cases} 1, & S_i > 0 \\ 0, & S_i = 0 \\ -1, & S_i < 0 \\ i = 1, 2 \end{cases} \tag{10.67}$$

基于所选择的滑模面(10.65)和趋近律(10.66),应用滑模控制理论,设计辅助控制变量 $\boldsymbol{u}^*$ 为

$$\boldsymbol{u}^* = -\boldsymbol{g}(x)^{-1}(C\boldsymbol{S} + \varepsilon \operatorname{sign}(\boldsymbol{S}) + \boldsymbol{f}(x) + \boldsymbol{Ke}) \tag{10.68}$$

在实际中,为了避免抖动,一般运用继电器特性函数进行连续化处理,符号功能 sign(·) 可由 $\boldsymbol{S}/(\|\boldsymbol{S}\| + \delta)$ 代替。

通过式(10.68)获得辅助控制量 $\boldsymbol{u}^*$,由式(10.63)可求得实际控制量(α, σ):

$$\begin{cases} \sigma = \arctan(N_z/N_y) \\ C_L = \dfrac{2mg_0\sqrt{N_z^2 + N_y^2}}{\rho v^2 S_{\text{ref}}} \end{cases} \tag{10.69}$$

式中,攻角 α 隐含在升力系数 C_L 中,可通过反插值法求解。

本小节求得的控制量(α, σ)作为 MPSP 制导算法的初始值。

10.5.2 约束转化

再入飞行走廊为飞行器安全再入返回所满足多重约束的交集。通常以速度(V)为自变量,以高度(h)或阻力(D)为因变量。由于热流率约束和动压约束均含有大气密度 ρ,可以通过将大气密度模型作为桥梁,将热流率约束($\dot{Q}_s = k_h\rho^{0.5}V^{3.15} \leqslant \dot{Q}_{smax}$)和动压约束($\bar{q} = \rho V^2/2 \leqslant \bar{q}_{max}$)转化为高度-速度($H-V$)剖面的下边界:

$$h \geqslant H_{\dot{Q}_{max}} = -2\ln\left(\frac{\dot{Q}_{smax}}{k_h\rho^{0.5}V^{3.15}}\right) \cdot h_s \tag{10.70}$$

$$h \geqslant H_{\bar{q}_{max}} = -\ln\left(\frac{2\bar{q}_{max}}{\rho V^2}\right) \cdot h_s \tag{10.71}$$

式中,$H_{\dot{Q}_{max}}$ 和 $H_{\bar{q}_{max}}$ 分别表示由热流率约束和动压约束计算出的高度-速度($H-V$)剖面的下边界,两者共同构成 $H-V$ 剖面下边界。

将式(10.70)和式(10.71)代入准平衡滑翔条件(QEGC):

$$m\left(g - \frac{V^2}{R}\right)\cos\gamma - L\cos\sigma = 0 \tag{10.72}$$

在倾侧角 σ 已知的情况下,获取当前飞行速度 V,可以得出气动升力值,根

据式(10.16)反解得出热流密度和动压对应的攻角 α 下边界：$\alpha_{\min-\dot{Q}}(t)$ 和 $\alpha_{\min-\bar{q}}(t)$。结合式(10.17)给出 α 的下边界约束，可得出 α 的下边界：

$$\alpha_{\text{down}} = \max(\alpha_{\min-\dot{Q}},\ \alpha_{\min-\bar{q}},\ \alpha_{\min}) \tag{10.73}$$

攻角 α 的上边界 $\alpha_{\max-N}$ 由路径约束中过载约束 ($N = \sqrt{D^2 + L^2}/(mg_0) \leqslant N_{\max}$) 推导得出，结合式(10.17)给出的控制量 α 的上边界约束，得出 α 的上边界：

$$\alpha_{\text{up}} = \min(\alpha_{\max-N},\ \alpha_{\max}) \tag{10.74}$$

结合式(10.17)给出的倾侧角 σ 的上下边界，控制向量 $\boldsymbol{U} = [\alpha \quad \sigma]^{\text{T}}$ 的约束可以表示为

$$\boldsymbol{U}_{\text{down}} \leqslant \boldsymbol{U} \leqslant \boldsymbol{U}_{\text{up}} \tag{10.75}$$

式中，$\boldsymbol{U}_{\text{down}} = [\alpha_{\text{down}} \quad \sigma_{\min}]^{\text{T}}$；$\boldsymbol{U}_{\text{up}} = [\alpha_{\text{up}} \quad \sigma_{\max}]^{\text{T}}$。

10.5.3　重构方案设计

当高超声速飞行器发生故障时，气动力控制系数的数值会发生变化。本小节基于 ARUKF 估计气动系数变化因子，同时基于改进的 MPSP 制导算法预测终端状态，并确定是否满足收敛速度的要求。容错制导律的设计形式如下：

$$\begin{bmatrix} \alpha_{\text{FTG}} \\ \sigma_{\text{FTG}} \end{bmatrix} = \begin{bmatrix} \alpha^{\text{p}} \\ \sigma^{\text{p}} \end{bmatrix} + \begin{bmatrix} \text{d}\alpha \\ \text{d}\sigma \end{bmatrix} \tag{10.76}$$

重构轨迹与容错制导方案的实现步骤如下。

步骤 1　初始轨迹生成器：为启动改进的 MPSP 预测-校正制导回路，需要产生初始状态量和控制量的猜测值，利用先验轨迹快速生成算法产生标准初始轨迹能够产生更准确的初始状态量和初始控制量，同时减少一次积分运算，提高制导算法的精度和速度。

步骤 2　启动 ARUKF，估计由故障引起的气动参数系数的变化因子，即估计 $\hat{\lambda}_i$ 的值。

(1) 计算预测的均值和协方差矩阵 $\hat{\boldsymbol{X}}_{k|k-1}$、$\hat{\boldsymbol{P}}^{xx}_{k|k-1}$。

(2) 计算参数不确定性的影响程度 $\boldsymbol{F}_{\text{p},\,k-1}$ 和协方差的鲁棒性矩阵 $\hat{\boldsymbol{P}}^{\text{rob}}_{k|k-1}$。

(3) 计算协方差矩阵 $\hat{\boldsymbol{P}}^{xx,\,\text{arukf}}_{k|k-1}$：

$$\hat{\boldsymbol{P}}_{k|k-1}^{xx,\ \mathrm{arukf}} = \hat{\boldsymbol{P}}_{k|k-1}^{xx} + \boldsymbol{\eta}_k \hat{\boldsymbol{P}}_{k|k-1}^{\mathrm{rob}}$$

（4）计算预测的测量均值和协方差矩阵 $\hat{\boldsymbol{Y}}_{k|k-1}$、$\hat{\boldsymbol{P}}_{k|k-1}^{yy}$ 和 $\hat{\boldsymbol{P}}_{k|k-1}^{xy}$。

（5）启动状态更新步骤：得出估计出的 $\hat{\boldsymbol{\lambda}}_i$ 值，用于实际轨迹预测表达式和输出终端误差表达式。

步骤 3　启动改进的 MPSP 制导算法的预测环节，计算输出误差 $\mathrm{d}\boldsymbol{Y}_N$。

预测迭代校正后的轨迹，求出 $\mathrm{d}\boldsymbol{Y}_N$。如果 $\mathrm{d}\boldsymbol{Y}_N$ 所定义的收敛率大于允许的误差门限，则启动下一步校正环节——更新控制量。如果在误差允许范围内，则制导算法停止，输出实际轨迹的状态量和控制量。

步骤 4　计算敏感度矩阵 $\boldsymbol{B}_k$。

步骤 5　计算 $\boldsymbol{R}_k$、$\boldsymbol{A}_\lambda$ 和 $\boldsymbol{b}_\lambda$。

步骤 6　根据推导出的解析式，计算 $\mathrm{d}\boldsymbol{U}_k$ 和更新后控制量 $\boldsymbol{U}_k$，重新假设 $\boldsymbol{U}_k^{\mathrm{p}} = \boldsymbol{U}_k$，计算校正后的终端值 $\boldsymbol{Y}_N$，转到步骤 3。

10.6 仿真验证

针对 X－33 再入飞行器模型，选取飞行器再入初始时刻状态量的初始值为 $\boldsymbol{x}(t=0) = [h \quad l_\theta \quad l_\phi \quad V \quad \gamma \quad \chi]^{\mathrm{T}} = [72\ \mathrm{km} \quad 0\ \mathrm{rad} \quad 0\ \mathrm{rad} \quad 6\,800\ \mathrm{m/s} \quad 0\ \mathrm{rad} \quad 0\ \mathrm{rad}]^{\mathrm{T}}$。再入终端条件及终端约束条件所允许的范围同 9.1 节约束条件。

飞行器故障发生时，将导致气动参数发生明显的改变，必须进行再入轨迹重构以恢复原再入飞行任务，保证飞行器安全可靠地飞行至终端位置。本节参考文献[4]中给出的飞行器舵面故障时的气动系数变化值，考虑如下故障。

（1）情形 1：双垂直方向舵故障。

（2）情形 2：机身襟翼故障。

图 10.3 为 ARUKF 在情形 1 故障下 λ_i 的估计值。如图 10.3 所示，ARUKF 能够快速准确地估计出 λ_i 的变化值。图 10.4 为在情形 1 故障下重构轨迹与标称轨迹以及故障下轨迹的比较，重构轨迹确实恢复了高超声速飞行器在情形 1 故障下的再入制导能力。从图 10.4(a) 可以看出，通过运用容错制导方案，可以使故障情形下的再入飞行的终端位置接近标称轨迹，并能够完成再入飞行任务要求。如图 10.4(b) 所示，通过应用容错制导方案，重构后的曲线能够逼近标称轨迹的终端高度和速度。从图 10.4c 和 d 可以看出，控制指令（攻角和倾侧角）相对

于控制量边界在故障发生时发生剧烈变化。通过应用容错制导方案,控制命令曲线接近标称条件。当曲线接近边界时,惩罚函数起到调整曲线远离边界的作用。图 10.5 显示了在情形 1 故障下标称轨迹的过载和重构轨迹的过载比较。

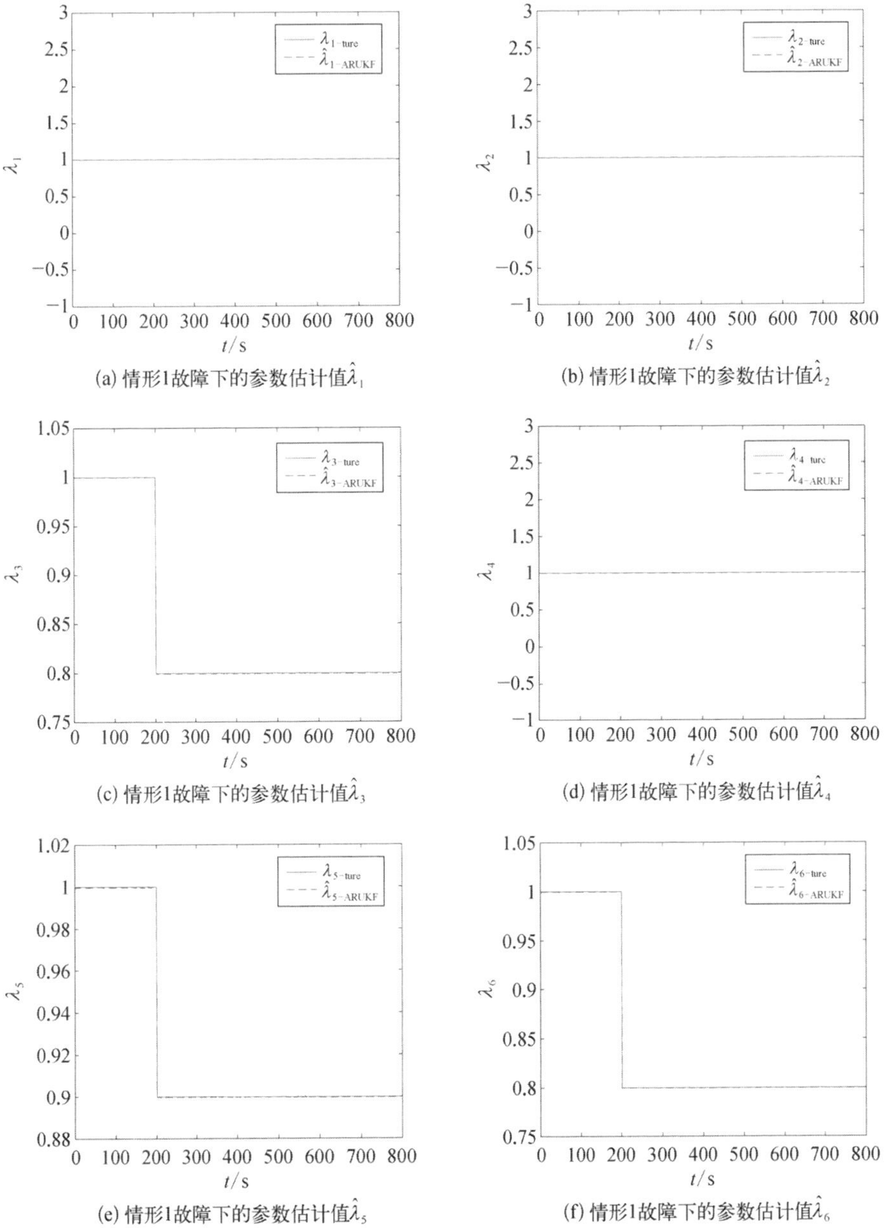

(a) 情形1故障下的参数估计值$\hat{\lambda}_1$

(b) 情形1故障下的参数估计值$\hat{\lambda}_2$

(c) 情形1故障下的参数估计值$\hat{\lambda}_3$

(d) 情形1故障下的参数估计值$\hat{\lambda}_4$

(e) 情形1故障下的参数估计值$\hat{\lambda}_5$

(f) 情形1故障下的参数估计值$\hat{\lambda}_6$

图 10.3　情形 1 故障下的参数估计值 $\hat{\boldsymbol{\lambda}}_i$

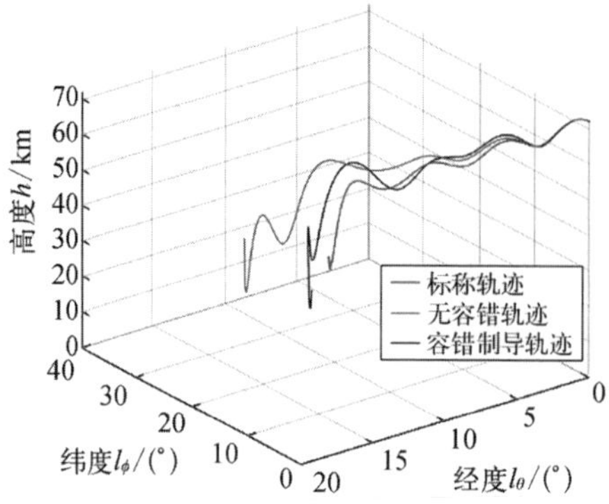

(a) 高超声速飞行器三维再入轨迹曲线

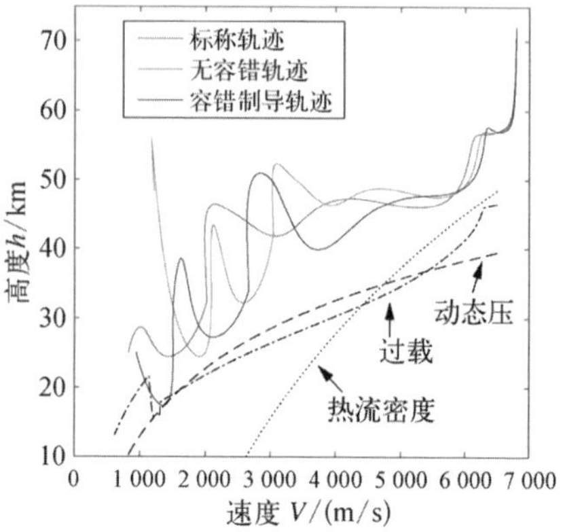

(b) 飞行高度-速度变化曲线

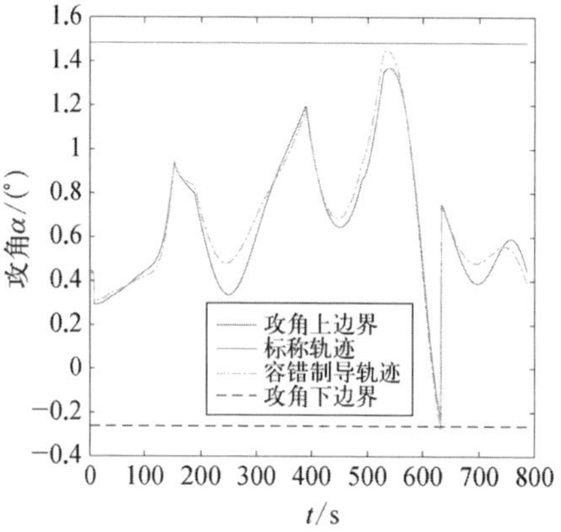

(c) 控制量攻角-时间变化曲线

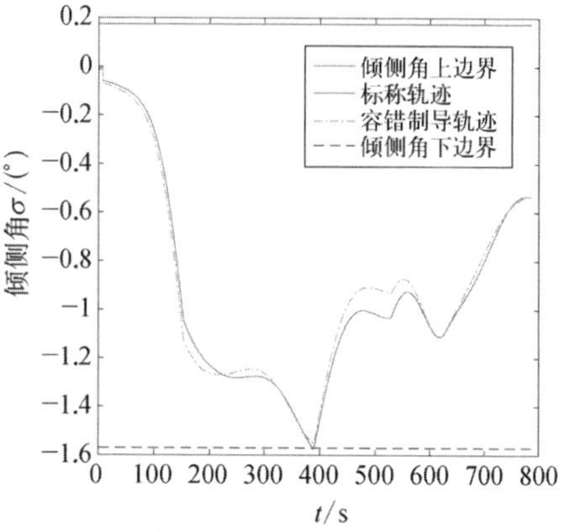

(d) 控制量倾侧角-时间变化曲线

图 10.4 情形 1 故障下的重构轨迹

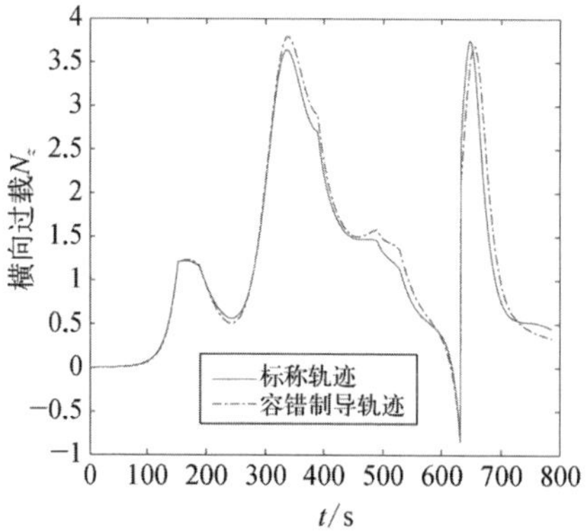

(a) 横向过载变化曲线

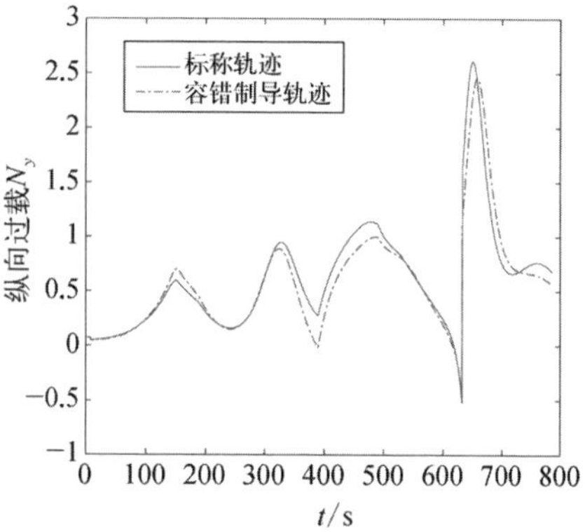

(b) 纵向过载变化曲线

图 10.5 情形 1 故障下的标称轨迹的过载与重构轨迹的过载比较

图 10.6 为 ARUKF 在情形 2 故障下的 λ_i 的估计值。如图 10.6 所示，λ_i 的变化值同样可以由 ARUKF 快速准确地估计出。图 10.7 为在情形 2 故障下重构轨迹与标称轨迹以及故障下轨迹的比较，重构轨迹确实恢复了高超声速飞行器在情形 2 故障下的再入制导能力。从图 10.7(a)可以看出，当故障发生后终端位置不满足再入任务的要求。通过运用容错制导方案，再入飞行的终端位置接近标称轨迹，并能够完成再入飞行任务要求。如图 10.7(b)所示，通过应用容错制导方案，重构后的曲线能够逼近标称轨迹的终端高度和速度。从图 10.7(c)和(d)可以看出，控制指令(攻角和倾侧角)在故障发生时相对于控制量边界发生剧烈变化。通过应用容错制导方案，控制命令曲线接近标称条件。当曲线接近边界时，惩罚函数可以调整曲线远离边界。图 10.8 显示了在情形 2 故障下标称轨迹的过载和重构轨迹的过载比较。

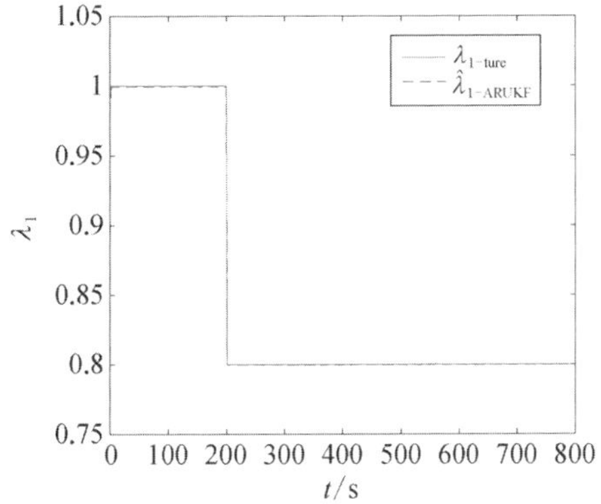

(a) 情形2故障下ARUKF的估计值$\hat{\lambda}_1$

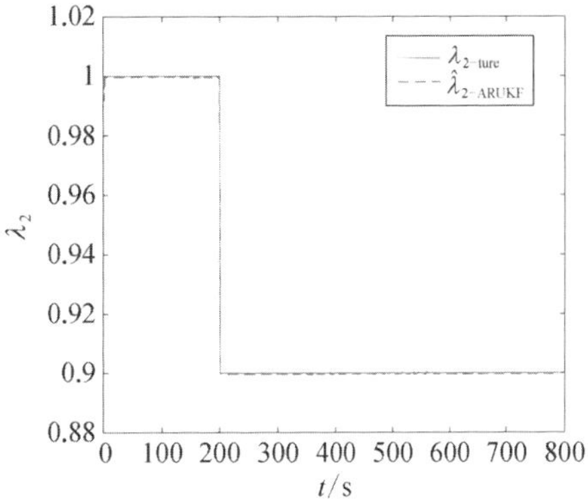

(b) 情形2故障下ARUKF的估计值$\hat{\lambda}_2$

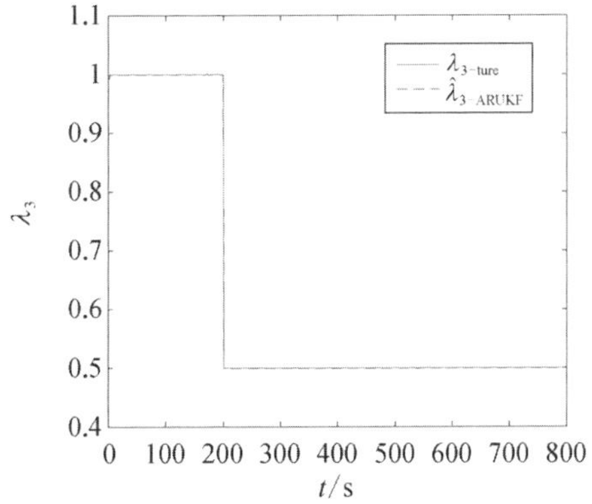

(c) 情形2故障下的参数估计值$\hat{\lambda}_3$

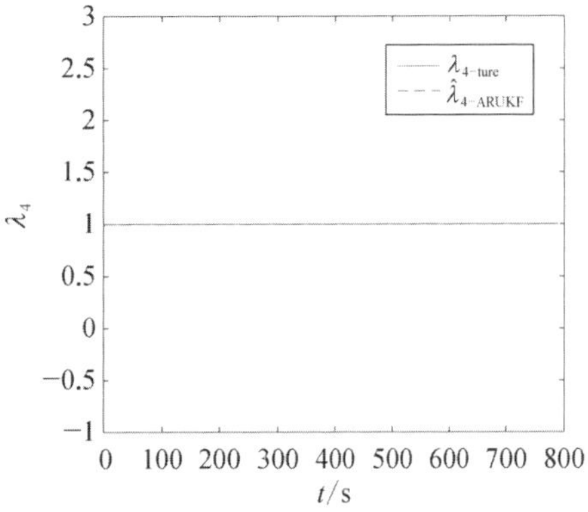

(d) 情形2故障下的参数估计值$\hat{\lambda}_4$

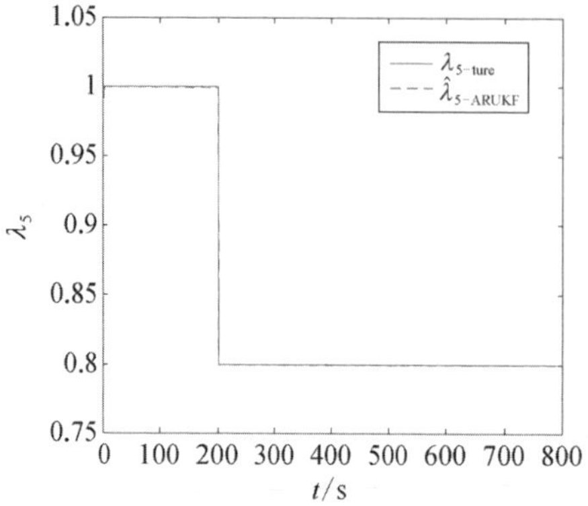

(e) 情形2故障下的参数估计值$\hat{\lambda}_5$

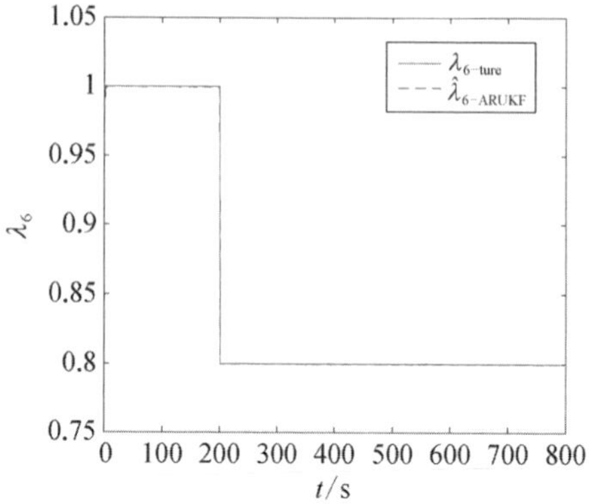

(f) 情形2故障下的参数估计值$\hat{\lambda}_6$

图 10.6　情形 2 故障下的参数估计值 $\hat{\boldsymbol{\lambda}}_i$

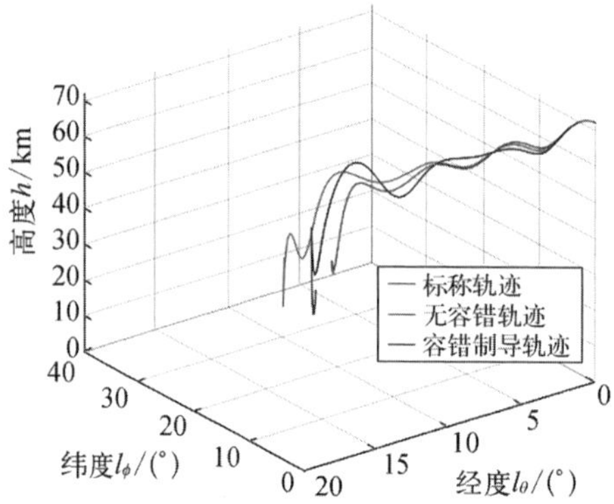

(a) 高超声速飞行器三维再入轨迹曲线

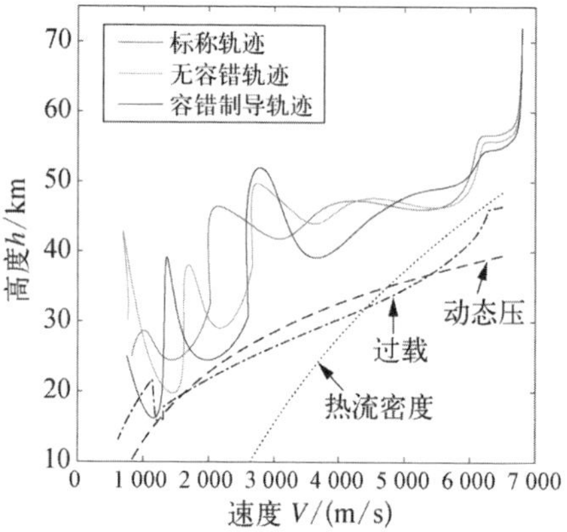

(b) 飞行高度-速度变化曲线

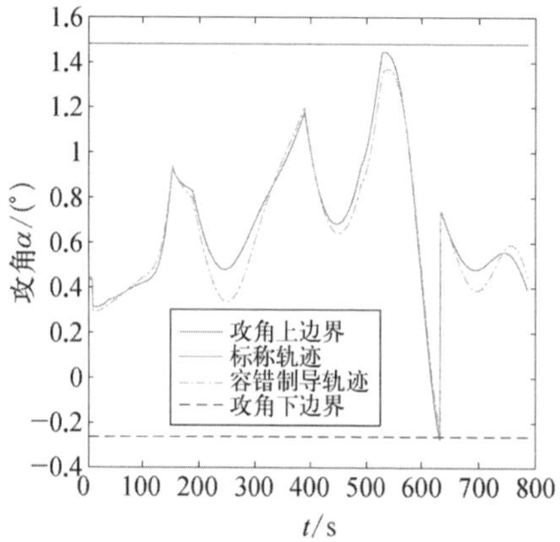

(c) 控制量攻角-时间变化曲线

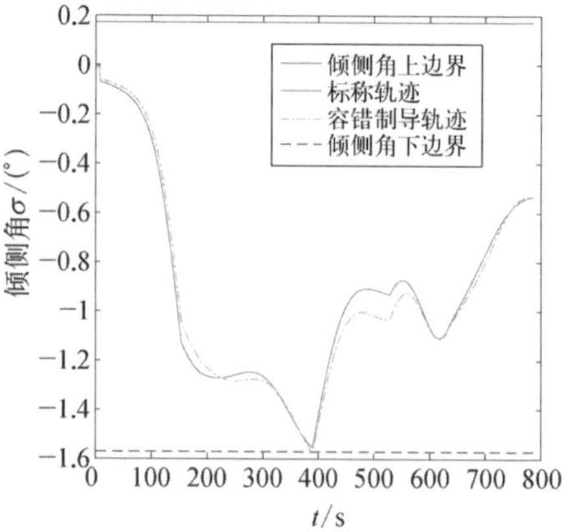

(d) 控制量倾侧角-时间变化曲线

图 10.7　情形 2 故障下的重构轨迹

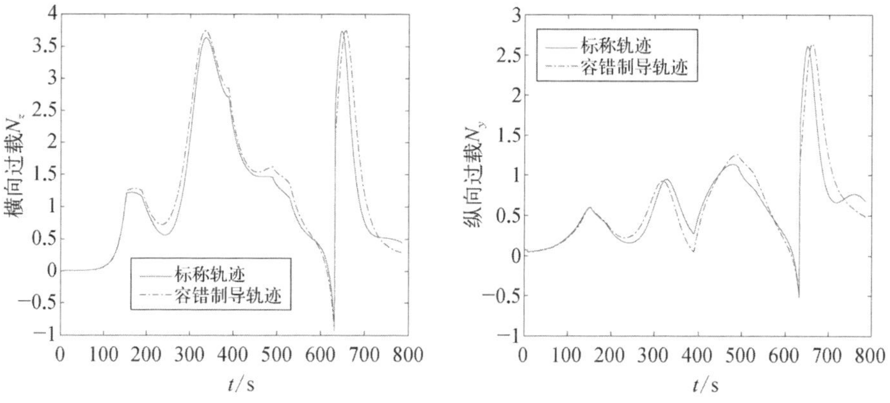

(a) 横向过载变化曲线　　(b) 纵向过载变化曲线

图 10.8　情形 2 故障下的标称轨迹的过载与重构轨迹的过载比较

情形 2 故障下不同制导算法的终端状态比较如表 10.1 所示。由表 10.1 可知,情形 2 故障下的飞行高度、经度和纬度等再入轨迹终端状态均不能满足再入终端要求。通过应用容错制导方案,终端位置能够较大改善并满足终端要求。另外,由于 ARUKF 和改进的 MPSP 制导算法需要迭代计算,CPU 执行时间为 6.552 s。随着计算机技术的不断发展,算法实现的效率也会大大提高。

表 10.1　情形 2 故障下不同制导算法的终端状态比较

终端状态值	高度 /km	速度 /(m/s)	经度 /(°)	纬度 /(°)	CPU 执行时间 /s
期望值	25	1 000	10	20	—
收敛率	23~26	800~1 100	8~12	18~21	—
标称轨迹	25.054 0	829.339 7	10.015 3	20.752 5	2.845
故障下轨迹	28.706 0	1 161.0	16.220 4	21.795 3	4.204
重构轨迹	23.309 0	800.968 9	11.527 9	20.007 7	6.552

10.7　本章小结

高超声速飞行器发生故障时,飞行轨迹将偏离标称轨迹,需要对制导环进行轨迹重构以使飞行器安全飞行。执行器发生故障会导致气动参数发生改变,本章基于 ARUKF 快速准确地估计了气动参数的变化,在此基础上基于改进的

MPSP 制导算法在线更新制导指令并重构再入轨迹，更新后的再入制导控制量能够满足多约束且变化趋势光滑。仿真研究验证了本章所提方法能够有效解决飞行器发生故障时的安全再入轨迹重构问题，提高了飞行器的自主容错能力。

参考文献

[1] Lu P. Predictor-corrector entry guidance for low-lifting vehicles[J]. Journal of Guidance Control & Dynamics, 2012, 31(4): 1067－1075.

[2] Xie Y F, Tang S. Pseudospectral feedback control based on-line trajectory reconfiguration of suborbital return[J]. Journal of Astronautics, 2012, 33(8): 1056－1063.

[3] 水尊师，周军，葛致磊.基于高斯伪谱方法的再入飞行器预测校正制导方法研究[J].宇航学报，2011，32(6)：1249－1255.

[4] Jiang Z, Ordonez R. On-line robust trajectory generation on approach and landing for reusable launch vehicles[J]. Automatica, 2009, 45(7): 1668－1678.

[5] 钱佳淞，齐瑞云.基于 NFTET 的高超声速飞行器再入容错制导[J].航空学报，2015，36(10)：3370－3381.

[6] 宗群，田柏苓，窦立谦.基于 Gauss 伪谱法的临近空间飞行器上升段轨迹优化[J].宇航学报，2010，31(7)：1775－1781.

[7] 呼卫军，卢青，常晶，等.特征趋势分区 Gauss 伪谱法解再入轨迹规划问题[J].航空学报，2015，36(10)：3338－3348.

[8] Tian B, Zong Q. Optimal guidance for reentry vehicles based on indirect Legendre pseudospectral method[J]. Acta Astronautica, 2011, 68(7): 1176－1184.

[9] 廖宇新，李惠峰，包为民.基于间接 Radau 伪谱法的滑翔段轨迹跟踪制导律[J].宇航学报，2015，36(12)：1398－1405.

[10] 蔺君，何英姿，黄盘兴.基于改进分段 Gauss 伪谱法的带推力高超声速飞行器再入轨迹规划[J].控制理论与应用，2019，36(10)：1663－1671.

[11] Gong Q, Fahroo F, Ross I M. Spectral algorithm for pseudospectral methods in optimal control[J]. Journal of Guidance, Control and Dynamics, 2008, 31(3): 460－471.

[12] Padhi R, Kothari M. Model predictive static programming: A computationally efficient technique for suboptimal control design[J]. International Journal of Innovative Computing, Information and Control, 2009, 5(2): 399－411.

[13] Halbe O, Raja R G, Padhi R. Robust Reentry guidance of a reusable launch vehicle using model predictive static programming[J]. Journal of Guidance Control & Dynamics, 2014, 37(1): 134－148.

[14] Oza H B, Padhi R. Impact-angle-constrained suboptimal model predictive static programming guidance of air-to-ground missiles[J]. Journal of Guidance Control & Dynamics, 2014, 35(1): 153－164.

[15] Bryson A E, Ho Y C. Applied optimal control[M]. Waltham: Blaisdell Publishing Company, 1969.

[16] Julier S J, Uhlmann J K. New extension of the Kalman filter to nonlinear systems[J].

Proceedings of SPIE-The International Society for Optical Engineering, 1997, 30(8): 182 - 193.

[17] Ishihara S, Yamakita M. Adaptive robust UKF for nonlinear systems with parameter uncertainties[C]. 42nd Annual Conference of the IEEE Industrial Electronics Society, IECON 2016, Florence, 2016: 48 - 53.

[18] Gao B, Gao S, Zhong Y, et al. Interacting multiple model estimation-based adaptive robust unscented Kalman filter[J]. International Journal of Control Automation & Systems, 2017, 15(2): 1 - 13.

[19] Hajiyev C, Soken H E. Robust adaptive unscented Kalman filter for attitude estimation of pico satellites[J]. International Journal of Adaptive Control & Signal Processing, 2014, 28(2): 107 - 120.

[20] Gu P F, Qi R Y, Jiang B. Sliding mode tracking control and GA-based optimization for reentry guidance subject to multi-constraints[C]. IEEE/CSAA Guidance, Navigation and Control Conference, Xiamen, 2018: 777 - 782.

第 11 章

带有状态约束与未知质心变动的高超声速飞行器容错控制

本章针对高超声速飞行器(hypersonic vehicle,HSV)异常质心变动的容错控制展开研究,经分析,其影响主要是体现在系统的不确定性、系统转动惯量矩阵的改变、偏心力矩这三个方面。其中,系统转动惯量矩阵的改变有可能会引起所设计控制器奇异的风险,因此本章从基于神经网络估计结合级数展开的方法以及 Nussbaum 函数结合自适应的方法探索该问题。另外,为了增强故障情况下的系统安全,本章同时引入系统的状态约束(基于 Barrier - Lyapunov 函数)。在故障情况下,通过约束系统的状态,使其活动在安全的区域,从而保障系统故障情况下的安全。

11.1 基于自适应神经网络的 HSV 未知质心变动容错控制

11.1.1 带有质心变动的 Winged-cone 高超声速飞行器模型

如图 11.1 所示的带有质心变动的 HSV 姿态模型,依据 HSV 姿态系统对控制指令响应速度的不同,本章将 HSV 姿态系统分为快、慢两个回路研究。其中,慢回路指的是 HSV 姿态角回路,包括 α、β 和 σ。快回路指的是姿态角速率回路,含有 p、q 和 r。因此,建立了带有异常质心变动的 HSV 姿态系统仿射非线性方程,具体如下[1-3]。

1. 带有质心变动的 HSV 姿态慢回路方程

结合式(2.25)~式(2.27)以及文献[1]~文献[3],带有质心变动的高超声速飞行器无动力(推力为零)再入段姿态角模型可建为

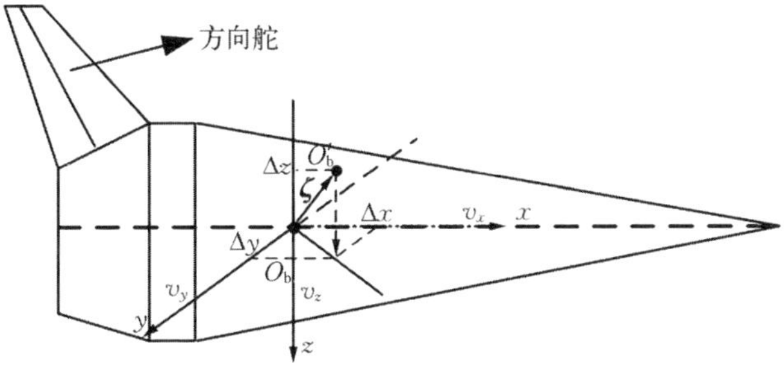

图 11.1　质心变动三维示意图($O_b \to O_b'$)

$$\dot{\boldsymbol{\Omega}} = \boldsymbol{f}_s + \Delta\boldsymbol{f}_s + (\boldsymbol{g}_s + \Delta\boldsymbol{g}_s)\boldsymbol{\omega} + \boldsymbol{d}_s, \quad \boldsymbol{y}_s = \boldsymbol{\Omega} \tag{11.1}$$

式中，$\boldsymbol{\Omega} = [\alpha \quad \beta \quad \sigma]^{\mathrm{T}}$ 为姿态角向量，包括迎角 α、侧滑角 β 和倾侧角 σ；$\boldsymbol{\omega} = [p \quad q \quad r]^{\mathrm{T}}$ 为姿态角速率向量，包括滚转角速率 p、俯仰角速率 q 和偏航角速率 r；$\boldsymbol{f}_s = [f_\alpha \quad f_\beta \quad f_\sigma]^{\mathrm{T}}$ 指的是系统矩阵；$\Delta\boldsymbol{f}_s = [\Delta f_\alpha \quad \Delta f_\beta \quad \Delta f_\sigma]^{\mathrm{T}}$ 为系统矩阵的不确定项；$\Delta\boldsymbol{g}_s$ 代表系统输入矩阵 $\boldsymbol{g}_s$ 的不确定项；$\boldsymbol{d}_s$ 为系统受到的外部扰动。为了便于后面的描述，本节将质心变动引起的系统不确定性与外部扰动合为一体，并称为复合扰动 $\boldsymbol{D}_s = \Delta\boldsymbol{f}_s + \Delta\boldsymbol{g}_s\omega_c + \boldsymbol{d}_s$。

上述简写的具体表达如下：

$$f_\alpha = (-L + mg\cos\gamma\cos\sigma)/(mV_p\cos\beta), \quad f_\beta = (Y + mg\cos\gamma\sin\sigma)/(mV_p)$$

$$f_\sigma = \frac{\tan\gamma}{mV_p}(Y\cos\sigma + L\sin\sigma) - \frac{\tan\beta}{mV_p}(-L + mg\cos\gamma\cos\sigma)$$

$$\Delta f_\alpha = (c_{31}\Delta x + c_{32}\Delta y + c_{33}\Delta z)/(mV_p\cos\beta)$$

$$\Delta f_\beta = (c_{21}\Delta x + c_{22}\Delta y + c_{23}\Delta z)/(mV_p)$$

$$\Delta f_\sigma = \frac{\tan\gamma}{V_p}[-(\sigma_1\sigma_2 + \dot{\sigma}_3)\bar{\rho}_x^p + (\sigma_1^2 + \sigma_3^2)\bar{\rho}_y^p - (\sigma_2\sigma_3 - \dot{\sigma}_1)\bar{\rho}_z^p]$$
$$- \frac{\tan\beta}{mV_p}(c_{31}\Delta x + c_{32}\Delta y + c_{33}\Delta z)$$

$$\boldsymbol{g}_s = \begin{bmatrix} -\tan\beta\cos\alpha & 1 & \tan\beta\sin\alpha \\ \sin\alpha & 0 & -\cos\alpha \\ \sec\beta\cos\alpha & 0 & \sec\beta\sin\alpha \end{bmatrix} \tag{11.2}$$

式中，L、Y 分别为飞行器受到的升力、侧力；Δx、Δy、Δz 为质心偏移矢量 $\boldsymbol{\zeta}$ 在机

体坐标轴 $O_b xyz$ 上的三分量(图 11.1);$C_{i,j}(i,j=1,2,3)$ 为质心变动引起的系统不确定性,详见式(11.131)。在航迹坐标系的视角下,σ_1、σ_2 和 σ_3 指的是航迹坐标系相对于地面惯性坐标系旋转角速度在三个坐标轴上的分量,详见式(11.135)。$\bar{\rho}_x^{\mathrm{p}}$、$\bar{\rho}_y^{\mathrm{p}}$ 及 $\bar{\rho}_z^{\mathrm{p}}$ 为质心变动量 Δx、Δy 和 Δz 的函数,详见式(11.136)。另外,γ 为航迹角[20],用于描述高超声速飞行器的飞行航迹(建立在航迹坐标系与地面坐标系上)。

注解 11.1 基于文献[20]中对于气流坐标系、航迹坐标系的定义,由于本小节中并未考虑风的扰动[21],故而,飞行器的飞行速度相对于地面的速度(航迹坐标系下的速度矢量)与相对于空气的速度(气流坐标系下的速度矢量)是相同的。

2. 带有质心变动与执行器故障的 HSV 姿态快回路模型

依据式(2.34)的推导过程,结合文献[1]~文献[3],带有质心变动的高超声速飞行器姿态角速率方程可建为

$$\dot{\omega} = \boldsymbol{F}_1 + \Delta\boldsymbol{F}_1 + \Delta\boldsymbol{F}_2 + \Delta\boldsymbol{F}_3 + (\boldsymbol{G}_{\mathrm{f}} + \Delta\boldsymbol{G}_{\mathrm{f}})\boldsymbol{M}_{\mathrm{c}} \tag{11.3}$$

式中,$\boldsymbol{F}_1 = \boldsymbol{I}^{*-1}\boldsymbol{f}_1$ 为系统矩阵,其中 $\boldsymbol{f}_1 = [f_p \quad f_q \quad f_r]^{\mathrm{T}}$;$\Delta\boldsymbol{F}_1 = \boldsymbol{I}^{-1}(\boldsymbol{f}_1 + \boldsymbol{f}_2) - \boldsymbol{F}_1 + \boldsymbol{I}^{-1}\boldsymbol{f}_3$ 为系统矩阵 $\boldsymbol{F}_1$ 的不确定部分;$\boldsymbol{M}_{\mathrm{c}} = [l_{\mathrm{A}} \quad m_{\mathrm{A}} \quad n_{\mathrm{A}}]^{\mathrm{T}}$ 为系统正常情况下的控制输入;$\boldsymbol{F}_2 = \boldsymbol{I}^{-1}[l_{\mathrm{A}} \quad m_{\mathrm{A}} \quad n_{\mathrm{A}}]^{\mathrm{T}}$ 为质心变动引起的偏心力矩;$\Delta\boldsymbol{F}_3 = -\boldsymbol{\Lambda}(\boldsymbol{G}_{\mathrm{f}} + \Delta\boldsymbol{G}_{\mathrm{f}})M_{\mathrm{c}}$,其中,$\boldsymbol{\Lambda} = \mathrm{diag}\{\lambda_1, \lambda_2, \lambda_3\}$ 为执行器故障的失效因子矩阵,其未知并满足 $0 < \lambda_i < 1(i = 1, 2, 3)$。

上述简写的具体表达如下:

$$\boldsymbol{f}_1 = \begin{bmatrix} f_p \\ f_q \\ f_r \end{bmatrix} = \begin{bmatrix} qr(I_{yy} - I_{zz}) + pqI_{xz} \\ pr(I_{zz} - I_{xx}) + (r^2 - p^2)I_{xz} \\ pq(I_{xx} - I_{yy}) - qrI_{xz} \end{bmatrix}, \quad \boldsymbol{f}_2 = \begin{bmatrix} (q^2 - r^2)I_{yz} - prI_{xy} \\ qrI_{xy} - pqI_{yz} \\ (p^2 - q^2)I_{xy} + prI_{yz} \end{bmatrix}$$

$$\boldsymbol{f}_3 = m\left(\begin{bmatrix} 0 & -\dot{W}_{\mathrm{b}} & \dot{V}_{\mathrm{b}} \\ \dot{W}_{\mathrm{b}} & 0 & -\dot{U}_{\mathrm{b}} \\ -\dot{V}_{\mathrm{b}} & \dot{U}_{\mathrm{b}} & 0 \end{bmatrix} + \begin{bmatrix} 0 & -pV_{\mathrm{b}} + qU_{\mathrm{b}} & -pW_{\mathrm{b}} + rU_{\mathrm{b}} \\ pV_{\mathrm{b}} - qU_{\mathrm{b}} & 0 & -qW_{\mathrm{b}} + rV_{\mathrm{b}} \\ pW_{\mathrm{b}} - rU_{\mathrm{b}} & qW_{\mathrm{b}} - rV_{\mathrm{b}} & 0 \end{bmatrix} + \begin{bmatrix} 0 & g\cos\gamma\cos\sigma & -g\cos\gamma\sin\sigma \\ -g\cos\gamma\cos\sigma & 0 & -g\sin\gamma \\ g\cos\gamma\sin\sigma & g\sin\gamma & 0 \end{bmatrix} \right) \begin{bmatrix} \Delta x \\ \Delta y \\ \Delta z \end{bmatrix}$$

$$G_{\mathrm{f}} = I^{*-1} = \begin{bmatrix} I_{xx} & 0 & -I_{xz} \\ 0 & I_{yy} & 0 \\ -I_{xz} & 0 & I_{zz} \end{bmatrix}^{-1}, \quad \Delta G_{\mathrm{f}} = I^{-1} - G_{\mathrm{f}}$$

$$M_{\mathrm{c}} = \begin{bmatrix} l_{\mathrm{A}} \\ m_{\mathrm{A}} \\ n_{\mathrm{A}} \end{bmatrix} = \begin{bmatrix} \hat{q}bS(C_{\mathrm{l}}^{*} + \Delta C_{\mathrm{l}}) + \Delta l_{\mathrm{A}} \\ \hat{q}cS(\Delta C_{\mathrm{m}} + C_{\mathrm{m}}^{*}) - X_{\mathrm{cg}}Z + \Delta m_{\mathrm{A}} \\ \hat{q}bS(\Delta C_{\mathrm{n}} + C_{\mathrm{n}}^{*}) - X_{\mathrm{cg}}Y + \Delta n_{\mathrm{A}} \end{bmatrix} \tag{11.4}$$

式中，$[\Delta x \quad \Delta y \quad \Delta z]^{\mathrm{T}}$ 为未知的质心偏移量。I_{xx}、I_{yy} 和 I_{zz} 分别为系统转动惯量矩阵 I^{*}（未发生质心变动时的转动惯量矩阵）中的元素。G_{f} 为转动惯量矩阵 I^{*} 的逆矩阵。质心变动发生后的系统转动惯量矩阵逆矩阵 I^{-1} 见式(11.132)，I_{xy} 和 I_{yz} 则指的是由异常质心变动引起的惯性积，见式(11.133)。$M_{\mathrm{c}} = [l_A,\ m_A,\ n_A]^{\mathrm{T}}$ 为系统的控制输入力矩，其中，l_A、m_A、n_A 分别指的是系统控制输入的滚转力矩、俯仰力矩和偏航力矩。$[\Delta l_A,\ \Delta m_A,\ \Delta n_A]^{\mathrm{T}}$ 为质心变动引起的偏心力矩，见于(11.138)；C_l^{*}、C_m^{*}、C_n^{*} 分别指的是滚转力矩、俯仰力矩和偏航力矩的力矩系数，$\hat{q}$ 为动压，b 指的是机翼展长，S 为机翼参考面积。ΔC_l、ΔC_m、ΔC_n 为各自力矩系数的不确定性。此外，$[U_{\mathrm{b}} \quad V_{\mathrm{b}} \quad W_{\mathrm{b}}]^{\mathrm{T}}$ 和 $[\dot{U}_{\mathrm{b}} \quad \dot{V}_{\mathrm{b}} \quad \dot{W}_{\mathrm{b}}]^{\mathrm{T}}$ 分别为机体坐标系下的速度分量及其导数，见式(11.133)。另外，$[\Delta l_{\mathrm{A}} \quad \Delta m_{\mathrm{A}} \quad \Delta n_{\mathrm{A}}]^{\mathrm{T}}$ 见式(11.137)。

11.1.2　HSV 姿态变质心容错控制器的设计

1. 控制目标

本章的控制目标是：针对带有执行器故障与异常质心变动的 HSV 姿态模型，设计基于神经网络的自适应容错控制系统，完成以下控制目标：① 系统跟踪误差收敛到一个小的区域内；② 闭环系统的所有信号都是有界的。

为完成以上控制目标，所需的假设条件如下。

假设 11.1　质心变动后的 HSV 姿态角速率 ω，可以写为 $\omega = \omega_{\mathrm{n}} + \Delta\omega$，其中，$\omega_{\mathrm{n}}$ 为标称的姿态角速率向量（未发生异常的质心变动）；$\Delta\omega$ 为未知质心变动引起的系统不确定性。

假设 11.2　HSV 转动惯量矩阵 $(G + \Delta G)$ 的逆矩阵 $(G + \Delta G)^{-1}$ 是存在的。

假设 11.3　系统参考信号及其导数都是连续、有界的。

假设 11.4　HSV 系统慢回路的复合干扰满足 $\|D_{\mathrm{s}}\| \leqslant \kappa_1 + \kappa_2\|\Omega\|$，其

中，κ_1 和 κ_2 为未知的正常数。此外，质心变动对 HSV 姿态快回路的影响 $\Delta\boldsymbol{F}_1$、$\Delta\boldsymbol{F}_2$、$\Delta\boldsymbol{F}_3$、$\Delta\boldsymbol{F}_4$ 和 $\Delta\boldsymbol{G}$ 都是有界的。

注解 11.1 假设 11.2 表明，质心变动引起的系统转动惯量矩阵的改变不会影响转动惯量矩阵 $(\boldsymbol{G}+\Delta\boldsymbol{G})$ 的可逆性。此外，一旦发生了不期望的质心变动，其对飞行器姿态运动的影响主要体现在以下三个方面：① 系统的不确定性（$\Delta\boldsymbol{F}_1$）；② 系统输入矩阵的不确定性（$\Delta\boldsymbol{G}$）；③ 偏心力矩（$\Delta\boldsymbol{F}_2$）。另外，再加上执行器的部分失效故障，这些因素无疑对 HSV 姿态系统的容错控制提出了巨大的挑战。

2. HSV 姿态慢回路快速终端滑模控制器设计

HSV 姿态慢回路的跟踪误差定义为

$$\boldsymbol{e}_{\Omega}=[e_{\alpha}\quad e_{\beta}\quad e_{\sigma}]^{\mathrm{T}}=\boldsymbol{\Omega}-\boldsymbol{\Omega}^{\mathrm{d}}=[\alpha-\alpha_{\mathrm{d}}\quad \beta-\beta_{\mathrm{d}}\quad \sigma-\sigma_{\mathrm{d}}]^{\mathrm{T}} \tag{11.5}$$

式中，$\boldsymbol{\Omega}=[\alpha\quad\beta\quad\sigma]^{\mathrm{T}}$；$\boldsymbol{\Omega}^{\mathrm{d}}=[\alpha_{\mathrm{d}}\quad\beta_{\mathrm{d}}\quad\sigma_{\mathrm{d}}]^{\mathrm{T}}$ 为期望的姿态角跟踪指令。

滑模面的设计： 借助滑模控制的强鲁棒性，本章的滑模面设计如下[4,5]：

$$\boldsymbol{s}_{\mathrm{s}i}=\boldsymbol{e}_{\Omega i}+\int_0^t(a\boldsymbol{e}_{\Omega i}+b\boldsymbol{e}_{\Omega i}^{q/p})\mathrm{d}\tau \tag{11.6}$$

式中，$i=\alpha,\beta,\sigma$；a、b 为待设计的参数，满足 $a>0$，$b>0$；p 和 q 为正奇数，满足 $p>q$。

趋近律： 为改善滑模控制的收敛速度，本章设计了双幂次趋近律，具体设计如下：

$$\dot{\boldsymbol{s}}_{\mathrm{s}i}=-K_1\|\boldsymbol{s}_{\mathrm{s}}\|^{\xi}\operatorname{sign}(\boldsymbol{s}_{\mathrm{s}i})-K_2\|\boldsymbol{s}_{\mathrm{s}}\|^{\varepsilon}\operatorname{sign}(\boldsymbol{s}_{\mathrm{s}i}) \tag{11.7}$$

式中，ξ、ε、K_1、K_2 为待设计的参数，满足 $\xi>1$，$0<\varepsilon<1$，$K_1>0$，$K_2>0$，$\eta>0$。

当系统远离滑模面时（$\|\boldsymbol{s}_{\mathrm{s}i}\|>1$），滑模面(11.6)的第一项在滑模控制的收敛速率中起主导作用。同样，当系统离滑模面（$\|\boldsymbol{s}_{\mathrm{s}i}\|<1$）比较近时，滑模面(11.6)的第二项在滑模控制的收敛速率中起主导作用。然后，结合式(11.7)，对式(11.6)求导，可得

$$\dot{\boldsymbol{s}}_{\mathrm{s}i}=\boldsymbol{f}_{\mathrm{s}i}+\boldsymbol{D}_{\mathrm{s}i}+(\boldsymbol{g}_{\mathrm{s}}\boldsymbol{\omega})_i-\dot{\boldsymbol{\Omega}}_i^{\mathrm{d}}+a\boldsymbol{e}_{\Omega i}+b\boldsymbol{e}_{\Omega i}^{q/p} \tag{11.8}$$

此处，i 指代上式各向量中对应的元素分量。

至此，滑模控制器设计如下：

$$\boldsymbol{\omega}^{\mathrm{d}} = -\boldsymbol{g}_{\mathrm{s}}^{-1}(\boldsymbol{f}_{\mathrm{s}} - \dot{\boldsymbol{\Omega}}_{\mathrm{c}} + \boldsymbol{K}_{\mathrm{s}}\boldsymbol{e}_{\Omega}) - \boldsymbol{g}_{\mathrm{s}}^{-1}[(K_1 \| \boldsymbol{s}_{\mathrm{s}} \|^{\xi} + K_2 \| \boldsymbol{s}_{\mathrm{s}} \|^{\varepsilon} + \hat{\kappa}_1 + \hat{\kappa}_2 \| \boldsymbol{\Omega} \|)\mathrm{sign}(\boldsymbol{s}_{\mathrm{s}})] \tag{11.9}$$

式中，$\boldsymbol{K}_{\mathrm{s}} = \mathrm{diag}\{K_{\mathrm{s}\alpha}, K_{\mathrm{s}\beta}, K_{\mathrm{s}\sigma}\}$ 为设计的控制增益矩阵，满足 $K_{\mathrm{s}i} > 0$，$i = \alpha, \beta, \sigma$。同样的，$K_1$、$K_2$ 为设计的控制器参数用于调节滑模控制的趋近率，见式(11.7)。另外，$\hat{\kappa}_1$、$\hat{\kappa}_2$ 为 κ_1、κ_2 的估计值。令 $\tilde{\kappa}_1 = \hat{\kappa}_1 - \kappa_1$ 和 $\tilde{\kappa}_2 = \hat{\kappa}_2 - \kappa_2$，而后，进一步可得 $\dot{\tilde{\kappa}}_1 = \dot{\hat{\kappa}}_1$ 和 $\dot{\tilde{\kappa}}_2 = \dot{\hat{\kappa}}_2$。

定理 11.1　对于 HSV 姿态慢回路系统(11.1)，在控制器(11.9)及其如下自适应律：

$$\dot{\hat{\kappa}}_1 = r_1^{-1} \| \boldsymbol{s}_{\mathrm{s}} \|, \quad \dot{\hat{\kappa}}_2 = r_2^{-1} \| \boldsymbol{s}_{\mathrm{s}} \| \, \| \boldsymbol{\Omega} \| \tag{11.10}$$

$\dot{\hat{\kappa}}_1 = r_1^{-1} \| \boldsymbol{s}_{\mathrm{s}} \|$，$\dot{\hat{\kappa}}_2 = r_2^{-1} \| \boldsymbol{s}_{\mathrm{s}} \| \, \| \boldsymbol{\Omega} \|$ 的控制作用下，系统的跟踪误差 $\boldsymbol{e}_{\Omega}$ 可以在有限时间内收敛到如下小区域中：

$$| \boldsymbol{s}_{\mathrm{s}} | \leqslant \min\{(\delta/K_1)^{1/\xi}, (\delta/K_2)^{1/\varepsilon}\} \tag{11.11}$$

式中，$\delta < 0$ 为干扰估计误差的界，指的是 $\| \boldsymbol{D}_{\mathrm{s}} - \hat{\boldsymbol{D}}_{\mathrm{s}} \| \, \| \boldsymbol{s}_{\mathrm{s}} \| \leqslant \delta \| \boldsymbol{s}_{\mathrm{s}} \|$。

证明　Lyapunov 函数的选择如下：

$$V_1 = \frac{1}{2}\boldsymbol{s}_{\mathrm{s}}^{\mathrm{T}}\boldsymbol{s}_{\mathrm{s}} + \frac{1}{2}r_1\tilde{\kappa}_1^2 + \frac{1}{2}r_2\tilde{\kappa}_2^2 \tag{11.12}$$

对 V_1 求导，并结合式(11.1)和式(11.9)，可得

$$\begin{aligned} \dot{V}_1 &= \boldsymbol{s}_{\mathrm{s}}\dot{\boldsymbol{s}}_{\mathrm{s}} + r_1\tilde{\kappa}_1\dot{\tilde{\kappa}}_1 + r_2\tilde{\kappa}_2\dot{\tilde{\kappa}}_2 \\ &\leqslant -K_1 \| \boldsymbol{s}_{\mathrm{s}} \|^{\xi+1} - K_2 \| \boldsymbol{s}_{\mathrm{s}} \|^{\varepsilon+1} + \| \boldsymbol{s}_{\mathrm{s}} \| \, \| D_{\mathrm{s}} \| \\ &\quad - (\hat{\kappa}_1 + \hat{\kappa}_2 \| \Omega \|) \| \boldsymbol{s}_{\mathrm{s}} \| + r_1\tilde{\kappa}_1\dot{\tilde{\kappa}}_1 + r_2\tilde{\kappa}_2\dot{\tilde{\kappa}} \\ &\leqslant -K_1 \| \boldsymbol{s}_{\mathrm{s}} \|^{\xi+1} - K_2 \| \boldsymbol{s}_{\mathrm{s}} \|^{\varepsilon+1} + \delta \| \boldsymbol{s}_{\mathrm{s}} \| \leqslant 0 \end{aligned} \tag{11.13}$$

基于式(11.13)，可得

$$\dot{V}_1 \leqslant -K_1 \| \boldsymbol{s}_{\mathrm{s}} \|^{\xi+1} - (K_2 \| \boldsymbol{s}_{\mathrm{s}} \|^{\varepsilon} - \delta) \| \boldsymbol{s}_{\mathrm{s}} \| \tag{11.14}$$

$$\dot{V}_1 \leqslant -(K_1 \| \boldsymbol{s}_{\mathrm{s}} \|^{\xi} - \delta) \| \boldsymbol{s}_{\mathrm{s}} \| - K_2 \| \boldsymbol{s}_{\mathrm{s}} \|^{\varepsilon+1} \tag{11.15}$$

当 $\| \boldsymbol{s}_{\mathrm{s}} \| \geqslant (\delta/K_2)^{1/\varepsilon}$ 时，即 $V_1 \geqslant V_1' = 0.5(\delta/K_2)^{2/\varepsilon}$，同时结合式(11.14)与 $V_0 = 0.5\boldsymbol{s}_{\mathrm{s}}^{\mathrm{T}}\boldsymbol{s}_{\mathrm{s}}$，可得

$$\dot{V}_1 \leqslant -K_1 \| \boldsymbol{s}_s \|^{\xi+1} = -2^{(\xi+1)/2} K_1 V_0^{(\xi+1)/2} \tag{11.16}$$

因此,从 V_0 收敛到 V_1' 的上界时间 $T_{1\max}$ 具体如下[6,7]:

$$\begin{aligned} T_{1\max} &\leqslant \int_{V_1'}^{V_0} \frac{1}{2^{(\xi+1)/2} K_1 V_0^{(\xi+1)/2}} \mathrm{d}V = \frac{2^{(1-\xi)/2}}{K_1(\xi-1)} (V_1'^{(1-\xi)/2} - V_0^{(1-\xi)/2}) \\ &= \frac{1}{K_1(\xi-1)} [(\delta/K_2)^{(1-\xi)/\varepsilon} - \| \boldsymbol{s}_s(0) \|^{1-\xi}] \end{aligned} \tag{11.17}$$

式中,实际的收敛时间 T_1 满足 $T_1 \leqslant T_{1\max}$。

当 $\| \boldsymbol{s}_s \| \geqslant (\delta/K_1)^{1/\xi}$ 时,即 $V_1 \geqslant V_2' = 0.5(\delta/K_1)^{2/\xi}$, 同时结合式(11.15),可得

$$\dot{V}_1 \leqslant -K_2 \| \boldsymbol{s}_s \|^{\varepsilon+1} = -2^{(\varepsilon+1)/2} K_1 V_0^{(\varepsilon+1)/2} \tag{11.18}$$

因此,从 V_0 收敛到 V_2' 的上界时间 $T_{2\max}$ 具体如下:

$$T_{2\max} \leqslant \int_{V_2'}^{V_0} \frac{1}{2^{(\varepsilon+1)/2} K_2 V_0^{(\varepsilon+1)/2}} \mathrm{d}V = \frac{2^{(1-\varepsilon)/2}}{K_2(1-\varepsilon)} (V_0^{(1-\varepsilon)/2} - V_2'^{(1-\varepsilon)/2}) \tag{11.19}$$

然而,真实的收敛时间 T_2 满足 $T_2 \leqslant T_{2\max}$。

因此, $\| \boldsymbol{s}_s \|$ 可在有限时间内收敛到如下的区域中

$$| \boldsymbol{s}_{si} | \leqslant \min\{ (\delta/K_1)^{1/\xi}, (\delta/K_2)^{1/\varepsilon} \} \tag{11.20}$$

此外,滑模控制中符号函数的存在,会引起系统的抖振,并给系统的控制带来巨大的影响。为了抑制滑模控制中符号函数的影响,式(11.9)中的符号函数 $\mathrm{sign}(\boldsymbol{s}_{si})$ 改进如下:

$$\mathrm{sign}(\boldsymbol{s}_{si}) = \boldsymbol{s}_{si} / (\| \boldsymbol{s}_s \| + \Delta + \| \boldsymbol{e}_{\boldsymbol{\Omega}} \|) \tag{11.21}$$

式中, $\boldsymbol{s}_{si}$ 为设计的滑模面; Δ 为足够小的正常数。

另外,考虑到式(11.10)中的自适应律,很小的跟踪偏差 $\boldsymbol{s}_{si}$ 都会导致 $\| \boldsymbol{s}_s \| > 0$, 从而造成 $\dot{\hat{\kappa}}_i > 0 (i=1, 2)$ 引起 $\hat{\kappa}_i$ 持续增长。同样的情形也会发生在系统的控制器中,最终这种过度学习问题会对系统的控制效果产生极为不利的因素。为了抑制该问题,将滑模控制中的边界层法引入所设计的自适应律中,可得[8]

$$\dot{\hat{\kappa}}_1 = \begin{cases} r_1^{-1} \| \boldsymbol{s}_s \|, & \| \boldsymbol{s}_s \| \geqslant \varepsilon_0 \\ 0, & \| \boldsymbol{s}_s \| < \varepsilon_0 \end{cases} \tag{11.22}$$

$$\dot{\hat{\kappa}}_2 = \begin{cases} r_2^{-1} \| \boldsymbol{s}_s \| \| \boldsymbol{\Omega} \|, & \| \boldsymbol{s}_s \| \geqslant \varepsilon_0 \\ 0, & \| \boldsymbol{s}_s \| < \varepsilon_0 \end{cases} \tag{11.23}$$

式中，$\varepsilon_0 > 0$ 为小的设计参数。

基于前面的推导 $\dot{V} \leqslant 0$，可得闭环系统的稳定性。结合假设 11.4 与式(11.9)和式(11.10)，跟踪误差在有限时间内收敛到一个小的区域中。此外，$\tilde{\kappa}_1$ 和 $\tilde{\kappa}_2$ 的有界性通过 $\dot{V} \leqslant 0$ 与边界层式(11.22)和式(11.23)得到了保障。

3. HSV 姿态快回路非奇异容错控制器设计

针对未知质心变动与执行器故障下的高超声速飞行器，本章提出了基于神经网络的自适应容错控制算法应对这些不利因素对其飞行运动的影响。控制器的设计分为两部分：① 标称控制器的设计（未考虑未知质心变动与执行器故障对飞行器的影响）；② 首先使用 RBFNN 估计由未知质心变动与执行器故障等带来的不利因素，然后将估计的信息传递到基础控制器中，基于基础控制器，进而实现 HSV 的容错控制。

1）标称姿态快回路容错控制

在设计基础控制器之前，基于假设 11.1，理想的高超声速飞行器标称模型（不考虑未知质心变动与执行器故障）具体如下：

$$\dot{\omega}_n = \boldsymbol{F}_1 + \boldsymbol{G}_f \boldsymbol{M}_{c0} \tag{11.24}$$

式中，ω_n 指的是标称姿态角速率矢量（未发生异常的质心变动）；同理 $\boldsymbol{G}_f$、$\boldsymbol{M}_{c0}$ 分别是系统标称状态下的控制分配矩阵及控制量。

高超声速飞行器姿态系统快回路的跟踪误差定义为

$$\boldsymbol{\omega}_e = \boldsymbol{\omega} - \boldsymbol{\omega}^d = [p - p_d \quad q - q_d \quad r - r_d]^T \tag{11.25}$$

式中，$\boldsymbol{\omega}^d = [p_d \quad q_d \quad r_d]^T$ 为期望的姿态角速率指令。

借助 PI 控制技术，本章提出了一种伪负反馈控制机制，基于跟踪偏差 $\boldsymbol{\omega}_e$ 设计了控制器 $\boldsymbol{u}_e$，具体如下：

$$\boldsymbol{u}_e = \boldsymbol{K}_P \boldsymbol{\omega}_e + \boldsymbol{K}_I \int_0^t \boldsymbol{\omega}_e \mathrm{d}\boldsymbol{\tau} \tag{11.26}$$

式中，$\boldsymbol{K}_P$ 和 $\boldsymbol{K}_I$ 为待设计的参数，满足 $\boldsymbol{K}_P = \mathrm{diag}\{k_p, k_q, k_r\}$ 和 $\boldsymbol{K}_I = \mathrm{diag}\{k_{pI}, k_{qI},$

$k_{rI}\}$。

（1）标称的非线性广义预测控制器设计。

针对标称 HSV 姿态快回路系统，基于非线性广义预测控制(NGPC)算法，本章设计了 HSV 姿态快回路的标称控制器 M_{c0}，具体如下[9]：

$$\boldsymbol{M}_{c0} = -\boldsymbol{G}_f^{-1}(\boldsymbol{K}_f\boldsymbol{M}_{f\rho} + L_f^{\rho}h(\boldsymbol{x}) - \boldsymbol{y}_{fr}^{\rho}) \tag{11.27}$$

依据式(11.3)，系统的相对阶 $\rho = 1$。系统的控制阶 r 设定为 0。因此，$L_f^1 h(\boldsymbol{x}) = \boldsymbol{F}_1$，$\boldsymbol{M}_{f\rho} = [\boldsymbol{h}(\boldsymbol{x}) - \boldsymbol{y}_{fr}(\boldsymbol{x})] = \boldsymbol{\omega} - \boldsymbol{\omega}^d = \boldsymbol{\omega}_e$。$\boldsymbol{K}_f$ 为矩阵 $\bar{\boldsymbol{\Gamma}}_{rr}^{-1}\bar{\boldsymbol{\Gamma}}_{\rho r}^{T}$ 的前 m 行。$\bar{\boldsymbol{\Gamma}}_{rr}$ 和 $\bar{\boldsymbol{\Gamma}}_{\rho r}$ 的定义如下：

$$\bar{\boldsymbol{\Gamma}}_{rr} = \bar{T}^3/3 = [\operatorname{diag}\{T_f,\ T_f,\ T_f\}]^3/3,\quad \bar{\boldsymbol{\Gamma}}_{\rho r} = \bar{T}^2/2 = [\operatorname{diag}\{T_f,\ T_f,\ T_f\}]^2/2 \tag{11.28}$$

至此，可得 $\boldsymbol{K}_f = \bar{\boldsymbol{\Gamma}}_{rr}^{-1}\bar{\boldsymbol{\Gamma}}_{\rho r}^{T} = \dfrac{3}{2}\operatorname{diag}\{1/T_f,\ 1/T_f,\ 1/T_f\}$。最终，标称的 HSV 姿态快回路控制器设计如下：

$$\boldsymbol{M}_{c0} = -\boldsymbol{G}_f^{-1}(\boldsymbol{K}_f\boldsymbol{\omega}_e + \boldsymbol{F}_1 - \dot{\boldsymbol{\omega}}^d) \tag{11.29}$$

（2）质心变动与执行器故障下的 HSV 姿态跟踪误差动态系统。

为了跟踪期望的姿态角速率向量 $\dot{\boldsymbol{\omega}}^d$，期望的姿态角速率指令 $\dot{\boldsymbol{\omega}}_d$ 的设计如下[10]：

$$\dot{\boldsymbol{\omega}}_d = \dot{\boldsymbol{\omega}}^d + \boldsymbol{u}_e - \boldsymbol{u}_{rc} \tag{11.30}$$

式中，$\boldsymbol{u}_{rc}$ 为设计的自适应辅助补偿项。其作用是抑制未知质心变动与执行器故障对高超声速飞行器姿态系统的影响。从而，基于该自适应辅助补偿项来改善标称 NGPC 算法的控制效果。

由于受到异常质心变动、执行器故障及外部干扰等未知因素的影响，姿态快回路的跟踪误差还可以定义为

$$\boldsymbol{\vartheta} = \dot{\boldsymbol{\omega}} - \dot{\boldsymbol{\omega}}_d = \dot{\boldsymbol{\omega}} - \boldsymbol{F}_1 - \boldsymbol{G}_f\boldsymbol{M}_{c0} \tag{11.31}$$

结合姿态快回路跟踪误差(11.25)，误差还可以表征成以异常质心变动、系统不确定性及外部干扰对系统的影响组成的动态系统，具体如下：

$$\boldsymbol{\vartheta} = \Delta\dot{\boldsymbol{\omega}} = \Delta\boldsymbol{F}_1 + \Delta\boldsymbol{F}_2 + \Delta\boldsymbol{G}_f\boldsymbol{M}_{c0} + \Delta\boldsymbol{F}_3 \tag{11.32}$$

将式(11.30)代入(11.31),可得

$$\boldsymbol{\vartheta} = \dot{\boldsymbol{\omega}}_{\mathrm{e}} - \boldsymbol{u}_{\mathrm{e}} + \boldsymbol{u}_{\mathrm{rc}} \tag{11.33}$$

结合式(11.26)和式(11.33),可得

$$\dot{\boldsymbol{e}} = \boldsymbol{A}\boldsymbol{e} + \boldsymbol{B}(\boldsymbol{u}_{\mathrm{rc}} - \boldsymbol{\vartheta}) \tag{11.34}$$

式中,

$$\boldsymbol{e} = \left[\int_0^t \omega_{\mathrm{e}}\mathrm{d}\tau,\ \omega_{\mathrm{e}}\right]^{\mathrm{T}}$$

$$\boldsymbol{A} = \begin{bmatrix} 0 & I \\ -K_{\mathrm{I}} & -K_{\mathrm{P}} \end{bmatrix},\quad \boldsymbol{B} = \begin{bmatrix} 0 \\ I \end{bmatrix} \tag{11.35}$$

由质心变动、执行器故障对 HSV 飞行带来的影响,仅凭辅助补偿器 $\boldsymbol{u}_{\mathrm{rc}}$ 来估计其上界,难以应对这些不确定因素,并且会带来较大的系统控制器输出,造成系统输入饱和问题。此时,应当转换思路,根据这些影响的特点,逐一处理,而不是合成一项处理。基于这一思路,本小节采用神经网络分别估计质心变动及执行器对系统的影响 ($\Delta\boldsymbol{F}_1$, $\Delta\boldsymbol{F}_2$, $\Delta\boldsymbol{F}_3$, $\Delta\boldsymbol{G}_{\mathrm{f}}$), 详见后文。

2) 基于 RBFNN 的非奇异容错控制器设计

在本小节中,为了应对未知质心变动(液体晃动、燃料消耗等)以及执行器故障带来的影响,基于径向基神经网络(radial basis function neural network, RBFNN)控制技术,来改进标称 NGPC 控制器,具体如下:

$$\boldsymbol{M}_{\mathrm{c0}} = -(\boldsymbol{G}_{\mathrm{f}} + \Delta\hat{\boldsymbol{G}}_{\mathrm{f}})^{-1}(\boldsymbol{F}_1 + \Delta\hat{\boldsymbol{F}}_1 + \Delta\hat{\boldsymbol{F}}_2 + \Delta\hat{\boldsymbol{F}}_3 - \dot{\boldsymbol{\omega}}_{\mathrm{d}} + \boldsymbol{K}_{\mathrm{f}}\boldsymbol{\omega}_{\mathrm{e}}) \tag{11.36}$$

式中, $\Delta\hat{\boldsymbol{F}}_1$、$\Delta\hat{\boldsymbol{F}}_2$、$\Delta\hat{\boldsymbol{F}}_3$、$\Delta\hat{\boldsymbol{G}}_{\mathrm{f}}$ 为对应未知项的估计值。

(1) 非奇异控制器的设计。

根据假设 11.2,为了解决由转动惯量估计值 ($\boldsymbol{G} + \Delta\hat{\boldsymbol{G}}$) 带来的控制器奇异问题,令 $\boldsymbol{\Theta}^{-1} = (\boldsymbol{G} + \Delta\hat{\boldsymbol{G}})^{-1}$, 可得[11]

$$\begin{aligned}\boldsymbol{\Theta}^{-1} &= [\varsigma\boldsymbol{I} - (-\boldsymbol{\Theta} + \varsigma\boldsymbol{I})]^{-1} \\ &= \varsigma^{-1}\boldsymbol{I} + \varsigma^{-2}(-\boldsymbol{\Theta} + \varsigma\boldsymbol{I}) + \varsigma^{-3}(-\boldsymbol{\Theta} + \varsigma\boldsymbol{I})^2 + \varsigma^{-4}(-\boldsymbol{\Theta} + \varsigma\boldsymbol{I})^3 + \cdots \\ &= \varsigma^{-1}\sum_{k=0}^{N}[\varsigma^{-1}(-\boldsymbol{\Theta} + \varsigma\boldsymbol{I})]^k + \boldsymbol{d}_{\Theta}\end{aligned} \tag{11.37}$$

式中, ς 足够大,使得 $\varsigma^{-1}(-\boldsymbol{\Theta} + \varsigma\boldsymbol{I})$ 特征值的幅值都小于 1,可得

$$\boldsymbol{d}_{\Theta} = \varsigma^{-1}\sum_{k=N+1}^{\infty}[\varsigma^{-1}(-\boldsymbol{\Theta}+\varsigma\boldsymbol{I})]^{k} \tag{11.38}$$

结合式(11.36)~式(11.38),本章设计的非奇异容错控制器如下:

$$\boldsymbol{M}_{c0} = -\left\{\varsigma^{-1}\sum_{k=0}^{N}[\varsigma^{-1}(-\boldsymbol{\Theta}+\varsigma\boldsymbol{I})]^{k}\right\}(\boldsymbol{F}_1+\Delta\hat{\boldsymbol{F}}_1+\Delta\hat{\boldsymbol{F}}_2+\Delta\hat{\boldsymbol{F}}_3-\dot{\boldsymbol{\omega}}_{\mathrm{d}}+\boldsymbol{K}_{\mathrm{f}}\boldsymbol{\omega}_{\mathrm{e}})+\boldsymbol{d}_{\Delta} \tag{11.39}$$

式中,

$$\boldsymbol{d}_{\Delta} = \boldsymbol{d}_{\Theta}(\boldsymbol{F}_1+\Delta\hat{\boldsymbol{F}}_1+\Delta\hat{\boldsymbol{F}}_2+\Delta\hat{\boldsymbol{F}}_3-\dot{\boldsymbol{\omega}}_{\mathrm{d}}+\boldsymbol{K}_{\mathrm{f}}\boldsymbol{\omega}_{\mathrm{e}}) \tag{11.40}$$

通过分析 $\boldsymbol{d}_{\Delta}$ 项, 可得 $\boldsymbol{d}_{\Delta} = O(\Delta\boldsymbol{G}+\Delta\hat{\boldsymbol{G}})^{-1}(\boldsymbol{F}_1+\Delta\hat{\boldsymbol{F}}_1+\Delta\hat{\boldsymbol{F}}_2+\Delta\hat{\boldsymbol{F}}_3-\dot{\boldsymbol{\omega}}_{\mathrm{d}}+\boldsymbol{K}_{\mathrm{f}}\boldsymbol{\omega}_{\mathrm{e}})$, 它具有与 $\Delta\boldsymbol{F}_3$ 相似的结构,故将它们合并为一项 $\Delta\bar{\boldsymbol{F}}_3 = \Delta\boldsymbol{F}_3+\boldsymbol{d}_{\Delta}$。然后,结合式(11.36)和式(11.39),本章所设计的控制器可改变为

$$\boldsymbol{M}_{c0} = -\left\{\varsigma^{-1}\sum_{k=0}^{N}[\varsigma^{-1}(-\boldsymbol{\Theta}+\varsigma\boldsymbol{I})]^{k}\right\}(\boldsymbol{F}_1+\Delta\hat{\boldsymbol{F}}_1+\Delta\hat{\boldsymbol{F}}_2+\Delta\hat{\bar{\boldsymbol{F}}}_3-\dot{\boldsymbol{\omega}}_{\mathrm{d}}+\boldsymbol{K}_{\mathrm{f}}\boldsymbol{\omega}_{\mathrm{e}}) \tag{11.41}$$

(2) RBFNN 自适应神经网络估计。

为了处理未知质心变动与执行器故障对系统带来的不确定性: ΔF_1、ΔF_2、$\Delta\bar{F}_3$、ΔG, RBFNN 在本章用于估计这些未知因素对 HSV 姿态的影响,具体如下[12]:

$$\begin{gathered}
\Delta\hat{\boldsymbol{F}}_i = \hat{\boldsymbol{W}}_{Fi}^{\mathrm{T}}\boldsymbol{\Phi}_{Fi}(\boldsymbol{x}_{Fi},\hat{\boldsymbol{\xi}}_{Fi}),\quad i=1,2,3,\quad \Delta\hat{\boldsymbol{G}}_{\mathrm{f}} = \hat{\boldsymbol{W}}_{G}^{\mathrm{T}}\boldsymbol{\Phi}_{G}(\boldsymbol{x}_{G},\hat{\boldsymbol{\xi}}_{G}) \\
\boldsymbol{\phi}_{Fji}(\boldsymbol{x}_{Fj},\boldsymbol{\xi}_{Fj}) = \exp\left[\frac{-(\boldsymbol{x}_{Fj}-\boldsymbol{\xi}_{Fji})^{\mathrm{T}}(\boldsymbol{x}_{Fj}-\boldsymbol{\xi}_{Fji})}{\boldsymbol{\eta}_{Fj}^{2}}\right],\quad j=1,2,3
\end{gathered} \tag{11.42}$$

$$\boldsymbol{\phi}_{FGi}(\boldsymbol{x}_{G},\boldsymbol{\xi}_{G}) = \exp\left[\frac{-(\boldsymbol{x}_{G}-\boldsymbol{\xi}_{Gi})^{\mathrm{T}}(\boldsymbol{x}_{G}-\boldsymbol{\xi}_{Gi})}{\boldsymbol{\eta}_{G}^{2}}\right] \tag{11.43}$$

式中, $\boldsymbol{W} = [\boldsymbol{w}_{ij}]_{l\times m}$ 为神经网络之间连接的权重, l 和 m 分别为神经网络隐层的层数与每层神经元的个数; $\boldsymbol{\phi}_{F1}$、$\boldsymbol{\phi}_{F2}$、$\boldsymbol{\phi}_{\bar{F}3}$、$\boldsymbol{\phi}_{G}$ 为相应不确定因素的神经元基函数; $\boldsymbol{W}_{F1}$、$\boldsymbol{W}_{F2}$、$\boldsymbol{W}_{\bar{F}3}$、$\boldsymbol{W}_{G}$ 为相应的权重矩阵; $\boldsymbol{\eta}_{F1}$、$\boldsymbol{\eta}_{F2}$、$\boldsymbol{\eta}_{F3}$、$\boldsymbol{\eta}_{G}$ 为相应的高斯基函数宽度。因此,对未知因素式(11.42)和式(11.43)的理想估计,可表示为

$$\Delta \boldsymbol{F}_1 = \boldsymbol{W}_{F1}^{*\mathrm{T}} \boldsymbol{\phi}(\boldsymbol{x}_{F1}, \boldsymbol{\xi}_{F1}^*) + \boldsymbol{\varepsilon}_{F1}(\boldsymbol{x}_{F1}), \quad \Delta \boldsymbol{F}_2 = \boldsymbol{W}_{F2}^{*\mathrm{T}} \boldsymbol{\phi}(\boldsymbol{x}_{F2}, \boldsymbol{\xi}_{F2}^*) + \boldsymbol{\varepsilon}_{F2}(\boldsymbol{x}_{F2})$$
$$\Delta \bar{\boldsymbol{F}}_3 = \boldsymbol{W}_{\bar{F}3}^{*\mathrm{T}} \boldsymbol{\phi}(\boldsymbol{x}_{\bar{F}3}, \boldsymbol{\xi}_{\bar{F}3}^*) + \boldsymbol{\varepsilon}_{\bar{F}3}(\boldsymbol{x}_{\bar{F}3}), \quad \Delta \boldsymbol{G} = \boldsymbol{W}_{G}^{*\mathrm{T}} \boldsymbol{\phi}(\boldsymbol{x}_{G}, \boldsymbol{\xi}_{G}^*) + \boldsymbol{\varepsilon}_{G}(\boldsymbol{x}_{G}) \tag{11.44}$$

式中，$\boldsymbol{\varepsilon}(x)$ 为神经网络的逼近误差，满足 $\|\boldsymbol{\varepsilon}(x)\| \leqslant \iota,\ \iota > 0$。$\boldsymbol{W}^*$、$\boldsymbol{\xi}^*$ 分别为神经网络的理想权重与基函数中心。这里，将 $\boldsymbol{\phi}(\boldsymbol{x}_{F1}, \boldsymbol{\xi}_{F1}^*)$、$\boldsymbol{\phi}(\boldsymbol{x}_{F2}, \boldsymbol{\xi}_{F2}^*)$、$\boldsymbol{\phi}(\boldsymbol{x}_{\bar{F}3}, \boldsymbol{\xi}_{\bar{F}3}^*)$ 和 $\boldsymbol{\phi}(\boldsymbol{x}_{G}, \boldsymbol{\xi}_{G}^*)$ 定义为 $\boldsymbol{\phi}_{F1}^*$、$\boldsymbol{\phi}_{F2}^*$、$\boldsymbol{\phi}_{\bar{F}3}^*$、$\boldsymbol{\phi}_{G}^*$。

进一步，为了获得权重 W、ξ 的自适应律，对式(7.42)和式(7.43)中的 $\boldsymbol{\phi}(\boldsymbol{x}, \boldsymbol{\xi}^*)$ 在 $\hat{\boldsymbol{\xi}}$ 处进行泰勒展开，具体如下：

$$\boldsymbol{\phi}(\boldsymbol{x}_{Fj}, \boldsymbol{\xi}_{Fj}^*) = \boldsymbol{\phi}(\boldsymbol{x}_{Fj}, \hat{\boldsymbol{\xi}}_{Fj}) + \boldsymbol{\phi}'_{\xi_{Fj}} \tilde{\boldsymbol{\xi}}_{Fj} + O(\boldsymbol{x}_{Fj}, \tilde{\boldsymbol{\xi}}_{Fj}), \quad j = 1, 2, 3$$
$$\boldsymbol{\phi}(\boldsymbol{x}_{G}, \boldsymbol{\xi}_{G}^*) = \boldsymbol{\phi}(\boldsymbol{x}_{G}, \hat{\boldsymbol{\xi}}_{G}) + \boldsymbol{\phi}'_{\xi_{G}} \tilde{\boldsymbol{\xi}}_{G} + O(\boldsymbol{x}_{G}, \tilde{\boldsymbol{\xi}}_{G}) \tag{11.45}$$

式中，$\boldsymbol{\phi}'_{\xi}$ 为 $\boldsymbol{\phi}(\boldsymbol{x}, \hat{\boldsymbol{\xi}})$ 关于 $\hat{\boldsymbol{\xi}}$ 的偏导数；$O(\boldsymbol{x}, \tilde{\boldsymbol{\xi}})$ 为泰勒逼近误差的高阶项，满足 $\|O(\boldsymbol{x}, \tilde{\boldsymbol{\xi}})\| \leqslant \|\boldsymbol{\phi}(\boldsymbol{x}, \hat{\boldsymbol{\xi}})\| + \|\boldsymbol{\phi}'_{\xi}\| \|\tilde{\boldsymbol{\xi}}\|$。

令

$$\tilde{\boldsymbol{W}}_{F1} = \boldsymbol{W}_{F1}^* - \hat{\boldsymbol{W}}_{F1}, \quad \tilde{\boldsymbol{W}}_{F2} = \boldsymbol{W}_{F2}^* - \hat{\boldsymbol{W}}_{F2}, \quad \tilde{\boldsymbol{W}}_{\bar{F}3} = \boldsymbol{W}_{\bar{F}3}^* - \hat{\boldsymbol{W}}_{\bar{F}3}, \quad \tilde{\boldsymbol{W}}_{G} = \boldsymbol{W}_{G}^* - \hat{\boldsymbol{W}}_{G} \tag{11.46}$$

且

$$\tilde{\boldsymbol{\xi}}_{F1} = \boldsymbol{\xi}_{F1}^* - \hat{\boldsymbol{\xi}}_{F1}, \quad \tilde{\boldsymbol{\xi}}_{F2} = \boldsymbol{\xi}_{F2}^* - \hat{\boldsymbol{\xi}}_{F2}, \quad \tilde{\boldsymbol{\xi}}_{\bar{F}3} = \boldsymbol{\xi}_{\bar{F}3}^* - \hat{\boldsymbol{\xi}}_{\bar{F}3}, \quad \tilde{\boldsymbol{\xi}}_{G} = \boldsymbol{\xi}_{G}^* - \hat{\boldsymbol{\xi}}_{G} \tag{11.47}$$

进而，$\Delta \boldsymbol{F}_1$ 与其估计值 $\Delta \hat{\boldsymbol{F}}_1$ 之间的偏差可表示为

$$\begin{aligned}\Delta \boldsymbol{F}_1 - \Delta \hat{\boldsymbol{F}}_1 &= \boldsymbol{W}_{F1}^{*\mathrm{T}} \boldsymbol{\phi}(\boldsymbol{x}_{F1}, \boldsymbol{\xi}_{F1}^*) + \boldsymbol{\varepsilon}_{F1}(\boldsymbol{x}_{F1}) - \hat{\boldsymbol{W}}_{F1}^{\mathrm{T}} \boldsymbol{\Phi}_{F1}(\boldsymbol{x}_{F1}, \hat{\boldsymbol{\xi}}_{F1}) \\ &= \tilde{\boldsymbol{W}}_{F1}^{\mathrm{T}} \boldsymbol{\phi}(\boldsymbol{x}_{F1}, \hat{\boldsymbol{\xi}}_{F1}) + \hat{\boldsymbol{W}}_{F1}^{\mathrm{T}} \boldsymbol{\phi}'_{\xi_{F1}} \tilde{\boldsymbol{\xi}}_{F1} + \boldsymbol{E}_{F1}\end{aligned} \tag{11.48}$$

式中，$\boldsymbol{E}_{F1} = \tilde{\boldsymbol{W}}_{F1}^{\mathrm{T}} \boldsymbol{\phi}'_{\xi_{F1}} \tilde{\boldsymbol{\xi}}_{F1} + \boldsymbol{W}_{F1}^{*\mathrm{T}} O(\boldsymbol{x}_{F1}, \tilde{\boldsymbol{\xi}}_{F1}) + \boldsymbol{\varepsilon}_{F1}(\boldsymbol{x}_{F1})$。

然后，类似于式(11.48)，可得

$$\Delta \boldsymbol{F}_2 - \Delta \hat{\boldsymbol{F}}_2 = \tilde{\boldsymbol{W}}_{F2}^{\mathrm{T}} \boldsymbol{\phi}(\boldsymbol{x}_{F2}, \hat{\boldsymbol{\xi}}_{F2}) + \hat{\boldsymbol{W}}_{F2}^{\mathrm{T}} \boldsymbol{\phi}'_{\xi_{F2}} \tilde{\boldsymbol{\xi}}_{F2} + \boldsymbol{E}_{F2}$$
$$\boldsymbol{E}_{F2} = \tilde{\boldsymbol{W}}_{F2}^{\mathrm{T}} \boldsymbol{\phi}'_{\xi_{F2}} \tilde{\boldsymbol{\xi}}_{F2} + \boldsymbol{W}_{F2}^{*\mathrm{T}} O(\boldsymbol{x}_{F2}, \tilde{\boldsymbol{\xi}}_{F2}) + \boldsymbol{\varepsilon}_{F2}(\boldsymbol{x}_{F2})$$

$$\Delta\bar{\boldsymbol{F}}_3-\Delta\hat{\bar{\boldsymbol{F}}}_3=\tilde{\boldsymbol{W}}_{\bar{F}3}^{\mathrm{T}}\boldsymbol{\phi}(\boldsymbol{x}_{\bar{F}3},\hat{\boldsymbol{\xi}}_{\bar{F}3})+\hat{\boldsymbol{W}}_{\bar{F}3}^{\mathrm{T}}\boldsymbol{\phi}'_{\xi\bar{F}3}\tilde{\boldsymbol{\xi}}_{\bar{F}3}+\boldsymbol{E}_{\bar{F}3}$$

$$\boldsymbol{E}_{\bar{F}3}=\tilde{\boldsymbol{W}}_{\bar{F}3}^{\mathrm{T}}\boldsymbol{\phi}'_{\xi\bar{F}3}\tilde{\boldsymbol{\xi}}_{\bar{F}3}+\boldsymbol{W}_{\bar{F}3}^{*\mathrm{T}}O(\boldsymbol{x}_{\bar{F}3},\tilde{\boldsymbol{\xi}}_{\bar{F}3})+\boldsymbol{\varepsilon}_{\bar{F}3}(\boldsymbol{x}_{\bar{F}3})$$

$$\Delta\boldsymbol{G}-\Delta\hat{\boldsymbol{G}}=\tilde{\boldsymbol{W}}_{G}^{\mathrm{T}}\boldsymbol{\phi}(\boldsymbol{x}_{G},\hat{\boldsymbol{\xi}}_{G})+\hat{\boldsymbol{W}}_{G}^{\mathrm{T}}\boldsymbol{\phi}'_{\xi G}\tilde{\boldsymbol{\xi}}_{G}+\boldsymbol{E}_{G}$$

$$\boldsymbol{E}_{G}=\tilde{\boldsymbol{W}}_{G}^{\mathrm{T}}\boldsymbol{\phi}'_{\xi G}\tilde{\boldsymbol{\xi}}_{G}+\boldsymbol{W}_{G}^{*\mathrm{T}}O(\boldsymbol{x}_{G},\tilde{\boldsymbol{\xi}}_{G})+\boldsymbol{\varepsilon}_{G}(\boldsymbol{x}_{G}) \tag{11.49}$$

基于上述分析,HSV 姿态快回路的跟踪误差动态方程建立如下:

$$\begin{aligned}\dot{\boldsymbol{e}}=&\boldsymbol{A}\boldsymbol{e}+\boldsymbol{B}\boldsymbol{u}_{\mathrm{rc}}-\boldsymbol{B}\Delta\boldsymbol{F}_1+\boldsymbol{B}\Delta\hat{\boldsymbol{F}}_1-\boldsymbol{B}\Delta\boldsymbol{F}_2+\boldsymbol{B}\Delta\hat{\boldsymbol{F}}_2-\boldsymbol{B}\Delta\bar{\boldsymbol{F}}_3+\boldsymbol{B}\Delta\hat{\bar{\boldsymbol{F}}}_3\\&-\boldsymbol{B}\Delta\boldsymbol{G}\boldsymbol{M}_{\mathrm{c0}}+\boldsymbol{B}\Delta\hat{\boldsymbol{G}}\boldsymbol{M}_{\mathrm{c0}}-\boldsymbol{B}(\boldsymbol{E}_{F1}+\boldsymbol{E}_{F2}+\boldsymbol{E}_{\bar{F}3}+\boldsymbol{E}_G)\end{aligned} \tag{11.50}$$

由于理想权重与高斯基函数中心都是未知的,基于假设 11.3,可假定这些逼近误差 $(\boldsymbol{E}_{F1}+\boldsymbol{E}_{F2}+\boldsymbol{E}_{\bar{F}3}+\boldsymbol{E}_G)$ 满足

$$\|\boldsymbol{E}_{F1}+\boldsymbol{E}_{F2}+\boldsymbol{E}_{\bar{F}3}+\boldsymbol{E}_G\|\leqslant\Delta \tag{11.51}$$

式中,Δ 为未知的正常数。

3) 系统稳定性分析

为了改善 RBFNN 的估计效果,本章采用自适应鲁棒项 λ 处理逼近误差 Δ,同时满足 $\|\boldsymbol{\Delta}-\boldsymbol{\lambda}\|\leqslant\iota$, $\iota>0$。同时,令 $\tilde{\boldsymbol{\lambda}}=\boldsymbol{\lambda}-\hat{\boldsymbol{\lambda}}$, 基于上述描述,可推得以下定理。

定理 11.2 针对带有质心变动与执行器故障的 HSV 姿态快回路运动状态方程(11.3),在控制器(11.41)及其如下自适应律的作用下:

$$\begin{aligned}&\dot{\hat{\boldsymbol{W}}}_{F1}=\boldsymbol{\Gamma}_{F1}\hat{\boldsymbol{\Phi}}_{F1}\boldsymbol{e}^{\mathrm{T}}\boldsymbol{P}\boldsymbol{B},\quad\dot{\hat{\boldsymbol{W}}}_{F2}=\boldsymbol{\Gamma}_{F2}\hat{\boldsymbol{\Phi}}_{F2}\boldsymbol{e}^{\mathrm{T}}\boldsymbol{P}\boldsymbol{B},\quad\dot{\hat{\boldsymbol{W}}}_{\bar{F}3}=\boldsymbol{\Gamma}_{\bar{F}3}\hat{\boldsymbol{\Phi}}_{\bar{F}3}\boldsymbol{e}^{\mathrm{T}}\boldsymbol{P}\boldsymbol{B}\\&\dot{\hat{\boldsymbol{W}}}_{G}=\boldsymbol{\Gamma}_{G}\hat{\boldsymbol{\Phi}}_{G}\boldsymbol{M}_{\mathrm{c0}}\boldsymbol{e}^{\mathrm{T}}\boldsymbol{P}\boldsymbol{B},\quad\dot{\hat{\boldsymbol{\xi}}}_{F1}=\tau_{F1}(\boldsymbol{e}^{\mathrm{T}}\boldsymbol{P}\boldsymbol{B}\hat{\boldsymbol{W}}_{F1}^{\mathrm{T}}\boldsymbol{\phi}'_{\xi F1})^{\mathrm{T}},\quad\dot{\hat{\boldsymbol{\xi}}}_{F2}=\tau_{F2}(\boldsymbol{e}^{\mathrm{T}}\boldsymbol{P}\boldsymbol{B}\hat{\boldsymbol{W}}_{F2}^{\mathrm{T}}\boldsymbol{\phi}'_{\xi F2})^{\mathrm{T}}\\&\dot{\hat{\boldsymbol{\xi}}}_{\bar{F}3}=\tau_{\bar{F}3}(\boldsymbol{e}^{\mathrm{T}}\boldsymbol{P}\boldsymbol{B}\hat{\boldsymbol{W}}_{\bar{F}3}^{\mathrm{T}}\boldsymbol{\phi}'_{\xi\bar{F}3})^{\mathrm{T}},\quad\dot{\hat{\boldsymbol{\xi}}}_{G}=\tau_{G}(\boldsymbol{e}^{\mathrm{T}}\boldsymbol{P}\boldsymbol{B}\hat{\boldsymbol{W}}_{G}^{\mathrm{T}}\boldsymbol{\phi}'_{\xi G})^{\mathrm{T}},\quad\boldsymbol{u}_{\mathrm{rc}}=\hat{\boldsymbol{\lambda}},\quad\dot{\hat{\boldsymbol{\lambda}}}=2\boldsymbol{\tau}_{\lambda}\boldsymbol{e}^{\mathrm{T}}\boldsymbol{P}\boldsymbol{B}\end{aligned} \tag{11.52}$$

式中,Γ_{F1}、Γ_{F2}、$\Gamma_{\bar{F}3}$、Γ_G、τ_{F1}、τ_{F2}、$\tau_{\bar{F}3}$、τ_G 为正的设计参数。系统的跟踪误差将收敛到一个小的区域内。此外,闭环系统的所有信号都是有界的。

证明 本章选取的李雅普诺夫函数如下[13]:

$$V=\boldsymbol{e}^{\mathrm{T}}\boldsymbol{P}\boldsymbol{e}+\mathrm{tr}\left(\frac{\tilde{\boldsymbol{W}}_{F1}^{\mathrm{T}}\tilde{\boldsymbol{W}}_{F1}}{\Gamma_{F1}}+\frac{\tilde{\boldsymbol{W}}_{G}^{\mathrm{T}}\tilde{\boldsymbol{W}}_{G}}{\Gamma_{G}}+\frac{\tilde{\boldsymbol{W}}_{F2}^{\mathrm{T}}\tilde{\boldsymbol{W}}_{F2}}{\Gamma_{F2}}+\frac{\tilde{\boldsymbol{W}}_{\bar{F}3}^{\mathrm{T}}\tilde{\boldsymbol{W}}_{\bar{F}3}}{\Gamma_{\bar{F}3}}\right)$$

$$+\frac{\tilde{\boldsymbol{\xi}}_{F1}^{\mathrm{T}}\tilde{\boldsymbol{\xi}}_{F1}}{2\tau_{F1}}+\frac{\tilde{\boldsymbol{\xi}}_{F2}^{\mathrm{T}}\tilde{\boldsymbol{\xi}}_{F2}}{2\tau_{F2}}+\frac{\tilde{\boldsymbol{\xi}}_{\bar{F}3}^{\mathrm{T}}\tilde{\boldsymbol{\xi}}_{\bar{F}3}}{2\tau_{\bar{F}3}}+\frac{\tilde{\boldsymbol{\xi}}_{G}^{\mathrm{T}}\tilde{\boldsymbol{\xi}}_{G}}{2\tau_{G}}+\frac{\tilde{\boldsymbol{\lambda}}^{2}}{2\tau_{\lambda}} \tag{11.53}$$

式中，$P \geqslant 0$；$\mathrm{tr}(\boldsymbol{A})$ 为矩阵 $\boldsymbol{A}$ 的迹。

然后，对李雅普诺夫函数求关于时间的导数，可得

$$\dot{V}=\dot{\boldsymbol{e}}^{\mathrm{T}}\boldsymbol{P}\boldsymbol{e}+\boldsymbol{e}^{\mathrm{T}}\boldsymbol{P}\dot{\boldsymbol{e}}+2\mathrm{tr}\left(\frac{\tilde{\boldsymbol{W}}_{F1}^{\mathrm{T}}\dot{\tilde{\boldsymbol{W}}}_{F1}}{\Gamma_{F1}}+\frac{\tilde{\boldsymbol{W}}_{G}^{\mathrm{T}}\dot{\tilde{\boldsymbol{W}}}_{G}}{\Gamma_{G}}+\frac{\tilde{\boldsymbol{W}}_{F2}^{\mathrm{T}}\dot{\tilde{\boldsymbol{W}}}_{F2}}{\Gamma_{F2}}+\frac{\tilde{\boldsymbol{W}}_{\bar{F}3}^{\mathrm{T}}\dot{\tilde{\boldsymbol{W}}}_{\bar{F}3}}{\Gamma_{\bar{F}3}}\right)$$
$$+\frac{\tilde{\boldsymbol{\xi}}_{F1}^{\mathrm{T}}\dot{\tilde{\boldsymbol{\xi}}}_{F1}}{\tau_{F1}}+\frac{\tilde{\boldsymbol{\xi}}_{F2}^{\mathrm{T}}\dot{\tilde{\boldsymbol{\xi}}}_{F2}}{\tau_{F2}}+\frac{\tilde{\boldsymbol{\xi}}_{G}^{\mathrm{T}}\dot{\tilde{\boldsymbol{\xi}}}_{G}}{\tau_{G}}+\frac{\tilde{\boldsymbol{\xi}}_{\bar{F}3}^{\mathrm{T}}\dot{\tilde{\boldsymbol{\xi}}}_{\bar{F}3}}{\tau_{\bar{F}3}}+\frac{1}{\tau_{\lambda}}\tilde{\boldsymbol{\lambda}}\dot{\tilde{\boldsymbol{\lambda}}} \tag{11.54}$$

将式(11.50)代入式(11.54)，可得

$$\dot{V}=-\boldsymbol{e}^{\mathrm{T}}\boldsymbol{Q}\boldsymbol{e}+2\boldsymbol{e}^{\mathrm{T}}\boldsymbol{P}\boldsymbol{B}\boldsymbol{u}_{\mathrm{rc}}-2\boldsymbol{e}^{\mathrm{T}}\boldsymbol{P}\boldsymbol{B}\tilde{\boldsymbol{W}}_{F1}^{\mathrm{T}}\boldsymbol{\phi}(\boldsymbol{x}_{F1},\hat{\boldsymbol{\xi}}_{F1})-2\boldsymbol{e}^{\mathrm{T}}\boldsymbol{P}\boldsymbol{B}\tilde{\boldsymbol{W}}_{\bar{F}3}^{\mathrm{T}}\boldsymbol{\phi}(\boldsymbol{x}_{\bar{F}3},\hat{\boldsymbol{\xi}}_{\bar{F}3})$$
$$-2\boldsymbol{e}^{\mathrm{T}}\boldsymbol{P}\boldsymbol{B}\tilde{\boldsymbol{W}}_{F2}^{\mathrm{T}}\boldsymbol{\Phi}_{F2}(\boldsymbol{x}_{F2},\hat{\boldsymbol{\xi}}_{F2})-2\boldsymbol{e}^{\mathrm{T}}\boldsymbol{P}\boldsymbol{B}\tilde{\boldsymbol{W}}_{G}^{\mathrm{T}}\boldsymbol{\phi}(\boldsymbol{x}_{G},\hat{\boldsymbol{\xi}}_{G})\boldsymbol{M}_{\mathrm{c}0}-2\boldsymbol{e}^{\mathrm{T}}\boldsymbol{P}\boldsymbol{B}\hat{\boldsymbol{W}}_{F1}^{\mathrm{T}}\boldsymbol{\phi}'_{\xi_{F1}}\tilde{\boldsymbol{\xi}}_{F1}$$
$$-2\boldsymbol{e}^{\mathrm{T}}\boldsymbol{P}\boldsymbol{B}\hat{\boldsymbol{W}}_{F2}^{\mathrm{T}}\boldsymbol{\phi}'_{\xi_{F2}}\tilde{\boldsymbol{\xi}}_{F2}-2\boldsymbol{e}^{\mathrm{T}}\boldsymbol{P}\boldsymbol{B}\hat{\boldsymbol{W}}_{\bar{F}3}^{\mathrm{T}}\boldsymbol{\phi}'_{\xi_{\bar{F}3}}\tilde{\boldsymbol{\xi}}_{\bar{F}3}-2\boldsymbol{e}^{\mathrm{T}}\boldsymbol{P}\boldsymbol{B}\hat{\boldsymbol{W}}_{G}^{\mathrm{T}}\boldsymbol{\phi}'_{\xi_{G}}\tilde{\boldsymbol{\xi}}_{G}\boldsymbol{M}_{\mathrm{c}0}$$
$$-2\boldsymbol{e}^{\mathrm{T}}\boldsymbol{P}\boldsymbol{B}(\boldsymbol{E}_{F1}+\boldsymbol{E}_{F2}+\boldsymbol{E}_{\bar{F}3}+\boldsymbol{E}_{G})$$
$$+2\mathrm{tr}\left(\frac{\tilde{\boldsymbol{W}}_{F1}^{\mathrm{T}}\dot{\tilde{\boldsymbol{W}}}_{F1}}{\Gamma_{F1}}+\frac{\tilde{\boldsymbol{W}}_{F2}^{\mathrm{T}}\dot{\tilde{\boldsymbol{W}}}_{F2}}{\Gamma_{F2}}+\frac{\tilde{\boldsymbol{W}}_{\bar{F}3}^{\mathrm{T}}\dot{\tilde{\boldsymbol{W}}}_{\bar{F}3}}{\Gamma_{\bar{F}3}}+\frac{\tilde{\boldsymbol{W}}_{G}^{\mathrm{T}}\dot{\tilde{\boldsymbol{W}}}_{G}}{\Gamma_{G}}\right)$$
$$+\frac{\tilde{\boldsymbol{\xi}}_{F1}^{\mathrm{T}}\dot{\tilde{\boldsymbol{\xi}}}_{F1}}{\tau_{F1}}+\frac{\tilde{\boldsymbol{\xi}}_{F2}^{\mathrm{T}}\dot{\tilde{\boldsymbol{\xi}}}_{F2}}{\tau_{F2}}+\frac{\tilde{\boldsymbol{\xi}}_{\bar{F}3}^{\mathrm{T}}\dot{\tilde{\boldsymbol{\xi}}}_{\bar{F}3}}{\tau_{\bar{F}3}}+\frac{\tilde{\boldsymbol{\xi}}_{G}^{\mathrm{T}}\dot{\tilde{\boldsymbol{\xi}}}_{G}}{\tau_{G}}+\frac{\tilde{\boldsymbol{\lambda}}\dot{\tilde{\boldsymbol{\lambda}}}}{\tau_{\lambda}} \tag{11.55}$$

由于 $\mathrm{tr}(\boldsymbol{AB})=\mathrm{tr}(\boldsymbol{BA})$，进一步可得

$$\boldsymbol{e}^{\mathrm{T}}\boldsymbol{P}\boldsymbol{B}\tilde{\boldsymbol{W}}_{Fi}^{\mathrm{T}}\hat{\boldsymbol{\Phi}}_{Fi}=\mathrm{tr}(\boldsymbol{e}^{\mathrm{T}}\boldsymbol{P}\boldsymbol{B}\tilde{\boldsymbol{W}}_{Fi}^{\mathrm{T}}\hat{\boldsymbol{\Phi}}_{Fi})=\mathrm{tr}(\tilde{\boldsymbol{W}}_{Fi}^{\mathrm{T}}\hat{\boldsymbol{\Phi}}_{Fi}\boldsymbol{e}^{\mathrm{T}}\boldsymbol{P}\boldsymbol{B}),\quad i=1,2 \tag{11.56}$$

$$\boldsymbol{e}^{\mathrm{T}}\boldsymbol{P}\boldsymbol{B}\tilde{\boldsymbol{W}}_{\bar{F}3}^{\mathrm{T}}\hat{\boldsymbol{\Phi}}_{\bar{F}3}=\mathrm{tr}(\boldsymbol{e}^{\mathrm{T}}\boldsymbol{P}\boldsymbol{B}\tilde{\boldsymbol{W}}_{\bar{F}3}^{\mathrm{T}}\hat{\boldsymbol{\Phi}}_{\bar{F}3})=\mathrm{tr}(\tilde{\boldsymbol{W}}_{\bar{F}3}^{\mathrm{T}}\hat{\boldsymbol{\Phi}}_{\bar{F}3}\boldsymbol{e}^{\mathrm{T}}\boldsymbol{P}\boldsymbol{B}) \tag{11.57}$$

$$\boldsymbol{e}^{\mathrm{T}}\boldsymbol{P}\boldsymbol{B}\tilde{\boldsymbol{W}}_{G}^{\mathrm{T}}\hat{\boldsymbol{\Phi}}_{G}\boldsymbol{M}_{\mathrm{c}0}=\mathrm{tr}(\boldsymbol{e}^{\mathrm{T}}\boldsymbol{P}\boldsymbol{B}\tilde{\boldsymbol{W}}_{G}^{\mathrm{T}}\hat{\boldsymbol{\Phi}}_{G}\boldsymbol{M}_{\mathrm{c}0})=\mathrm{tr}(\tilde{\boldsymbol{W}}_{G}^{\mathrm{T}}\hat{\boldsymbol{\Phi}}_{G}\boldsymbol{M}_{\mathrm{c}0}\boldsymbol{e}^{\mathrm{T}}\boldsymbol{P}\boldsymbol{B}) \tag{11.58}$$

由于 $\dot{\tilde{\boldsymbol{W}}}_{F1}=\dot{\hat{\boldsymbol{W}}}_{F1}$、$\dot{\tilde{\boldsymbol{W}}}_{F2}=\dot{\hat{\boldsymbol{W}}}_{F2}$、$\dot{\tilde{\boldsymbol{W}}}_{\bar{F}3}=\dot{\hat{\boldsymbol{W}}}_{\bar{F}3}$、$\dot{\tilde{\boldsymbol{W}}}_{G}=\dot{\hat{\boldsymbol{W}}}_{G}$、$\dot{\tilde{\boldsymbol{\xi}}}_{F1}=\dot{\hat{\boldsymbol{\xi}}}_{F1}$、$\dot{\tilde{\boldsymbol{\xi}}}_{F2}=\dot{\hat{\boldsymbol{\xi}}}_{F2}$、$\dot{\tilde{\boldsymbol{\xi}}}_{\bar{F}3}=\dot{\hat{\boldsymbol{\xi}}}_{\bar{F}3}$、$\dot{\tilde{\boldsymbol{\xi}}}_{G}=\dot{\hat{\boldsymbol{\xi}}}_{G}$ 和 $\dot{\tilde{\boldsymbol{\lambda}}}=\dot{\hat{\boldsymbol{\lambda}}}$，将式(11.52)代入式(11.55)，可得

$$
\begin{aligned}
\dot{V} \leqslant & -\boldsymbol{e}^{\mathrm{T}}\boldsymbol{Q}\boldsymbol{e} + 2\boldsymbol{e}^{\mathrm{T}}\boldsymbol{P}\boldsymbol{B}\boldsymbol{u}_{\mathrm{rc}} - 2\boldsymbol{e}^{\mathrm{T}}\boldsymbol{P}\boldsymbol{B}(\boldsymbol{E}_{F1} + \boldsymbol{E}_{F2} + \boldsymbol{E}_{\bar{F}3} + \boldsymbol{E}_{G}) + \frac{\tilde{\boldsymbol{\lambda}}\dot{\tilde{\boldsymbol{\lambda}}}}{\tau_{\lambda}} \\
& + 2\mathrm{tr}\left[\tilde{\boldsymbol{W}}_{F1}^{\mathrm{T}}\left(\frac{\dot{\tilde{\boldsymbol{W}}}_{F1}}{\Gamma_{F1}} - \hat{\boldsymbol{\Phi}}_{F1}\boldsymbol{e}^{\mathrm{T}}\boldsymbol{P}\boldsymbol{B}\right) + \tilde{\boldsymbol{W}}_{F2}^{\mathrm{T}}\left(\frac{\dot{\tilde{\boldsymbol{W}}}_{F2}}{\Gamma_{F2}} - \hat{\boldsymbol{\Phi}}_{F2}\boldsymbol{e}^{\mathrm{T}}\boldsymbol{P}\boldsymbol{B}\right)\right. \\
& \left. + \tilde{\boldsymbol{W}}_{\bar{F}3}^{\mathrm{T}}\left(\frac{\dot{\tilde{\boldsymbol{W}}}_{\bar{F}3}}{\Gamma_{\bar{F}3}} - \hat{\boldsymbol{\Phi}}_{\bar{F}3}\boldsymbol{e}^{\mathrm{T}}\boldsymbol{P}\boldsymbol{B}\right) + \tilde{\boldsymbol{W}}_{G}^{\mathrm{T}}\left(\frac{\dot{\tilde{\boldsymbol{W}}}_{G}}{\Gamma_{G}} - \hat{\boldsymbol{\Phi}}_{G}\boldsymbol{M}_{\mathrm{c0}}\boldsymbol{e}^{\mathrm{T}}\boldsymbol{P}\boldsymbol{B}\right)\right] \\
& - 2\boldsymbol{e}^{\mathrm{T}}\boldsymbol{P}\boldsymbol{B}\hat{\boldsymbol{W}}_{F1}^{\mathrm{T}}\boldsymbol{\phi}'_{\xi_{F1}}\tilde{\boldsymbol{\xi}}_{F1} - 2\boldsymbol{e}^{\mathrm{T}}\boldsymbol{P}\boldsymbol{B}\hat{\boldsymbol{W}}_{F2}^{\mathrm{T}}\boldsymbol{\phi}'_{\xi_{F2}}\tilde{\boldsymbol{\xi}}_{F2} \\
& + \frac{\tilde{\boldsymbol{\xi}}_{F1}^{\mathrm{T}}\dot{\tilde{\boldsymbol{\xi}}}_{F1}}{\tau_{F1}} + \frac{\tilde{\boldsymbol{\xi}}_{F2}^{\mathrm{T}}\dot{\tilde{\boldsymbol{\xi}}}_{F2}}{\tau_{F2}} - 2\boldsymbol{e}^{\mathrm{T}}\boldsymbol{P}\boldsymbol{B}\hat{\boldsymbol{W}}_{\bar{F}3}^{\mathrm{T}}\boldsymbol{\phi}'_{\xi_{\bar{F}3}}\tilde{\boldsymbol{\xi}}_{\bar{F}3} - 2\boldsymbol{e}^{\mathrm{T}}\boldsymbol{P}\boldsymbol{B}\hat{\boldsymbol{W}}_{G}^{\mathrm{T}}\boldsymbol{\phi}'_{\xi_{G}}\tilde{\boldsymbol{\xi}}_{G}\boldsymbol{M}_{\mathrm{c0}} \\
& + \frac{\tilde{\boldsymbol{\xi}}_{\bar{F}3}^{\mathrm{T}}\dot{\tilde{\boldsymbol{\xi}}}_{\bar{F}3}}{\tau_{\bar{F}3}} + \frac{\tilde{\boldsymbol{\xi}}_{G}^{\mathrm{T}}\dot{\tilde{\boldsymbol{\xi}}}_{G}}{\tau_{G}}
\end{aligned} \tag{11.59}
$$

进而,将式(11.52)中的自适应律 $\dot{\hat{\boldsymbol{W}}}_{F1}$、$\dot{\hat{\boldsymbol{W}}}_{F2}$、$\dot{\hat{\boldsymbol{W}}}_{\bar{F}3}$、$\dot{\hat{\boldsymbol{W}}}_{G}$、$\dot{\hat{\boldsymbol{\xi}}}_{F1}$、$\dot{\hat{\boldsymbol{\xi}}}_{F2}$、$\dot{\hat{\boldsymbol{\xi}}}_{\bar{F}3}$、$\dot{\hat{\boldsymbol{\xi}}}_{G}$、$\dot{\hat{\boldsymbol{\lambda}}}$ 代入式(11.59),可得

$$
\begin{aligned}
\dot{V} & \leqslant -\boldsymbol{e}^{\mathrm{T}}\boldsymbol{Q}\boldsymbol{e} + 2\boldsymbol{e}^{\mathrm{T}}\boldsymbol{P}\boldsymbol{B}\boldsymbol{u}_{\mathrm{rc}} - 2\boldsymbol{e}^{\mathrm{T}}\boldsymbol{P}\boldsymbol{B}(\boldsymbol{E}_{F1} + \boldsymbol{E}_{F2} + \boldsymbol{E}_{\bar{F}3} + \boldsymbol{E}_{G}) + \frac{\tilde{\boldsymbol{\lambda}}\dot{\tilde{\boldsymbol{\lambda}}}}{\tau_{\lambda}} \\
& \leqslant -\boldsymbol{e}^{\mathrm{T}}\boldsymbol{Q}\boldsymbol{e} + 2\boldsymbol{e}^{\mathrm{T}}\boldsymbol{P}\boldsymbol{B}\boldsymbol{u}_{\mathrm{rc}} - 2\boldsymbol{e}^{\mathrm{T}}\boldsymbol{P}\boldsymbol{B}\,\|\Delta\| + \frac{\tilde{\boldsymbol{\lambda}}\dot{\tilde{\boldsymbol{\lambda}}}}{\tau_{\lambda}}
\end{aligned} \tag{11.60}
$$

然后,结合式(11.51)、式(11.52)、式(11.60)可进一步解算为

$$
\dot{V} \leqslant -\boldsymbol{e}^{\mathrm{T}}\boldsymbol{Q}\boldsymbol{e} + 2\boldsymbol{e}^{\mathrm{T}}\boldsymbol{P}\boldsymbol{B}\boldsymbol{u}_{\mathrm{rc}} - 2\boldsymbol{e}^{\mathrm{T}}\boldsymbol{P}\boldsymbol{B}\boldsymbol{\lambda} + 2\boldsymbol{e}^{\mathrm{T}}\boldsymbol{P}\boldsymbol{B}\boldsymbol{\iota} + \frac{\tilde{\boldsymbol{\lambda}}\dot{\tilde{\boldsymbol{\lambda}}}}{\tau_{\lambda}} \leqslant -\boldsymbol{e}^{\mathrm{T}}\boldsymbol{Q}\boldsymbol{e} + 2\boldsymbol{e}^{\mathrm{T}}\boldsymbol{P}\boldsymbol{B}\boldsymbol{\iota} \tag{11.61}
$$

由于 $\|\boldsymbol{B}\| = 1$, 可得

$$
\boldsymbol{e}^{\mathrm{T}}\boldsymbol{Q}\boldsymbol{e} \leqslant \rho(\boldsymbol{Q})\,\|\boldsymbol{e}\|^{2}, \quad \boldsymbol{e}^{\mathrm{T}}\boldsymbol{P}\boldsymbol{B}\boldsymbol{\iota} \leqslant \rho(\boldsymbol{P})\,\|\boldsymbol{e}\|\,\iota \tag{11.62}
$$

式中, $\rho(\boldsymbol{P})$、$\rho(\boldsymbol{Q})$ 分别为 P 和 Q 的谱半径。

为了确保 $\dot{V} \leqslant 0$, 仍需要:

$$
\|\boldsymbol{e}\| > \rho(\boldsymbol{P})\iota/\rho(\boldsymbol{Q}) \tag{11.63}
$$

此时，$\dot{V} \leqslant 0$ 成立。至此，闭环系统的所有信号都是有界的。结合式(11.53)和 $\dot{V} \leqslant 0$ 与条件(11.63)，可得 $\boldsymbol{e}(t) \in L_\infty$。

此外，基于

$$\int_0^\infty \boldsymbol{e}^{\mathrm{T}} \boldsymbol{Q} \boldsymbol{e} \mathrm{d}t \leqslant \rho(Q) \int_0^\infty \| \boldsymbol{e} \|^2 \mathrm{d}t \leqslant \boldsymbol{V}(0) - \boldsymbol{V}(t \to \infty) + 2\rho(\boldsymbol{P}) \iota \int_0^\infty \| \boldsymbol{e} \| \mathrm{d}t < \infty \tag{11.64}$$

可得 $\boldsymbol{e} \in L_2$。

结合式(11.63)，可得

$$V(t \to \infty) \leqslant V(0) + 2\rho(\boldsymbol{P}) \iota \int_0^\infty \| \boldsymbol{e} \| \mathrm{d}t < \infty \tag{11.65}$$

因此，可以推得：当 $t \to \infty$ 时，V 是有界的。至此，当 $\| \boldsymbol{e} \| \to 0$ 时，可以推得：$\| \dot{\hat{\boldsymbol{W}}}_{F1} \| \to 0$，$\| \dot{\hat{\boldsymbol{W}}}_{F2} \| \to 0$，$\| \dot{\hat{\boldsymbol{W}}}_{\bar{F}3} \| \to 0$，$\| \dot{\hat{\boldsymbol{W}}}_{G} \| \to 0$，$\| \dot{\hat{\boldsymbol{\xi}}}_{F1} \| \to 0$，$\| \dot{\hat{\boldsymbol{\xi}}}_{F2} \| \to 0$，$\| \dot{\hat{\boldsymbol{\xi}}}_{\bar{F}3} \| \to 0$，$\| \dot{\hat{\boldsymbol{\xi}}}_{G} \| \to 0$。这意味着 $\hat{\boldsymbol{W}}_{F1}$、$\hat{\boldsymbol{W}}_{F2}$、$\hat{\boldsymbol{W}}_{\bar{F}3}$、$\hat{\boldsymbol{W}}_{G}$、$\hat{\boldsymbol{\xi}}_{F1}$、$\hat{\boldsymbol{\xi}}_{F2}$、$\hat{\boldsymbol{\xi}}_{\bar{F}3}$、$\hat{\boldsymbol{\xi}}_{G}$ 将会收敛到它们各自的稳定值。同时，$\tilde{\boldsymbol{W}}_{F1}$、$\tilde{\boldsymbol{W}}_{F2}$、$\tilde{\boldsymbol{W}}_{\bar{F}3}$、$\tilde{\boldsymbol{W}}_{G}$、$\tilde{\boldsymbol{\xi}}_{F1}$、$\tilde{\boldsymbol{\xi}}_{F2}$、$\tilde{\boldsymbol{\xi}}_{\bar{F}3}$、$\tilde{\boldsymbol{\xi}}_{G}$ 和 $\tilde{\boldsymbol{\lambda}}$ 的有界性通过参数映射算法保障。当跟踪误差满足式(11.63)时，$\dot{V} \leqslant 0$。基于 V 的定义，可知跟踪误差 e 是有界的。至此，整个闭环系统及控制器的收敛性证明结束。

11.1.3　仿真验证

1. 仿真参数选择

高超声速飞行器仿真初始条件选择为：初始速度 $V(0) = 3\ \mathrm{km/s}$；初始高度 $h(0) = 30\ \mathrm{km}$；初始飞行器质量 $m(0) = 136\,820\ \mathrm{kg}$；初始位置 $x(0) = y(0) = 1\ \mathrm{km}$；初始姿态角向量 $\boldsymbol{\Omega}(0) = [1° \quad 0.15° \quad 1°]^{\mathrm{T}}$；另外，HSV 期望的姿态角信号为：在 1 ~ 8 s 时，$\alpha_c = 4°$；在 8 ~ 20 s 时，$\alpha_c = 2°$；当 $t > 20$ s 时，$\alpha_c = 3°$；另外，在仿真过程中，β 的变化为 $3° \to 0°$，同时 σ 一直保持在 3°。异常的质心偏移量在仿真中设定在第 10 s，其数值为 $[\Delta x, \Delta y, \Delta z]^{\mathrm{T}} = [30, 22, 30]^{\mathrm{T}}$ cm。同时，执行器的部分失效故障设定为 $\boldsymbol{\Lambda} = \mathrm{diag}\{0.2, 0.3, 0.1\}$。式中，故障与异常的质心偏移量在整个仿真过程中，对于控制系统是未知的。

接下来，本章的容错控制器参数的设定情况如下：姿态慢回路中，$k_s = [1.25, 1.25, 1.25]^{\mathrm{T}}$，$\xi = 2.5$，$\varepsilon = 0.8$，$l_s = \mathrm{diag}\{20\tanh(0.8t), 20\tanh(0.4t),$

$20\tanh(0.8t)\}$, $K_1 = I$, $K_2 = I$。而后,姿态快回路中,神经网络 RBFNN 的初始值设定为

$$\xi_{F1} = \xi_{F2} = \begin{bmatrix} -0.8 & -0.4 & 0 & 0.4 & 0.8 \\ -0.2 & -0.1 & 0 & 0.1 & 0.2 \\ -0.08 & -0.04 & 0 & 0.04 & 0.08 \end{bmatrix}$$

$$\xi_{\bar{F}3} = \begin{bmatrix} -0.8 & -0.4 & 0 & 0.4 & 0.8 \\ -0.7 & -0.35 & 0 & 0.35 & 0.7 \\ -0.05 & -0.02 & 0 & 0.02 & 0.05 \end{bmatrix}$$

$$\xi_G = \begin{bmatrix} -0.8 & -0.04 & 0 & 0.04 & 0.08 \\ -0.2 & -0.03 & 0 & 0.04 & 0.08 \\ -0.8 & -0.04 & 0 & 0.02 & 0.08 \\ -0.8 & -0.04 & 0 & 0.04 & 0.08 \\ -0.8 & -0.05 & 0 & 0.04 & 0.08 \\ -0.8 & -0.04 & 0 & 0.01 & 0.08 \end{bmatrix}, \quad \begin{matrix} \tau_{F1} = 0.3 \\ \tau_{F2} = 0.5 \\ \tau_{\bar{F}3} = 0.7 \\ \tau_G = 1 \end{matrix}$$

此外,$\Gamma_{F1} = \Gamma_{F2} = \Gamma_{\bar{F}3} = \Gamma_G = 1$, $\eta_{F1} = \eta_{F2} = \eta_{\bar{F}3} = \eta_G = 1$。式中,非线性广义预测控制器的参数设置为 $T_f = 1.8$ s。另外,$\tau_\lambda = 1$, $K_p = 20$, $K_I = 1\ 000$, $P = \begin{bmatrix} \dfrac{K_p}{2K_I + (2K_I - 1)/2K_p} & \dfrac{1}{2K_I} \\ \dfrac{1}{2K_I} & \dfrac{2K_I - 1}{2K_I K_p} \end{bmatrix}$。

2. 仿真结果及分析

图 11.2~图 11.10 给出了 HSV 姿态角与姿态角速率的跟踪效果,$(\cdot)_{\text{nml}}$ 代

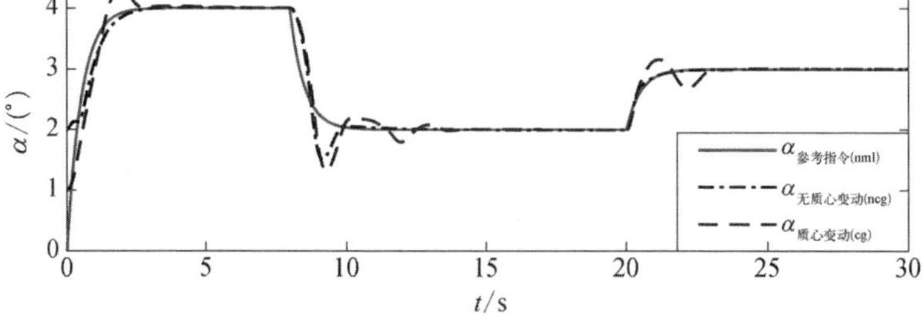

图 11.2　自适应神经网络容错算法下姿态迎角 α 的跟踪响应曲线(有、无质心变动)

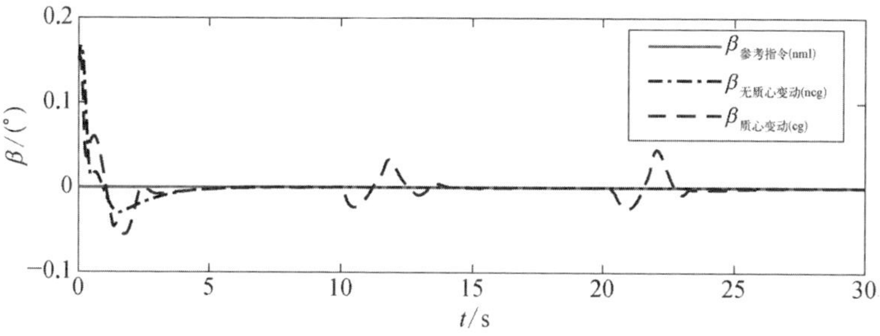

图 11.3　自适应神经网络容错算法下姿态侧滑角 β 的跟踪响应曲线(有、无质心变动)

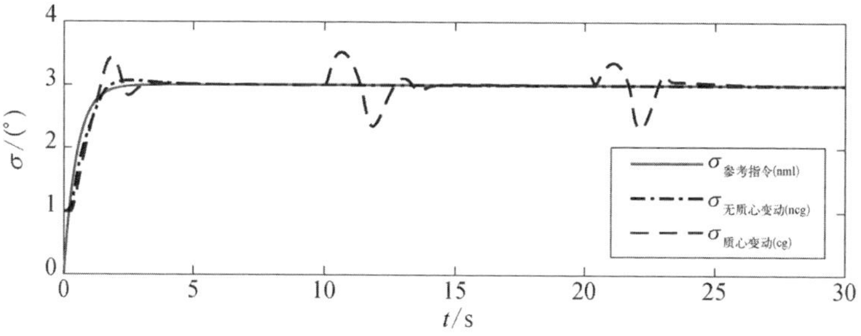

图 11.4　自适应神经网络容错算法下姿态倾侧角 σ 的跟踪响应曲线(有、无质心变动)

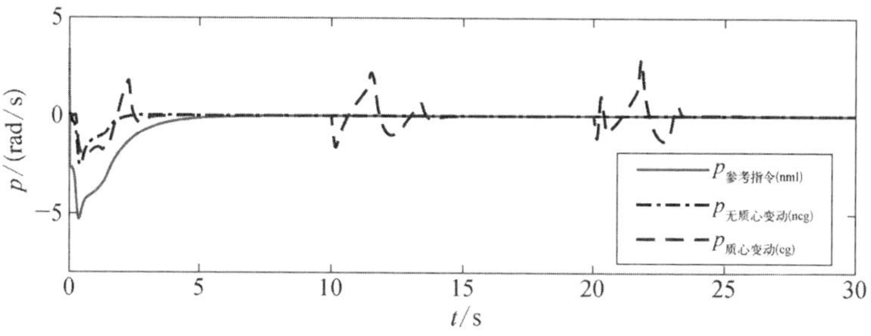

图 11.5　自适应神经网络容错算法下姿态滚转角速率 p 的跟踪响应曲线(有、无质心变动)

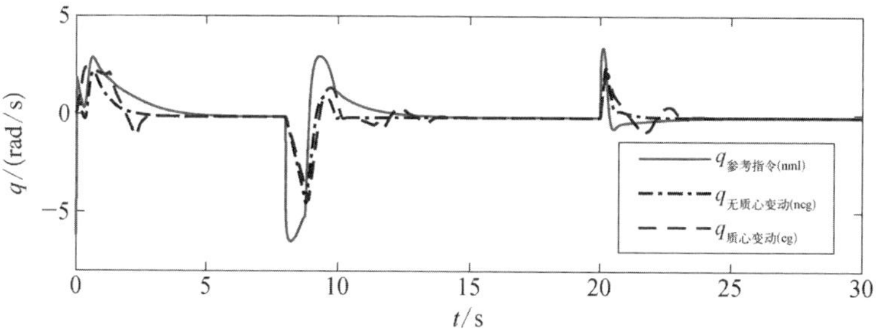

图 11.6　自适应神经网络容错算法下姿态俯仰角速率 q 的跟踪响应曲线(有、无质心变动)

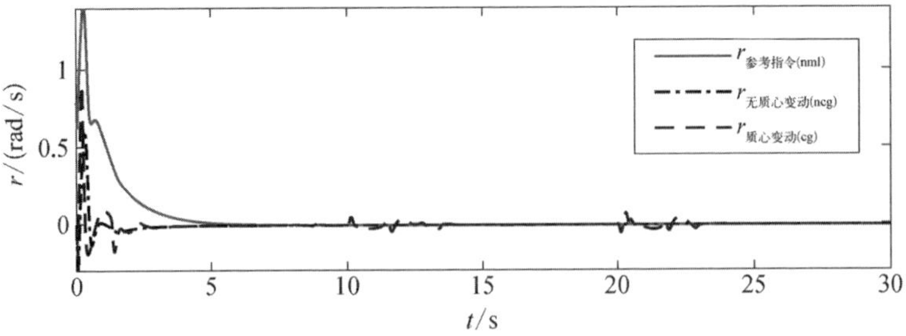

图 11.7　自适应神经网络容错算法下姿态偏航角速率 $\boldsymbol{r}$ 的跟踪响应曲线(有、无质心变动)

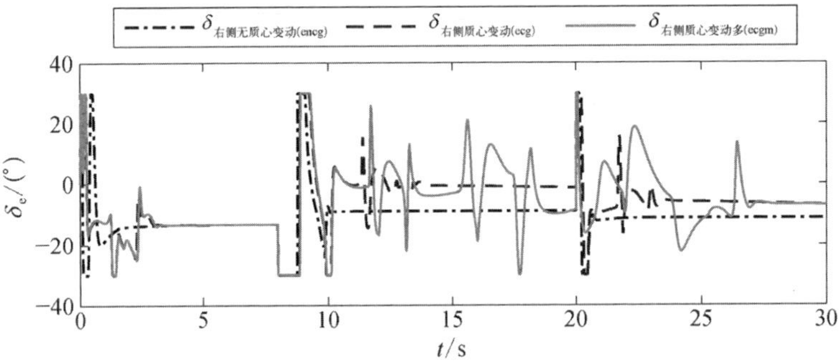

图 11.8　自适应神经网络容错算法下左升降副翼舵偏转角 $\boldsymbol{\delta}_e$ 的响应曲线对比(不同质心变动量)

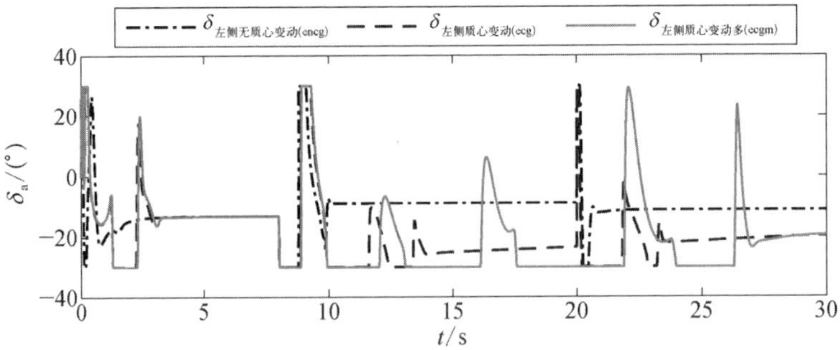

图 11.9　自适应神经网络容错算法下右升降副翼舵偏转角 $\boldsymbol{\delta}_a$ 的响应曲线对比(不同质心变动量)

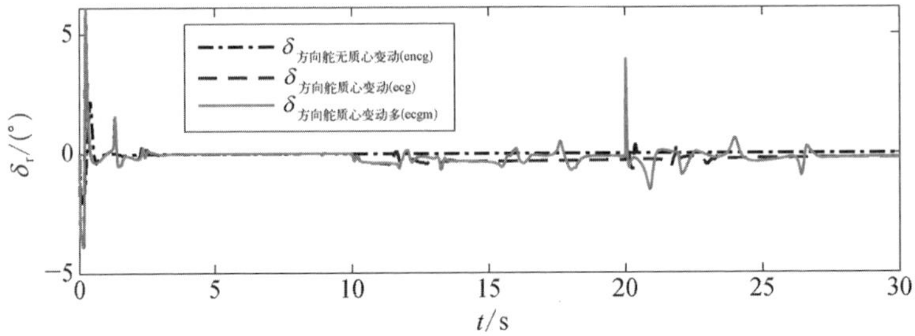

图 11.10　自适应神经网络容错算法下方向舵偏转角 $\boldsymbol{\delta}_r$ 的响应曲线对比(不同质心变动量)

表期望的跟踪指令；$(\cdot)_{ncg}$ 代表高超声速飞行器在正常状态下(未发生质心异常变动及执行器故障)的仿真效果；而 $(\cdot)_{cg}$ 代表 HSV 受到异常质心变动及执行器部分失效故障时的仿真效果。从图中可以看出，在 2~7 s 时，本章所设计的容错控制器能够实现对期望指令的快速响应与跟踪。

通过对比图 11.2~图 11.4 中 HSV 姿态角的跟踪情况，这里以 β_{ncg}、β_{cg} 为例，当异常质心变动与执行器故障在第 10 s 发生时，β_{cg} 出现短时波动。该现象表明，当质心变动与执行器故障发生时，如同对 HSV 姿态系统突然引入额外扰动(包括偏心力矩、系统的不确定性等)，使得系统处于不稳定的状态，在本章设计的容错控制作用下，系统能够恢复一定的控制能力来保障系统的安全以及部分的跟踪能力，如图 11.2~图 11.4 中 α、β、σ 的跟踪效果。一旦发生了异常的质心偏移与执行器的部分失效故障，飞行器的控制性能将无法与正常情况下相比。当严重的故障(较大的质心偏移)发生时，如图 11.11~图 11.13 中的 $(\cdot)_{cgm}$ 所示，此时的控制目标应降级来保障飞行器的安全。

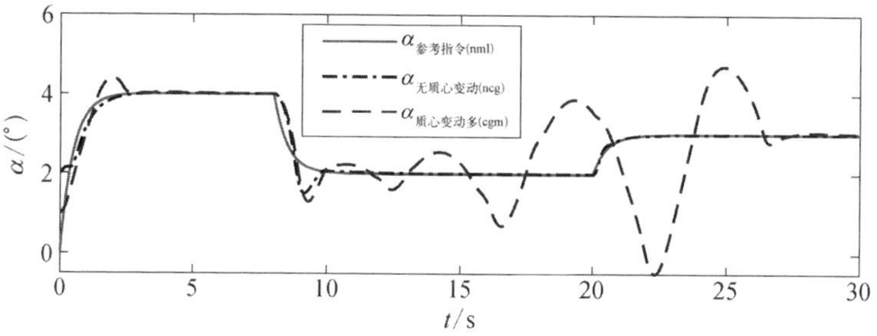

图 11.11　自适应神经网络容错算法下姿态攻角 α 的跟踪响应曲线(较大质心偏移量)

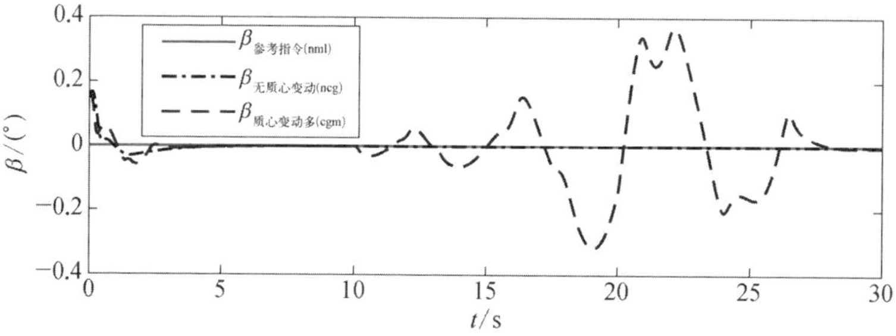

图 11.12　自适应神经网络容错算法下姿态侧滑角 β 的跟踪响应曲线(较大质心偏移量)

在 HSV 的姿态快回路中，一旦未知的质心变动发生(图 11.3)，其影响主要体现在三个方面：① 系统的不确定性 (ΔF_1)；② 系统转动惯量矩阵的改变

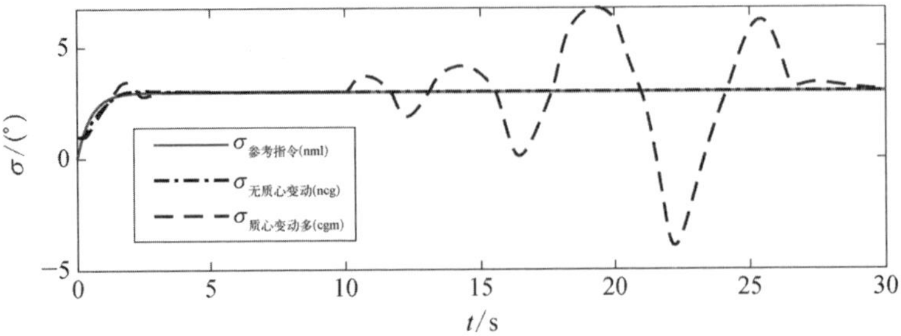

图 11.13　自适应神经网络容错算法下姿态倾侧角 $\boldsymbol{\sigma}$ 的跟踪响应曲线(较大质心偏移量)

(11.4);③ 偏心力矩,见式(11.137)。通过分析第 10 s 时的姿态角速率仿真图(图 11.5~图 11.7)可知,异常质心变动的发生,犹如对系统突然施加额外的控制力矩,其量级大且无规律。通过对比图 11.2~图 11.4 与图 11.11~图 11.13 可知,越大的质心偏移量,对系统的扰动作用越明显,最终直至飞行器失控。此外,通过分析图 11.8~图 11.10 中的舵面偏转角情况,随着质心偏移量与执行器部分失效故障的增大,控制舵面偏转的幅度与频率都出现急剧的增加,甚至出现了短时间的饱和现象,因此仅通过增加控制量的方法处理异常的质心变动以及执行器的部分失效故障,该策略是难以奏效的。因此,在采用辅助补偿机制来实现容错控制时,同时应考虑执行器存在的物理约束问题。

在本小节中,当系统出现异常的质心变动(可能是由燃料的消耗、液体晃动等其他因素)与执行器部分失效故障时,引入了自适应估计器以及基于 RBFNN 的神经网络估计器(它们具有较少的调节参数和简洁的神经网络结构)来估计这些未知信息。此外,为了处理由 $(\boldsymbol{G}+\Delta\boldsymbol{G})$ 的估计值 $(\boldsymbol{G}+\Delta\hat{\boldsymbol{G}})$ 引起的转动惯量矩阵奇异的情况,本章采用 $(\boldsymbol{G}+\Delta\hat{\boldsymbol{G}})^{-1}$ 的泰勒级数展开来处理 $(\boldsymbol{G}+\Delta\hat{\boldsymbol{G}})$ 潜在奇异性带来的问题,而后,将级数展开的高阶无穷小项并入到 ΔF_3 中,采用 RBFNN 来估计混合的 $\Delta\bar{F}_3$,最终实现无须转动惯量矩阵逆矩阵精确信息的控制器设计,为后续的容错控制器设计提供思路。

11.2　基于 Nussbaum 增益的 HSV 质心变动自适应容错控制

11.2.1　带有质心变动的 X-33 再入段姿态模型

结合高超声速飞行器再入段的姿态模型(2.49),以及参考文献[1]~文献

[3],带有异常质心变动的 X－33 模型可建立如下:

$$
\begin{aligned}
&\dot{\boldsymbol{\Omega}} = \boldsymbol{R}(\cdot)\boldsymbol{\omega} + \boldsymbol{D}_{\mathrm{s}} \\
&(\boldsymbol{J} + \Delta\boldsymbol{J})\dot{\boldsymbol{\omega}} = -\boldsymbol{\omega}^{\times}(\boldsymbol{J} + \Delta\boldsymbol{J})\boldsymbol{\omega} + \boldsymbol{\tau} + \Delta\boldsymbol{\tau} + \boldsymbol{\rho}
\end{aligned} \tag{11.66}
$$

式中,$\boldsymbol{\Omega} = [\sigma \quad \beta \quad \alpha]^{\mathrm{T}}$ 为 HSV 的姿态角,σ、β 和 α 分别为姿态系统的倾侧角、侧滑角和攻角; $\boldsymbol{D}_{\mathrm{s}}$ 是 HSV 姿态系统由质心变动引起的未建模动态; $\boldsymbol{\omega} = [p \quad q \quad r]^{\mathrm{T}}$ 为姿态角速率矢量; p、q 和 r 分别指的是滚转角速率、俯仰角速率和偏航角速率; $\boldsymbol{\rho} = [\rho_1 \quad \rho_2 \quad \rho_3]^{\mathrm{T}}$ 为姿态系统受到的外部未知干扰; $\boldsymbol{J} + \Delta\boldsymbol{J} \in \mathbf{R}^{3\times3}$ 是系统的转动惯量矩阵; $\Delta\boldsymbol{J} \in \mathbf{R}^{3\times3}$ 是惯性矩阵 $\boldsymbol{J}$ 的不确定性,起因可能来自飞行器的燃料消耗、机体损伤、重装空投等; $\boldsymbol{\omega}^{\times}$ 为作用在向量 $\boldsymbol{\omega} = [p \quad q \quad r]^{\mathrm{T}}$ 上的斜对称矩阵,具体如下:

$$
\boldsymbol{\omega}^{\times} = \begin{bmatrix} 0 & -r & q \\ r & 0 & -p \\ -q & p & 0 \end{bmatrix} \tag{11.67}
$$

$\boldsymbol{\tau} = [\tau_1 \quad \tau_2 \quad \tau_3]^{\mathrm{T}}$ 为 HSV 的控制矢量,源自舵面的偏转角矢量 $\boldsymbol{\delta}$,具体如下:

$$
\boldsymbol{\tau} = B(t)\boldsymbol{\delta} \tag{11.68}
$$

式中,$B(t) \in \mathbf{R}^{3\times m}$,$m = 8$ 为 HSV 控制舵面的个数。

如图 3.3 所示,X－33 拥有 4 对控制舵面(左右各一个,对称排列),分别为:方向舵,襟翼,内、外升降舵。每个舵面具有相对独立的控制驱动系统。$\boldsymbol{\delta} = [\delta_1 \quad \cdots \quad \delta_8]^{\mathrm{T}}$ 指的是舵面偏转角向量,其中,δ_1、δ_2 为左右内侧升降舵; δ_3、δ_4 为左右侧襟翼; δ_5、δ_6 为左右侧方向舵; δ_7、δ_8 为左右外侧升降舵。

基于质心变动的模型[(11.66)~(11.68)]以及 11.1 小节的容错控制研究,未知质心变动对飞行器姿态控制的影响可归结为:系统的不确定性;偏心力矩;系统惯性矩阵的改变。故而,在本章 X－33 的模型中,依点分析如下。

(1) 系统的不确定性。在本章中,将 $(\boldsymbol{J} + \Delta\boldsymbol{J})^{-1}$ 同时乘在系统方程(11.66)的左右两侧,可以清晰地看到:由转动惯量矩阵的不确定性 $\Delta\boldsymbol{J}$ 引起的系统不确定性很难从 $-(\boldsymbol{J} + \Delta\boldsymbol{J})^{-1}\boldsymbol{\omega}^{\times}(\boldsymbol{J} + \Delta\boldsymbol{J})\boldsymbol{\omega}$ 中解耦出来。此外,当 $[\Delta x \quad \Delta y \quad \Delta z]^{\mathrm{T}} \neq 0$,惯性积 J_{xy} 和 J_{yz} 非零,这意味着 $(\boldsymbol{J} + \Delta\boldsymbol{J})$ 从能够解耦的矩阵 $\boldsymbol{J}$ 演化成高度耦合的矩阵,增强了高超横、纵向运动之间的耦合。

(2) 偏心力矩。$\Delta\boldsymbol{\tau}$ 为系统的未知干扰力矩,源自异常的未知质心变动。其原因可能来自飞行器的燃料消耗、机体损伤及重装空投等。偏心力矩具体表达如下[1]：

$$\Delta\boldsymbol{\tau} = \boldsymbol{T}^{\times}\boldsymbol{\zeta} = \begin{bmatrix} 0 & -\tau_z & \tau_y \\ \tau_z & 0 & -\tau_x \\ -\tau_y & \tau_x & 0 \end{bmatrix}\begin{bmatrix} \Delta x \\ \Delta y \\ \Delta z \end{bmatrix} \tag{11.69}$$

式中，$\Delta\boldsymbol{\tau} = [\Delta l_A \quad \Delta m_A \quad \Delta n_A]^T$ 的具体表达式见式(11.134)；$\boldsymbol{\zeta}$ 为质心的偏移向量(相对于原始的质心位置)，见图 11.1 中的 $\boldsymbol{\zeta} = [\Delta x \quad \Delta y \quad \Delta z]^T$。此外，$\boldsymbol{\rho} = [\rho_1 \quad \rho_2 \quad \rho_3]^T$ 为有界的外部干扰。

(3) 转动惯量矩阵的改变。$\Delta\boldsymbol{J} \in \mathbf{R}^{3\times3}$ 为转动惯量矩阵 $\boldsymbol{J}^*$ 的不确定部分，源自高超的燃料消耗、机体损伤等，具体如下[2][3]：

$$\boldsymbol{J}^* = \begin{bmatrix} J_{xx} & 0 & -J_{xz} \\ 0 & J_{yy} & 0 \\ -J_{xz} & 0 & J_{zz} \end{bmatrix}, \quad \Delta\boldsymbol{J} = \begin{bmatrix} \Delta J_{xx} & -J_{xy} & 0 \\ -J_{xy} & \Delta J_{yy} & -J_{yz} \\ 0 & -J_{yz} & \Delta J_{zz} \end{bmatrix} \tag{11.70}$$

式中，ΔJ_{xx}、ΔJ_{yy} 和 ΔJ_{zz} 为异常质心变动引起的系统转动惯量矩阵的不确定性；J_{xy}、J_{xz} 和 J_{yz} 为异常质心变动引起的惯性积。其具体表达如下[1,3]：

$$\begin{gathered} \Delta J_{xx} = M(\Delta y^2 + \Delta z^2), \quad \Delta J_{yy} = M(\Delta x^2 + \Delta z^2), \quad \Delta J_{zz} = M(\Delta x^2 + \Delta y^2) \\ J_{xz} = M\Delta x\Delta z, \quad J_{xy} = M\Delta x\Delta y, \quad J_{yz} = M\Delta y\Delta z \end{gathered} \tag{11.71}$$

注解 11.1 结合(11.66)，系统的转动惯量 $(\boldsymbol{J} + \Delta\boldsymbol{J})$ 以及其逆矩阵 $(\boldsymbol{J} + \Delta\boldsymbol{J})^{-1}$ 为设计系统控制器 $\boldsymbol{\tau}$ 不可或缺的组成。由于转动惯量矩阵 $(\boldsymbol{J} + \Delta\boldsymbol{J})$ 及其逆矩阵在系统的动态模型(11.66)中是非常难以测算的。经过分析可知，控制器的控制方向与输出量的大小受到系统转动惯量矩阵 $\boldsymbol{J}$ 的节制。因此，借助于能够基于系统跟踪偏差自动调节控制器方向的 Nussbaum 函数，本节设计了容错控制算法来处理系统输入矩阵存在未知变化的极端情况。但是，基于切换控制思想的容错控制方法无可避免地会带来系统的震荡。

11.2.2 先验知识

1. Nussbaum 增益

Nussbaum 增益可作为控制量方向的选择器，对本章的研究有重要意义。其工作机制为：基于系统的跟踪偏差，控制器可在控制方向上(正、负)自适应地切换，从而保障高超声速飞行器姿态系统的负反馈控制[14]。为了解决异常质心变动对系统转动惯量矩阵的影响(此时的系统转动惯量矩阵已演化为一个时变的系数矩阵),本书采用 Nussbaum 增益技术来处理该问题。

定义 11.1　Nussbaum 函数 $N(\cdot)$ 具有以下特征[15,16]:

$$\lim_{\theta\to\infty}\inf\frac{1}{\theta}\int_0^{\theta}N(\Phi)\mathrm{d}\Phi=-\infty,\quad \lim_{\theta\to\infty}\sup\frac{1}{\theta}\int_0^{\theta}N(\Phi)\mathrm{d}\Phi=+\infty \tag{11.72}$$

基于上述定义,一种 Nussbaum 函数的改进如下:

$$N(\Phi)=\mathrm{e}^{\Phi^2/2}(\Phi^2+2)\sin(\Phi)+1 \tag{11.73}$$

引理 11.1　$V(t)$ 和 $\Phi_i(t)\,(i=1,2,\cdots,N)$ 假定为区间 $[0,t_f)$ 上的连续光滑函数,同时满足 $V(t)\geqslant 0$ 和 $\Phi_i(0)=0$。如果 $N(\cdot)$ 满足文献[14]与以下的不等式成立:

$$V(t)\leqslant\hbar_0+\mathrm{e}^{-\hbar_1 t}\sum_{i=1}^{N}\int_0^t(-\psi_i(\lambda)N(\Phi_i(\lambda))+1)\dot{\Phi}_i(\lambda)\mathrm{e}^{\hbar_1\lambda}\mathrm{d}\lambda \tag{11.74}$$

式中,$\hbar_0$ 是一个有界常量。常量 $\hbar_1$ 满足 $\hbar_1>0$。$\psi_i(t)$ 是一个选自闭集 $\Pi_{\psi}:=[\psi^-,\psi^+]$(除去0)的时变参数。另外,在同一个控制时刻,所有 $\psi_i(t)$ 的控制符号是统一的。进一步,可得 $V(t)$、$\phi_i(t)$ 和 $\sum_{i=1}^{N}\int_0^t g_i(\lambda)N(\Phi_i(\lambda))\dot{\Phi}_i(\lambda)\mathrm{d}\lambda$ 在区间 $[0,t_f)$ 上都是有界的[15]。

2. Barrier Lyapunov 函数

Barrier Lyapunov 函数可定义为[17]

$$V_B=\frac{1}{2}\log(k_b^2/(k_b^2-\boldsymbol{e}_{\gamma}^{\mathrm{T}}\boldsymbol{e}_{\gamma})) \tag{11.75}$$

式中,$\log(\cdot)$ 代表的是 · 的自然对数;k_b 为姿态角跟踪误差 $\boldsymbol{e}_{\gamma}$ 受约束的界,即 $\|\boldsymbol{e}_{\gamma}\|<k_b$。因此,可得在集合 $\|\boldsymbol{e}_{\gamma}\|<k_b$ 中,V_B 是正定连续的。当 $\boldsymbol{e}_{\gamma}$ 趋近于边界 k_b 时,即 $\|\boldsymbol{e}_{\gamma}\|\to k_b$,可得 $V_B\to\infty$。V_B 满足 Barrier Lyapunov 函数的要求。

3. RBFNN 估计

基于 RBFNN 的强非线性映射能力,本书采用 RBFNN 估计未知的非线性项。对于未知的非线性项 $\Im(X)$,采用 RBFNN 估计的方法如下:

$$\Im(X)=\boldsymbol{W}^{*\mathrm{T}}\boldsymbol{H}(X)+\boldsymbol{\kappa}(X),\quad \|\boldsymbol{\kappa}(X)\|\leqslant\varepsilon \tag{11.76}$$

式中，$\boldsymbol{W}^* \in \mathbf{R}^{N\times 3}$ 为具有 N 个神经网络节点的理想权重矩阵；$\boldsymbol{\kappa}(X) \in \mathbf{R}^3$ 为 RBFNN 的逼近误差；$\boldsymbol{H}(X) = [H_1(X) \quad \cdots \quad H_N(X)]^{\mathrm{T}} \in \mathbf{R}^N$ 为其高斯基函数并定义为

$$H_i(X) = \exp[-(X - \boldsymbol{\xi}_i^*)^{\mathrm{T}}(X - \boldsymbol{\xi}_i^*)/b_i^2] \tag{11.77}$$

式中，$\boldsymbol{\xi}_i^* = [\xi_{i1}^* \quad \cdots \quad \xi_{iN}]^{\mathrm{T}}$ 为设定的高斯基函数中心；$b_i \in \mathbf{R}^1$ 为高斯基函数的宽度。

4. 系统转动惯量矩阵的分解

命题 11.1 对于正定对称矩阵 $\boldsymbol{J}$，存在一个唯一的下三角矩阵 $\boldsymbol{\Lambda} \in \mathbf{R}^{3\times 3}$，具体如下：

$$\boldsymbol{J}^{-1} = \boldsymbol{\Lambda}\boldsymbol{\Lambda}^{\mathrm{T}}, \quad \boldsymbol{\Lambda} = \begin{bmatrix} \Lambda_{11} & 0 & 0 \\ \Lambda_{21} & \Lambda_{22} & 0 \\ \Lambda_{31} & \Lambda_{32} & \Lambda_{33} \end{bmatrix} \tag{11.78}$$

式中，$\boldsymbol{J}^{-1}$ 为系统惯性矩阵 $\boldsymbol{J}$ 的逆矩阵；$\Lambda_{ij}(i, j = 1, 2, 3)$ 为 $\boldsymbol{J}$ 矩阵的元素。此外，矩阵 $\boldsymbol{\Lambda}$ 的所有对角线元素都为正实数。

证明 由于 $\boldsymbol{J}^{\mathrm{T}} = \boldsymbol{J}$，可得

$$(\boldsymbol{J}^{-1})^{\mathrm{T}} = (\boldsymbol{J}^{\mathrm{T}})^{-1} = \boldsymbol{J}^{-1} \tag{11.79}$$

也就是说，$\boldsymbol{J}^{-1}$ 仍然是对称阵。定义 $\lambda(\boldsymbol{J})$ 为系统转动惯量 $\boldsymbol{J}$ 矩阵的特征值，并且其满足 $\lambda(\boldsymbol{J}) > 0$。因此，$\boldsymbol{J}^{-1}$ 的特征值可以借助 $1/\lambda(\boldsymbol{J})$ 获得。因此，$\boldsymbol{J}^{-1}$ 仍为正定对称的。基于 Cholesky 分解，可以得到式(11.79)。

11.2.3 X－33 姿态系统容错控制算法设计

1. 控制目标

本小节提出一种自适应容错补偿控制机制，可使姿态角跟踪误差与惯性矩阵辨识误差 $\boldsymbol{J} - \hat{\boldsymbol{J}}(t)$ 渐近收敛到一个小的区间内，并且闭环系统的所有信号都是有界的。此外，倾侧角 σ 和攻角 α 能够约束在设定的安全区域 $\Pi_{k_{\mathrm{b}}} := \{(\sigma, \alpha) \in \mathbf{R}^2 | (\sigma - \sigma_{\mathrm{d}})^2 + (\alpha - \alpha_{\mathrm{d}})^2 \leqslant k_{\mathrm{b}}^{\mathrm{T}} k_{\mathrm{b}}\}$ 内，从而保障故障情况下（异常质心变动与执行器故障）的高超声速飞行器安全飞行。

为达到上述控制目标，必要的假设条件如下。

假设 11.5 期望的姿态角跟踪指令 $\boldsymbol{\Omega}^{\mathrm{d}} = [\sigma_{\mathrm{d}} \quad \alpha_{\mathrm{d}} \quad \beta_{\mathrm{d}}]^{\mathrm{T}} \in \mathbf{R}^3$ 及其一阶导

数 $\dot{\boldsymbol{\Omega}}^{\mathrm{d}}$ 和二阶导数 $\ddot{\boldsymbol{\Omega}}^{\mathrm{d}}$ 都是连续和有界的。

假设 11.6　异常质心变动对系统的影响是有界的。即异常质心变动引起的系统不确定性 D_s 是有界的,满足 $\| D_s \| \leqslant \ell_{\mathrm{D}}$。此外,质心变动引起的偏心力矩同时满足 $\| \Delta\tau \| \leqslant \ell_\tau$, 其中, ℓ_τ 是未知的正实数。另外,高超声速飞行器受到的外部扰动 $\rho(t)$ 也是有界的,满足 $\| \rho(t) \| \leqslant \ell_{\mathrm{d}}$。$\ell_{\mathrm{d}}$ 也是未知的正实常数。

注解 11.2　依据控制目标,可得故障下的紧集 Π_{k_b} 为高超声速飞行器安全飞行集合 $\Pi_{\sigma,\alpha}:=\left\{(\sigma,\alpha)\in\mathbf{R}^2 \,\middle|\, -\dfrac{\pi}{2}<\alpha<\dfrac{\pi}{2},\ -\dfrac{\pi}{2}<\sigma<\dfrac{\pi}{2}\right\}$ 的一个子集,通过恰当地设计姿态角期望指令 $\sigma_{\mathrm{d}}(t)$、$\alpha_{\mathrm{d}}(t)$ 与系统状态约束边界 k_{b},来实现状态约束的目的,例如,$|\sigma_{\mathrm{d}}(t)|<\dfrac{\pi}{2}$、$|\alpha_{\mathrm{d}}(t)|<\dfrac{\pi}{2}$ 和 $k_{\mathrm{b}}<\dfrac{\pi}{2}$。

2. 高超声速飞行器 X－33 姿态系统的容错控制算法设计

1）带有状态约束的高超姿态角跟踪控制

基于式(11.66)高超声速飞行器姿态角的跟踪误差定义如下:

$$e_{\boldsymbol{\Omega}}=\boldsymbol{\Omega}-\boldsymbol{\Omega}_{\mathrm{d}} \tag{11.80}$$

当发生故障后,控制器的性能急剧下降。为了保障飞行器的安全飞行,滚转角与迎角应被约束在 $\Pi_{\sigma,\alpha}$ 的真子集中。因此,本书将预先的设定值 k_{b} 定义为故障后系统状态的约束边界。

$$e_{\Omega}^{\mathrm{T}}\boldsymbol{\Sigma}\dot{e}_{\Omega}=e_{\Omega}^{\mathrm{T}}\boldsymbol{\Sigma}(\boldsymbol{R}(\cdot)\omega+\boldsymbol{D}_{\mathrm{s}}-\dot{\boldsymbol{\Omega}}^{\mathrm{d}})=e_{\Omega}^{\mathrm{T}}\boldsymbol{\Sigma}[\boldsymbol{R}(\cdot)(\boldsymbol{e}_{\omega}+\boldsymbol{\omega}^{\mathrm{d}})+\boldsymbol{D}_{\mathrm{s}}-\dot{\boldsymbol{\Omega}}^{\mathrm{d}}] \tag{11.81}$$

式中,$\boldsymbol{\Sigma}=\mathrm{diag}(1/(k_{\mathrm{b}}^2-\boldsymbol{e}_{\Omega i}^2))$;$\boldsymbol{e}_{\omega}=\boldsymbol{\omega}-\boldsymbol{\omega}^{\mathrm{d}}$ 为姿态角速率的跟踪误差,其中,$\boldsymbol{\omega}^{\mathrm{d}}$ 为期望的跟踪指令。

然后,基于反步法控制算法,虚拟控制器 $\boldsymbol{\omega}^{\mathrm{d}}$ 设计如下:

$$\boldsymbol{\omega}^{\mathrm{d}}=\boldsymbol{R}(\cdot)^{-1}(-\boldsymbol{K}_{\Omega}\boldsymbol{e}_{\Omega}+\dot{\boldsymbol{\Omega}}^{\mathrm{d}}-\hat{\ell}_{\mathrm{D}}),\quad \dot{\hat{\ell}}_{\mathrm{D}}=r_{\mathrm{D}}\boldsymbol{\Sigma}^{\mathrm{T}}\boldsymbol{e}_{\Omega}-k_{\mathrm{D}}\hat{\ell}_{\mathrm{D}} \tag{11.82}$$

式中,$\boldsymbol{K}_{\Omega}\in\mathbf{R}^{3\times 3}$ 为对称的正定矩阵;$\hat{\ell}_{\mathrm{D}}$ 为辅助的自适应扰动补偿项。

通过将式(11.82)代入式(11.81)中,可得

$$\boldsymbol{e}_{\Omega}^{\mathrm{T}}\boldsymbol{\Sigma}\dot{\boldsymbol{e}}_{\Omega}=\boldsymbol{e}_{\Omega}^{\mathrm{T}}\boldsymbol{\Sigma}[\boldsymbol{R}(\cdot)\boldsymbol{e}_{\omega}+\boldsymbol{D}_{\mathrm{s}}-\hat{\ell}_{\mathrm{D}}-\boldsymbol{K}_{\Omega}\boldsymbol{e}_{\Omega}] \tag{11.83}$$

2）标称姿态角速率回路控制器设计

姿态角速率的跟踪误差定义为 $\boldsymbol{e}_{\omega}(t)=\boldsymbol{\omega}-\boldsymbol{\omega}^{\mathrm{d}}$。通过对 $\boldsymbol{e}_{\omega}(t)$ 求关于时间

的导数,结合式(11.66),可得

$$\begin{aligned}\dot{\boldsymbol{e}}_{\omega} = \dot{\boldsymbol{\omega}} - \dot{\boldsymbol{\omega}}^{\mathrm{d}} = & -\boldsymbol{J}^{-1}\boldsymbol{\omega}^{\times}\boldsymbol{J}\boldsymbol{\omega} + \boldsymbol{J}^{-1}\boldsymbol{\psi}\boldsymbol{\nu} + \boldsymbol{J}^{-1}O(\nu) \\ & - \boldsymbol{J}^{-1}\boldsymbol{\psi}\boldsymbol{B}(\cdot)\boldsymbol{f} + \boldsymbol{J}^{-1}\Delta\boldsymbol{\tau} + \boldsymbol{J}^{-1}\boldsymbol{\rho}(t) - \dot{\boldsymbol{\omega}}^{\mathrm{d}}\end{aligned} \tag{11.84}$$

式中,$\boldsymbol{J}^{-1}$ 为惯性矩阵 $\boldsymbol{J}$ 的逆矩阵。

进而,控制信号 $\boldsymbol{\nu}$ 可设计为

$$\boldsymbol{\nu} = \hat{\boldsymbol{J}}\bar{\tau} \tag{11.85}$$

式中,$\hat{\boldsymbol{J}}$ 为系统转动惯量矩阵 $\boldsymbol{J}$ 的估计值;$\bar{\boldsymbol{\tau}} \in \mathbf{R}^3$ 为待设计的控制量。

基于式(11.84)和式(11.85),可得

$$\begin{aligned}\dot{\boldsymbol{e}}_{\omega} = \dot{\boldsymbol{\omega}} - \dot{\boldsymbol{\omega}}^{\mathrm{d}} = & -\boldsymbol{J}^{-1}\boldsymbol{\omega}^{\times}\boldsymbol{J}\boldsymbol{\omega} + \boldsymbol{\psi}\bar{\boldsymbol{\tau}} - \boldsymbol{\psi}\boldsymbol{J}^{-1}\tilde{\boldsymbol{J}}\bar{\tau} + \boldsymbol{J}^{-1}O(\nu) \\ & - \boldsymbol{J}^{-1}\boldsymbol{\psi}\boldsymbol{B}(\cdot)\boldsymbol{f} + \boldsymbol{J}^{-1}\Delta\boldsymbol{\tau} + \boldsymbol{J}^{-1}\boldsymbol{\rho}(t) - \dot{\boldsymbol{\omega}}^{\mathrm{d}}\end{aligned} \tag{11.86}$$

依据式(11.82),可得 $\dot{\boldsymbol{\omega}}^{\mathrm{d}}$ 如下[18]:

$$\begin{aligned}\dot{\boldsymbol{\omega}}^{\mathrm{d}} &= \dot{\boldsymbol{R}}(\cdot)^{-1}(-\boldsymbol{K}_{\Omega}\boldsymbol{e}_{\Omega} + \dot{\boldsymbol{\Omega}}^{\mathrm{d}}) + \boldsymbol{R}(\cdot)^{-1}(-\boldsymbol{K}_{\Omega}\dot{\boldsymbol{e}}_{\Omega} + \ddot{\boldsymbol{\Omega}}^{\mathrm{d}}) \\ &= \frac{\mathrm{d}\boldsymbol{R}(\cdot)^{-1}}{\mathrm{d}\gamma}\dot{\boldsymbol{\Omega}}(-\boldsymbol{K}_{\Omega}\boldsymbol{e}_{\Omega} + \dot{\boldsymbol{\Omega}}^{\mathrm{d}}) + \boldsymbol{R}(\cdot)^{-1}(-\boldsymbol{K}_{\Omega}\boldsymbol{R}(\cdot)\boldsymbol{e}_{\omega} + \boldsymbol{K}_{\Omega}^{2}\boldsymbol{e}_{\Omega} + \ddot{\boldsymbol{\Omega}}^{\mathrm{d}})\end{aligned} \tag{11.87}$$

式中,$(\mathrm{d}\boldsymbol{R}(\cdot)^{-1}/\mathrm{d}\boldsymbol{\Omega}) \in \mathbf{R}^{3\times3\times3}$ 是一个张量。令 $\boldsymbol{R}(\cdot)_j^{-1}(j = 1,\ 2,\ 3)$ 为逆矩阵 $\boldsymbol{R}(\cdot)^{-1}$ 的第 j 列向量。因此,$\dot{\boldsymbol{R}}(\cdot)^{-1}$ 的具体定义如下:

$$\dot{\boldsymbol{R}}(\cdot)^{-1} = (\mathrm{d}\boldsymbol{R}(\cdot)^{-1}/\mathrm{d}\boldsymbol{\Omega})\dot{\boldsymbol{\Omega}} = ((\mathrm{d}\boldsymbol{R}(\cdot)_i^{-1}/\mathrm{d}\boldsymbol{\Omega})\dot{\boldsymbol{\Omega}}),\quad i = 1,\ 2,\ 3 \tag{11.88}$$

从而,$\dot{\boldsymbol{R}}(\cdot)^{-1}$ 为可计算的控制器组成部分。

因此,基于如下假设:异常质心变动引起所有未知非线性项都已获知;执行器故障也已捕获;飞行器受到的外部干扰 ρ 设定为 $\rho = 0$,在不考虑系统输入受限时 $(\psi = 1,\ O(\nu) = 0)$,具有系统状态约束能力的标称控制器 $\bar{\tau}$ 设计如下:

$$\begin{aligned}\bar{\boldsymbol{\tau}} = & -\boldsymbol{K}_{\omega}\boldsymbol{e}_{\omega} + \dot{\boldsymbol{\omega}}^{\mathrm{d}} - \boldsymbol{J}^{-1}\boldsymbol{\rho}(t) + \boldsymbol{J}^{-1}\boldsymbol{\omega}^{\times}\boldsymbol{J}\boldsymbol{\omega} - \boldsymbol{J}^{-1}O(\nu) \\ & + \boldsymbol{J}^{-1}\boldsymbol{\psi}\boldsymbol{B}(\cdot)\boldsymbol{f} - \boldsymbol{J}^{-1}\Delta\boldsymbol{\tau} - \boldsymbol{e}_{\omega}\sum_{i=1}^{3}\frac{\boldsymbol{R}(\cdot)_{i\max}^{2}}{k_{\mathrm{b}}^{2} - e_{\gamma i}^{2}}\end{aligned} \tag{11.89}$$

式中，$\boldsymbol{J}^{-1}\boldsymbol{\rho}(t)$ 为系统受到的外部干扰项；$\boldsymbol{J}^{-1}\boldsymbol{\omega}^{\times}\boldsymbol{J}\boldsymbol{\omega}$ 为含有系统不确定性(质心变动引起的)的系统矩阵，见式(11.66)；$\boldsymbol{J}^{-1}\boldsymbol{\psi}\boldsymbol{B}(\cdot)\boldsymbol{f}$ 为执行器故障项，其中，$\boldsymbol{\psi}$ 为系统的输入受限约束，详见文献[15]公式(8)；$\boldsymbol{f}=[f_1,f_2,L,f_8]^{\mathrm{T}}$ 为高超声速飞行器的执行器故障，其中 $f_i=l_i\delta_i(i=1,L,8)$ 表征的是执行器的部分失效故障，即 $0<l_i<1$。$\boldsymbol{J}^{-1}O(\boldsymbol{\nu})$ 为系统输入受限后未执行的控制量；$\boldsymbol{J}^{-1}\Delta\boldsymbol{\tau}$ 为系统受到的偏心力矩。系统的状态约束反映在 $\boldsymbol{e}_{\omega}\sum\limits_{i=1}^{3}\dfrac{\boldsymbol{R}(\cdot)_{i\max}^{2}}{k_{\mathrm{b}}^{2}-e_{\gamma i}^{2}}$。

3）自适应 RBFNN 姿态角速率抗饱和容错控制器设计

经过分析式(11.66)及 11.2.1 节对于质心变动对飞行器姿态角速率模型的影响，为了解决该问题，本书采用 RBFNN 逼近未知的非线性项（$-\boldsymbol{J}^{-1}\boldsymbol{\omega}^{\times}\boldsymbol{J}\boldsymbol{\omega}$ 和 $\boldsymbol{J}^{-1}O(\boldsymbol{\nu})-\boldsymbol{J}^{-1}\boldsymbol{\psi}\boldsymbol{B}(\cdot)\boldsymbol{f}+\boldsymbol{J}^{-1}\Delta\boldsymbol{\tau}$）。详细过程如下：

$$\begin{aligned}\boldsymbol{\Xi}_{\omega}(\boldsymbol{\omega})&=-\boldsymbol{J}^{-1}\boldsymbol{\omega}^{\times}\boldsymbol{J}\boldsymbol{\omega}=\boldsymbol{W}_{\omega}^{*\mathrm{T}}\boldsymbol{H}_{\omega}(\boldsymbol{\omega},\boldsymbol{\xi}_{\omega}^{*})+\boldsymbol{\kappa}_{\omega}(\boldsymbol{\omega})\\ \boldsymbol{\Xi}_{\iota}(\boldsymbol{\iota})&=\boldsymbol{J}^{-1}O(\boldsymbol{\nu})-\boldsymbol{J}^{-1}\boldsymbol{\psi}\boldsymbol{B}(\cdot)\boldsymbol{f}+\boldsymbol{J}^{-1}\Delta\boldsymbol{\tau}=\boldsymbol{W}_{\iota}^{*\mathrm{T}}\boldsymbol{H}_{\iota}(\boldsymbol{\iota},\boldsymbol{\xi}_{\iota}^{*})+\boldsymbol{\kappa}_{\iota}(\boldsymbol{\iota})\end{aligned}\tag{11.90}$$

式中，$\boldsymbol{W}_{\omega}^{*}$、$\boldsymbol{W}_{\iota}^{*}\in\mathbf{R}^{N\times 3}$ 和 $\boldsymbol{\xi}_{\omega}^{*}$、$\boldsymbol{\xi}_{\iota}^{*}\in\mathbf{R}^{N\times 1}$ 分别为理想的权重矩阵与理想的高斯基函数中心向量；$\boldsymbol{\kappa}_{\omega}(\boldsymbol{\omega})\in\mathbf{R}^{3}$ 和 $\boldsymbol{\kappa}_{\iota}(\boldsymbol{\iota})\in\mathbf{R}^{3}$ 分别为逼近的误差。

为了获得权重 $\boldsymbol{W}$ 与中心向量 $\boldsymbol{\xi}$ 的自适应律，$\boldsymbol{H}_{\omega}$ 和 $\boldsymbol{H}_{\iota}$ 的泰勒展开如下：

$$\boldsymbol{H}_i(\boldsymbol{i},\boldsymbol{\xi}_i^{*})=\boldsymbol{H}_i(\boldsymbol{i},\hat{\boldsymbol{\xi}}_i)+\boldsymbol{H}'_{i\xi_i}\tilde{\boldsymbol{\xi}}_i+O(i,\tilde{\boldsymbol{\xi}}_i),\quad i=\boldsymbol{\omega},\boldsymbol{\iota}\tag{11.91}$$

式中，$\boldsymbol{H}'_{\omega\xi_{\omega}}$ 为 $\boldsymbol{H}_{\omega}(\boldsymbol{\omega},\boldsymbol{\xi}_{\omega}^{*})$ 关于 $\hat{\boldsymbol{\xi}}_{\omega}$ 的偏导数；$\boldsymbol{H}'_{\iota\xi_{\iota}}$ 也是同样的处理方法；$O(\boldsymbol{\omega},\tilde{\boldsymbol{\xi}}_{\omega})$ 和 $O(\boldsymbol{\iota},\tilde{\boldsymbol{\xi}}_{\iota})$ 为高阶展开项。结合假设 11.6，可得 $\|O(\boldsymbol{\omega},\tilde{\boldsymbol{\xi}}_{\omega})\|\leqslant\|\boldsymbol{H}_{\omega}(\boldsymbol{\omega},\hat{\boldsymbol{\xi}}_{\omega})\|+\|\boldsymbol{H}'_{\omega\xi_{\omega}}\|\|\tilde{\boldsymbol{\xi}}_{\omega}\|$，$\|O(\boldsymbol{\iota},\tilde{\boldsymbol{\xi}}_{\iota})\|\leqslant\|\boldsymbol{H}_{\iota}(\boldsymbol{\iota},\hat{\boldsymbol{\xi}}_{\iota})\|+\|\boldsymbol{H}'_{\iota\xi_{\iota}}\|\|\tilde{\boldsymbol{\xi}}_{\iota}\|$。

进而，自适应参数 $\hat{\boldsymbol{W}}_{\omega}(t)$ 和 $\hat{\boldsymbol{W}}_{\iota}(t)$ 为未知理想权重 $\boldsymbol{W}_{\omega}^{*}$ 和 $\boldsymbol{W}_{\iota}^{*}$ 的估计值，满足 $\tilde{\boldsymbol{W}}_{\omega}=\boldsymbol{W}_{\omega}^{*}-\hat{\boldsymbol{W}}_{\omega}$，$\tilde{\boldsymbol{W}}_{\iota}=\boldsymbol{W}_{\iota}^{*}-\hat{\boldsymbol{W}}_{\iota}$。同样的处理方法，可得 $\tilde{\boldsymbol{\xi}}_{\omega}=\boldsymbol{\xi}_{\omega}^{*}-\hat{\boldsymbol{\xi}}_{\omega}$，$\tilde{\boldsymbol{\xi}}_{\iota}=\boldsymbol{\xi}_{\iota}^{*}-\hat{\boldsymbol{\xi}}_{\iota}$。因此，$\boldsymbol{\Xi}_i(i)$ 与其估计值 $\hat{\boldsymbol{\Xi}}_i(i)(i=\boldsymbol{\omega},\boldsymbol{\iota})$ 之间的误差可表示为

$$\begin{aligned}\boldsymbol{\Xi}_i-\hat{\boldsymbol{\Xi}}_i&=\boldsymbol{W}_i^{*\mathrm{T}}\boldsymbol{H}_i(i,\boldsymbol{\xi}_i^{*})+\boldsymbol{\kappa}_i(i)-\hat{\boldsymbol{W}}_i^{\mathrm{T}}\boldsymbol{H}_i(i,\hat{\boldsymbol{\xi}}_i)\\&=\tilde{\boldsymbol{W}}_i^{\mathrm{T}}\boldsymbol{H}_i(i,\hat{\boldsymbol{\xi}}_i)+\hat{\boldsymbol{W}}_i^{\mathrm{T}}\boldsymbol{H}'_{i\xi_i}\tilde{\boldsymbol{\xi}}_i+\boldsymbol{E}_i\end{aligned}\tag{11.92}$$

式中，$\boldsymbol{E}_i = \tilde{\boldsymbol{W}}_i^{\mathrm{T}}\boldsymbol{H}'_{i\xi_i}\tilde{\boldsymbol{\xi}}_i + \boldsymbol{W}_i^{*\mathrm{T}}O(i, \tilde{\boldsymbol{\xi}}_i) + \boldsymbol{\kappa}_i(i)(i = \boldsymbol{\omega}, \boldsymbol{\iota})$，满足 $\|\boldsymbol{E}_\omega\| \leqslant \varepsilon_\omega$ 和 $\|\boldsymbol{E}_\iota\| \leqslant \varepsilon_\iota$。

随后，另一个符合扰动项 $\boldsymbol{C}_1$ 定义为 $\boldsymbol{C}_1 = \boldsymbol{E}_\omega + \boldsymbol{E}_\iota + \boldsymbol{J}^{-1}\boldsymbol{\rho}$。基于假设 11.6，$\boldsymbol{C}_1$ 为有界的未知常量，满足 $\|\boldsymbol{C}_1\| \leqslant \zeta_1$。

基于上述分析，RBFNN 与扰动估计误差鲁棒项的自适应律设计如下：

$$\dot{\hat{\boldsymbol{W}}}_i = \boldsymbol{\Gamma}_i(-\boldsymbol{r}_i\boldsymbol{H}_i(\boldsymbol{\omega}, \hat{\boldsymbol{\xi}}_i)\boldsymbol{e}_i^{\mathrm{T}} - \boldsymbol{k}_i\hat{\boldsymbol{W}}_i),\ \dot{\hat{\boldsymbol{\xi}}}_i = (-(\boldsymbol{e}_i^{\mathrm{T}}\hat{\boldsymbol{W}}_i^{\mathrm{T}}\boldsymbol{H}'_{i\xi_i})^{\mathrm{T}}\boldsymbol{r}_{\xi_i} - \boldsymbol{k}_{\xi_i}\hat{\boldsymbol{\xi}}_i),\quad i = \boldsymbol{\omega}, \boldsymbol{\iota} \tag{11.93}$$

$$\dot{\hat{\zeta}}_1 = r_{\zeta_1}\boldsymbol{e}_\omega^{\mathrm{T}}\tanh(\boldsymbol{e}_\omega/\varsigma_1) - k_{\zeta_1}\hat{\zeta}_1 \tag{11.94}$$

式中，$\boldsymbol{k}_\omega$、$\boldsymbol{k}_\iota$、$\boldsymbol{k}_{\xi_\omega}$、$\boldsymbol{k}_{\iota_\omega}$ 和 $\boldsymbol{k}_{\zeta_1}$ 分别为正定的设计参数；$\boldsymbol{\Gamma}_\omega$、$\boldsymbol{\Gamma}_\iota$、$\boldsymbol{r}_{\xi_\omega}$、$\boldsymbol{r}_{\xi_\iota}$、$\boldsymbol{r}_{\varsigma_1}$、$\boldsymbol{r}_\omega$、$\boldsymbol{r}_\iota$ 同样为控制系统的设计参数。

4）基于 Nussbaum 函数的自适应抗饱和输入受限控制器设计

异常的质心变动、执行器的部分失效故障及稀薄的空气等这些因素极易导致系统的输入饱和问题。基于 Nussbaum 函数的控制技术，结合自适应律(11.93)和(11.94)，辅助抗饱和容错控制器 $\bar{\tau}$ 设计如下：

$$\begin{aligned}\bar{\boldsymbol{\tau}} &= \boldsymbol{N}_\omega(\boldsymbol{\Phi})\bar{\boldsymbol{\tau}}_\omega \\ \bar{\boldsymbol{\tau}}_\omega &= -\boldsymbol{K}_\omega\boldsymbol{e}_\omega + \dot{\boldsymbol{\omega}}^{\mathrm{d}} + \hat{\zeta}_1\tanh(\boldsymbol{e}_\omega/\varsigma_1) - \hat{\boldsymbol{W}}_\omega^{\mathrm{T}}\boldsymbol{H}_\omega(\boldsymbol{\omega}, \hat{\boldsymbol{\xi}}_\omega) \\ &\quad - \hat{\boldsymbol{W}}_\iota^{\mathrm{T}}\boldsymbol{H}_\iota(\boldsymbol{\iota}, \hat{\boldsymbol{\xi}}_\iota) - \boldsymbol{e}_\omega\sum_{i=1}^{3}\boldsymbol{R}(\cdot)_{i\max}^2/(k_{\mathrm{b}}^2 - e_{\gamma i}^2)\end{aligned} \tag{11.95}$$

式中，$\boldsymbol{N}_\omega = \mathrm{diag}(N(\boldsymbol{\Phi}_1), N(\boldsymbol{\Phi}_2), N(\boldsymbol{\Phi}_3))$ 代表的是 Nussbaum 型矩阵；$N(\boldsymbol{\Phi}_i)(i = 1, 2, 3)$ 详见式(11.73)。其自适应律设计如下：

$$\dot{\boldsymbol{\Phi}} = -\boldsymbol{k}_{N\omega}\mathrm{diag}(e_\omega)\bar{\boldsymbol{\tau}}_\omega \tag{11.96}$$

式中，$\boldsymbol{k}_{N\omega} = \mathrm{diag}\{k_{N\omega1}, k_{N\omega2}, k_{N\omega3}\}$ 为设计的参数矩阵，满足 $k_{N\omega i} > 0(i = 1, 2, 3)$。另外 $\boldsymbol{\Phi}_i(0) = 0(i = 1, 2, 3)$，满足引理 11.1 的定义。$\boldsymbol{K}_\omega$ 为对称的正定矩阵；$\hat{\boldsymbol{W}}_\omega(t)$ 和 $\hat{\boldsymbol{W}}_\iota(t)$ 为 $\boldsymbol{W}_\omega$ 和 $\boldsymbol{W}_\iota$ 的估计值。另外，

$$\tanh(\boldsymbol{e}_\omega/\varsigma_1) = [\tanh(e_{\omega x}/\varsigma_1), \tanh(e_{\omega y}/\varsigma_1), \tanh(e_{\omega z}/\varsigma_1)]^{\mathrm{T}} \in \mathbf{R}^3$$

为设计的自适应鲁棒项，其中，$\varsigma_1 \in \mathbf{R}^+$。

进而，姿态角速率跟踪误差(11.86)可进一步推导为

$$\dot{\boldsymbol{e}}_\omega = -\boldsymbol{K}_\omega\boldsymbol{e}_\omega + (\boldsymbol{W}_\omega^{*\mathrm{T}}\boldsymbol{H}_\omega(\boldsymbol{\omega}, \boldsymbol{\xi}_\omega^*) + \boldsymbol{\kappa}_\omega(\boldsymbol{\omega}) - \hat{\boldsymbol{W}}_\omega^{\mathrm{T}}\boldsymbol{H}_\omega(\boldsymbol{\omega}, \hat{\boldsymbol{\xi}}_\omega))$$

$$+\left(\boldsymbol{W}_{\iota}^{*\mathrm{T}}\boldsymbol{H}_{\iota}(\boldsymbol{\iota},\boldsymbol{\xi}_{\iota}^{*})+\boldsymbol{\kappa}_{\iota}(\boldsymbol{\iota})-\hat{\boldsymbol{W}}_{\iota}^{\mathrm{T}}\boldsymbol{H}_{\iota}(\boldsymbol{\iota},\hat{\boldsymbol{\xi}}_{\iota})\right)+\left[\boldsymbol{C}_{1}-\hat{\zeta}_{1}\tanh\left(\frac{\boldsymbol{e}_{\omega}}{\varsigma_{1}}\right)\right]$$

$$-\boldsymbol{e}_{\omega}\sum_{i=1}^{3}\frac{\boldsymbol{R}(\cdot)_{i\max}^{2}}{k_{bi}^{2}-e_{\gamma i}^{2}}-\boldsymbol{N}_{\omega}(\boldsymbol{\Phi})\boldsymbol{J}^{-1}\tilde{\boldsymbol{J}}\bar{\boldsymbol{\tau}}+(\boldsymbol{e}_{\omega}/\|\boldsymbol{e}_{\omega}\|^{2})\sum_{i=1}^{3}[-\psi_{i}N(\Phi_{i})$$

$$+1]\dot{\Phi}_{i}/k_{N\omega i} \tag{11.97}$$

5）稳定性证明

定理 11.3　带有异常质心变动的高超声速飞行器姿态系统见式(11.66)，本书设计了一种自适应容错补偿控制机制，见式(11.82)、式(11.85)和式(11.95)。同时，该容错控制器的自适应律设计如下：

$$\dot{\hat{\boldsymbol{J}}}=(-\boldsymbol{r}_{\Lambda}\boldsymbol{N}_{\omega}(\boldsymbol{\Phi})^{\mathrm{T}}\boldsymbol{e}_{\omega}\bar{\boldsymbol{\tau}}^{\mathrm{T}}-\boldsymbol{k}_{J}\hat{\boldsymbol{J}})Y \tag{11.98}$$

$$\dot{\hat{\zeta}}_{1}=r_{\zeta_{1}}\boldsymbol{e}_{\omega}^{\mathrm{T}}\tanh\left(\frac{\boldsymbol{e}_{\omega}}{\varsigma_{1}}\right)-k_{\zeta_{1}}\hat{\zeta}_{1} \tag{11.99}$$

$$\dot{\hat{\boldsymbol{W}}}_{i}=\boldsymbol{\Gamma}_{i}(\boldsymbol{r}_{i}\boldsymbol{H}_{i}(\boldsymbol{\omega},\hat{\boldsymbol{\xi}}_{i})\boldsymbol{e}_{i}^{\mathrm{T}}-\boldsymbol{k}_{i}\hat{\boldsymbol{W}}_{i}),\quad\dot{\hat{\boldsymbol{\xi}}}_{i}=(\boldsymbol{e}_{i}^{\mathrm{T}}\hat{\boldsymbol{W}}_{i}^{\mathrm{T}}\boldsymbol{H}_{i\xi_{i}}')^{\mathrm{T}}\boldsymbol{r}_{\xi_{i}}-\boldsymbol{k}_{\xi_{i}}\hat{\boldsymbol{\xi}}_{i},\quad i=\omega,\iota \tag{11.100}$$

在上述控制器的作用下，高超声速飞行器的姿态跟踪误差能够渐进收敛到原点的小邻域内。此外，闭环系统的所有信号都是有界的。进一步，在系统初始条件满足 $\|\boldsymbol{e}_{\gamma}(t_{0})\|\leqslant\|k_{\mathrm{b}}\|$ 时，$\|\boldsymbol{e}_{\gamma}(t)\|$ 能够被约束在预先设定的安全区域，实现对系统状态的约束控制。在式(11.98)～式(11.100)中，k_{ω}、k_{ι}、$k_{\xi_{\omega}}$、$k_{\iota_{\omega}}$、$k_{\zeta_{1}}$ 和 k_{J} 为设计的正定参数。

证明　本书将李雅普诺夫函数分为两部分：系统的跟踪误差 V_1 和掌控自适应机制的 V_2。对于 V_1，可得

$$V_{1}=\frac{1}{2}\log\left\{\prod_{i=1}^{3}k_{\mathrm{b}}^{2}\Big/\left[\prod_{i=1}^{3}(k_{\mathrm{b}}^{2}-e_{\gamma i}^{2})\right]\right\}+\frac{1}{2}\boldsymbol{e}_{\omega}^{\mathrm{T}}\boldsymbol{e}_{\omega} \tag{11.101}$$

式中，$\log(\cdot)$ 为自然对数。

为了满足控制目标中的姿态角约束，本书采用 Barrier Lyapunov 函数 V_1 实现该控制目标。在集合 $\Pi_{k_{\mathrm{b}1}}$ 中，该函数是正定的。当 $\boldsymbol{e}_{\gamma}$ 趋近于边界 k_{b} 时，即 $\|\boldsymbol{e}_{\gamma}\|\to k_{\mathrm{b}}$，可得 $V_1\to\infty$。因此，V_1 是一个有效的 Barrier－Lyapunov 函数。

$$V_{2}=\mathrm{tr}(\tilde{\boldsymbol{W}}_{\omega}^{\mathrm{T}}\boldsymbol{\Gamma}_{\omega}^{-1}\tilde{\boldsymbol{W}}_{\omega})/(2r_{\omega})+\mathrm{tr}(\tilde{\boldsymbol{W}}_{\iota}^{\mathrm{T}}\boldsymbol{\Gamma}_{\iota}^{-1}\tilde{\boldsymbol{W}}_{\iota})/(2r_{\iota})+\tilde{\boldsymbol{\xi}}_{\iota}^{\mathrm{T}}\tilde{\boldsymbol{\xi}}_{\iota}/(2r_{\xi_{\iota}})+\tilde{\boldsymbol{\xi}}_{\omega}^{\mathrm{T}}\tilde{\boldsymbol{\xi}}_{\omega}/(2r_{\xi_{\omega}})$$

$$+\tilde{\zeta}_1^2/(2r_{\zeta_1})+\mathrm{tr}(\tilde{\boldsymbol{J}}_\Lambda^{\mathrm{T}}\boldsymbol{\Upsilon}^{-1}\tilde{\boldsymbol{J}}_\Lambda)/(2r_\Lambda)+\tilde{\ell}_{\mathrm{D}}^{\mathrm{T}}\tilde{\ell}_{\mathrm{D}}/(2r_{\mathrm{D}}) \tag{11.102}$$

式中，$\boldsymbol{\Gamma}_\omega$、$\boldsymbol{\Gamma}_\iota$、$r_{\xi_\omega}$、$r_{\xi_\iota}$、$r_{\zeta_1}$、$r_\omega$、$r_\iota$、$r_\Lambda$、$r_{\mathrm{D}}$ 是设计的参数，满足 $\boldsymbol{\Gamma}_\omega>0$、$\boldsymbol{\Gamma}_\iota>0$、$r_{\xi_\omega}>0$、$r_{\xi_\iota}>0$、$r_{\zeta_1}>0$、$r_\omega>0$、$r_\iota>0$、$r_{\mathrm{D}}>0$。参数 $\boldsymbol{\Upsilon}\in\mathbf{R}^{3\times3}$ 是设计的正定对称矩阵。tr 为矩阵的迹。为了后面方便推导，这里定义 $\tilde{\boldsymbol{J}}_\Lambda=\tilde{\boldsymbol{J}}^{\mathrm{T}}\boldsymbol{\Lambda}$。此处的下三角矩阵 $\boldsymbol{\Lambda}$ 已在式(11.78)中定义。

对 V_1 求时间的导数，式(11.101)可进一步解算为

$$\begin{aligned}\dot{V}_1\leqslant&-\lambda_{\min}(\boldsymbol{K}_\omega)\|\boldsymbol{e}_\omega\|_2^2-(\lambda_{\min}(\boldsymbol{K}_\gamma)-1)\log\left\{\prod_{i=1}^3k_{\mathrm{b}}^2\Big/\left[\prod_{i=1}^3(k_{\mathrm{b}}^2-e_{\gamma i}^2)\right]\right\}\\&-\boldsymbol{e}_\omega^{\mathrm{T}}\boldsymbol{N}(\boldsymbol{\Phi})\boldsymbol{J}^{-1}\tilde{\boldsymbol{J}}\bar{\tau}+\tilde{\zeta}_1\boldsymbol{e}_\omega^{\mathrm{T}}\tanh\left(\frac{\boldsymbol{e}_\omega}{\varsigma_1}\right)+\boldsymbol{e}_\omega^{\mathrm{T}}(\tilde{\boldsymbol{W}}_\omega^{\mathrm{T}}\boldsymbol{H}_\omega(\boldsymbol{\omega},\hat{\boldsymbol{\xi}}_\omega)+\hat{\boldsymbol{W}}_\omega^{\mathrm{T}}\boldsymbol{H}'_{\omega\xi_\omega}\tilde{\boldsymbol{\xi}}_\omega)\\&+3\zeta_1\nu\varsigma_1+\boldsymbol{e}_\omega^{\mathrm{T}}(\tilde{\boldsymbol{W}}_\iota^{\mathrm{T}}\boldsymbol{H}_\iota(\boldsymbol{\iota},\hat{\boldsymbol{\xi}}_\iota)+\hat{\boldsymbol{W}}_\iota^{\mathrm{T}}\boldsymbol{H}'_{\iota\xi_\iota}\tilde{\boldsymbol{\xi}}_\iota)\\&+\sum_{i=1}^3\frac{1}{k_{N\omega i}}(-\psi_iN(\Phi_i)+1)\dot{\Phi}_i+\boldsymbol{e}_\gamma^{\mathrm{T}}\boldsymbol{\Sigma}(\ell_{\mathrm{D}}-\hat{\ell}_{\mathrm{D}})\end{aligned} \tag{11.103}$$

依据文献[18]，可推得以下不等式：

$$\frac{\|e_{\gamma i}\|\,\|\boldsymbol{R}(\cdot)_i\|_F\,\|\boldsymbol{e}_\omega\|}{k_{\mathrm{b}}^2-e_{\gamma i}^2}\leqslant\frac{1}{2}\frac{e_{\gamma i}^2}{k_{\mathrm{b}}^2-e_{\gamma i}^2}+\frac{1}{2}\frac{\boldsymbol{R}(\cdot)_{i\max}^2\|\boldsymbol{e}_\omega\|^2}{k_{\mathrm{b}}^2-e_{\gamma i}^2} \tag{11.104}$$

式中，$i=1,2,3$。

进而，式(11.104)可重写为

$$\sum_{i=1}^3\frac{\|e_{\gamma i}\|\,\|\boldsymbol{R}(\cdot)_i\|_F\,\|\boldsymbol{e}_\omega\|}{k_{\mathrm{b}}^2-e_{\gamma i}^2}\leqslant\frac{1}{2}\sum_{i=1}^3\frac{e_{\gamma i}^2}{k_{\mathrm{b}}^2-e_{\gamma i}^2}+\frac{1}{2}\sum_{i=1}^3\frac{\boldsymbol{R}(\cdot)_{i\max}^2\|\boldsymbol{e}_\omega\|^2}{k_{\mathrm{b}}^2-e_{\gamma i}^2} \tag{11.105}$$

此外，结合 $\|\boldsymbol{C}_1\|\leqslant\zeta_1$，可得[14]

$$\boldsymbol{e}_\omega^{\mathrm{T}}\left[\boldsymbol{C}_1-\hat{\zeta}_1\tanh\left(\frac{\boldsymbol{e}_\omega}{\varsigma_1}\right)\right]\leqslant3\zeta_1\nu\varsigma_1+\tilde{\zeta}_1\boldsymbol{e}_\omega^{\mathrm{T}}\tanh\left(\frac{\boldsymbol{e}_\omega}{\varsigma_1}\right) \tag{11.106}$$

式中，$\nu=0.278\,5$；ς_1 为设计的正定参数。

基于不等式 $x>\log(1+x)$，当 $x>0$ 时，可得

$$\frac{e_{\gamma i}^2}{k_b^2 - e_{\gamma i}^2} > \log\left(1 + \frac{e_{\gamma i}^2}{k_b^2 - e_{\gamma i}^2}\right) = \log\left(\frac{k_{bi}^2}{k_b^2 - e_{\gamma i}^2}\right)$$
$$\sum_{i=1}^{3} \frac{e_{\gamma i}^2}{k_b^2 - e_{\gamma i}^2} > \log\left[\prod_{i=1}^{3} k_b^2 \Big/ \left(\prod_{i=1}^{3} (k_b^2 - e_{\gamma i}^2)\right)\right] \tag{11.107}$$

式中，$i = 1, 2, 3$。

然后，着重点将放在 $-\boldsymbol{e}_\omega^{\mathrm{T}}\boldsymbol{N}(\boldsymbol{\Phi})\boldsymbol{J}^{-1}\tilde{\boldsymbol{J}}\bar{\boldsymbol{\tau}}$ 的分析和处理上。难点在于由异常质心变动引起的转动惯量矩阵 $\boldsymbol{J}$ 的改变，见式(11.103)。因此，三个辅助矩阵 $\boldsymbol{J}_\Lambda$、$\hat{\boldsymbol{J}}_\Lambda$ 和 $\tilde{\boldsymbol{J}}_\Lambda$ 的定义如下：

$$\tilde{\boldsymbol{J}}_\Lambda = \tilde{\boldsymbol{J}}^{\mathrm{T}}\Lambda = \boldsymbol{J}^{\mathrm{T}}\Lambda - \hat{\boldsymbol{J}}^{\mathrm{T}}\Lambda = \boldsymbol{J}_\Lambda - \hat{\boldsymbol{J}}_\Lambda \tag{11.108}$$

式中，$\boldsymbol{J}_\Lambda = \boldsymbol{J}^{\mathrm{T}}\Lambda \in \mathbf{R}^{3\times3}$；$\hat{\boldsymbol{J}}_\Lambda = \hat{\boldsymbol{J}}^{\mathrm{T}}\Lambda \in \mathbf{R}^{3\times3}$。

依据命题 11.1，可得

$$\begin{aligned} -\boldsymbol{e}_\omega^{\mathrm{T}}\boldsymbol{N}(\boldsymbol{\Phi})\boldsymbol{J}^{-1}\tilde{\boldsymbol{J}}\bar{\boldsymbol{\tau}} &= -\boldsymbol{e}_\omega^{\mathrm{T}}\boldsymbol{N}(\boldsymbol{\Phi})\boldsymbol{\Lambda}\boldsymbol{\Lambda}^{\mathrm{T}}\tilde{\boldsymbol{J}}\bar{\boldsymbol{\tau}} = -\boldsymbol{e}_\omega^{\mathrm{T}}\boldsymbol{N}(\boldsymbol{\Phi})\boldsymbol{\Lambda}(\tilde{\boldsymbol{J}}^{\mathrm{T}}\boldsymbol{\Lambda})^{\mathrm{T}}\bar{\boldsymbol{\tau}} \\ &= -\boldsymbol{e}_\omega^{\mathrm{T}}\boldsymbol{N}(\boldsymbol{\Phi})\Lambda\tilde{\boldsymbol{J}}_\Lambda^{\mathrm{T}}\bar{\boldsymbol{\tau}} = -\operatorname{tr}(\tilde{\boldsymbol{J}}_\Lambda^{\mathrm{T}}\bar{\boldsymbol{\tau}}\boldsymbol{e}_\omega^{\mathrm{T}}\boldsymbol{N}(\boldsymbol{\Phi})\boldsymbol{\Lambda}) \end{aligned} \tag{11.109}$$

式中，$\Lambda^{-1} \in \mathbf{R}^{3\times3}$ 为 $\boldsymbol{\Lambda}$ 的逆矩阵。

为了保障稳定性，自适应矩阵 $\hat{\boldsymbol{J}}_\Lambda$ 应当满足以下约束条件：

$$\dot{\hat{\boldsymbol{J}}}_\Lambda = Y(-\boldsymbol{r}_\Lambda\bar{\boldsymbol{\tau}}\boldsymbol{e}_\omega^{\mathrm{T}}\boldsymbol{N}(\boldsymbol{\Phi})\Lambda - \boldsymbol{k}_J\hat{\boldsymbol{J}}_\Lambda) \tag{11.110}$$

式中，$r_\Lambda \in \mathbf{R}$ 为设计的参数。注意到，下三角矩阵 $\boldsymbol{\Lambda}$ 是未知的。同时，$\hat{\boldsymbol{J}}_\Lambda$ 也无法直接得到。

依据式(11.108)，可得

$$\dot{\hat{\boldsymbol{J}}}^{\mathrm{T}}\boldsymbol{\Lambda} = Y(-\boldsymbol{r}_\Lambda\bar{\boldsymbol{\tau}}\boldsymbol{e}_\omega^{\mathrm{T}}\boldsymbol{N}(\boldsymbol{\Phi})\boldsymbol{\Lambda} - \boldsymbol{k}_J\hat{\boldsymbol{J}}^{\mathrm{T}}\boldsymbol{\Lambda}) \tag{11.111}$$

结合命题 11.1，$\boldsymbol{J}^{-1} = \Lambda\Lambda^{\mathrm{T}}$ 和 $\boldsymbol{\Lambda}$ 的逆矩阵 $\boldsymbol{\Lambda}^{-1}$。因此，式(11.111)进一步演算为

$$\dot{\hat{\boldsymbol{J}}}^{\mathrm{T}} = Y(-\boldsymbol{r}_\Lambda\bar{\boldsymbol{\tau}}\boldsymbol{e}_\omega^{\mathrm{T}}\boldsymbol{N}(\boldsymbol{\Phi}) - \boldsymbol{k}_J\hat{\boldsymbol{J}}^{\mathrm{T}}) \Rightarrow \dot{\hat{\boldsymbol{J}}} = [-\boldsymbol{r}_\Lambda\boldsymbol{N}(\boldsymbol{\Phi})^{\mathrm{T}}\boldsymbol{e}_\omega\bar{\boldsymbol{\tau}}^{\mathrm{T}} - \boldsymbol{k}_J\hat{\boldsymbol{J}}]Y \tag{11.112}$$

至此，借助 Cholesky 分解与设计的辅助矩阵，$\hat{\boldsymbol{J}}$ 成功地从辅助自适应律

(11.110)中分离出来。通过该方法,获得了实际需求的转动惯量矩阵估计值 $\hat{J}$。

然后,基于 $\dot{\tilde{\boldsymbol{W}}}_\omega = -\dot{\hat{\boldsymbol{W}}}_\omega$、$\dot{\tilde{\boldsymbol{W}}}_\iota = -\dot{\hat{\boldsymbol{W}}}_\iota$、$\dot{\tilde{\boldsymbol{\xi}}}_\omega = -\dot{\hat{\boldsymbol{\xi}}}_\omega$、$\dot{\tilde{\boldsymbol{\xi}}}_\iota = -\dot{\hat{\boldsymbol{\xi}}}_\iota$ 和 $\dot{\tilde{\ell}}_\mathrm{D} = -\dot{\hat{\ell}}_\mathrm{D}$,结合式(11.98)~式(11.100)、式(11.112)和式(11.114),对 $V = V_1 + V_2$ 求关于时间的导数,可得

$$
\begin{aligned}
\dot{V} \leqslant & -\lambda_{\min}(\boldsymbol{K}_\omega)\|\boldsymbol{e}_\omega\|^2 + \sum_{i=1}^{3}\frac{1}{k_{N\omega i}}(-\psi_i N(\Phi_i)+1)\dot{\boldsymbol{\Phi}}_i \\
& -(\lambda_{\min}(\boldsymbol{K}_\gamma)-1)\log\left\{\prod_{i=1}^{3}k_\mathrm{b}^2\Big/\left[\prod_{i=1}^{3}(k_\mathrm{b}^2 - e_{\gamma i}^2)\right]\right\} - \frac{k_{\varsigma 1}}{2r_{\varsigma 1}}\tilde{\zeta}_1^2 \\
& -\frac{k_J}{2r_\Lambda \lambda_{\max}(\boldsymbol{Y}^{-1})}\mathrm{tr}(\tilde{\boldsymbol{J}}_\Lambda^\mathrm{T}\boldsymbol{Y}^{-1}\tilde{\boldsymbol{J}}_\Lambda) \\
& -\frac{k_\mathrm{D}}{2r_\mathrm{D}}\|\tilde{\ell}_\mathrm{D}\|_F^2 - \frac{k_\omega}{2r_\omega\lambda_{\max}(\boldsymbol{\Gamma}_\omega^{-1})}\mathrm{tr}(\tilde{\boldsymbol{W}}_\omega^\mathrm{T}\boldsymbol{\Gamma}_\omega^{-1}\hat{\boldsymbol{W}}_\omega) \\
& -\frac{k_{\xi_\omega}}{2r_{\xi_\omega}}\|\tilde{\boldsymbol{\xi}}_\omega\|_F^2 - \frac{k_\iota}{2r_\iota\lambda_{\max}(\boldsymbol{\Gamma}_\iota^{-1})}\mathrm{tr}(\tilde{\boldsymbol{W}}_\iota^\mathrm{T}\boldsymbol{\Gamma}_\iota^{-1}\hat{\boldsymbol{W}}_\iota) - \frac{k_{\xi_\iota}}{2r_{\xi_\iota}}\|\tilde{\boldsymbol{\xi}}_\iota\|_F^2 + \boldsymbol{E}
\end{aligned}
\tag{11.113}
$$

这里,注意到 $\mathrm{tr}(AB) = \mathrm{tr}(BA)$,因此有

$$
\begin{aligned}
\boldsymbol{e}_\omega^\mathrm{T}\tilde{\boldsymbol{W}}_\omega^\mathrm{T}\boldsymbol{H}_\omega(\boldsymbol{\omega}, \hat{\boldsymbol{\xi}}_\omega) &= \mathrm{tr}(\boldsymbol{e}_\omega^\mathrm{T}\tilde{\boldsymbol{W}}_\omega^\mathrm{T}\boldsymbol{H}_\omega(\boldsymbol{\omega}, \hat{\boldsymbol{\xi}}_\omega)) = \mathrm{tr}(\tilde{\boldsymbol{W}}_\omega^\mathrm{T}\boldsymbol{H}_\omega(\boldsymbol{\omega}, \hat{\boldsymbol{\xi}}_\omega)\boldsymbol{e}_\omega^\mathrm{T}) \\
\boldsymbol{e}_\omega^\mathrm{T}\tilde{\boldsymbol{W}}_\iota^\mathrm{T}\boldsymbol{H}_\iota(\boldsymbol{\iota}, \hat{\boldsymbol{\xi}}_\iota) &= \mathrm{tr}(\boldsymbol{e}_\omega^\mathrm{T}\tilde{\boldsymbol{W}}_\iota^\mathrm{T}\boldsymbol{H}_\iota(\boldsymbol{\iota}, \hat{\boldsymbol{\xi}}_\iota)) = \mathrm{tr}(\tilde{\boldsymbol{W}}_\iota^\mathrm{T}\boldsymbol{H}_\iota(\boldsymbol{\iota}, \hat{\boldsymbol{\xi}}_\iota)\boldsymbol{e}_\omega^\mathrm{T})
\end{aligned}
\tag{11.114}
$$

随后,有如下不等式成立

$$
\begin{aligned}
& \frac{1}{r_\Lambda}\mathrm{tr}(k_J\tilde{\boldsymbol{J}}_\Lambda^\mathrm{T}\hat{\boldsymbol{J}}_\Lambda) \leqslant -\frac{k_J}{2r_\Lambda}\|\tilde{\boldsymbol{J}}_\Lambda\|_F^2 + \frac{k_J}{2r_\Lambda}\|\boldsymbol{J}_\Lambda\|_F^2 \\
& \frac{k_\mathrm{D}}{r_\mathrm{D}}\tilde{\ell}_\mathrm{D}^\mathrm{T}\hat{\ell}_\mathrm{D} \leqslant -\frac{k_\mathrm{D}}{2r_\mathrm{D}}\|\tilde{\ell}_\mathrm{D}\|_F^2 + \frac{k_\mathrm{D}}{2r_\mathrm{D}}\|\ell_\mathrm{D}\|_F^2 \\
& \frac{1}{r_i}\mathrm{tr}(k_i\tilde{\boldsymbol{W}}_i^\mathrm{T}\hat{\boldsymbol{W}}_i) \leqslant -\frac{k_i}{2r_i}\|\tilde{\boldsymbol{W}}_i\|_F^2 + \frac{k_i}{2r_i}\|\boldsymbol{W}_i\|_F^2 \\
& \frac{k_{\xi_i}}{r_{\xi_i}}\tilde{\boldsymbol{\xi}}_i^\mathrm{T}\hat{\boldsymbol{\xi}}_i \leqslant -\frac{k_{\xi_i}}{2r_{\xi_i}}\|\tilde{\boldsymbol{\xi}}_i\|_F^2 + \frac{k_{\xi_i}}{2r_{\xi_i}}\|\boldsymbol{\xi}_i\|_F^2, \quad i = \omega, \iota
\end{aligned}
\tag{11.115}
$$

至此，为了方便后续的阐述，这里引入两个变量 H 和 E，具体如下：

$$H = \min\left\{2\lambda_{\min}(\boldsymbol{K}_{\omega}),\ 2(\lambda_{\min}(\boldsymbol{K}_{\gamma}) - 1),\ \boldsymbol{k}_{\omega},\ \boldsymbol{k}_{\iota},\ \boldsymbol{k}_{\varsigma 1},\ \boldsymbol{k}_{\mathrm{D}},\right.$$
$$\left.\frac{\boldsymbol{k}_{J}}{\lambda_{\max}(\boldsymbol{\Upsilon}^{-1})},\ \frac{\boldsymbol{k}_{\omega}}{\lambda_{\max}(\boldsymbol{\Gamma}_{\omega}^{-1})},\ \frac{\boldsymbol{k}_{\iota}}{\lambda_{\max}(\boldsymbol{\Gamma}_{\iota}^{-1})}\right\}$$
$$E = 3\zeta_{1}\nu\varsigma_{1} + \frac{k_{\zeta_1}}{2r_{\zeta_1}}\zeta_1^2 + \frac{k_J}{2r}\|\boldsymbol{J}_{\Lambda}\|_F^2 + \frac{k_{\omega}}{2r_{\omega}}\|\boldsymbol{W}_{\omega}\|_F^2 + \frac{k_{\mathrm{D}}}{2r_{\mathrm{D}}}\|\ell_{\mathrm{D}}\|_F^2$$
$$+ \frac{k_{\iota}}{2r_{\iota}}\|\boldsymbol{W}_{\iota}\|_F^2 + \frac{k_{\xi_\omega}}{2r_{\xi_\omega}}\|\boldsymbol{\xi}_{\omega}\|_F^2 + \frac{k_{\xi_\iota}}{2r_{\xi_\iota}}\|\boldsymbol{\xi}_{\iota}\|_F^2 \tag{11.116}$$

因此，式(11.113)可进一步简化为[14-18]

$$\dot{V} \leqslant -HV + E + \sum_{i=1}^{3}\frac{1}{k_{N\omega i}}(-\psi_i N(\Phi_i) + 1)\dot{\Phi}_i \tag{11.117}$$

将 e^{Ht} 同时乘到式(11.117)的左右两侧，然后在区间 $[0,\ t]$ 中，对式(11.117)积分，可得

$$V \leqslant E/H + V(0)e^{-Ht} + e^{-Ht}\sum_{i=1}^{3}\frac{1}{k_{N\omega i}}\int_0^t(-\psi_i N(\Phi_i(\lambda)) + 1)\dot{\Phi}_i(\lambda)e^{H\lambda}d\lambda \tag{11.118}$$

随后，基于 Lyapunov 函数的定义 $V \geqslant 0$、式(11.96)中的 $\boldsymbol{\Phi}_i(0) = 0(i = 1,\ 2,\ 3)$ 和选取的位于区间 $[\psi^-,\ \psi^+]$ 中的 $\psi_i(i = 1,\ 2,\ 3)$ 结合式(11.118)，根据引理 11.1，可推出 $\sum_{i=1}^{3}\int_0^t(-\psi_i N(\Phi_i(\lambda)) + 1)\dot{\Phi}_i(\lambda)d\lambda$ 在区间 $[0,\ t_f]$ 上是有界的，进一步，我们可得 V 在区间 $[0,\ t_f)$ 上是有界的。而后，根据 $V = V_1 + V_2$ 以及 V_1 和 V_2 的定义，我们可得 V_1 和 V_2 在区间 $[0,\ t_f)$ 上是有界的。进一步，参考文献[22]保障了 $t_f \to \infty$ 时闭环系统信号的有界性。因此，一旦系统的初始条件满足 $\|\boldsymbol{e}_{\gamma}(t_0)\| \leqslant k_b$，我们可得姿态角跟踪误差 $e_{\gamma i}(i = 1,\ 2,\ 3)$ 将不会溢出安全约束边界 k_b。借助于文献[19]中对于系统状态约束的分析：基于 Barrier-Lyapunov 函数设计的状态受限控制器，其状态约束控制机制需要经过证明跟踪误差的有界性来表征对系统状态的约束，也就是说，对于 $t > t_0$，我们可得 $\|\boldsymbol{e}_{\gamma}\| \leqslant k_b$。进而，高超声速飞行器故障情况下的状态约束控制可通过选取合

适的姿态跟踪指令 $\boldsymbol{\Omega}^{\mathrm{d}}$ 与安全边界 k_{b} 来实现。

通过在区间 $[t_0, t)$ 直接积分微分不等式(11.117),可得

$$V(t) \leqslant E/H + V(0)\mathrm{e}^{-Ht} + \frac{1}{k_{N\omega i}}\sum_{i=1}^{3}\left(\int_0^t \left| \left(-\psi_i N(\Phi_i(\lambda)) + 1\right)\dot{\Phi}_i(\lambda) \right| \mathrm{d}\lambda\right) \tag{11.119}$$

基于上述分析,e_γ 能够保持在安全边界内无溢出。经过进一步计算,可得

$$\begin{aligned}\frac{1}{2}\log\left\{\prod_{i=1}^{3}k_{\mathrm{b}}^2 \Big/ \prod_{i=1}^{3}\left[k_{\mathrm{b}}^2 - e_{\gamma i}^2(t)\right]\right\} &\leqslant V(t) \leqslant E/H + V(0)\mathrm{e}^{-Ht} \\ &+ \sum_{i=1}^{3}\frac{1}{k_{N\omega i}}\int_0^t \left| \left(-\psi_i N(\Phi_i(\lambda)) + 1\right)\dot{\Phi}_i(\lambda) \right| \mathrm{d}\lambda\end{aligned} \tag{11.120}$$

然后,结合式(11.120),可得

$$\frac{1}{2}\log\left(\prod_{i=1}^{3}k_{\mathrm{b}}^2 \Big/ \left\{\prod_{i=1}^{3}\left[k_{\mathrm{b}}^2 - e_{\gamma i}^2(t)\right]\right\}\right) \leqslant \bar{V}_Z \tag{11.121}$$

式中,

$$\bar{V}_Z = \frac{E}{H} + V(0)\mathrm{e}^{-Ht} + \sum_{i=1}^{3}\frac{1}{k_{N\omega i}}\int_0^t \left| \left(-\psi_i N(\Phi_i(\lambda)) + 1\right)\dot{\Phi}_i(\lambda) \right| \mathrm{d}\lambda \tag{11.122}$$

至此,姿态角跟踪误差满足

$$|e_{\gamma i}| \leqslant |k_{\mathrm{b}}|\sqrt{1 - \mathrm{e}^{-2\bar{V}_Z}} \tag{11.123}$$

当自适应律设计完成后,自适应参数的过度学习与参数漂移问题仍需考虑在内。这里采用参数映射的方法来解决该问题,引入紧集 Ω_J、Ω_{ζ_1}、Ω_{W_ω}、Ω_{W_ι}、Ω_{ξ_ω} 和 Ω_{ξ_ι} 中处理该问题,具体如下:

$$\Omega_J = \{\hat{\boldsymbol{J}}: \underline{J} \leqslant \hat{\boldsymbol{J}} \leqslant \bar{J}\}, \quad \Omega_{\zeta_1} = \{\hat{\zeta}_1: \underline{\zeta}_1 \leqslant \hat{\zeta}_1 \leqslant \bar{\zeta}_1\} \tag{11.124}$$

$$\Omega_{W_\omega} = \{\hat{\boldsymbol{W}}_\omega: \underline{W}_\omega \leqslant \hat{\boldsymbol{W}}_\omega \leqslant \bar{W}_\omega\}, \quad \Omega_{W_\iota} = \{\hat{\boldsymbol{W}}_\iota: \underline{W}_\iota \leqslant \hat{\boldsymbol{W}}_\iota \leqslant \bar{W}_\iota\}$$

$$\Omega_{\xi_\omega} = \{\hat{\boldsymbol{\xi}}_\omega: \underline{\xi}_\omega \leqslant \hat{\boldsymbol{\xi}}_\omega \leqslant \bar{\xi}_\omega\}, \quad \Omega_{\xi_\iota} = \{\hat{\boldsymbol{\xi}}_\iota: \underline{\xi}_\iota \leqslant \hat{\boldsymbol{\xi}}_\iota \leqslant \bar{\xi}_\iota\} \tag{11.125}$$

$$\Omega_{\ell_{\mathrm{D}}} = \{\hat{\ell}_{\mathrm{D}}: \underline{\ell}_{\mathrm{D}} \leqslant \hat{\ell}_{\mathrm{D}} \leqslant \bar{\ell}_{\mathrm{D}}\} \tag{11.126}$$

式中 $\underline{J}$、$\underline{\ell}_{\mathrm{D}}$、$\underline{\zeta}_1$、$\bar{J}$、$\bar{\ell}_{\mathrm{D}}$、$\bar{\zeta}_1$、$\underline{W}_{\omega}$、$\underline{W}_{\iota}$、$\bar{W}_{\omega}$、$\bar{W}_{\iota}$、$\underline{\xi}_{\omega}$、$\underline{\xi}_{\iota}$、$\bar{\xi}_{\omega}$、$\bar{\xi}_{\iota}$ 分别为相应参数的上下界。

进而，$\dot{\hat{\boldsymbol{J}}}$、$\dot{\hat{\ell}}_{\mathrm{D}}$、$\dot{\hat{\boldsymbol{\zeta}}}_1$、$\dot{\hat{\boldsymbol{W}}}_{\omega}$、$\dot{\hat{\boldsymbol{W}}}_{\iota}$、$\dot{\hat{\boldsymbol{\xi}}}_{\omega}$、$\dot{\hat{\boldsymbol{\xi}}}_{\iota}$ 的自适应律改进如下：

$$
\begin{aligned}
&\dot{\hat{\boldsymbol{J}}} = \mathrm{Proj}(\hat{\boldsymbol{J}},\ (-r_{\Lambda}\boldsymbol{\psi}^{\mathrm{T}}\boldsymbol{e}_{\omega}\bar{\boldsymbol{\tau}}^{\mathrm{T}} - k_J\hat{\boldsymbol{J}})\boldsymbol{Y}), \quad \dot{\hat{\ell}}_{\mathrm{D}} = \mathrm{Proj}(\hat{\ell}_{\mathrm{D}},\ r_{\mathrm{D}}\boldsymbol{\Sigma}^{\mathrm{T}}e_{\gamma} - k_{\mathrm{D}}\hat{\ell}_{\mathrm{D}})\\
&\dot{\hat{\zeta}}_1 = \mathrm{Proj}\left(\hat{\zeta}_1,\ r_{\zeta_1}e_{\omega}^{\mathrm{T}}\tanh\left(\frac{e_{\omega}}{\zeta_1}\right) - k_{\zeta_1}\hat{\zeta}_1\right),\\
&\dot{\hat{\boldsymbol{W}}}_i = \mathrm{Proj}(\hat{\boldsymbol{W}}_i,\ \boldsymbol{\Gamma}_i(-r_i\boldsymbol{H}_i(i,\ \hat{\boldsymbol{\xi}}_i)\boldsymbol{e}_i^{\mathrm{T}} - k_i\hat{\boldsymbol{W}}_i))\\
&\dot{\hat{\boldsymbol{\xi}}}_i = \mathrm{Proj}(\hat{\boldsymbol{\xi}}_i,\ (-(\boldsymbol{e}_i^{\mathrm{T}}\hat{\boldsymbol{W}}_i^{\mathrm{T}}\boldsymbol{H}'_{i\xi_i})^{\mathrm{T}}\boldsymbol{r}_{\xi_i} - \boldsymbol{k}_{\xi_i}\hat{\boldsymbol{\xi}}_i)), \quad i=\omega,\ l
\end{aligned}
\tag{11.127}
$$

然后，令 $a = [\hat{\boldsymbol{J}}\quad \hat{\zeta}_1\quad \hat{\ell}_{\mathrm{D}}]^{\mathrm{T}}$，$a_W = [\hat{\boldsymbol{W}}_{\omega}\quad \hat{\boldsymbol{W}}_{\iota}]^{\mathrm{T}}$，$a_{\xi} = [\hat{\boldsymbol{\xi}}_{\omega}\quad \hat{\boldsymbol{\xi}}_{\iota}]^{\mathrm{T}}$，$b = \left[(-r_{\Lambda}\boldsymbol{\psi}^{\mathrm{T}}\boldsymbol{e}_{\omega}\bar{\boldsymbol{\tau}}^{\mathrm{T}} - k_J\hat{\boldsymbol{J}})Y,\ r_{\zeta_1}\boldsymbol{e}_{\omega}^{\mathrm{T}}\tanh\left(\frac{\boldsymbol{e}_{\omega}}{\zeta_1}\right) - k_{\zeta_1}\hat{\zeta}_1,\ r_{\mathrm{D}}\boldsymbol{\Sigma}^{\mathrm{T}}\boldsymbol{e}_{\gamma} - k_{\mathrm{D}}\hat{\ell}_{\mathrm{D}}\right]^{\mathrm{T}}$，$b_{\hat{W}_i} = [\boldsymbol{\Gamma}_i(-r_i\boldsymbol{H}_i(i,\ \hat{\boldsymbol{\xi}}_i)\boldsymbol{e}_i^{\mathrm{T}} - k_i\hat{\boldsymbol{W}}_i)]^{\mathrm{T}}$，$b_{\hat{\xi}_i} = [(-(\boldsymbol{e}_i^{\mathrm{T}}\hat{\boldsymbol{W}}_i^{\mathrm{T}}\boldsymbol{H}'_{i\xi_i})^{\mathrm{T}}r_{\xi_i} - k_{\xi_i}\hat{\boldsymbol{\xi}}_i)]^{\mathrm{T}}(i=\omega,\ \iota)$。

最终，改进后的自适应律如下：

$$
\mathrm{Proj}(a_k,\ b_k) = \begin{cases} 0, & a_k = \bar{a}_k,\ b_k > 0\\ 0, & a_k = \underline{a}_k,\ b_k < 0\\ b_k, & \text{其他} \end{cases}
\tag{11.128}
$$

$$
\mathrm{Proj}(a_{\hat{W}i},\ b_{\hat{W}i}) = \begin{cases} 0, & a_{\hat{W}i} = \bar{a}_{\hat{W}i},\ b_{\hat{W}i} > 0\\ 0, & a_{\hat{W}i} = \underline{a}_{\hat{W}i},\ b_{\hat{W}i} < 0\\ b_{\hat{W}i}, & \text{其他} \end{cases}
\tag{11.129}
$$

$$
\mathrm{Proj}(a_{\hat{\xi}i},\ b_{\hat{\xi}i}) = \begin{cases} 0, & a_{\hat{\xi}i} = \bar{a}_{\hat{\xi}i},\ b_{\hat{\xi}i} > 0\\ 0, & a_{\hat{\xi}i} = \underline{a}_{\hat{\xi}i},\ b_{\hat{\xi}i} < 0\\ b_{\hat{\xi}i}, & \text{其他} \end{cases}
\tag{11.130}
$$

式中，k、i 为自适应律的下标，$k = \{\hat{\boldsymbol{J}},\ \hat{\zeta}_1,\ \hat{\ell}_{\mathrm{D}}\}$，$i = \{\omega,\ \iota\}$；$\bar{a}_k$ 和 $\underline{a}_k$、$\bar{a}_{\hat{W}i}$ 和 $\underline{a}_{\hat{W}i}$、$\bar{a}_{\hat{\xi}i}$ 和 $\underline{a}_{\hat{\xi}i}$ 分别指各自对应元素的上下界。

最终,经过恰当的参数选择,高超声速飞行器的姿态角跟踪误差可以渐进收敛到预先设定的安全区域内。此外,惯性矩阵的在线估计矩阵 $\hat{\boldsymbol{J}}$ 同样收敛到一个小的有界区间中。通过进一步地推演,可得 $(\sigma-\sigma_d)^2+(\alpha-\alpha_d)^2\leqslant k_b^2$,同时闭环系统的所有信号都是有界的。至此,定理证毕。

11.2.4 仿真验证

本节借助 MATLAB 进行数值仿真试验,验证设计姿态控制器和控制分配算法的有效性。

1. 仿真参数选择

高超声速飞行器仿真初始条件选择为:初始速度 $V(0)=3$ km/s;初始高度 $h(0)=30$ km;初始飞行器质量 $m(0)=136\,820$ kg;初始位置 $x(0)=y(0)=1$ km;初始姿态角向量 $\boldsymbol{\Omega}(0)=[0.1\quad 0.01\quad 0.2]^{\mathrm{T}}$rad;初始姿态角度 $\boldsymbol{\omega}(0)=[-0.128\quad 0.099\quad 0078]$rad/s;姿态快、慢回路受到的扰动 $d_{s1}=0.003\cdot(\sin(t)+1)$rad/s, $d_{s2}=0.002\cdot(\cos(t)+1)$rad/s, $d_{s3}=0.02\cdot\sin(t+1)$rad/s, $d_{f1}=20\,000\sin(4t+0.2)$N·m, $d_{f2}=15\,000\sin(11t-0.6)$N·m, $d_{f3}=20\,000\sin(5t+0.2)$N·m。

控制器中的设计参数如下:慢回路 $k_s=[1.7\quad 1.7\quad 1.7]^{\mathrm{T}}$, $k_b=[0.15\quad 0.07\quad 0.05]^{\mathrm{T}}$, $r_D=2.4I_3$, $k_D=5.5I_3$。快回路 $\Gamma_\omega=\Gamma_\iota=10I_5$, $r_\omega=r_\iota=1$, $r_{\xi_\omega}=r_{\xi_\iota}=10$, $k_\omega=k_\iota=5I_5$, $k_{\xi\omega}=k_{\xi\iota}=5I_5$,其余的控制参数设定为 $K_\omega=10I_3$, $r_{\varsigma1}=10$, $k_{\varsigma1}=6.4$, $\varsigma_1=0.5$, $r_\Lambda=10$, $k_J=7.2I_3$。RBFNN 的初值设定为

$$\xi_\omega=\begin{bmatrix}-0.05 & -0.025 & 0 & 0.025 & 0.5\\ -0.05 & -0.025 & 0 & 0.025 & 0.5\\ -0.05 & -0.025 & 0 & 0.025 & 0.5\end{bmatrix},\quad \xi_\iota=\begin{bmatrix}-4 & -2 & 0 & 2 & 4\\ -4 & -2 & 0 & 2 & 4\\ -4 & -2 & 0 & 2 & 4\end{bmatrix}$$

2. 仿真结果及分析

设计如下两组仿真方案。

1) 仿真 A

如图 11.15~图 11.19 所示,$(\cdot)_{nml}$ 代表期望的跟踪信号。$(\cdot)_{wnusa}$ 代表滑模控制结合滑模观测器 SMDO 的容错控制效果,该容错控制机制并未包含基于 Nussbaum 函数的调节模块。$(\cdot)_{nusa}$ 代表本章设计的容错控制器的容错控制效果,但并未包含系统输入受限的补偿模块。$(\cdot)_{nusac}$ 代表本章所设计的容错控制器(包含 Nussbaum 模块以及输入受限补偿模块)的仿真效果。

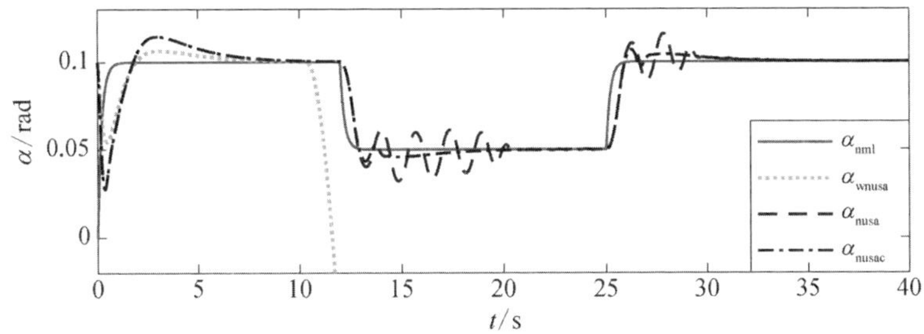

图 11.15　基于 Nussbaum 增益的容错算法与基于 SMDO 观测器容错算法下姿态攻角 α 的跟踪响应曲线

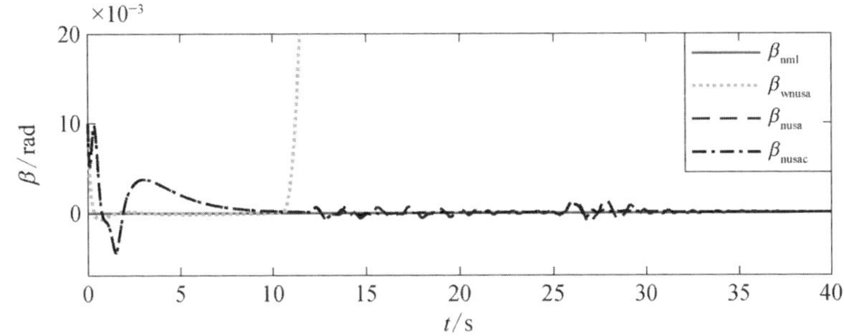

图 11.16　基于 Nussbaum 增益的容错算法与基于 SMDO 观测器容错算法下姿态侧滑角 β 的跟踪响应曲线

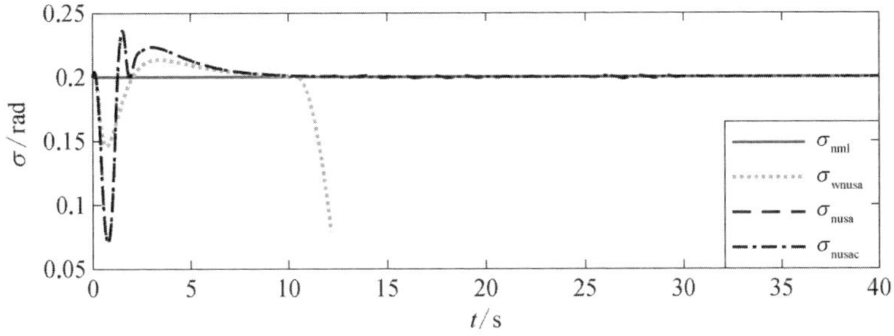

图 11.17　基于 Nussbaum 增益的容错算法与基于 SMDO 观测器容错算法下姿态倾侧角 σ 的跟踪响应曲线

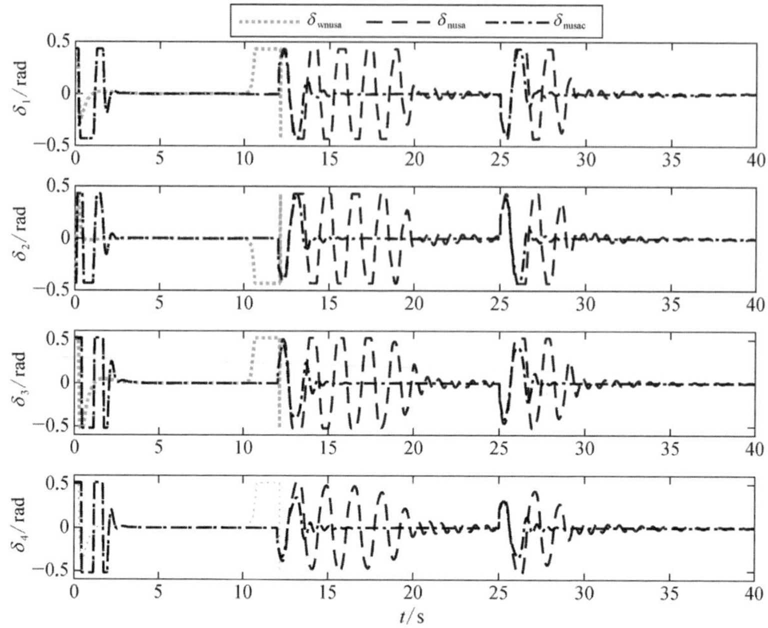

图 11.18　基于 Nussbaum 增益的容错算法与基于 SMDO 观测器容错算法下控制舵面偏转角 $\delta_1 \sim \delta_4$ 响应曲线对比

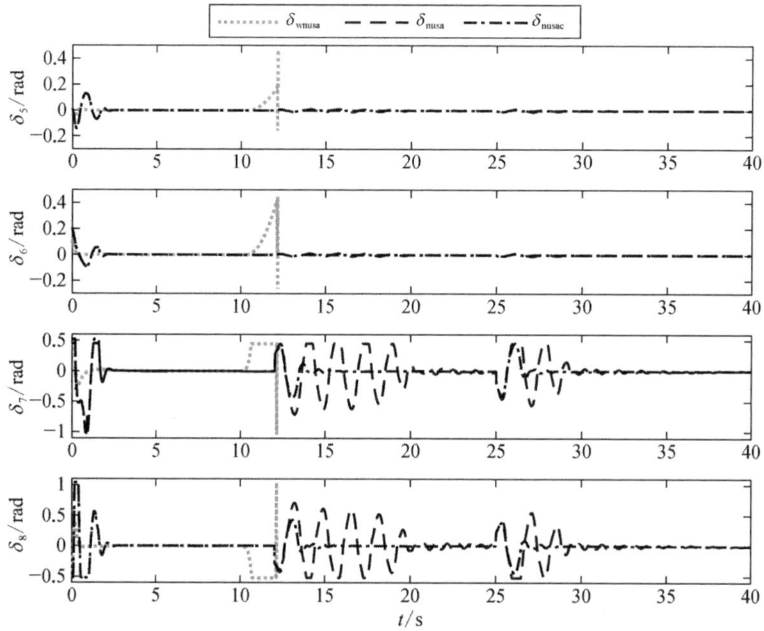

图 11.19　基于 Nussbaum 增益的容错算法与基于 SMDO 观测器容错算法下控制舵面偏转角 $\delta_5 \sim \delta_8$ 响应曲线对比

通过对异常质心变动影响的分析可知,其对飞行器飞行状态影响主要体现在:① 系统的不确定性;② 偏心力矩,见式(11.69);③ 系统转动惯量矩阵的改变,见式(11.70)和式(11.71)中的 $\boldsymbol{J}+\Delta\boldsymbol{J}$。对于 $\boldsymbol{J}$ 的改变,以图 11.1~图 11.17 中姿态角的跟踪曲线为例,通过对比 α_{wnusa}、β_{wnusa} 和 μ_{wnusa} 代表的仿真曲线,可知仅依靠滑模控制技术而不包含自适应 Nussbaum 调节器的控制器无法处理由转动惯量矩阵 $\boldsymbol{J}$ 的变化而引起的控制问题。而本章中基于 Nussbaum 技术所设计的容错控制器可应对该问题,见图 11.15~图 11.17 中 α、β 和 σ 的跟踪曲线。

通过对比图 11.15~图 11.19 中 $(\cdot)_{nusa}$ 和 $(\cdot)_{nusac}$ (有无补偿模块)所代表算法的跟踪效果,当高超声速飞行器面对异常的质心变动、执行器部分失效故障及系统输入受限带来的不利影响时,$(\cdot)_{nusac}$ 的跟踪效果优于 $(\cdot)_{nusa}$。由于执行器部分失效故障、偏心力矩、外部扰动以及转动惯量矩阵 $\boldsymbol{J}$ 的变化,这些不利因素造成控制器控制性能的急剧下降。为了保障系统的跟踪性能以及系统的稳定,故障情况下的飞行器需要更大的舵面偏转角完成控制目标,从而出现了系统的输入饱和现象,见图 11.18 和图 11.19 中的 δ_{nusa}。如果放任不管,输入饱和情况下的执行机构将无法及时响应新的控制指令,从而引起系统的振荡,甚至会造成高超的失控,见图 11.15~图 11.19 中 $(\cdot)_{nusa}$ 与 $(\cdot)_{nusac}$ 的对比。此外,输入受限引起的系统振荡也会影响对系统所受未知影响的估计。至此,受到质心变动影响的高超声速飞行器在本小节的容错控制策略下能够实现控制目标。

2) 仿真 B

在本小节中,着重研究故障情况下系统状态受限对容错控制效果的影响。在相同的仿真条件下,$(\cdot)_{nml}$ 代表期望的跟踪指令;$(\cdot)_{wsx}$ 代表控制器中并未包含系统状态受限模块的仿真效果,而 $(\cdot)_{sx}$ 代表容错控制器中包含状态受限补偿模块的仿真效果,见图 11.20~图 11.25。为了保障飞行器的安全,故障情况下的高超声速飞行器状态应当受到约束,防止产生过大的跟踪偏差。一旦过大的跟踪偏差进入控制系统,控制系统将会输出执行机构无法实现的指令,从而引起恶性循环,直至高超声速飞行器的失控,见图 11.20~图 11.25 中 $(\cdot)_{wsx}$ 与 $(\cdot)_{sx}$ 的跟踪曲线。

此时,以 α 的跟踪效果为例,当期望的姿态角指令在第 12 s 发生变化时,α_{wsx} 呈现出发散的趋势。而 α_{sx} 则呈现出较好的跟踪效果。因此,在设计高超声速飞行器的容错控制时,其状态受限应纳入考虑范围中。另外,图 11.23 和图 11.24 中舵面偏转的响应情况也表明了考虑系统状态受限的必要性。仿真曲线 δ_{wsx} 陷入恶性循环直至发散的原因是过大的跟踪偏差引起控制器输出的控制指

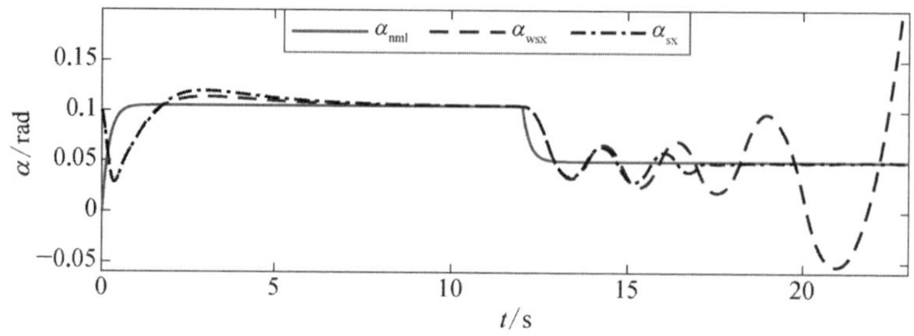

图 11.20　基于 Nussbaum 增益容错算法下的姿态攻角 α 的跟踪响应曲线对比（有、无基于 Barrier - Lyapunov 函数的状态约束制约）

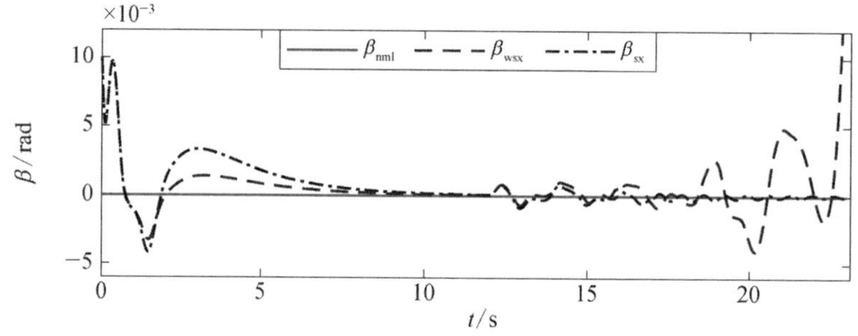

图 11.21　基于 Nussbaum 增益容错算法下的姿态侧滑角 β 的跟踪响应曲线对比（有、无基于 Barrier - Lyapunov 函数的状态约束制约）

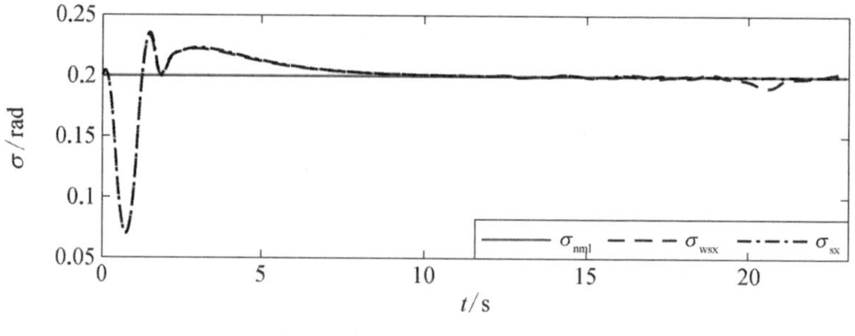

图 11.22　基于 Nussbaum 增益容错算法下的姿态倾侧角 σ 的跟踪响应曲线对比（有、无基于 Barrier - Lyapunov 函数的状态约束制约）

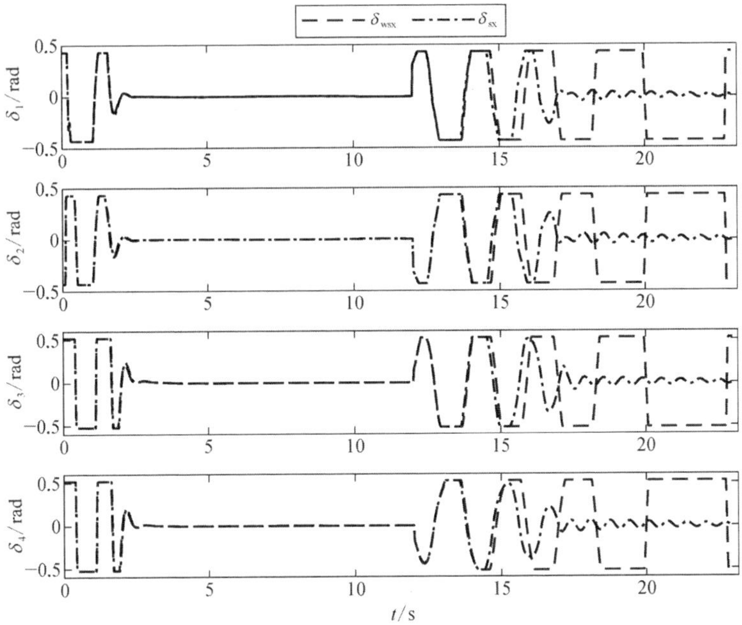

图 11.23　基于 Nussbaum 增益容错算法下的控制舵面偏转角 δ_1 ~ δ_4 响应曲线对比（有、无基于 Barrier − Lyapunov 函数的状态约束制约）

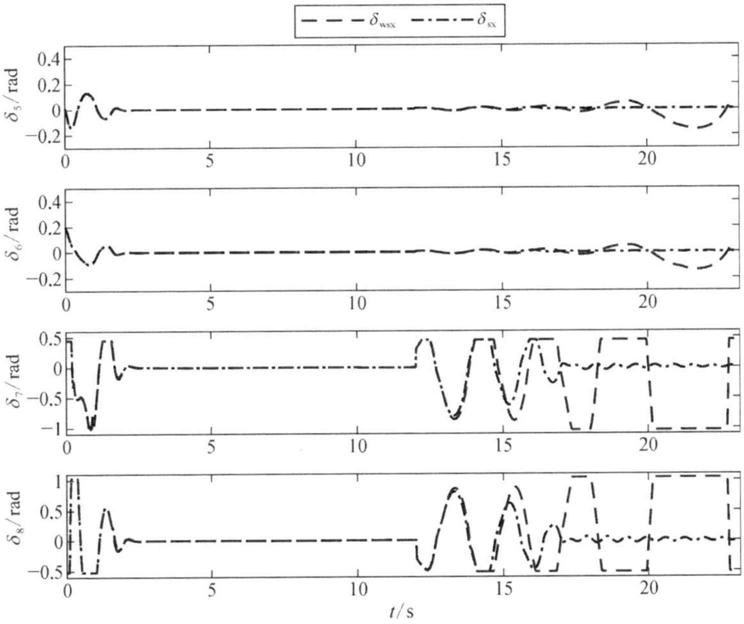

图 11.24　基于 Nussbaum 增益容错算法下的控制舵面偏转角 δ_5 ~ δ_8 响应曲线对比（有、无基于 Barrier − Lyapunov 函数的状态约束制约）

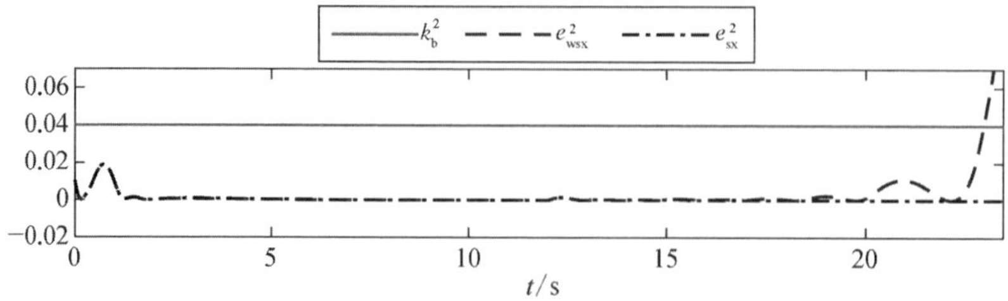

图 11.25 基于 Nussbaum 增益容错算法下的姿态角跟踪误差及约束边界曲线对比（有、无基于 Barrier – Lyapunov 函数的状态约束制约）

令无法由执行机构执行，从而造成长时间的舵面偏转饱和，进而无法及时响应新的控制指令，最终失去对飞行器的控制。然而，δ_{sx} 呈现出较小的波动，表明了本章所设计的容错控制算法的有效性。

11.3 本章小结

针对高超声速飞行器的转动惯量矩阵改变（异常质心变动引起的）问题，本章从 RBFNN 结合级数展开以及 Nussbaum 函数结合自适应的策略应对因 $\boldsymbol{J}$ 改变后潜在的奇异性带来的控制器失效故障。另外，为了增强故障情况下的系统安全，本章同时引入了系统的状态约束（基于 Barrier Lyapunov 函数）。在故障情况下，通过约束系统的状态，使其活动在安全的区域，从而保障系统故障情况下的安全。

参考文献

[1] Bacon B J, Gregory I M. General equations of motion for a damaged asymmetric aircraft[C]. AIAA Atmospheric Flight Mechanics Conference and Exhibit, Hilton Head, 2007, AIAA 2007 - 6306: 1 - 13.

[2] Nguyen N, Krishnakumar K, Kaneshige J, et al. Dynamics and adaptive control for stability recovery of damaged asymmetric aircraft[C]. AIAA Guidance Navigation, and Control Conference, and Exhibit, Keystone, 2006, AIAA 2006 - 6049: 1 - 24.

[3] Meng Y, Jiang B, Qi R. Modeling and control of hypersonic vehicle dynamic under centroid shift[J]. Advances in Mechanical Engineering, 2018, 10(9): 1 - 21.

[4] Fan J S, Zhang H X, Zhang M K, et al. Adaptive second-order terminal sliding mode control for aircraft re-entry attitude[J]. Control and Decision, 2012, 27(3): 403 - 407.

[5] Huang G Y, Jiang C S. Robust adaptive control of aerospace vehicles re-entry based on

terminal sliding mode control [D]. Nanjing: Nanjing University of Aeronautics and Astronautics, 2007.
[6] Yang L, Yang J. Nonsingular fast terminal sliding mode control for nonlinear dynamical systems[J]. International Journal of Robust and Nonlinear Control, 2011, 21(16): 1865-1879.
[7] Li H, Cai Y. Sliding mode control with double power reaching law[J]. Control and Decision, 2016, 31(3): 498-502.
[8] Fan J S, Zhang H X, Zhang M K, et al. Adaptive second-order terminal sliding mode control for aircraft re-entry attitude[J]. Control and Decision, 2012, 27(3): 403-407.
[9] Chen W H, Ballance D J, Gawthrop P J. Optimal control of nonlinear systems: a predictive control approach[J]. Automatica, 2003, 39(4): 633-641.
[10] Nguyen N, Krishnakumar K, Kaneshige J, et al. Flight dynamics and hybrid adaptive control of damaged aircraft[J]. Journal of Guidance, Control, and Dynamics, 2008, 31(3): 751-764.
[11] Wang W Y, Chien Y H, Leu Y G, et al. Adaptive T-S fuzzy-neural modeling and control for general MIMO unknown nonaffine nonlinear systems using projection update laws[J]. Automatica, 2010, 46(5): 852-863.
[12] Wang D, Zong Q, Tian B, et al. Neural network disturbance observer-based distributed finite-time formation tracking control for multiple unmanned helicopterss[J]. ISA Transactions, 2018, DOI: 10.1016/j.isatra.2017.12.011.
[13] Lai G Y, Liu Z, Zhang Y, et al. Adaptive position/attitude tracking control of aerial robot with unknown inertial matrix based on a new robust neural identifier[J]. IEEE Transaction Neural Network Learn Systems, 2016, 27(1): 18-31.
[14] Jiang P, Chen H, Bamforth C A. A universal iterative learning stabilizer for a class of MIMO systems[J]. Automatica, 2006, 42(6): 973-981.
[15] Hu Q, Shao X, Guo L. Adaptive fault-tolerant attitude tracking control of spacecraft with prescribed performance[J]. IEEE/ASME Transactions on Mechatronics, 2018, 23(1): 331-341.
[16] Ge S, Wang J. Robust adaptive tracking for time-varying uncertain nonlinear systems with unknown control coefficients[J]. IEEE Transactions on Automatic Control, 2003, 48(8): 1463-1469.
[17] Tee K P, Ge S S, Tay E H. Barrier Lyapunov functions for the control of output constrained nonlinear systems[J]. Automatica, 2009, 45(4): 918-927.
[18] Lai G, Liu Z, Zhang Y, et al. Adaptive position/attitude tracking control of aerial robot with unknown inertial matrix based on a new robust neural identifier[J]. IEEE Transactions on Neural Networks and Learning Systems, 2016, 27(1): 18-31.
[19] Ren B, Ge S S, Tee K P, et al. Adaptive neural control for output feedback nonlinear systems using a barrier Lyapunov function[J]. IEEE Transactions on Neural Networks, 2010, 21(8): 1339-1345.
[20] 宗群,曾凡琳,张希彬,等.高超声速飞行器建模与模型验证[M].北京：科学出版

社,2016.
[21] 都延丽.近空间飞行器姿态与轨迹的非线性自适应控制研究[D].南京：南京航空航天大学,2010.
[22] Murugesan S, Goel P S. Fault-tolerant spacecraft attitude control system[J]. Sadhana, 11: 233 - 261.

附录

(1) 质心变动带来的系统不确定性。

$$\begin{aligned}
c_{11} &= (q^2 + r^2)\cos\alpha\cos\beta + (-pr + \dot{q})\sin\alpha\cos\beta + (-pq - \dot{r})\sin\beta \\
c_{12} &= (-qp + \dot{r})\cos\alpha\cos\beta + (-\dot{p} - qr)\sin\alpha\cos\beta + (p^2 + r^2)\sin\beta \\
c_{13} &= (-\dot{q} - rp)\cos\alpha\cos\beta + (p^2 + q^2)\sin\alpha\cos\beta + (\dot{p} - qr)\sin\beta \\
c_{21} &= -(q^2 + r^2)\cos\alpha\sin\beta + (-pq - \dot{r})\cos\beta - (-pr + \dot{q})\sin\alpha\sin\beta \\
c_{22} &= (p^2 + r^2)\cos\beta - (-qp + \dot{r})\cos\alpha\sin\beta - (-\dot{p} - qr)\sin\alpha\sin\beta \\
c_{23} &= (\dot{p} - qr)\cos\beta - (-\dot{q} - pr)\cos\alpha\sin\beta - (p^2 + q^2)\sin\alpha\sin\beta \\
c_{31} &= (-pr + \dot{q})\cos\alpha - (q^2 + r^2)\sin\alpha \\
c_{32} &= (-\dot{p} - qr)\cos\alpha - (-qp + \dot{r})\sin\alpha \\
c_{33} &= (p^2 + q^2)\cos\alpha - (-\dot{q} - rp)\sin\alpha
\end{aligned} \tag{11.131}$$

(2) 质心变化后,系统转动惯量矩阵的逆矩阵。

$$I^{-1} = \begin{bmatrix} I_{xx} & -I_{xy} & -I_{xz} \\ -I_{xy} & I_{yy} & -I_{yz} \\ -I_{xz} & -I_{yz} & I_{zz} \end{bmatrix}^{-1} = \frac{1}{|I|}\begin{bmatrix} -I_{yz}^2 + I_{yy}I_{zz} & I_{xz}I_{yz} + I_{xy}I_{zz} & I_{xz}I_{yy} + I_{xy}I_{yz} \\ I_{xz}I_{yz} + I_{xy}I_{zz} & -I_{xz}^2 + I_{xx}I_{zz} & I_{xy}I_{xz} + I_{xx}I_{yz} \\ I_{xz}I_{yy} + I_{xy}I_{yz} & I_{xy}I_{xz} + I_{xx}I_{yz} & -I_{xy}^2 + I_{xx}I_{yy} \end{bmatrix} \tag{11.132}$$

(3) 质心变动对系统转动惯量矩阵的影响。

$$\begin{aligned}
&I_{xx} = I_{xx}^* + M(\Delta y^2 + \Delta z^2), \quad I_{yy} = I_{yy}^* + M(\Delta x^2 + \Delta z^2), \quad I_{zz} = I_{zz}^* + M(\Delta x^2 + \Delta y^2) \\
&I_{xy} = M\Delta x\Delta y, \quad I_{xz} = M\Delta x\Delta z, \quad I_{yz} = M\Delta y\Delta z
\end{aligned} \tag{11.133}$$

(4) HSV 速度矢量在机体坐标系与气流坐标系之间的转换关系。

$$\begin{aligned}
&\begin{array}{l} U_A = V\cos\alpha\cos\beta \\ V_A = V\sin\beta \\ W_A = V\sin\alpha\cos\beta \end{array}, \quad \begin{bmatrix} \dot{U}_A \\ \dot{V}_A \\ \dot{W}_A \end{bmatrix} = S_{\alpha,\beta}^{\mathrm{T}} \begin{bmatrix} \dot{V} \\ V\dot{\beta} \\ V\dot{\alpha}\cos\beta \end{bmatrix} \\
&S_{\alpha,\beta}^{\mathrm{T}} = \begin{bmatrix} \cos\alpha\cos\beta & -\cos\alpha\sin\beta & -\sin\alpha \\ \sin\beta & \cos\beta & 0 \\ \sin\alpha\cos\beta & -\sin\alpha\sin\beta & \cos\alpha \end{bmatrix}
\end{aligned} \tag{11.134}$$

(5) 质心变动引起的 HSV 姿态系统偏心力矩。

$$\Delta l_{\mathrm{A}} = Y_{\mathrm{a}}\Delta z - Z_{\mathrm{a}}\Delta y,\quad \Delta m_{\mathrm{A}} = -X_{\mathrm{a}}\Delta z + Z_{\mathrm{a}}\Delta x,\quad \Delta n_{\mathrm{A}} = X_{\mathrm{a}}\Delta y - Y_{\mathrm{a}}\Delta x \tag{11.135}$$

(6) $[\sigma_1\quad \sigma_2\quad \sigma_3]^{\mathrm{T}}$ 为航迹坐标系下观测到的航迹坐标系相对于地面惯性坐标系的角速度，具体如下：

$$\begin{bmatrix}\sigma_1\\ \sigma_2\\ \sigma_3\end{bmatrix} = \begin{bmatrix}0\\ \dfrac{\mathrm{d}\gamma}{\mathrm{d}t}\\ 0\end{bmatrix} + \begin{bmatrix}\cos\gamma & 0 & -\sin\gamma\\ 0 & 1 & 0\\ \sin\gamma & 0 & \cos\gamma\end{bmatrix}\begin{bmatrix}0\\ 0\\ \dfrac{\mathrm{d}\chi}{\mathrm{d}t}\end{bmatrix} \tag{11.136}$$

(7) 质心变动引起的系统不确定性。

$$\begin{aligned}
\bar{\rho}_x^{\mathrm{P}} &= \Delta x\cos\alpha\cos\beta + \Delta y\sin\beta + \Delta z\sin\alpha\cos\beta\\
\bar{\rho}_y^{\mathrm{P}} &= \Delta x(-\cos\alpha\sin\beta\cos\mu + \sin\alpha\sin\mu) + \Delta y\cos\beta\cos\mu\\
&\quad + \Delta z(-\cos\mu\sin\alpha\sin\beta) + \Delta z(-\cos\alpha\sin\mu)\\
\bar{\rho}_z^{\mathrm{P}} &= \Delta x(-\cos\mu\sin\alpha - \cos\alpha\sin\beta\sin\mu) + \Delta y\cos\beta\sin\mu\\
&\quad + \Delta z\cos\alpha\cos\mu - \Delta z\sin\alpha\sin\beta\sin\mu
\end{aligned} \tag{11.137}$$

(8) 质心变动引起的 HSV 姿态系统偏心力矩。

$$\begin{aligned}
\Delta l_{\mathrm{A}} &= Y_{\mathrm{a}}\Delta z - Z_{\mathrm{a}}\Delta y\\
\Delta m_{\mathrm{A}} &= -X_{\mathrm{a}}\Delta z + Z_{\mathrm{a}}\Delta x\\
\Delta n_{\mathrm{A}} &= X_{\mathrm{a}}\Delta y - Y_{\mathrm{a}}\Delta x
\end{aligned} \tag{11.138}$$